废活性炭微波再生与应用

Microwave Regeneration and Application of Spent Activated Carbon

张利波　夏洪应　彭金辉　著

科学出版社

北　京

内 容 简 介

本书介绍了活性炭的性质、用途及表征方法，废活性炭的再生利用技术现状和微波加热基础；重点介绍了近年来微波加热技术在废活性炭再生中的应用，包括微波加热再生废汞触媒载体活性炭、吸附有机物废活性炭和吸附染料废活性炭等；实例分析了不同微波工艺下废活性炭的再生效果和再生活性炭的应用；探讨了废活性炭的介电性质、微波升温特性、废活性炭失活机制及微波加热再生原理。

本书可供冶金、化工、环保和材料等专业的教学、科研和工程技术人员参考使用，也可作为相关领域研究人员的参考读物。

图书在版编目（CIP）数据

废活性炭微波再生与应用=Microwave Regeneration and Application of Spent Activated Carbon / 张利波等著. —北京：科学出版社，2019.3

ISBN 978-7-03-060281-7

Ⅰ. ①废… Ⅱ. ①张… Ⅲ. ①活性炭-再生 ②活性炭-资源利用 Ⅳ. ①TQ424.1

中国版本图书馆CIP数据核字（2018）第296856号

责任编辑：吴凡洁 冯晓利 / 责任校对：王萌萌
责任印制：师艳茹 / 封面设计：蓝正设计

科学出版社出版
北京东黄城根北街16号
邮政编码：100717
http://www.sciencep.com

北京凌奇印刷有限责任公司印刷
科学出版社发行 各地新华书店经销

*

2019年3月第 一 版 开本：720×1000 1/16
2019年3月第一次印刷 印张：25 1/2
字数：503 000

POD定价： 198.00元
（如有印装质量问题，我社负责调换）

前　言

活性炭具有巨大的比表面积、发达的孔结构和丰富的表面官能团，是一种重要的功能材料，在冶金、化工、医药、环保和材料等领域被广泛用作吸附剂。活性炭可以用于吸附处理有毒有害气体、废水等，被誉为治理环境污染的“青霉素”，在保护人类生存环境中发挥着极其重要的作用。随相关行业的发展，近 20 年来活性炭的生产量和需求量均呈逐年增长的趋势。

当活性炭吸附饱和后，会形成大量废活性炭，废活性炭中通常含有重金属离子和有机污染物，因此大多废活性炭属于危险固废，如果处置不当，将会对环境造成二次污染。为了消除废活性炭的污染并回收二次资源，通常需对废活性炭进行再生利用。常用的再生方法主要有物理再生法、化学再生法和生物再生法，但这些方法大多存在再生效率低、活性炭损失率大和再生时间长等局限性。

微波加热方式有选择性加热、快速加热、非接触加热、内部加热，具有快速启停和自动化水平高等特点，可以有效克服常规活性炭再生技术中存在的问题。由于活性炭和大多数有机物均属于强吸波物质，微波加热对废活性炭具有很强的适应性，废活性炭可以在微波场中被快速加热，从而实现污染物的高效脱除，使活性炭在短时间内快速再生，具有再生效果好和过程能耗低等优势，因此，国内外学者在微波再生法方面均做了大量研究，极具应用前景。

近 20 年来，笔者与课题组成员一起对废活性炭的微波加热再生进行了大量研究，研制了多种微波加热设备，实现了不同类型废活性炭的再生利用，拓宽了微波冶金的应用领域。本书对昆明理工大学非常规冶金教育部重点实验室多年来的研究成果进行了系统总结，并对国内外废活性炭的微波加热再生最新研究结果进行了简要介绍。

本书共分为五章，第 1 章概述了活性炭的性质和用途，以及废活性炭的再生利用技术现状；第 2 章介绍了含锌废活性炭的微波再生与应用，对比分析了微波加热和常规加热的再生效果；第 3 章介绍了废汞触媒载体活性炭的微波再生与应用；第 4 章介绍了湿法炼锌工序废活性炭的微波再生；第 5 章介绍了其余废活性炭的微波再生与应用。

本书框架结构和提纲由彭金辉教授拟定，同时撰写本书第 1 章；张利波教授撰写第 2 章和第 3 章，并负责对全书进行审稿和最终定稿；夏洪应教授撰写第 4 章和第 5 章。

本书是在国家优秀青年科学基金项目“微波冶金(编号：51522405)”、国家自然科学基金项目(编号：51464024、51504119)的资助和支持下完成的，同时也得到了昆明理工大学的大力支持，在此一并表示衷心的感谢。

废活性炭微波再生与应用涉及冶金、化工、环境和材料等学科，由于作者水平有限，书中难免有疏漏之处，恳请读者批评指正。

张利波

2018 年 8 月于昆明

目　　录

前言
第 1 章　绪论 ……… 1
1.1　活性炭概述 ……… 1
1.1.1　活性炭的性质 ……… 1
1.1.2　活性炭的分类 ……… 1
1.1.3　活性炭的用途 ……… 2
1.1.4　活性炭的表征方法 ……… 7
1.2　废活性炭概述 ……… 15
1.3　废活性炭再生利用技术现状 ……… 17
1.3.1　热再生法 ……… 17
1.3.2　化学溶剂再生法 ……… 17
1.3.3　电化学再生法 ……… 18
1.3.4　超临界流体萃取再生法 ……… 18
1.3.5　湿式氧化再生法 ……… 19
1.3.6　光催化再生法 ……… 19
1.3.7　生物再生法 ……… 20
1.3.8　超声波再生法 ……… 21
1.3.9　微波再生法 ……… 21
1.4　微波加热再生废活性炭技术现状 ……… 22
1.4.1　微波加热概述 ……… 22
1.4.2　微波加热再生废活性炭研究现状 ……… 22
1.4.3　活性炭再生效率评价 ……… 24
参考文献 ……… 27
第 2 章　含锌废活性炭的微波再生与应用 ……… 33
2.1　引言 ……… 33
2.2　原料分析表征 ……… 34
2.2.1　实验原料 ……… 34
2.2.2　热解特性 ……… 36
2.2.3　介电特性 ……… 41
2.2.4　微波升温特性 ……… 44
2.3　微波预处理提锌-活性炭再生 ……… 46

2.3.1 微波预处理提锌……46
2.3.2 提锌后废活性炭再生……48
2.3.3 不同再生方法对比……64
2.4 一步法直接再生……70
2.4.1 常规加热直接再生法……71
2.4.2 常规加热水蒸气活化制备法……76
2.4.3 微波加热直接制备法……82
2.4.4 微波加热氮气保护制备法……84
2.4.5 微波加热气体活化制备法……87
2.5 一步法再生产物的应用……109
2.5.1 吸附锌液中有机物……109
2.5.2 处理焦化废水……113
2.5.3 再生活性炭吸附亚甲基蓝……130
2.5.4 复合材料吸附甲基橙……134
2.5.5 再生活性炭吸附甲基橙……141
2.5.6 复合材料吸附苯酚……147
2.5.7 再生活性炭吸附苯酚……153
2.5.8 吸附直接染料……160
2.5.9 吸附苯和甲苯……166
2.5.10 锌炭复合材料光催化性能研究……185
参考文献……186
第 3 章 废汞触媒载体活性炭的微波再生与应用……191
3.1 引言……191
3.2 原料分析表征……194
3.2.1 实验原料……194
3.2.2 废汞触媒失活机制……194
3.2.3 废汞触媒热解特性……207
3.2.4 废汞触媒微波升温特性……219
3.3 废汞触媒脱汞研究……229
3.3.1 常规加热脱汞……229
3.3.2 载气类型及流量的影响……230
3.3.3 焙烧温度的影响……231
3.3.4 保温时间的影响……232
3.3.5 微波加热脱汞……234
3.4 一步法活化再生……239
3.4.1 微波加热水蒸气活化再生……239

3.4.2 微波加热-超声波喷雾活化再生……243
3.4.3 微波加热二氧化碳活化再生……247
3.5 脱汞后活性炭的改性及应用……255
3.5.1 脱汞活性炭直接用于吸附汞……255
3.5.2 载铁改性活性炭用于吸附砷……267
3.5.3 载铜改性活性炭用于吸附亚甲基蓝……273
3.6 一步法再生活性炭的应用……277
3.6.1 吸附亚甲基蓝和甲基橙……277
3.6.2 吸附甲基橙和刚果红……280
参考文献……283
第 4 章 湿法炼锌工序废活性炭的微波再生……294
4.1 引言……294
4.2 原料分析表征……294
4.2.1 实验原料……294
4.2.2 介电分析……294
4.2.3 GC-MS 分析……302
4.2.4 SEM-EDS 分析……305
4.2.5 TEM 分析……306
4.2.6 孔结构分析……307
4.2.7 红外光谱分析……308
4.3 超声波预处理-常规加热活化再生……310
4.3.1 影响再生效果的因素……310
4.3.2 再生活性炭的表征……315
4.4 超声波预处理-微波加热活化再生……320
4.4.1 影响再生效果的因素……320
4.4.2 再生活性炭表征……324
参考文献……331
第 5 章 其余废活性炭的微波再生与应用……333
5.1 引言……333
5.2 黄金生产用废活性炭的微波再生……333
5.3 多晶硅行业废煤基活性炭的微波再生……340
5.3.1 微波加热水蒸气活化再生……341
5.3.2 微波加热二氧化碳活化再生……346
5.4 净化化工废水用废活性炭的微波再生……351
5.5 味精生产用废活性炭的微波再生与应用……356
5.5.1 微波加热直接再生……356

5.5.2　微波加热-超声波喷雾再生与应用……357
5.6　医药行业废活性炭的微波再生……362
5.6.1　针剂生产用废活性炭的微波再生……362
5.6.2　阿司匹林生产用废活性炭的微波再生……368
5.6.3　乙酰氨基酚生产用废活性炭的微波再生……370
5.7　木糖脱色用废活性炭的微波再生……379
5.7.1　实验原料及方法……379
5.7.2　1 号废活性炭的微波加热再生……380
5.7.3　2 号废活性炭的微波加热再生……384
5.8　其余行业废活性炭的微波再生……391
5.8.1　吸附甲苯和丙酮的废活性炭的微波再生……391
5.8.2　吸附亚甲基蓝的废活性炭的微波再生……395
参考文献……397

第1章 绪 论

1.1 活性炭概述

1.1.1 活性炭的性质

活性炭是一种孔结构发达、比表面积大和吸附能力很强的固体炭质多孔材料。活性炭的分子结构形似一个六边形，活性炭具有类石墨晶粒却无规则排列的微晶，其微晶间存在形状不同、大小不一的孔隙，这些孔隙尤其是微孔可以为活性炭提供巨大的比表面积。活性炭微孔的孔容积一般为0.15～0.7cm^3/g，微孔比表面积为400～1000m^2/g，有的甚至更高，占活性炭总表面积的95%以上，因此微孔数量是决定活性炭总比表面积的重要因素[1]。活性炭中孔的孔隙容积一般为0.1～0.5cm^3/g，比表面积为20～70m^2/g，一般只有活性炭总比表面积的约5%。中孔可以为吸附质提供进入微孔的通道，还能直接吸附较大分子。大孔孔隙容积一般为0.2～0.4cm^3/g，比表面积通常不超过0.5m^2/g。当活性炭被用作吸附剂时，大孔是吸附质分子进入活性炭内部中孔和微孔的桥梁。

活性炭的吸附性能不仅与孔结构有关，还与其表面化学性质有密切关系。活性炭的主要元素成分是碳，含量为90%～95%。此外，活性炭中还含有少量氢、氮、氧、硫和卤素等，这些元素以化学键的形式与碳原子相结合而形成有机官能团[1]。活性炭中常见的官能团有羧基、羰基、酸酐、乳醇基、醌基、醚基、内酯基和酚基等[2]。原料来源和活化方式是影响活性炭中有机官能团种类和含量的两个重要因素。不同的表面官能团会影响活性炭的表面酸碱性、亲疏水性、催化性能、表面润湿性和吸附选择性能等。通常认为，活性炭中氧含量越高，其酸性越强，表现出阳离子的交换特性；而氧含量越低，其碱性越强，表现出阴离子的交换特性[3]。

根据力学性质的分类，可以将活性炭的吸附分为物理吸附和化学吸附[1]。物理吸附时，吸附质是通过范德瓦尔斯力和氢键作用结合在活性炭表面，范德瓦尔斯力包括色散力、静电力和诱导力[4]。化学吸附时，吸附质和活性炭表面通过离子交换或发生化学反应而产生化学结合。通常物理吸附时是可逆的，可以是单层或多层吸附；而化学吸附时是不可逆的，且只能是单层吸附。

1.1.2 活性炭的分类

活性炭可以根据其用途、形状、生产原料等来进行分类。

活性炭按用途可分为：脱色炭、糖用炭、药用炭、净化炭、黄金炭、空气净化炭、溶剂回收炭、脱硫炭及催化剂载体炭等。

活性炭按形状可分为：粉状活性炭，外观尺寸小于 0.18mm 的颗粒占多数的活性炭；颗粒活性炭，外观尺寸大于 0.18mm 的颗粒占多数的活性炭；圆柱形活性炭，以圆柱形颗粒的横截面直径表示；球形活性炭，以球形颗粒的直径表示；以及其他异形活性炭。

活性炭按生产原料可分为：木质活性炭，以木屑、木炭、稻壳、稻草等为原料制成的活性炭；果壳(果核)活性炭，以椰壳、核桃壳、杏核等为原料制成的活性炭；煤质活性炭，以褐煤、泥煤、烟煤、无烟煤等为原料制成的活性炭；石油类活性炭，如以沥青等为原料制成的沥青基球状活性炭。

1.1.3 活性炭的用途

活性炭在石油化工、食品、医药乃至航空航天等领域均有广泛应用，已成为国民经济发展和国防建设的重要功能材料[5]。由于活性炭具有极强的吸附能力，被广泛应用于吸附处理有毒有害气体、废水等，在保护人类生存环境中发挥着极其重要的作用[6]。

尽管我国活性炭工业起步较晚，但发展迅猛，目前已成为仅次于美国的世界第二大活性炭生产国。我国活性炭生产企业有 500 多家，活性炭总生产能力达 45 万 t 左右[7]。我国活性炭的生产量及需求量如图 1-1 所示[6]，可以看出，25 年来我国活性炭的生产量和需求量均呈逐年增长的趋势，尤其是近十年来增长迅猛。

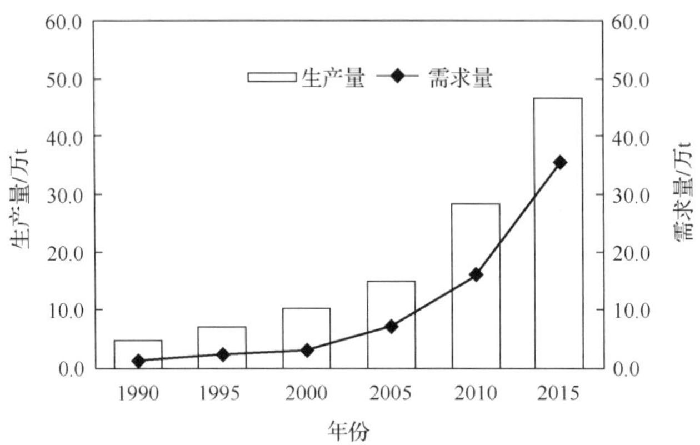

图 1-1　我国活性炭的生产量和需求量[6]

1. 活性炭在气相吸附中的应用

活性炭在气相吸附方面的应用从第一次世界大战中的防毒面具开始，以后逐渐推向化学工业、医药工业、溶剂回收、气体净化和分离等领域，根据吸附处理气体类型的不同，可以分为三大类：烟气净化、汽车尾气净化和吸附挥发性有机物。

1) 烟气净化

活性炭烟气净化技术在燃煤电厂、燃煤锅炉、钢铁烧结机、玻璃熔炼等领域得到了广泛应用。2014～2017年国内活性炭烟气净化工程工业应用情况如表1-1所示[8]，活性炭可用于钢铁等行业脱硫脱硝及烟尘净化，此外，活性炭的吸附-催化特性也可同时脱除烟气中的二噁英、HCl、HF及重金属等污染物。

表1-1 2014～2017年国内活性炭烟气净化工程工业应用情况[8]

年份	用户	烟气类型	烟气量/(万 Nm^3/h)	脱除污染物种类
2014	珲春多金属有限公司	硫酸尾气	41	SO_2、烟尘
	武汉晨鸣乾能热电有限责任公司	燃煤锅炉	33	SO_2、NO_x
2015	张家港联峰钢铁有限公司	烧结烟气	108	SO_2、NO_x、烟尘
	河北前进钢铁集团有限公司	球团烟气	75	SO_2、烟尘
	日照钢铁控股集团有限公司	烧结烟气	190	SO_2、NO_x、烟尘
	宝钢湛江钢铁有限公司	烧结烟气	180	SO_2、NO_x、烟尘
2016	日照钢铁(营口)控股集团	烧结烟气	190	SO_2、NO_x、烟尘
	首钢京唐钢铁联合有限责任公司	球团烟气	128	SO_2、NO_x、烟尘
2017	青海铜业有限责任公司	环集烟气	50	SO_2、烟尘
	青海铜业有限责任公司	硫酸烟气	11	SO_2、烟尘

注：Nm^3表示0℃、1个标准大气压下的气体体积。

杜鹏和王晓华[9]研究了采用二级活性炭对烟气中SO_2进行净化，当采用一级RS-2型活性炭脱硫后，H_2S质量浓度可以从500mg/m^3(标准状态①)降低至200mg/m^3(标准状态)以下，采用二级SN-3型活性炭脱硫后，H_2S质量浓度可进一步降低至20mg/m^3(标准状态)以下。研究结果表明，SN-3型活性炭硫容高、脱硫效果好，操作简单且能再生利用，是一种高效、成本低和环境污染小的脱硫剂，具有明显的经济效益。

Nowicki等[10]采用由核桃壳制备的生物活性炭净化烟气中NO_2，结果表明活性炭的活化制备条件对其吸附能力有很大影响，制备出的活性炭的比表面积和孔体积分别可以达到2305m^2/g和1.15cm^3/g，对NO_2的吸附量可达到66mg/g。

2) 汽车尾气净化

汽车燃料主要是汽油和柴油，由于天然气中空气污染物要比汽油和柴油更少，

① 标准状态指温度293.15K(20℃)，压力101.325kPa。

近年来，许多国家已开始将天然气用作汽车燃料[11,12]。汽车总污染的 40%左右来源于油气挥发污染，占尾气排放污染的 60%～70%，因此，有研究者研发了具有高效吸附和脱附油气功能的专用活性炭，用于吸附汽车挥发性汽油[5]。

周桂林等[13]研究了活性炭制备条件与天然气吸附量的关系，研究表明制备超高比表面积活性炭吸附剂的活化条件直接影响着活性炭吸附剂的结构及吸附储存天然气的能力，在 KOH/C 质量比为 3.0、活化时间为 90min、活化温度为 800℃及 900℃时，分别制得了比表面积达 3348m^2/g，不小于 2nm 的孔所占的百分比为 65.34%及比表面积为 2610m^2/g，不小于 2nm 孔所占的百分比达 79.06%的超高比表面积活性炭。在温度为 25℃、压力为 8.0MPa 时，比表面积为 3348m^2/g 的超高比表面积活性炭吸附剂对天然气的吸附量可高达 1043.8cm^3/g。

3) 吸附挥发性有机物

挥发性有机物简称 VOCs，是常温下以蒸气形式存在于空气中的挥发性有机物的统称。石油化工、包装印刷、半导体及电子产品制造、家具制造、合成橡胶(纤维)生产、医药化工等上百个行业均可产生 VOCs，共可以分为八大类：烷烃类、芳烃类、烯烃类、醛酮类、醇类、脂类、酸酐类和酰胺类[8]。VOCs 易导致光化学烟雾或 $PM_{2.5}$，而且是一种致癌物，是一种严重的空气污染物。随着工业的发展，使用有机溶剂的行业及种类也越来越多，如化工行业的丙酮、苯、甲苯、汽油等，活性炭通常被用于这些有机物的吸附净化[14]。

梅建庭[15]研究了颗粒活性炭对碘和有机蒸汽的吸附性能，该颗粒活性炭的比表面积为 1128m^2/g，总孔体积为 0.69cm^3/g。结果表明活性炭对碘的静态饱和吸附容量为 895mg/g，吸附 30s 后其吸附量能达到饱和吸附容量的 20%。此外，该活性炭对苯、环己烷、四氯化碳、乙醇、乙酸乙酯等有机物也具有较好的吸附能力。

2. 活性炭在液相吸附中的应用

活性炭在液相吸附中的应用主要包括生活用水的净化和工业废水的吸附净化。活性炭可用于自来水、食品、饮料和医药用水的净化；可用于矿冶、化工、电镀、材料等行业产生含重金属废水的处理；也可用于染料、医药、化工等行业产生的有机废水的处理。因此，活性炭被广泛用于吸附净化上述无机或有机废水。此外，活性炭还可以在食品或医药行业被用于脱色和除臭，用于油脂、汽油和柴油等脱色。

1) 用作脱色剂

周先汉等[16]采用活性炭作吸附剂，研究了不同吸附条件对深色蜂蜜脱色的影响，结果表明在最优工艺条件下(活性炭用量 3.0g/100mL，吸附时间 10.0min，pH=3，温度 75℃)，活性炭的脱色率可达到 97.32%。实验结果表明，深色蜂蜜经活性炭脱色后，蜂蜜的品质明显提高，色泽、状态指标可提高1～2个等级，风味可提高2～3个等级。

邓先伦等[17]对比分析了柠檬酸厂现用粉状活性炭和专用活性炭的脱色能力。结果表明对于柠檬酸、柠檬酸钠和柠檬酸钾溶液的脱色，由于专用活性炭吸附有机色素等大分子的有效孔容积大于现用的粉状活性炭，专用活性炭脱色能力大于现用的粉状活性炭。

何志平等[18]采用活性炭对啤酒酵母提取液进行了脱色研究，结果表明最佳的脱色条件是脱色温度为 80℃、pH=3.0、活性炭用量为 2g/100mL、脱色时间为30min，脱色后酵母提取液色素含量下降且基本无异味，非生物稳定性更佳。

房丹丹[19]采用榛子壳制备的活性炭对废弃食用油脂进行脱色。通过单因素和正交实验结果表明，在活性炭加入量为10%、脱色时间为60min、脱色温度为60℃、搅拌速率为 250r/min 时，活性炭对废弃食用油脂的脱色效果最佳，脱色率可达69.2%。

2) 生活用水净化

水是生命之源，水资源保护是环境保护的重中之重，美国和日本等发达国家普遍采用活性炭用于水资源净化，其用量占40%以上。当活性炭用于生活用水的净化时，可以吸附除去多种有机质和臭味，也可除去由于氯气或漂白粉处理后生成的对人体有害的含氯碳氢化合物。

张林军等[20]针对水厂水源受污染的情况，通过静态搅拌实验，对用粉末活性炭处理微污染源水时，粉末活性炭种类的选择、投加点及用量的确定等问题进行了研究。结果表明，对突发性微污染源水采用投加粉末活性炭的方法投资相对较小、见效快，对水中的色度、有机污染物和酚类的吸附效果较好。

原芳等[21]以稻壳为原料制备了高比表面积粉末活性炭，其碘吸附值和比表面积分别为1010mg/g和1923m^2/g，并将其自来水源水净化效果与商品炭进行了对比研究。研究表明，稻壳炭和商品炭对水中浊度的去除效果基本相同，对高锰酸盐的去除率分别为61%和50%；水样处理前后的GC-MS测试结果表明，稻壳炭和商品炭对自来水水源中有机物的去除率分别为71%和45%，说明制备的稻壳活性炭具有比商品炭更强的吸附能力。

3) 废水净化

李国斌和杨明平[22]采用比表面积为 1035m^2/g 的粉煤灰活性炭对含 Cr(Ⅵ)的电镀废水进行了处理。当溶液中 Cr(Ⅵ)质量浓度为 50mg/L、pH=3、吸附时间为1.5h时，活性炭的吸附性能和Cr(Ⅵ)的去除率均达到最佳效果。实验结果表明，粉煤灰活性炭完全可以用于处理电镀废水中的Cr(Ⅵ)，去除效果接近其他煤制活性炭，吸附后的废水可达到国家排放标准。粉煤灰活性炭处理电镀废水，吸附性能稳定，处理效率高，操作费用低，具有明显的社会效益和经济效益。

王晓云等[23]采用活性炭对经济处理后的洗浴废水进行了处理。洗浴废水经混凝剂处理、砂滤和臭氧氧化处理后，其浊度和化学需氧量(chemical oxygen demand，COD)明显降低，但是其 COD 通常仍大于 10mg/L。为了使洗浴废水达到回用标准，可以利用活性炭对其做进一步净化处理。实验研究表明，活性炭不仅能降低废水中的 COD，还具有除臭功能，从而使洗浴废水达到回收利用标准。

3. 活性炭在催化剂制备中的应用

活性炭本身具有催化活性，可单独用作催化剂[24]。在活性炭催化下，氯气可以与一氧化碳反应生成光气，与二氧化硫反应生成硫酰氯。

活性炭作为催化剂载体也被广泛应用，例如，负载醋酸锌的活性炭可用作乙炔和醋酸合成醋酸乙烯酯单体的催化剂，载铂和钯的活性炭可用作加氢、脱氢、芳构化、环化和异构化的催化剂，载氯化汞的活性炭可用作乙炔氢氯化反应的催化剂，活性炭也可作低压氯乙烯生产中的催化剂载体等。

周桂林等[25]以不同的高比表面积活性炭为载体，在接近现有工业生产条件下研究了催化剂载体的结构对合成醋酸乙烯(VAc)生产能力的影响。实验结果表明，合成 VAc 的生产能力随载体活性炭比表面积的增加而增加，载体活性炭的比表面积为 $2713m^2/g$ 时，催化剂的生产能力是比表面积为 $1839m^2/g$ 时的 1.30 倍；载体活性炭中孔径 1～2nm 的孔对合成 VAc 的催化活性影响不大，孔径 2～40nm 的孔对催化过程起主要作用。

4. 活性炭在储能材料中的应用

炭材料作为铅蓄电池负极板重要的添加剂，可以有效改善电池的综合性能。很多科研学者关注活性炭在铅酸蓄电池中的应用，活性炭由于其多孔的微晶结构，有利于放电时酸的及时供应，减小浓差极化，从而提高电池性能[26]。近年来，活性炭及其改性产品也被用于储存含能物质，如氢气和天然气。

王晓峰等[27]以活性炭为材料进行了碳基电化学双层电容器的研制，实验显示电容器的直流充放电、循环伏安及交流阻抗等具有良好的电化学性能，活性物质的比容量为 173.2F/g，大功率充放电条件下活性物质的比能量大于 5.0Wh/kg，同时具有 10^5 以上的循环寿命。由电化学电容器与金属氢化物-镍(MH-Ni)蓄电池组成的复合电源系统的脉冲放电性能得到显著改善，可望在移动通信等领域获得广泛的应用。

左晓希和李伟善[28]以石油焦为原料，采用氢氧化钾为活化剂，在原料粒度为 180 目、碱炭比为 3、活化温度为 800℃、保温时间为 2h 的条件下所制备活性炭比表面积为 $2170m^2/g$，采用该材料作为电极材料，组装成超级电容器，其比容量为 165F/g，并对其进行恒电流充放电实验、循环伏安实验和交流阻抗实验等，结果表明，由该材料制备的超级电容器具有良好的电化学性能，适合大电流充放电。

5. 活性炭在其他方面的应用

1) 土壤修复

农药化肥的大量使用、生活污水和工业废水的排放、大气污染物的沉降等均会对土壤造成污染，活性炭在改善土壤质量、加快污染物的降解、减少污染物的植物有效性和生物可利用性、增加作物产量和有效吸附土壤中重金属或有机物等方面具有一定的作用[29,30]。

2) 在医学上的应用

由于活性炭具有理化性质稳定、选择吸附性强和生物相容性好的特点，在医学上被用作活性吸附材料或医药缓释载体[31]。例如，活性炭可吸附肌酐等从而净化血液，作为解毒剂治疗急性中毒，吸附胆红素辅助治疗肝病。有大量研究者对活性炭在消化道恶性肿瘤治疗、大肠癌根治、急性安眠药中毒治疗等方面做了大量研究，并取得了良好的效果[32-34]。活性炭也可用于包扎皮肤上的各种创伤，尤其是用于不易愈合和常伴发炎症的溃疡和化脓伤口，不仅能去除臭气，还能加快痊愈[35]。

3) 在化学工业和其他工业中的应用

活性炭在石化工业中应用于油品精制、脱臭。在无机化工和制药工业中应用于原料和医药制品的精制提纯。在冶金工业中特别是湿法冶金中应用于金、铂等贵金属的提取。在染织工业中的染料、媒染剂生产过程中也逐渐使用活性炭。

目前，活性炭最大的用途是用作吸附剂，随着科学技术的不断发展进步，活性炭在环境保护、产品制造、医学等领域的应用将会不断拓展和深入，新型活性炭材料也将会不断涌现。

1.1.4 活性炭的表征方法

1. 吸附等温线

吸附等温线是指在一定温度条件下，溶质分子在两相界面上进行的吸附过程达到平衡时，它们在两相中浓度之间的关系曲线，是吸附相平衡的具体描述。吸附等温线在不同相对压力段的形状可分别反映表面作用力、孔径分布和孔容等信息，有助于分析吸附剂的孔结构。通过对吸附等温线的分类，人们可以更好地理解吸附机理和构建相应的理论模型，并能够更好地将理论应用到实际中去。

吸附等温线能反映固体表面结构、孔结构和固体-吸附质的相互作用，通过吸附等温线可以研究吸附剂的吸附性能[36,37]，吸附相互作用和表征固体表面[38,39]，吸附等温线的研究在吸附科学中具有重要意义。

根据国际纯粹与应用化学联合会(IUPAC)的分类，可以将众多的吸附等温线归纳为六种类型，如图 1-2 所示[40,41]。

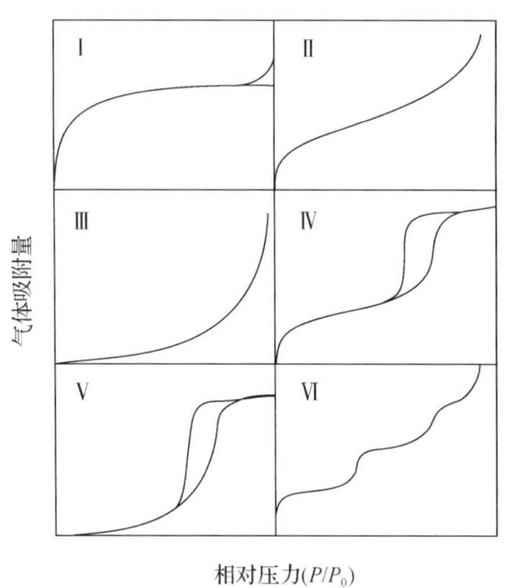

图 1-2　根据 IUPAC 划分的吸附等温线

P 为吸附质的分压，P_0 为吸附质的饱和蒸汽压

Ⅰ型吸附等温线与相对压力 P/P_0 线呈凹型且以形成一平台为特征，平台呈水平或接近水平状，随着饱和压力达到吸附等温线，或者直接与 P/P_0=1 相交，或表现为一条“拖尾”。吸附等温线的初始部分代表吸附剂中狭窄微孔的填充部分，其极限吸附容量依赖于可接近的微孔容积而不是表面积。在较高相对压力下，平台的斜率是非微孔表面(如中孔或大孔及外表面)上的多层吸附所致。Ⅰ型吸附等温线适用于无孔均一表面的单分子层吸附或微孔吸附剂的容积填充机制。

Ⅱ型吸附等温线通常是由无孔或中大孔吸附剂所引起的不严格的单层到多层吸附。拐点的存在表明吸附由单层吸附到多层吸附的转变，拐点即为单层吸附的完成和多层吸附的开始。

Ⅲ型吸附等温线通常与较弱的吸附剂-吸附质相互作用及较强的吸附质-吸附质相互作用有关。相互作用导致在均匀的单层吸附尚未完成之前开始进行多层吸附，其中吸附质-吸附质之间的相互作用对吸附过程产生很重要的影响。

Ⅳ型吸附等温线的明显特征是其存在滞后回线，这与毛细凝聚的发生有关，在较高的分压范围呈现一平台，其起始部分类似于Ⅱ型吸附等温线，对应中孔壁上的单层-多层吸附导致的结果。

Ⅴ型吸附等温线与Ⅲ型吸附等温线相似，与吸附质-吸附质之间的作用力相比，吸附剂-吸附质之间的相互作用非常弱。

Ⅵ型吸附等温线非常罕见，但具有特殊的理论意义，其代表在均匀非孔表面如石墨化炭上逐步形成的多层吸附。

1) Langmuir 等温吸附模型

Langmuir 等温吸附模型可用于表征理想的单分子层吸附[42,43]，Langmuir 方程可表示为

$$\frac{c_e}{q_e}=\frac{1}{q_m K_L}+\frac{c_e}{q_m} \tag{1-1}$$

式中，q_e为平衡吸附量(mg/g)；q_m为吸附剂的单层吸附量(mg/g)；c_e为吸附质平衡浓度(mg/L)；K_L(L/g)为 Langmuir 吸附平衡常数，与温度及吸附热有关，L/g。

反映 Langmuir 等温吸附模型本质特征的一个重要参数是无量纲分离因子 R_L，也称吸附平衡参数，R_L的计算公式如下[44]：

$$R_L=\frac{1}{1+K_L c_o} \tag{1-2}$$

式中，c_o为吸附质初始浓度(mg/L)。

R_L的大小能在一定程度上指示吸附过程是否是有利的[45]：$0<R_L<1$，表示为有利吸附；$R_L>1$，表示为不利吸附；$R_L=1$，表示为可逆吸附；$R_L=0$，表示为不可逆吸附。

2) Freundlich 等温吸附模型

Freundlich 等温吸附模型所代表的能量关系是：吸附热随吸附量呈对数形式降低，适用于不均匀表面吸附，Freundlich 等温吸附模型的方程为[46]

$$q_e=K_F c_e^{1/n} \tag{1-3}$$

式中，K_F为 Freundlich 吸附系数[(mg/g)/(mg/L)$^{1/n}$]，与吸附剂的性质和用量、吸附质的性质及温度等有关；n为 Freundlich 常数，通常大于1，与吸附体系的性质有关，n决定了等温线的形状。一般认为 $1/n$ 为 0.1～0.5，则易于吸附；$1/n>2$ 时，则难以吸附[47]。利用 K_F和 $1/n$ 两个常数，可以比较不同吸附剂的吸附特性。

对式(1-3)两边取对数，则有

$$\ln q_e=\frac{1}{n}\ln c_e+\ln K_F \tag{1-4}$$

以 $\ln q_e$对 $\ln c_e$作图可以得到一条直线，由直线的截距可以得到 $\ln K_F$，由直线的斜率可得到 $1/n$。

2. 活性炭孔结构表征

1) 比表面积

目前，活性炭的比表面积通常利用气体吸附法间接测定，即通过实验测定活性炭对气体的吸附等温线，再选择合适的吸附理论间接计算吸附剂比表面积和孔体积等孔结构参数，最终得到吸附剂的孔结构特征。多分子层吸附(BET)理论是目前最常用的比表面积计算方法[48]，它根据 Brunauer、Emmett 和 Teller 三人提出的 BET 模型，导出吸附等温方程式：

$$\frac{1}{q(P_0/P-1)}=\frac{1}{q_{\mathrm{m}}C}+\frac{C-1}{q_{\mathrm{m}}C}\frac{P}{P_0} \tag{1-5}$$

式中，q 为在相对压力是 P/P_0 时吸附质的吸附量；q_{m} 为单层吸附量；P_0 为在实验温度时的气体饱和蒸气压；P 为平衡压力；C 为吸附等温常数，它与吸附剂第一层的吸附能有关，因而 C 的大小表示吸附剂-吸附质之间相互作用的程度。

通过实验测定出不同相对压力 P/P_0 下的吸附量，然后以 $1/[W(P/P_0)-1]$ 对 P/P_0 作图可得一条直线。直线在纵轴上的截距为

$$s=\frac{C-1}{q_{\mathrm{m}}C} \tag{1-6}$$

直线斜率为

$$i=\frac{1}{q_{\mathrm{m}}C} \tag{1-7}$$

则单层吸附量 q_{m} 为

$$q_{\mathrm{m}}=\frac{1}{s+i} \tag{1-8}$$

用 S_{BET} 表示比表面积，如果知道每个吸附分子的横截面积 A_{CS}，就可用式(1-9)来求吸附剂的比表面积：

$$S_{\mathrm{BET}}=\frac{q_{\mathrm{m}}N_{\mathrm{A}}}{M}\frac{A_{\mathrm{CS}}}{W} \tag{1-9}$$

式中，M 为吸附质分子量；N_{A} 为阿弗加德罗常数；W 为吸附剂质量。对氮气来讲，其横截面积为 0.16nm^2。

此外，在 BET 公式中常数 C 可以表示为

$$C=\left(\frac{a_1}{b_1}\right)g\mathrm{e}^{(q_1-q_\mathrm{L})/(RT)}=A\mathrm{e}^{(q_1-q_\mathrm{L})/(RT)} \tag{1-10}$$

式中，R 为气体场数；T 为绝对温度；a_1、b_1 为比例常数；q_1 为第一层吸附热；q_L 为液化热。

在低温下，大多数固体表面对氮气的吸附热 q_1 总是比 q_L 大好几倍，因此总有 $C\gg 1$，故式(1-5)可简化为

$$\frac{1}{q(P_0/P-1)}=\frac{1}{q_\mathrm{m}}\frac{P}{P_0} \tag{1-11}$$

即有

$$q_\mathrm{m}=q\left(1-\frac{P}{P_0}\right) \tag{1-12}$$

测量在某一相对压力(最好是接近 $P/P_0=0.3$)时吸附的氮气量，联合式(1-12)及理想气体方程，即可计算出单层吸附量 q_m，即

$$q_\mathrm{m}=\frac{PVM}{RT}\left(1-\frac{P}{P_0}\right) \tag{1-13}$$

总比表面积可由式(1-9)得到，即

$$S_\mathrm{t}=\frac{PVN_\mathrm{A}A_\mathrm{CS}(1-P/P_0)}{RT} \tag{1-14}$$

根据以上理论，可以求出吸附剂的比表面积。

2) 总孔体积和平均孔径

总孔体积是在相对压力接近于 1 时的吸附量。其假设为：此时孔内充满了液态吸附质。在吸附剂如果无大孔存在，则其吸附等温线在 P/P_0 接近于 1 的范围内保持几乎水平的状态，可以得到很好的孔体积值。然而若有大孔存在时，当 $P/P_0=1$ 时等温线急剧上升；而存在很大的孔时，其等温线将垂直上升。在这种情况下，若能很好地控制样品的温度，吸附有限值即可视为总孔体积。吸附的氮气体积(V_ads)可转换成孔内含有的液氮的体积(V_liq)，即

$$V_\mathrm{liq}=\frac{P_\mathrm{a}V_\mathrm{ads}V_\mathrm{m}}{RT} \tag{1-15}$$

式中，P_a 和 T 分别为环境压力和温度；V_m 为液态吸附质的摩尔体积(氮气的 V_m 为 $34.7\mathrm{cm^3/mol}$)。

当在相对压力为 1 以下时，样品的孔道不会被填满，而且这些孔道对总孔体积和表面积的贡献也是可以忽略不计的，平均孔径可从孔体积估算得到。其平均孔径 r_p 可按由式(1-16)计算得到

$$r_p = \frac{2V_{liq}}{S} \tag{1-16}$$

式中，S 为比表面积。

3) D-A 方程分析微孔特征

在 Polanyi 吸附理论的基础上，Dubinin 和 Radushikevich 提出了以微孔体积填充理论为基础的微孔计算方法(D-R 法)[49]。这是一个在低、中压下测定微孔体积的方程：

$$q = q_0 \exp\left[-\left(\frac{E}{\beta E_0}\right)\right]^2 \tag{1-17}$$

式中，q 为吸附质在微孔中的吸附量；q_0 为饱和吸附量；E 为吸附势，它表示固体吸附剂对不同吸附质蒸气之间的亲和关系；β 为亲和系数，反映了该种吸附质与苯相比较时可吸附性的大小，对于活性炭来说，苯的 β 为 1，氮的 β 为 0.33；E_0 为标准吸附质苯的特征吸附能。

根据 Polanyi 吸附理论，吸附势 E 可以按式(1-18)计算：

$$E = RT \ln \frac{P}{P_0} \tag{1-18}$$

所以，D-R 方程又可表示为

$$\ln q = \ln q_0 - \left(\frac{RT}{\beta E_0}\right)^2 \ln \frac{P}{P_0} \tag{1-19}$$

D-R 方程能较好地表达蒸气在均匀微孔吸附剂上的吸附，其中的参数反映了均匀微孔吸附剂的结构特征和吸附特性。然而，使用中吸附剂的微孔大部分是非均匀的，其吸附规律偏离 D-R 方程，其结构特征和吸附特性不能用 D-R 方程中参数较好地表征。因此，Dubinin 和 Astakhov 在 D-R 方程的基础上，提出了更广义的 Dubinin-Astakhov(D-A)方程[50]，如式(1-20)所示：

$$q = q_0 \exp\left[-\left(\frac{-RT \ln \frac{P_0}{P}}{\beta E_0}\right)^n\right] \tag{1-20}$$

式中，β 为吸附亲和系数，依赖于表面与分子的作用强度，对活性炭，在以苯为标准，设苯的 β=1 时，氮的 β=0.33[51]；E_0 为特征吸附能；n 为 Astakhov 指数，反映了吸附剂表面势能分布的不均一性，由于表面势能分布与吸附剂的孔径分布密切相关，所以 n 在某种程度上是吸附剂孔径分布的度量，n 越大，孔径分布越窄，即孔径大小越均匀[52-54]，n 可以按式(1-20)计算，通常它为 1～3：

$$\frac{\mathrm{d}(q/q_0)}{\mathrm{d}r}=3n\left(\frac{K}{E}\right)^n r^{-(3n+1)}\exp\left[-\left(\frac{K}{E}\right)^n r^{-3n}\right] \tag{1-21}$$

式中，r 为孔半径；K 为相互作用系数，对于氮气，K=2.96kJ·nm^3/mol。

4) H-K 方程分析微孔分布

Horvath-Kawazoe 法[50]可以计算在相对压力较小时的微孔分布情况，与其他孔径分布理论不同的是它基于热力学理论，无论在理论上还是实践上都较准确和严格，特别是对分子大小尺度相当的孔应避免采用 Kelvin 方程，但对较大孔隙的计算易产生较大误差。H-K 方程如式(1-22)所示：

$$RT\ln(P/P_0)=K\frac{N_\mathrm{a}A_\mathrm{a}+N_\mathrm{s}A_\mathrm{s}}{\sigma^4 Ld}\left[\frac{\sigma^4}{3(L-d/2)^3}-\frac{\sigma^{10}}{9(L-d/2)^9}-\frac{\sigma^4}{3(L-d/2)^3}+\frac{\sigma^{10}}{9(L-d/2)^9}\right] \tag{1-22}$$

式中，σ 为气固原子在相互作用能为零时的距离(nm)；$d=d_\mathrm{a}+d_\mathrm{s}$，其中 d_s 为吸附剂原子直径(nm)，d_a 为吸附质原子直径(nm)；L 为孔径(nm)；N_s 为单位面积内吸附的吸附质原子数；N_a 为单位面积上的碳原子数；A_s 和 A_a 均为 Kirkwood-Moller 系数，它们可分别用式(1-23)和式(1-24)表示：

$$A_\mathrm{s}=\frac{6{M_\mathrm{c}}^2\alpha_\mathrm{s}\alpha_\mathrm{a}}{\left(\dfrac{\alpha_\mathrm{s}}{\chi_\mathrm{s}}+\dfrac{\alpha_\mathrm{a}}{\chi_\mathrm{a}}\right)} \tag{1-23}$$

$$A_\mathrm{a}=\frac{3{M_\mathrm{c}}^2\alpha_\mathrm{a}\chi_\mathrm{s}}{2} \tag{1-24}$$

式中，${M_\mathrm{c}}^2$ 为电子动能；α 为极化率；χ 为磁化率。

5) BJH 法分析中孔分布

BJH 法是由 Barrett、Joyner 和 Halenda 提出的吸附剂孔径计算方法[55]，它比较适合于计算中孔分布。在计算中孔尺寸时，假设孔为圆柱形，用 Kelvin 方程可得到孔的半径为

$$r_k = \frac{-2\gamma V_m}{RT\ln(P/P_0)} \tag{1-25}$$

式中，γ 为液氮在其沸点时的表面张力(77K 时等于 8.85ergs/cm^{2}①)；V_m 为液氮的摩尔体积(34.7cm^3/mol，T=77K)。将各常数代入式(1-25)可得

$$r_k = \frac{0.415}{\ln(P/P_0)} \tag{1-26}$$

当孔内有吸附物时，由于其孔内壁附着有一层吸附物质，测得的孔径并没有原孔孔径大，这时孔的实际半径应为

$$r_p = r_k + t \tag{1-27}$$

式中，t 为吸附层厚度，由于单层氮原子的厚度为 0.354nm，所以在计算中可以将 t 取值为 0.354。更常用的 t 值计算方法为

$$t = \frac{1}{10}\left[\frac{13.99}{\ln(P_0/P)+0.034}\right]^{1/2} \tag{1-28}$$

假设孔内充满了液体氮，将相对压力从$(P/P_0)_1$降到$(P/P_0)_2$，则随相对压力降低而导致氮脱附，并且使吸附层变薄 Δt_1，则脱附体积 V_1 与孔体积 V_{p_1} 存在如下关系：

$$V_{p_1} = V_1\left(\frac{r_{p_1}}{r_{k_1}+\Delta t_1/2}\right)^2 \tag{1-29}$$

当相对压力从$(P/P_0)_2$降到$(P/P_0)_3$时，如脱附体积为 V_2，孔体积 V_{p_2} 按式(1-30)计算：

$$V_{p_2} = \left(\frac{r_{p_2}}{r_{k_2}+\Delta t_2/2}\right)^2 (V_2 - V_{\Delta t_2}) \tag{1-30}$$

$$V_{\Delta t_2} = \Delta t_2 A_{c_1} \tag{1-31}$$

$$V_{\Delta t_n} = \Delta t_n \sum_{j=1}^{n-1} A_{c_j} \tag{1-32}$$

① 1erg=1×10^{-7}J。

$$V_{p_n}=\left(\frac{r_{p_n}}{r_{k_n}+\Delta t_n/2}\right)^2\left(\Delta V_n-\Delta t_n\sum_{j=1}^{n-1}A_{c_j}\right) \tag{1-33}$$

式中，V_{p_n} 为第 n 组孔的孔体积；r_{p_n} 为第 n 组孔的孔半径；r_{k_n} 为第 n 组孔的 Kelvin 半径；$\Delta t_n/2$ 为第 n 组孔的吸附层厚度的减少量；ΔV_n 为第 n 组孔毛细凝聚物的脱去量；$\Delta t_n\sum_{j=1}^{n-1}A_{c_j}$ 为半径大于 r_{p_n} 的前面各组孔因吸附层厚度减小导致的吸附质脱去量。

6) DFT 理论分析全孔孔径分布

密度函数理论（DFT）[56]可以计算吸附在表面和孔内的流体的平衡密度分布，从中可以导出吸附/脱附等温线。用 DFT 研究多孔炭质吸附剂的孔分布的方法是通过 DFT 计算出吸附质在吸附剂的狭缝型孔隙中的吸附填充程度，并应用到吸附容量的积分表达公式中（假定不同大小的孔其吸附是相互独立的）[57]：

$$V(P)=V_t\int_{H_{min}}^{H_{max}}J(H)\theta_1(H,P)\mathrm{d}H \tag{1-34}$$

式中，$V(P)$ 为相对分压 P 时的吸附容积；V_t 为最大吸附量；$J(H)$ 为孔径从 H_{min} 到 H_{max} 的孔容分布函数；$\theta_1(H,P)$ 为孔径是 H 时的均一孔吸附填充程度。

采用物理化学吸附仪对样品进行处理，即可获得样品在 0.4～300nm 范围内的全孔（微孔、中孔和大孔）分布。国内外采用密度函数理论来表征吸附材料的全孔分布，取得了较好的效果[58,59]。

孔隙大小的分布可以表示活性炭内部的复杂的孔结构，根据 IUPAC 孔隙尺寸的分类，可以将 1.0～100nm 范围内的孔隙分布进行分类，通常微孔孔径 1～2nm，中孔孔径为 2～50nm，大孔孔径 50～100nm[60]。

1.2 废活性炭概述

活性炭在使用一定时间后，其吸附能力会逐渐下降，最终达到吸附饱和，从而形成废活性炭。由于活性炭在使用过程中主要是将污染物进行转移富集，并没有实现污染物的彻底降解及消除，因此废活性炭实际是一种污染物高度富集的载体[6]。由活性炭的用途可知，废活性炭中通常会吸附各类型的无机污染物和有机污染物。无机污染物包括重金属离子、二氧化硫气体等，有机污染物包括苯等有害气体、染料和药物等。

如果将废活性炭堆在渣场或填埋，废活性炭中的重金属可能会被雨水等浸出，从而进入周围的水源或土壤中，其中重金属 Cd、Pb 和 Hg 等会通过食物链不断富集，最终进入人体产生严重危害，造成生殖毒性、免疫毒性和神经毒性等[61]。王兆凝等[62]测定了某饮用水处理厂废活性炭样品的重金属污染水平，结果表明，废活性炭中六种重金属 Cd、Cu、Pb、Cr、Zn 和 Ni 的含量为 0.92～221.99mg/kg，对研究区域生态环境具有影响的重金属元素主要是 Cd、Cu 和 Ni；废活性炭重金属内梅罗综合污染指数为 2.34，属于中度污染。

废活性炭实质是一种固体废物，甚至是危险固废，如果对其处置不当，将会造成二次污染。随着相关法律法规对环保要求的提高，需要对这些固废进行规范处置或者是交给有资质的公司进行无害化处置，因此，废活性炭的处置也成了有关部门不得不关注的一个新的环境污染治理问题。

有些企业将废活性炭当作燃料进行焚烧处理，尽管该方法可以利用燃烧产生的热能，但是废活性炭含有的污染物也会随之释放到大气中引起空气污染，而对于吸附重金属的废活性炭，焚烧也不能消除污染物；此外，不规范的焚烧还会产生大量有毒有害气体，比如二噁英和呋喃类致癌物质[6]。商业活性炭通常价格昂贵，对于生产企业而言，每次更换活性炭既要承担活性炭购置费，还要承担废活性炭的处置费，不利于经济的健康循环。

不同行业废活性炭的再生经济效益评价如表 1-2 所示，可以看出，不同行业废活性炭的再生均可以节省费用，部分行业废活性炭的再生利用甚至可以每年节省费用几十万元至几百万元不等，如果不对废活性炭进行再生利用，企业将要承担高额的活性炭购置费和固废处置费。由此可见，活性炭的重复再生利用，既可以保护生态环境，又可以节约生产成本，同时实现废弃二次资源的无害化和资源化利用，从而构建出一条资源、环境和经济循环发展的路径。

表 1-2　不同项目活性炭再生经济效益评价[6]

项目	活性炭用量/t	价格/万元	更换次数/(次/a)	固废处置费/(万元/a)	不再生费用/(万元/a)	再生费用/(万元/a)	节省费用/(万元/a)
打胶废气治理	4	0.7	4	3.2	14.4	6.8	7.6
4S 店车喷漆废气治理	2	1.2	4	1.6	11.2	4.6	6.6
发动机测试汽车尾气使用	18	1.2	4	14.4	100.8	41.4	59.4
蘑菇生产废气	2	0.7	2	0.8	2.8	2.4	0.4
喷漆有机废气治理	21	1.2	4	16.8	100.8	48.3	52.5
医疗废水深度处理	6	0.8	6	7.2	36	19.2	16.8
含铬废水过滤段使用	4	0.8	4	3.2	16	7.6	8.4
小型污水厂深度处理	2.6	0.8	365	189.8	949	310.18	638.82

1.3　废活性炭再生利用技术现状

废活性炭再生就是运用物理、化学或生物方法，在不破坏活性炭原有结构的前提下，恢复吸附饱和活性炭的吸附性能，从而实现重复利用和循环再生的目的[63,64]。活性炭的再生过程实际上就是破坏吸附质与活性炭之间吸附平衡的过程，活性炭再生的原理主要包括如下几种[65]：改变吸附质的化学性质；用对吸附质比活性炭亲和力更强的溶剂将吸附质萃取或置换；使吸附质氧化分解或释放；改变外部条件以破坏活性炭与吸附质之间的吸附平衡。因此，根据活性炭再生原理的不同，可以将活性炭再生方法分为三大类[66]：物理再生法、化学再生法和生物再生法。根据具体所采用技术的差异，可以将再生方法细分为：热再生法、化学溶剂再生法、电化学再生法、超临界流体萃取再生法、湿式氧化再生法、光催化再生法、生物再生法、超声波再生法和微波再生法。

1.3.1　热再生法

热再生法是使用历史最长且工业上应用最多的一种方法。热再生法是将废活性炭加热至高温，使吸附质动能增加而从活性炭上脱除，通常包括干燥、碳化和活化三个阶段[64]。干燥阶段主要是为了去除活性炭上的低沸点有机物和水分；碳化阶段是将活性炭加热至较高温度，使其中吸附的部分有机物以挥发、分解、碳化和氧化等形式脱附；活化阶段是向物料通入水蒸气或二氧化碳等活化气体，使其在高温下与活性炭孔道中残留的炭渣反应，进一步疏通活性炭孔道。热再生法具有再生效率高、再生时间短和对吸附质基本无选择性等优点，但在再生过程中活性炭易发生磨损和烧损，且存在长途运输成本高的问题[67]。

冯云晓和腊明[68]对吸附亚甲基蓝的废活性炭进行了热再生，实验结果表明，当再生温度为 400℃、再生时间为 30min、升温速度为 20℃/min 时，活性炭的热再生效果最好，活性炭可循环使用四次。

Salvador 和 Jiménez[69]对吸附酚类化合物的废活性炭进行了热再生，发现再生活性炭的吸附效率和比表面积均有所下降，这可能是由于酚的热解产物堵塞了活性炭的孔隙。

1.3.2　化学溶剂再生法

化学溶剂再生法的原理是利用活性炭、吸附质和溶剂三者之间的平衡关系，通过改变体系温度或酸碱度等条件，打破吸附质与活性炭之间的平衡，使吸附质从活性炭上脱附下来，从而达到再生活性炭的目的[70]。

化学溶剂再生法可以进一步分为无机溶剂再生法和有机溶剂萃取再生法。无机溶剂再生法是采用硫酸、盐酸或氢氧化钠等无机化学试剂调节溶液的酸碱度，目的是增大废活性炭中被吸附质的溶解度使其直接脱附，或者使吸附质和酸碱溶液直接发生化学反应生成易溶于水的盐类[71]。有机溶剂萃取再生法是使用苯、丙酮及甲醇等有机溶剂，将被吸附的有机物从活性炭上萃取下来，从而使活性炭再生，还可以回收部分有价吸附质，但是再生效率不高[65]。化学溶剂再生法针对性强，吸附质易于回收，且对活性炭的损害较小，但是存在溶剂使用后的二次污染和废液与再生炭分离困难等问题[67,72]。

Kow 等[73]采用热的氢氧化钠溶液对废活性炭进行了化学再生，最优实验条件为：每克活性炭中加入 15mL 浓度为 6mol/L 的氢氧化钠溶液，接触时间为 30min，所获得批次再生活性炭的比表面积为 899.1m^2/g，微孔体积为 0.8702cm^3/g，总孔体积为 0.9521cm^3/g。与新活性炭相比，再生活性炭的碘吸附值可超过 90%，亚甲基蓝吸附值可超过 98%。

张果金等[74]利用一种新型复配有机再生溶剂对印染废水处理用废活性炭进行了再生研究，该方法可以对活性炭进行反复吸附-再生利用，在循环使用 25 次后，其再生率仍高达 98%。再生溶剂经蒸馏后能反复使用，对于一些有可回收废热的厂家具有较高的推广使用价值。

1.3.3 电化学再生法

电化学再生法是将活性炭填充在两个主电极之间，在电解液中加以直流电场，使活性炭在电场作用下极化，一端呈阳极，另一端呈阴极，形成微电解槽，在活性炭的阴极部位和阳极部位可分别发生还原反应和氧化反应，吸附在活性炭上的大部分污染物可以通过电化学作用而被分解，小部分因电泳力作用而发生脱附从而使活性炭再生[72]。电化学再生法再生效率可高达 90%，能耗低、炭损失少，但是实际生产中存在电极的钝化、腐蚀、堵塞和电阻高等问题，因此该方法尚处在研究阶段，未被工业化应用[64]。

张会平等[75]研究了吸附苯酚的废活性炭的电化学再生，结果表明，采用间歇搅拌槽电化学反应器进行活性炭再生时，再生效率可超过 85%，通过强制搅拌以强化传质过程，可以显著提高活性炭的电化学再生效率，同时发现活性炭在阴极区的再生效率要高于阳极区。

Narbaitz 和 Cen[76]采用间歇搅拌槽反应器对吸附苯酚的废活性炭进行了电化学再生，结果表明，再生效率可达到 90%～95%，再生效率受电流的强度、电极类型、电解质浓度和再生时间的影响较大，而与苯酚吸附量无关。

1.3.4 超临界流体萃取再生法

超临界流体萃取法是 20 世纪 70 年代末开始发展的一项技术。超临界流体是指温度和压力都处于临界点以上的液体，流体的性质强烈依赖于温度和压力，常温下溶解度极小的物质，在超临界状态下其溶解度可以发生显著增大，从而可以将有机物与活性炭分离，达到再生的目的[64,67]。该方法是一种物理过程，不会改变污染物性质和活性炭结构，也不会造成炭的损耗，但是该方法对设备和技术操作要求较高，项目投资费用大[64,72]，此外，由于超临界流体仅限于二氧化碳，活性炭上的吸附质必须在超临界流体中具有可溶性，该方法对吸附类型是化学吸附的有机物再生效率不高，因此具有一定的局限性[77]。

Tan 和 Lee[78]采用超临界流体萃取再生法对吸附甲苯的废活性炭进行了再生，研究结果表明，在温度为 315K、压力为 11.72MPa、超临界二氧化碳流速为 1.57cm^3/min 和转速为 1600r/min 的条件下，在固定填料床上再生 60min 后，甲苯的脱除率为 68%；而在旋转填料床上再生 50min 后，甲苯的脱除率可达到 100%。

1.3.5　湿式氧化再生法

湿式氧化再生法是在热再生法基础上发展起来的一种新技术[79]。湿式氧化法再生活性炭的原理是在水热环境中使吸附在活性炭上的有机物发生脱附并进入溶液中，同时向溶液中通入氧气，通过产生羟基自由基将有机物氧化分解[80]。湿式氧化法需采用高温高压条件，再生温度通常在 300℃左右，因此活性炭表面会发生一定的热氧化反应，使其氧含量增高，从而降低活性炭对有机物的吸附能力[81]。为了降低活性炭上有机吸附质的分解温度并提高氧化反应效率，可以在湿式氧化体系中加入合适的催化剂，从而有效实现活性炭的低温再生和在线操作，因此，该方法也称为湿式催化氧化再生法[80]。湿式氧化再生法具有再生效率高、炭损失率较低和二次污染低等优点，适宜处理毒性高和生物难降解的吸附质，通常用于粉末状活性炭的再生，但是该方法的再生系统附属设施多，操作较烦琐[77]。

李光明等[82]在高压反应釜中对吸附饱和苯酚的活性炭进行了湿式催化氧化再生，研究结果表明，在温度为 210℃、氧分压为 0.6MPa 和再生时间为 1h 的条件下，活性炭再生效率为 47.0%，出水 COD 为 367.0mg/L。该方法可有效再生废活性炭并降低出水 COD。

Shende 和 Mahajani[83]采用湿式氧化法对吸附活性染料的废活性炭进行了再生，当再生时间为 3h、温度为 250℃、氧分压为 0.69MPa 时，活性炭再生率可达到 99%左右，且经多次循环吸附再生后，炭损失率较低。

1.3.6　光催化再生法

光催化技术是近年来新发展起来的一项环境友好型技术。TiO_2 是一种常用的光催化剂，在紫外光照射下，其表面会发生电子跃迁而产生高活性的强氧化物羟基自由基，能氧化降解绝大多数有机物及部分无机污染物[84]。将光催化技术应用到活性炭再生中便形成了活性炭的光催化再生法，该方法借助于某种光催化剂，通过光化学反应使光催化剂表面受到光子的激发，产生高活性强化剂自由基，将吸附质氧化降解成为无害或者低毒的物质，从而达到再生活性炭的目的[77]。光催化再生法可以实现废活性炭的原位再生，具有工艺简单、操作简便和能耗低的优点，但是也存在耗时长和再生效率低等问题[85]。

刘守新等[86]研究了光催化降解饱和吸附苯酚的煤质活性炭的光催化再生的可行性。结果表明，在 Ag-TiO_2 负载量为 1.9%、体系 pH 为 13、温度为 70℃、光催化时间为 72h 的实验条件下，活性炭的再生率可达 78.4%。活性炭上负载的光催化剂 TiO_2 在光照条件下形成了活性降解中心，可以使苯酚降解为无机物，由苯酚浓度差所产生的推动力可以使吸附于活性炭孔内的苯酚不断向降解中心扩散，导致活性炭内的吸附位逐步空出，从而实现活性炭的光催化再生。

任建坤等[87]使用气固流化床对饱和吸附亚甲基蓝的活性炭进行了光催化再生，结果表明，废活性炭经 250W 汞灯光照 12h 后，其再生率可以达到 65.8%，光催化再生后的活性炭具有与基体活性炭相似的孔道结构。

Park 等[85]将粉末活性炭与光催化剂 TiO_2 混合后，采用紫外光照进行再生，研究发现，光照时间是影响光催化再生效果的关键因素，在紫外光强为 $1.3\times10^{-4}W/cm^2$、粉末活性炭用量为 0.1g/L、TiO_2 用量为 0.5g/L 的条件下，光催化再生 4h、6h 和 12h 后，活性炭的再生率分别为 67%、74%和 89%。

1.3.7 生物再生法

生物再生法是依靠在活性炭上繁殖的微生物以氧化分解活性炭上的有机吸附质，生成 CO_2 和 H_2O，从而恢复其吸附性能。通常微生物难以进入活性炭中的微小孔隙中，而生物膜内厌氧层中细菌分泌的胞外酶可大量进入活性炭微孔中，将高分子和不溶性有机物分解为低分子，以供外层好氧菌生化利用[81]。

该法的优点是设备和工艺均比较简单，且不会损坏活性炭结构，缺点是生化反应周期较长，微生物对污染物的降解具有很强的选择性，生物不能降解的吸附质不能应用此法[64,80]。

Chan 等[88]对负载酚类化合物的活性炭进行了生物再生研究，结果表明，负载苯酚和对硝基酚的活性炭的再生效率分别为 78%和 77%。

张爱丽等[89]研究了吸附苯胺饱和颗粒活性炭的生物法再生，在再生时间为 120h 的条件下，进行了活性炭吸附饱和—生物再生平衡循环操作，实验结果表明，经过五次循环后，再生效率为 83.9%～86.0%，该生物再生效率低于热再生效率，与化学再生效率相当。

1.3.8 超声波再生法

超声波再生法的机理主要是利用超声波的空化效应，在水溶液中高能的空化气泡破裂的瞬间会产生局部高温高压，将水分子分解为羟基自由基，同时在活性炭表面产生高压冲击波，使吸附的有机物通过热解和氧化作用得到有效分离[90]。超声波再生活性炭具有工艺和设备简单、能耗小、炭损失较小和可回收吸附质等优点[91]，然而超声波再生仅对物理吸附有效，再生效率低[92]。

连子如[90]研究了焦化废水吸附饱和活性炭的超声波再生，在超声频率为33kHz、超声功率为200W、炭和水质量比为1∶10、再生液pH为7、再生时间为35min的再生条件下，采用焦化废水作为再生介质时，脱附率只有15.69%；而采用自来水作为再生介质时，脱附率可达到约50%。当焦化废水与自来水体积比为1∶3时，再生率可以达到36%左右，从而可以在一定程度上对活性炭进行脱附再生并降低再生成本。

Lim 和 Okada[93]采用超声波技术对吸附三氯乙烯的废颗粒活性炭进行了再生，对于5g吸附有6.5mg三氯乙烯的废活性炭，在超声波频率为20kHz下，处理1h后，约64%的三氯乙烯可以从活性炭上脱附，脱附到液相中的三氯乙烯很快被超声波分解。

1.3.9 微波再生法

微波再生法是在热再生法的基础上发展起来的一种新兴的活性炭再生方法。当对活性炭进行微波加热时，活性炭中吸附的极性分子会在微波场中受到诱导而产生偶极转向极化，将电磁能转化为热能[94]；吸附在活性炭孔道中的水和有机分子会受热挥发和炭化，使活性炭孔道重新打开，同时活性炭本身也会吸收热量而升温，烧失一部分炭，使孔径扩大，从而恢复吸附活性[95,96]。与传统再生方法相比，微波加热再生法具有如下优点[97]：吸附质解吸速度快；被蒸发的吸附质的电子损失要比吸附剂更大，从而实现对吸附质的选择性加热；加热时间短；再生效率高。缺点是微波加热机理研究尚不够深入，且需加强对专业微波设备的研发[95]。

除上述几种报道较多的活性炭再生方法外，还存在一些尚处于研究阶段的新兴活性炭再生技术，如Fenton试剂氧化再生法[71,98]、低温等离子体再生法[99]、臭氧氧化再生法、高频脉冲法[100]。传统活性炭再生技术在工艺和设备方面均较成熟，但存在炭得率低、再生效果差和能耗高等问题。新兴活性炭再生方法可以克服传统方法的一些弊端，但也存在有技术难题，因此大多仍处于研究阶段。不同的再生方法均各有利弊，因此在实际生产中应根据不同的吸附质采用合适的再生方法，也可以通过不同再生方法的组合实现更有效的再生。微波加热作为一种新兴的活性炭再生技术，对废活性炭原料具有很强的适应性，可以实现短时间内快速再生，具有再生效果好和过程能耗低等优势，因此微波再生法在国内外均得到了大量研究，极具大规模工业化应用前景。

1.4 微波加热再生废活性炭技术现状

1.4.1 微波加热概述

微波是电磁波谱中的一部分，是一种波长为 1mm～1m，频率为 300MHz～300GHz 的以光速传播的电磁波[101]。家用和工业微波设备的频率通常采用 2.45GHz，对应的波长为 12.2cm[102]。与常规加热方式不同，微波加热是直接将电磁能转化为热能。微波可以穿透材料并提供能量，热量可以在整个材料的内部产生，从而形成体积加热[103]。此外，微波还具有选择性加热、快速加热、非接触式加热、由内向外的加热方式、快速启停、现场处理废物、设备的可携带性和更高的安全和自动化水平等特点[104,105]。微波最早于 20 世纪 30 年代发展起来并被用于通信行业中，20 世纪 50 年代第一台用于加热食品的商业微波炉问世[106,107]。微波加热由于具有区别于常规加热的特点，已在科学和技术领域得到了广泛的应用，如食品加工、消毒杀菌、干燥、橡胶硫化、土壤修复、矿物加工、废物处理和活性炭再生[108,109]。然而并不是所有的材料都能吸收微波，针对不同的材料，根据材料与微波的作用结果，可将材料分为导体、绝缘体和介电体[91]：导体(如金属)能反射微波，绝缘体能穿透微波，介电体能吸收微波，因此微波加热也被称作介电加热。炭是一种很好的微波吸收材料，可以很容易被微波加热。此外，炭也可以用作吸波材料来间接加热透波材料，如土壤修复、生物质和有机废物裂解等[104]。材料吸收电磁波能量并将其转化为热量的能力主要取决于材料的介电特性，而介电特性取决于复介电常数。复介电常数通常表示为[110]

$$\varepsilon = \varepsilon' + \mathrm{j}\varepsilon'' \tag{1-35}$$

式中，ε' 为介电常数，用于度量材料储存微波能的能力；ε'' 为介电损耗因子，用于度量材料将储存的微波能转变为热能的能力。材料被微波加热的能力通常用损耗正切 $\tan\delta$ 来表示[104]：

$$\tan\delta = \varepsilon'' / \varepsilon' \tag{1-36}$$

蒸馏水在 2.45GHz 和 298K 下的损耗正切为 0.118，大部分炭材料的损耗正切均高于蒸馏水，在平均温度为 398K 下，活性炭的损耗正切高达 0.22～2.95[104,111]。

1.4.2 微波加热再生废活性炭研究现状

微波加热再生法已被用于气体和液体净化后废活性炭的再生及废催化剂载体

活性炭的再生。大多研究结果表明，废活性炭的微波加热再生受多方面因素的影响，如处理条件、活性炭自身性质和吸附质类别等。处理条件包括再生温度、微波功率、再生时间、活化气体类型和流量、物料用量等；活性炭自身性质包括活性炭材质、活性炭孔结构特征和表面化学性质；吸附质类别包括无机吸附质和有机吸附质。

1. 微波加热再生气体净化用废活性炭

Fayaz 等[112]对比研究了吸附挥发性有机物(VOCs)的废活性炭微波加热和常规加热再生。结果表明，当功率相同时，在微波加热再生条件下，VOCs 从活性炭的脱附速率要比常规加热再生更快。当达到完全脱附时，微波加热再生的能耗仅为常规加热再生的6%，这主要是因为微波条件下，样品具有更大的升温速率和更小的热损失率。

张立强等[113]研究了脱硫活性炭的微波再生及其对烟气中二氧化硫的循环吸附特性。结果表明，微波再生是脱硫活性炭再生的有效手段，在合适的再生功率下，经过多次循环吸附/再生后，活性炭仍然保持较高的吸附容量，吸附 17 次后再生活性炭的吸附能力仍然高于新活性炭。经过多次吸附/再生循环后，再生反应起到了活化的作用，使活性炭的孔结构变狭长，微孔比表面积和微孔容积呈增大趋势，同时酸性和碱性官能团基本保持稳定，活性炭的二氧化硫吸附容量逐渐增加。

陈茂生等[114]研究了载甲苯活性炭的微波加热再生。正交实验结果表明，各影响因素的重要性排序为：氮气流量>活性炭量>辐照时间>微波功率，最佳工艺条件为：活性炭量 9g、载气流量 300mL/min、辐照时间 120s、微波功率 500W，此时活性炭上甲苯的脱附率可达到 99.74%。

2. 微波加热再生水净化用废活性炭

张志辉等[115]采用活性炭对锂电池产生的含酯废水进行了吸附处理，然后采用微波加热对废活性炭进行了再生。当微波功率为 420W、再生时间为 6min 时，活性炭可被有效再生，再生效率高达 98.0%，活性炭损失率约为 5.2%，再生前后活性炭的红外光谱图表明，活性炭表面官能团发生了变化，可以促进活性炭对污染物质的吸附。

杨志远和张桂军[116]采用盐酸预处理、微波降解、氢氧化钠洗脱和氢氧化钾活化的方法对活性炭进行了再生。研究表明，用 20%的盐酸进行对活性炭进行预处理，微波加热温度为 800～900℃，活性炭湿度为 30%～40%；用 20%的氢氧化钠进行洗脱，90℃下反应 1h，最后用熔融的无水氢氧化钾活化处理，再生后的活性炭活性恢复到原来的 94%左右。

Pan 等[117]研究了负载苯酚的两种废活性炭的微波加热再生。实验得出最优微波加热再生条件为：微波功率 700W、再生时间为 7min、物料量为 0.1g，经最佳条件再生后，芦竹基活性炭和废纤维板基活性炭的比表面积分别可达到原来的 91.47%和 95.07%，表明微波加热对废活性炭具有良好的再生效果，但是经过 10 次再生后，芦竹基活性炭和废纤维板基活性炭的吸附能力分别只有原来的 41.01%和 50.65%。

Wu 等[118]对饮用水净化用废活性炭进行了微波加热再生，实验结果表明，再生活性炭的碘吸附值可以恢复至新活性炭的 98.1%，比表面积也要比废活性炭大，孔结构比废活性炭更规则。由于再生活性炭中形成了新的微孔，对碘的吸附能力可以达到 90.7%。

王罗春等[119]采用活性炭吸附处理电厂乙二胺四乙酸(EDTA)锅炉清洗废水，研究表明，微波辅助-活性炭法处理 EDTA 清洗废水的最佳微波加热时间和微波功率分别为 5min 和 680W，微波加热再生五次后活性炭吸附能力无明显下降，电厂采用吸附饱和后的水处理用活性炭处理锅炉 EDTA 清洗废水，处理效果好，处理费用低。

1.4.3　活性炭再生效率评价

活性炭的再生效果可以从如下三个方面进行评价[120]：吸附性能复原程度；对强度、硬度及热疲劳的影响；由燃烧及机械磨损引起的再生损失。通常可以采用得率和再吸附能力来评价活性炭的再生效率。

1. 得率

得率的计算按照再生后活性炭的质量与再生前干燥活性炭的质量分数表示，计算式如下：

$$\text{产物得率}=M/M_0\times 100\% \tag{1-37}$$

式中，M 为活化后的物料质量；M_0 为活化前的物料质量。

2. 再吸附能力

活性炭再生效率评价的方法主要包括穿透曲线法、等温吸附线实验法和再吸附实验法[120]。

(1)穿透曲线法：分别对再生炭和新炭进行相同条件下的穿透曲线吸附实验，通过积分的方法计算再生炭及新炭在穿透曲线中进水浓度与出水浓度之间的面积比，求出再生效率。

(2)等温吸附线实验法：活性炭的等温吸附线是指在恒定温度条件下，活性炭对被吸附质的吸附容量与被吸附质的平衡浓度之间的关系曲线。该方法需要对不同再生条件下的再生炭及新炭分别进行等温吸附线的测定，然后基于相同平衡液相浓度下各再生炭与新炭吸附容量的比值计算出再生效率。

(3)再吸附实验法：即按照等温吸附线单点实验的要求，将再生炭与新炭采用完全相同的再吸附初始条件(炭量、吸附质溶液浓度及体积)进行再吸附实验，当达到吸附平衡时通过测定平衡液相浓度，得到相应的吸附容量，再生炭的吸附容量与新炭的吸附容量之比即为再生效率。

碘吸附值、亚甲基蓝吸附值和乙酸吸附值通常用于表征活性炭的吸附能力，国家标准对活性炭吸附性能的要求如表1-3所示。

表1-3 国标对活性炭吸附性能的要求

国家标准	碘吸附值/(mg/g)	亚甲基蓝吸附值/(mL/0.1g)	乙酸吸附值/(mg/g)
GB/T13803.1—1999	不小于1000(一级品)		
GB/T13803.2—1999	不小于1000(一级品)	不小于9(一级品)	
GB/T13803.4—1999		不小于11(一级品)	
GB/T13803.5—1999			不小于530(A类)

在吸附过程中，单位时间内吸附质在吸附剂上的吸附量等于解吸量时，吸附处于动态平衡，吸附量不再增加，吸附剂达到一种吸附饱和状态。这种饱和状态与吸附剂本身的性质、吸附质的性质、吸附质的浓度、温度等诸多因素有关，是一种相对量，即一定条件下的饱和[121]。

活性炭的饱和吸附量可由式(1-38)计算[122]：

$$q_1 = \frac{(c_0 - c_1)V}{m} \tag{1-38}$$

式中，q_1为吸附剂的单位吸附量(mg/g)；c_0为吸附质初始浓度(mg/L)；c_1为吸附结束后吸附质浓度(mg/L)；m为吸附剂质量(g)；V为溶液体积(L)。

活性炭在时间t内的吸附量可由式(1-39)计算：

$$q_t = \frac{(c_0 - c_t)V}{m} \tag{1-39}$$

式中，q_t为设定时间内的吸附量(mg/g)；c_t为时刻t时溶液中的吸附质浓度(mg/L)；当时间t为吸附平衡时间，则q_t为平衡吸附量q_e。

对于吸附质在活性炭上的吸附动力学，通常采用准一级动力学模型和准二级动力学模型进行描述，准一级动力学模型方程如下[123,124]：

$$\frac{dq_t}{dt} = k_1(q_e - q_t) \tag{1-40}$$

式中，q_e(mg/g)和q_t(mg/g)分别为平衡吸附量和时间t时的吸附量；k_1为准一级吸附速率常数(min^{-1})。由边界条件$t=0$时$q_t=0$，代入式(1-40)可得

$$\ln(q_e - q_t) = \ln q_e - k_1 t \tag{1-41}$$

以$\ln(q_e-q_t)$对t作图，如果能得到一条直线，说明其吸附机理符合准一级动力学模型。

准二级动力学模型方程如下[125]：

$$\frac{dq_t}{dt} = k_2(q_e - q_t)^2 \tag{1-42}$$

式中，k_2为准二级吸附速率常数[g/(mg·min)]。对上述方程积分，可得

$$\frac{t}{q_t} = \frac{1}{k_2 q_e^2} + \frac{t}{q_e} \tag{1-43}$$

当$t=0$时，初始吸附速率h_0[mg/(mg·min)]可表示为

$$h_0 = k_2 q_e^2 \tag{1-44}$$

则式(1-43)可表示为[126,127]

$$\frac{t}{q_t} = \frac{1}{h_0} + \frac{t}{q_e} \tag{1-45}$$

通过t/q_t对t作图，如果能得到一条直线，说明其吸附机理符合准二级动力学模型。由直线的斜率和截距可得出h_0与q_e，h_0与k_2越大，表明吸附速率越快。相对于准一级动力学模型，准二级动力学模型可揭示整个吸附过程的行为，与速率控制步骤一致[128]。

吸附过程热力学主要是计算标准吉布斯自由能变$\Delta G^\ominus$、标准焓变$\Delta H^\ominus$和标准熵变$\Delta S^\ominus$。

标准吉布斯自由能变$\Delta G^\ominus$的计算式：

$$\Delta G^\ominus = -RT \ln K_C \tag{1-46}$$

式中，K_C为平衡常数，通过式(1-47)计算：

$$K_C = \frac{C_{Be}}{C_{Ae}} \tag{1-47}$$

其中，C_{Ae}(mg/L)和C_{Be}(mg/L)分别为平衡状态下吸附质在溶液和固相的浓度。

标准焓变 $\Delta H^{\ominus}$ 和标准熵变 $\Delta S^{\ominus}$ 可通过 van't Hoff 方程计算得

$$\ln K_{\mathrm{C}} = \frac{\Delta S^{\ominus}}{R} - \frac{\Delta H^{\ominus}}{RT} \tag{1-48}$$

以 $\ln K_{\mathrm{C}}$ 对 $1/T$ 作图，可得到一直线，由直线斜率和截距可计算得到标准焓 $\Delta H^{\ominus}$ 和标准熵 $\Delta S^{\ominus}$。

参 考 文 献

[1] 黄杨. 活性炭分子结构模型的构建及其吸附行为的模拟研究[D]. 重庆: 重庆大学, 2016.

[2] Shafeeyan M S, Wan M A W D, Houshmand A, et al. A review on surface modification of activated carbon for carbon dioxide adsorption[J]. Journal of Analytical & Applied Pyrolysis, 2010, 89(2): 143-151.

[3] 杨颖, 李磊, 孙振亚, 等. 活性炭表面官能团的氧化改性及其吸附机理的研究[J]. 科学技术与工程, 2012, 12(24):6132-6138.

[4] Rajter R, French R H. Van der Waals-London dispersion interaction framework for experimentally realistic carbon nanotube systems[J]. International Journal of Materials Research, 2010, 101(1):27-42.

[5] 蒋剑春, 孙康. 活性炭制备技术及应用研究综述[J]. 林产化学与工业, 2017, 37(1): 1-13.

[6] 吴潇潇, 王星敏, 唐爱民, 等. 废活性炭再生的环境经济效益分析[J]. 应用化工, 2018, (1): 181-184.

[7] 胡西红. 目前活性炭的生产技术现状和发展趋势[J]. 中国石油和化工标准与质量, 2012, 33(9): 37-37.

[8] 解炜. 我国煤基活性炭的应用现状及发展趋势[J]. 煤炭科学技术, 2017, 45(10): 16-23.

[9] 杜鹃, 王晓华. SN-3 型活性炭在变换气脱硫中的应用[J]. 氮肥与合成气, 2003, 31(11): 4-6.

[10] Nowicki P, Pietrzak R, Wachowska H. Sorption properties of active carbons obtained from walnut shells by chemical and physical activation[J]. Catalysis Today, 2010, 150(1): 107-114.

[11] 陈进富, 娄世松, 陆绍信. 天然气吸附剂的开发及其储气性能的研究——I-吸附剂制备与体积法评定吸附剂的储气性能[J]. 燃料化学学报, 1999, (5): 399-402.

[12] 陈进富, 陆绍信. 吸附天然气汽车燃料技术[J]. 现代化工, 1999, 19(5): 11-12.

[13] 周桂林, 蒋毅, 邱发礼. 活性炭制备条件与天然气脱附量的关系[J]. 天然气工业, 2005, 25(7): 111-114.

[14] Pak S H, Jeon M J, Jeon Y W. Study of sulfuric acid treatment of activated carbon used to enhance mixed VOC removal[J]. International Biodeterioration & Biodegradation, 2016, (113): 195-200.

[15] 梅建庭. 活性炭纤维吸附水溶液中碘和有机蒸气的研究[J]. 防化研究, 2001, (3): 11-13.

[16] 周先汉, 程杰顺, 夏富生, 等. 蜂蜜吸附脱色工艺参数的研究[J]. 食品工业科技, 2004, (3): 87-89.

[17] 邓先伦, 蒋剑春, 刘汉超, 等. 活性炭对柠檬酸及其盐溶液中色素的吸附机理和应用研究[J]. 林产化学与工业, 2002, 22(1): 55-58.

[18] 何志平, 刘畅, 汪益锋, 等. 活性炭在啤酒酵母提取液精制中的应用[J]. 食品工业, 2004, (4): 13-14.

[19] 房丹丹. 榛子壳活性炭的制备及其应用研究[D]. 沈阳: 沈阳农业大学, 2017.

[20] 张林军, 赵晓东, 刘晓玲. 粉末活性炭在净水工程中的应用[J]. 工业用水与废水, 2004, 35(1): 33-34.

[21] 原芳, 刘琰, 孙德智, 等. 稻壳活性炭的制备及在水质净化中的应用[J]. 哈尔滨商业大学学报(自然科学版), 2005, 21(2): 166-169.

[22] 李国斌, 杨明平. 粉煤灰活性炭处理含铬电镀废水[J]. 材料保护, 2004, 37(12): 47-48.

[23] 王晓云, 付爱民. 洗浴废水处理与回用的试验研究[J]. 河北建筑工程学院学报, 2004, 22(1): 68-73.

[24] 魏娜, 赵乃勤, 贾威, 等. 活性炭的制备及应用研究进展[J]. 炭素技术, 2003, (3): 29-33.

[25] 周桂林, 蒋毅, 吕绍洁, 等. 高比表面积活性炭载体结构对乙炔法合成醋酸乙烯催化剂活性的影响[J]. 石油化工, 2004, 33(7): 608-611.

[26] 陈飞, 马换玉, 刘松, 等. 不同炭材料对铅蓄电池性能的影响[J]. 电池工业, 2013, 18(Z2): 128-131.

[27] 王晓峰, 王大志, 梁吉, 等. 碳基电化学双层电容器的研制[J]. 电源技术. 2002, 26(B7): 225-227.

[28] 左晓希, 李伟善. 超级电容器用活性炭电极的制备及电化学性能研究[J]. 华南师范大学学报(自然科学版), 2005, (1): 77-81.

[29] 郑其庚. 活性炭的应用[M]. 上海: 华东理工大学出版社, 2002.

[30] 郭彦蓉, 曾辉, 刘阳生, 等. 生物质炭修复有机物污染土壤的研究进展[J]. 土壤, 2015, 47(1): 8-13.

[31] 王金表, 蒋剑春, 孙康, 等. 医药缓释载体用活性炭研究进展[J]. 化工新型材料, 2014, (5): 4-6.

[32] 曹宪英, 林熙辉, 孙姝, 等. 活性炭胃肠道灌洗对急性安眠药中毒的临床应用[J]. 黑龙江医学, 2001, 25(3): 194-195.

[33] 李海, 杨志兰, 蒋波, 等. 毫微粒活性炭吸附丝裂霉素 C 在大肠癌根治术中的应用[J]. 宁夏医科大学学报, 2004, 26(5): 338-340.

[34] 刘德纯, 党诚学, 陈武科. 微粒子活性炭在消化道恶性肿瘤治疗中的应用[J]. 现代肿瘤医学, 2001, 9(3): 216-217.

[35] 陈陶声. 林产化工与产品[M]. 北京: 化学工业出版社, 1983.

[36] Ania C O, Parra J B, Menéndez J A, et al. Effect of microwave and conventional regeneration on the microporous and mesoporous network and on the adsorptive capacity of activated carbons[J]. Microporous & Mesoporous Materials, 2005, 85(1-2): 7-15.

[37] Hindarso H, Ismadji S, Wicaksana F, et al. Adsorption of benzene and toluene from aqueous solution onto granular activated carbon[J]. Journal of Chemical & Engineering Data, 2001, 46(4): 788-791.

[38] 解立平, 林伟刚, 杨学民. 废弃物基活性炭吸附挥发性有机污染物特性的研究[J]. 环境工程学报, 2007, 1(3): 119-122.

[39] 周烈兴, 钱大才, 彭金辉, 等. 微波加热椰壳制备活性炭的表征及其对苯系物吸附性能的研究[J]. 化学工业与工程技术, 2008, 29(1): 7-10.

[40] Ryu Z, Zheng J, Wang M, et al. Characterization of pore size distributions on carbonaceous adsorbents by DFT[J]. Carbon, 1999, 37(8): 1257-1264.

[41] 范壮军. 物理法制备高比表面活性炭的研究[D]. 天津: 天津大学, 1999.

[42] Rao M M, Rao G P, Seshaiah K, et al. Activated carbon from Ceiba pentandra hulls, an agricultural waste, as an adsorbent in the removal of lead and zinc from aqueous solutions[J]. Waste Management, 2008, 28(5): 849-858.

[43] Karagöz S, Tay T, Ucar S, et al. Activated carbons from waste biomass by sulfuric acid activation and their use on methylene blue adsorption[J]. Bioresource Technology, 2008, 99(14): 6214-6222.

[44] Hall K R, Eagleton L C, Acrivos A, et al. Pore and solid-diffusion kinetics in fixed-bed adsorption under constant-pattern conditions[J]. Industrial & Engineering Chemistry Fundamentals, 1966, 5(2): 212-223.

[45] Mckay G, Geundi M E, Nassar M M. Equilibrium studies during the removal of dyestuffs from aqueous solutions using Bagasse pith[J]. Water Research, 1987, 21(12): 1513-1520.

[46] Weber T W, Chakravorti R K. Pore and solid diffusion models for fixed-bed adsorbers[J]. Aiche Journal, 1974, 20(2): 228-238.

[47] Fytianos K, Voudrias E, Kokkalis E. Sorption-desorption behaviour of 2,4-dichlorophenol by marine sediments[J]. Chemosphere, 2000, 40(1): 3-6.

[48] Das D P, Parida K M, Mishra B K. A study on the structural properties of mesoporous silica spheres[J]. Materials Letters, 2007, 61(18): 3942-3945.

[49] Dubinin M M, Radushkevich L V. The equation of the characteristic curve of activated charcoal[J]. Proceedings of the Academy Sciences of the USSR, Physical Chemistry Sections, 1947, 55: 331-337.

[50] Dubinin M M. Physical adsorption of gases and vapors in micropores[J]. Progress in Surface and Membrance Science, 1975, 9: 1-70.

[51] Mark P C. Characterization of gas phase adsorption capacity of untreated and chemically activated carbon cloths[D]. Urbana: University of Illinois at Urbana-Champaign, 1995.

[52] Gauden P A, Terzyk A P, Rychlicki G, et al. Estimating the pore size distribution of activated carbons from adsorption data of different adsorbates by various methods[J]. Journal of Colloid and Interface Science, 2004, 273(1): 39-63.

[53] Ozawa S, Kusumi S, Ogino Y. Physical adsorption of gases at high pressure. Ⅳ. An improvement of the Dubinin-Astakhov adsorption equation[J]. Journal of Colloid and Interface Science, 1976, 56(1): 83-91.

[54] Rand B. On the empirical nature of the Dubinin-Radushkevich equation of adsorption[J]. Journal of Colloid and Interface Science, 1976, 56(2): 337-346.

[55] Barrett E P, Joyner L G, Halenda P P. The determination of pore volume and area distributions in porous substances. I. computations from nitrogen isotherms[J]. Journal of the American Chemical Society, 1951, 73(1): 373-380.

[56] Seaton N A, Walton J P R B, Quirke N. A new analysis method for the determination of the pore size distribution of porous carbons from nitrogen adsorption measurements[J]. Carbon, 1989, 27(6): 853-861.

[57] Ravikovitch P I, Haller G L, Neimark A V. Density functional theory model for calculating pore size distributions: Pore structure of nanoporous catalysts[J]. Advances in Colloid & Interface Science, 1998, 76-77: 203-226.

[58] Dombrowski R J, And D R H, Lastoskie C M. Pore size analysis of activated carbons from argon and nitrogen porosimetry using density functional theory[J]. Langmuir, 2000, 16(11): 5041-5050.

[59] Lastoskie C, Gubbins K E, Quirke N. Pore size distribution analysis of microporous carbons: A Density Functional Theory Approach [J]. The Journal of Physical Chemistry, 1993, 97(18): 4876-4796.

[60] Chen S, Wang R. Surface area, pore size distribution and microstructure of vacuum getter[J]. Vacuum, 2011, 85(10): 909-914.

[61] 王云. 土壤环境元素化学[M]. 北京: 中国环境科学出版社, 1995.

[62] 王兆凝, 杨彧, 解强. 废活性炭重金属的污染特征与生态风险评价[J]. 黑龙江科技大学学报, 2017, 27(5): 569-574.

[63] 翁元声. 活性炭再生及新技术研究[J]. 给水排水, 2004, 30(1): 86-91.

[64] 叶华明, 王孝青, 王红萍. 活性炭的循环再生[J]. 染料与染色, 2018, 55(3): 56-61.

[65] 韩庭苇, 王郑, 朱垠光, 等. 活性炭的再生方法比较及其发展趋势研究[J]. 化工技术与开发, 2016, 45(10): 44-48.

[66] 聂欣, 曾贵东, 刘成龙. 饱和活性炭物理类再生方法的研究现状[J]. 现代化工, 2017, (2): 51-56.

[67] 吴奕. 活性炭的再生方法[J]. 化工生产与技术, 2005, 12(1): 20-23.

[68] 冯云晓, 腊明. 改性活性炭热再生效果研究[J]. 广州化工, 2016, 44(19): 86-88.

[69] Salvador F, Jiménez S C. 1996. A New method for regenerating activated carbon by thermal desorption with liquid water under subcritical conditions[J]. Carbon, 34(4): 511-516.

[70] Furuya E, Sato K, Kataoka T, et al. Amount of aromatic compounds adsorbed on inorganic adsorbents[J]. Separation and Purification Technology, 2004, 39(1): 73-78.

[71] 张悦悦, 杨瑛. 活性炭脱附再生方法在废水处理中的应用[J]. 林业机械与木工设备, 2017, 45(9): 10-16.

[72] 朱丽苹, 郑忠兵, 董洪文, 等. 活性炭的活性再生技术进展[J]. 气体净化, 2009, 5(2): 14-16.

[73] Kow S H, Fahmi M R, Abidin C Z A, et al. Regeneration of spent activated carbon from industrial application by NaOH solution and hot water[J]. Desalination and Water Treatment, 2016, 57(60): 29137-29142.

[74] 张果金, 周永璋, 魏无际, 等. 废水处理中用于活性炭再生的新型再生剂[J]. 南京工业大学学报(自然科学版), 1999, 21(6): 73-75.

[75] 张会平, 傅志鸿, 叶李艺, 等. 活性炭的电化学再生机理[J]. 厦门大学学报(自然版), 2000, 39(1): 79-83.

[76] Narbaitz R M, Cen J. Electrochemical regeneration of granular activated carbon[J]. Water Research, 1994, 28(8): 1771-1778.

[77] 吴文艳. 活性炭再生方法研究[J]. 轻工科技, 2014, 11: 75-76.

[78] Tan C S, Lee P L. Supercritical CO_2 desorption of toluene from activated carbon in rotating packed bed[J]. Journal of Supercritical Fluids, 2008, 46(2): 99-104.

[79] 陈岳松, 陈玲, 赵建夫. 湿式氧化再生活性炭研究进展[J]. 上海环境科学, 1998, (9): 5-7.

[80] 李文明, 付大友, 李红然. 活性炭再生方法的分析和比较[J]. 广州化工, 2010, 38(12): 27-29.

[81] 孙康, 蒋剑春. 活性炭再生方法及工艺设备的研究进展[J]. 生物质化学工程, 2008, 42(6): 55-60.

[82] 李光明, 王华, 陈玲, 等. 多相催化湿式氧化法再生活性炭反应条件[J]. 同济大学学报(自然科学版), 2004, 32(5): 636-639.

[83] Shende R V, Mahajani V V. Wet oxidative regeneration of activated carbon loaded with reactive dye[J]. Waste Management, 2002, 22(1): 73-83.

[84] Hoffmann M R, Martin S T, Choi W, et al. Environmental applications of semiconductor photocatalysis[J]. Chemical Reviews, 1995, 95(1): 69-96.

[85] Sejin P, Chin S S, Jia Y, et al. Regeneration of PAC saturated by bisphenol A in PAC/TiO_2 combined photocatalysis system[J]. Desalination, 2010, 250(3): 908-914.

[86] 刘守新, 张世润, 孙承林. 木质活性炭的光催化再生[J]. 催化学报, 2003, 23(5): 355-358.

[87] 任建坤, 陈乐, 石倩, 等. 气-固流化床光催化再生活性炭的研究[J]. 南京师大学报(自然科学版), 2012, 35(2): 56-60.

[88] Chan P Y, Lim P E, Ng S L, et al. Bioregeneration of granular activated carbon loaded with phenolic compounds: Effects of biological and physico-chemical factors[J]. International Journal of Environmental Science and Technology, 2017, 15(8): 1699-1712.

[89] 张爱丽, 杨桦, 金若菲, 等. 吸附苯胺饱和颗粒活性炭生物再生特性研究[J]. 大连理工大学学报, 2010, 50(1): 31-37.

[90] 连子如. 焦化废水吸附饱和活性炭的超声波再生研究[D]. 北京: 北京交通大学, 2015.

[91] 朱金凤, 王三反, 卢炯元. 活性炭吸附苯酚及其超声波再生效果[J]. 环境工程学报, 2013, 7(2): 613-616.

[92] 郭世财. 浅析活性炭再生技术[J]. 青海环境, 2008, 18(3): 142-144.

[93] Lim J L, Okada M. Regeneration of granular activated carbon using ultrasound[J]. Ultrasonics Sonochemistry, 2005, 12(4): 277-282.

[94] 李婷, 王毅霖, 张晓飞, 等. 浅析活性炭再生技术的发展现状[C]//中国环境科学学会 2013 年学术年会, 昆明, 2013.

[95] 董文龙. 几种活性炭再生方法的比较[J]. 湖北林业科技, 2012, (2): 63-65.

[96] 立本英机, 安部郁夫. 活性炭的应用技术:其维持管理及存在问题[M]. 南京: 东南大学出版社, 2002.

[97] 林金春, 高恒, 温建华, 等. 微波加热在活性炭再生中应用研究进展[J]. 科学技术与工程, 2008, 8(23): 6302-6306.

[98] 陶长元, 邱调军, 刘作华, 等. Fenton 法再生废活性炭[J]. 化工进展, 2010, 29(S1): 673-676.

[99] 康凯, 白书培, 宋华, 等. 吸附材料的低温等离子体再生法研究进展[J]. 化工进展, 2016, 35(S1): 235-241.

[100] 吕德隆, 白汾河. 高频脉冲活性炭再生新技术[J]. 江苏科技信息, 1996, (6): 13-14.

[101] 夏湘, 陈祖兴, 谭杰. 微波能在工业上的应用前景[J]. 海南矿冶, 2001, (2): 47-50.

[102] Jacob J, Chia L H L, Boey F Y C. Thermal and non-thermal interaction of microwave radiation with materials[J]. Journal of Materials Science, 1995, 30(21): 5321-5327.

[103] Sun J, Wang W, Yue Q. Review on microwave-matter interaction fundamentals and efficient microwave-associated heating strategies[J]. Materials, 2016, 9(4): 231.

[104] Menéndez J A, Arenillas A, Fidalgo B, et al. Microwave heating processes involving carbon materials[J]. Fuel Processing Technology, 2010, 91(1): 1-8.

[105] Haque K E. Microwave energy for mineral treatment processes-a brief review[J]. International Journal of Mineral Processing, 1999, 57(1): 1-24.

[106] 赵超. 微波热利用过程中能量利用效率及介质吸波特性的试验研究[D]. 济南: 山东大学, 2015.

[107] Clark D E, Sutton W H. Microwave processing of materials[J]. Annual Review of Materials Science, 1996, 26(1): 299-331.

[108] Zlotorzynski A. The application of microwave radiation to analytical and environmental chemistry[J]. Critical Reviews in Analytical Chemistry, 1995, 25(1): 43-76.

[109] Jones D A, Lelyveld T P, Mavrofidis S D, et al. Microwave heating applications in environmental engineering-a review[J]. Resources, Conservation and Recycling, 2002, 34(2): 75-90.

[110] 彭金辉, 刘秉国. 微波煅烧技术及其应用[M]. 北京: 科学出版社, 2013.

[111] Dawson E A, Parkes G M B, Barnes P A, et al. The generation of microwave-induced plasma in granular active carbons under fluidised bed conditions[J]. Carbon, 2008, 46(2): 220-228.

[112] Fayaz M, Shariaty P, Atkinson J D, et al. Using microwave heating to improve the desorption efficiency of high molecular weight VOC from beaded activated carbon[J]. Environmental Science & Technology, 2015, 49(7): 4536-4542.

[113] 张立强, 崔琳, 王志强, 等. 微波再生对活性炭循环吸附 SO_2 的影响[J]. 燃料化学学报, 2014, 42(7): 890-896.

[114] 陈茂生, 王剑虹, 宁平, 等. 微波辐照载甲苯活性炭再生研究[J]. 环境工程学报, 2006, 7(6): 77-79.

[115] 张志辉, 郑天龙, 王孝强, 等. 活性炭吸附处理锂电池厂含酯废水及微波再生实验[J]. 中国环境科学, 2014, 34(3): 644-649.

[116] 杨志远, 张桂军. 柠檬酸钠生产工艺中脱色后的活性炭再生研究[J]. 广东化工, 2011, 38(2): 62-63.

[117] Pan R R, Fan F L, Li Y, et al. Microwave regeneration of phenol-loaded activated carbons obtained from Arundo donax and waste fiberboard[J]. RSC Advances, 2016, 6(39): 32960-32966.

[118] Wu D, Li S, Wang N. Microwave regeneration of biological activated carbon[J]. Journal of Advanced Oxidation Technologies, 2017, 20(1): 1-10.

[119] 王罗春, 周俊, 朱玲燕. 微波辅助-活性炭法处理电厂 EDTA 锅炉清洗废水可行性研究[J]. 环境工程学报, 2011, 5(2): 347-351.

[120] 林冠烽, 牟大庆, 程捷, 等. 活性炭再生技术研究进展[J]. 林业科学, 2008, 44(2): 150-154.

[121] 黄子政, 杨林松. 乙炔法合成乙酸乙烯中乙酸锌/活性炭催化剂生产中的问题分析[J]. 石油化工, 1999, 28(2): 124-127.

[122] 刘守新. 活性炭光再生技术与 TiO_2-活性炭协同作用机制研究[D]. 哈尔滨：东北林业大学，2002.

[123] Qada E N E, Allen S J, Walker G M. Adsorption of basic dyes from aqueous solution onto activated carbons[J]. Chemical Engineering Journal, 2008, 135(3): 174-184.

[124] Dabrowski A, Podkościelny P, Hubicki Z, et al. Adsorption of phenolic compounds by activated carbon-a critical review[J]. Chemosphere. 2005, 58(8): 1049-1070.

[125] Ho Y S, Mckay G. Sorption of dye from aqueous solution by peat[J]. Chemical Engineering Journal, 1998, 70(2): 115-124.

[126] Sharma Y C, Weng C H. Removal of chromium(Ⅵ) from water and wastewater by using riverbed sand: Kinetic and equilibrium studies[J]. Journal of Hazardous Materials, 2007, 142(1): 449-454.

[127] Mohan D, Chander S. Single component and multi-component adsorption of metal ions by activated carbons[J]. Colloids & Surfaces A Physicochemical & Engineering Aspects, 2001, 177(2-3): 183-196.

[128] Ho Y S, Wase D A J, Forster C F. Batch nickel removal from aqueous solution by sphagnum moss peat[J]. Water Research, 1995, 29(5): 1327-1332.

第2章　含锌废活性炭的微波再生与应用

2.1　引　　言

乙酸乙烯是一种重要的有机化工原料，被广泛应用于航空、建筑、纺织、涂料、合成纤维和制药等多个领域[1]。目前，乙酸乙烯的工业生产方法主要包括乙烯气相法和乙炔气相法[1]。乙烯气相法具有工艺经济性优、能源利用率高和环境危害性小的特点，采用乙烯气相法生产的乙酸乙烯占全球总生产能力的 84%[2]。中国是一个富煤贫油的国家，因此乙酸乙烯的工业生产主要采用乙炔气相法。乙炔气相法合成乙酸乙烯通常采用负载了醋酸锌的活性炭作为催化剂，简称 $Zn(Ac)_2/AC$ 催化剂[3]。

催化剂在使用一段时间后，催化活性会下降，从而导致催化剂失活，形成废催化剂。催化剂中乙酸锌含量直接影响催化剂的活性和寿命，由于乙酸锌的升华、分解或晶体结构的改变而引起催化活性乙酸锌的损失是催化剂失活的主要原因之一[1]。方士鑫等[4]对比分析了新鲜 $Zn(Ac)_2/AC$ 催化剂和使用一段时间后的 $Zn(Ac)_2/AC$ 催化剂的微观结构，发现新鲜催化剂的孔结构发达，而使用过的催化剂表面积聚有大量高聚物，孔道被严重堵塞，从而导致活性炭比表面积和孔结构的减小。因此，催化剂比表面积和孔结构的损失也是其失活的另一个重要原因。此外，在使用过程中，由杂质引起的活性炭微孔堵塞、催化剂磨损和表面官能团减少也会导致催化剂活性降低[3,5]。

废 $Zn(Ac)_2/AC$ 催化剂中通常含有约 26%的乙酸锌，此外，催化反应过程中活性炭上吸附有许多难降解有机物等杂质，因此，废催化剂属于危险固废，如果处置不当，将会造成重金属和有机物等污染问题。值得注意的是，废催化剂的主要成分是载体活性炭和锌，属于二次资源，因此，国内外普遍的做法是将废催化剂进行回收利用，在消除危险固废的同时实现二次资源的回收利用。目前对废 $Zn(Ac)_2/AC$ 催化剂(以下简称含锌废活性炭)的综合利用主要分为两类：从废活性炭中回收锌和活性炭。

Dabek[6]采用微波辅助浸出法对含锌废活性炭中的锌进行了回收。当采用 HCl 和 HNO_3 的混合溶液做浸出剂时，锌的浸出率可达到 94%，且可以获得具有良好吸附性能的再生活性炭，但该方法对设备要求严格。

张皓东等[7]将含锌废活性炭进行恒温搅拌浸出，经过滤后的滤渣再用磷酸处理，脱固、脱色，干燥后粉碎，制成磷酸锌和醋酸钠，剩余的滤渣干燥粉碎后作复合肥料。该方法对醋酸锌的浸出率仅为 39.5%，且活性炭没有得到再生利用。

韩志萍[8]将废活性炭和适当比例的水混合后，加热搅拌一段时间后过滤，真空低温蒸发(温度低于90℃)，冷却结晶，提取过程连续重复四次，锌浸出率为8%～10%。处理后的活性炭在高温条件下(750～850℃)通入蒸汽或二氧化碳，去除废活性炭孔中的树脂状物质及有害气体物质，部分乙酸锌分解为氧化锌或还原为锌。该方法锌浸出率低，再生过程中会产生二次污染，造成环境污染及可再生资源的浪费。

袁爱群等[9,10]提出用微波-超声波联用技术对含锌废活性炭进行脱附处理的方法，同时回收活性炭和醋酸锌，并利用醋酸锌制备磷酸锌。其处理工艺为：将废催化剂和水混合，先放入微波炉中在 700W 下加热 15min，过滤后在活性炭中加入水，液固比为 4∶1，连续两次在超声波中以 120W 功率进行各 15min 洗脱附处理，过滤分离，锌提取程度不大于 0.0405mol/100g。活性炭经微波或马弗炉在 550℃条件下活化 100min 后得到粉末活性炭；滤液混合后加入磷酸，控制溶液的 pH，经过滤、洗涤，100℃烘干后得到磷酸锌。该方法操作繁杂，锌浸出率低，难以实现锌炭有效分离，再生活性炭的杂质较多，且产生二次污染。

综上所述，现有针对回收含锌废活性炭中锌的工艺大多存在锌回收率低的问题，其核心问题是难以实现废活性炭中难溶解态锌向可溶解态锌的转变，从而导致锌炭分离困难。因此，笔者提出微波加热预处理含锌废活性炭、氨浸回收锌和活性炭再生的新工艺，该方法可以高效浸出回收含锌废活性炭中的锌，且可对提锌后的活性炭进行再生利用，从而实现二次资源金属锌和活性炭的综合回收利用。此外，还提出了一步法制备再生活性炭或锌炭复合材料的新工艺，该方法对含锌废活性炭不经过预处理提锌工序，而是采用高温加热的方式直接对废催化剂进行处理，根据不同的加热方式和再生过程中是否通入活化气体，可以分为不同的工艺，由于制备工艺不同，可以制备出不含锌的再生活性炭或负载氧化锌的再生活性炭(简称锌炭复合材料)两种产品。

2.2 原料分析表征

2.2.1 实验原料

原料含锌废活性炭来自于云南某化工厂，其主要成分如表 2-1 所示，可以看出，废活性炭中主要成分为 C 和 Zn，此外还有少量的 Fe、Si、Ca 和 Mg。实验前将废活性炭在 110℃下干燥至恒重，然后放置于干燥器中备用。

表 2-1　废活性炭的元素分析　(单位：wt%)

C	Zn	Fe	Si	Ca	Mg
81.71	8.76	0.5	0.15	0.015	0.007

注：wt%表示质量分数。

废活性炭 X 射线衍射(X-ray diffraction，XRD)分析结果如图 2-1 所示，可以看出，废活性炭中主要物相为碳和醋酸锌。

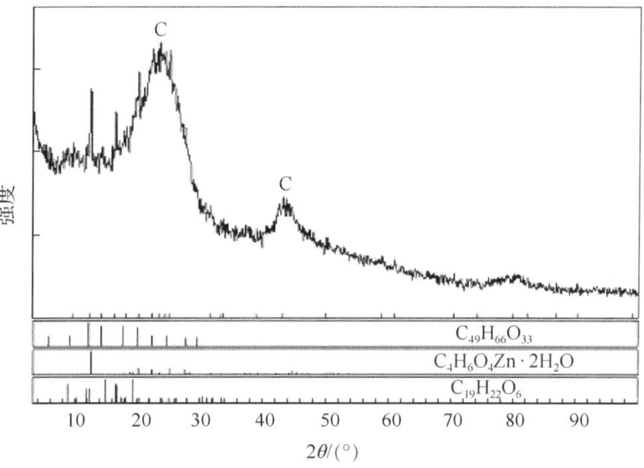

图 2-1　废活性炭的 XRD 图谱

废活性炭的扫描电子显微镜(scanning electron microscope，SEM)分析结果如图 2-2 所示，可以看出，废活性炭中的大部分孔道被堵塞，这是由于在醋酸乙烯合成过程中产生了复杂有机物，这些有机聚合物包裹住醋酸锌，堵塞了活性炭孔道，降低了载体活性炭的比表面积，从而导致催化剂失效。

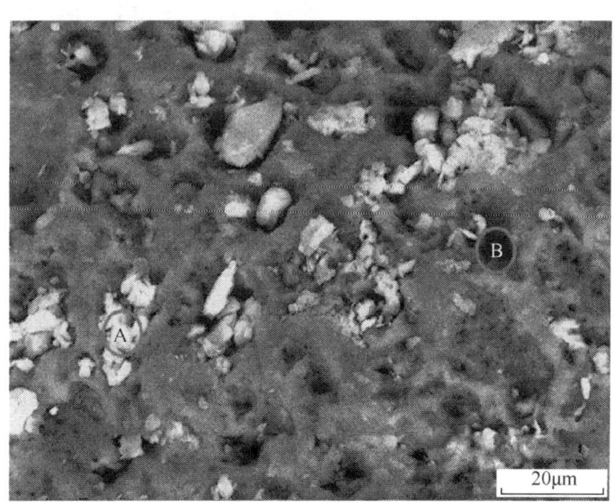

图 2-2　废活性炭的 SEM 图

A. 堵塞物；B. 活性炭孔道

利用美国康塔仪器公司 Autosorb-1-C 型全自动物理化学吸附仪对废活性炭的孔结构进行了分析，在 77.4K 下以高纯氮为吸附介质，在相对压力为 10^{-6}～1 的范围内测定了废活性炭的吸附等温线，如图 2-3 所示。

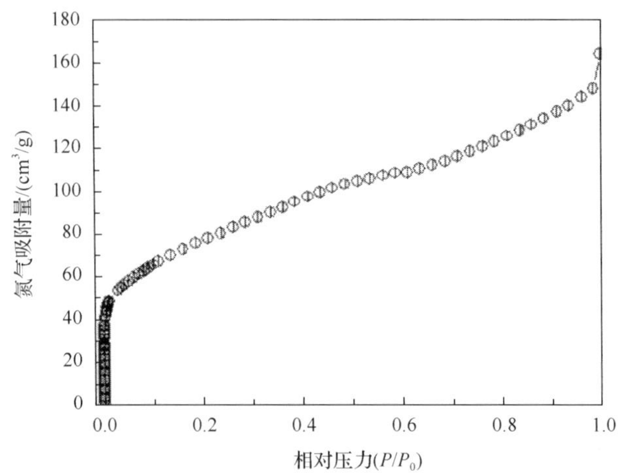

图 2-3　废活性炭的氮气吸附等温线

由图 2-3 可以看出，废活性炭的吸附等温线为Ⅱ型吸附等温线，经计算得出：废活性炭比表面积为 271m^2/g，总孔体积为 0.22cm^3/g，平均孔径为 7.51nm，表明废活性炭的吸附容量很小，孔隙被有机物严重堵塞；在相对压力接近 1 时，吸附等温线出现陡峭的上升趋势，表明废活性炭中存在一定量的中大孔。

通常碘吸附值所检测的有效孔径范围为 0.5～1.5nm，亚甲基蓝吸附值所检测的有效孔径范围为 1.5～4.5nm[11]。依照 GB/T 12496.8—1999 和 GB/T 12496.10—1999 分别测定了废活性炭的碘吸附值和亚甲基蓝吸附值[12]，结果表明，废活性炭的碘吸附值和亚甲基蓝吸附值分别为 2.5mg/g 和 0.5mL/0.1g，可见废活性炭的吸附能力很弱，微孔孔结构极不发达。

2.2.2　热解特性

在合成醋酸乙烯的催化反应过程中，由于副反应的发生会产生大量的有机物并吸附在活性炭上，导致活性炭中催化活性物质醋酸锌被包裹并堵塞活性炭的孔道，从而造成触媒失活。因此，含锌废活性炭的热解是一个复杂的过程，包含醋酸锌和有机物的热分解、热解产物的挥发及其二次反应[13]。张正勇[14]分析了含锌废活性炭在氮气气氛、升温速率为 10℃/min 下的热重-微分热重（TG-DTG），结果如图 2-4 所示。

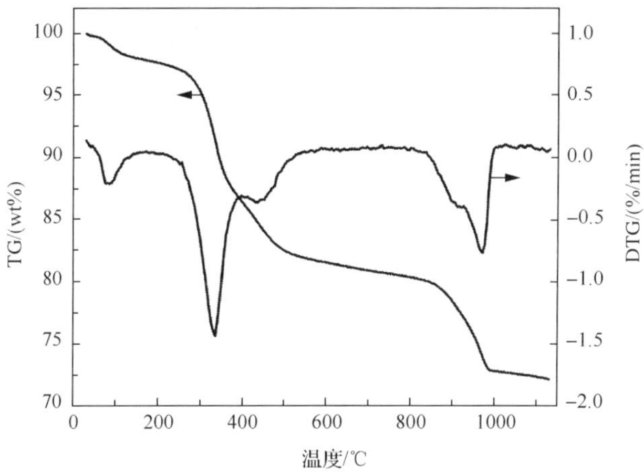

图 2-4　含锌废活性炭的 TG-DTG 曲线

从图 2-4 可以看出，从室温加热至 1050℃，活性炭的热解过程大致可以分为三个阶段：第一阶段为室温到 210℃，主要是废活性炭中水分和残留醋酸的挥发。第二阶段为 210～876℃，该温度区间是废活性炭失重最为明显的阶段，从 DTG 曲线上可以看出，在 210～400℃有一个明显的失重峰，主要是醋酸锌分解为氧化锌的过程；在 400～876℃是一个缓慢的失重过程，主要是复杂有机物的分解，同时伴随着包裹态醋酸锌的分解。第三阶段为 876～1050℃，主要是 C 与 ZnO 反应及锌的挥发过程。

Arii 和 Kishi[15]及赵新宇等[16]等研究了纯化合物醋酸锌的热分解过程，结果表明醋酸锌分解为氧化锌的温度区间为 242～370℃，但是含锌废活性炭中的醋酸锌要到 876℃才能被完全分解，这是由于废活性炭中除了含有纯醋酸锌外，还含有被有机物包裹的醋酸锌，其分解温度要明显高于纯醋酸锌。

由含锌废活性炭的热解特性分析结果可知，只要合理控制再生温度，就有可能使废活性炭中的有机物分解，同时使活性炭中的醋酸锌分解为氧化锌，实现难溶锌向可溶锌的转变，继而有利于后续锌的提取及活性炭的再生。

热解动力学通常用于求解固体物质热分解过程的动力学参数，通过动力学分析可以求解在不同转化率下的反应活化能，深入分析反应机理，预测反应速率及难易程度，从而为物质热解的工艺参数设计提供理论依据。

非等温热重分析技术是研究固体物质热解动力学的最常用的方法之一，通过在特定升温速率下获得的 TG-DTG 曲线，可以进一步求取相关的动力学参数。求解动力学参数的方法很多，从数学处理方法来看可以分为积分法和微分法两类，积分法指的是整体数据，提供的是积分范围内的动力学参数值；微分法指的是局部数据，提供的是给定点的动力学参数值[17]。由于积分法可以反映整个热解过程的活化能变化规律，因此现有研究大多采用积分法。其中 Coats-Redfem 积分法在非等温动力学研究中的应用十分广泛[18]，该法把热解看作单一反应，求出的活化能值是热解过程活化能变化的平均值。

程世庆等[19]对不同升温速率下三种常见天然生物质(稻秆、麦秆、玉米秆)和其衍生物木质素、造纸废液颗粒等的热解过程进行了研究，并采用 Coats-Redfem 积分法求解热解动力学参数，结果表明各生物质样品的热解活化能会随升温速率的提高而增大。

陈纪忠等[20]采用 Coats-Redfem 积分法分析了竹材的热解动力学，认为热解反应级数与升温速率有一定的关系。

宋长忠等[21]采用 Coats-Redfem 积分法分析了杉木在空气气氛下的热解动力学，给出了杉木热解的两阶段一级反应模型，通过模型计算得出两阶段的活化能，一级反应模型的线性拟合程度最好。

Tsamba 等[22]采用 Coats-Redfem 积分法分析了椰子和腰果壳的热解活化能，当升温速率分别为 10℃/min 和 20℃/min 时，两种物质的分解活化能分别为 130～174kJ/mol 和 180～216kJ/mol。

综上可知，Coats-Redfem 积分法可以快捷有效地分析热解过程动力学参数，张正勇[14]采用 Coats-Redfem 积分法研究了含锌废活性炭的热解动力学，采用 Coats-Redfem 积分法计算热解动力学的方法如下。

设初始质量为 m_0 的样品在程序升温下发生分解反应，在某一时刻 t 其质量变为 m，则其分解速率可表示为

$$\frac{\mathrm{d}\alpha}{\mathrm{d}t}=kf(\alpha) \tag{2-1}$$

式中，α 为分解程度，$\alpha=100\%(m-m_0)/(m-m_\infty)$，其中 m_∞为不能分解的残余物质量；k 为阿伦尼乌斯速率常数；$f(\alpha)$ 为取决于反应类型或反应机制的与 α 相关的函数，一般情况下，可假设函数 $f(\alpha)$ 与温度 T 和时间 t 无关。对于简单反应，可以认为 $f(\alpha)=(1-\alpha)^n$，根据式(2-1)，可得

$$\frac{\mathrm{d}\alpha}{\mathrm{d}t}=A\exp\left(\frac{-E_\mathrm{a}}{RT}\right)f(\alpha) \tag{2-2}$$

式中，E_a 为反应活化能；A 为频率因子；R 为气体常数；T 为绝对温度。

将升温速率 $\beta=\frac{\mathrm{d}T}{\mathrm{d}t}$ 代入式(2-2)，得

$$\frac{\mathrm{d}\alpha}{\mathrm{d}t}=A\exp\left(\frac{-E_\mathrm{a}}{RT}\right)f(\alpha)=\frac{A}{\beta}\exp\left(\frac{-E_\mathrm{a}}{RT}\right)(1-\alpha)^n \tag{2-3}$$

将式(2-3)分离变量积分整理并取近似值可得到以下结果。

当 n=1 时

$$\ln\left[\frac{-\ln(1-\alpha)}{T^2}\right]=\ln\left[\frac{AR}{\beta E_a}\left(1-\frac{2RT}{E_a}\right)\right]-\frac{E_a}{RT} \tag{2-4}$$

当 $n\neq1$ 时

$$\ln\left[\frac{1-(1-\alpha)^{1-n}}{T^2(1-n)}\right]=\ln\left[\frac{AR}{\beta E_a}\left(1-\frac{2RT}{E_a}\right)\right]-\frac{E_a}{RT} \tag{2-5}$$

常用的热解动力学模型包括化学反应模型、扩散控制模型、相界反应模型和成核与生长模型等，相应的反应机理函数如表 2-2 所示[23-25]。

表 2-2　固体分解反应机理函数

类型	反应机理	积分方程 $g(\alpha)$	微分方程 $f(\alpha)$
化学反应模型	1 级反应	$-\ln(1-\alpha)$	$1-\alpha$
	1.5 级反应	$2[(1-\alpha)^{-1/2}-1]$	$(1-\alpha)^{3/2}$
	2 级反应	$(1-\alpha)^{-1}-1$	$(1-\alpha)^2$
扩散控制模型	一维扩散，Parabolic 法则	α^2	$1/2\alpha$
	二维扩散，Valensi 方程	$(1-\alpha)\ln(1-\alpha)+\alpha$	$[-\ln(1-\alpha)]^{-1}$
	三维扩散，Jander 方程	$[1-(1-\alpha)^{1/3}]^2$	$1.5(1-\alpha)^{2/3}[1-(1-\alpha)^{1/3}]^{-1}$
	三维扩散，Ginstling-Broushtein 方程	$(1-2\alpha/3)-(1-\alpha)^{2/3}$	$1.5[(1-\alpha)^{-1/3}-1]^{-1}$
	三维扩散，Valensi-Carter 方程	$(1+\alpha)^{2/3}+(1-\alpha)^{2/3}$	$1.5[(1+\alpha)^{-1/3}-(1-\alpha)^{-1/3}]^{-1}$
	三维扩散，Zhuravlev 方程	$[(1-\alpha)^{-1/3}-1]^2$	$1.5(1-\alpha)^{5/3}[1-(1-\alpha)^{1/3}]^{-1}$
相界反应模型	相界面反应	α	1
	二维扩散，收缩圆柱体	$1-(1-\alpha)^{1/2}$	$2(1-\alpha)^{1/2}$
	三维扩散，收缩球体	$1-(1-\alpha)^{1/3}$	$3(1-\alpha)^{2/3}$
成核与成长模型	随机核化，Aurami-Erofeev 方程Ⅰ	$[-\ln(1-\alpha)]^{1/2}$	$2(1-\alpha)[-\ln(1-\alpha)]^{1/2}$
	随机核化，Aurami-Erofeev 方程Ⅱ	$[-\ln(1-\alpha)]^{1/3}$	$3(1-\alpha)[-\ln(1-\alpha)]^{2/3}$

对于一般的反应和大部分的 E_a，$2RT/E$ 远小于 1，$\ln\left[\frac{AR}{\beta E}\left(1-\frac{2RT}{E}\right)\right]$ 可以

看作常数。因此，当 n=1 时，以 $\ln\left[\dfrac{-\ln(1-\alpha)}{T^2}\right]$ 对 $\dfrac{1}{T}$ 作图可以获得一条直线；当 $n\neq1$ 时，如果选定合适的 n 值，则以 $\ln\left[\dfrac{1-(1-\alpha)^{1-n}}{T^2(1-n)}\right]$ 对 $\dfrac{1}{T}$ 作图也可以获得一条直线，通过直线的斜率 $-E/R$ 和截距 $\ln\left[\dfrac{AR}{\beta E}\left(1-\dfrac{2RT}{E}\right)\right]$，可分别求得 E_a 和 A。

根据含锌废活性炭的热解特性分析结果可知，当热解温度为 400～876℃时，热解反应众多且复杂，反应过程无法采用单一的热解动力学模型进行描述。因此，主要对废活性炭热解过程的 220～400℃和 876～1017℃两个主要失重温度区间进行热解动力学分析。

1. 温度为 220～400℃的热解动力学分析

假定在 220～400℃下热解过程为 1 级反应，则取 n=1，以 $\ln[-\ln(1-\alpha)/T^2]$ 对 $1/T$ 作图，如图 2-5 所示，拟合直线相关系数为 0.9965，表明 220～400℃阶段的热解过程符合 1 级化学反应动力学模型，由拟合直线斜率求得反应活化能为 37.4kJ/mol，由拟合直线截距求得 A 为 71.9min^{-1}。

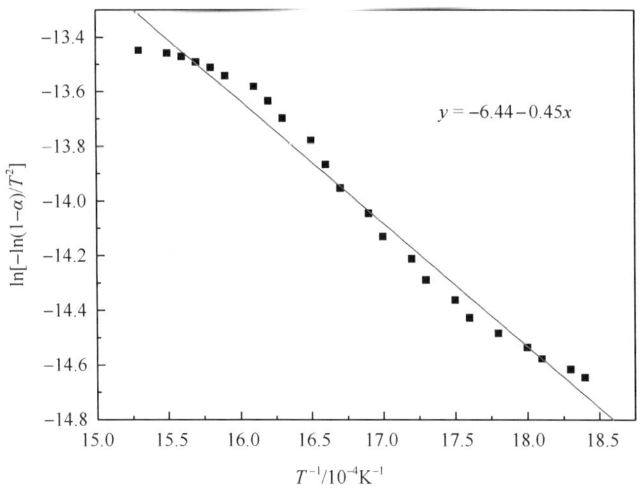

图 2-5　$\ln[-\ln(1-\alpha)/T^2]$ 和 $1/T$ 的关系

2. 温度为 876～1017℃的热解动力学分析

试用一维扩散控制 Parabolic 法则对 876～1017℃阶段进行动力学分析，可以得到如下方程：

$$-\ln\frac{g(\alpha)}{T^2}=-\ln\frac{AR}{\beta E}+\frac{E}{RT} \tag{2-6}$$

$$g(\alpha)=\alpha^2 \tag{2-7}$$

所获得的拟合直线如图 2-6 所示，其拟合相关系数高达 0.9935，表明 876～1017℃阶段的热解过程符合一维扩散控制 Parabolic 法则，由拟合直线斜率求得热解活化能为 43.1kJ/mol，由拟合直线截距求得 A 为 1.8min^{-1}。

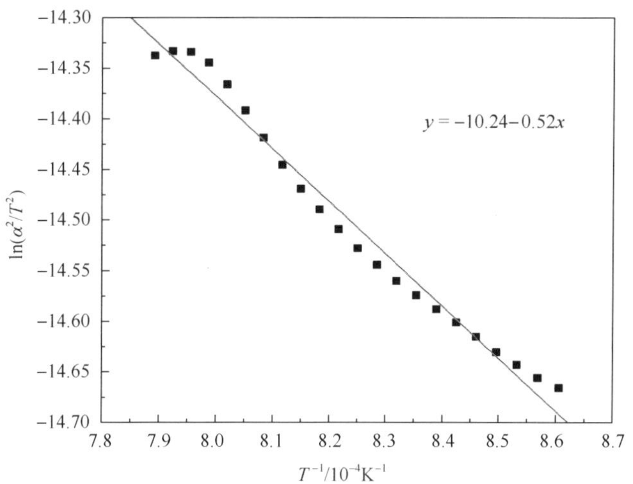

图 2-6　ln(α^2/T^2) 与 1/T 的关系

2.2.3　介电特性

Ma 等[26]采用谐振腔微扰法测定了废活性炭在常温下的介电性质，结果表明，废活性炭的介电常数为 9.34，介电损耗因子为 0.68，损耗角正切为 0.072，表明废活性炭具有良好的微波加热性能。

由于废活性炭中的主要锌化合物为 $Zn(OAc)_2$，因此研究其高温介电性质有利于分析其后续的微波加热过程。Lin 等[27]对纯化合物 $Zn(OAc)_2\cdot 2H_2O$ 进行了热重-差热(TG-DTA)分析，结果如图 2-7 所示。

从图 2-7 的 TG 曲线可以看出，样品质量在 64～110℃发生下降，重量损失约为 16.21%，接近于结晶水的理论损失率 16.44%，同时 DTA 曲线中在 97℃处出现了一个强吸热峰，归因于结晶水的脱除。样品在 255～337℃发生明显的失重，质量损失约为 47.94%，且在 255℃和 308℃分别出现两个强烈的吸热峰，这是归因于 $Zn(OAc)_2$ 分解为 ZnO。

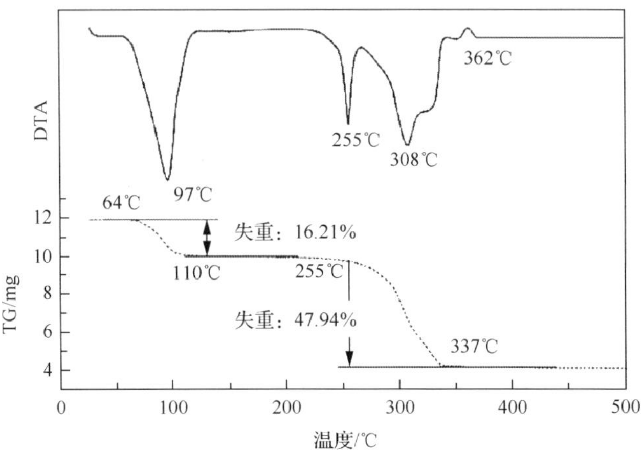

图 2-7　$Zn(OAc)_2 \cdot 2H_2O$ 的热重差热分析

温度对初始质量为 0.167g 的 $Zn(OAc)_2 \cdot 2H_2O$ 的介电特性的影响如图 2-8 所示。

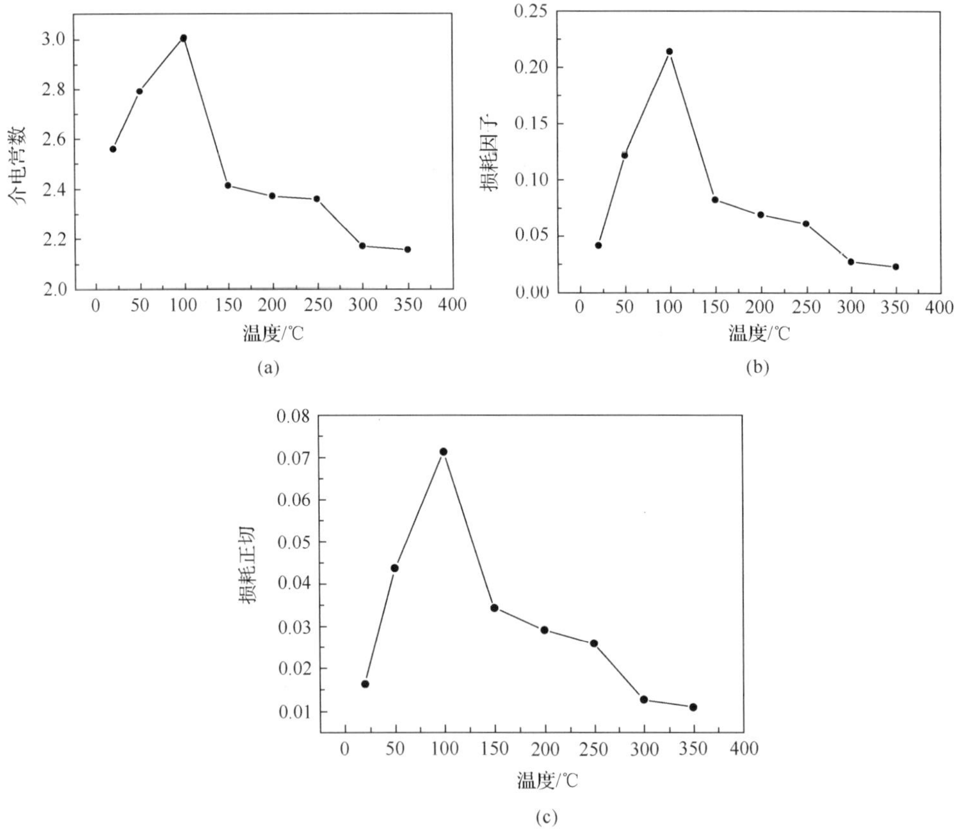

(a)

(b)

(c)

图 2-8　温度对 $Zn(OAc)_2 \cdot 2H_2O$ 介电性质的影响

从图 2-8 可以看出，当温度从室温至 100℃时，介电常数几乎随温度的升高而线性增加；在 100～150℃和 250～350℃的温度范围内，介电常数随温度的升高而明显降低。由于微波的选择性加热特征，结合 $Zn(OAc)_2\cdot 2H_2O$ 的 TG-DTA 曲线，可以看出，温度为 100～150℃时，$Zn(OAc)_2\cdot 2H_2O$ 中的结晶水已沸腾并蒸发，同时 $Zn(OAc)_2\cdot 2H_2O$ 分解为不含结晶水的 $Zn(OAc)_2$。温度为 150～250℃时，介电常数和介电损耗因子随温度的升高略有下降。

当温度达到 255℃后，$Zn(OAc)_2$ 开始分解为 ZnO，介电常数、介电损耗和损耗正切随温度的增加而明显下降，这表明 ZnO 吸收并存储微波能的能力低于 $Zn(OAc)_2$。此外，$Zn(OAc)_2$ 分解成 ZnO 时会导致质量损失，从而使得样品的表观密度降低，单位体积的原子量可能会减少，导致极化率的下降，这也可能是样品介电性质随温度升高而降低的另一个原因。

Sipahioglu 和 Barringer[28]研究了蔬菜和水果的介电性质随温度的变化规律，结果表明，当温度从室温升高到 100℃时，样品的介电常数随温度的升高而降低。然而当温度从 20℃升高到 100℃时，$Zn(OAc)_2\cdot 2H_2O$ 的介电常数和介电损耗因子随温度的升高而增加，表明结晶水有利于吸收微波能，从而促进 $Zn(OAc)_2\cdot 2H_2O$ 的升温。Liu 等[29]发现在低温下含有一定量游离水的石油焦的介电常数会随温度的升高而增加。与纯水相比，可以归因于 $Zn(OAc)_2\cdot 2H_2O$ 在不同温度下的介电极化变化。在相同的温度下水的介电常数比 $Zn(OAc)_2$ 大，因此在相同的加热时间下，结晶水可以吸收更多的微波能并且达到比 $Zn(OAc)_2$ 更高的温度。

温度对初始质量为 0.633g 的 ZnO 介电性质的影响如图 2-9 所示，可以看出，ZnO 的介电常数、损耗因子和损耗正切均低于 $Zn(OAc)_2$，表明 ZnO 吸收并储存微波的能力较差。此外，随温度的升高，介电性质的变化幅度较小，表明 ZnO 在高温下仍不利于吸收微波。

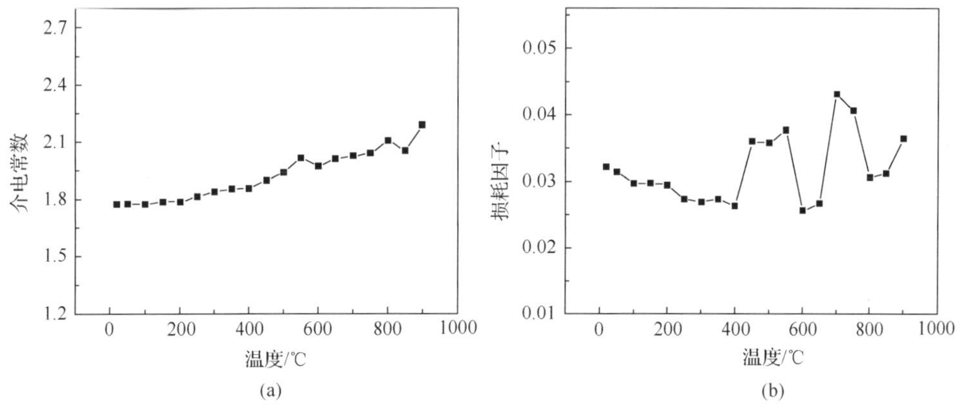

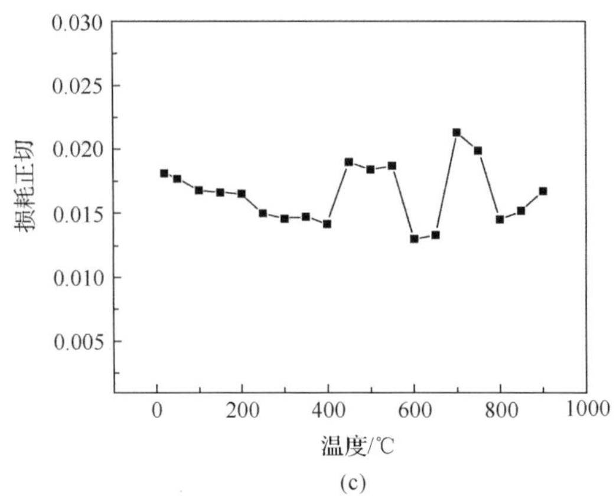

图 2-9 温度对 ZnO 介电性质的影响

2.2.4 微波升温特性

在微波场中，物料的升温特性与物料质量和微波功率密切相关。Ma 等[26]测定废活性炭在微波场中的升温行为。当微波功率为 700W 时，物料质量对废活性炭的升温行为的影响如图 2-10 所示。

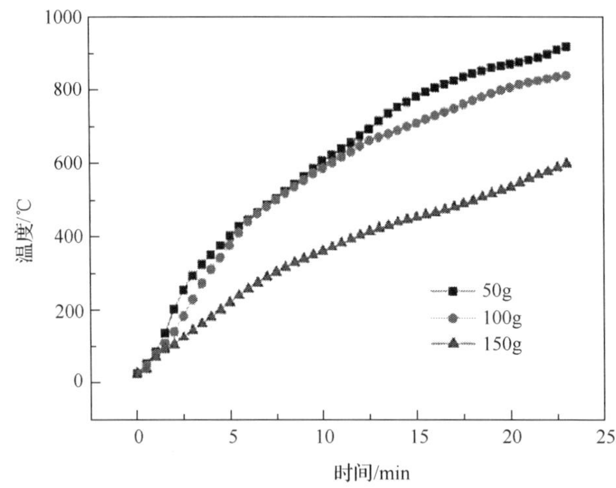

图 2-10 不同质量的含锌废活性炭的升温特性(微波功率 700W)

由图 2-10 可以看出，样品质量分别为 50g、100g 和 150g 时，在 23min 内样品温度分别可以达到 920℃、840℃和 600℃，其平均升温速率分别为 40℃/min、36.5℃/min 和 26℃/min。表明样品质量越小时，升温速率越快，这是因为样品质量过大时，微波功率密度会降低，同时会增加其表面积，增加向环境的散热。此外，在微波一定时，物料质量过大时微波会难以穿透，可能会导致物料难以被均匀加热。

当样品质量分别为 50g、100g 和 150g 时，对废活性炭的升温曲线进行定量描述，可以得到样品温度与加热时间之间的关系，分别如式(2-8)～式(2-10)所示：

$$T_{\mathrm{m}} = 50.16 + 84.29t - 3.02t^2 + 0.04t^3,\ R^2 = 0.9965 \tag{2-8}$$

$$T_{\mathrm{m}} = -5.97 + 93.86t - 4.15t^2 + 0.07t^3,\ R^2 = 0.9983 \tag{2-9}$$

$$T_{\mathrm{m}} = 12.83 + 52.17t - 2.19t^2 + 0.04t^3,\ R^2 = 0.9993 \tag{2-10}$$

当物料质量为 100g 时，微波功率对废活性炭的升温行为的影响如图 2-11 所示。由图 2-11 可以看出，当物料质量一定时，样品的升温速率随微波功率的增加而增加，微波功率越大，样品达到相同温度所用的时间越短。

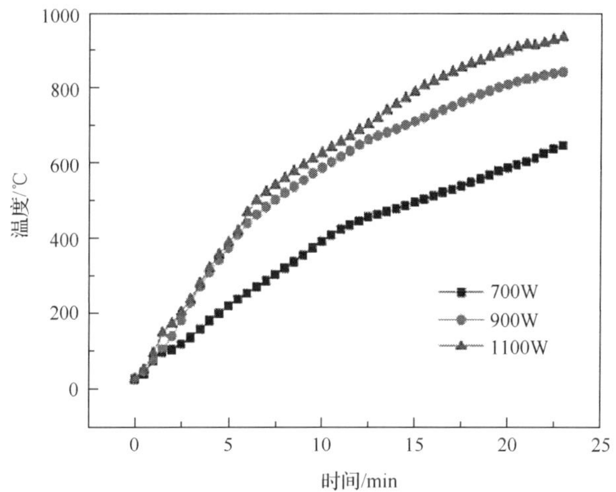

图 2-11　不同微波功率下废活性炭的升温特性(物料质量 100g)

当微波功率分别为 700W、900W 和 1100W 时，对废活性炭的升温曲线进行定量描述，可以得到样品温度与加热时间之间的关系，分别如式(2-11)～式(2-13)所示：

$$T_{\mathrm{m}} = 14.03 + 48.76t - 1.37t^2 + 0.02t^3,\ R^2 = 0.9960 \tag{2-11}$$

$$T_{\mathrm{m}} = -5.97 + 93.86t - 4.15t^2 + 0.07t^3,\ R^2 = 0.9963 \tag{2-12}$$

$$T_{\mathrm{m}} = 12.76 + 90.63t - 3.37t^2 + 0.05t^3,\ R^2 = 0.9965 \tag{2-13}$$

Lin 等[27]测试了微波加热时 $Zn(OAc)_2 \cdot 2H_2O$ 在不同功率下的升温曲线，结果如图 2-12 所示，可以看出，微波功率越大升温速率越快。升温曲线可分为三个不同的阶段：室温至 100℃时，为结晶水的脱除阶段；100～560℃时，样品吸收微波能并转化为热能，$Zn(OAc)_2$分解成 ZnO；当温度高于 560℃时，ZnO 的吸波能力较弱，因此样品温度趋于稳定。

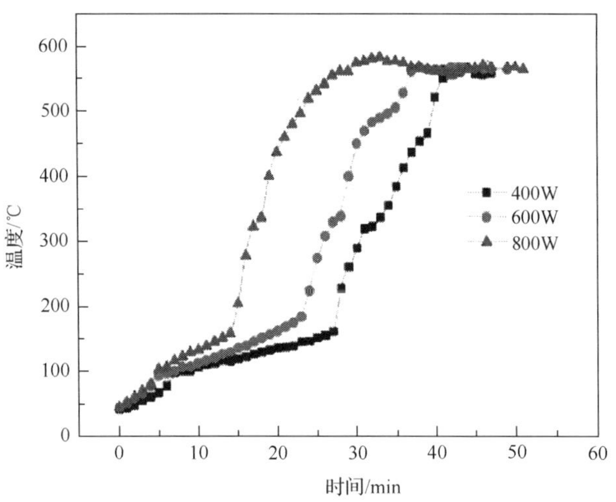

图 2-12 在不同微波功率下 $Zn(OAc)_2 \cdot 2H_2O$ 的升温特性(样品质量 40g)

2.3 微波预处理提锌-活性炭再生

2.3.1 微波预处理提锌

张正勇[14]采用微波加热的方法对含锌废活性炭进行了预处理，然后采用浸出剂浸出回收活性炭中的锌，最后对活性炭进行再生。根据探索实验，影响锌的浸出的主要因素是微波预处理温度和时间，因此主要考察了微波预处理温度和时间对提锌效果的影响。

采用微波加热将含锌废活性炭在 650℃、750℃、850℃、950℃和 1050℃下保温 6min 后，取出自然冷却后，以氨水和碳酸铵为浸出剂，对其进行浸出。微波预处理温度对锌浸出率的影响如图 2-13 所示。

由图 2-13 可以看出，锌的浸出率随微波预处理温度的提高而增加，预处理温度从 650℃升高到 950℃时，锌的浸出率由 71.2%增大到 86.9%，继续提高预处理温度至 1050℃时，锌浸出率并没有明显增加，这是因为活性炭本身具有较强的吸附性能，活性炭孔道中的部分锌无法完全被浸出；此外，当温度超过 950℃后，由醋酸锌分解得到的氧化锌会与碳反应而产生锌蒸气，因此为了减少锌的挥发，预处理温度不宜过高。

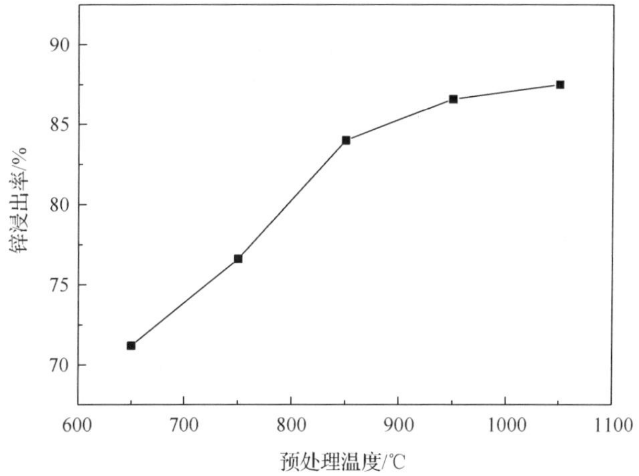

图 2-13　预处理温度对锌浸出率的影响

在微波预处理温度为 950℃的条件下，将废活性炭保温不同的时间后再进行浸出实验，不同保温时间下获得的样品的锌浸出率如图 2-14 所示。

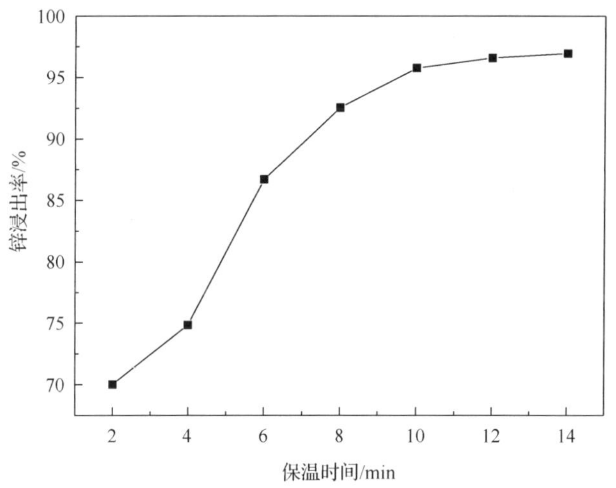

图 2-14　保温时间对锌浸出率的影响

由图 2-14 可以看出，锌浸出率随保温时间的延长而提高，当保温时间达到 12min 时，锌浸出率已达到较高值 96.58%。继续增加保温时间，锌浸出率没有明显提高，且有可能造成活性炭内部孔道的塌陷而影响再生活性炭的吸附性能。

温度达 900℃后，氧化锌会和碳反应而生成气态锌，可能会导致锌回收率降低，因此进一步考察了预处理温度为 900℃时的浸出效果，并与预处理温度为 950℃时的浸出效果进行了对比，结果如表 2-3 所示。

表 2-3　预处理温度对锌浸出率和回收率的影响

预处理温度/℃	预处理后样品含锌量/%	预处理得率/%	浸出率/%	回收率/%
900	9.66	88	95.79	92.96
950	9.25	86	96.58	87.70

由表 2-3 可以看出，当温度为 950℃时，尽管锌浸出率有所提高，但是预处理后样品中的锌含量及锌的回收率都有所下降。因此，综合考虑锌的浸出率和回收率，选取较优的预处理温度为 900℃。此外，通过对比实验研究发现，未经预处理的废活性炭的锌浸出率仅为 42.35%，表明微波预处理能有效提高锌浸出率，这是由于微波具有快速加热和内部加热的特点，可以迅速打开废活性炭被堵塞的孔道，使被包裹的醋酸锌暴露出来并被有效分解，进而增大氧化锌与浸出剂的接触面积，提高锌的浸出率。

2.3.2　提锌后废活性炭再生

马祥元[30]对含锌废活性炭浸出提锌前后样品的 XRD、SEM 和吸附性能等进行了对比分析。含锌废活性炭浸出提锌前后样品的 XRD 分析结果如图 2-15 所示。

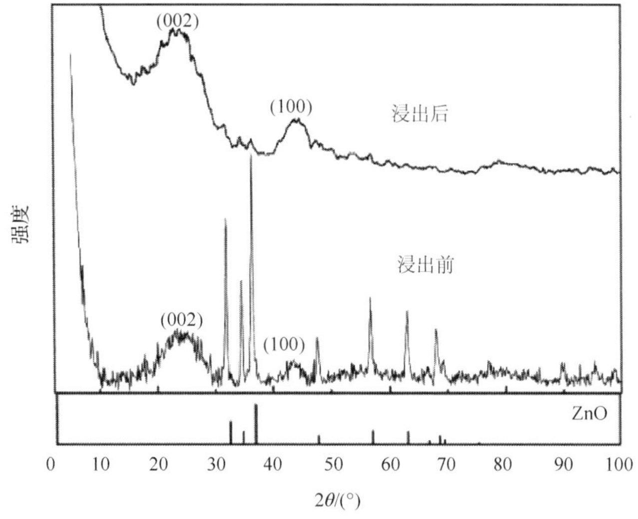

图 2-15　浸出提锌前后废活性炭的 XRD 谱图

由图 2-15 可知，浸出前样品中可观察到氧化锌的衍射峰，而浸出后样品中没有氧化锌的衍射峰，这是由于在微波预处理过程中发生了如下反应[31]：

$$ZnO + (NH_4)_2CO_3 + (i-2)NH_3 \longleftrightarrow Zn(NH_3)_iCO_3 + H_2O \tag{2-14}$$

$$Zn(CH_3COO)_2 \cdot 2H_2O \longrightarrow Zn(CH_3COO)_2 + 2H_2O\uparrow \tag{2-15}$$

$$4Zn(CH_3COO)_2 + 2H_2O \longrightarrow Zn_4O(CH_3COO)_6 + 2CH_3COOH\uparrow \tag{2-16}$$

$$Zn_4O(CH_3COO)_6 + 3H_2O \longrightarrow 4ZnO + 6CH_3COOH\uparrow \tag{2-17}$$

醋酸锌在微波场内迅速分解为氧化锌，然后与氨发生络合反应[32]：

$$ZnO + (i-1)NH_3 + NH_4HCO_3 \longrightarrow Zn(NH_3)_i CO_3 + H_2O, \qquad i = 1\sim4 \tag{2-18}$$

在反应过程中，溶液中的 Zn^{2+} 同 NH_3 分子和 CO_3^{2-} 结合，生成 $Zn(NH_3)_iCO_3$。液相中的 Zn^{2+} 不断减少，固相中的 ZnO 不断溶解进入液相，并离解成 Zn^{2+} 和 OH^-，Zn^{2+} 又与 NH_3 分子和 CO_3^{2-} 相结合，生成 $Zn(NH_3)_iCO_3$。随着反应的不断进行，ZnO 会转化为 $Zn(NH_3)_iCO_3$ 进入溶液。因此，经过微波加热预处理后，废催化剂中的锌以氧化物的形式存在更容易被浸出。所以在浸出后样品的 XRD 谱图中氧化锌衍射峰已经消失，只存在明显的 C 峰。

含锌废活性炭浸出提锌前后的微观形貌对比如图 2-16 所示。

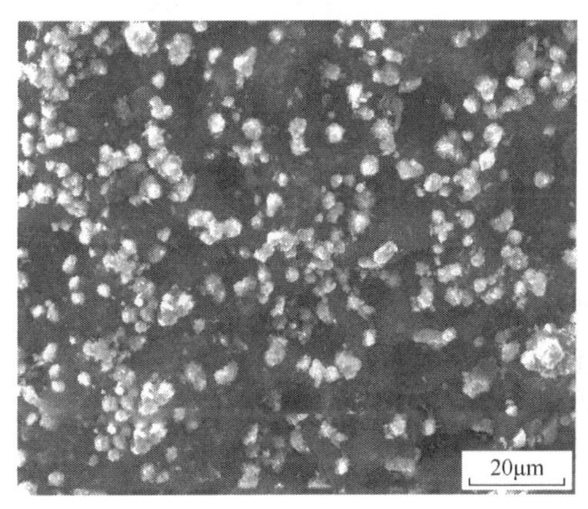

(a) 提锌前

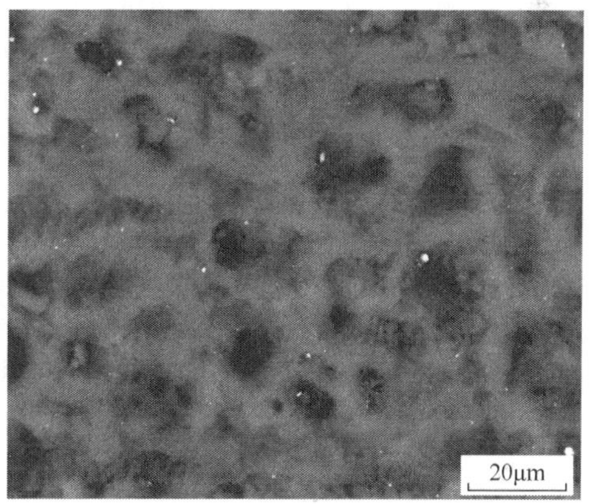

(b) 提锌后

图 2-16　废活性炭提锌前后的微观形貌对比

从图 2-16 可以看出，废活性炭经过微波预处理后即浸出提锌前，吸附的有机包裹物得以分解挥发，暴露出被堵塞的活性炭孔道，可以观察到大量的氧化锌颗粒附着在活性炭表面，有利于后续锌的浸出。浸出提锌后的样品中可观察到更多的孔道，而氧化锌颗粒基本消失，这与 XRD 分析结果相一致，表明氧化锌已被很好地浸出。进一步分析提锌后废活性炭的吸附性能发现，其碘吸附值为 320mg/g、亚甲基蓝吸附值为 3mL/0.1g、乙酸吸附值为 86mg/g，该指标要明显高于原料废活性炭，表明含锌废活性炭经提锌后孔道得到了一定程度的疏通，但是如果要将其用作高附加值产品，则仍需要对其进行进一步的活化再生。

1. 水蒸气活化再生

1）常规加热再生

常规加热再生提锌后废活性炭的实验装置如图 2-17 所示。该装置主要包括活化气体瓶、管式电阻炉（上海自动化仪表三厂）、玻璃转子流量计（LZB-10）和尾气吸收瓶等组成。

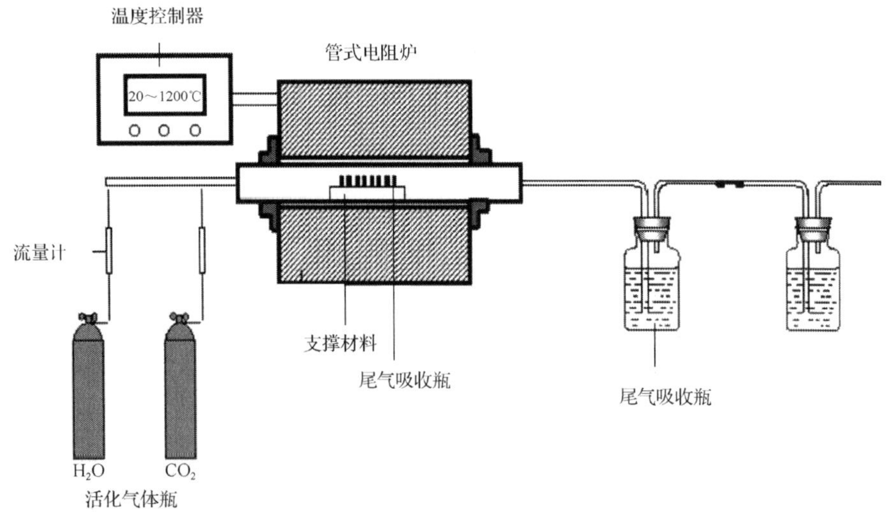

图 2-17　常规加热再生活性炭实验装置

实验时先将 15g 原料放入管式炉中以 20℃/min 的升温速率加热至预定温度，然后向炉中通入活化气体，保温一定时间后得到再生活性炭样品，经盐酸酸洗和蒸馏水漂洗后放入烘箱，在 120℃下干燥后得到成品再生活性炭，然后测定其碘吸附值、亚甲基蓝吸附值和乙酸吸附值等。

首先考察了以水蒸气作为活化气体的再生效果，结果表明，对活性炭吸附性能和再生得率影响较大的因素为活化温度、活化时间和水蒸气流量。进一步采用正交实验的方法，以微波功率、活化时间和水蒸气流量作为实验的三个因素，将每个因素选取三个水平，设计 $L_9(3^4)$ 正交表，如表 2-4 所示，由正交实验所获得的实验结果如表 2-5 所示。

表 2-4　常规加热水蒸气活化法再生活性炭正交表

水平	因素		
	活化温度（A）/℃	活化时间（B）/min	水蒸气流量（C）/(g/min)
1	800	30	1.28
2	900	60	2.23
3	1000	90	3.95

表 2-5　常规加热水蒸气活化法再生活性炭正交实验结果

编号	活化温度(A)/℃	活化时间(B)/min	水蒸气流量(C)/(g/min)	实验结果			
				碘吸附值/(mg/g)	亚甲基蓝吸附值/(mL/0.1g)	乙酸吸附值/(mg/g)	活性炭得率/%
1	800(A_1)	30(B_1)	3.95(C_3)	716.55	4	371.56	83.54
2	900(A_2)	30(B_1)	1.28(C_1)	901.88	7	482.35	74.18
3	1000(A_3)	30(B_1)	2.23(C_2)	1166.77	18	525.06	63.17
4	800(A_1)	60(B_2)	2.23(C_2)	799.78	5	452.97	78.26
5	900(A_2)	60(B_2)	3.95(C_3)	1011.07	12	543.32	74.83
6	1000(A_3)	60(B_2)	1.28(C_1)	1039.44	14	563.58	68.95
7	800(A_1)	90(B_3)	1.28(C_1)	794.39	4	496.85	76.38
8	900(A_2)	90(B_3)	2.23(C_2)	1078.48	20	587.43	66.63
9	1000(A_3)	90(B_3)	3.95(C_3)	1181.10	16	590.77	62.86

从表 2-5 可以看出，在不同工艺条件制得的活性炭的吸附性能相差较大，为了判断所选的三个因素对活性炭吸附性能所产生影响的强弱程度，并确定最佳工艺条件，采用极差分析方法对实验结果进一步分析。极差分析法是用每一个因素平均效果的极差来分析问题，极差是指平均效果中的最大值与最小值的差值。

根据表 2-5 可以计算出各因素对活性炭再生效果的影响和极差。各因素对再生活性炭碘吸附值的影响和碘吸附平均值的极差如图 2-18 所示，各因素对再生活性炭亚甲基蓝吸附值的影响和亚甲基蓝吸附平均值的极差如图 2-19 所示，各因素对再生活性炭乙酸吸附值的影响和乙酸吸附平均值的极差如图 2-20 所示，各因素对再生活性炭得率的影响和得率平均值的极差如图 2-21 所示。

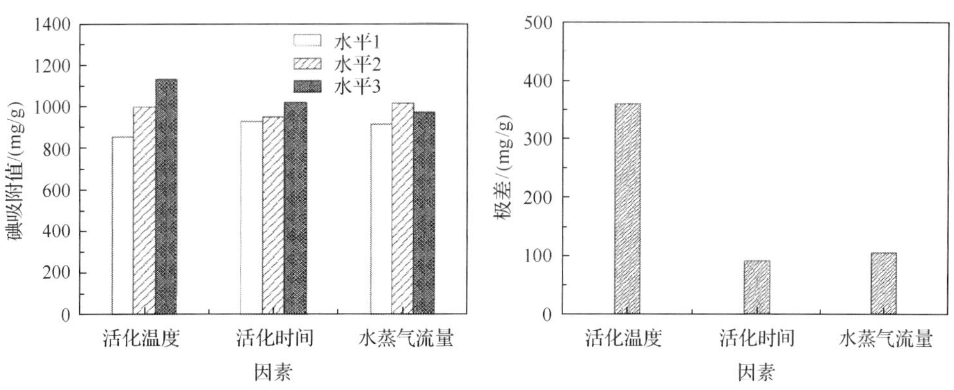

图 2-18　各因素对活性炭碘吸附值的影响和极差(常规加热)

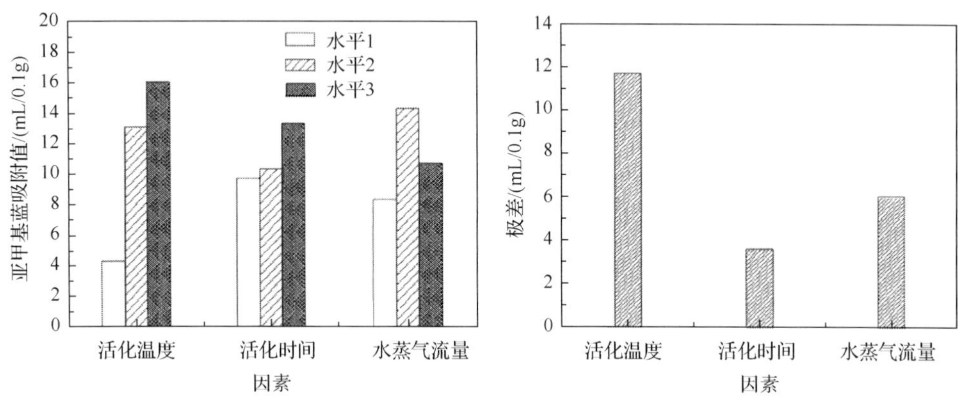

图 2-19　各因素对活性炭亚甲基蓝吸附值的影响和极差(常规加热)

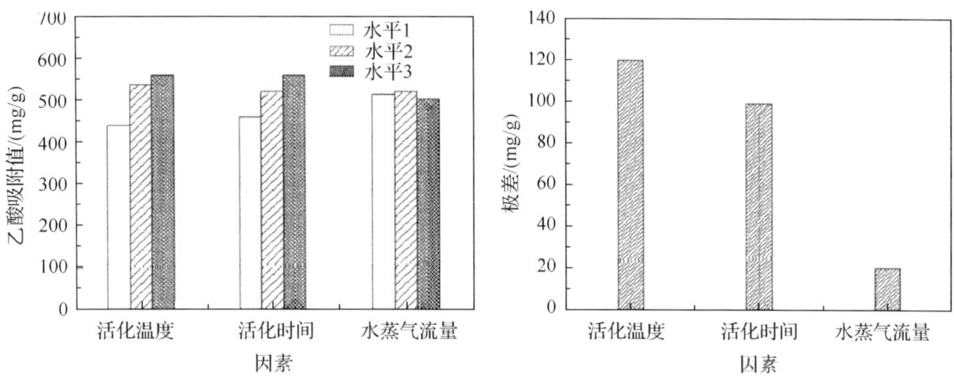

图 2-20　各因素对活性炭乙酸吸附值的影响和极差(常规加热)

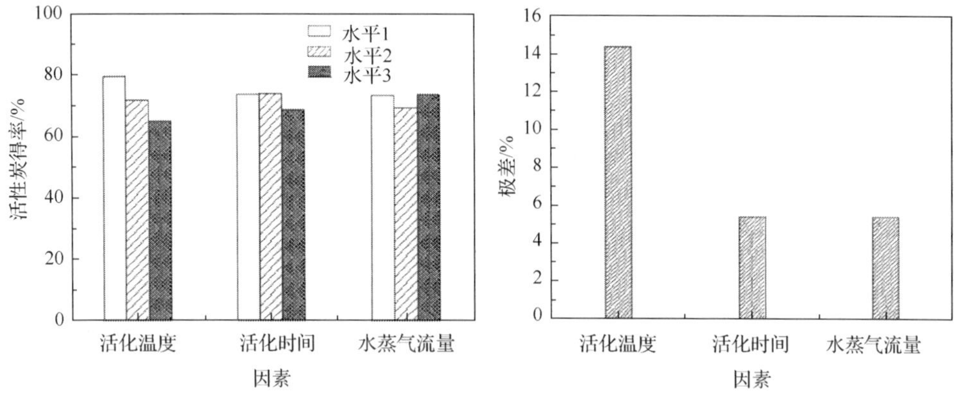

图 2-21　各因素对再生活性炭得率的影响和极差(常规加热)

由图 2-18～图 2-20 可以看出，再生后活性炭碘吸附值、亚甲基蓝吸附值、乙酸吸附值均随活化温度的升高和活化时间的延长而升高，而随水蒸气流量的增加先升高后降低。这主要是由于在活性炭再生过程中，其吸附质的脱附随再生温度的升高而变得易于进行，反应温度越高，吸附质脱附越快，活性炭再生效果越好，活性炭的吸附能力也就越强。在水蒸气活化再生活性炭过程中，碳与水蒸气之间发生如下反应：

$$C + H_2O \longrightarrow H_2 + CO \tag{2-19}$$

$$C + 2H_2O \longrightarrow 2H_2 + CO_2 \tag{2-20}$$

该反应为吸热反应，反应温度一般为 800～1100℃，反应温度越高，反应越容易进行，所以，活性炭吸附值随活化温度的升高而升高。

活化时间直接决定着反应的进行程度，活化时间越长，反应进行得越充分，再生活性炭的吸附值也就越高。对水蒸气流量来讲，它既起到活化剂的作用，也会影响活化温度，当水蒸气流量太小时，不能保证活化反应的完全进行，而水蒸气流量太大时，又会使反应温度降低，所以活性炭碘吸附值随水蒸气流量的增加呈先升高后降低趋势。

由图 2-21 可知，活性炭得率随活性炭活化温度的升高而降低，随活化时间的延长先保持不变而后降低，随水蒸气流量的增加先降低后增加。这是由于随活化温度的升高和活化时间的延长，活化反应进行得越充分，炭烧失率增加，因此得率降低。随水蒸气流量的增加会促进活化反应的进行，但过大的水蒸气流量反而会降低反应温度，不利于活化反应的进行，因此，活性炭得率会升高。

根据上述分析结果，对比各因素下极差值的大小，可以得出如下规律：碘吸附值 $R_A > R_C > R_B$；亚甲基蓝吸附值 $R_A > R_C > R_B$；乙酸吸附值 $R_A > R_B > R_C$；活性炭得率 $R_A > R_C > R_B$。可以看出，在所研究的三个因素中，活化温度对活性炭碘吸附值、亚甲基蓝吸附值、乙酸吸附值和再生得率的影响最大，活化时间次之，水蒸气流量的影响最小。

根据上述分析结果，得出各最佳水平按因素主次顺序排列为：碘吸附值 $A_3 > B_3 > C_2$；亚甲基蓝吸附值 $A_3 > C_2 > B_3$；乙酸吸附值 $A_3 > B_3 > C_2$；得率 $A_1 > B_2 > C_3$。综合再生活性炭的碘吸附值、亚甲基蓝吸附值、乙酸吸附值和得率，可以得到常规加热水蒸气活化再生废活性炭的最佳工艺条件为 A_3、B_3、C_3，即活化温度 1000℃、活化时间 90min、水蒸气流量 3.95g/min。在该组实验条件下，所得活性炭碘吸附值为 1181.10mg/g、亚甲基蓝吸附值为 16mL/0.1g、乙酸吸附值为 590.77mg/g、得率为 62.86%。该碘吸附值达到了 GB/T 13803.1—1999 木质味精精制用颗粒活性炭一级品标准和 GB/T 13803.2—1999 木质净水用活性炭一级品标准；亚甲基蓝吸附值达到了 GB/T 13803.2—1999 木质净水用活性炭一级品标准和 GB/T 13803.4—1999 针剂用活性炭一级品标准；乙酸吸附值达到了 GB/T 13803.5—1999 乙酸乙烯合成用触媒载体活性炭A类标准。

2)微波加热再生

微波加热再生活性炭的实验装置如图2-22所示，其中微波炉为改装过的家用微波炉，最大输出功率为700W，其他辅助设备与常规加热再生装置相同。

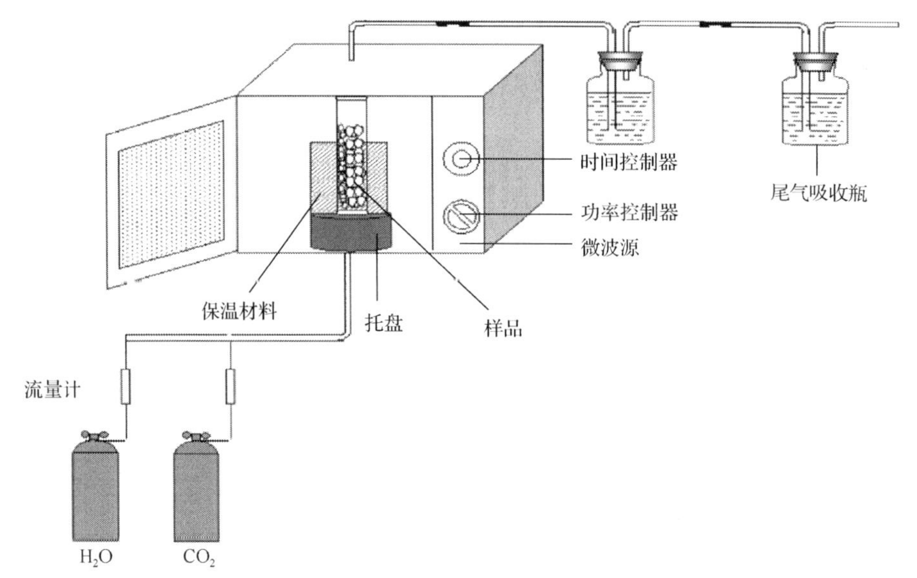

图2-22 微波加热再生活性炭实验装置

实验时先将15g原料放入微波炉中，在700W下预加热5min后，向炉中通入活化气体，活化处理一定时间后得到再生活性炭样品，经盐酸酸洗和蒸馏水漂洗后放入烘箱，在120℃下干燥后得到成品再生活性炭，然后测定其碘吸附值、亚甲基蓝吸附值和乙酸吸附值等。

通过探索实验研究发现，微波功率、活化时间和水蒸气流量是对活性炭再生效果影响较大的因素，进一步采用正交实验的方法，以微波功率、活化时间和水蒸气流量作为实验的三个因素，将每个因素选取三个水平，设计$L_9(3^4)$正交表(表2-6)，由正交实验获得的实验结果如表2-7所示。

表2-6 微波加热水蒸气活化法再生废活性炭正交表

水平	因素		
	微波功率(A)/W	活化时间(B)/min	水蒸气流量(C)/(g/min)
1	350	20	1.46
2	490	30	1.77
3	700	40	2.03

表 2-7　微波加热水蒸气活化法再生废活性炭正交实验结果

编号	微波功率 (A)/W	活化时间 (B)/min	水蒸气流量 (C)/(g/min)	实验结果			
				碘吸附值 /(mg/g)	亚甲基蓝吸附值 /(mL/0.1 g)	乙酸吸附值 /(mg/g)	活性炭得率/%
1	350 (A_1)	20 (B_1)	1.46 (C_1)	914.22	7.0	466.30	92.99
2	350 (A_1)	30 (B_2)	1.77 (C_2)	1004.10	7.5	502.30	89.81
3	350 (A_1)	40 (B_3)	2.03 (C_3)	978.29	7.0	526.50	88.52
4	490 (A_2)	20 (B_1)	1.77 (C_2)	1028.49	9.0	506.14	85.79
5	490 (A_2)	30 (B_2)	2.03 (C_3)	1010.86	10.0	535.90	88.77
6	490 (A_2)	40 (B_3)	1.46 (C_1)	1154.54	17.0	563.24	76.80
7	700 (A_3)	20 (B_1)	2.03 (C_3)	1196.19	17.0	545.60	67.00
8	700 (A_3)	30 (B_2)	1.46 (C_1)	1219.39	21.0	586.36	54.57
9	700 (A_3)	40 (B_3)	1.77 (C_2)	1212.61	19.0	602.58	54.21

根据表 2-7 可以计算出各因素对活性炭再生效果的影响和极差。各因素对再生活性炭碘吸附值的影响和碘吸附平均值的极差如图 2-23 所示，各因素对再生活性炭亚甲基蓝吸附值的影响和亚甲基蓝吸附平均值的极差如图 2-24 所示，各因素对再生活性炭乙酸吸附值的影响和乙酸吸附平均值的极差如图 2-25 所示，各因素对再生活性炭得率的影响和得率平均值的极差如图 2-26 所示。

由图 2-23～图 2-25 可以看出，再生后活性炭碘吸附值、亚甲基蓝吸附值、乙酸吸附值均随微波功率的升高和活化时间的延长而增加。在活性炭再生过程中，再生温度越高，吸附质脱附速率越快，因此活性炭的再生效果也越好，而再生温度是由微波功率所决定，微波功率越高，样品所达到的再生温度也越高，因此活性炭的再生效果也越好。当再生温度一定时，延长反应时间有利于促进反应动力学，提高再生效果。

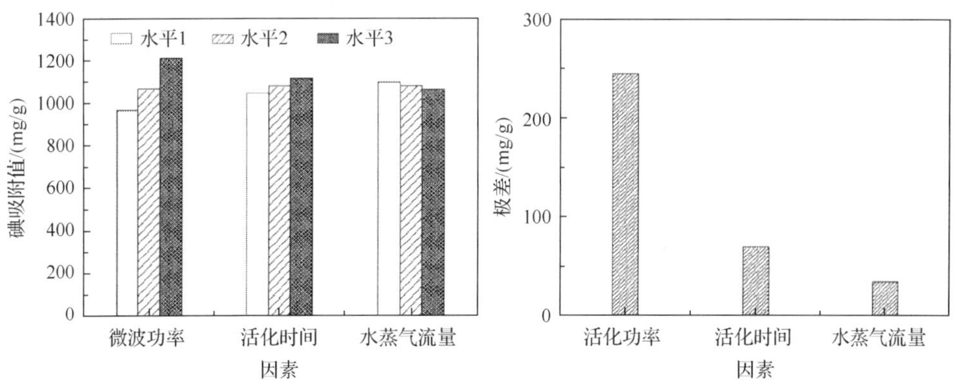

图 2-23　各因素对活性炭碘吸附值的影响和极差(微波加热)

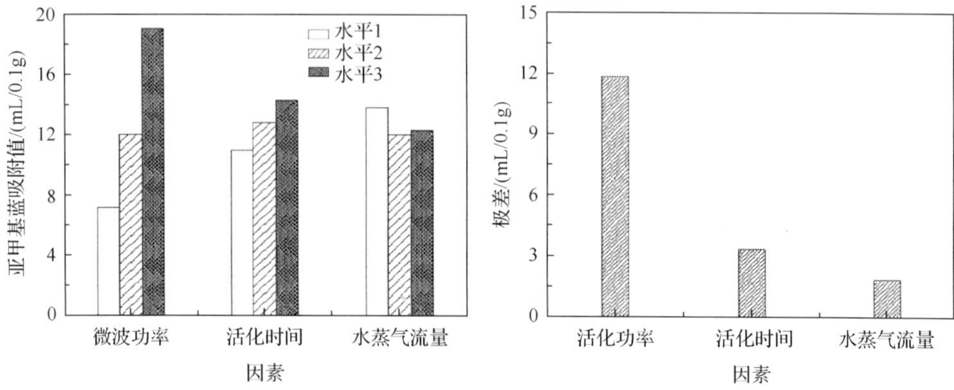

图 2-24　各因素对活性炭亚甲基蓝吸附值的影响和极差(微波加热)

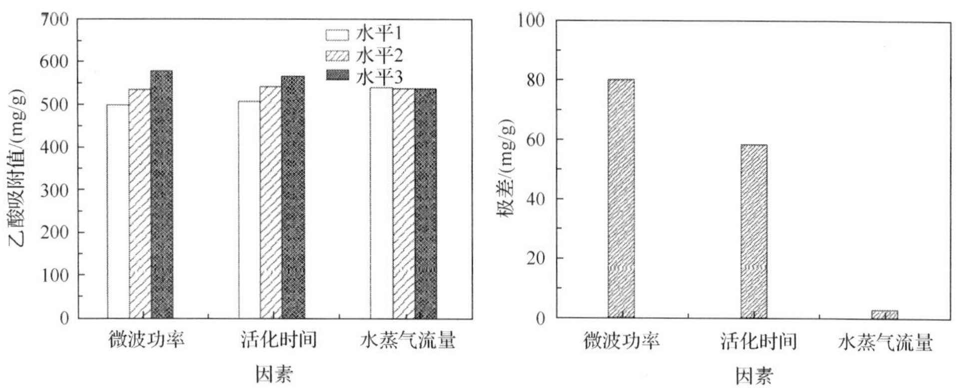

图 2-25　各因素对活性炭乙酸吸附值的影响和极差(微波加热)

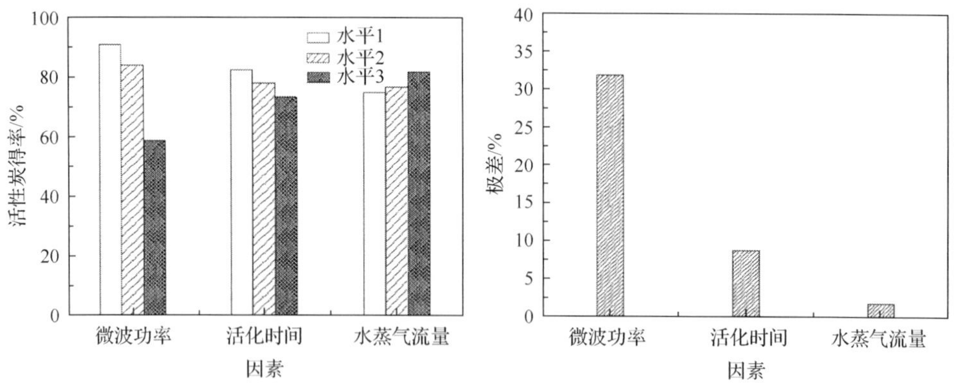

图 2-26　各因素对活性炭得率的影响和极差(微波加热)

由图 2-26 可知，活性炭得率随微波功率的升高和活化时间的延长而降低，随水蒸气流量的增加而升高。这是由于较高的微波功率和较长的活化时间可以使活化反应进行得更充分，从而增加炭的烧失率，使得活性炭的得率降低，而过大的水蒸气流量会导致活化温度降低，削弱活化反应，使活性炭的得率升高。

根据上述分析结果，对比各因素下极差值的大小，可以得出如下规律：碘吸附值 $R_A>R_B>R_C$；亚甲基蓝吸附值 $R_A>R_B>R_C$；乙酸吸附值 $R_A>R_B>R_C$；得率 $R_A>R_B>R_C$。由以上分析可知，对于再生活性炭的各性能指标(碘吸附值、亚甲基蓝吸附值、乙酸吸附值和再生得率)的 R 值的关系均符合 $R_A>R_B>R_C$，即在所研究的三个因素中，微波功率对活性炭碘吸附值、亚甲基蓝吸附值、乙酸吸附值和再生得率的影响最大，活化时间次之，水蒸气流量的影响最小。

根据上述分析结果，得出各最佳水平按因素主次顺序排列为：碘吸附值 $A_3>B_3>C_1$；亚甲基蓝吸附值 $A_3>B_3>C_1$；乙酸吸附值 $A_3>B_3>C_1$；活性炭得率 $A_1>B_1>C_3$。确定微波加热水蒸气活化再生废活性炭的最佳工艺条件为 A_3、B_3、C_3，即微波功率 700W，活化时间 40min，水蒸气流量 2.03g/min。该实验条件不在正交表内，因此补做该条件下的实验，并将所得到的再生活性炭经酸洗、漂洗并烘干后进行分析，测得其碘吸附值为 1193.85mg/g，亚甲基蓝吸附值为 19mL/0.1g，乙酸吸附值为 571.32mg/g，再生得率为 65.36%。该碘吸附值达到了 GB/T 13803.1—1999 木质味精精制用颗粒活性炭一级品标准和 GB/T 13803.2—1999 木质净水用活性炭一级品标准；亚甲基蓝吸附值达到了 GB/T 13803.2—1999 木质净水用活性炭一级品标准和 GB/T 13803.4—1999 针剂用活性炭一级品标准，乙酸吸附值达到了 GB/T 13803.5—1999 乙酸乙烯合成用触媒载体活性炭 A 类标准。

2. 二氧化碳活化再生

1) 常规加热再生

采用单因素实验的方法，考察了活化温度、活化时间和二氧化碳流量对再生活性炭碘吸附值、亚甲基蓝吸附值、乙酸吸附值和得率的影响。

在控制活化时间为 100min、二氧化碳流量为 $0.5m^3/h$ 的条件下，考察了活化温度对再生活性炭碘吸附值、亚甲基蓝吸附值、乙酸吸附值和得率的影响，结果如图 2-27 所示。

由图 2-27 可以看出，活性炭碘吸附值、亚甲基蓝吸附值和乙酸吸附值随着活化温度升高而增大，这是因为在活化过程中，二氧化碳会与碳反应生成一氧化碳，该反应为吸热发应，反应温度一般为 800～1100℃。在温度较低时反应速率较低，在一定时间内微孔形成数目较少，活性炭比表面积增加较慢，所以其吸附性能也就较差；当活化温度达到 900℃后，活化反应速率明显增大，在一定反应时间内活性炭中生成的微孔和中孔的数目会增加，从而提高活性炭的吸附性能。此外，活性炭的吸附性能还与其内部吸附质的脱附有关，温度越高，废活性炭中吸附的杂质越容易被脱除，因此活性炭也就越容易再生。

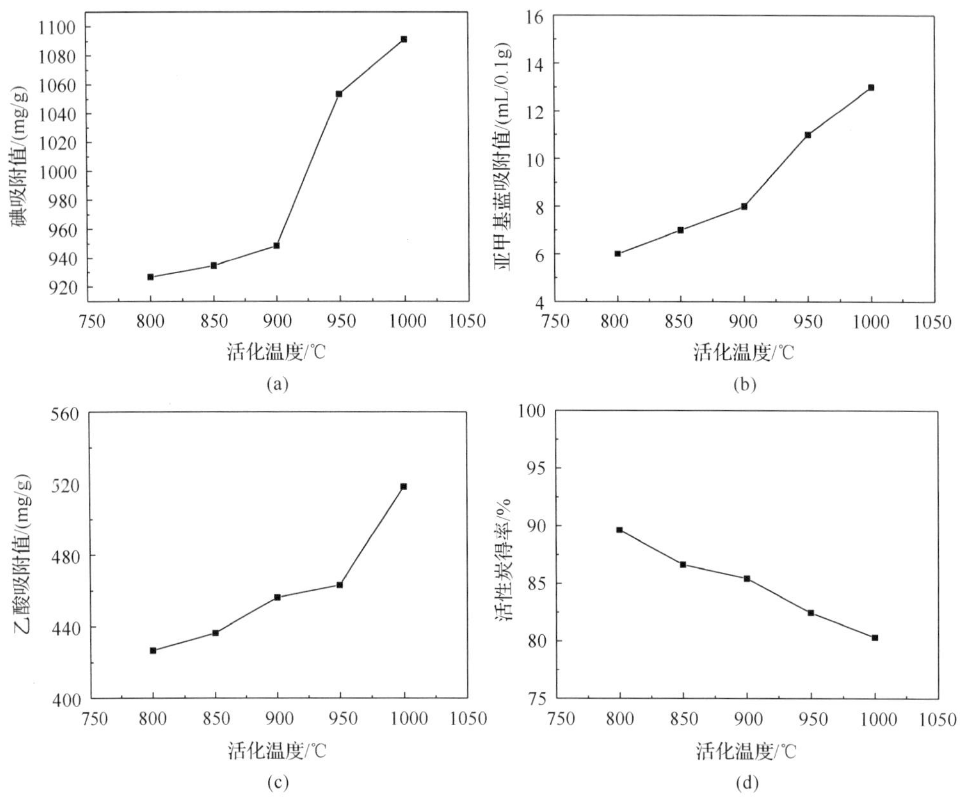

图 2-27 活化温度对活性炭碘吸附值、亚甲基蓝吸附值、乙酸吸附值和得率的影响(常规加热)

活性炭得率随活化温度的升高而不断降低，这是因为活化温度的升高促进了活化反应的进行，使得更多的碳参与反应，因此得率也就相应降低。

在控制活化温度 1000℃，二氧化碳流量 $0.5m^3/h$ 的条件下，考察活化时间对再生活性炭碘吸附值、亚甲基蓝吸附值、乙酸吸附值和得率的影响，结果如图 2-28 所示。

由图 2-28 可以看出，活性炭碘吸附值、亚甲基蓝吸附值和乙酸吸附值均先随着活化时间的增加而增大；当活化时间达到 80min 时，随着活化时间的增加活性炭的亚甲基蓝吸附值、乙酸吸附值增加趋于缓慢，碘吸附值开始下降；之后随着活化时间继续延长，活性炭碘吸附值、亚甲基蓝吸附值、乙酸吸附值均有所下降。这是因为在活化过程中废活性炭内部活性点上的碳原子与二氧化碳发生反应，在碳原子位置上出现了空穴，这样就形成了微孔。随着活化时间的延长，大量碳原子参与反应，在废活性炭内部就形成了丰富的微孔结构，使活性炭比表面积增大，吸附性能增强；如果随着活化时间继续延长，将会使活性炭原来形成的微孔孔径变大，甚至烧穿。决定活性炭比表面积的主要是微孔和中孔，如果微孔和中孔演变为大孔，将会导致活性炭比表面积降低，从而降低其吸附性能。

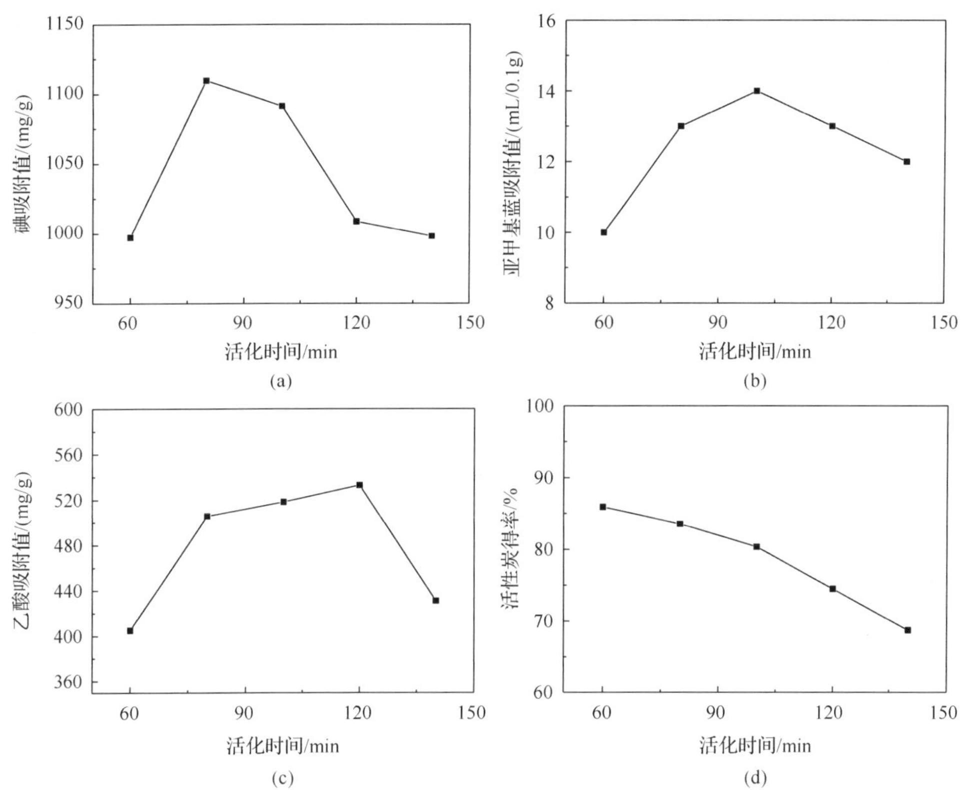

图 2-28　活化时间对活性炭碘吸附值、亚甲基蓝吸附值、乙酸吸附值和得率的影响(常规加热)

活性炭得率随着活化时间的延长不断降低，这是由于活化反应是消耗碳的反应，活化反应时间越长，碳的消耗量越大，因此得率越低。

在控制活化时间为 100min，活化温度为 1000℃的条件下，考察了二氧化碳流量对再生活性炭碘吸附值、亚甲基蓝吸附值、乙酸吸附值和得率的影响，结果如图 2-29 所示。

由图 2-29 可以看出，随二氧化碳流量的增加，活性炭碘吸附值、亚甲基蓝吸附值和乙酸吸附值先升高后降低。这是因为在废活性炭与二氧化碳的活化反应过程中，废活性炭与二氧化碳反应生成一氧化碳气体。在二氧化碳流量较小时，其扩散速度小于活化反应速度，导致活化速度慢，所以在一定活化温度和时间内活化反应进行程度较小，活性炭中形成的微孔数目也较少，相应地其比表面积较小，吸附性能较弱。提高二氧化碳流量，在反应体系中二氧化碳分压增大，分子扩散速率升高，造孔速度也增大，所以在一定活化温度和时间下得到的活性炭比表面积较大，吸附性能也较强。继续加大二氧化碳流量，反应体系中二氧化碳分压继续增大，二氧化碳除了和废活性炭中的活性点上的碳原子反应，还会进一步和构成活性炭微孔结构的骨架碳原子反应，使微孔孔径变大甚至烧穿，导致活性炭比表面积减小，吸附性能减弱。

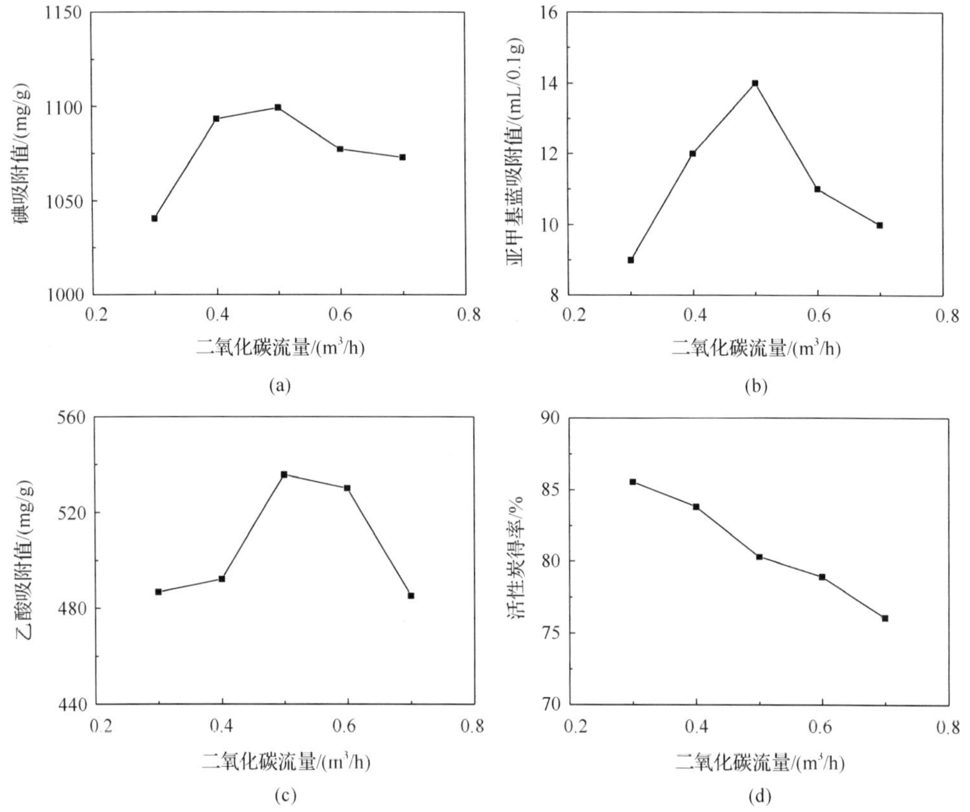

图 2-29　二氧化碳流量对活性炭碘吸附值、亚甲基蓝吸附值、乙酸吸附值和得率的影响(常规加热)

随着二氧化碳流量的加大，活性炭得率不断降低。说明二氧化碳流量的增加加速了碳原子与二氧化碳反应的速度，使大量的碳原子与二氧化碳反应，造成废活性炭的烧失率增加，从而得率降低。

综合上述分析可以得出：常规二氧化碳法再生废活性炭的最佳工艺条件为：活化温度为 1000℃、活化时间为 100min、二氧化碳流量 0.5m^3/h。在该条件下制备的活性炭碘吸附值为 1091.33mg/g、亚甲基蓝吸附值为 14mL/0.1g、乙酸吸附值为 518.30mg/g、得率为 80.33%。其碘吸附值达到了 GB/T 13803.1—1999 木质味精精制用颗粒活性炭一级品标准和 GB/T 13803.2—1999 木质净水用活性炭一级品标准；亚甲基蓝吸附值达到了 GB/T 13803.2—1999 木质净水用活性炭一级品标准和 GB/T 13803.4—1999 针剂用活性炭一级品标准；乙酸吸附值达到了 GB/T 13803.5—1999 乙酸乙烯合成用触媒载体活性炭 B 类标准。

2) 微波加热再生

在控制活化时间为 25min、二氧化碳流量为 $0.2m^3/h$ 的条件下，考察了微波功率对再生活性炭碘吸附值、亚甲基蓝吸附值、乙酸吸附值和得率的影响，结果分别如图 2-30 所示。

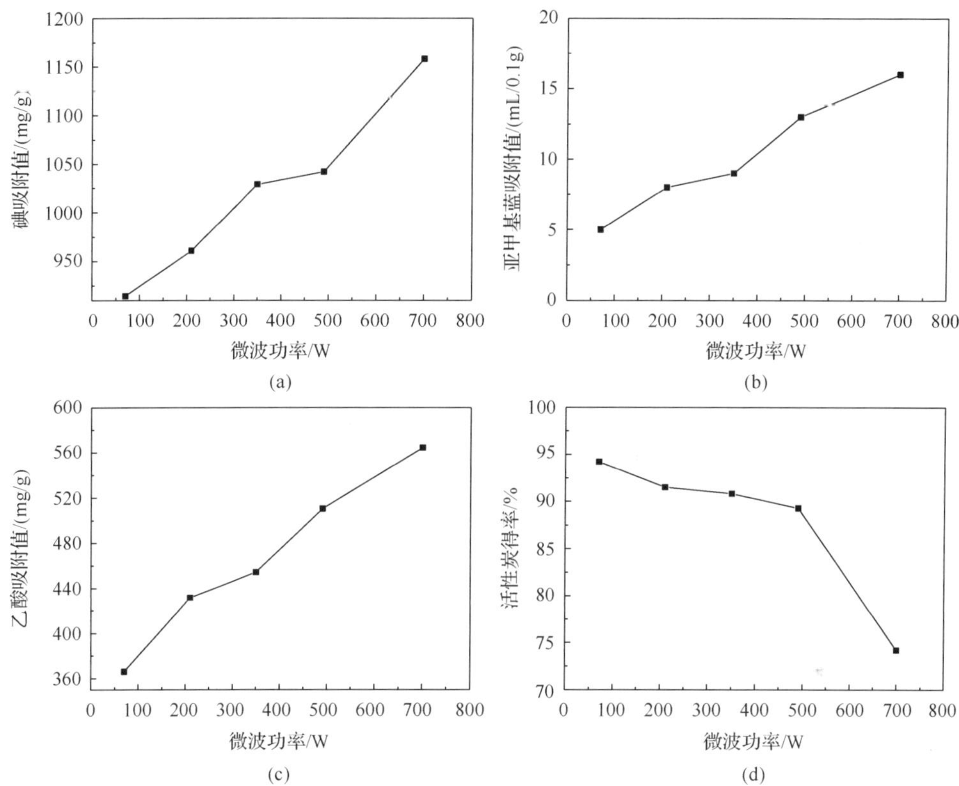

图 2-30　微波功率对活性炭碘吸附值、亚甲基蓝吸附值、乙酸吸附值和得率的影响(微波加热)

由图 2-30 可以看出，再生活性炭的碘吸附值、亚甲基蓝吸附值和乙酸吸附值均随着微波功率的升高而增加；当微波功率低于 350W 时，再生活性炭吸附性能随微波功率的增加而缓慢提高；当微波功率高于 490W 时，再生活性炭的吸附性能随微波功率的增加而显著提高。相反地，活性炭的得率随微波功率的升高而持续降低，这是由于微波功率直接决定活性炭的活化温度，微波功率越大，活化温度越高。

当微波功率较小时，活化温度较低，活化反应速率也较低，因此活性炭的比表面积增加较慢，其吸附性能也就较弱；而当微波功率较大时，活化温度也较高，因此活性炭的再生效果也越好，但同时也会导致炭烧损率增加。由于在微波功率为 700W 时得到的再生活性炭吸附性能最好，且得率仍有 74.19%，因此最优微波功率选取为 700W。此时所获得的再生活性炭碘吸附值为 1158.02mg/g、亚甲基蓝吸附值 16mL/0.1g、乙酸吸附值为 564.43mg/g。

在控制微波功率为 700W、二氧化碳流量为 $0.2m^3/h$ 的条件下，考察了活化时间对再生活性炭碘吸附值、亚甲基蓝吸附值、乙酸吸附值和得率的影响，结果分别如图 2-31 所示。

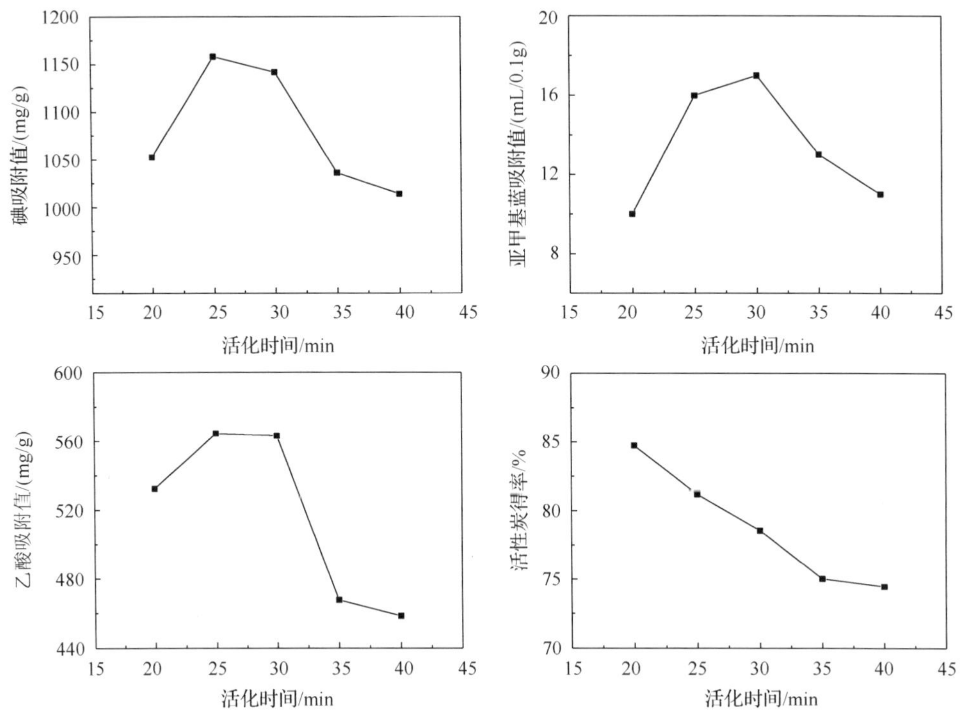

图 2-31　活化时间对活性炭碘吸附值、亚甲基蓝吸附值、乙酸吸附值和得率的影响(微波加热)

由图 2-31 可以看出，当活化时间小于 25min 时，再生活性炭的碘吸附值、亚甲基蓝吸附值和乙酸吸附值均随着活化时间的延长而提高；当活化时间达到 25min 或 30min 时，再生活性炭碘吸附值、亚甲基蓝吸附值和乙酸吸附值均达到最大值；继续延长活化时间至 35min 或 40min，活性炭碘吸附值、亚甲基蓝吸附值和乙酸吸附值均有明显下降。

随活化时间的延长，活性炭的活化反应不断在进行，当活化时间达到 25min 后，活化反应已基本完成，再生活性炭吸附性能达到较大值。若继续延长活化时间反而会使已形成的微孔和中孔孔径变大，活性炭的比表面积变小，因此当活化时间超过 25min 后，再生活性炭的吸附性能反而会下降。由于活化反应是消耗炭的反应，活化反应时间越长，炭的消耗量越大，得率越低。综合考虑，确定最优活化时间为 25min。

在控制微波功率为 700W、活化时间为 25min 的条件下，考察了二氧化碳流量对再生活性炭碘吸附值、亚甲基蓝吸附值、乙酸吸附值和得率的影响，结果分别如图 2-32 所示。

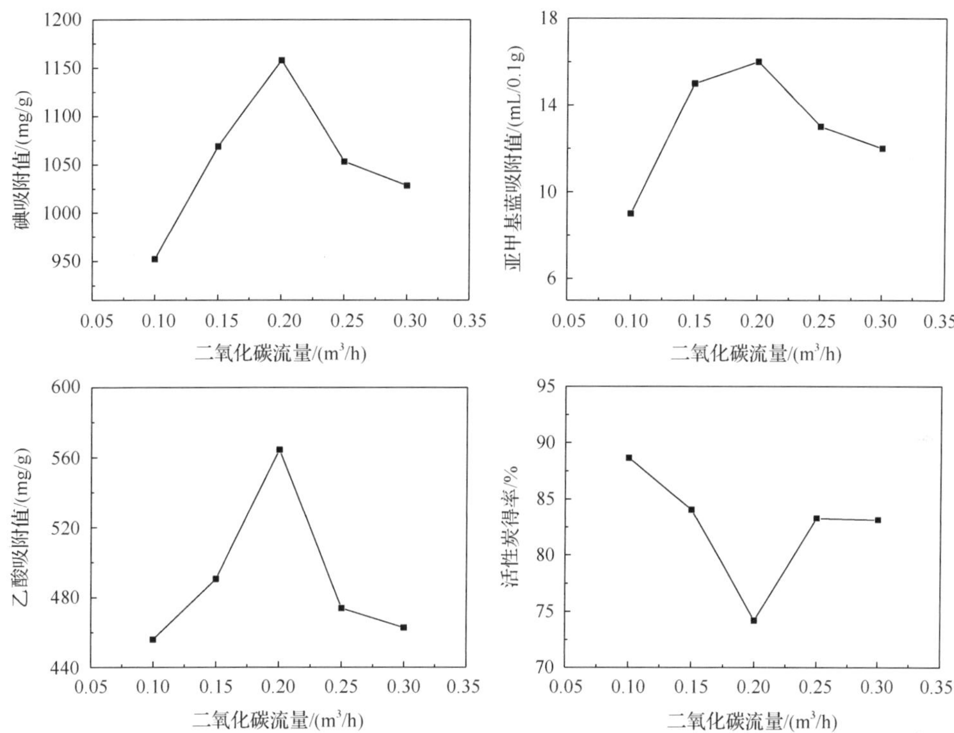

图 2-32　二氧化碳流量对活性炭碘吸附值、亚甲基蓝吸附值、乙酸吸附值和得率的影响(微波加热)

由图 2-32 可以看出，当二氧化碳流量低于 $0.20m^3/h$ 时，活性炭碘吸附值、亚甲基蓝吸附值和乙酸吸附值均随二氧化碳流量的增加而提高；当二氧化碳流量大于 $0.20m^3/h$ 时，活性炭碘吸附值、亚甲基蓝吸附值和乙酸吸附值又会随二氧化碳流量的增加而降低。而活性炭的得率表现出与其相反的趋势。

这主要是因为二氧化碳与碳生成一氧化碳的反应是吸热反应，该反应发生需要一定的活化温度，而二氧化碳在该实验中有双重作用，一方面起着活化剂的作用，另一方面起着调节活化温度的作用。同样微波功率条件下，二氧化碳流量越大，活化温度就会越低。当二氧化碳流量不太大时(二氧化碳流量小于 $0.20m^3/h$)，废活性炭与二氧化碳发应生成一氧化碳气体的反应进行程度较小，活性炭中形成的微孔数目也较少；当二氧化碳流量达到 $0.20m^3/h$ 时，二氧化碳气体与废活性炭上的活化点进行充分的反应，此时二氧化碳流量既可以保证样品的活化温度，又能起到明显的活化效果，所以在一定微波功率和活化时间下得到的活性炭比表面积较大，吸附性能也较强；随二氧化碳流量的进一步加大，样品活化温度也随之降低，到一定程度以后，其温度就难以保证样品充分活化。由此可见，活性炭的吸附性能和得率会随二氧化碳流量的变化而出现上述变化规律，因此，综合考虑确定最优二氧化碳流量为 0.20m^3/h。

微波二氧化碳法再生废活性炭的最佳工艺条件为：微波功率为 700W，活化时间为 25min，二氧化碳流量 0.20m^3/h。在该条件下制备的再生活性炭碘吸附值为 1158.02mg/g，亚甲基蓝吸附值为 16mL/0.1g，乙酸吸附值为 564.43mg/g，得率为 74.19%。其碘吸附值达到了 GB/T 13803.1—1999 木质味精精制用颗粒活性炭一级品标准和 GB/T 13803.2—1999 木质净水用活性炭一级品标准；亚甲基蓝吸附值达到了 GB/T 13803.2—1999 木质净水用活性炭一级品标准和 GB/T 13803.4—1999 针剂用活性炭一级品标准；乙酸吸附值达到了 GB/T 13803.5—1999 乙酸乙烯合成用触媒载体活性炭 A 类标准。

综合上述采用四种不同再生工艺得到的活性炭吸附性能均能达到国标一级品活性炭的要求，表明四种活性炭再生工艺都是可行的。

2.3.3 不同再生方法对比

1. 工艺参数对比

微波和常规加热不同活化再生条件下所得到的最佳工艺条件如表 2-8 所示，在最佳工艺条件下得到的活性炭的吸附性能及孔结构参数表 2-9 所示。

表 2-8 不同再生方法下的最佳工艺条件

参数	再生工艺			
	常规-水蒸气	微波-水蒸气	常规-二氧化碳	微波-二氧化碳
活化温度/℃	1000	—	1000	—
微波功率/W	—	700	—	700
活化时间/min	90	40	100	25
水蒸气量/(g/min)	3.95	2.03	—	—
二氧化碳量/(m^3/h)	—	—	0.5	0.2

表 2-9 不同最佳工艺条件下得到的活性炭吸附性能及孔结构参数

参数	再生工艺			
	常规-水蒸气	微波-水蒸气	常规-二氧化碳	微波-二氧化碳
碘吸附值/(mg/g)	1181.1	1193.85	1091.33	1158.02
亚甲基蓝吸附值/(mL/0.1g)	16	19	14	16
乙酸吸附值/(mg/g)	590.77	571.32	518.30	564.43
比表面积/(m^2/g)	1308.13	1547.74	1178.28	1254.51
总孔体积/(mL/g)	0.76	0.81	0.55	0.59

从表 2-8 和表 2-9 可以看出，在常规加热或微波加热下，与二氧化碳相比，水蒸气对活性炭活化再生效果要更好。对于水蒸气活化再生，采用微波加热所用的时间仅约为常规加热的 44%；对于二氧化碳活化再生，采用微波加热所用的时间仅为常规加热的 25%；在水蒸气或二氧化碳再生条件下，采用微波加热活化得到的活性炭吸附性能也要优于采用常规加热活化得到的活性炭。表明与常规加热相比，微波加热再生含锌废活性炭的效果要更好，所需时间也更短。

这主要是由微波加热和常规加热的热传递方式不同所致。常规加热时，热量需从活性炭表面向其内部逐步传导，因此样品升温缓慢，升温时间长；而微波加热采用直接加热的方式，可以对物料内部和表面同时加热，从而实现整体加热，可以使物料在短时间内达到高温[33]。因此，微波加热再生时，活化反应速度更快，再生时间更短，再生效果更好。

2. 孔结构参数对比

对不同再生方法的最佳工艺条件下得到的再生活性炭的氮气吸附等温线、孔结构特征和微观结构等进行了对比分析。

1) 吸附等温线

采用不同再生方法的最佳工艺条件下得到的再生活性炭的吸附等温线如图 2-33 所示。

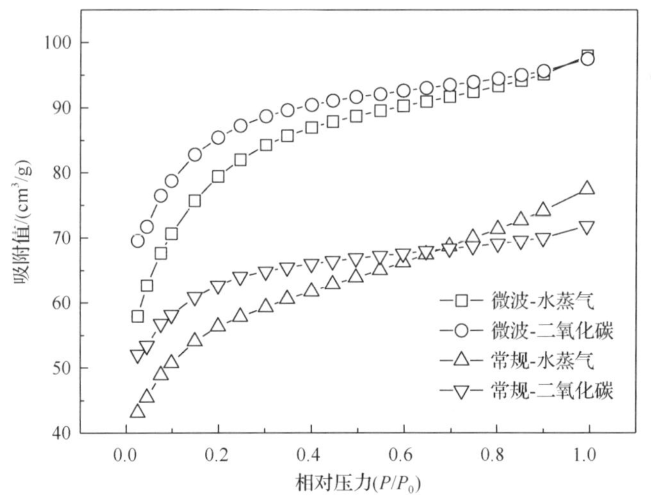

图 2-33　各最佳工艺条件下的得到的再生活性炭的吸附等温线

从图 2-33 可以看出，用四种再生法得到的活性炭的吸附等温线均属于 I 型吸附等温线，具有微孔吸附剂的吸附特征。活性炭吸附等温线的尾部呈明显的上升趋势，这是由于在较高相对压力下在活性炭内部发生了多层吸附，表明活性炭孔结构中含有中孔和大孔。

2）比表面积及孔参数

根据吸附等温线，可以计算出不同条件下再生活性炭的孔结构参数如表 2-10 所示。

表 2-10　不同条件下的再生活性炭比表面积和总孔体积

不同条件下的样品	比表面积/(m^2/g)	总孔体积/(cm^3/g)
常规-水蒸气	1308.13	0.76
微波-水蒸气	1547.74	0.81
常规-二氧化碳	1178.28	0.55
微波-二氧化碳	1254.51	0.59

由表 2-10 可以看出，当活化剂相同时，用微波加热再生得到的活性炭的比表面积和总孔体积都要高于用常规加热方法得到的活性炭，表明微波加热对活性炭的再生效果要优于常规加热；当加热方式相同时，用水蒸气做活化剂时得到的活性炭的比表面积和总孔体积都要高于用二氧化碳做活化剂时得到的活性炭，表明水蒸气的活化再生效果要优于二氧化碳。

由不同条件下得到的活性炭的 D-A 曲线如图 2-34 所示。

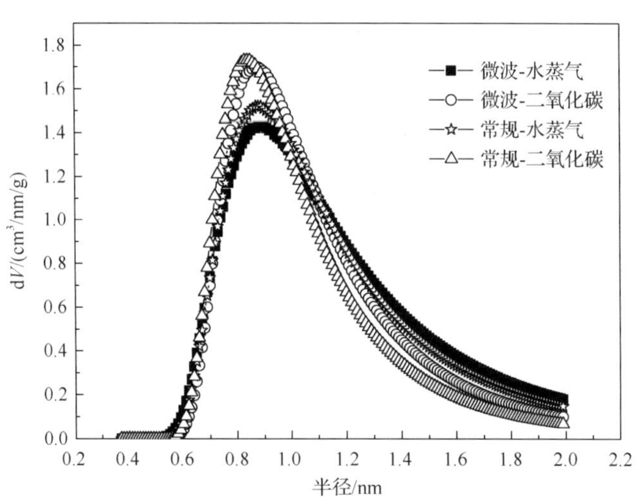

图 2-34　各最佳工艺条件下得到的活性炭 D-A 曲线

图 2-34 反映了不同活性炭的微孔对氮气的吸附特征，结合 D-A 方程对图 2-34 中的数据进行拟合，可以得到常规加热-水蒸气活化再生活性炭、微波加热-水蒸气活化再生活性炭、常规加热-二氧化碳活化再生活性炭、微波加热-二氧化碳活化再生活性炭的 Astakhov 指数 *n* 值分别为 1.6、1.5、1.9 和 1.8。可以看出，当活

化剂相同时，在微波加热工艺条件下得到的 n 值要小于常规加热，表明微波加热再生得到的活性炭孔径分布更宽，活化程度更深；当加热方式相同时，在采用水蒸气做活化剂时得到的 n 值要小于采用二氧化碳做活化剂时得到的 n 值，表明采用水蒸气做活化剂时得到的活性炭的孔径分布更宽，活化程度更深。

不同再生活性炭的 H-K 曲线如图 2-35 所示，该图反映了各不同工艺下得到的活性炭的微孔分布情况。根据图 2-35 可以计算出活性炭中极微孔(孔径小于 0.7nm)的孔容，结果如表 2-11 所示。

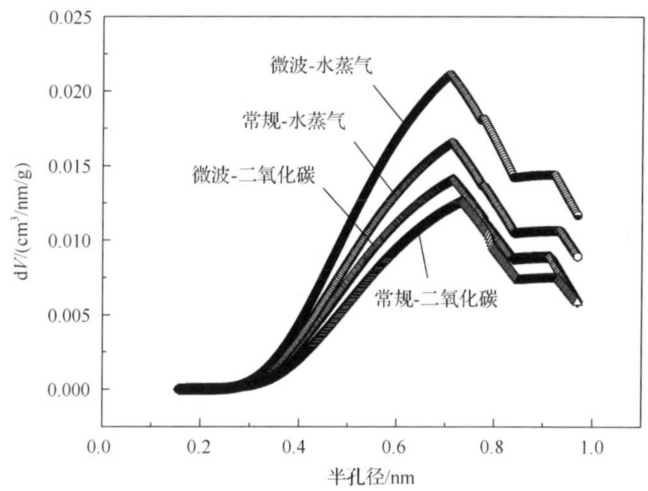

图 2-35　不同活化条件下得到的再生活性炭的 H-K 曲线

表 2-11　各最佳工艺条件下得到的活性炭极微孔孔容

最佳工艺条件下的样品	极微孔孔体积/(cm^3/g)
常规-水蒸气	0.057
微波-水蒸气	0.064
常规-二氧化碳	0.054
微波-二氧化碳	0.057

由图 2-35 和表 2-11 可知，当活化剂相同时，在微波加热工艺条件下得到的活性炭的极微孔孔体积要大于常规加热；当加热方式相同时，采用水蒸气做活化剂时得到的活性炭的极微孔孔容要大于采用二氧化碳做活化剂时得到的活性炭的极微孔孔体积。

由 BJH 法测得的中孔孔径分布曲线如图 2-36 所示。

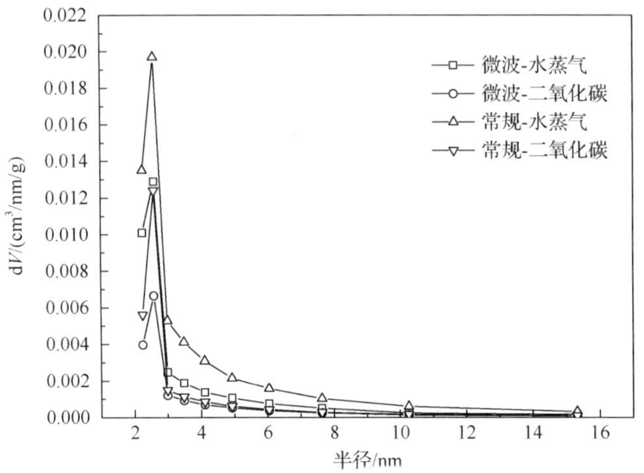

图 2-36　各最佳工艺条件下再生活性炭的 BJH 曲线

由图 2-36 可以看出，采用四种再生工艺得到的活性炭中都有一定量的中孔存在，这与活性炭吸附等温线尾部出现上升趋势相对应。由 BJH 方程得到的活性炭中孔结构参数如表 2-12 所示，可以看出，当加热方式相同时，用水蒸气做活化剂时得到的活性炭的中孔孔体积要大于用二氧化碳做活化剂时得到的活性炭的中孔孔容；当活化剂相同时，用常规加热方法得到的活性炭的中孔孔体积要大于用微波加热方法得到的活性炭的中孔孔体积。

表 2-12　各最佳工艺条件下得到的活性炭中孔孔结构参数

最佳工艺条件下的样品	中孔孔体积/(cm^3/g)	中孔比表面积/(m^2/g)
常规-水蒸气	0.14	163.30
微波-水蒸气	0.08	94.57
常规-二氧化碳	0.06	55.94
微波-二氧化碳	0.04	42.80

由密度函数理论（DFT）计算出的各最佳工艺条件下活性炭的全孔孔径分布如图 2-37 所示。对图 2-37 中的数据进行拟合，可以得到活性炭中微孔、中孔和大孔孔体积的相对比例，结果如表 2-13 所示。

由图 2-37 和表 2-13 可知，当加热方式相同时，用水蒸气做活化剂时得到的活性炭的微孔比例较小、中孔比例较大；当水蒸气做活化剂时，用常规加热方法得到的活性炭的微孔比例较小、中孔比例较大；当二氧化碳做活化剂时，用微波加热方法得到的活性炭的微孔比例较小，中孔比例较大。

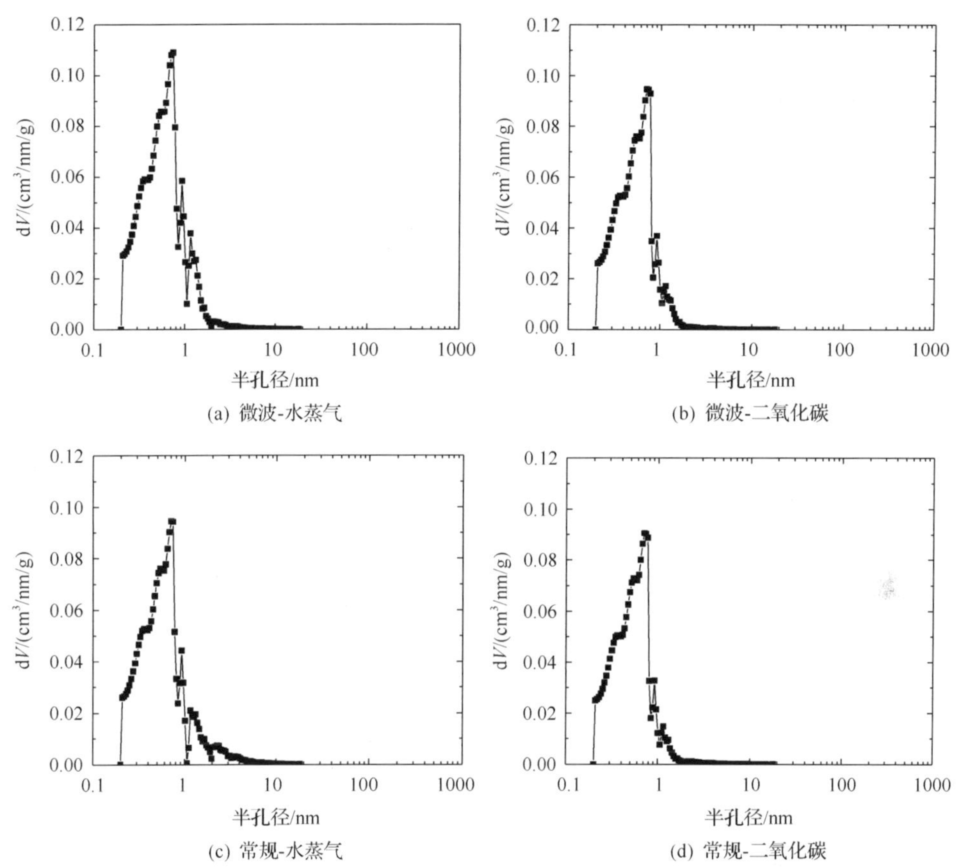

(a) 微波-水蒸气　(b) 微波-二氧化碳　(c) 常规-水蒸气　(d) 常规-二氧化碳

图 2-37　各最佳工艺条件下再生活性炭的孔径分布曲线

表 2-13　各最佳工艺条件下得到的活性炭微孔、中孔和大孔孔容比例

样品	微孔比例/%	中孔比例/%	大孔比例/%
常规-水蒸气	57.63	32.50	9.87
微波-水蒸气	64.57	25.19	10.25
常规-二氧化碳	76.00	13.64	10.36
微波-二氧化碳	75.08	14.75	10.17

3) 微观结构对比分析

采用不同工艺再生后的活性炭的微观形貌如图 2-38 所示，可以看出，再生后活性炭中出现了发达的孔结构，这是由于再生过程中废活性炭中的微孔被打开，并且活化剂使活性炭中又产生了新的微孔。

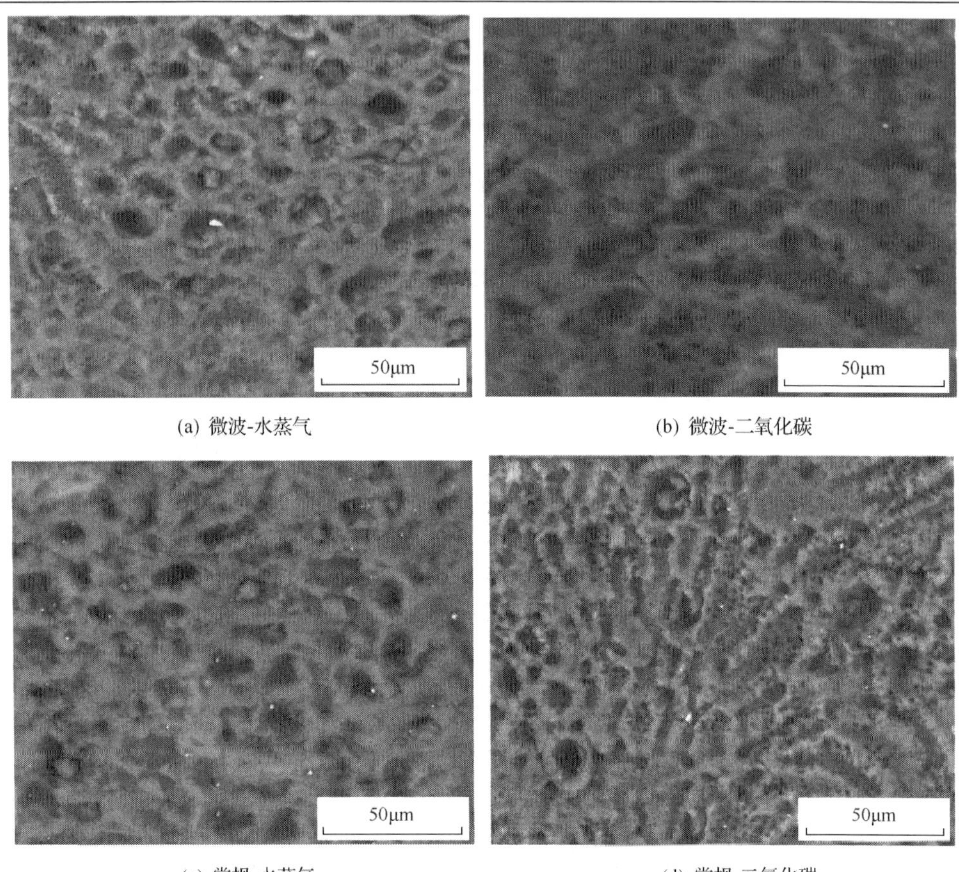

(a) 微波-水蒸气　(b) 微波-二氧化碳

(c) 常规-水蒸气　(d) 常规-二氧化碳

图 2-38　不同工艺再生活性炭的 SEM 图

2.4　一步法直接再生

负载氧化锌的活性炭(锌炭复合材料)具有较好的光催化活性、抗菌性及吸附性能，现有的制备锌炭复合材料的方法主要有直接负载法、共沉积法、树脂交换法、溶胶-凝胶法、催化碳热还原法和基质辅助法等[34,35]。通常将氧化锌前驱体与活性炭或碳纳米管以各种形式混合或浸渍，随后采取特定的干燥和固化方式获得结合稳定的复合材料，这些方法均存在成本高、工艺复杂、难以工业化等缺点，阻碍了锌炭复合材料的广泛应用。如何找到合适的原料并通过简单的工艺流程制备得到高性能的锌炭复合材料，并将其进行工业化推广应用是目前研究者普遍关注的问题。

笔者提出以含锌废活性炭为原料，通过直接加热的方法，一步法制备出锌炭复合材料，并考察了其吸附性能。根据再生温度的不同，可以得到不同的产品，当温度为 673～1273K 时，样品中主要成分为氧化锌和活性炭，因此得到的产品为锌炭复合材料；当温度为 1273～1473K 时，样品中大部分锌已经挥发，所制备的材料中锌含量很低，因此得到的产品为再生活性炭。

2.4.1　常规加热直接再生法

解瑞[36]采用常规加热的方式，对含锌废活性炭进行直接再生制备出了再生活性炭和锌炭复合材料。其工艺流程如下：先将废活性炭进行筛选以除去沙石等杂质并干燥，再称取 250g 上述经预处理后的样品放入陶瓷坩埚中并盖上陶瓷盖，将其置于马弗炉内进行加热，以 10℃/min 的速率升温至预设温度(673～1473K)后保温 2h，保温结束后将坩埚取出并在室温下迅速冷却，得到不同温度下制备的样品。

1. 再生温度对吸附性能和得率的影响

通过实验测定了不同温度下制备的样品碘吸附值、亚甲基蓝吸附值和得率，结果如表 2-14 所示。

表 2-14　不同温度下再生样品的碘吸附值、亚甲基蓝吸附值和得率

再生温度/K	碘吸附值/(mg/g)	亚甲基蓝吸附值/(mL/0.1g)	得率/%
673	314.7	2	87.1
773	493.4	3	83.8
873	582.1	4	83.3
973	633.8	5	81.8
1073	722.2	5	81.0
1173	759.7	5	77.6
1273	779.6	6	69.6
1373	674.6	6	68.8
1473	550.5	5	68.2

由表 2-14 可知，随再生温度的升高，样品的碘吸附值和亚甲基蓝吸附值均先升高后降低，且在 1273K 时达到最大值，这是由于温度的升高会促进活性炭中残留有机物的分解，使得活性炭孔隙得以恢复。但当温度过高时，活性炭会发生烧蚀，孔隙扩大，导致其吸附能力下降。

再生样品的得率随制备温度的升高而下降，当温度较低时，活性炭性质比较稳定，样品得率的降低主要归因于有机物和醋酸锌的分解。当温度较高时，部分残留的难分解有机物会发生分解，部分活性炭也可能烧蚀，从而导致得率进一步下降。当制备温度从 1173K 升到 1273K 时，样品的得率发生明显降低，这主要是因为在该温度区间，碳会与氧化锌反应生成气态锌、一氧化碳和二氧化碳而挥发，从而导致得率显著下降。

2. 再生温度对孔结构的影响

不同温度下所制备样品的氮气吸附等温线如图 2-39 所示。

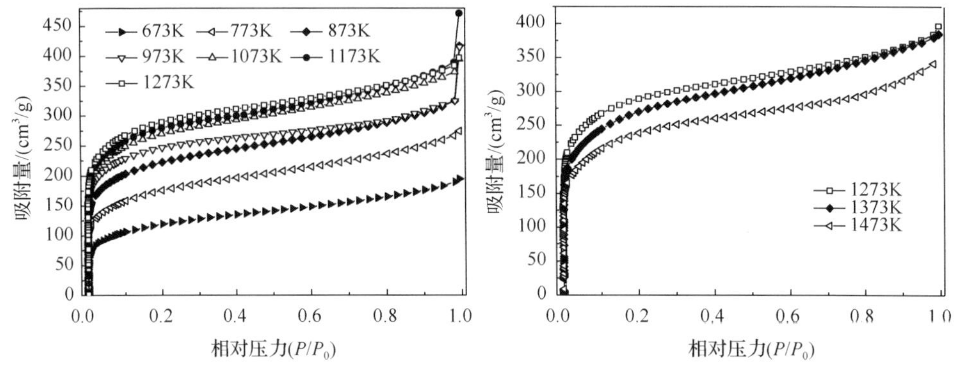

图 2-39　温度为 673～1473K 下所制备样品的氮气吸附等温线

由图 2-39 可以看出，673～1473K 下制备样品的吸附等温线均为Ⅱ型吸附等温线。在吸附的初始阶段，样品对氮气的吸附量急剧上升；随着相对压力继续增大，吸附等温线呈缓慢上升趋势。这是因为吸附的初始阶段为微孔在低压下的单层吸附，当相对压力较大时，样品的中孔发生多层吸附。当相对压力接近 1 时，吸附等温线出现陡峭的上升趋势，表明样品中存在少量大孔。当温度为 673～1273K 时，样品的氮气吸附量随温度的升高而增加；当温度为 1273～1473K 时，样品的氮气吸附量随温度的升高而降低。这与样品的碘吸附值和亚甲基蓝吸附值随制备温度的变化趋势一致，进一步表明再生温度过高时，会导致活性炭孔结构发生烧蚀。

不同样品的孔结构参数如表 2-15 所示。由表 2-15 可以看出，不同温度下制得样品的比表面积和总孔体积均较高，当温度为 673～1273K 时，样品的比表面积和总孔体积随温度的升高而增加；当温度为 1273～1473K 时，样品的比表面积和总孔体积反而随温度的增加而降低，这与前面的分析结果相一致。

表 2-15　废催化剂和各温度下所制样品的比表面积和总孔体积

参数	制备温度/K								
	673	773	873	973	1073	1173	1273	1373	1473
比表面积/(m^2/g)	392	571	714	776	857	883	914	869	767
总孔体积/(mL/g)	0.28	0.40	0.48	0.54	0.57	0.60	0.58	0.58	0.56

3. 再生温度对含锌量的影响

为了进一步明确再生样品中锌化合物可能参与的反应，对不同温度下得到的再生样品进行了锌含量分析，结果如图 2-40 所示。

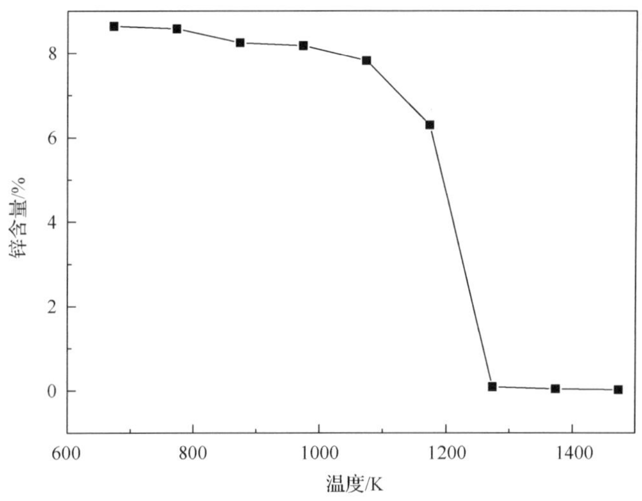

图 2-40　制备温度对样品中含锌量的影响

由图 2-40 可以看出，制备温度对样品中的含锌量影响较大，含锌量随着制备温度的升高而降低。这是因为醋酸锌在 643K 便可完全分解为氧化锌[16]，制备温度较低时，生成的部分 ZnO 可能会脱离活性炭，夹杂在生成醋酸的气流中挥发逸出，从而导致少量锌流失；当制备温度由 1173K 增加至 1273K 时，含锌量由 6.3%骤降至仅为 0.094%。当制备温度在 1273K 时，可能发生如下反应：

$$ZnO(s) + C(s) \longrightarrow Zn(g) + CO(g) \tag{2-21}$$

$$ZnO(s) + CO(g) \longrightarrow Zn(g) + CO_2(g) \tag{2-22}$$

$$C(s) + CO_2(g) \longrightarrow 2CO(g) \tag{2-23}$$

由于金属锌的沸点为 1180K，还原出的金属锌为气态，很容易挥发，从而造成样品中含锌量迅速降低。根据图 2-40 可知，当温度为 673～1173K 时，所制备的产品中锌含量很高，因此该再生产品为锌炭复合材料；当制备温度为 1273K、1373K 和 1473K 时，制备的样品中含锌量很低，分别为 0.094%、0.043%和 0.022%，故在此温度范围内得到的产品为再生活性炭。

4. XRD 分析

不同温度下再生得到的样品的 XRD 分析结果如图 2-41 所示。由图 2-41 可以看出，在 673～1173K 下制备的样品中存在明显的代表六方晶系氧化锌和活性

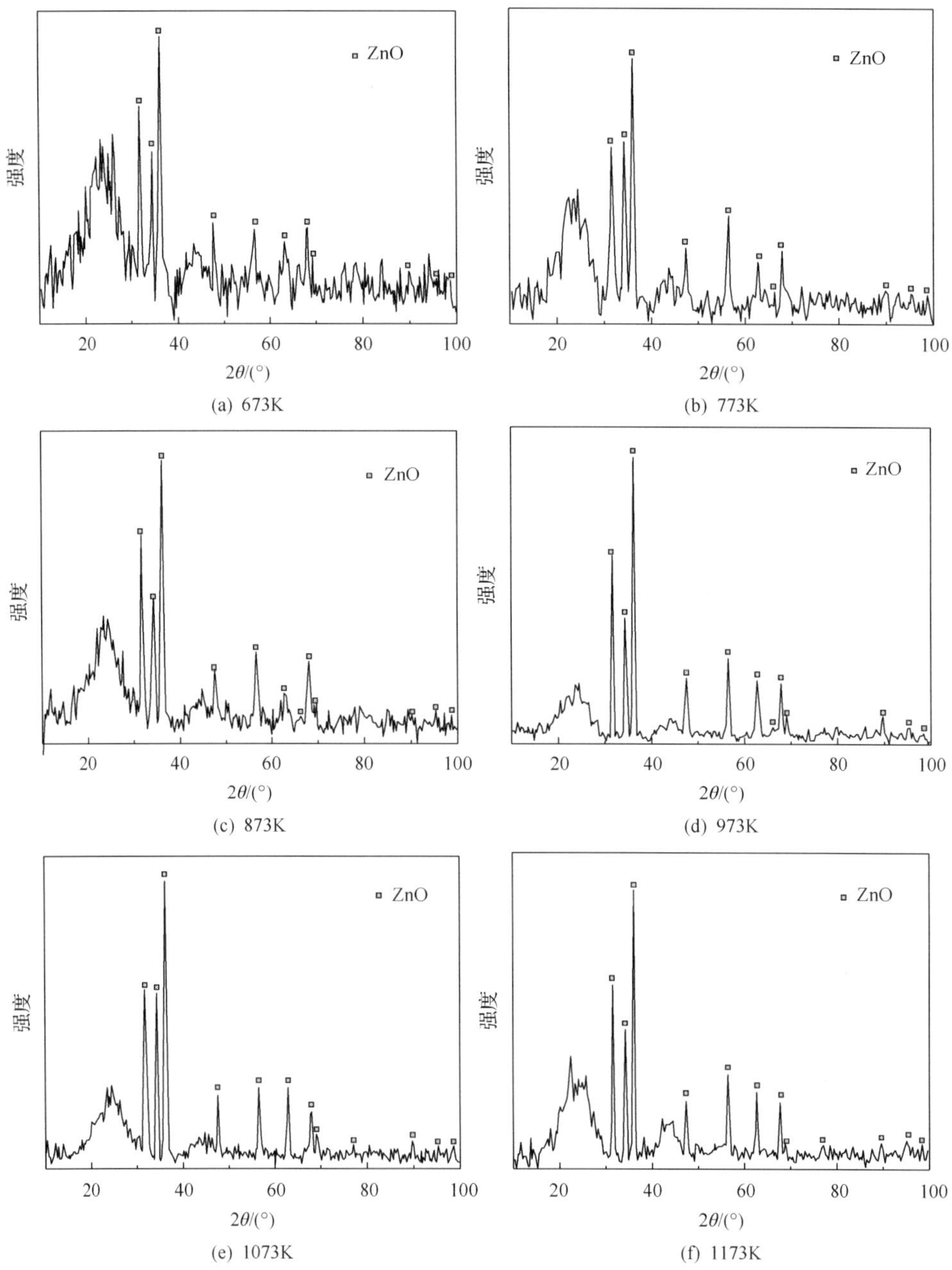

(a) 673K (b) 773K (c) 873K (d) 973K (e) 1073K (f) 1173K

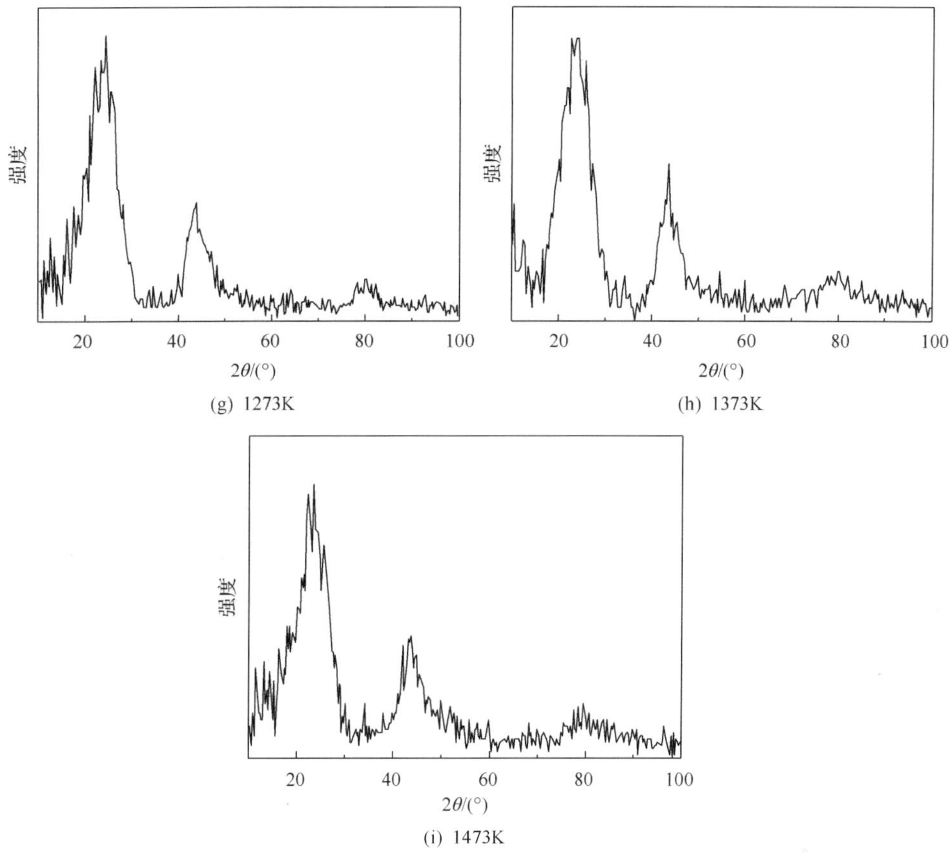

(g) 1273K　(h) 1373K　(i) 1473K

图 2-41　不同温度下制备的样品的 XRD 图

炭的衍射峰，表明废活性炭中的醋酸锌在该温度下被分解为氧化锌而负载在活性炭上；当再生温度越高时，XRD 图谱中的杂峰越少，这是因为制备温度越高时，吸附在废活性炭上的有机物分解得越彻底。在 1273～1473K 下制备的样品的 XRD 图谱中没有发现氧化锌的衍射峰，仅存在碳的衍射峰，结合前面所述的锌含量分析可知，这是因为在该温度区间，氧化锌被碳还原为了气态锌，从而造成样品中 ZnO 含量非常低，以致无法观察到 ZnO 的衍射峰。

5. SEM 分析

在 1073K 和 1273K 下所制备样品的微观形貌特征分别如图 2-42 和图 2-43 所示。

由图 2-42 和图 2-43 可以看出，在温度为 1073K 下制备的样品的孔结构比较发达，有大量的氧化锌颗粒均匀地分布在活性炭的表面和孔隙周围，部分氧化锌颗粒形成团簇；与在温度为 1073K 下制备的样品相比，在温度为 1273K 下制备的样品的孔结构更为发达，活性炭上负载的氧化锌颗粒很少且粒径很小，这是因为氧化锌被炭还原为气态锌而挥发所致，这与前面有关分析的结论一致。

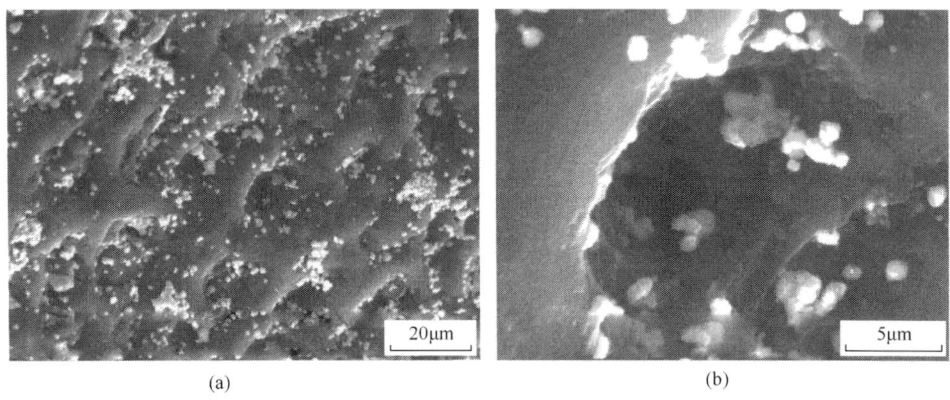

图 2-42　温度为 1073K 下得到的样品的不同放大倍率下的 SEM 图

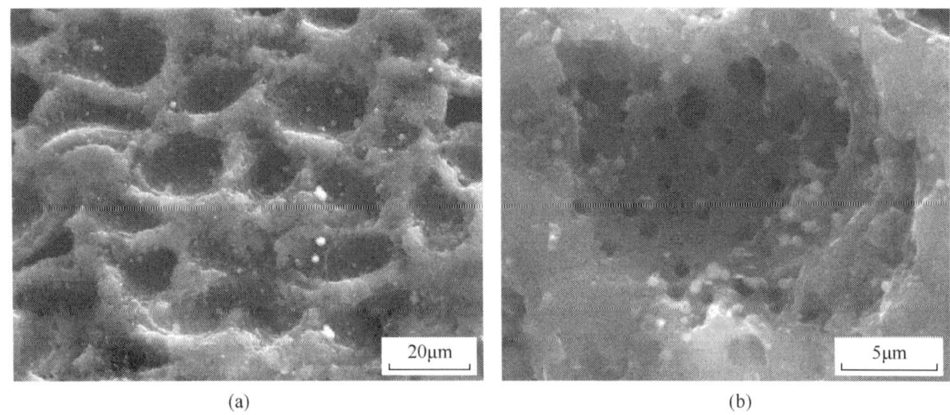

图 2-43　温度为 1273K 下得到的样品的不同放大倍率下的 SEM 图

2.4.2　常规加热水蒸气活化制备法

张正勇[14]以含锌废活性炭为原料，采用常规加热-水蒸气活化法制备出锌炭复合材料。实验时首先将含锌废活性炭在 110℃下干燥 2h，然后称取一定量样品置于常规管式炉中，在水蒸气气氛下以 10℃/min 的升温速率开始升温，当温度升至设定温度时，保温 40min，保温结束后停止通入水蒸气，改通入氮气使样品快速冷却至室温，经干燥后便可得到锌炭复合材料。

1. 再生温度对吸附性能和得率的影响

考察了不同再生温度(800℃、850℃、900℃、950℃和 1000℃)对锌炭复合材料的碘吸附值、亚甲基蓝吸附值、得率及含锌量的影响，结果如图 2-44 和图 2-45 所示。

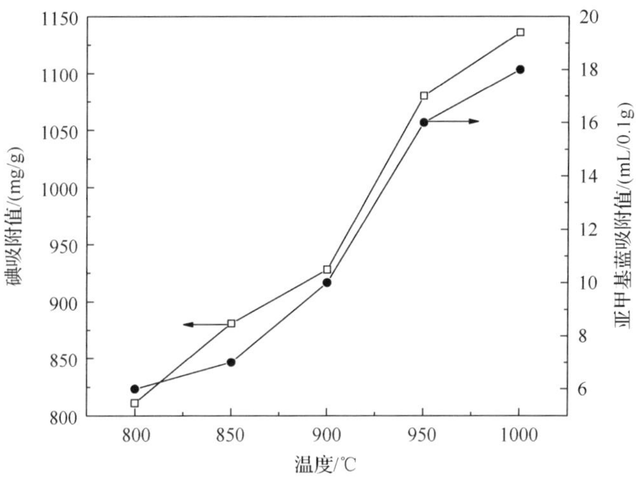

图 2-44　制备温度对碘吸附值和亚甲基蓝吸附值的影响

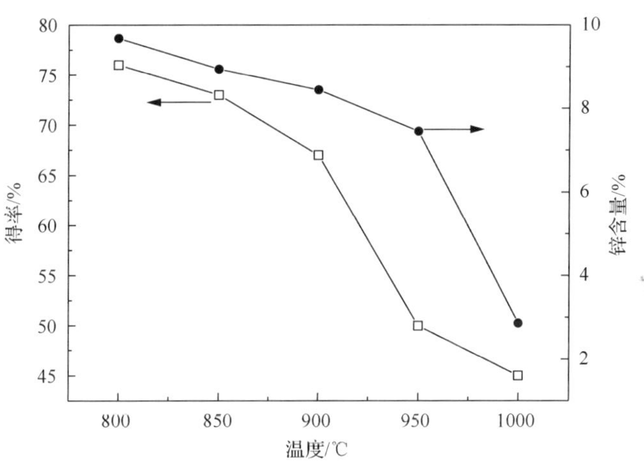

图 2-45　制备温度对得率和含锌量的影响

由图 2-44 和图 2-45 可以看出，复合材料的碘吸附值和亚甲基蓝吸附值随制备温度的升高而逐渐上升，当温度达到 1000℃时，碘吸附值和亚甲基蓝吸附值分别达到了 1136mg/g 和 18mL/0.1g。升高温度有利于废催化剂中醋酸锌和有机物的分解，打开活性炭中被堵塞的孔道，有利于水蒸气与炭发生反应，从而恢复活性炭的孔结构并增大活性炭的吸附性能。但是这同时会使活性炭的烧失率变大，使复合材料的得率下降，此外，更多由醋酸锌分解得到的 ZnO 也会进一步被炭还原，还原产物 Zn 也会不断挥发，从而导致复合材料的含锌量降低。温度达到 1000℃时，得率会降至 45%。温度从 800℃升至 1000℃时，含锌量从 9.68%降至 2.86%。

2. 再生温度对孔结构的影响

不同温度下制备的锌炭复合材料的氮气吸脱附等温线如图 2-46 所示。

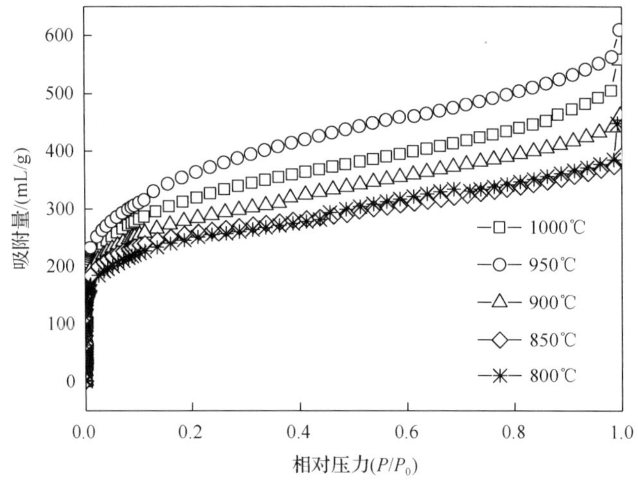

图 2-46　不同温度下制备的锌炭复合材料的氮气吸脱附等温线

从图 2-46 可以看出，不同温度下制备的锌炭复合材料的氮气吸脱附等温线为Ⅱ型等温线。当相对压力较低时，吸附量急剧上升，吸附速率相当快；当相对压力大于 0.1 后，吸附平台并非呈水平状，而是有较大斜率，同时出现“脱尾”现象，表明该活性炭的微孔和中孔较发达。

不同温度下制备的锌炭复合材料样品的孔结构参数如表 2-16 所示。

表 2-16　不同温度下制备的锌炭复合材料的孔结构参数

制备温度/℃	比表面积/(m^2/g)	总孔体积/(cm^3/g)	平均孔径/nm
800	781	0.69	5.99
850	824	0.61	5.74
900	893	0.72	5.73
950	1193	0.95	5.73
1000	1054	0.88	5.98

由表 2-16 可以看出，随温度的升高，锌炭复合材料的比表面积和总孔体积均呈先升高后降低的趋势，温度为 950℃时达到最大值，比表面积为 1193m^2/g，是原料比表面积的 4.4 倍；总孔体积为 0.95cm^3/g，是原料总孔体积的 4.3 倍。活化温度为 800～950℃时，活化温度越高，活性炭活化程度越深，比表面积也就越大；当活化温度提高至 1000℃时，比表面积反而会降低，这可能是因为高温下较小的孔隙发生坍塌而形成较大孔隙的缘故。

3. XRD 分析

在不同温度下制备的锌炭复合材料的 XRD 谱图如图 2-47 所示。

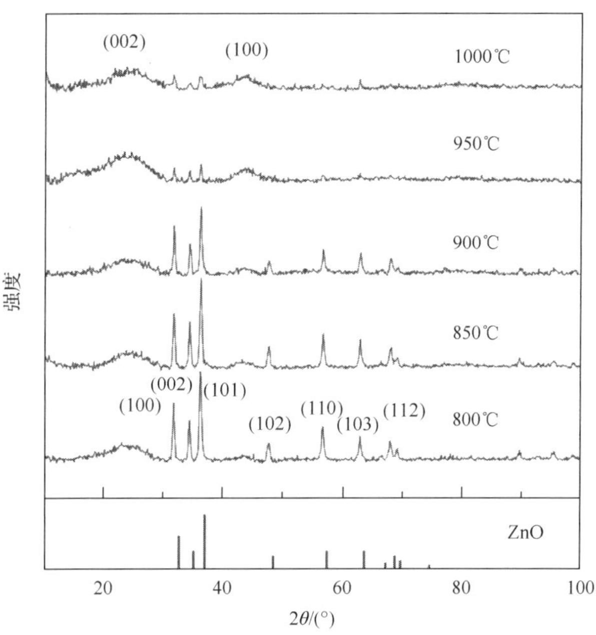

图 2-47　不同温度下制备的锌炭复合材料的 XRD 谱图

由图 2-47 可知，当温度为 800℃、850℃和 900℃时，锌炭复合材料中出现了 7 个尖锐的衍射峰，分别对应于氧化锌六方纤锌矿结构的特征峰，其晶面分别为(100)、(002)、(101)、(102)、(110)、(103)、(112)，且最强峰为 32°～36°，分别对应氧化锌的(100)、(002)和(101)晶面，表明在该温度区间醋酸锌已基本分解为氧化锌，并形成了一定形状和大小的晶粒。从温度对衍射峰的影响来看，800℃时衍射峰强度最大，说明此时氧化锌晶体的结晶性能最好，晶格最完整。当温度升高至 900℃以上时，氧化锌的特征衍射峰逐渐减弱，这主要是由于氧化锌被碳还原为金属锌，金属锌在高温下部分挥发，导致氧化锌的峰值降低，这与含锌量随活化温度的升高而降低的结果相一致[37]。

利用 Scherrer 公式可以计算出不同温度下制备的复合材料中氧化锌晶粒的平均粒径[38]：

$$D = \frac{K\lambda}{\beta \cos\theta} \tag{2-24}$$

式中，β 为衍射峰的半高宽度(FWHM)；K 为系数，对于一般晶体，K 取 0.89；λ

为 X 射线衍射波长；θ 为布拉格衍射角。

温度对氧化锌晶粒平均粒径大小的影响如图 2-48 所示。

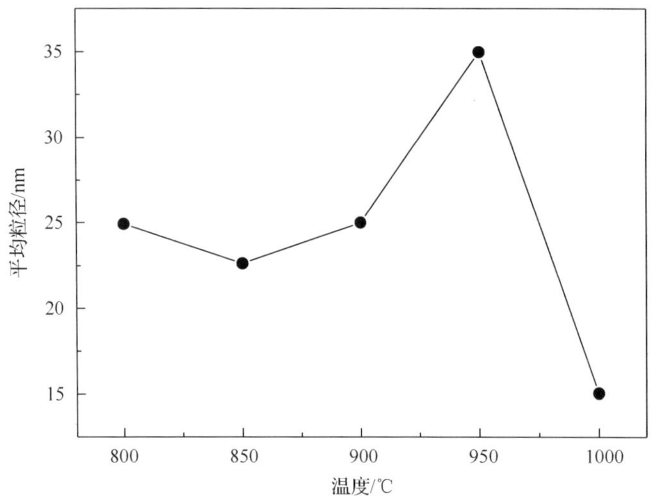

图 2-48　制备温度对氧化锌晶粒平均粒径大小的影响

由图 2-48 可以看出，当温度为 800～900℃时，氧化锌平均晶粒大小均在 25nm 左右，表明该温度区间内氧化锌晶粒逐渐形成；当温度升高至 950℃时，氧化锌晶粒平均粒径达到最大值 35nm，这可能是由于氧化锌晶粒的长大和不断生成的氧化锌晶粒发生了团聚所引起的；当温度进一步升高至 1000℃时，氧化锌粒平均粒径反而急剧减小至 15nm 左右，这可能是由于高温下碳与氧化锌反应的加速，导致大晶粒爆碎等现象的发生，同时随着氧化锌晶粒的减少，粒子在活性炭孔道中的分散性提高，所以氧化锌晶粒粒度减小。这一结果与 Sobana 等[39]通过直接负载法在室温下制备得到的锌炭中的氧化锌晶粒大小(15～24nm)基本一致，但比 Cesano 等[40]通过基质辅助法催化热解含氯化锌的糠醇聚合物在 600℃下得到的锌炭中的氧化锌微晶尺寸(约 120nm)要小得多。

4. SEM 分析

图 2-49 为不同活化温度下制备的锌炭复合材料的 SEM 图。从图 2-49 可以看出，当活化温度为 800℃时，吸附在活性炭表面和孔道中的醋酸锌分解为氧化锌，白色的氧化锌晶粒大小在 2μm 以内，氧化锌分布在活性炭孔道周围及内部；当活化温度为 850℃和 900℃时，氧化锌晶粒的形态和分布与 800℃时基本一致，氧化锌晶粒在活性炭表面的分散性较好，分布比较均匀；当活化温度达到 950℃时，样品中氧化锌晶体进一步长大并有部分发生了团聚，使得晶粒尺寸明显增大；当活化温度为 1000℃时，活性炭表面氧化锌晶粒数目有所减少，晶粒尺寸也比 950℃

的样品明显减小，这是因为高温下部分氧化锌被碳还原所致。

综合考虑温度对氧化锌微晶形成的影响以及对活性炭表面孔结构的影响，活化温度为 900～950℃时得到的锌炭复合材料最为理想。

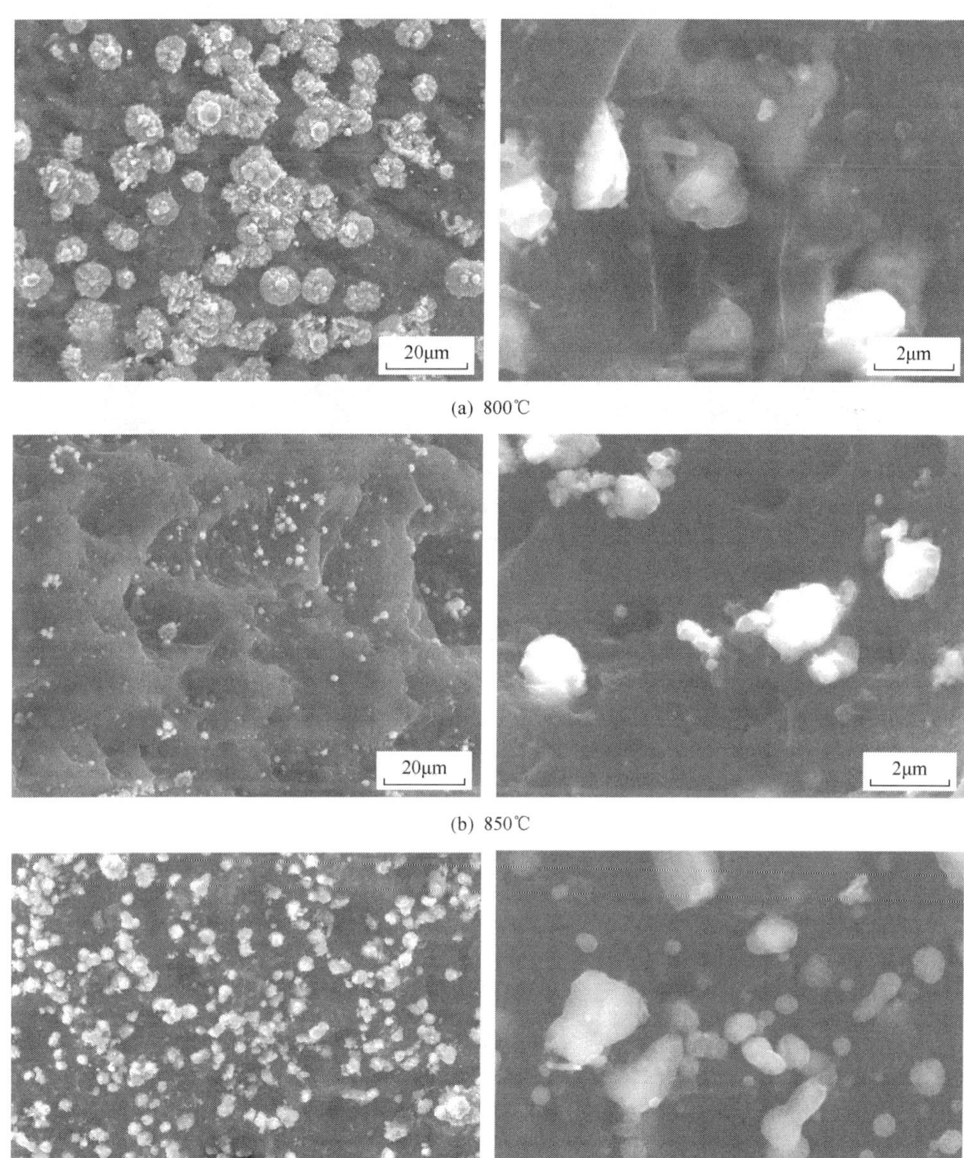

(a) 800℃

(b) 850℃

(c) 900℃

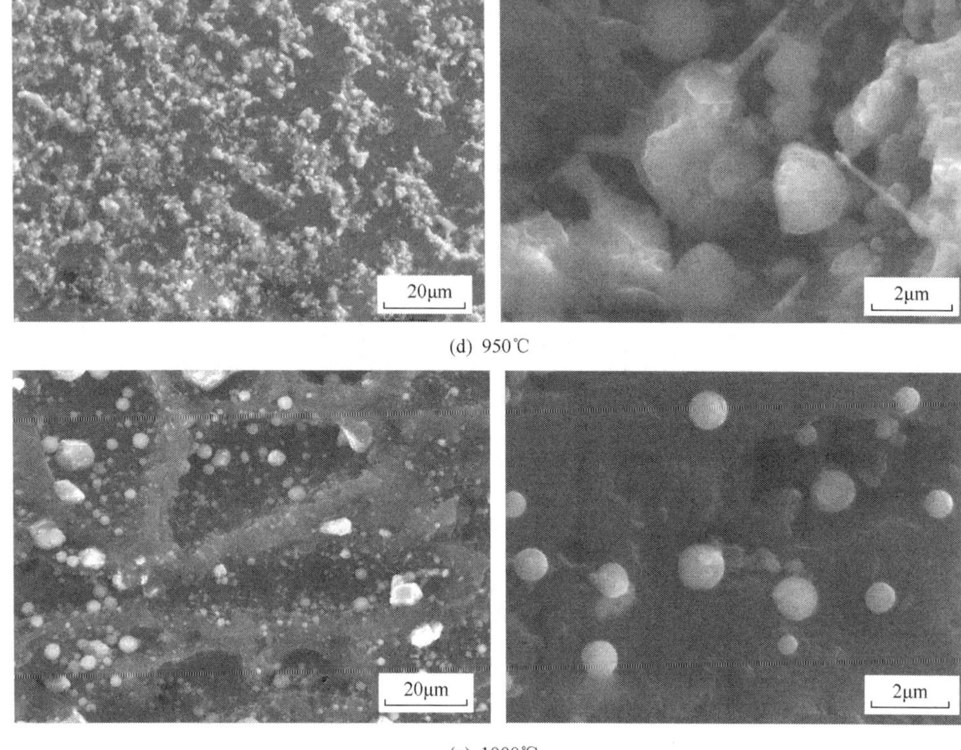

(d) 950℃

(e) 1000℃

图 2-49　不同温度下制备的锌炭复合材料的 SEM 图

2.4.3　微波加热直接制备法

孙成余[41]采用微波加热对含锌废活性炭进行了一步法直接再生。实验时首先将含锌废活性炭在 110℃下干燥 2h，然后称取 250g 样品放入陶瓷坩埚中，盖上陶瓷盖后置于微波炉中，将样品加热至 800℃或 1000℃后保温 2h，保温结束后将样品取出并在室温下迅速冷却得到再生产物。

图 2-50 为含锌废活性炭在 800℃和 1000℃下经微波焙烧后得到的再生产物的 XRD 图谱。

由图 2-50 可以看出，在 800℃下制备的样品中可以观察到明显的氧化锌衍射峰和碳衍射峰，表明在该温度下，废活性炭中的醋酸锌被充分分解为氧化锌，从而得到的再生产物为锌炭复合材料。在 1000℃下制备的样品中只有碳的衍射峰，氧化锌的特征衍射峰已经消失，表明当温度提高至 1000℃后，氧化锌被还原为气态金属锌而挥发，导致样品中锌含量很低，因此得到的再生产物为再生活性炭。

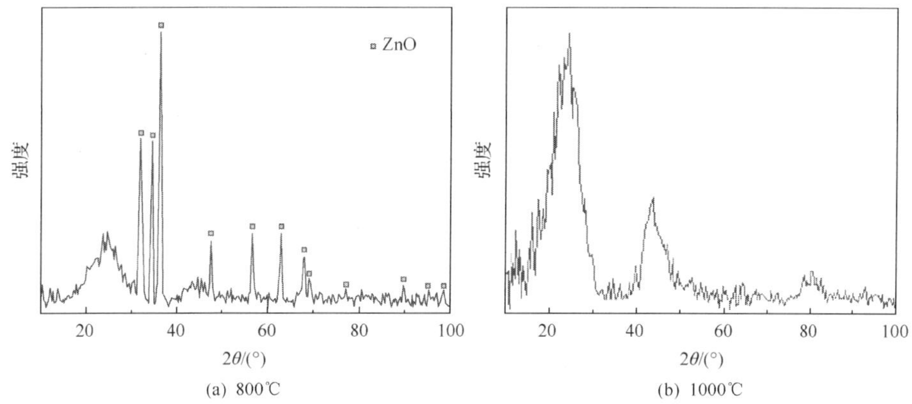

图 2-50　在 800℃和 1000℃下所制备样品的 XRD 图

图 2-51 和图 2-52 分别为含锌废活性炭在 800℃和 1000℃下经微波焙烧后得到的再生产物的 SEM 图。

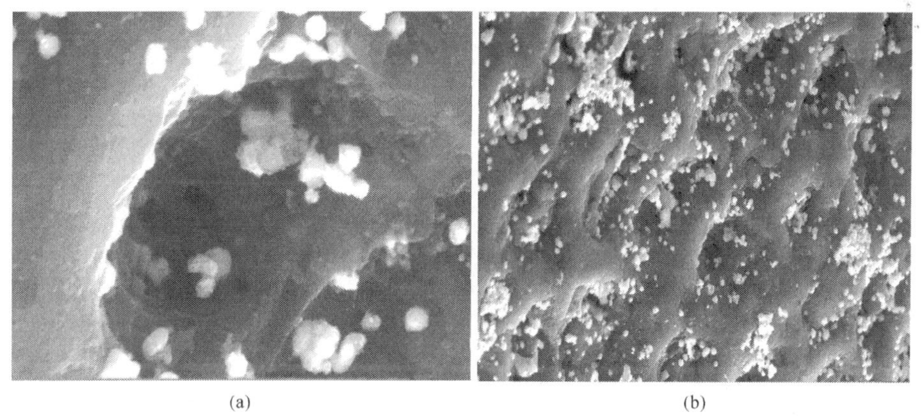

图 2-51　废活性炭在 800℃下的再生产物 SEM 图

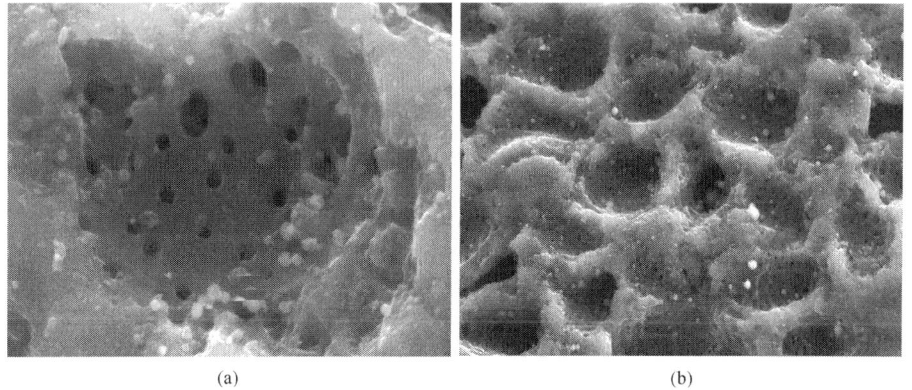

图 2-52　废活性炭在 1000℃下的再生产物 SEM 图

由图 2-51 和图 2-52 可以看出，在 800℃下获得的再生产物的孔结构比较发达，有大量的氧化锌颗粒均匀地分布在活性炭的表面和孔隙周围，部分氧化锌颗粒形成了团簇；当制备温度达到 1000℃时，再生产物的孔结构更为发达，但活性炭上负载的氧化锌颗粒更少且粒径也较小，这与 XRD 分析结果是一致的。

不同温度下再生产物的孔结构参数如表 2-17 所示。不同温度下再生产物的得率、碘吸附值和亚甲基蓝吸附值如表 2-18 所示。由表 2-17 可知，当再生温度由 800℃提高至 1000℃后，再生产物的比表面积和总孔体积均有所增加。由表 2-18 可知，当再生温度由 800℃提高至 1000℃后，再生产物的碘吸附值和亚甲基蓝吸附值均有所增加，但是得率却有所降低。

表 2-17　不同温度下再生产物的比表面积和孔体积

再生温度/℃	比表面积/(m^2/g)	总孔体积/(cm^3/g)
800	857	0.57
1000	914	0.58

表 2-18　不同温度下再生产物的得率、碘吸附值和亚甲基蓝吸附值

再生温度/℃	得率/%	碘吸附值/(mg/g)	亚甲基蓝吸附值/(mL/0.1g)
800	81.0	722.2	5
1000	69.6	779.6	6

从上述分析可以看出，通过微波直接加热，在 800℃下可以制备出锌炭复合材料，而在 1000℃下可以制备出再生活性炭，两种再生产物均具有发达的孔结构和较高的吸附能力，再生活性炭的再生效果要比锌炭复合材料更好。

2.4.4 微波加热氮气保护制备法

Ma 等[26]在氮气气氛保护下，对含锌废活性炭进行了微波加热再生，考察了再生温度和再生时间对再生活性炭碘吸附值和得率的影响，结果如图 2-53 所示。

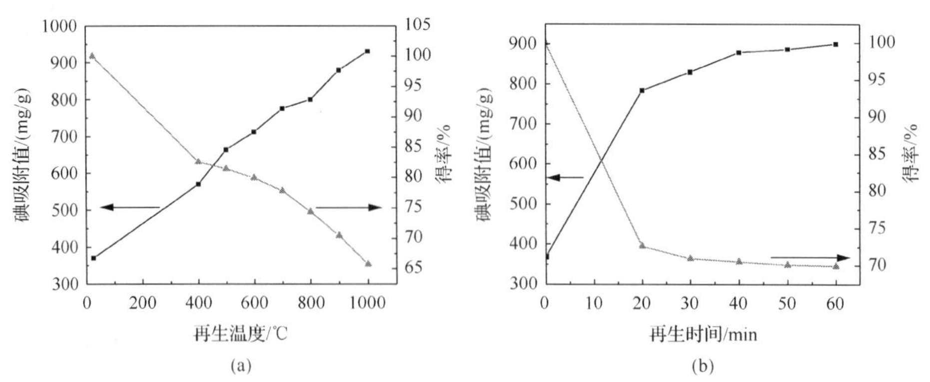

图 2-53　再生温度(a)和再生时间(b)对再生活性炭碘吸附值和得率的影响

从图 2-53(a)可以看出，当再生温度从 25℃增加至 1000℃时，活性炭碘吸附值从 368.55mg/g 增加至 930.55mg/g，同时活性炭得率从 100%降至 65.8%。从图 2-53(b)可以看出，再生时间也对活性炭的碘吸附值和得率有较为明显的影响，碘吸附值随再生时间的延长而增加，当再生时间提高至 40min 时，再生活性炭碘吸附值增加至 880.62mg/g；当再生时间达到 20min 时，活性炭得率明显降低，继续延长再生时间，活性炭得率缓慢降低，当再生时间为 60min 时，活性炭得率为 70.55%。

常规加热和微波加热下再生活性炭的碘吸附值和得率如表 2-19 所示。由表 2-19 可知，废活性炭经微波再生后，其碘吸附值要比常规再生的更高，且再生时间要比常规加热再生时间更短，表明微波加热的再生效果要比常规加热效果更好。

表 2-19　在不同再生条件下获得的活性炭的碘吸附值和得率

再生方法	再生温度/℃	再生时间/min	碘吸附值/(mg/g)	得率/%
常规加热再生	900	30	572.59	78.15
常规加热再生	900	60	680.59	72.7
常规加热再生	900	120	816.61	65.9
微波加热再生	900	40	880.62	70.55

废活性炭、常规加热再生活性炭和微波加热再生活性炭的氮气吸附等温线、孔体积分布和微分孔体积分布如图 2-54 所示。废活性炭、常规加热再生活性炭和微波加热再生活性炭的孔结构参数如表 2-20 所示。

从图 2-54 和表 2-20 可以看出，再生活性炭的氮气吸附能力、比表面积和总孔体积要明显高于废活性炭，且微波加热再生活性炭的氮气吸附能力、比表面积和总孔体积要高于常规加热再生活性炭。表明常规加热和微波加热均能对废活性炭进行再生，使活性炭堵塞的孔道得以疏通，但是微波加热下废活性炭的再生效果更好。此外，微波加热下，活性炭的平均孔径要更小，表明微波加热可以使活性炭中更多孔径较小的孔道得以疏通。

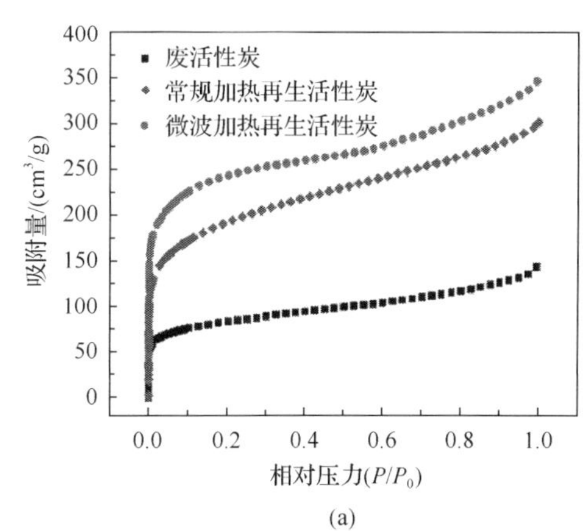

(a)

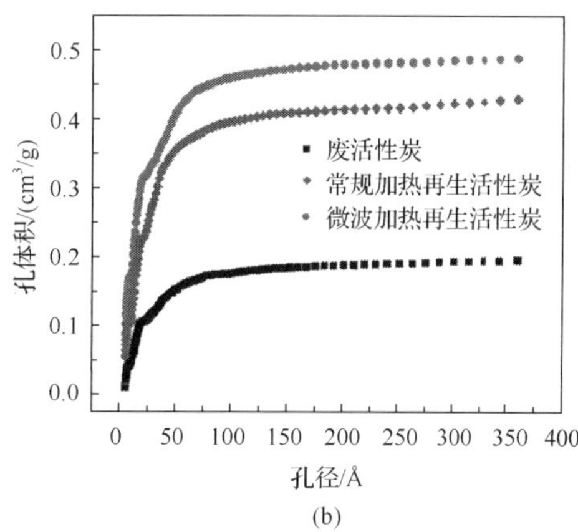

(b)

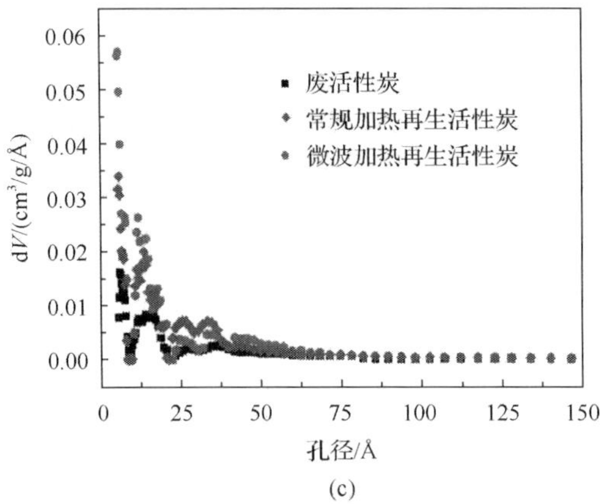

图 2-54　废活性炭、常规加热再生活性炭和微波加热再生活性炭的氮气吸附等温线(a)、孔体积分布(b)和微分孔体积分布(c)

表 2-20　废活性炭、常规加热再生活性炭和微波加热再生活性炭的孔结构参数

物料	比表面积/(m^2/g)	总孔体积/(cm^3/g)	平均孔径/nm
废活性炭	264.1	0.22	33.58
微波加热再生活性炭	743.6	0.54	28.83
常规加热再生活性炭	628.5	0.49	30.88

废活性炭和再生活性炭的 XRD 谱图如图 2-55 所示。可以看出废活性炭经微波加热再生后，醋酸锌等物质的峰已经消失，但出现了明显的属于氧化锌的特征衍射峰。

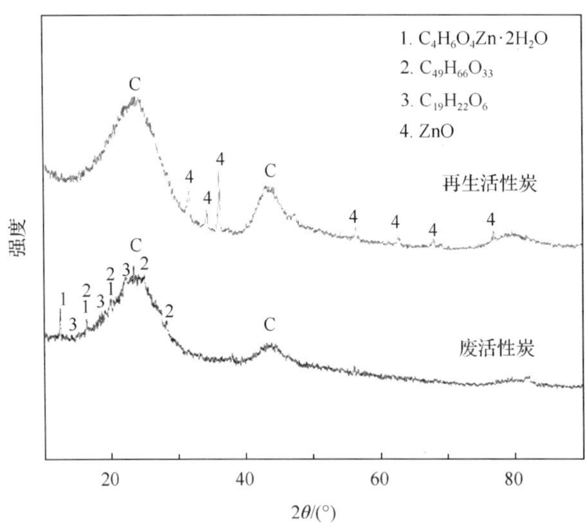

图 2-55　废活性炭和再生活性炭的 XRD 谱图

废活性炭和经 900℃微波加热再生活性炭的微观形貌如图 2-56 所示，再生活性炭中白色颗粒的 SEM-EDS 如图 2-57 所示。

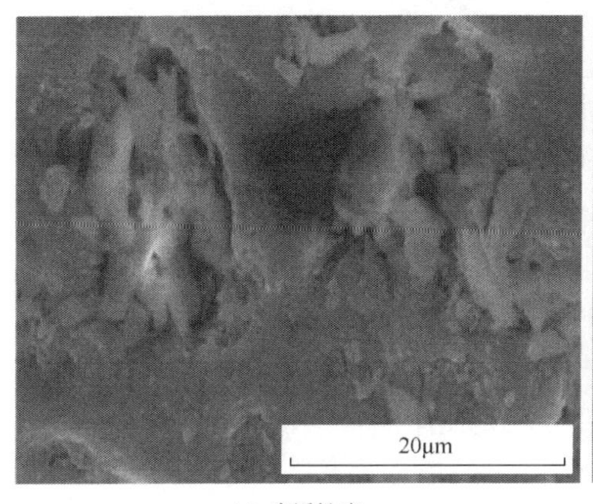

(a) 废活性炭

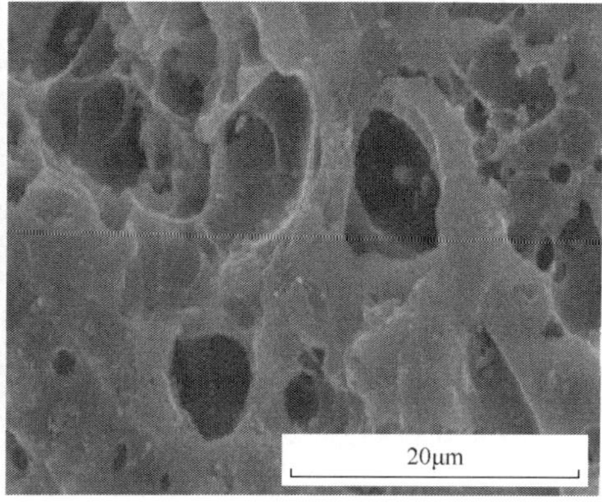

(b) 再生活性炭

图 2-56　废活性炭和再生活性炭的 SEM 图

图 2-57　再生活性炭中白色颗粒的 SEM-EDS 图

从图 2-56 和图 2-57 可以看出，废活性炭的孔道堵塞严重，表面吸附有大量杂质。而经过微波再生后，可以观察到清晰的活性炭孔结构，此时活性炭表面吸附有一些白色颗粒，能谱分析显示这些白色颗粒的成分为锌和氧，表明废活性炭经再生后，醋酸锌等被分解为氧化锌吸附在活性炭表面，同时活性炭孔道得到了明显疏通，在氮气气氛下进行微波加热可以对含锌废活性炭进行良好的再生。

2.4.5　微波加热气体活化制备法

金雯[42]通过微波加热的方式，以水蒸气、二氧化碳和混合气体为活化剂对含锌废活性炭进行再生以制备锌炭复合材料。实验的具体工艺流程为：将 25g 含锌废活性炭放入管式微波炉中，先将物料加热到设定的温度，再通入一定流量的活化气体进行活化，达到设定保温时间后，关闭微波，停止通入活化气体，改通入氮气使样品快速冷却至室温，取出经干燥得到最终产品。通过探索实验发现，微波活化温度、保温时间和活化气体流量是影响再生效果的主要因素。

随着计算机技术的发展，工程计算模型日益复杂，计算规模逐渐变得越来越大，花费的时间也越来越长。同时，许多工程问题的目标函数和约束函数对于设计变量经常是不光滑的或者具有强烈的非线性。因此，科学家和工程师都希望寻找新的高效可靠的数学规划方法以满足工程优化的需要。一个渐进近似的优化方法能很好地解决这种既耗时又非光滑的优化问题，它就是响应曲面法(response surface methodology，RSM)。

RSM 是数学方法和统计方法结合的产物，是用来对考察目标受多个变量影响的问题进行建模和分析的，它的最终目的是优化该响应值[43,44]。因为 RSM 把仿真过程看成一个黑匣子，能够较为简便地与随机仿真和确定性仿真问题结合起来，所以得到了非常广泛的应用。

RSM 的优点在于：①考虑了实验随机误差；②RSM 将复杂的未知的函数关系在小区域内用简单的一次或二次多项式模型来拟合，计算比较简便，是降低开发成本、优化加工条件、提高产品质量、解决生产过程中的实际问题的一种有效方法；③与正交实验相比，其优势是在实验条件寻优过程中，可以连续的对实验的各个水平进行分析，而正交实验只能对一个个孤立的实验点进行分析。

RSM 的基本思想是通过近似构造一个具有明确表达形式的多项式来表达隐式功能函数。如果有许多因子，首先需要进行一个筛选实验以剔除不重要的因子。其次的研究分为两个阶段，第一个阶段的主要目标是确定当前的实验条件或输入因子的水平是接近响应曲面的最优位置还是远离这一位置。如果实验部位远离响应曲面的最优部位时，就可以采用响应曲面的一阶逼近，使用一阶模型[45]：

$$Y = \beta_0 + \sum_{i=1}^{k} \beta_i X_i + \varepsilon \tag{2-25}$$

式中，$X_1, X_2, \cdots, X_k$ 均为因子变量；$Y_1, Y_2, \cdots, Y_k$ 为对应的响应变量；ε 为响应值 Y 的体系误差或噪声；$\beta_0, \beta_1, \beta_2, \cdots, \beta_k$ 均为系数。

进行一阶设计估计出式(2-25)的系数。拟合一阶模型主要采用的是正交的一阶设计。

在 $X_1, X_2, \cdots, X_k$ 的区域上采用最速下降法搜索，以决定是否继续进行一阶设计，或更换用二阶设计。当实验区域接近最优区域或位于最优区域中时，进入第二阶段。该阶段的主要目的是获得对响应曲面在最优值附近某个小范围内的一个精确逼近并识别出最优过程条件。在响应曲面的最优点附近，用二阶模型来逼近响应曲面：

$$Y = \beta_0 + \sum_{i=1}^{k} \beta_i X_i + \sum_{i=1}^{k} \beta_{ii} X_i^2 + \sum_{i<j}^{k} \beta_{ij} X_i X_j + \varepsilon \tag{2-26}$$

进行二阶设计估计出式(2-26)的系数。二阶设计有很多种，中心复合设计(CCD)和 Box-Behnken 设计(BBD)是经典的二阶设计，目前，CCD 应用得最为广泛，这是因为 CCD 具有一些突出的优点：①恰当地选择 CCD 的轴点坐标可以使 CCD 为可旋转设计，为设计在各个方向提供等精确度的估计；②恰当地选择 CCD 的中心点实验次数，可以使 CCD 是正交的或者是一致精度的设计，然后进一步确定最优点的位置。

采取响应曲面法中的 CCD 来优化制备样品的制备工艺，可以在尽量减少实验次数的前提下优化各个影响因子，同时也可以分析各影响因子之间的相互作用关系。

1. 水蒸气活化制备复合材料的响应曲面优化实验

该实验采用 RSM，选取探索实验的最优结果为中心点做优化设计，开展系统实验。选定活化温度(℃)、保温时间(min)、水蒸气流量(mL/min)为实验设计的三个因素，以此考察样品的得率及吸附性能。响应曲面实验设计与结果如表 2-21 所示。

表 2-21　微波加热水蒸气活化制备复合材料响应曲面实验设计与结果

实验序号	X_1/℃	X_2/(mL/min)	X_3/min	Y_1/(mg/g)	Y_2/%
1	750	0.550	25	1006	70.12
2	950	0.550	25	1020	63.98
3	750	0.770	25	1012	68.22
4	950	0.770	25	1040	50.23
5	750	0.550	45	1000	67.15
6	950	0.550	45	950	50.05
7	750	0.770	45	998	60.4
8	950	0.770	45	900	45.18
9	681.82	0.660	35	1030	71.24
10	1018.18	0.660	35	920	48.12
11	850	0.431	35	1030	58.65
12	850	0.768	35	996	52.19
13	850	0.600	18.18	1023	63.01
14	850	0.600	51.82	1002	55.5
15	850	0.600	35	1063	54.65
16	850	0.600	35	1065	53.12
17	850	0.600	35	1071	49.48
18	850	0.600	35	1057	52.05
19	850	0.600	35	1059	54.35
20	850	0.600	35	1061	53.68

注：该实验的三个影响因子分别是活化温度 X_1、水蒸气流量 X_2、保温时间 X_3；响应值选取碘吸附值 Y_1、得率 Y_2，下同。

在 CCD 设计出的优化方案中，每一个影响因子都有 2^3 个充分阶乘，选取 8 个阶乘点、6 个轴向点及 6 个重复点，实验总共需要 20 组实验完成优化设计，计算公式为

$$N=2^n+2n+n_c=2^3+2\times3+6=20 \tag{2-27}$$

式中，N 为实验所需的总的次数；n 为影响因子的个数；n_c 为重复实验的中心点。

1)模型的精确性分析

通过中心复合设计对各个影响因素之间的相互作用及各影响因子对回归模型的影响作用进行分析，样品的碘吸附值和得率都选取二次模型。以活化温度 X_1、水蒸气流量 X_2、保温时间 X_3 为自变量；碘吸附值 Y_1、得率 Y_2 为因变量，得到多项回归方程。

碘吸附值

$$\begin{aligned}Y_1= &-3011.4+6.34X_1+7.34X_2+2.893X_3-4.25\times10^{-3}X_1X_3-0.023X_1X_2\\&-9.75\times10^{-3}X_2X_3-3.21\times10^{-3}X_1^2-0.18X_2^2-1.87\times10^{-3}X_3^2\end{aligned} \tag{2-28}$$

得率

$$\begin{aligned}Y_2=&314.59-0.40X_1-1.46X_2-0.07X_3-1.02\times10^{-3}X_1X_3+1.24\times10^{-4}X_2X_3\\&+5.04\times10^{-4}X_2X_3+2.61\times10^{-4}X_1^2+0.024X_2^2+1.10\times10^{-4}X_3^2\end{aligned} \tag{2-29}$$

所采用模型的精确性取决于相关系数 R^2，经过拟合计算，式(2-28)的 R^2 值为 0.9108 和式(2-29)的 R^2 值为 0.9486，R^2 值越接近 1，所采用模型的预测值与实验值越接近。表明在考察指标样品碘吸附值及得率方面，分别有 91.08%和 94.86%的实验数据可以用该模型解释，可信度较高。

通过采用方差分析(ANOVA)对模型的精确度进行分析，样品碘吸附值分析如表 2-22 所示。

表 2-22　微波加热水蒸气制备复合材料碘吸附值的方差分析结果

方差来源	平方和	自由度	均方	F 值	Prob＞F
模型	38735.23	9	4303.91	11.35	0.0004
X_1	6200.50	1	6200.50	16.35	0.0023
X_2	506.64	1	506.64	1.34	0.2747
X_3	5154.44	1	5154.44	13.59	0.0042
X_1X_2	144.50	1	144.50	0.38	0.5509
X_1X_3	4512.50	1	4512.50	11.90	0.0062
X_2X_3	760.50	1	760.50	2.00	0.1872

续表

方差来源	平方和	自由度	均方	F 值	Prob>F
X_1^2	14925.45	1	14925.45	39.35	<0.0001
X_2^2	5064.80	1	5064.80	13.35	0.0044
X_3^2	5160.77	1	5160.77	13.60	0.0042

模型分析中，Prob>F 值小于 0.05 就说明模型的精确度较高。由表 2-22 可知，模型的 F 值为 11.35，Prob>F 值为 0.0004，说明模型的精确度较高，模拟效果较显著。活化温度 X_1、保温时间 X_3 及交互作用因子 X_1^2、X_2^2 和 X_3^2 对模型的影响作用较大，即对样品碘吸附值影响明显。

通过采用 ANOVA 对模型的精确度进行分析，样品得率分析如表 2-23 所示。

表 2-23　复合材料得率的方差分析结果

方差来源	平方和	自由度	均方	F 值	Prob>F
模型	1100.95	9	122.33	20.50	<0.0001
X_1	665.48	1	665.48	111.35	<0.0001
X_2	106.48	1	106.48	17.85	0.0081
X_3	131.64	1	131.64	22.06	0.0008
X_1X_2	12.43	1	12.43	2.08	0.1796
X_1X_3	8.38	1	8.38	1.41	0.2633
X_2X_3	2.03	1	2.03	0.34	0.5726
X_1^2	98.03	1	98.03	16.43	0.0023
X_2^2	17.50	1	17.50	2.93	0.1175
X_3^2	87.06	1	87.06	14.59	0.0034

由表 2-23 可知，模型的 F 值为 20.50，Prob>F 值小于 0.0001，说明模型的精确度高，模拟效果好。在分析中，活化温度 X_1、水蒸气流量 X_2、保温时间 X_3 及交互作用因子 X_1^2、X_3^2 对样品得率的影响明显。在这三个影响因素中，活化温度对模型的影响作用较大，保温时间居中。

通过所得到的实验的统计结果，在实验研究范围内，上述模型对于样品的碘吸附值和得率的预测值与实验所得的实际结果相差不大，基本吻合。因此通过响应曲面法可以进行较精确的预测。

图 2-58 为复合材料碘吸附值和得率的实验值与预测值的对比图，可以看出，通过软件设计所得到的预测值与实验值较为接近，实验值基本平均分布在预测直线的周围，这说明实验选取的模型可以较好反映样品碘吸附值和得率的自变量与因变量之间的关系。

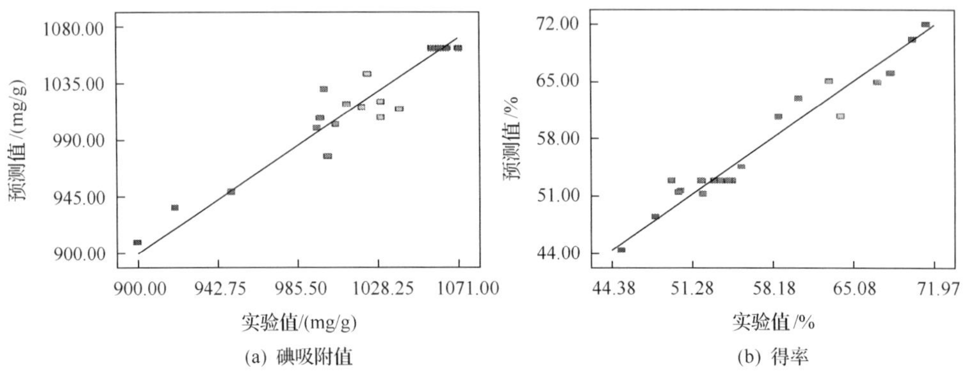

(a) 碘吸附值 (b) 得率

图 2-58 微波加热水蒸气活化制备的复合材料碘吸附值和得率的预测值与实验值对比

2) 响应曲面分析

从方差分析的结果中可以看出，对于样品的碘吸附值，如上所述三个影响因素中，活化温度影响较大，保温时间的影响次之，水蒸气流量的影响不是很明显。3D 响应曲面可以表示对样品碘吸附值具有较大影响的两个因素，因此，当水蒸气流量为 0.6mL/min 时，活化温度和保温时间及其交互作用对碘吸附值的影响响应曲面如图 2-59 所示。

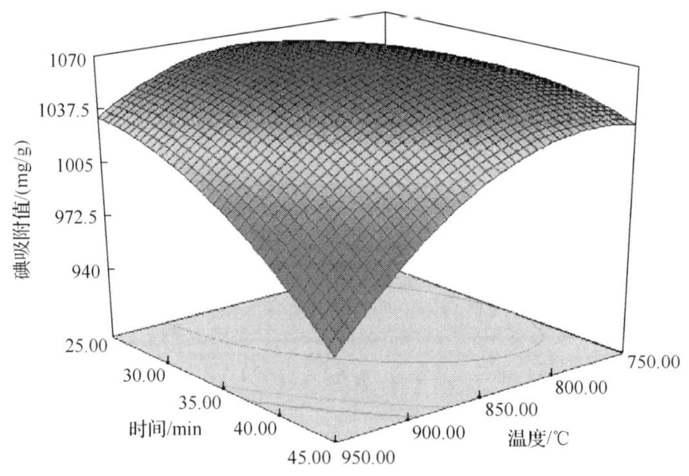

图 2-59 活化温度、时间及其交互作用对复合材料碘吸附值影响的响应曲面

由图 2-59 可以看出，随活化温度升高和保温时间的延长，样品的碘吸附值先增加后降低，且温度的变化对碘吸附值的影响趋势更显著，其原因可能是随着活化温度的升高，碳和水的反应速度增加，在相同的时间内有更多的活性炭孔形成，使样品孔结构更加发达而使碘吸附值增大。增加保温时间可以使活化剂和炭接触的时间增长，反应更加充分，使炭形成较发达的孔结构，碘吸附值增加。当温度

达到850℃，时间为35min时，碘吸附值达到最大，继续提高温度和延长保温时间，碘吸附值反而降低。这可能是因为温度过高导致反应速度过快，刚刚形成的孔结构由于碳与水的反应而遭到破坏，从而导致碘吸附值下降。

活化温度、水蒸气流量及其交互作用对复合材料碘吸附值影响的响应曲面如图2-60所示。可以看出随着水蒸气流量和温度的增大，碘吸附值呈先升高后降低的趋势，这是由于活化反应会随水蒸气流量和温度的增大而变强，但是当水蒸气流量和温度过高时，会使反应过于剧烈，使已形成的孔隙被破坏，导致样品的碘吸附值降低。

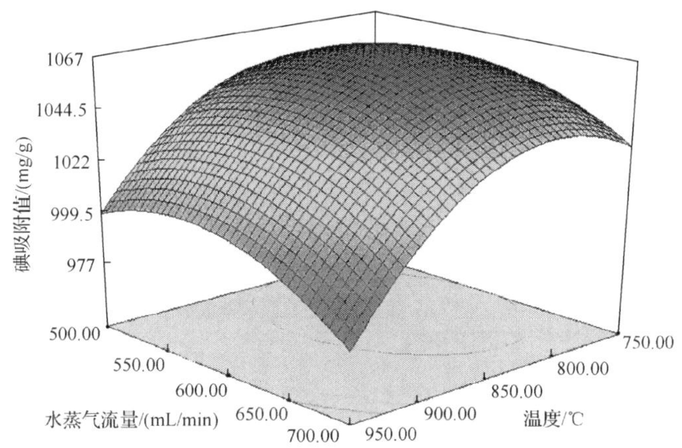

图2-60　活化温度、水蒸气流量及其交互作用对复合材料碘吸附值影响的响应曲面

活化温度、保温时间和水蒸气流量及其两两交互作用对样品得率影响的响应曲面如图2-61和图2-62所示。

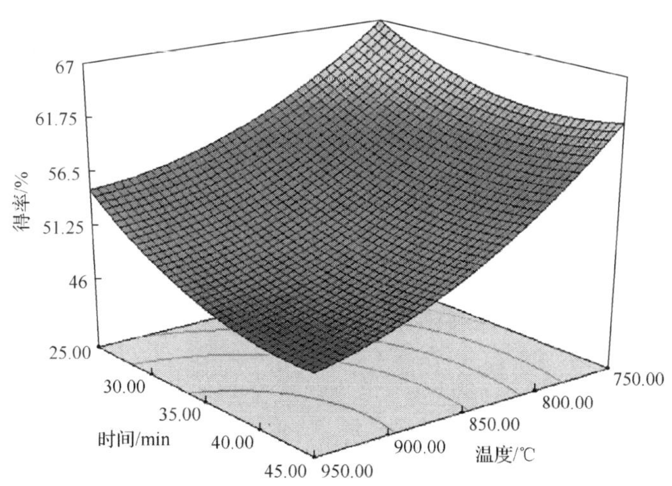

图2-61　活化时间、温度及其交互作用对复合材料的得率影响的响应曲面

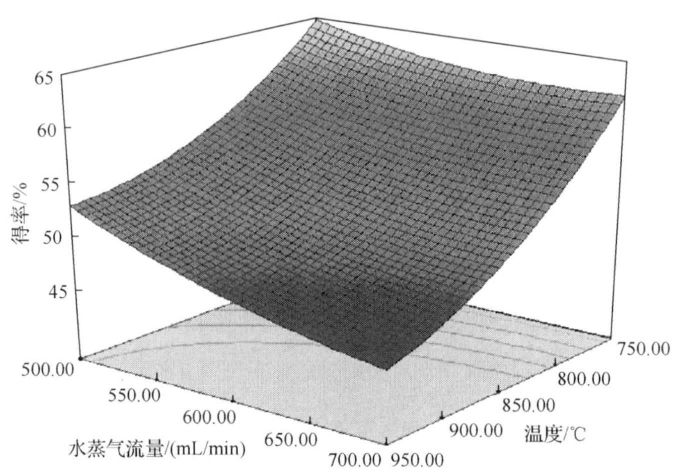

图 2-62　水蒸气流量、温度及其交互作用对复合材料的得率影响的响应曲面

从图 2-61 和图 2-62 可以看出，当活化温度、保温时间和水蒸气流量提高时，样品的得率均呈现出明显降低的趋势，温度对得率的影响更为明显，这可能是由于随活化温度、保温时间和水蒸气流量的提高，活性炭的活化程度不断加深，炭的消耗逐渐增加，导致得率不断降低。

3) 响应曲面优化及验证

通过设计软件的预测功能，用上述回归模型优化工艺参数，结果见表 2-24。为验证二氧化碳活化制备复合材料响应曲面法的可靠性，采用优化后的最佳条件进行实验，验证实验结果见表 2-24。可以看出，响应曲面预测值与验证值相接近，偏差较小，表明该预测模型是合适的，优化工艺条件是可行的。

表 2-24　微波加热二氧化碳活化制备复合材料的优化工艺参数及验证实验结果

X_1/℃	X_2/(mL/min)	X_3/min	Y_1/(mg/g)		Y_2/%	
			预测值	实验值	预测值	实验值
850	0.6	35	1014.27	1063	51.63	54.65

2. 二氧化碳活化制备复合材料的响应曲面优化实验

选定活化温度(℃)、保温时间(min)、二氧化碳流量(mL/min)为实验设计的三个因素，以此考察样品的得率及吸附性能。通过中心复合设计的系统优化出 20 组实验，其中有 6 组为中心点重复实验，实验所选取的三个影响因素分别是：活化温度 X_1、保温时间 X_2、二氧化碳流量 X_3。响应值选取：碘吸附值 Y_1 和得率 Y_2。实验的设计方案和实验结果如表 2-25 所示。

表 2-25　微波加热二氧化碳制备复合材料响应曲面实验设计与结果

实验	X_1/℃	X_2/min	X_3/(mL/min)	Y_1/(mg/g)	Y_2/%
1	700.00	25.00	500.00	892	73.51
2	900.00	25.00	500.00	939	62.81
3	700.00	35.00	500.00	943	68.80
4	900.00	35.00	500.00	968	56.72
5	700.00	25.00	700.00	912	72.60
6	900.00	25.00	700.00	1016	61.30
7	700.00	35.00	700.00	916	71.51
8	900.00	35.00	700.00	1003	61.83
9	631.82	30.00	600.00	860	78.40
10	968.18	30.00	600.00	953	55.80
11	800.00	21.59	600.00	894	77.71
12	800.00	38.41	600.00	1022	60.23
13	800.00	30.00	431.62	1005	73.51
14	800.00	30.00	768.18	1012	73.60
15	800.00	30.00	600.00	1096	74.71
16	800.00	30.00	600.00	1056	75.34
17	800.00	30.00	600.00	1032	74.32
18	800.00	30.00	600.00	1098	73.60
19	800.00	30.00	600.00	1063	74.00
20	800.00	30.00	600.00	1047	75.23

1）模型的精确性分析

通过中心复合设计对每个影响因素之间的相互作用及每个影响因素对回归模型的影响作用进行分析，对二氧化碳活化制得的样品碘吸附值及得率都选取二次模型。以活化温度 X_1、保温时间 X_2 和二氧化碳流量 X_3 为自变量，碘吸附值 Y_1 和得率 Y_2 为因变量，得到两个多项回归方程式(2-30)和式(2-31)。

碘吸附值

$$Y_1=-5033.38+8.78X_1+117.69X_2+2.04X_3-9.75\times10^{-3}X_1X_2+1.49\times10^{-3}X_1X_3 \\ -0.02X_2X_3-5.67X_1^2-1.54X_2^2-2.06\times10^{-3}X_3^2 \tag{2-30}$$

得率

$$Y_2=-154.93+0.46X_1+4.42X_2+0.04X_3+5.00\times10^{-5}X_1X_2+2.25\times10^{-5}X_1X_3 \\ -2.25\times10^{-3}X_2X_3-3.34\times10^{-4}X_1^2-0.11X_2^2-1.06\times10^{-4}X_3^2 \tag{2-31}$$

经过拟合，方程式(2-30)和方程式(2-31)的相关系数 R^2 分别为 0.9266 和 0.9047，也就是说在考察指标样品碘吸附值和得率方面，分别有 92.66%和 90.47%的实验数据可以用该模型来解释，可信度较高，也说明实验的结果值和模型的预测值较吻合。

微波加热二氧化碳活化制备复合材料样品碘吸附值的方程分析结果如表 2-26 所示。

表 2-26 微波加热二氧化碳活化制备的复合材料碘吸附值的方差分析结果

方差来源	平方和	自由度	均方	F 值	Prob>F
模型	86965.84	9	9662.87	14.03	0.0001
X_1	12880.13	1	12880.13	18.70	0.0015
X_2	6000.67	1	6000.67	8.71	0.0145
X_3	998.46	1	998.46	1.45	0.2563
X_1X_2	190.13	1	190.13	0.28	0.6107
X_1X_3	1770.13	1	1770.13	2.57	0.1400
X_2X_3	990.12	1	990.12	1.44	0.2581
X_1^2	46307.61	1	46307.61	62.24	<0.0001
X_2^2	21336.57	1	21336.57	30.98	0.0002
X_3^2	6129.48	1	6129.48	8.9	0.0137

由表 2-26 可知，模型的 F 值为 14.03，Prob>F 值为 0.0001，这说明模型的精确度很高，模拟效果明显。活化温度 X_1、保温时间 X_2 和交互作用因素 X_1^2、X_2^2、X_3^2 对模型的影响作用较大。

微波加热二氧化碳活化制备复合材料得率的方差分析结果如表 2-27 所示。

表 2-27 微波加热二氧化碳活化制备的复合材料得率的方差分析结果

方差来源	平方和	自由度	均方	F 值	Prob>F
模型	873.94	9	97.10	10.55	0.0005
X_1	490.06	1	490.06	53.24	<0.0001
X_2	119.08	1	119.08	12.94	0.0049
X_3	2.27	1	2.27	0.25	0.6302
X_1X_2	5.00×10^{-3}	1	5.00×10^{-3}	5.43×10^{-4}	0.9819
X_1X_3	0.41	1	0.41	0.044	0.8381
X_2X_3	13.01	1	13.01	1.41	0.2620
X_1^2	160.87	1	160.87	17.48	0.0019
X_2^2	108.20	1	108.20	11.75	0.0065
X_3^2	16.21	1	16.21	1.76	0.2140

由表 2-27 可知，模型的 F 值为 10.55，Prob＞F 值为 0.0005，表明模型的精确度较高，模拟效果较好。活化温度 X_1、保温时间 X_2 和交互作用因素 X_1^2、X_2^2 对模型的影响作用较大。方差分析结果表明，在实验研究范围内，上述模型可以对样品的碘吸附值和得率进行比较精确的预测。

图 2-63 为微波加热二氧化碳活化制备的复合材料碘吸附值和得率的实验值与预测值的对比图。从图中可以看出，通过软件设计所得到的预测值与实验值较为接近，实验值基本平均分布在预测直线的周围，说明实验选取的模型可以较好反映样品碘吸附值和得率的自变量与因变量之间的关系。

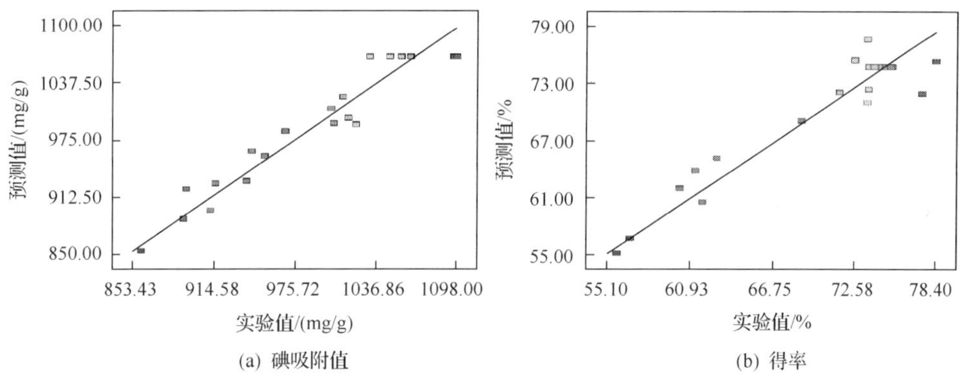

图 2-63　微波加热二氧化碳活化制备的复合材料碘吸附值和得率的预测值与实验值对比

2) 响应曲面分析

从方差分析结果来看，对样品碘吸附值的影响因素中，活化温度和保温时间的影响显著，通过 3D 响应曲面来表示对样品碘吸附值吸附性能具有较大影响的两个因素，结果如图 2-64 所示。

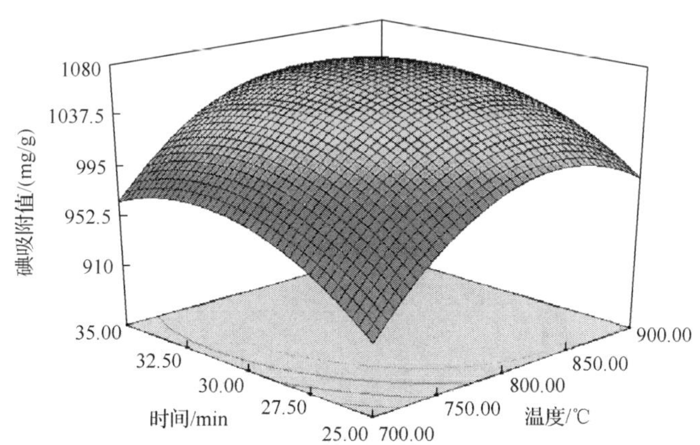

图 2-64　活化时间、温度及其交互作用对碘吸附值的响应曲面(二氧化碳流量 600mL/min)

从图 2-64 可以看出，在实验数据范围内，碘吸附值随着活化温度的升高和保温时间的延长呈先增大而后下降的趋势。这是由于随着活化温度的升高和保温时间的延长，活化反应会进行得更为彻底，活性炭再生效果更好，从而使其吸附能力不断增强，但是过高的温度和过长的反应时间可能会使活性炭孔结构遭到破坏。

二氧化碳流量、温度及其交互作用对复合材料碘吸附值的响应曲面如图 2-65 所示。

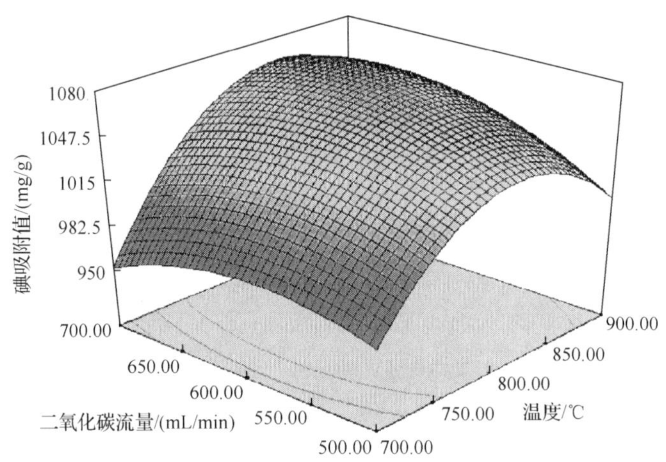

图 2-65　二氧化碳流量、温度及其交互作用对碘吸附值响应曲面（保温时间 30min）

从图 2-65 中可以看出，在实验数据范围内，碘吸附值随着活化温度的升高和二氧化碳流量的增加呈先增大而后下降的趋势。这是由于活化温度的升高和二氧化碳流量的增加可以促进活化反应的进行，在相同时间使活性炭中形成更多孔道，从而提高其吸附能力，但是过高的温度和二氧化碳流量会使炭损耗过大，孔结构受到破坏。

从方差分析结果来看，对样品得率的影响因素中，活化温度和保温时间的影响显著，通过 3D 响应曲面来表示对样品得率具有较大影响的两个因素，图 2-66 为活化温度和保温时间对得率影响的响应曲面，图 2-67 为活化温度和二氧化碳流量对得率影响的响应曲面。

从图 2-66 可以看出，随着活化温度和保温时间的增大，活化反应会加剧，样品中炭的消耗量也随之增大，从而导致样品的得率降低。

从图 2-67 可以看出，样品的得率变化与样品的碘吸附值变化趋势相反，随着活化温度的升高，样品的得率呈现降低的趋势；而随着二氧化碳流量的增大，样品的得率呈先增大后降低的趋势。

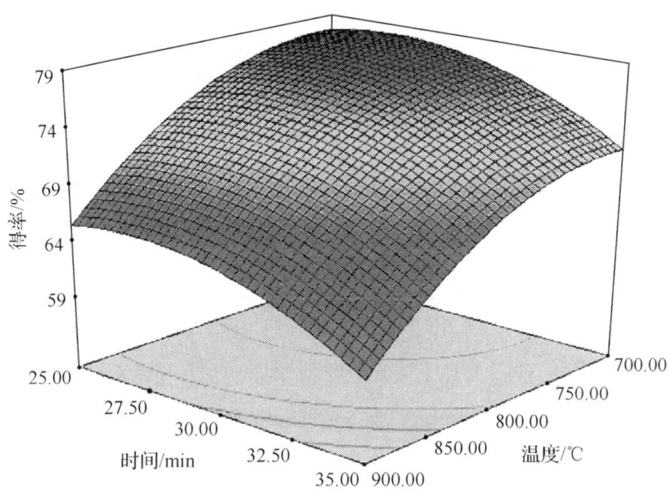

图 2-66　活化时间、温度及其交互作用对得率影响的响应曲面(二氧化碳流量 600mL/min)

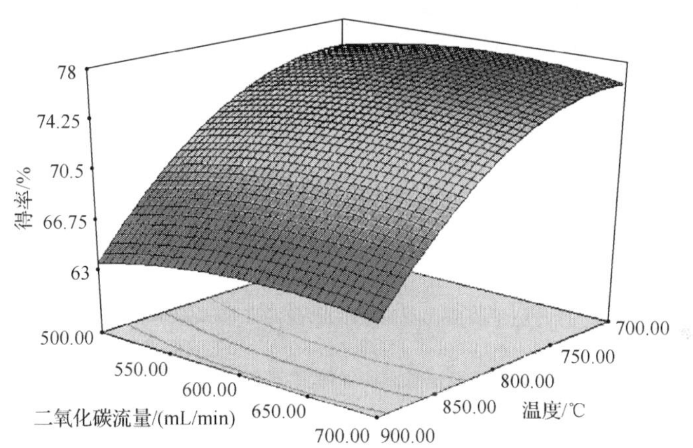

图 2-67　二氧化碳流量、温度及其交互作用对得率影响的响应曲面(保温时间 30min)

3) 响应曲面优化及验证

为验证二氧化碳活化制备复合材料响应曲面法的可靠性，采用优化后的最佳条件进行实验，验证实验结果见表 2-28，可以看出，响应曲面预测值与验证值相接近，偏差较小，表明该预测模型是合适的，优化工艺条件是可行的。

表 2-28　微波加热二氧化碳制备复合材料的优化工艺参数及验证实验结果

X_1/℃	X_2/min	X_3/(mL/min)	Y_1/(mg/g)		Y_2/%	
			预测值	实验值	预测值	实验值
800	30	600	1065.41	1096	74.62	74.71

考虑到原料、能源等经济效益因素，确定各个影响因素的数据如下：活化温度为 800℃，保温时间为 30min，二氧化碳流量为 600mL/min，此时样品的碘吸附值为 1096mg/g，得率为 74.71%。

3. 混合气体活化制备复合材料的响应曲面优化实验

该实验以二氧化碳和水蒸气的混合气体为活化剂，采用微波加热的方式对废活性炭进行再生，考虑到实验的可操作性，固定水蒸气流量为 0.5mL/min，通过响应曲面设计确定优化工艺条件并进行验证。

通过中心复合设计的系统优化出方案：一共 20 组实验，其中有 6 组为中心点重复实验，实验所选取的三个影响因素分别是：活化温度 X_1、保温时间 X_2 和二氧化碳流量 X_3。响应值选取：碘吸附值 Y_1 和得率 Y_2。混合气体活化制备复合吸附材料的响应曲面实验设计与结果如表 2-29 所示。

表 2-29 混合气体活化制备复合材料的响应曲面实验设计与结果

实验	X_1/℃	X_2/min	X_3/(mL/min)	Y_1/(mg/g)	Y_2/%
1	650.00	20.00	450.00	889	79.42
2	850.00	20.00	450.00	1009	58.33
3	650.00	30.00	450.00	1000	71.8
4	850.00	30.00	450.00	1037	53.93
5	650.00	20.00	650.00	1009	72.2
6	850.00	20.00	650.00	1023	55.13
7	650.00	30.00	650.00	998	69.53
8	850.00	30.00	650.00	1008	53.91
9	581.82	25.00	550.00	897	70.67
10	918.18	25.00	550.00	1077	46.4
11	750.00	16.59	550.00	930	73.27
12	750.00	33.41	550.00	1057	57.73
13	750.00	25.00	381.82	1022	67.67
14	750.00	25.00	718.18	1083	57.67
15	750.00	25.00	550.00	1091	59.38
16	750.00	25.00	550.00	1086	60.57
17	750.00	25.00	550.00	1090	60.39
18	750.00	25.00	550.00	1093	59.41
19	750.00	25.00	550.00	1088	60.42
20	750.00	25.00	550.00	1087	60.61

1）模型的精确性分析

通过中心复合对每个影响因素之间的相互作用及每个影响因素对回归模型的影响作用进行分析，对混合气体活化制得的样品碘吸附值及得率都选取二次模型。以活化温度 X_1、保温时间 X_2 和二氧化碳流量 X_3 为自变量，碘吸附值 Y_1 和得率 Y_2 为因变量，得到两个多项回归方程式（2-32）和式（2-33）。

碘吸附值

$$Y_1=-4535.54+7.53X_1+115.49X_2+4.078X_3-1.66\times10^{-3}X_1X_3-0.022X_1X_2 \\ -0.041X_2X_3-3.82\times10^{-3}X_1^2-1.43X_2^2-1.499\times10^{-3}X_3^2 \tag{2-32}$$

得率

$$Y_2=319.33-0.13X_1-7.22X_2-0.274X_3+1.17\times10^{-3}X_1X_2+7.83\times10^{-5}X_1X_3 \\ +2.03\times10^{-3}X_2X_3-1.59\times10^{-5}X_1^2+0.09X_2^2+1.30\times10^{-4}X_3^2 \tag{2-33}$$

经过拟合，式（2-32）和式（2-33）的相关系数 R^2 分别为 0.9201 和 0.9587，也就是说在考察指标样品碘吸附值和得率方面，分别有 92.01%和 95.87%的实验数据可以用该模型来解释，可信度较高，也说明实验的结果值和模型的预测值较吻合。

采用 ANOVA 对模型的精确度进行分析，微波加热混合气体活化制备复合材料碘吸附值方差分析如表 2-30 所示。

表 2-30　微波加热混合气体活化制备的复合材料碘吸附值的方差分析结果

方差来源	平方和	自由度	均方	F 值	Prob＞F
模型	71558.72	9	7950.97	12.79	0.0002
X_1	17133.35	1	17133.35	27.57	0.0004
X_2	7809.96	1	7809.96	12.57	0.0053
X_3	3094.93	1	3094.93	4.98	0.0497
X_1X_2	946.13	1	946.13	1.52	0.2455
X_1X_3	2211.13	1	2211.13	3.56	0.0886
X_2X_3	3403.13	1	3403.13	5.48	0.0413
X_1^2	20979.19	1	20979.19	33.75	0.0002
X_2^2	18528.07	1	18528.07	29.81	0.0003
X_3^2	3241.03	1	3241.03	5.21	0.0455

由表 2-30 可知，该模型的 F 值为 12.79，Prob＞F 值为 0.0002，说明模型的精确度较高，模拟效果不错。在该分析中 Prob＞F 小于 0.05 的因素为对碘吸附值影响显著的因素，因此，X_1、X_2 和 X_3 及交互作用因子 X_2X_3、X_1^2、X_2^2、X_3^2 对模型的影响较大。

通过方差分析对模型的精确度进行分析，混合气体活化制备复合吸附材料得率的方差分析如表 2-31 所示。

表 2-31　微波加热混合气体活化制备的复合材料得率的方差分析结果

方差来源	平方和	自由度	均方	F 值	Prob＞F
模型	1232.09	9	136.90	25.76	＜0.0001
X_1	926.19	1	926.19	174.30	＜0.0001
X_2	129.44	1	129.44	24.36	0.0006
X_3	63.84	1	63.84	12.01	0.0061
X_1X_2	2.73	1	2.73	0.51	0.4902
X_1X_3	4.91	1	4.91	0.92	0.3589
X_2X_3	8.26	1	8.26	1.55	0.2408
X_1^2	0.36	1	0.36	0.069	0.7987
X_2^2	76.46	1	76.46	14.39	0.0035
X_3^2	24.46	1	24.46	4.60	0.0575

由表 2-31 可知，该模型的 F 值为 25.76，Prob＞F 值为＜0.0001，这说明模型的精确度较高，模拟效果不错。X_1、X_2 和 X_3 及交互作用因子 X_2^2 对模型的影响较大。

图 2-68 为混合气体活化制备的复合材料碘吸附值和得率的实验值与预测值的对比图，可以看出，通过软件设计所得到的预测值与实验值较为接近，实验值基本平均分布在预测直线的周围，说明实验选取的模型可以较好反映样品碘吸附值和得率的自变量与因变量之间的关系。

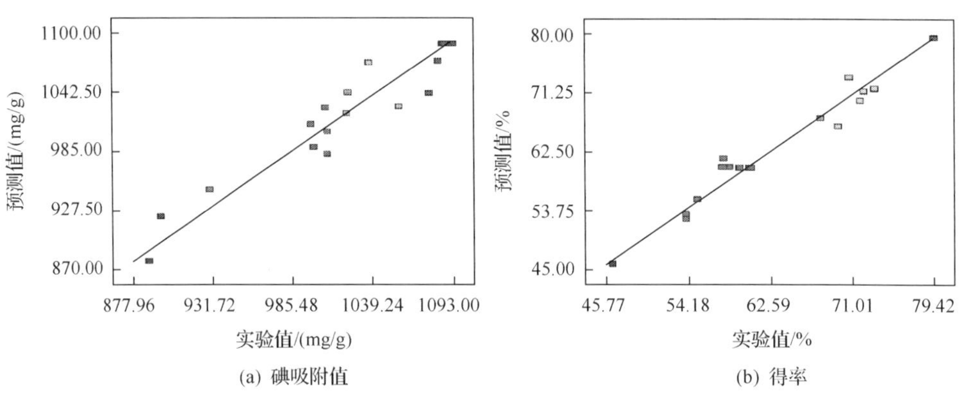

图 2-68　微波加热混合气体制备的复合材料碘吸附值和得率的预测值与实验值对比

2) 响应曲面分析

从方差分析结果可以看出，三个影响因素对样品碘吸附值的影响都比较明显，活化温度的影响最显著，其次是保温时间，最后是二氧化碳流量。图 2-69 为活化温度和保温时间对样品碘吸附值的三维响应曲面图，从图中可以看出，在实验研究数据范围内，样品碘吸附值随着活化温度的升高和保温时间的延长呈先增大而后降低的趋势。

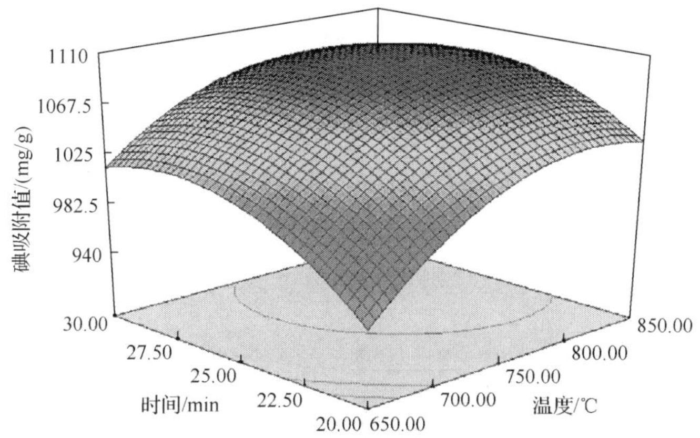

图 2-69　活化时间、温度对碘吸附值响应曲面（水蒸气流量 0.5mL/min，二氧化碳流量 550mL/min）

图 2-70 为二氧化碳流量和活化温度对样品碘吸附值影响的三维响应曲面图，由图可知，碘吸附值随着二氧化碳流量和活化温度的增大而增大，达到最高点后略有下降，温度比二氧化碳的影响更为明显。

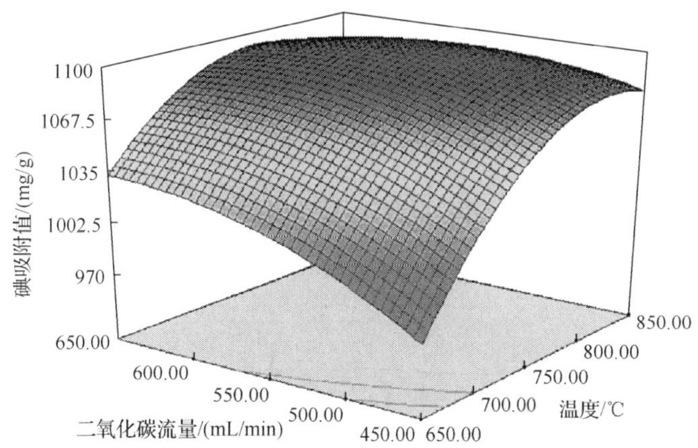

图 2-70　二氧化碳流量、温度对碘吸附值响应曲面（水蒸气流量 0.5mL/min，保温时间 25min）

对于样品的得率，三个影响因素对其影响都比较明显，其中温度最明显，保温时间次之，气体流量的影响最小。活化温度和保温时间对样品得率影响的响应曲面如图 2-71 所示。二氧化碳流量和活化温度对样品得率影响的响应曲面如图 2-72 所示。从图 2-71 和图 2-72 中可以看出样品的得率随着三个影响因素值的增大而减小，与活化时间和二氧化碳流量相比，活化温度对得率的影响更为明显。

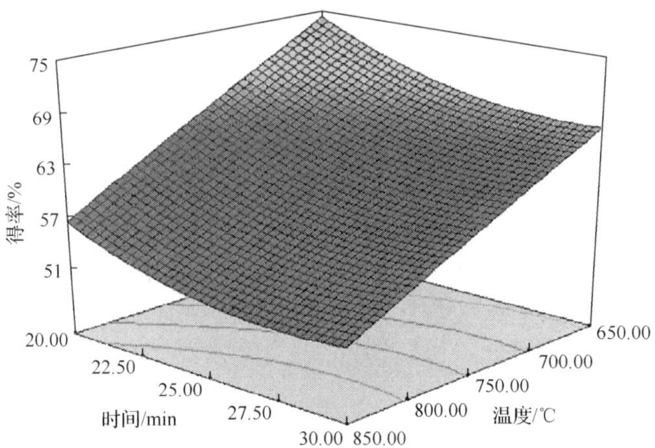

图 2-71　活化时间、温度对得率响应曲面(水蒸气流量 0.5mL/min，二氧化碳流量 550mL/min)

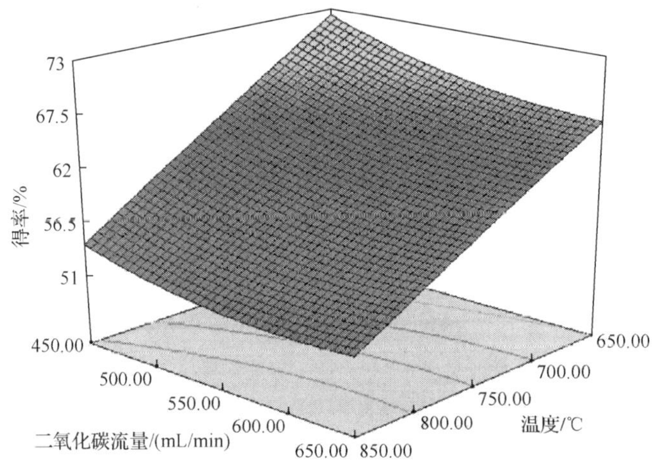

图 2-72　二氧化碳流量、温度对得率响应曲面(水蒸气流量 0.5mL/min，保温时间 25min)

3)响应曲面优化及验证

通过设计软件的预测功能，用上述回归模型优化工艺参数，结果如表 2-32 所示。为验证混合气体活化制备复合材料响应曲面法的可靠性，采用优化后的最佳条件进行实验，验证实验结果如表 2-32 所示，可以看出，响应曲面预测值与验证值相接近，偏差较小，表明该预测模型是合适的，优化工艺条件是可行的。

表 2-32　优化工艺参数及验证实验结果

X_1/℃	X_2/min	X_3/(mL/min)	X_4/(mL/min)	Y_1/(mg/g)		Y_2/%	
				预测值	实验值	预测值	实验值
750	25	550	0.5	1089.5	1091	60.06	59.38

注：X_4 为水蒸气流量。

4. 复合材料表征

1) 孔结构分析

废活性炭和微波加热下采用不同活化气体所制备样品的氮气吸脱附等温线如图 2-73 所示。

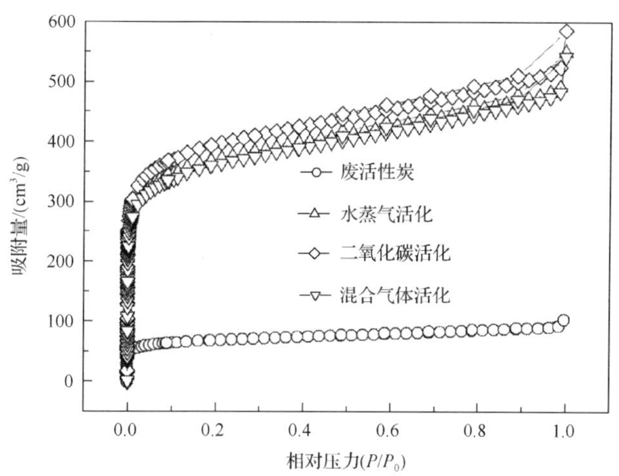

图 2-73　废活性炭和采用不同活化剂制备的复合材料的氮气吸脱附等温线

由图 2-73 可以看出，废活性炭经微波加热活化再生后，再生活性炭的吸附能力要明显高于废活性炭。对于不同样品，在相对压力较低时，吸附量随相对压力的增加而快速升高；当相对压力大于 0.1 后，吸附量随压力的增加而缓慢上升，但是吸附平台并非呈水平状，而是有一定的斜率；当相对压力接近 1 时，吸附量又急剧上升。

不同样品的孔结构参数如表 2-33 所示，活性炭经微波加热再生后，其比表面积和总孔体积均有显著提高。当采用的活化剂不同时，制备得到的复合材料的孔结构参数也有所不同。与采用水蒸气或者混合气体相比，采用二氧化碳作为活化气体时所得到的复合材料比表面积和总孔体积要更高，可以达到废活性炭的 5.5 倍。采用水蒸气或混合气体作为活化气体时，其再生效果较为接近。

表 2-33　废活性炭和采用不同活化剂制备的复合材料的孔结构参数

样品	比表面积/(m^2/g)	总孔体积/(cm^3/g)	平均孔径/nm
废活性炭	212.6	0.141	2.547
水蒸气活化	1109	0.736	2.647
二氧化碳活化	1170	0.776	2.731
混合气体活化	1114	0.739	2.680

2) SEM-EDS 分析

图 2-74～图 2-76 分别为采用水蒸气、二氧化碳和混合气体作为活化气体时所获得的复合材料的不同放大倍数下的 SEM 图，可以看出经活化处理后，由于吸附的杂质被有效脱除，活性炭表面可以观察到更多的孔道，在高倍率的 SEM 图上可以看到活性炭表面负载有很多球状氧化锌颗粒，表明已成功制备出锌炭复合材料。

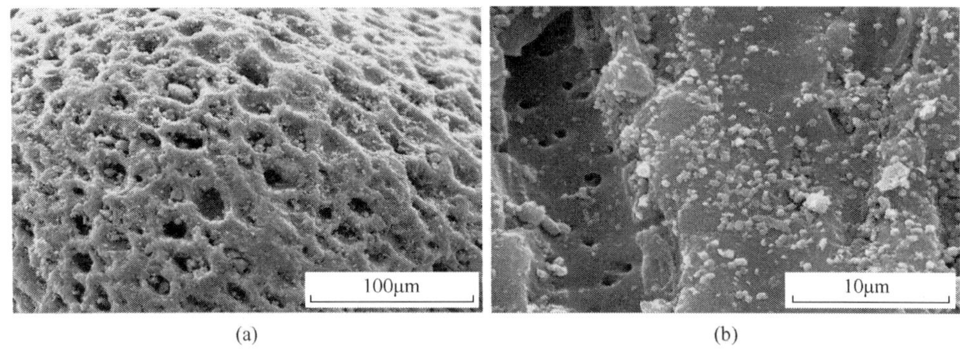

(a)　　(b)

图 2-74　采用水蒸气作为活化剂时得到的复合材料 SEM 图

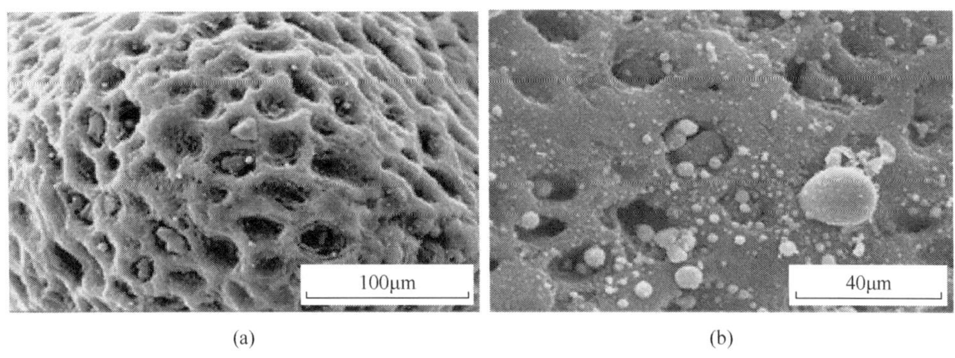

(a)　　(b)

图 2-75　采用二氧化碳作为活化剂时得到的复合材料 SEM 图

(a)　　(b)

图 2-76　采用混合气体作为活化剂时得到的复合材料 SEM 图

3) XRD 分析

图 2-77 为采用不同活化剂所制备的复合材料的 XRD 图谱，可以看出三个样品中均出现了 10 个明显的衍射峰，在 37°～43°出现的三个强峰分别对应于氧化锌的(100)、(002)和(101)晶面，且其余出峰也对应于氧化锌特征峰，表明活化后的样品中生成了晶形的氧化锌颗粒。通过谢乐公式计算出在不同条件下制备的样品中氧化锌晶粒的平均粒径范围为 30.1～53.4nm。

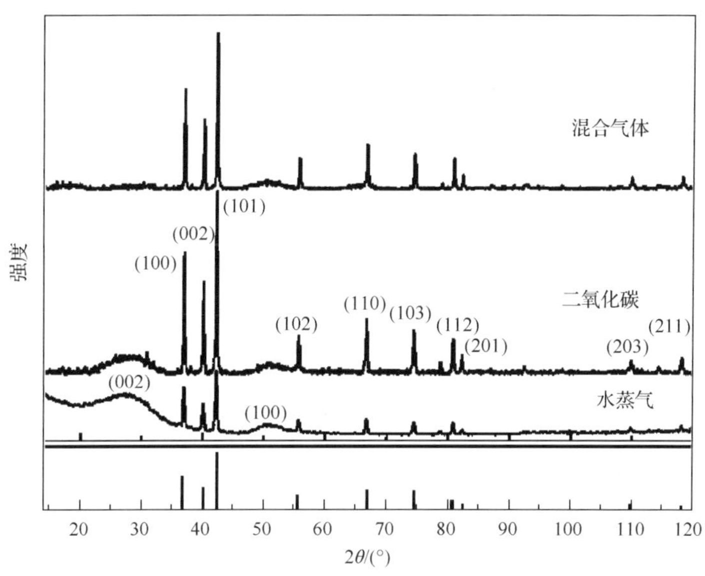

图 2-77　采用不同活化气体所制备的复合材料的 XRD 谱图

4) 红外光谱分析

商用椰壳活性炭、纯氧化锌和采用不同活化气体所制备的复合材料的红外光谱如图 2-78 所示。

从图 2-78 可以看出，纯氧化锌在 3441cm^{-1} 附近出现了较宽的羟基伸缩振动吸收峰 γOH，而在复合材料中，吸收峰向低波数移动，这主要是由于吸附在氧化锌表面的 O—H 上的正电荷有所增加而引起的。此外，复合材料在 1629cm^{-1} 和 1582cm^{-1} 均出现了 C═O 伸缩振动的吸收峰，在 1110cm^{-1} 附近出现了 C—O 伸缩振动的吸收峰，这主要归因于活性炭的表面官能团。

锌炭复合材料在 550cm^{-1} 附近均出现了代表 Zn—O 伸缩振动的吸收峰，与纯氧化锌的强 Zn—O 伸缩振动(491.5cm^{-1})相比较，锌炭复合材料出现了蓝移现象，这主要是由于物料表面醋酸锌分解出的氧化锌与单一氧化锌相比较，晶粒较小，内部结构有序化程度不够，表面原子数较少，不饱和配位原子也较少，因而 Zn—O 之间的振动耦合较大，使振动频率增大。与纯活性炭的红外谱图比较，所获得样品中 Zn—O 特征峰的出现说明所制备出的样品确实为锌炭复合材料，与 XRD 和 SEM 分析结果一致。

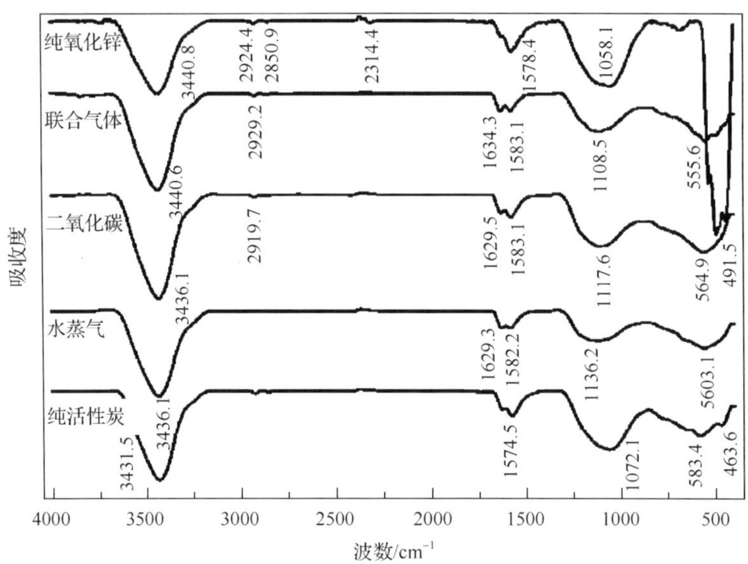

图 2-78 采用不同活化气体所制备的复合材料的红外光谱图

5) 紫外漫反射分析

纯氧化锌和采用不同活化气体所制备的复合材料的紫外漫反射光谱如图 2-79 所示。

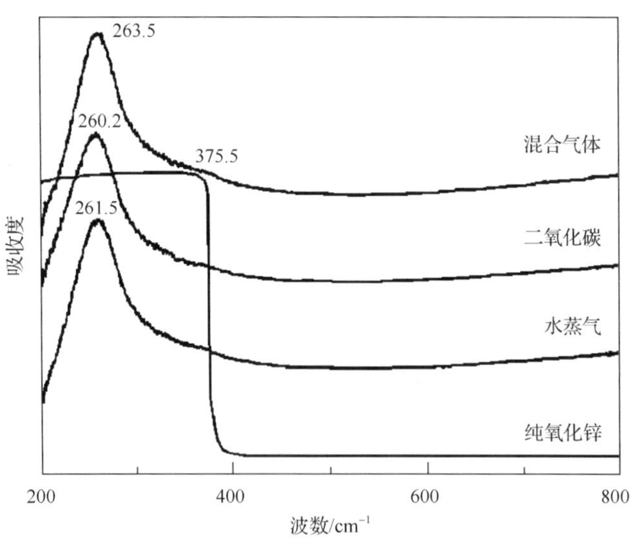

图 2-79 纯氧化锌和采用不同活化剂制备的复合材料的紫外漫反射光谱图

从图 2-79 可以看出，纯氧化锌在波长 375nm 左右有一个明显的吸收边缘，而在可见光区域内几乎没有吸收。三种采用不同活化气体所制备的复合材料在波长为 260nm 左右的紫外光区域均有明显的吸收峰。与纯氧化锌相比，采用不同活化气体制备的复合材料均发生了蓝移现象，可能是由于在制备过程中样品表面产生了生色团，如－COOR 基团(能产生紫外-可见吸收的官能团，如一个或几个不饱和基团，或不饱和杂原子基团，C═C、C═O、N═N、N═O 等称为生色团)，含有生色团的分子在紫外可见光区有吸收并伴随分子本身电子能级的跃迁，具有改变分子的吸收位置并增加吸收强度的作用。

2.5　一步法再生产物的应用

活性炭由于其丰富的孔结构和大的比表面积，是一种被广泛使用的高效吸附剂。将由含锌废活性炭所制备出的再生活性炭或锌炭复合材料用于吸附锌液中有机物、焦化废水、印染废水亚甲基蓝、甲基橙和苯酚、挥发性有机物苯和甲苯等。

2.5.1　吸附锌液中有机物

目前，全世界 80%以上的锌是由湿法炼锌工艺生产的，湿法炼锌主要包括焙烧、浸出、浸出液净化和电积等工序。锌电积是湿法炼锌工序的一个重要工序，电积过程中电解槽中的硫酸锌溶液会发生电化学反应，在阳极上放出氧气，并在阴极上析出金属锌，电解液中通常含有大量有机物，包括选矿过程中加入的有机药剂，加快浸出液渣分离使用的絮凝剂，净化时锌粉带入的有机物，改善电解采用的牛胶，降低酸雾的皂角粉、丝石竹和大豆饼等起泡剂，生产过程监控不力设备“跑冒滴漏”带入的润滑油等。尽管这些有机添加剂可以改善锌电解过程，获得高质量的阴极锌板，但过量的有机物存在可能对锌液电解带来不良影响，且现有湿法炼锌中的溶液均为闭路循环，因此这些有机物会不断富集，有可能造成烧板现象。

电解液中某些有机物的存在严重危害锌电积过程，因此通常需要在电积之前对锌液中有机物进行净化。活性炭由于其较大的比表面积和丰富的孔结构，可以对有机物进行高效吸附，通常的商用活性炭成本较高，而由废弃物经处理后得到的再生活性炭是替代商用活性炭的一种不错的选择，可以达到“以废治废”的目的。

孙成余[41]研究了含锌废活性炭经微波加热在 800℃和 1000℃下获得的再生产物对锌液中有机物的吸附效果。考虑到生产实际的情况，吸附实验过程中锌液温度基本维持在 75℃左右，兼顾考虑能耗和成本，再生产物的用量最终控制在 0.75～0.8g/L。因此，实验中主要考察了搅拌时间对锌液中有机物去除的影响，并分析了吸附动力学和吸附机理。

1. 搅拌时间的影响

对于采用微波加热在 800℃和 1000℃下的再生产物，搅拌时间对有机物的去除率的影响如图 2-80 所示。

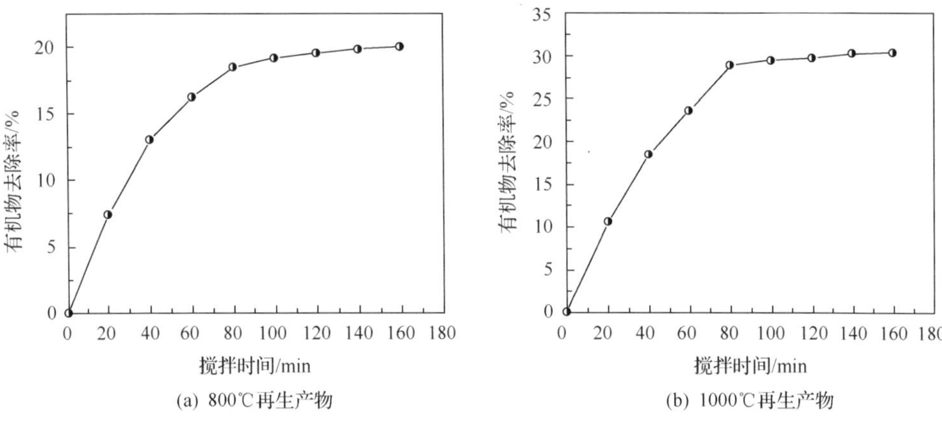

图 2-80 搅拌时间对有机物去除率的影响

由图 2-80 可知，两种不同温度下的再生产物，在吸附的初始阶段吸附速率很大，有机物去除率随搅拌时间的延长而快速提高，这是由于在吸附初始阶段，吸附剂拥有大量有效吸附位，并且与溶液之间存在着较大的浓度梯度，但随着吸附的进行，再生产物上有效吸附位减少，浓度梯度逐渐变小，因此吸附速率降低并最终达到吸附平衡。当采用 800℃的再生产物作为吸附剂时，有机物去除率可达到约 20%；采用 1000℃的再生产物作为吸附剂时，有机物去除率可达到约 30%，表明废活性炭在 1000℃的再生效果要比 800℃时更好。

2. 吸附动力学

硫酸锌溶液中有机物含量随吸附时间的变化如表 2-34 所示。

表 2-34 溶液中有机物含量随吸附时间的变化 （单位：%）

样品	0min	20min	40min	60min	80min	100min	120min	140min	160min
800 ℃再生产物	72.39	67.03	62.96	60.63	59.04	58.5	58.24	58.03	57.9
1000 ℃再生产物	72.39	64.73	59.03	55.27	51.49	51.06	50.83	50.47	50.33

根据表 2-34，对于在 800℃和 1000℃下获得的再生产物，分别将吸附实验数据采用准二级动力学模型进行拟合，以 t/q_t 对 t 作图（t 为吸附时间，q_t 为时间 t 时的吸附量），可以得到实验数据对准二级动力学模型拟合的拟合关系如图 2-81 所示。

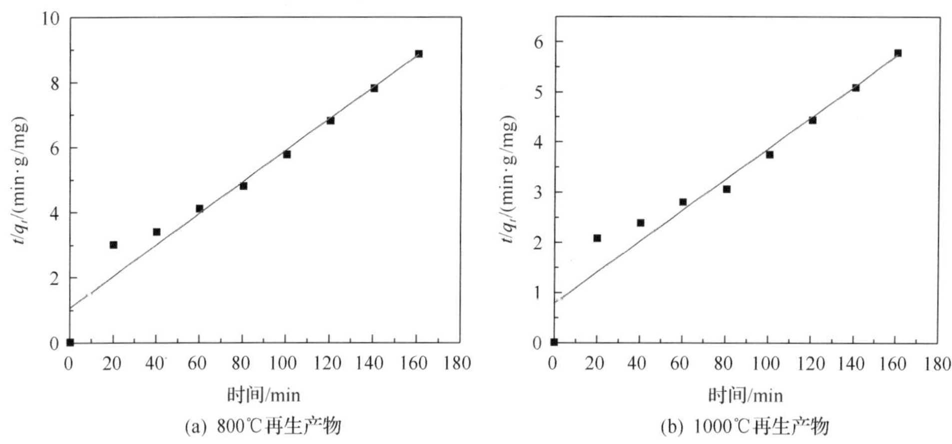

(a) 800℃再生产物　(b) 1000℃再生产物

图 2-81　不同温度下再生产物吸附有机物的准二级动力学模型拟合图

从图 2-81 中拟合直线的斜率和截距可以分别求得准二级动力学模型参数 k_2 和平衡时刻的吸附量 $q_{e,cal}$，并得到拟合相关系数 R^2，结果如表 2-35 所示。

表 2-35　再生产物吸附有机物的准二级动力学模型参数

样品	$q_{e,cal}$/(mg/g)	k_2/[g/(mg·min)]	h/[g/(mg·min)]	R^2
800℃再生产物	23.364	0.00109	0.59418	0.9819
1000℃再生产物	37.175	0.00057	0.79264	0.9744

注：h 为吸附速率。

从表 2-35 可以看出，两种不同再生产物对锌液中有机物的吸附过程与准二级动力学模型的拟合相关系数都较高，且平衡吸附量的计算值接近实际平衡吸附量，表明再生产物对锌液中有机物的吸附过程遵循准二级动力学模型。

3. 吸附机理

对于固液相吸附，吸附控制步骤通常是外扩散控制、内扩散控制或二者兼有。一般吸附过程涉及如下三个步骤[46]：①外扩散，也称膜扩散，是指吸附质分子从溶液中迁移到吸附剂外表面的过程；②内扩散，是指吸附质分子迁移到吸附剂内部孔隙的过程；③吸附质在吸附剂孔隙内部的吸附。

通常吸附质在吸附剂孔隙内部的吸附速度很快，在整个吸附过程中可以忽略。一般认为吸附过程初期为膜扩散控制，当吸附剂上负载一定数量的吸附质时，粒子内扩散成为控制步骤。通常使用粒子内扩散图来研究吸附机理，并使用纯经验模型假设：扩散为内扩散控制并且扩散符合菲克定律。按照 Weber 和 Morris 理论，内扩散系数 K_{id} 的关系式为[47]

$$q_t = K_{id} t^{0.5} \tag{2-34}$$

通过以 q_t 对 $t^{0.5}$ 作图，可以反映出吸附的不同阶段。Vadivelan 等[48]和 Sivaraj 等[49]将 q_t 对 $t^{0.5}$ 图中的曲线分为两部分，曲线的初始部分反映边界层效应，后续部分反映粒子内扩散。为了预测吸附过程中速率控制步骤，用 Boyd 动力学方程[50]进一步分析动力学数据：

$$F = 1 - \left(6/\pi^2\right)\exp\left(-B_t\right) \tag{2-35}$$

式中，F 为 t 时刻的吸附量与平衡吸附量的比值；B_t 为 F 的函数。将式(2-35)整理重排后得到方程：

$$B_t = -0.4977 - \ln\left(1 - F\right) \tag{2-36}$$

$$B = \frac{\pi^2 D_{\text{eff}}}{a^2} = \text{时间常数} \tag{2-37}$$

式中，D_{eff} 为吸附质在吸附剂中的有效扩散系数(cm²/s)；B 为 B_t 对 t 作图拟合直线的斜率；a 为假设为球状的吸附质粒子的半径。

以 B_t 对 t 作图可以得到一条拟合直线，如果拟合直线通过原点，则说明吸附控制步骤为粒子内扩散控制，否则为膜扩散控制。

将不同温度下的再生产物对锌液中有机物的吸附数据代入式(2-34)，以 q_t 对 $t^{0.5}$ 作图，如图 2-82 所示，可以看出，整个吸附过程分为初始部分的膜扩散和后续部分的内扩散阶段。

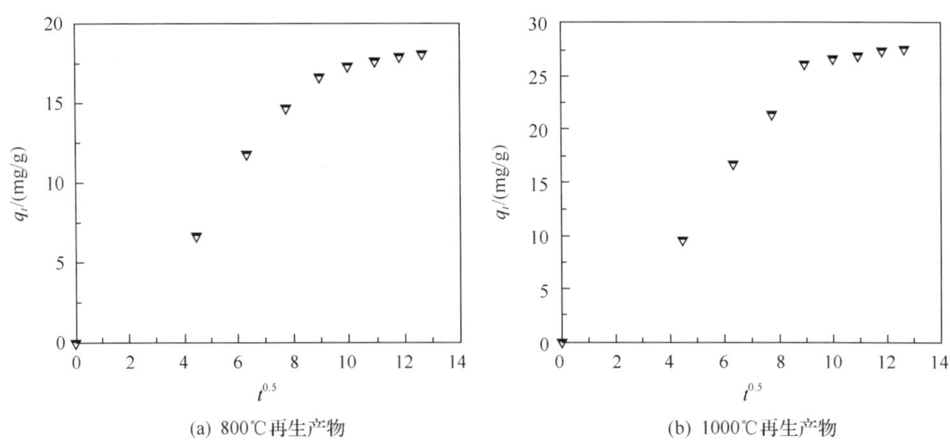

(a) 800℃再生产物　　(b) 1000℃再生产物

图 2-82　不同温度下再生产物吸附有机物的内扩散图

用 Boyd 动力学方程进一步分析其动力学数据，以 B_t 对 t 作图，如图 2-83 所示，可以看出，拟合直线均不通过原点，表明吸附速率控制步骤为膜扩散控制。

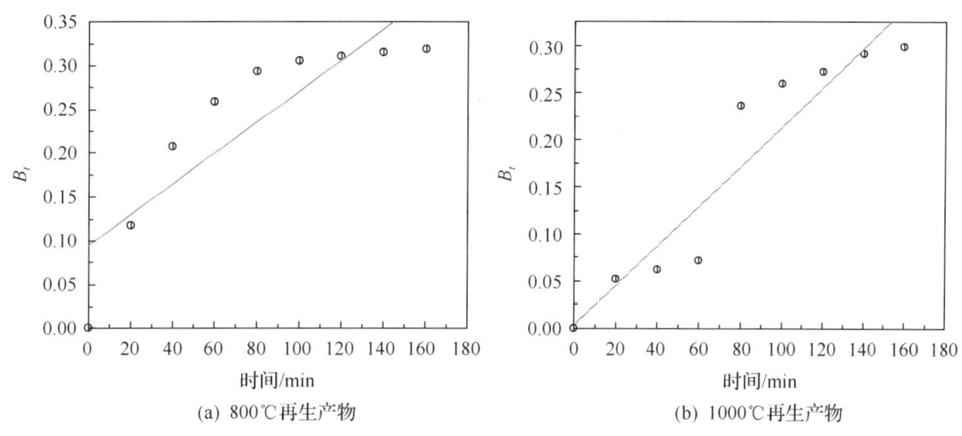

(a) 800℃再生产物　　(b) 1000℃再生产物

图 2-83　不同温度下再生产物吸附有机物的 B_t 与 t 之间的关系

2.5.2　处理焦化废水

焦化废水是在焦炭炼制、煤气净化及化工产品回收过程中产生的毒性极高的废水[51]，其主要来源有：①剩余氨水，由炼焦的水分及炼焦过程中产生的化合物组成，正常情况下，其数量占全部废水的一半左右；②化工产品工艺排水，包括化工产品回收和精制过程中各有关工段的分离水及各种贮槽定期排水和事故排水；③粗苯终冷水及煤气脱硫和煤气终冷循环的排污水，其中含有一定数量的酚、氰、苯、硫化物及吡啶盐等。

焦化废水因受原煤性质、焦化产品回收工序及方法等多种因素的影响，含有多种污染物质。其中有机物以酚类化合物为主，占总有机物的将近一半，此外还包括多环芳香族化合物和含氮、氧、硫的杂环化合物及脂肪族化合物，这些都为难降解有机物；无机污染物主要以氰化物、硫氰化物、铵盐等为主。由此可见，焦化废水是一种成分复杂的难降解废水[52]。焦化废水含有大量的有毒有害物质，如不经处理或处理不完全就排放，必将对环境造成极大的危害[53]。如氰化物为剧毒物质，进入有机体会造成中毒；许多多环芳烃及杂环化合物中被列为致癌致突变物质；某些酚类化合物会引起细胞蛋白质变性，高氨氮会造成严重的水体富营养化，脱氮不完全而生成的 NO_2^- 也是致癌致突变物质。这些有毒废水外排就会导致水源污染并危害人类健康，给渔业、农业等带来严重影响。

目前，处理焦化废水的方法主要包括生物处理法和物化处理法。生物处理法是利用微生物氧化分解废水中有机物的方法，常作为焦化废水处理系统中的二级处理。根据微生物存在形式的不同，分为活性污泥法和生物膜法。目前，活性污泥法是一种应用最广泛的焦化废水好氧生物处理技术[54]，但由于该技术出水中的COD、生化需氧量(BOD)、NH_3—N 等污染物指标均难以达标，特别是对 NH_3—N

污染物，几乎没有降解作用。近年来，人们研究开发了生物强化技术，即生物流化床、固定化生物处理技术及生物脱氮技术等。这些技术的发展使得大多数有机物质实现了生物降解处理，出水水质得到了很大改善。尽管生化法是一项较为成熟且不断发展的水处理技术，但在生产实际中仍存在如下问题：对于难降解有机物处理效果不佳；处理系统占地面积庞大；菌种培育驯化难度大、运行周期长。针对焦化废水难生化性、难降解的特点，各种物化处理技术应运而生，如臭氧氧化、光催化氧化、电化学氧化、湿式催化氧化等高级氧化技术以及超声波处理技术、化学混凝和絮凝技术等。物化处理技术大都存在处理成本高、设备复杂、试剂昂贵、处理条件严格、实施难度大等问题。因此，探索出一种成本低、处理效果好和工业化前景大的焦化废水处理新工艺显得尤为迫切。

李雨[55]采用类似湿式催化氧化的微波-活性炭协同处理法来处理焦化废水，以微波作为能量，以实验室自制的椰壳活性炭和由含锌废活性炭获得的再生活性炭作为敏化剂，处理对象为云南昆明钢铁厂的焦化废水，采取对生化前废水和生化后废水进行分段处理的方式进行研究，目的在于提高生化前出水的可生化性，缩短后续生化处理的处理周期和减少处理难度，对生化后出水进行深度处理并使其达到回用水使用标准。实验所用焦化废水有两种：一种是生化前出水，另一种为生化后出水，具体成分如表 2-36 所示。

表 2-36　生化前和生化后出水水质

类型	酚含量/(mg/L)	氰含量/(mg/L)	油含量/(mg/L)	氨氮含量/(mg/L)	COD_{cr}/(mg/L)	pH
生化前出水	550～660	9.105～3.214	16.782～19.342	294.673～336.137	2500～3000	8.5～9
生化后出水	0.081～0.094	0.032～0.041	4.123～4.329	0.549～0.697	180～210	7～7.5

注：COD_{cr}是采用重铬酸钾($K_2Cr_2O_7$)作为氧化剂测出的化学耗氧量。

1. 再生活性炭对焦化废水中 COD_{cr} 的吸附行为

为了消除活性炭吸附对实验结果的影响，进行了活性炭对焦化废水的吸附实验，确定活性炭对焦化废水中有机物体系的极限吸附量，在后续实验中采取预饱和吸附的办法，消除活性炭吸附对处理效果的影响。

该研究采用的吸附剂为废活性炭经微波加热水蒸气活化制备的再生活性炭，为了衡量再生活性炭的吸附性能，同时采用椰壳活性炭进行对比研究。实验时首先将两种活性炭过筛至 150～180μm，用蒸馏水洗涤至 pH 为 7.0，并于 105℃下烘干至恒重。吸附实验方法：称量 0.5～5.0g 活性炭加入至 100mL 焦化废水中，调节初始 pH 为 1.0～9.0，在初始温度为 20～60℃下振荡吸附 30～240min，考察两种活性炭对 COD 的极限吸附效果，根据吸附前后的 COD 测定值，计算活性炭对这些物质的极限吸附量。

1) 活性炭用量的影响

在控制焦化废水体积为 100mL、pH 为 7、搅拌速率为 200r/min、温度为室温和搅拌时间为 240min 的条件下，考察了两种活性炭用量为 0.5～4g 时对吸附平衡的影响，实验结果如图 2-84 所示。可以看出两种活性炭的极限吸附量均随活性炭用量的增大而降低，这是由于活性炭用量越大时，单位质量活性炭上的吸附质量会降低。

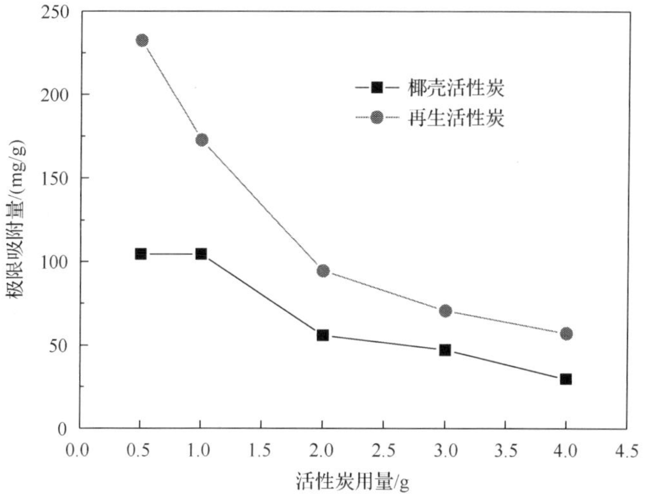

图 2-84　活性炭用量对极限吸附量的影响

2) 搅拌时间的影响

在焦化废水体积为 100mL、pH 为 7、活性炭用量 0.5g、搅拌速率为 200r/min 和温度为室温的条件下，考察了搅拌时间为 30min、60min、90min、120min 和 240min 时对吸附平衡的影响，实验结果如图 2-85 所示。

从图 2-85 可以看出，活性炭的吸附量随搅拌时间的延长而增大，当搅拌时间达到 240min 时，吸附趋向于平衡。由于废水组分的复杂性、组分相互之间的作用能、本身的溶解性和分子结构及活性炭的孔隙度和非均一性等，决定了焦化废水中各组分的竞争吸附十分激烈。从图 2-85 上看，搅拌时间为 30min 时活性炭对 COD 的极限吸附量仅为 104.1mg/g；到 120min 时，极限吸附量增至 186.3mg/g，说明此时含量较少的氰类化合物及部分酚类及其同系物优先吸附于活性炭上并达到饱和，大量的酚类同系物及大分子化合物，以及萘、蒽、苯并比等多环类化合物，三氮杂苯、氮杂芘、氮杂菲、吡啶、喹啉、吲哚等杂环类化合物开始吸附至活性炭的活性点。同时，吸附 240min 与吸附 120min 相比，活性炭对 COD 的吸附量增加不大，因此在考察预吸附量搅拌时间因素时，选取 240min 作为条件。

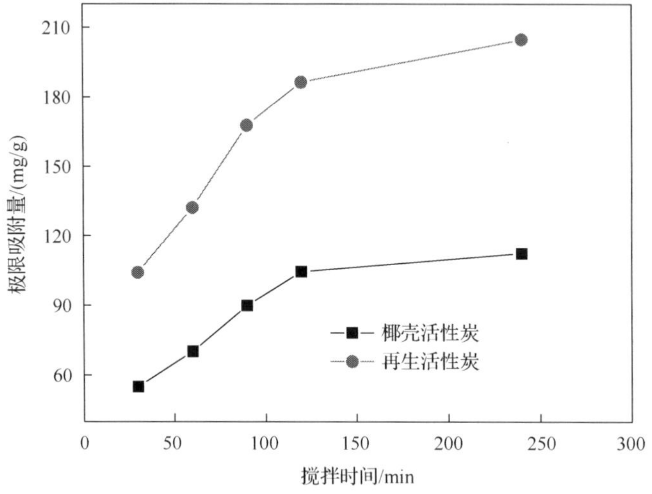

图 2-85　搅拌时间对活性炭极限吸附量的影响

3) 初始 pH 的影响

在控制焦化废水体积为 100mL、活性炭用量 0.5g、搅拌速率为 200r/min、温度为室温和搅拌时间为 240min 的条件下，考察了 pH 为 2.5、3、5、7 和 8.5 时对吸附平衡的影响，实验结果如图 2-86 所示。

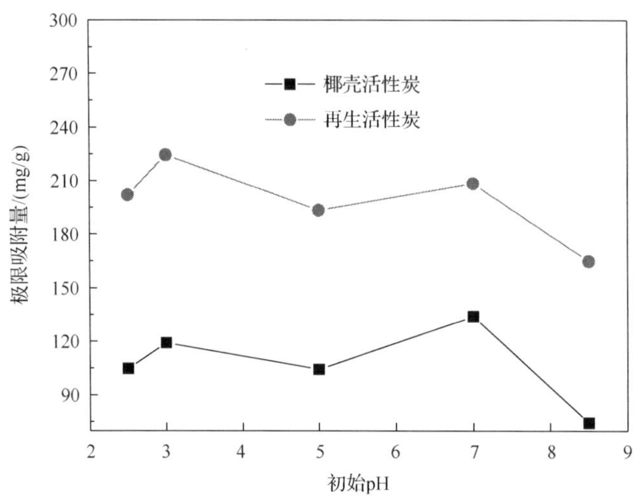

图 2-86　pH 对活性炭极限吸附量的影响

pH 对吸附体系的影响主要在于改变溶液中各组分的电极性及活性炭上官能团的荷电状况。在该实验中选取了 2.5、3、5、7 及原水几个 pH 作为考察因素。从原水情况来看，原水的 pH 一般在 9 左右，过大的 pH 调整幅度必然增加处理费用。从图 2-86 的实验结果来看，椰壳活性炭在体系 pH 为 3 及 pH 为 7 时，具有较大平衡吸附量，分别为 119.04mg/L 和 133.92mg/L。在后续微波-活性炭法焦化废水处理中，pH 是不断变化的，因此为了消除吸附对催化氧化的干扰，在后续考察活性炭预吸附 pH 影响因素时，pH 应取 3 或 7。

4）吸附温度的影响

在控制焦化废水体积为 100mL、pH 为 7、活性炭用量 0.5g、搅拌速率为 200r/min 和搅拌时间为 240min 的条件下，考察了温度为 20℃、30℃、40℃、50℃和 60℃时对吸附平衡的影响，实验结果如图 2-87 所示。

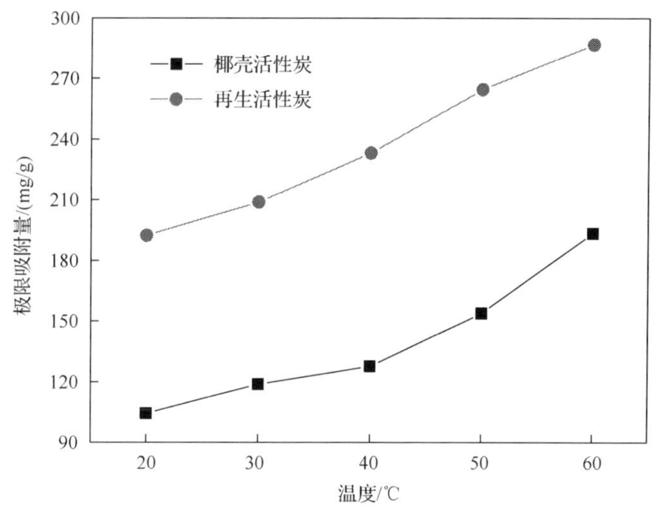

图 2-87　温度对活性炭极限吸附量的影响

从图 2-87 可以看出，两种活性炭的极限吸附量均随温度的升高而增加，温度的升高会加速有机组分的迁移和运动，同时在活性炭上形成更多的吸附活性点，从而增加吸附量，但是温度过高时会加速废水溶液的蒸发。

2. 微波-活性炭协同处理生化前焦化废水

针对生化前出水的可生化性差的特点，本书拟采用湿式催化氧化的方法对其进行处理，通常湿式催化氧化所需要的条件包括高温、催化剂和氧源，为了寻找条件温和且效率较高的工艺路线，对几种不同的工艺的处理效果进行了初步对比。每种工艺下废水的处理量均为 100mL，具体的实验方法为：A 以 2L/min 的速率直接通入空气，持续时间 5min；B 在微波功率为 700W 下直接加热 5min；C 以 2L/min 的速率直接通入空气，同时采用微波加热 5min；D 直接采用活性炭吸附 5min；E 采用再生活性炭对废水预吸附 240min 后，对活性炭-废水体系采用微波加热 5min；F 采用再生活性炭对废水预吸附 240min 后，以 2L/min 的速率直接向活性炭-废水体系通入空气，同时采用微波加热 5min。不同工艺下 COD 的去除效果如表 2-37 所示。

表 2-37　不同处理工艺对 COD 的去除效果对比

参数	工艺代号					
	A	B	C	D	E	F
COD 去除率/%	1.47	2.02	3.12	30.24	50.11	59.37

从表 2-37 可以看出，工艺 A、B 或 C 对焦化废水中 COD 的去除几乎不起作用。工艺 D 可以将 COD 的去除率提高至 30.24%，而采用工艺 E 时，COD 的去除率高达 50.11%。这是由于在微波加热下，溶液和活性炭均能吸收微波，但活性炭在吸收微波后温度能很快升高，且活性炭在很短的时间内会形成“热点”，与溶液体系间存在较大的温差。虽然无法测定活性炭表面的温度，但实验中观察有“打火”现象，因此估计活性炭的温度高达几百摄氏度。在微波加热所产生的高温下，预先吸附在活性炭上的有机物会被分解，产生的新的有机物吸附在活性炭上。同时整个体系温度不断升高，到实验结束时通过热电偶测定体系的温度高达 80℃。待溶液稍冷，过滤后测定剩余废水量为 87mL，此时废水中 COD 的去除率达到 50.11%。由于加热时间过长会导致水分大量蒸发，微波加热时间不能超过 5min。

采用工艺 F 时，COD 去除率比采用工艺 E 时更高，这是由于工艺 F 中通入了空气，可以在高温下加速活性炭表面所吸附有机质的氧化。因此，在后续的实验中均采用工艺 F 来处理焦化废水，实验装置如图 2-88 所示，其中微波加热装置由家用微波炉改装，功率为 700W，频率为 2450MHz；转子流量计控制流量在 1～5L/min；测温采用 K 型电偶，测量范围为 25～1200℃。

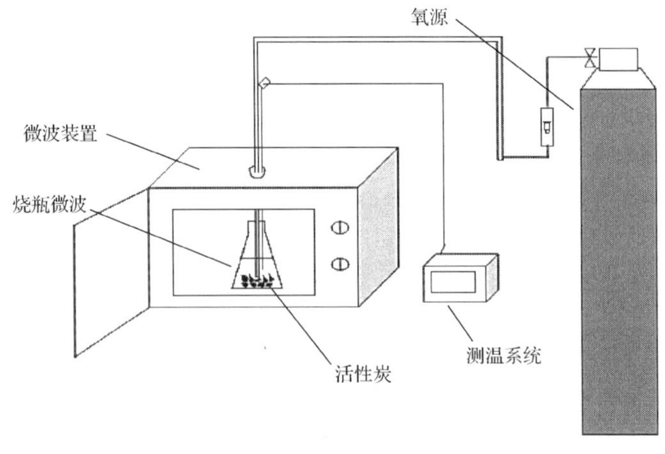

图 2-88　焦化废水处理实验装置简图

针对生化前出水的可生化性差的特点，开展了生化前出水的微波催化氧化处理，考察了微波功率、加热时间、流量、初始 pH 及活性炭用量等因素对处理效果的影响。

1) 活性炭在微波场中的升温行为

为了考察活性炭对微波的吸收能力，研究了微波场中两种活性炭的升温曲线。用分样筛筛取两种活性炭中 150～180μm 的颗粒，各取 5 份，于 105℃下烘干至恒重，每份取 50g 置于相同体积及材料的坩埚内，在五个不同的微波功率下测定其升温曲线，结果如图 2-89 所示。

由图2-89可以看出，椰壳活性炭和废触媒再生后活性炭均有较强的吸波能力，当微波功率为 700W 时，椰壳活性炭和再生活性炭的平均升温速率分别可达 67℃/min 和 95.8℃/min，当被微波加热 10min 后，两种活性炭均可达到 600℃以上。再生活性炭的升温速率要比椰壳活性炭更快，这可能是两种物料的介电性质、结构、形貌和成分等不同所导致的。

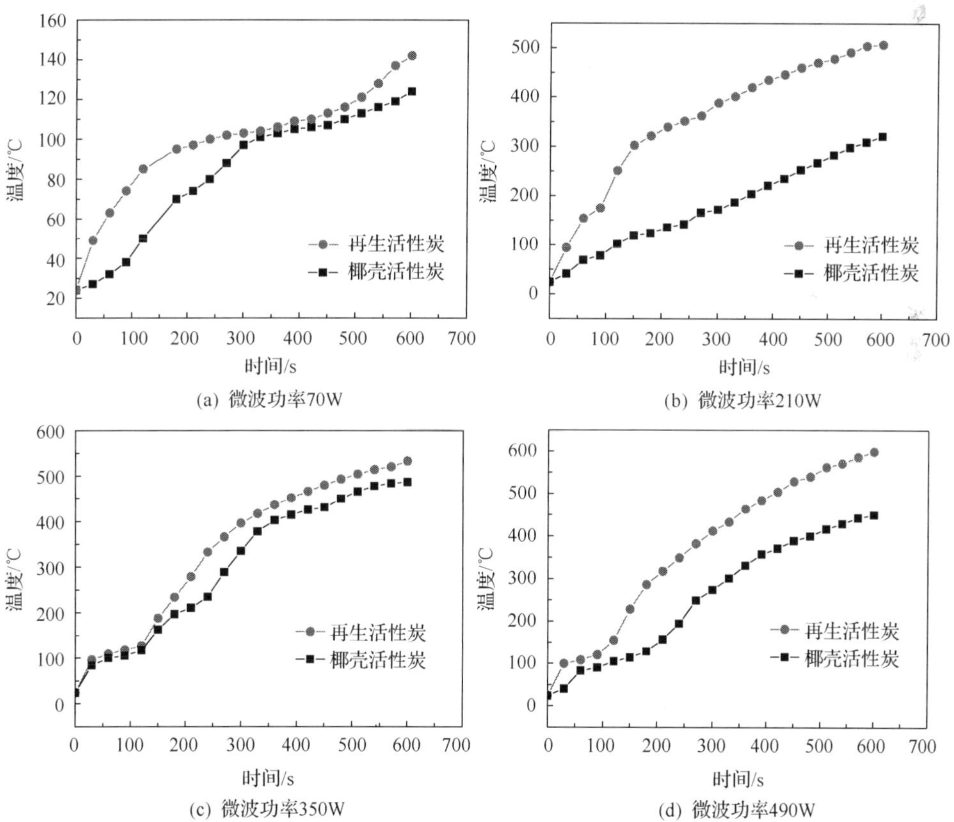

(a) 微波功率70W　(b) 微波功率210W

(c) 微波功率350W　(d) 微波功率490W

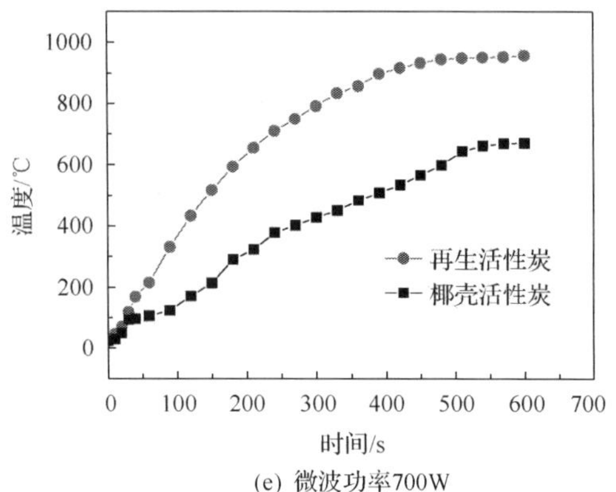

(e) 微波功率700W

图 2-89　不同微波功率下活性炭的升温曲线

2)微波功率的影响

取 10 份体积均为 100mL 的生化前出水分别置于 300mL 锥形瓶中，其中 5 份各加入 5g 椰壳活性炭，另 5 份各加入 5g 再生活性炭，用密封薄膜将锥形瓶密封后置于恒温振荡器中进行预吸附，控制温度为 60℃，振荡时间为 240min。待吸附达到平衡后，稍冷取下，取少量水样测定 COD，调节剩余水样 pH 至 7.0。然后将锥形瓶置于微波炉中，通入流量为 2L/min 的空气，分别在微波功率为 70W、210W、350W、490W 和 700W 下加热 2min。实验结束后，待溶液稍冷后过滤，取滤液测定 COD，实验结果如图 2-90 所示。

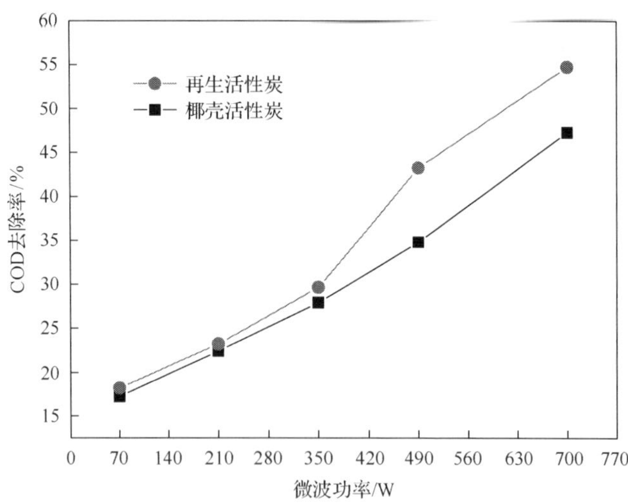

图 2-90　微波功率对 COD 去除率的影响(处理生化前焦化废水)

由图 2-90 可以看出，对于这两种活性炭，COD 去除率均随微波功率的增加而提高。当体系被微波加热时，微波首先作用于活性炭上而使其迅速升温并产生“热点”，此时与活性炭接触的反应物可能被诱导而发生化学催化反应。

物质吸收微波的能力与其极性、分散系数等因素相关，Booske 等[56]认为微波在加热材料时，可能产生局部过热现象，微波能量被集中成热点。Pollington 等[57]发现，由于材料的不均匀性，受到微波照射时催化材料床层中各处的电场强度不完全相同，在电场强度最强处将会形成热点。有研究报道，在微波辐照下，反应中心(活性炭上的热点)可能引起原子与分子的振动，降低反应活化能，从而可能在较低的温度下诱发反应的进行[58]。因而在较强微波加热下，处理体系的 COD 去除率得到迅速提高。

3) 加热时间的影响

取 10 份体积均为 100mL 的生化前出水分别置于 300mL 锥形瓶中，其中 5 份各加入 5g 椰壳活性炭，另 5 份各加入 5g 再生活性炭，用密封薄膜将锥形瓶密封后置于恒温振荡器中进行预吸附，控制温度为 60℃，振荡时间为 240min。待吸附达到平衡后，稍冷取下，取少量水样测定 COD，调节剩余水样 pH 至 7.0。然后将锥形瓶置于微波炉中，通入流量为 2L/min 的空气，分别在微波功率为 700W 下加热 0s、30s、60s、90s 和 120s。实验结束后，待溶液稍冷后过滤，取滤液测定 COD，实验结果如图 2-91 所示。

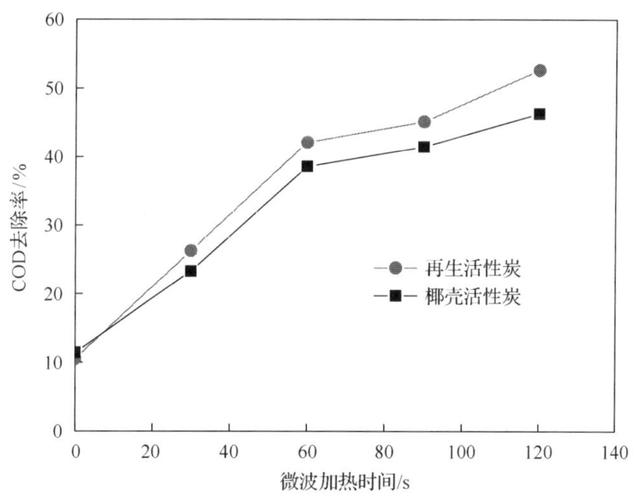

图 2-91　微波加热时间对 COD 去除率的影响(处理生化前焦化废水)

从图 2-91 可以看出，对于两种活性炭，COD 去除率均随加热时间的延长而逐渐增大，当加热时间达到 120s 时，再生活性炭和椰壳活性炭对 COD 的去除率分别可以提高至 52.63%和 46.33%。在微波-活性炭处理体系中，活性炭由于其介质损耗大大高于周围物质，导致在微波加热下，活性炭与溶液体系形成巨大的温度差，研究表明，在微波加热下，活性炭的升温速度是同样质量水的升温速度的 10 倍。当水与活性炭共存时，在活性炭和水之间将产生一个温度梯度，使活性炭的局部形成高温。活性炭在短时间内迅速升温至数百摄氏度，分解部分吸附的有机物，而后新的未被吸附的有机物迁移至活性炭吸附活性点附近而被分解。在实验中发现，微波加热后废水的体积变少了，这是由于微波加热使废水蒸发，导致水分挥发而造成的，而且加热时间越长，水的损失量越大。

从图 2-91 也可以看出，当加热时间相同时，再生活性炭对 COD 去除率要高于椰壳活性炭，这是由于再生活性炭的微波吸收能力比椰壳活性炭强，从而可以达到更高的温度，增强 COD 去除率。

4) 流量的影响

取 10 份体积均为 100mL 的生化前出水分别置于 300mL 锥形瓶中，其中 5 份各加入 5g 椰壳活性炭，另 5 份各加入 5g 再生活性炭，用密封薄膜将锥形瓶密封后置于恒温振荡器中进行预吸附，控制温度为 60℃，振荡时间为 240min。待吸附达到平衡后，稍冷取下，取少量水样测定 COD，调节剩余水样 pH 至 7.0。然后将锥形瓶置于微波炉中，分别通入流量为 0.5L/min、1L/min 和 2L/min 的空气，并在微波功率为 700W 下加热 2min。实验结束后，待溶液稍冷后过滤，取滤液测定 COD。实验结果如图 2-92 所示。

由图 2-92 可以看出，当流量从 0.5L/min 提高到 2L/min，再生活性炭和椰壳活性炭对 COD 的去除率分别可以从 39.59%和 34.81%提高到 54.76%和 47.31%，这与所通气体中氧的存在密切相关。在后续研究中选取最优流量为 2L/min。

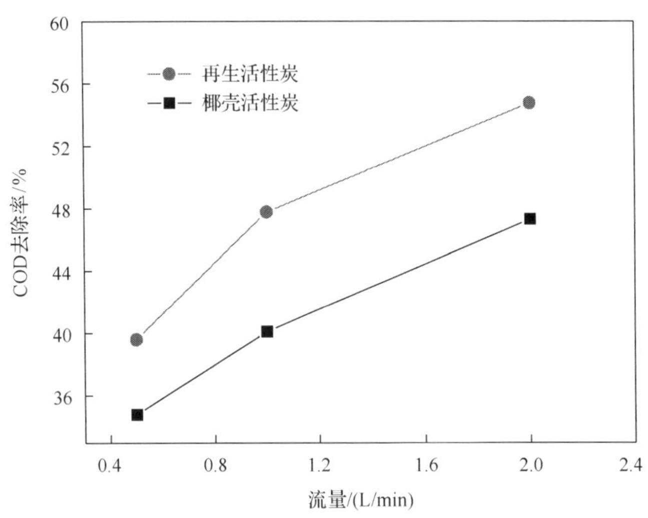

图 2-92　流量对 COD 去除率的影响(处理生化前焦化废水)

由于微波是一种能量很低的电磁波(0.1kJ/mol)，它的能量不足以破坏或重组化学键[59]，张耀彬[60]发现单独采用微波加热在水溶液中不能产生羟基自由基，活性炭的存在是微波诱导产生羟基自由基(·OH)的重要条件之一。如果水中的活性炭在微波辐照时能达到局部(瞬态)高温，而水仍维持在液相，则有可能创造类似于湿式空气氧化的条件，从而产生·OH。焦化废水中溶解有少量氧气，在微波辐照下活性炭的“热点”周围将激发·OH。因为·OH 性质极其活泼，能引导大量的天然或人工化学、生物反应进行[61]，在微波处理废水的研究中，·OH 也被认为是微波诱导催化氧化的主要机理。

5) 初始 pH 的影响

取 10 份体积均为 100mL 的生化前出水分别置于 300mL 锥形瓶中，其中 5 份各加入 5g 椰壳活性炭，另 5 份各加入 5g 再生活性炭，用密封薄膜将锥形瓶密封后置于恒温振荡器中进行预吸附，控制温度为 60℃，振荡时间为 240min。待吸附达到平衡后，稍冷取下，取少量水样测定 COD，分别调节剩余水样 pH 至 1、3、5、7、9。然后将锥形瓶置于微波炉中，通入流量为 2L/min 的空气，并在微波功率为 700W 下加热 2min。实验结束后，待溶液稍冷后过滤，取滤液测定 COD，实验结果如图 2-93 所示。

从图 2-93 可以看出，对于椰壳活性炭，当溶液 pH 从 1 增加至 7 时，COD 去除率从 37.29%提高至 49.28%，而继续增加 pH 至 9 时，COD 去除率会下降至 45.49%。对于再生活性炭，COD 去除率在溶液 pH 为 3 和 7 均存在转折点。原因可能是：①pH 引起废水组分的竞争吸附改变，在活性炭微波处理体系中，随着温度不断升高和反应进程的深入，活性炭上预吸附有机物被分解，由于活性炭的吸附作用和浓度梯度的存在，废水中的有机组分迁移到活性炭的吸附点位。在这个过程中对 COD 贡献较大的有机物受 pH 影响较大，在初始 pH 为 3 和 7 时，该类物质迁移和降解的速率较大，导致了在这两个点的 COD 去除率较高。②要考虑羟基自由基(·OH)的形成机制，对于再生活性炭，由于含有 ZnO，导致在实验过程中由于产生类“光催化”的作用效应产生电子空穴，增加了体系中的自由电子对，在较高 pH 下 OH^-优先与这些空穴电子反应产生·OH，这样一个电子只能产生一个·OH。根据微波诱导“羟基自由基”理论，如果形成一个 O_2 与电子结合能产生两个·O 并最终产生四个·OH。因此在这个竞争过程中并不是 pH 越高越好，这取决于两种自由基产生过程的竞争。同样酸性条件有利于·O 的形成，但也缺乏“类光催化”羟基自由基产生的条件。对椰壳活性炭则不存在“类光催化”效应。因此椰壳活性炭微波处理体系的处理效率则取决于·O 的产生过程和体系中有机物受 pH 影响的竞争吸附。

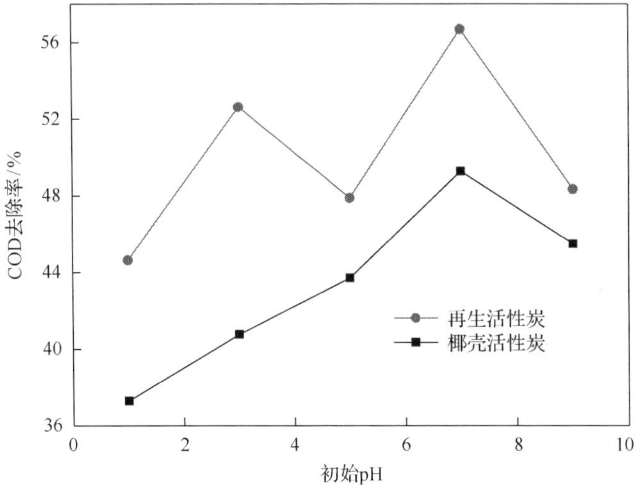

图 2-93　初始 pH 对 COD 去除率的影响(处理生化前焦化废水)

6)活性炭用量的影响

取 10 份体积均为 100mL 的生化前出水分别置于 300mL 锥形瓶中，其中 5 份分别加入 1g、2g、5g、7g、10g 椰壳活性炭，另 5 份分别加入相同质量的再生活性炭，用密封薄膜将锥形瓶密封后置于恒温振荡器中进行预吸附，控制温度为 60℃，振荡时间为 240min。待吸附达到平衡后，稍冷取下，取少量水样测定 COD，调节剩余水样 pH 至 7。然后将锥形瓶置于微波炉中，通入流量为 2L/min 的空气，并在微波功率为 700W 下加热 2min。实验结束后，待溶液稍冷后过滤，取滤液测定 COD，实验结果如图 2-94 所示。

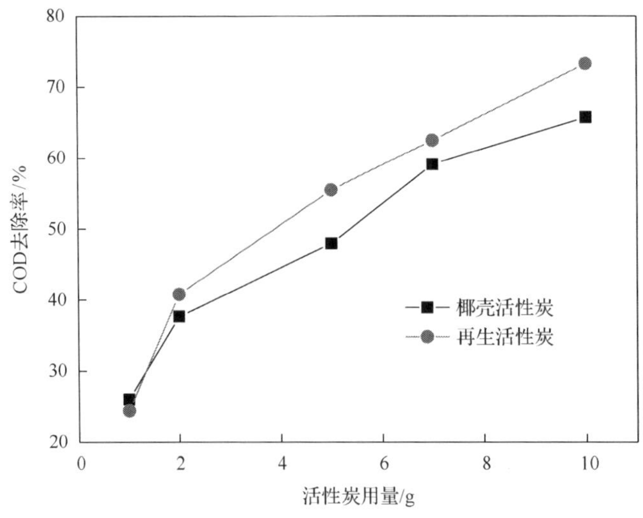

图 2-94　活性炭用量对 COD 去除率的影响(处理生化前焦化废水)

从图 2-94 可以看出，两种活性炭对 COD 去除率均随活性炭用量的增加而提高，当活性炭用量相同时，再生活性炭对 COD 去除率更大，但是过大的活性炭用量也会增加处理成本，综合考虑 COD 去除率和成本，确定最佳活性炭用量为 5g。

7) 处理体系的温度变化

废水温度随时间的变化趋势如图 2-95 所示。

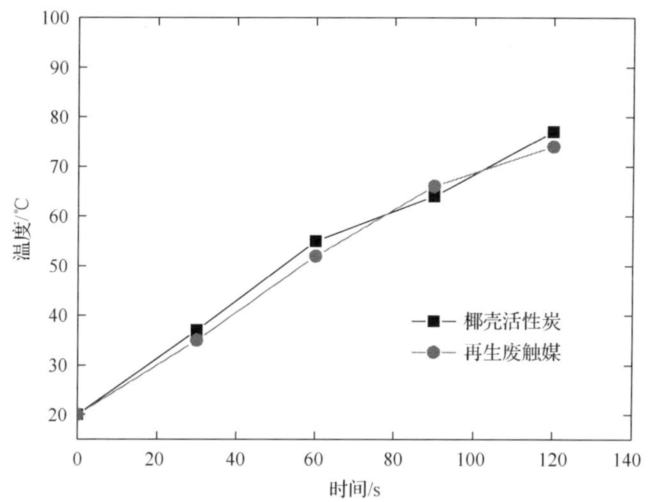

图 2-95　处理体系温度随时间的变化规律(处理生化前焦化废水)

从图 2-95 可以看出，两种处理体系下废水的温度变化趋势大致相同，当处理 120s 后，废水温度均可接近 80℃，接近于沸腾状态，根据前面分析可知，当温度为 60℃时，可以达到较好的处理效果，而过高的温度下处理效果并不理想，而且会提高处理成本，因此温度控制在 60～80℃较合适。

3. 微波-活性炭协同深度处理生化后出水

当焦化废水经生化处理后，水质有了很大的改善，酚类物质的去除率较高，但对一些难降解有机物的处理效果仍不理想，出水 COD 通常不能达到国家排放标准，因此寻求效果好且成本低的深度处理方法具有积极意义。为此，考察了微波-活性炭体系对生化后出水的处理效果，对比分析了再生活性炭和椰壳活性炭的处理效果。

1) 微波功率的影响

取 10 份体积均为 100mL 的生化前出水分别置于 300mL 锥形瓶中，其中 5 份各加入 2.5g 椰壳活性炭，另 5 份各加入 2.5g 再生活性炭，用密封薄膜将锥形瓶密封后置于恒温振荡器中进行预吸附，控制温度为 60℃，振荡时间为 30min。待吸附达到平衡后，稍冷取下，取少量水样测定 COD，调节剩余水样 pH 至 3。然后将锥形瓶置于微波炉中，通入流量为 2L/min 的空气，分别在微波功率为 70W、210W、350W、490W 和 700W 下加热 2min。实验结束后，待溶液稍冷后过滤，取滤液测定 COD，实验结果如图 2-96 所示。

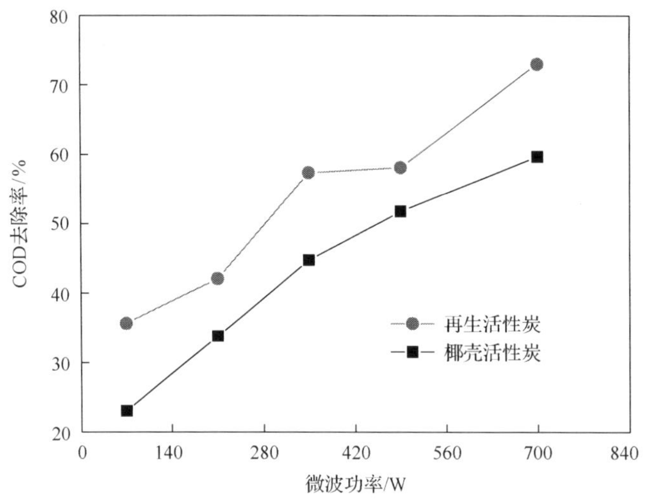

图 2-96　微波功率对 COD 去除率的影响(处理生化后出水)

由图 2-96 可以看出，对于两种活性炭，COD 去除率均随微波功率的增加而提高。当微波功率相同时，再生活性炭比椰壳活性炭对 COD 去除率要更高。鉴于生化处理过程导致长链和杂环化合物的断链和开环，生化后出水中的有机物大部分属于小分子有机物，部分难生化的大分子有机物在预吸附过程中和微波-活性炭处理初期得到分解，在处理后期大量的小分子有机物的吸附降解成为对 COD 变化贡献最大的部分。此外，再生活性炭的微孔数量和总孔容要大于椰壳活性炭，因此在总体上再生活性炭的处理效果要好于椰壳活性炭。

2)加热时间的影响

取 10 份体积均为 100mL 的生化前出水分别置于 300mL 锥形瓶中，其中 5 份各加入 2.5g 椰壳活性炭，另 5 份各加入 2.5g 再生活性炭，用密封薄膜将锥形瓶密封后置于恒温振荡器中进行预吸附，控制温度为 60℃，振荡时间为 30min。待吸附达到平衡后，稍冷取下，取少量水样测定 COD，调节剩余水样 pH 至 7。然后将锥形瓶置于微波炉中，通入流量为 2L/min 的空气，分别在微波功率为 700W 下加热 0s、30s、60s、90s 和 120s。实验结束后，待溶液稍冷后过滤，取滤液测定 COD，实验结果如图 2-97 所示。

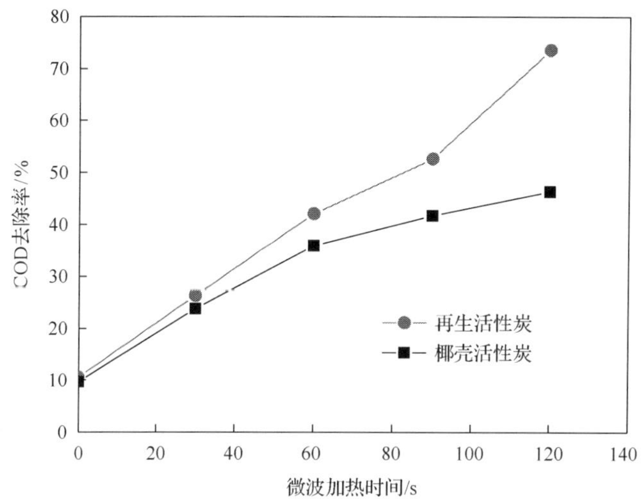

图 2-97　微波加热时间对 COD 去除率的影响(处理生化后出水)

从图 2-97 可以看出，对于两种活性炭，COD 去除率均随加热时间的延长而逐渐增大。当加热时间达到 120s 后，椰壳活性炭对 COD 去除率为 46.37%，而再生活性炭对 COD 去除率可提高至 73.61%。当加热时间相同时，再生活性炭对 COD 去除率要高于椰壳活性炭。

当加热时间达到 120s 后，两种处理体系的温度均接近 80℃。水分的蒸发对 COD 有较大影响，因此，鉴于处理效果已达到回用水或接近回用水标准(50mg/g)，故加热时间采用 120s。

3)流量的影响

取 10 份体积均为 100mL 的生化前出水分别置于 300mL 锥形瓶中，其中 5 份各加入 2.5g 椰壳活性炭，另 5 份各加入 2.5g 再生活性炭，用密封薄膜将锥形瓶密封后置于恒温振荡器中进行预吸附，控制温度为 60℃，振荡时间为 30min。待吸附达到平衡后，稍冷取下，取少量水样测定 COD，调节剩余水样 pH 至 7。然后将锥形瓶置于微波炉中，分别通入流量为 0.5L/min、1L/min 和 2L/min 的空气，并在微波功率为 700W 下加热 2min。实验结束后，待溶液稍冷后过滤，取滤液测定 COD，实验结果如图 2-98 所示。

从图 2-98 可以看出，对于两种活性炭，COD 去除率均随流量的增加而几乎呈现线性上升趋势，但是增加幅度不如处理生化前出水明显，可能是生化后出水中 COD 要明显低于生化前出水，因此处理的耗氧量也会降低。综合考虑处理效果和成本，选取最优流量为 1L/min。

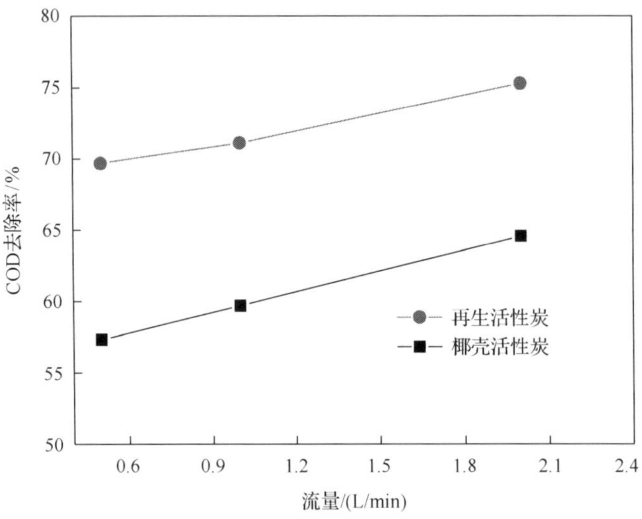

图 2-98　流量对 COD 去除率的影响(处理生化后出水)

4) 初始 pH 的影响

取 10 份体积均为 100mL 的生化前出水分别置于 300mL 锥形瓶中，其中 5 份各加入 2.5g 椰壳活性炭，另 5 份各加入 2.5g 再生活性炭，用密封薄膜将锥形瓶密封后置于恒温振荡器中进行预吸附，控制温度为 60℃，振荡时间为 30min。待吸附达到平衡后，稍冷取下，取少量水样测定 COD，分别调节剩余水样 pH 至 1、3、5、7、9。然后将锥形瓶置于微波炉中，通入流量为 2L/min 的空气，并在微波功率为 700W 下加热 2min。实验结束后，待溶液稍冷后过滤，取滤液测定 COD，实验结果如图 2-99 所示。

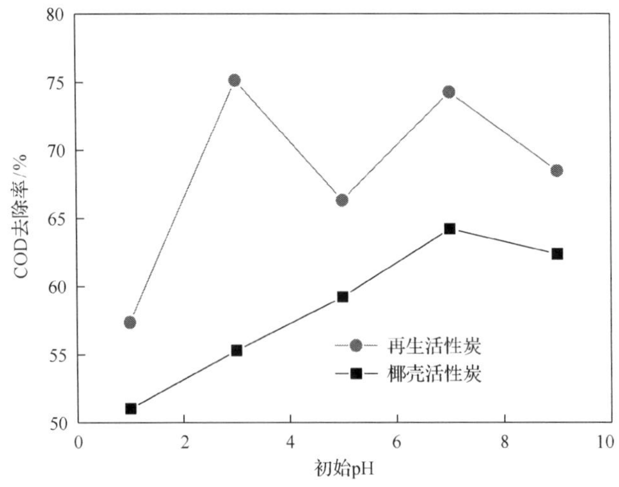

图 2-99　初始 pH 对 COD 去除率的影响(处理生化后出水)

从图 2-99 可以看出，初始 pH 对 COD 去除率的影响与处理生化前废水的结果类似。即再生活性炭在 pH 为 3 和 7 处均存在极值点，pH=3 和 pH=7 时对应 COD 去除率分别为 75.13%、74.27%，椰壳活性炭在 pH 为 7 处的 COD 去除率达最高值 64.23%。在这几个 pH 处，被处理后水样的 COD 均低于或接近回用水标准，因此，对于再生活性炭处理体系，初始 pH 可选择 3 或 7；对于椰壳活性炭处理体系，初始 pH 可选择 7。

5) 活性炭用量的影响

取 22 份体积均为 100mL 的生化前出水分别置于 300mL 锥形瓶中，其中 11 份分别加入 0.5g、1g、1.5g、2g、2.5g、3g、3.5g、4g、5g、6g 和 7g 椰壳活性炭，另 11 份分别加入同样质量的再生活性炭，用密封薄膜将锥形瓶密封后置于恒温振荡器中进行预吸附，控制温度为 60℃，振荡时间为 30min。待吸附达到平衡后，稍冷取下，取少量水样测定 COD，调节剩余水样 pH 至 7.0。然后将锥形瓶置于微波炉中，通入流量为 2L/min 的空气，并在微波功率为 700W 下加热 2min。实验结束后，待溶液稍冷后过滤，取滤液测定 COD，实验结果如图 2-100 所示。

由图 2-100 可知，对于两种活性炭，当活性炭用量小于 3g 时，COD 去除率随用量的增加而快速提高，而当活性炭用量大于 3g 后，COD 去除率随用量的增加只是缓慢提高。这可能是由于当活性炭用量增加后，活性炭上的功率密度会降低，进而导致可能的“热点”温度降低，从而降低去除率。当再生活性炭用量为 2.5g、椰壳活性炭用量为 5g 时，按生化后出水平均 COD 为 180mg/g 计算，处理后废水能达到回用水标准(50mg/g)。

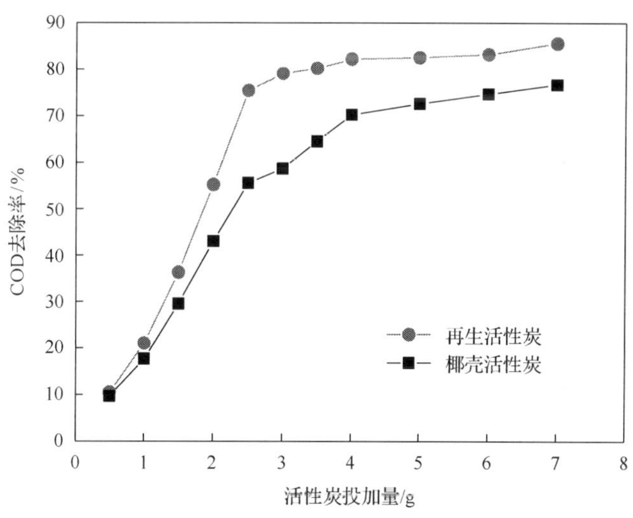

图 2-100　活性炭用量对 COD 去除率的影响(处理生化后出水)

6) 处理体系的温度变化

实验过程测定了废水的温度变化，结果如图 2-101 所示。可以看出两种处理体系下废水的温度变化趋势大致相同，且与处理生化前废水的结果类似。当处理 2min 后，废水温度均可接近 80℃，接近于沸腾状态，根据前面分析可知，当温度为 60℃时，可以达到较好的处理效果，而过高的温度下处理效果并不理想，且会提高处理成本，因此温度控制在 60～80℃较合适。

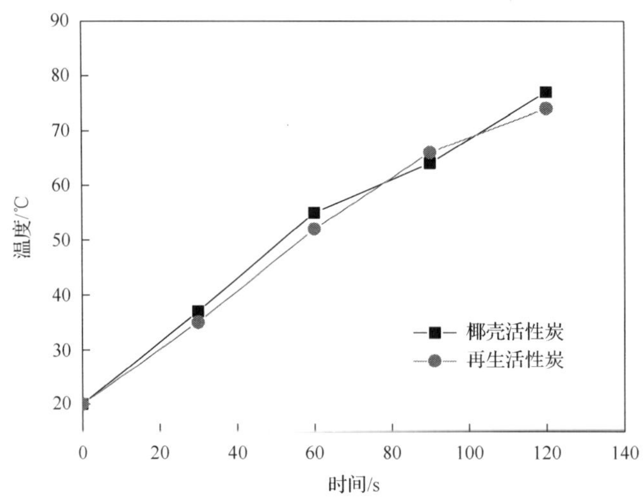

图 2-101　处理体系的温度随时间的变化规律(处理生化后出水)

2.5.3　再生活性炭吸附亚甲基蓝

染料废水主要来源于纺织、印刷、皮革生产等行业，它含有大量的难降解物质和高浓度 COD，具有高的染色性和毒性[62]，严重污染了环境，是工业废水处理领域的重点和难点。目前处理此类废水的方式可归纳为生物降解方法、化学方法和物理方法[63,64]：尽管生物降解具有处理费用低、二次污染物排放少和工艺相对稳定等优势，但菌体不稳定，无法开展大规模的连续化实验；化学方法包括混凝法、化学氧化和电解法等，化学方法对 COD 处理效果好，但对亲水染料的脱色效果差，处理成本高，易产生副反应；物理方法包括膜过滤、离子交换和吸附等，其中吸附是目前应用最为广泛且有效的一种方法。

近年来，许多研究人员在活性炭处理染料废水方面进行了广泛的研究[65]，Juang 等[66]通过研究证实，对染料废水有显著去除效果的活性炭不仅具有发达的孔径，还要有较高的比表面积。Hameed 和 El-Khaiary[67]进一步研究发现，活性炭吸附过程是一种复杂的静电和非静电交互作用，活性炭对废水中染料的去除率并不是单纯的随活性炭比表面积的增加而增加，与活性炭表面化学性质也息息相关。Ahmad 和 Hameed[68]开展了颗粒活性炭处理偶氮类废水的固定床实验，实验在直径1.2cm、长19.5cm玻璃管中进行，考察了染料浓度、流体速度和活性炭用量对去除率的影响，推导了吸附动力学模型，深入揭示了吸附机理。Al-Degs 等[69]采用商业活性炭吸附染料废水中的活性蓝2等污染物，研究了pH、活性炭用量和温度对去除率的影响，结果表明活性炭可有效去除废水中的活性蓝2、活性黄2和活性红4等污染物。

尽管活性炭对染料废水吸附效果显著，但商业活性炭价格昂贵，限制了吸附实验的大规模化，因此寻找出价格低廉且吸附效果好的活性炭具有重要意义，而由废活性炭再生制备活性炭吸附剂便成了人们关注的焦点。张正勇[14]考察了含锌废活性炭经常规加热水蒸气活化后的再生活性炭的吸附性能。实验选取典型的染料废水-亚甲基蓝作为研究对象，研究了再生活性炭对亚甲基蓝的吸附等温线和吸附动力学，实验时物料量为0.1g(粒度为160μm)，染料废水为100mL浓度为100～500mg/L的亚甲基蓝溶液，溶液pH调节为7，在20℃下采用磁力器进行搅拌。

1. 等温吸附线

吸附量 q_t 随初始亚甲基蓝浓度的变化关系如图2-102所示。

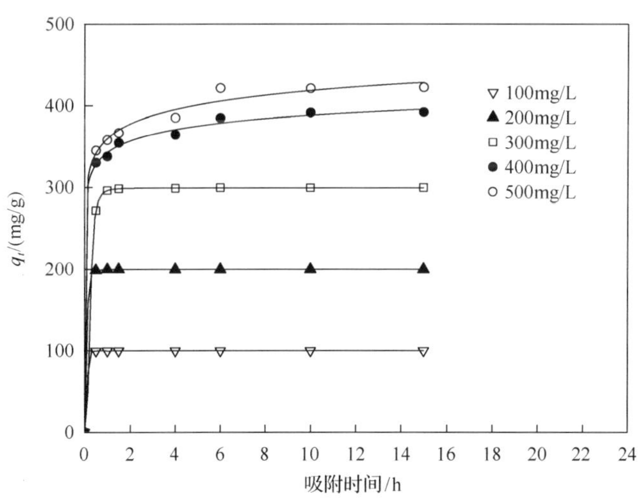

图2-102　吸附量 q_t 与初始亚甲基蓝溶液浓度之间的关系

从图2-102可以看出，吸附量 q_t 随初始浓度的升高而逐渐增大。初始浓度为100～200mg/L时，仅需1.5h就可以达到吸附平衡；初始浓度为300mg/L时，需要 6h 达到吸附平衡；初始浓度为 400～500mg/L 时，需要 15h 后才能达到吸附平衡。随初始浓度的增加，吸附平衡时间延长，当初始浓度从 100mg/L 增加至 500mg/L 时，平衡吸附量从 99.99mg/g 增加至 422.46mg/g，表明初始浓度越高，平衡吸附量越大。

吸附实验数据与 Langmuir 和 Freundlich 等温吸附模型的拟合曲线如图 2-103 所示，相关拟合参数如表 2-38 所示。

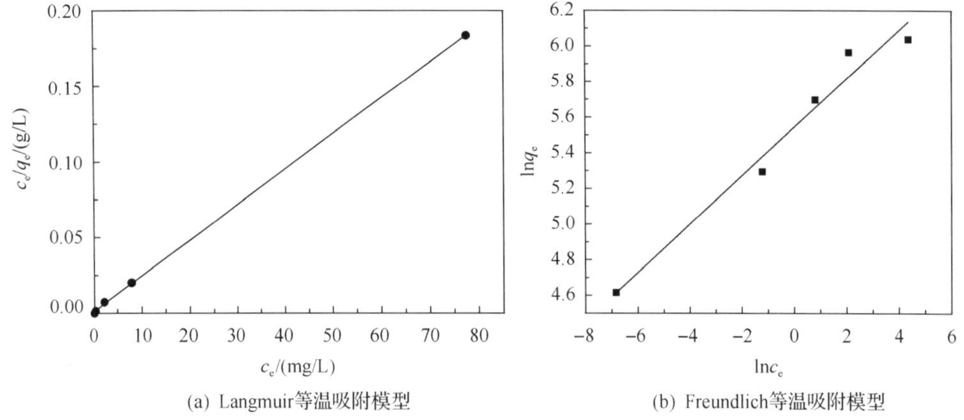

图 2-103　吸附实验数据与 Langmuir 和 Freundlich 等温吸附模型的拟合曲线

表 2-38　吸附实验数据与 Langmuir 和 Freundlich 等温吸附线的拟合参数

Langmuir 等温线		Freundlich 等温线	
参数	参数值	参数	参数值
K_L/(L/mg)	2.12	$1/n$	0.14
R^2	0.99	K_F	257.03
R_L	2.0×10^{-6}	R^2	0.97

从表 2-38 可以看出，实验数据与 Langmuir 等温线的拟合系数为 0.99，而与 Freundlich 等温线的拟合系数为 0.97，表明吸附过程更符合 Langmuir 等温线。R_L 为 0～1，表明吸附过程为有利吸附。

采用不同初始浓度下的 q_e 对 c_e 作图得到等温吸附线的拟合曲线如图 2-104 所示，可以看出再生活性炭吸附亚甲基蓝更好地符合 Langmuir 吸附，表明吸附过程属于单分子层吸附，Hameed 等[70]在实验中也得到了相同的结论。

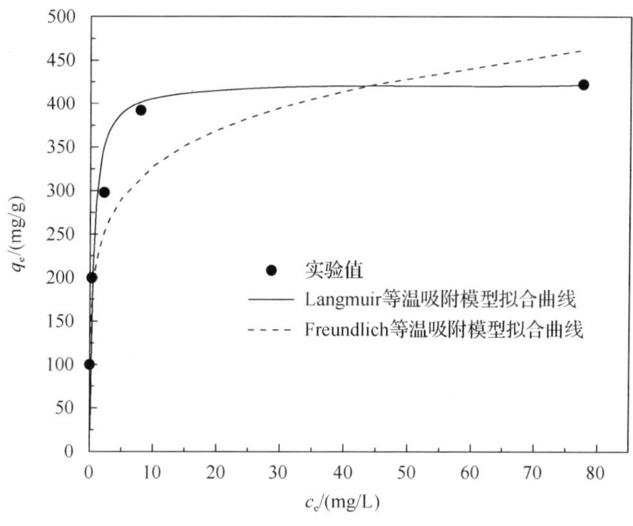

图 2-104 等温吸附线拟合曲线

文献中报道的不同类型的活性炭对亚甲基蓝的饱和吸附量如表 2-39 所示。

从表 2-39 可以看出，该再生活性炭对亚甲基蓝的饱和吸附量要高于大部分文献报道的活性炭的饱和吸附量，这主要是再生活性炭具有发达的孔结构，其比表面积高达 1560m^2/g，平均孔径为 2.66nm，大于亚甲基蓝分子尺寸(分子尺寸为 1.41nm×0.55nm×0.16nm)，因此再生活性炭对亚甲基蓝的吸附能力非常强。此外，再生活性炭较高的中孔孔体积为 0.43cm^3/g，有利于有机物大分子的扩散和吸附，因而表现出优异的亚甲基蓝吸附能力。

表 2-39 再生活性炭和其他吸附剂对亚甲基蓝饱和吸附量的对比

活性炭类型	饱和吸附量/(mg/g)	文献
再生活性炭	425.53	本书
蚕豆壳基活性炭	192.70	文献[71]
废茶叶基活性炭	300.05	文献[72]
竹基活性炭	454.20	文献[73]
黄麻杆基活性炭	225.64	文献[74]
油棕基活性炭	277.78	文献[75]
藤木屑基活性炭	294.14	文献[76]
煤基活性炭	345.00	文献[65]
椰子壳基活性炭	277.90	文献[77]
花生壳基活性炭	164.90	文献[77]
稻米壳基活性炭	343.50	文献[77]
稻秆基活性炭	472.10	文献[77]

2. 吸附动力学

采用准一级动力学模型和准二级动力学模型对实验数据进行拟合，拟合结果如图 2-105 所示，相关拟合动力学参数如表 2-40 所示。

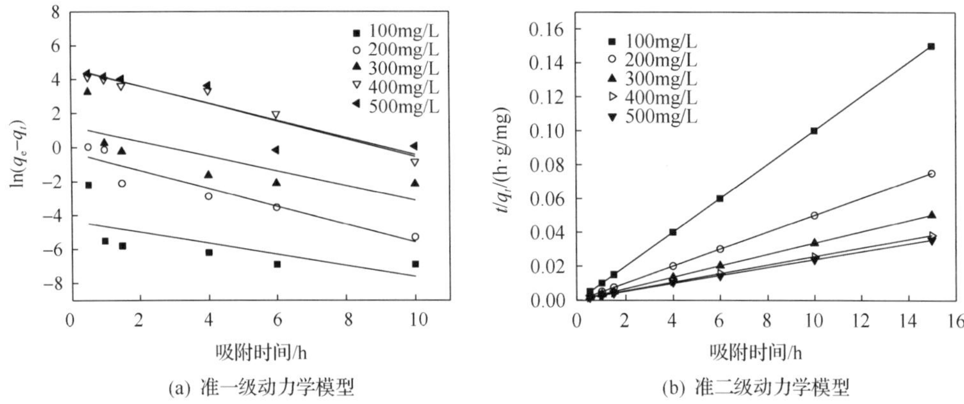

图 2-105　再生活性炭吸附亚甲基蓝的实验数据与准一级和准二级动力学模型的拟合关系

表 2-40　不同初始浓度下的吸附数据与准一级和准二级动力学模型的拟合参数

c_0/(mg/L)	$q_{e,exp}$/(mg/g)	准一级动力学			准二级动力学		
		k_1/h^{-1}	$q_{e,cal}$/(mg/g)	R^2	k_2/[g/(mg·h)]	$q_{e,cal}$/(mg/g)	R^2
100	99.99	0.33	0.01	0.34	47.19	100.00	1.00
200	199.71	0.53	0.75	0.87	1.94	199.60	1.00
300	297.80	0.43	3.42	0.49	0.19	298.51	0.99
400	392.09	0.52	106.24	0.76	0.01	396.83	0.99
500	422.46	0.50	102.39	0.93	0.01	429.18	0.99

注：c_0 为初始浓度；$q_{e,exp}$ 为平衡吸附量；$q_{e,cal}$ 为计算的平衡吸附值；k_1，k_2 分别为准一级动力学模型和准二级动力学模型的吸附常数，下同。

由图 2-105 和表 2-40 可以看出，在不同初始亚甲基蓝浓度下，准二级动力学模型与实验数据的拟合相关系数要高于准一级动力学模型，且由准二级动力学模型所计算出的平衡吸附量与由准一级动力学模型所计算出的平衡吸附量要更接近实验的平衡吸附量，表明吸附过程更符合准二级动力学模型。

2.5.4　复合材料吸附甲基橙

解瑞[36]采用含锌废活性炭制备的锌炭复合材料用于吸附印染废水有机物甲基橙。每次实验量取 300mL 甲基橙溶液放入 1000mL 锥形瓶中，然后将其置于气浴恒温振荡器，在设定温度下以固定频率进行振荡，在避光条件下进行吸附，吸附一定时间后取出锥形瓶，将溶液过滤并分析滤液中甲基橙的浓度。

1. 吸附时间的影响

在吸附温度为 303K，锌炭复合材料用量为 0.5g，甲基橙溶液初始浓度分别为 10mg/L、30mg/L 和 50mg/L 下，考察了吸附时间对甲基橙去除率的影响，结果如图 2-106 所示。

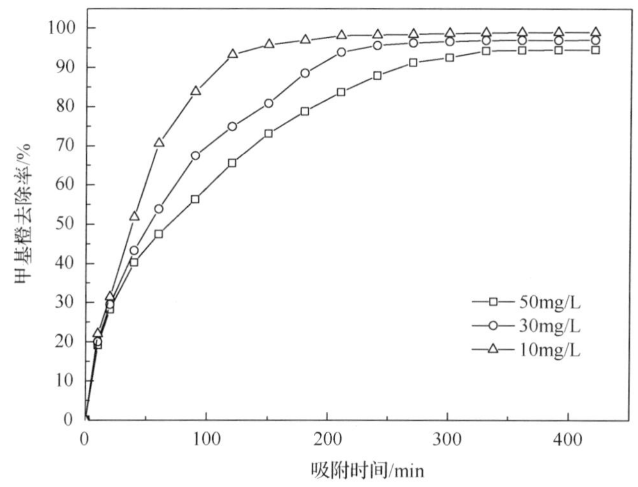

图 2-106　吸附时间对甲基橙去除率的影响(复合材料)

从图 2-106 可以看出，初始阶段吸附速率很快，随后逐渐变慢，最终趋向于吸附平衡。这是由于在吸附的初始阶段，锌炭复合材料上拥有大量的有效吸附位，溶液与锌炭复合材料之间存在着较大的甲基橙浓度梯度，吸附速率较快；随着吸附的进行，锌炭复合材料上有效吸附位逐渐减少，甲基橙浓度梯度逐渐变小，因此吸附速率逐渐降低并最终达到吸附平衡。

吸附平衡时间与初始甲基橙浓度有关，初始甲基橙浓度分别为 10mg/L、30mg/L 和 50mg/L 时，对应吸附平衡时间分别为 210min、270min 和 330min，此时甲基橙去除率分别为 98.0%、96.2%和 94.2%。在后续实验中，为了确保达到吸附平衡，控制吸附时间为 420min。

2. 复合材料用量的影响

在吸附温度为 303K，吸附时间为 420min，甲基橙溶液初始浓度分别为 10mg/L、30mg/L 和 50mg/L 下，考察了复合材料用量对甲基橙去除率的影响，结果如图 2-107 所示。

由图 2-107 可以看出，在不同的甲基橙初始浓度下，甲基橙去除率均随锌炭复合材料用量的增加而提高，这是由于锌炭复合材料用量的增加可以增大总比表面积和有效吸附位点。在不同的甲基橙初始浓度下，当用量为 0.5g 时，甲基橙的去除率均大于 94.7%；而继续增加用量，甲基橙去除率没有明显增加，兼顾考虑吸附效果和成本，将锌炭复合材料的用量固定在 0.5g。

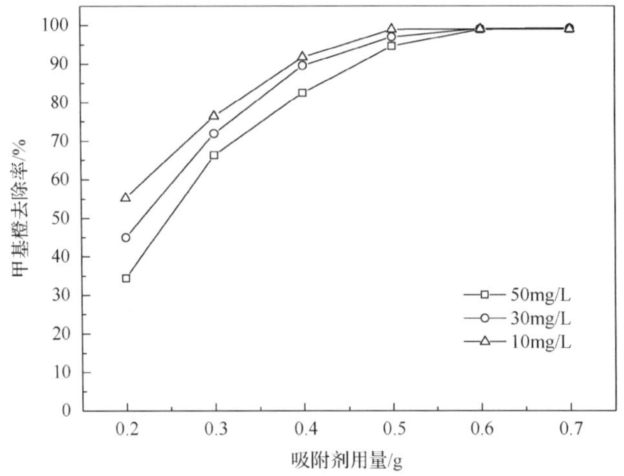

图 2-107　复合材料用量对甲基橙去除率的影响

3. 吸附温度的影响

在甲基橙溶液初始浓度为 50mg/L、锌炭复合材料用量为 0.5g、吸附时间为 420min 的条件下，考察了吸附温度对甲基橙去除率的影响，结果如图 2-108 所示，可以看出尽管甲基橙的去除率随吸附温度的升高而有所提高，但是总体变化幅度不大，因此吸附温度对甲基橙去除率的影响可以忽略。

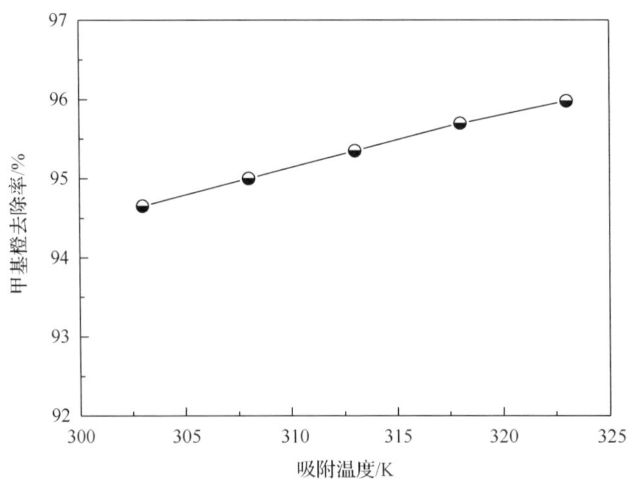

图 2-108　吸附温度对甲基橙去除率的影响(复合材料)

4. 吸附等温线

在锌炭复合材料用量为 0.5g、甲基橙初始溶液浓度为 50mg/L、吸附时间为 420min 的条件下，在不同温度下进行吸附。将吸附实验数据与 Langmuir 和 Freundlich 等温吸附模型进行拟合，结果如图 2-109 所示，拟合相关参数见表 2-41。

从表 2-41 明显看出，在不同温度下，吸附实验数据与 Freundlich 等温吸附模型的拟合相关系数更高，表明吸附过程更符合 Freundlich 等温吸附模型，吸附过程为多层吸附。由 Langmuir 等温吸附模型可知，理论上的单分子层极限吸附量随温度的升高而增加，表明锌炭复合材料吸附溶液中甲基橙为吸热过程。由 Freundlich 等温吸附模型可知，$1/n$ 较小，说明吸附过程容易进行。

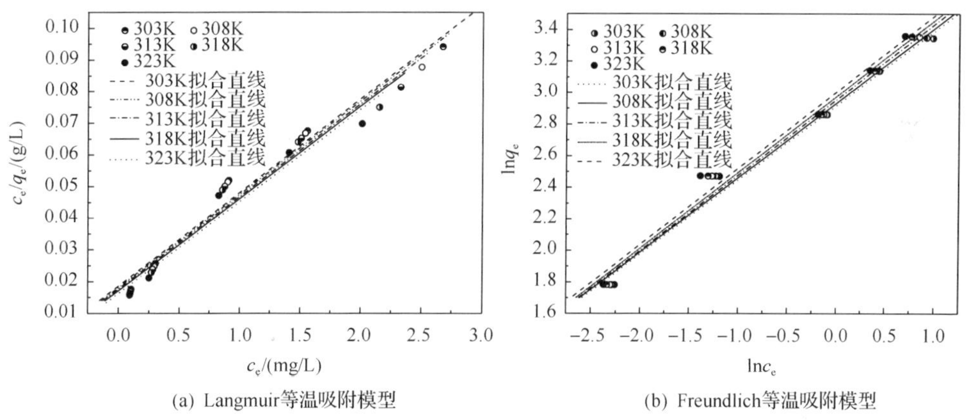

(a) Langmuir等温吸附模型　(b) Freundlich等温吸附模型

图 2-109　锌炭复合材料吸附甲基橙的实验数据与 Langmuir 和 Freundlich 等温吸附模型的拟合关系

表 2-41　锌炭复合材料吸附溶液中甲基橙的 Langmuir 和 Freundlich 等温吸附模型参数

T/K	Langmuir 等温吸附模型			Freundlich 等温吸附模型		
	q_{max}/(mg/g)	K_L/(L/mg)	R^2	K_F	$1/n$	R^2
303	33.78374	1.5914	0.9892	18.52276	0.4715	0.9936
308	33.89839	1.62983	0.9961	18.83468	0.4736	0.9937
313	34.12964	1.65537	0.9936	19.22670	0.4791	0.9932
318	34.24662	1.7076	0.9798	19.63669	0.4823	0.9927
323	34.36419	1.7963	0.9774	20.19833	0.4840	0.9908

注：q_{max} 为最大吸附量。

5. 吸附热力学

根据不同温度下的吸附实验数据，以 $\ln K_C$ 对 $1/T$ 作图，如图 2-110 所示。根据图 2-110 中直线的斜率和截距，可计算得到$\Delta G^{\ominus}$、$\Delta H^{\ominus}$和$\Delta S^{\ominus}$，结果见表 2-42。

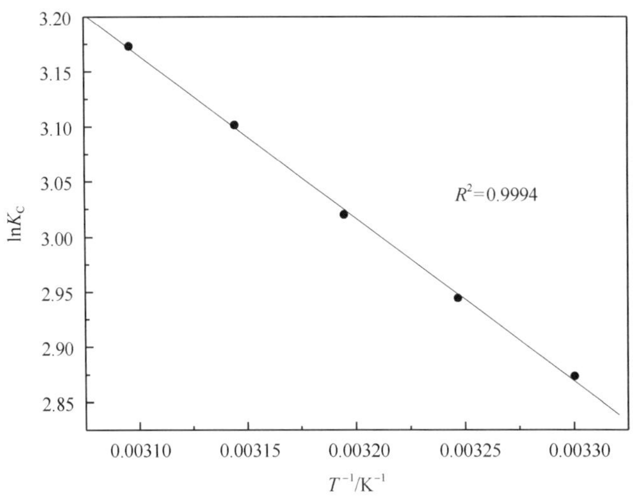

图 2-110　锌炭复合材料吸附溶液中甲基橙的范德霍夫图

表 2-42　锌炭复合材料吸附溶液中甲基橙的热力学参数

T/K	$\Delta G^{\ominus}$ /(kJ/mol)	$\Delta H^{\ominus}$ /(kJ/mol)	$\Delta S^{\ominus}$ /[J/(mol·K)]
303	−7.2395354		
308	−7.5407671		
313	−7.8605108	12.3086945	64.499499
318	−8.2013715		
323	−8.5221923		

从表 2-42 中可以看出，不同吸附温度下的$\Delta G^{\ominus}$均为负值，温度越高其值越小，说明锌炭复合材料对溶液中甲基橙的吸附过程是自发进行的，温度越高自发进行的程度越大。依据溶剂置换作用，每吸附一个甲基橙分子就会导致多个水分子脱附，因此甲基橙在水中的吸附过程吸热多、放热少，故$\Delta H^{\ominus}$大于零，温度升高有利于吸附进行。吸附过程中的熵变$\Delta S^{\ominus}$为 64.5J/(mol·K)，甲基橙分子在锌炭复合材料上的吸附是一个自由度和熵减少的过程，而水分子的脱附是一个熵增加的过程，在整个吸附过程中，由水分子脱附引起的熵增值大于由甲基橙吸附引起的熵减值，从而使吸附过程中的总熵变$\Delta S^{\ominus}$大于零。

一般认为，$\Delta G^{\ominus}$在−20～0kJ/mol 范围内为物理吸附，在−400～−80kJ/mol 范围内为化学吸附[78]；而$\Delta H^{\ominus}$<84kJ/mol 为物理吸附，在 84～420kJ/mol 范围内为化学吸附[79]。由此可见，锌炭复合材料吸附甲基橙为物理吸附。

6. 吸附动力学

在不同初始溶液浓度下，锌炭复合材料吸附溶液中甲基橙的实验数据与准二级动力学模型的拟合关系如图 2-111 所示，相关动力学参数见表 2-43。

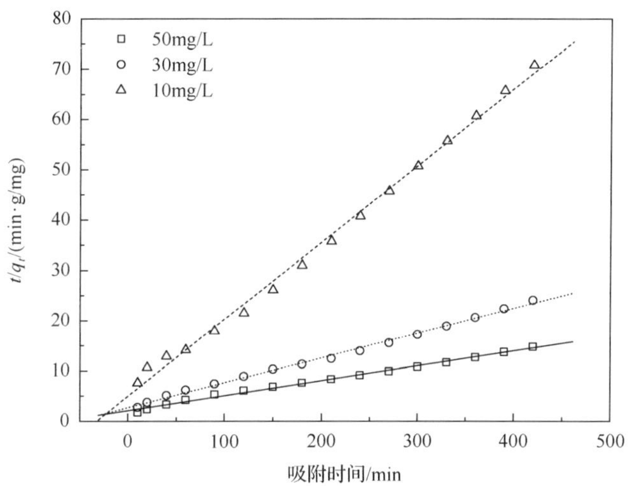

图 2-111　复合材料吸附甲基橙的实验数据与准二级动力学模型的拟合关系

表 2-43　不同初始浓度下的准二级动力学模型相关参数

c_0/(mg/L)	q_e/(mg/g)	k_2/[g/(mg · min)]	h/[mg/(g · min)]	$q_{e,cal}$/(mg/g)	R^2
10	5.93734	0.004689011	0.20057	6.54022	0.9993
30	17.45601	0.000898346	0.36812	20.24291	0.9998
50	28.29557	0.000417008	0.47275	33.67003	0.9999

由表 2-43 可以看出，在不同初始甲基橙浓度下，吸附实验数据与准二级动力学模型的相关系数均大于 0.9993，且平衡吸附量的计算值接近于实验值，表明锌炭复合材料吸附溶液中甲基橙符合二级动力学模型。吸附速率常数随初始甲基橙浓度的增加而降低，表明初始浓度越高时，吸附越慢，这与吸附平衡时间随初始浓度的增加而延长的结果一致[80]。

7. 吸附机理

按照 Weber 和 Morris 理论，分析锌炭复合材料吸附甲基橙的吸附机理，将实验数据以 q_t 对 $t^{0.5}$ 作图，如图 2-112 所示。从图 2-112 中可以得到内扩散速率常数 K_{id}，结果见表 2-44。

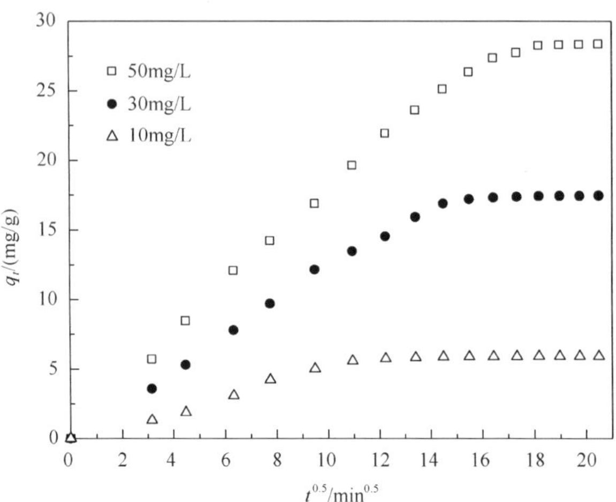

图 2-112　锌炭复合材料吸附甲基橙的内扩散图

表 2-44　不同初始浓度下的内扩散速率常数和有效扩散系数

c_0/(mg/L)	K_{id}/[10^{-3}mg/(g · min$^{0.5}$)]	D_{eff}/(10^{-9}cm^2/s)
10	9.64079	0.58646
30	31.78857	0.64542
50	40.51126	0.53371

从图 2-113 中可以看出，整个吸附过程可以分为初始部分的膜扩散和后续部分的内扩散阶段，通过对比不同初始浓度发现，溶液的初始浓度与吸附过程的控制步骤有较大关系，溶液初始浓度越大，截距越大，吸附剂表面吸附作用在速率控制步骤中的影响越大，内扩散速率常数 K_{id} 也越大。

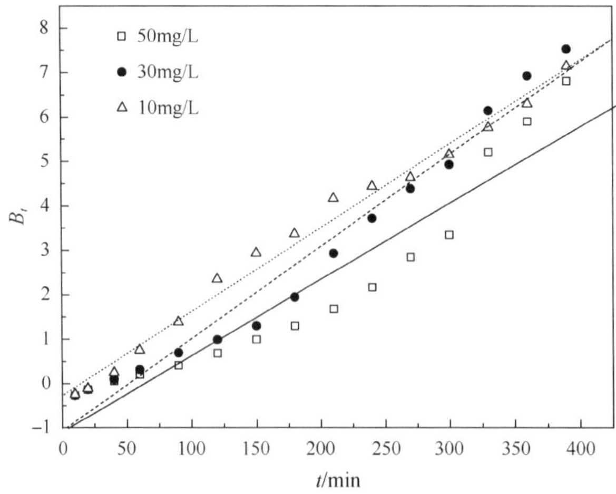

图 2-113　锌炭复合材料吸附甲基橙的 B_t 与 t 之间的关系

用 Boyd 动力学方程进一步分析其动力学数据，以 B_t 对 t 作图（B_t 为关于 $F(t)$ 的函数，$F(t)=q/q_e$），如图 2-113 所示。由图 2-113 可以看出，对于锌炭复合材料吸附溶液中的甲基橙，不同浓度下所对应的直线均不通过原点，说明速率控制步骤为膜扩散控制。

2.5.5　再生活性炭吸附甲基橙

解瑞[36]采用含锌废活性炭制备的再生活性炭用于吸附甲基橙。每次实验取 300mL 甲基橙溶液放入 1000mL 锥形瓶中，然后将其置于气浴恒温振荡器，在设定温度下以固定频率进行振荡，并在避光条件下进行吸附，吸附一定时间后取出锥形瓶，将溶液过滤并分析滤液中甲基橙的浓度。

1. 吸附时间的影响

控制吸附温度为 303K，活性炭用量为 0.5g，考察了甲基橙溶液初始浓度分别为 10mg/L、30mg/L 和 50mg/L 下，吸附时间对甲基橙去除率的影响，结果如图 2-114 所示。

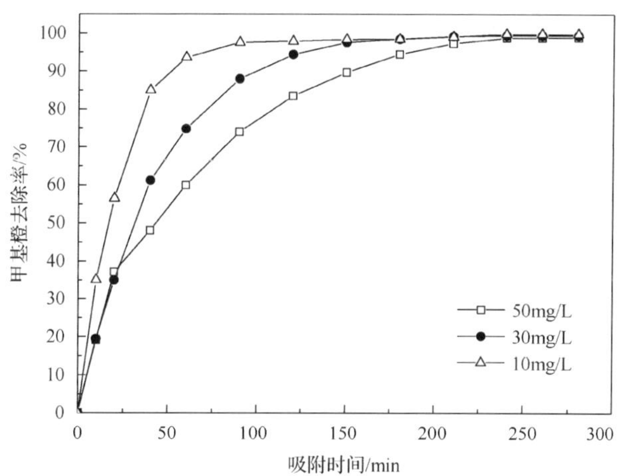

图 2-114　吸附时间对甲基橙去除率的影响（再生活性炭）

从图 2-114 可以看出，实验的初始阶段吸附速率很快，随后逐渐变慢，最终趋向于吸附平衡。这是由于在吸附的初始阶段，再生活性炭上拥有大量的有效吸附位，溶液与再生活性炭之间存在着较大的甲基橙浓度梯度，因此吸附速率较快；随着吸附的进行，再生活性炭上有效吸附位逐渐减少，甲基橙浓度梯度逐渐变小，因此吸附速率逐渐降低并最终达到吸附平衡。

达到吸附平衡的时间与初始甲基橙浓度有关，初始甲基橙浓度分别为 10mg/L、30mg/L 和 50mg/L 时，吸附平衡时间分别为 90min、150min 和 240min，此时，甲基橙去除率分别为 97.6%、97.6%和 98.3%。为了确保吸附达到平衡，吸附时间均控制为 240min。

2. 再生活性炭用量的影响

控制吸附温度 303K、吸附时间为 240min、在甲基橙溶液初始浓度分别为 10mg/L、30mg/L 和 50mg/L 下，考察了活性炭用量对甲基橙去除率的影响，结果如图 2-115 所示。

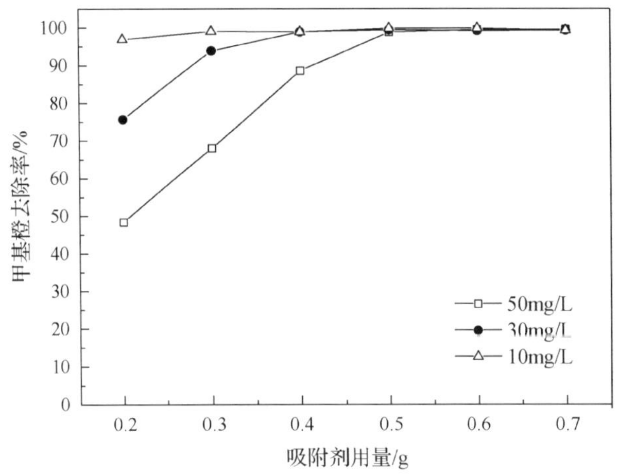

图 2-115　活性炭用量对甲基橙去除率的影响

由图 2-115 可以看出，在不同的甲基橙初始浓度下，甲基橙去除率均随活性炭用量的增加而提高，这是由于活性炭用量的增加可以增大总比表面积和有效吸附位点。在不同的甲基橙初始浓度下，当用量为 0.5g 时，甲基橙的去除率均大于 98%，而继续增加用量，甲基橙去除率没有明显增加，兼顾考虑吸附效果和成本，将再生活性炭的用量固定在 0.5g。

3. 吸附温度的影响

控制甲基橙溶液初始浓度为 50mg/L、活性炭用量为 0.5g、吸附时间为 240min，考察吸附温度对甲基橙去除率的影响，结果如图 2-116 所示。

从图 2-116 可以看出，甲基橙的去除率随吸附温度的升高有所提高，但是总体变化幅度不大，因此吸附温度对甲基橙去除率的影响可以忽略。

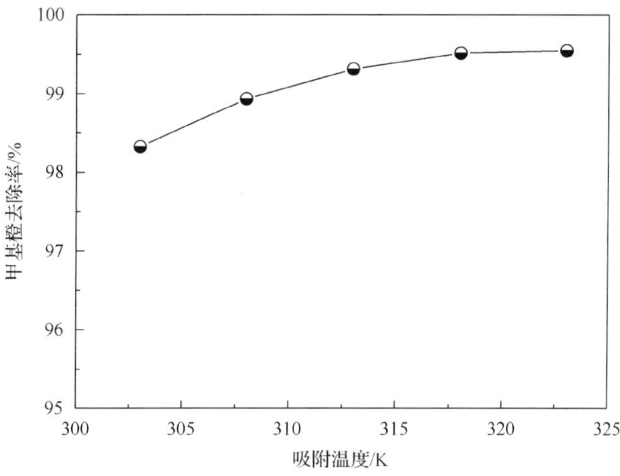

图 2-116　吸附温度对甲基橙去除率的影响(再生活性炭)

4. 吸附等温线

在再生活性炭用量为 0.5g、甲基橙初始溶液浓度为 50mg/L、吸附时间为 420min 的条件下，在不同温度下进行吸附。将吸附实验数据与 Langmuir 和 Freundlich 等温吸附模型进行拟合，结果如图 2-117 所示，拟合相关参数见表 2-45。

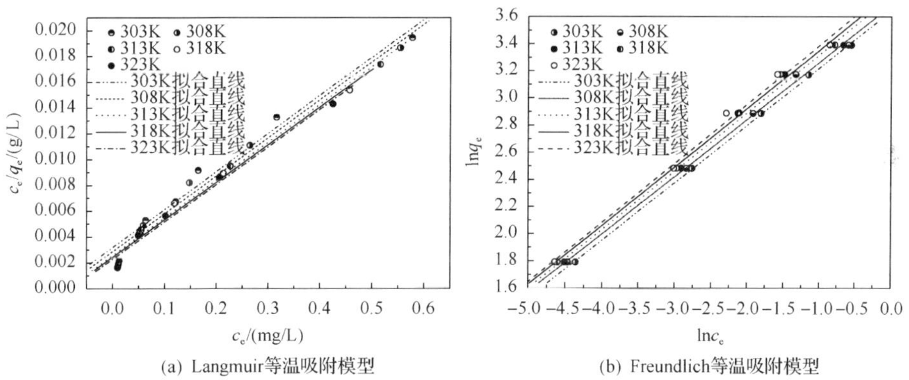

(a) Langmuir等温吸附模型　　(b) Freundlich等温吸附模型

图 2-117　再生活性炭吸附甲基橙的实验数据与 Langmuir 和 Freundlich 等温吸附模型的拟合关系

表 2-45　不同温度下活性炭吸附甲基橙的 Langmuir 和 Freundlich 等温吸附模型参数

T/K	Langmuir 等温吸附模型参数			Freundlich 等温吸附模型参数		
	q_{max}/(mg/g)	K_L/(L/mg)	R^2	K_F	$1/n$	R^2
303	33.89831	9.21875	0.9876	38.1681	0.4227	0.9997
308	34.01361	10.13793	0.9902	39.76154	0.4214	0.9986
313	34.12969	11.26923	0.9935	42.40219	0.4293	0.9962
318	34.36426	12.12500	0.9909	43.86427	0.4305	0.9979
323	34.48275	12.6087	0.9921	45.64071	0.4346	0.9970

从表 2-45 中明显看出，在不同温度下，吸附实验数据与 Freundlich 等温吸附模型的拟合相关系数更高，表明吸附过程更符合 Freundlich 等温吸附模型，吸附过程为多层吸附。由 Langmuir 等温吸附模型可知，理论上的单分子层极限吸附量随温度的升高而增加，表明锌炭复合材料吸附溶液中甲基橙为吸热过程。由 Freundlich 等温吸附模型可知，$1/n$ 较小，说明吸附过程容易进行。

5. 吸附热力学

根据不同温度下的吸附实验数据，以 $\ln K_C$ 对 $1/T$ 作图，如图 2-118 所示。根据图 2-118 中直线的斜率和截距可计算得到 $\Delta G^\ominus$、$\Delta H^\ominus$ 和 $\Delta S^\ominus$，结果如表 2-46 所示。

从表 2-46 中可以看出，不同吸附温度下的 $\Delta G^\ominus$ 均为负值，温度越高其值越小，说明锌炭复合材料对溶液中甲基橙的吸附过程是自发进行的，温度越高自发进行的程度越大。依据溶剂置换作用，每吸附一个甲基橙分子就会导致多个水分子脱附，因此甲基橙在水中的吸附过程吸热多、放热少，故 $\Delta H^\ominus$ 大于零，温度升高有利于吸附进行。

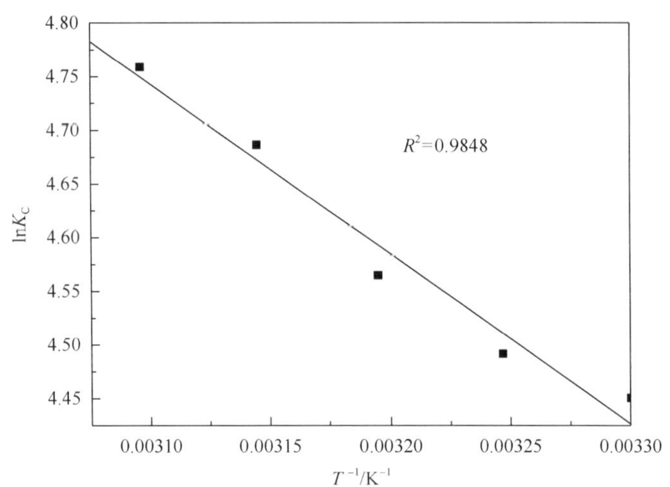

图 2-118 再生活性炭吸附甲基橙的范德霍夫图

表 2-46 再生活性炭吸附甲基橙的热力学参数

T/K	$\Delta G^\ominus$ /(kJ/mol)	$\Delta H^\ominus$ /(kJ/mol)	$\Delta S^\ominus$ /[J/(mol·K)]
303	−11.21320		
308	−11.50298		
313	−11.88061	13.16763	80.25971
318	−12.39146		
323	−12.78085		

吸附过程中的熵变$\Delta S^{\ominus}$为 80.2597J/(mol·K)，甲基橙分子在再生活性炭上的吸附是一个自由度减少、熵减少的过程；而水分子的脱附是一个熵增加的过程。在整个吸附过程中，由水分子脱附所引起的熵增值大于由甲基橙吸附所引起的熵减值，从而使吸附过程中的总熵变$\Delta S^{\ominus}$大于零。

由于在不同温度下，再生活性炭吸附甲基橙的$\Delta G^{\ominus}$为–20～0kJ/mol，$\Delta H^{\ominus}$小于 84kJ/mol，表明再生活性炭吸附甲基橙为物理吸附。

6. 吸附动力学

在不同初始溶液浓度下，再生活性炭吸附甲基橙的实验数据与准二级动力学模型的拟合关系如图 2-119 所示，相关动力学参数如表 2-47 所示。

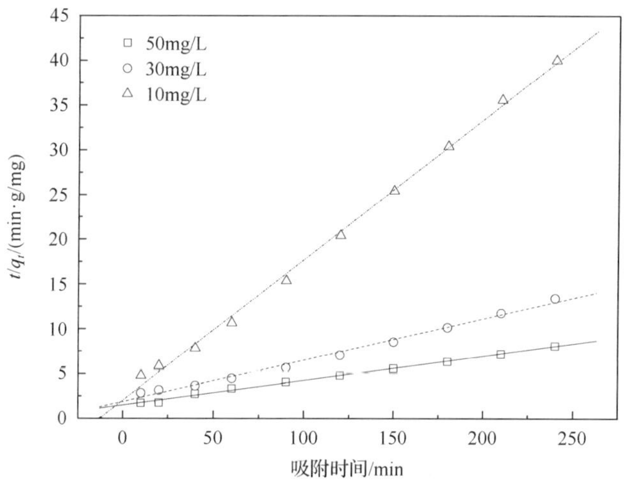

图 2-119　再生活性炭吸附甲基橙的实验数据与准二级动力学模型的拟合关系

表 2-47　不同初始浓度下的准二级动力学模型相关参数

c_0/(mg/L)	q_e/(mg/g)	k_2/[g/(mg·min)]	h_0/[mg/(g·min)]	$q_{e,cal}$/(mg/g)	R^2
10	5.99209	0.01204	0.48842	6.36943	0.999
30	17.90144	0.00112	0.52601	21.64502	0.996
50	29.65391	0.00049	0.66116	36.63004	0.998

注：h_0为初始吸附速率。

由表 2-47 中可以看出，在不同初始甲基橙浓度下，吸附实验数据与准二级动力学模型的相关系数均大于 0.996，且平衡吸附量的计算值接近实验值，表明再生活性炭吸附溶液中甲基橙符合二级动力学模型。吸附速率常数随初始甲基橙浓度的增加而降低，表明初始浓度越高时，吸附越慢，这与吸附平衡时间随初始浓度的增加而延长的结果是一致的。

7. 吸附机理

按照 Weber 和 Morris 理论，分析活性炭吸附甲基橙的吸附机理，将实验数据以 q_t 对 $t^{0.5}$ 作图，如图 2-120 所示，从图中可以得到内扩散速率常数 K_{id}，结果如表 2-48 所示。用 Boyd 动力学方程进一步分析其动力学数据，以时间常数 B_t 对 t 作图，如图 2-121 所示。

由图 2-120 可以看出，整个吸附过程可以分为初始部分的膜扩散和后续部分的内扩散阶段，通过对比不同初始浓度发现，溶液的初始浓度与吸附过程的控制步骤有较大关系，溶液初始浓度越大，截距越大，吸附剂表面吸附作用在速率控制步骤中的影响越大，内扩散速率常数 K_{id} 也越大。

由图 2-121 可以看出，对于再生活性炭吸附溶液中的甲基橙，不同浓度下对应的直线均不通过原点，说明速率控制步骤为膜扩散控制。

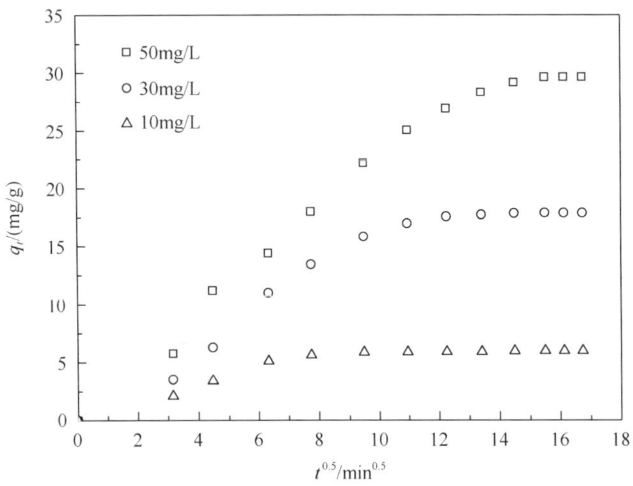

图 2-120　再生活性炭吸附甲基橙的内扩散图

表 2-48　不同初始甲基橙浓度下的内扩散速率常数和有效扩散系数

c_0/(mg/L)	K_{id}/[10^{-3}mg/(g · min$^{0.5}$)]	D_{eff}/(10^{-9}cm^2/s)
10	34.0637	75.4575
30	133.0350	117.0701
50	397.8811	102.6444

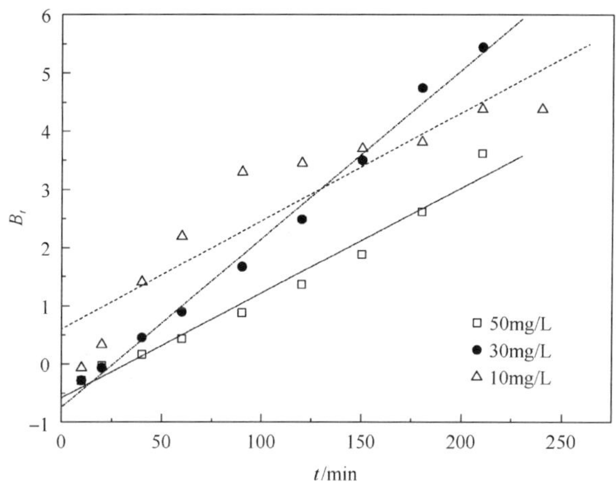

图 2-121　再生活性炭吸附甲基橙的 B_t 与 t 之间的关系

2.5.6　复合材料吸附苯酚

苯酚是一种典型的有机印染废水，含酚废水含有大量原型质毒物的化合物，可以通过皮肤、黏膜的接触吸入或经口服进入人体内部，可与蛋白质反应形成不溶性蛋白质，使细胞失去活力，甚至可引起组织损伤、坏死，直至全身中毒，还会导致各种神经系统疾病。另外还对水源、水生生物产生严重影响，当水中含酚类物质浓度为 0.002mg/L 时，在水体加氯处理过程中会产生酚臭；当浓度大于 0.005mg/L 时，水就不能饮用，并且含酚废水能抑制水中微生物的生长速度，影响水的生态平衡，达到一定浓度可导致农作物或水生植物、鱼类死亡。

解瑞[36]采用含锌废活性炭制备的锌炭复合材料吸附苯酚。每次实验量取 300mL 苯酚放入 1000mL 锥形瓶中，然后将其置于气浴恒温振荡器，在设定温度下以固定频率进行振荡，并在避光条件下进行吸附，吸附一定时间后取出锥形瓶，将溶液过滤并分析滤液中苯酚的浓度。

1. 吸附时间的影响

当吸附温度为 303K，锌炭复合材料用量为 0.5g，苯酚溶液初始浓度分别为 10mg/L、30mg/L 和 50mg/L，溶液 pH 均为 6.0～7.5 时，考察了吸附时间对苯酚去除率的影响，结果如图 2-122 所示。

从图 2-122 可以看出，在实验的初始阶段吸附速率很快，随后逐渐变慢，最终趋向于吸附平衡。这是由于在吸附的初始阶段，锌炭复合材料上拥有大量的有效吸附位，溶液与锌炭复合材料之间存在着较大的苯酚浓度梯度，因此吸附速率较快。随着吸附的进行，锌炭复合材料上有效吸附位逐渐减少，苯酚浓度梯度逐渐变小，因此吸附速率逐渐降低并最终达到吸附平衡。

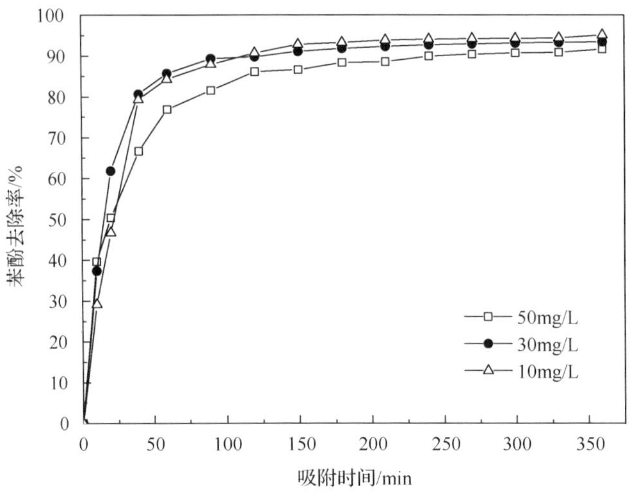

图 2-122　吸附时间对苯酚去除率的影响(锌炭复合材料吸附)

达到吸附平衡的时间与初始苯酚浓度有关，初始苯酚浓度为 10mg/L、30mg/L 和 50mg/L 时，当吸附时间分别达到 240min、300min 和 360min 后，苯酚去除率只是缓慢增加，可以认为达到吸附平衡。在后续实验中，为了确保吸附达到平衡，吸附时间均控制为 360min。

2. 复合材料用量的影响

当吸附温度 303K，吸附时间为 360min，苯酚初始浓度分别为 10mg/L、30mg/L 和 50mg/L，以及溶液 pH 均为 6.0～7.5 时，考察了锌炭复合材料用量对苯酚去除率的影响，结果如图 2-123 所示。

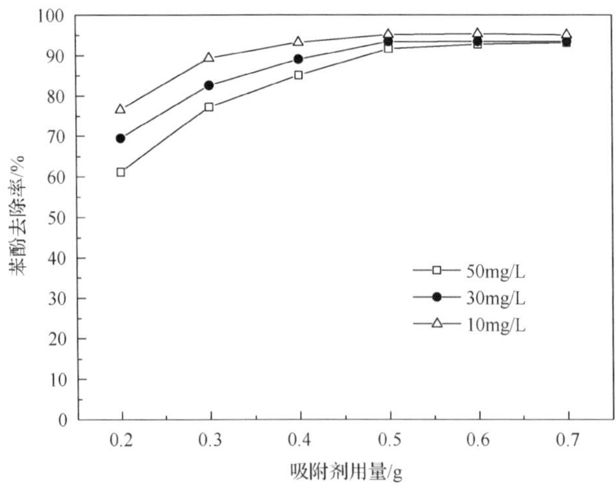

图 2-123　锌炭复合材料用量对苯酚去除率的影响

由图 2-123 可以看出，在不同的苯酚初始浓度下，苯酚去除率均随复合材料用量的增加而提高，这是由于吸附剂用量的增加可以增大总比表面积和有效吸附位点，从而提高吸附量。在不同的苯酚初始浓度下，当用量为 0.5g 时，苯酚去除率均大于 91.7%。若继续增加用量，苯酚去除率没有明显增加，兼顾考虑吸附效果和成本，选取复合材料用量为 0.5g。

3. 吸附温度的影响

当苯酚初始浓度为 50mg/L，复合材料用量为 0.5g，溶液 pH 为 6.8，吸附时间为 360min，考察了吸附温度分别为 303K、308K、313K、318K、323 K 时对苯酚去除率的影响，结果如图 2-124 所示。

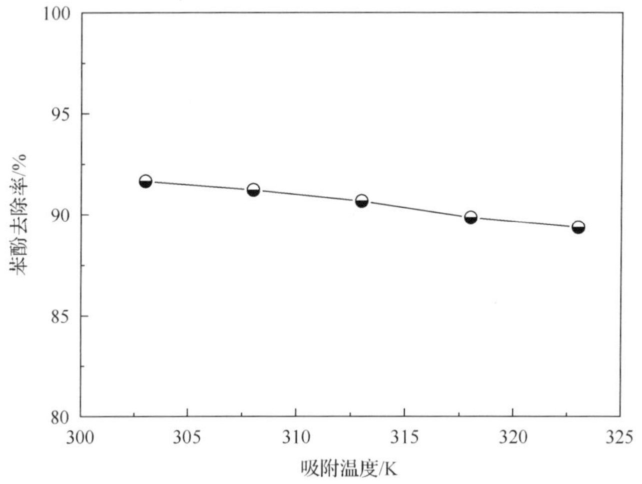

图 2-124　在不同吸附温度下复合材料对苯酚去除率的影响

从图 2-124 可以看出，苯酚去除率随吸附温度的升高呈下降趋势，表明低温有利于吸附，但是总体上来看，下降幅度不大，因此吸附温度对苯酚去除率的影响可以忽略。

4. 吸附等温线

在锌炭复合材料用量为 0.5g，苯酚初始溶液浓度为 50mg/L，pH 为 6.0～7.5，吸附时间为 360min 的条件下，在不同温度 303K、308K、313K、318K 和 323K 下进行吸附实验。将吸附实验数据与 Langmuir 和 Freundlich 等温吸附模型进行拟合，结果如图 2-125 所示，拟合相关参数如表 2-49 所示。

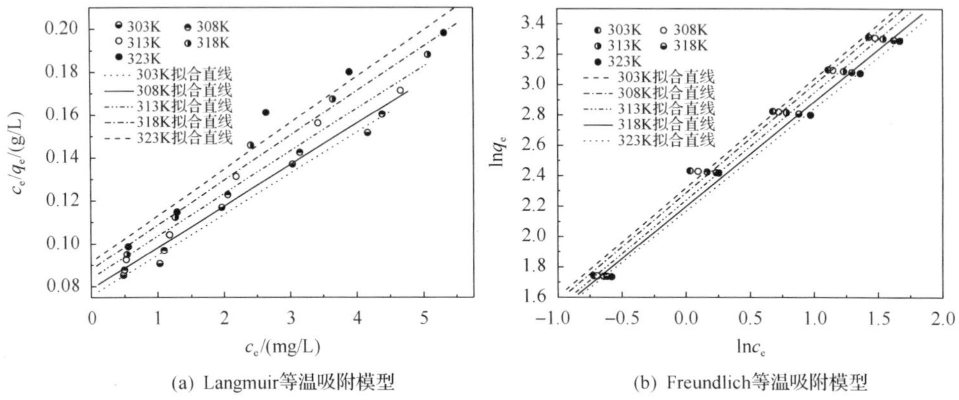

(a) Langmuir等温吸附模型　　(b) Freundlich等温吸附模型

图 2-125　锌炭复合材料吸附苯酚的实验数据与 Langmuir 和 Freundlich 等温吸附模型的拟合关系

表 2-49　锌炭复合材料吸附苯酚的 Langmuir 和 Freundlich 等温吸附模型参数

T/K	Langmuir 等温吸附模型参数			Freundlich 等温吸附模型参数		
	q_{max}/(mg/g)	K_L/(L/mg)	R^2	K_F	$1/n$	R^2
303	52.35508	0.25265	0.9909	10.17059	0.7165	0.9957
308	51.81428	0.24461	0.9936	9.84339	0.7126	0.9968
313	50.50423	0.23640	0.9921	9.38676	0.7057	0.9972
318	48.07742	0.23663	0.9897	9.00878	0.6872	0.9981
323	46.29681	0.23658	0.9801	8.73380	0.6740	0.9971

从表 2-49 中明显看出，在不同温度下，吸附实验数据与 Freundlich 等温吸附模型的拟合相关系数更高，表明吸附过程更符合 Freundlich 等温吸附模型，吸附过程为多层吸附。由 Langmuir 等温吸附模型可知，理论上的单分子层极限吸附量随温度的升高而降低，表明温度越低越有利于吸附。由 Freundlich 等温吸附模型可知，K_F 较小，说明吸附过程容易进行。

5. 吸附热力学

根据不同温度下的吸附实验数据，以 $\ln K_C$ 对 $1/T$ 作图，如图 2-127 所示。根据图 2-126 中直线的斜率和截距，可计算得到 $\Delta G^{\ominus}$、$\Delta H^{\ominus}$ 和 $\Delta S^{\ominus}$，结果如表 2-50 所示。

从表 2-50 中可以看出，不同吸附温度下的 $\Delta G^{\ominus}$ 均为负值，温度越低其值越小，说明锌炭复合材料对溶液中苯酚的吸附过程是自发进行的，温度越低自发进行的程度越大。在不同温度下，再生活性炭吸附苯酚的 $\Delta G^{\ominus}$ 为–20～0kJ/mol，$\Delta H^{\ominus}$ 小于 84kJ/mol，表明锌炭复合材料吸附苯酚为物理吸附。

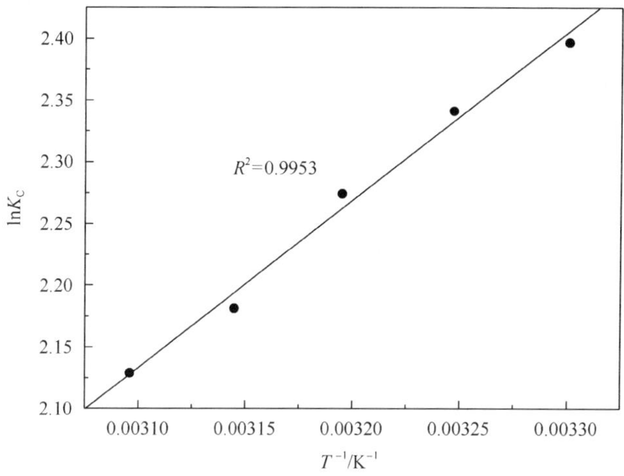

图 2-126　锌炭复合材料吸附苯酚的范德霍夫图

表 2-50　锌炭复合材料吸附苯酚的热力学参数

T/K	$\Delta G^{\ominus}$ / (kJ/mol)	$\Delta H^{\ominus}$ / (kJ/mol)	$\Delta S^{\ominus}$ /[J/(mol·K)]
303	−6.03847		
308	−5.99601		
313	−5.91860	−1.131422	−17.33678
318	−5.76758		
323	−5.71779		

6. 吸附动力学

在不同初始溶液浓度下，锌炭复合材料吸附溶液中苯酚的实验数据与准二级动力学模型的拟合关系如图 2-127 所示，相关动力学参数如表 2-51 所示。

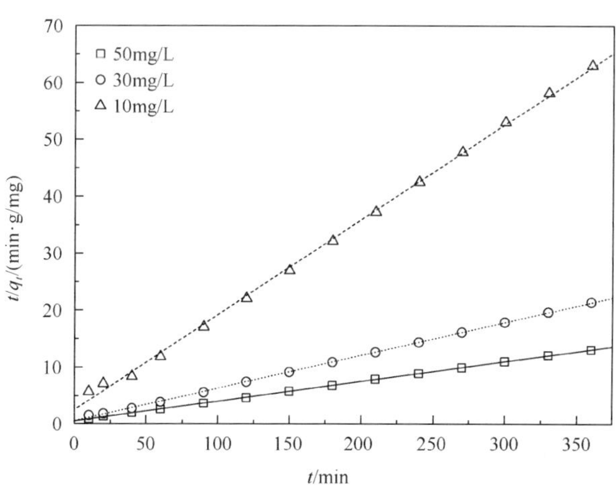

图 2-127　锌炭复合材料吸附苯酚的实验数据与准二级动力学模型的拟合关系

由表 2-51 中可以看出，在不同初始苯酚浓度下，吸附实验数据与准二级动力学模型的相关系数均大于 0.999，且平衡吸附量的计算值接近实验值，表明锌炭复合材料吸附溶液中苯酚符合二级动力学模型。吸附速率常数(k_2)随初始苯酚浓度的增加而降低，表明初始浓度越高吸附越慢，这与吸附平衡时间随初始浓度的增加而延长的结果是一致的。

表 2-51 不同初始苯酚浓度下的准二级动力学模型拟合参数

c_0/(mg/L)	q_e/(mg/g)	k_2/[g/(mg · min)]	h/[mg/(g · min)]	$q_{e,cal}$/(mg/g)	R^2
10	5.70790	0.0111809	0.39947	5.97729	0.9993
30	16.81974	0.0059793	1.79598	17.33102	0.9998
50	27.49737	0.0022593	1.85494	28.65329	0.9999

7. 吸附机理

按照 Weber 和 Morris 理论，分析锌炭复合材料吸附苯酚的吸附机理，将实验数据以 q_t 对 $t^{0.5}$ 作图，如图 2-128 所示。从图 2-128 中可以得到内扩散速率常数 K_{id}，结果如表 2-52 所示。

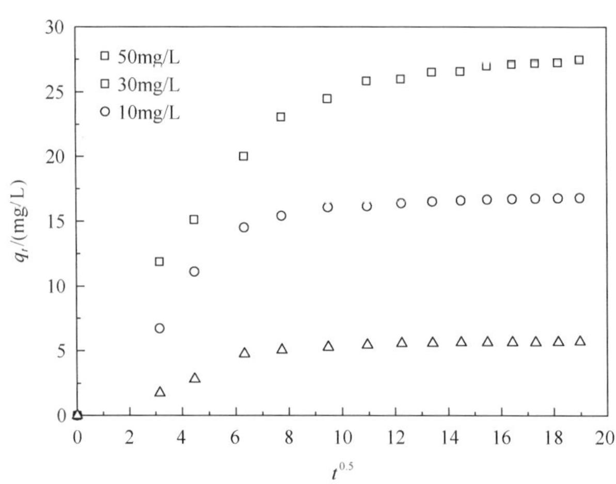

图 2-128 锌炭复合材料吸附苯酚的内扩散图

表 2-52 不同苯酚初始浓度下的内扩散速率常数和有效扩散系数

c_0/(mg/L)	K_{id}/[10^{-3}mg/(g · $min^{0.5}$)]	D_{eff}/($10^{-9}cm^2$/s)
10	25.5198	0.418899
30	80.99346	0.49958
50	209.93729	0.39408

从图 2-128 可以看出，整个吸附过程可以分为初始部分的膜扩散阶段和后续部分的内扩散阶段，通过对比不同初始浓度发现，溶液的初始浓度与吸附过程的控制步骤有较大关系，溶液初始浓度越大，截距越大，吸附剂表面吸附作用在速率控制步骤中的影响越大，内扩散速率常数 K_{id} 也越大。

用 Boyd 动力学方程进一步分析其动力学数据，以 B_t 对 t 作图，如图 2-129 所示。由图 2-129 可以看出，对于锌炭复合材料吸附溶液中的苯酚，不同浓度下对应的直线均不通过原点，说明速率控制步骤为膜扩散控制。

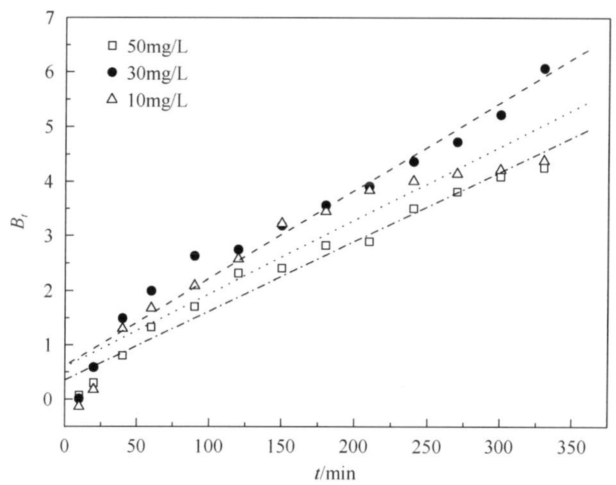

图 2-129　锌炭复合材料吸附苯酚的 B_t 与 t 之间的关系

2.5.7　再生活性炭吸附苯酚

解瑞[36]采用含锌废活性炭制备的再生活性炭用于吸附废水中的苯酚。每次实验量取 300mL 苯酚溶液放入 1000mL 锥形瓶中，然后将其置于气浴恒温振荡器，在设定温度下以固定频率进行振荡，在避光条件下进行吸附，吸附一定时间后取出锥形瓶，将溶液过滤并分析滤液中苯酚的浓度。

1. 吸附时间的影响

当吸附温度为 303K，再生活性炭用量为 0.5g，苯酚溶液初始浓度分别为 10mg/L、30mg/L 和 50mg/L，溶液 pH 均为 6.0～7.5 时，考察了吸附时间对苯酚去除率的影响，结果如图 2-130 所示。

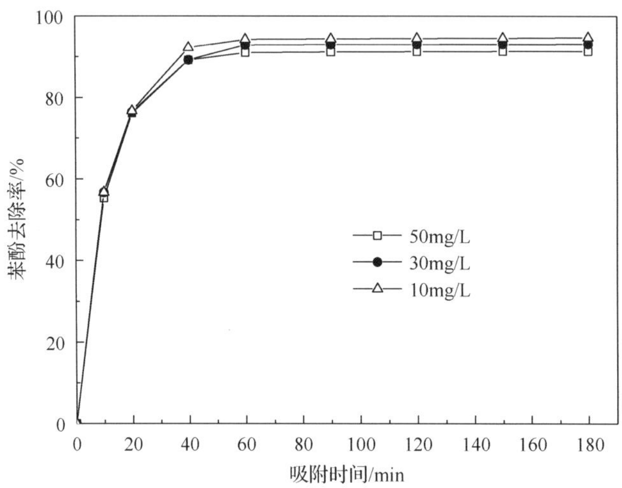

图 2-130 吸附时间对苯酚去除率的影响(再生活性炭吸附)

从图 2-130 可以看出，在实验的初始阶段，吸附速率很快，随后逐渐变慢，最终趋于吸附平衡。这是由于在吸附的初始阶段，再生活性炭上拥有大量的有效吸附位，溶液与再生活性炭之间存在着较大的苯酚浓度梯度，因此吸附速率较快。随着吸附的进行，再生活性炭上有效吸附位逐渐减少，苯酚浓度梯度逐渐变小，因此吸附速率逐渐降低并最终达到吸附平衡。

达到吸附平衡的时间与初始苯酚浓度有关，初始苯酚浓度为 10mg/L、30mg/L 和 50mg/L 时，当吸附时间分别达到 40min、60min 和 60min 后，苯酚去除率只是缓慢增加，当吸附时间达到 180min 时，可以认为达到吸附平衡。在后续实验中，为了确保吸附达到平衡，吸附时间均控制为 180min。

2. 再生活性炭用量的影响

当吸附温度 303K，吸附时间为 180min，苯酚溶液初始浓度分别为 10mg/L、30mg/L 和 50mg/L，以及溶液 pH 均为 6.0～7.5 时，考察了活性炭用量对苯酚去除率的影响，结果如图 2-131 所示。

由图 2-131 可以看出，在不同的苯酚初始浓度下，苯酚去除率均随活性炭用量的增加而提高，这是由于活性炭用量的增加可以增大总比表面积和有效吸附位点。在不同的苯酚初始浓度下，当用量为 0.5g 时，苯酚去除率均大于 91%。若继续增加用量，苯酚去除率没有明显增加，兼顾考虑吸附效果和成本，将再生活性炭的用量固定在 0.5g。

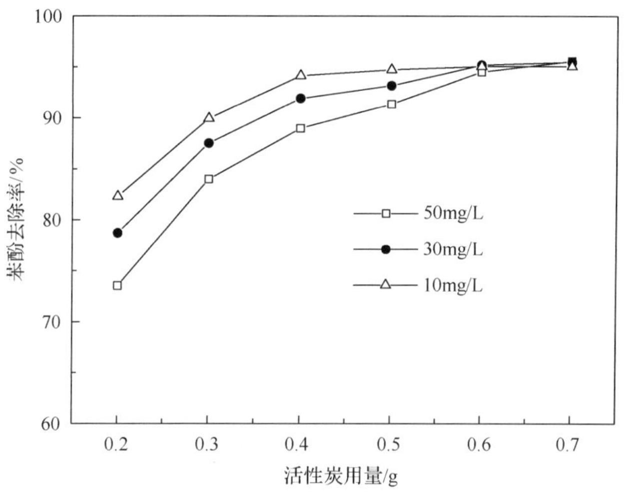

图 2-131　再生出活性炭用量对苯酚去除率的影响

3. 吸附温度的影响

当苯酚溶液初始浓度为 50mg/L、活性炭用量为 0.5g、溶液 pH 为 6.8、吸附时间为 180min 时，考察了吸附温度对苯酚去除率的影响，结果如图 2-132 所示。

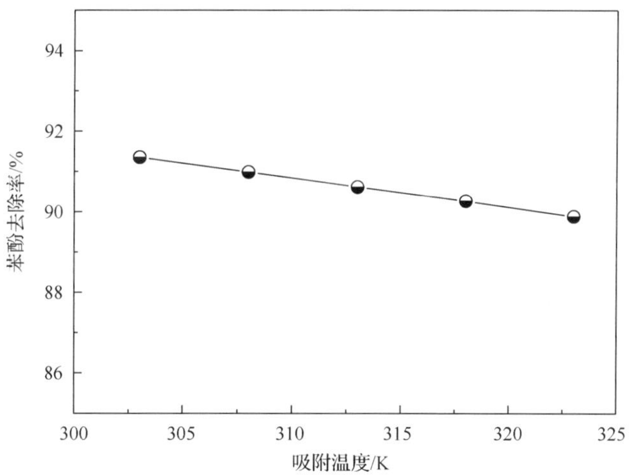

图 2-132　吸附温度对苯酚去除率的影响(再生活性炭吸附)

从图 2-132 可以看出，苯酚去除率随吸附温度的升高呈下降趋势，表明低温有利于吸附，但总体上来看，下降幅度不大，因此吸附温度对苯酚去除率的影响可以忽略。

4. 吸附等温线

在再生活性炭用量为 0.5g，苯酚初始溶液浓度为 50mg/L，pH 为 6.0～7.5，吸附时间为 180min 的条件下，在不同温度下进行吸附实验。将吸附实验数据与 Langmuir 和 Freundlich 等温吸附模型进行拟合，结果如图 2-133 所示，拟合相关参数如表 2-53 所示。

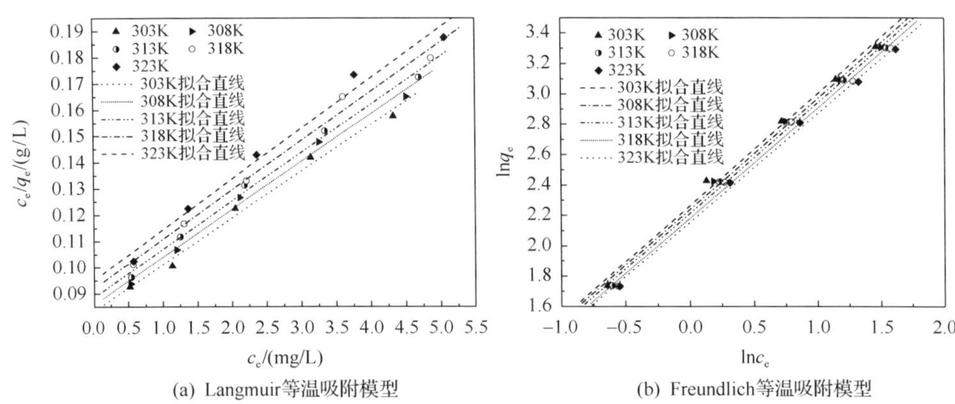

图 2-133　再生活性炭吸附苯酚的实验数据与 Langmuir 和 Freundlich 等温吸附模型的拟合关系

表 2-53　不同温度下活性炭吸附苯酚的 Langmuir 和 Freundlich 等温吸附模型参数

T/K	Langmuir 等温吸附模型参数			Freundlich 等温吸附模型参数		
	q_{max}/(mg/g)	K_L/(L/mg)	R^2	K_F	$1/n$	R^2
303	56.18038	0.21394	0.9951	9.60708	0.7385	0.9970
308	54.94472	0.21237	0.9965	9.37081	0.7314	0.9980
313	54.34775	0.20791	0.9972	9.13762	0.7284	0.9983
318	53.19152	0.20457	0.9947	8.84631	0.7252	0.9973
323	51.81296	0.20316	0.9922	8.62099	0.7147	0.9985

从表 2-53 中明显看出，在不同温度下，吸附实验数据与 Freundlich 等温吸附模型的拟合相关系数更高，表明吸附过程更符合 Freundlich 等温吸附模型，吸附过程为多层吸附。由 Langmuir 等温吸附模型可知，理论上的单分子层极限吸附量随温度的升高而降低，表明温度越低越有利于吸附。由 Freundlich 等温吸附模型可知，b_f较小，说明吸附过程容易进行。

5. 吸附热力学

根据不同温度下的吸附实验数据，以 $\ln K_C$ 对 $1/T$ 作图，如图 2-134 所示。根据图 2-134 中直线的斜率和截距，可计算得到$\Delta G^{\ominus}$、$\Delta H^{\ominus}$和$\Delta S^{\ominus}$，结果见表 2-54。

从表 2-54 可以看出，不同吸附温度下的 $\Delta G^\ominus$ 均为负值，温度越低其值越小，说明再生活性炭对溶液中苯酚的吸附过程是自发进行的，温度越低自发进行的程度越大。在不同温度下，再生活性炭吸附苯酚的 $\Delta G^\ominus$ 为–20～0kJ/mol，$\Delta H^\ominus$ 小于 84kJ/mol，表明再生活性炭吸附苯酚为物理吸附。

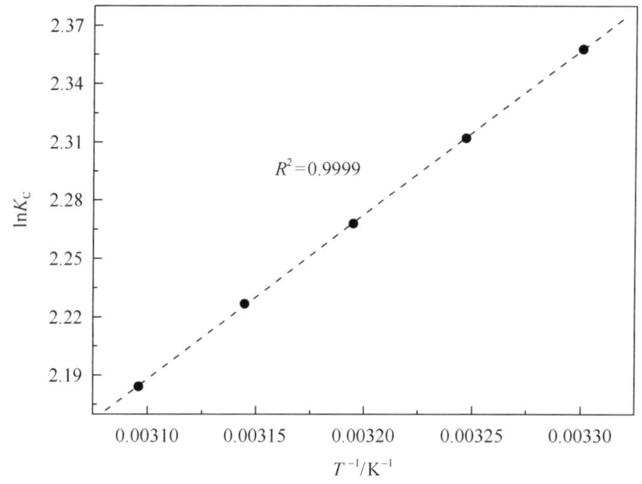

图 2-134　再生活性炭吸附苯酚的范德霍夫图

表 2-54　再生活性炭吸附苯酚的热力学参数

T/K	$\Delta G^\ominus$ / (kJ/mol)	$\Delta H^\ominus$ / (kJ/mol)	$\Delta S^\ominus$ / [J/(mol·K)]
303	–5.9403606		
308	–5.9211535		
313	–5.9024498	–7.04105885	–3.6344865
318	–5.8880709		
323	–5.8660307		

6. 吸附动力学

在不同初始溶液浓度下，再生活性炭吸附溶液中苯酚的实验数据与准二级动力学模型的拟合关系如图 2-135 所示，相关动力学参数见表 2-55。

由表 2-55 可以看出，在不同初始苯酚浓度下，吸附实验数据与准二级动力学模型的相关系数均为 0.9996，且平衡吸附量的计算值接近实验值，表明再生活性炭吸附溶液中苯酚符合二级动力学模型。吸附速率常数随初始苯酚浓度的增加而降低，表明初始浓度越高吸附越慢，这与吸附平衡时间随初始浓度的增加而延长的结果是一致的。

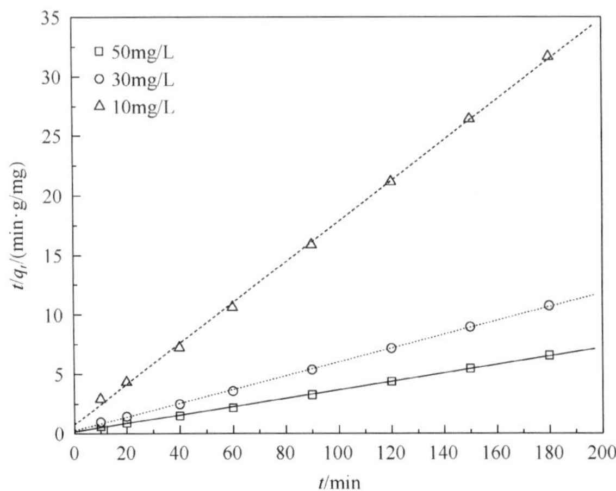

图 2-135　再生活性炭吸附苯酚的实验数据与准二级动力学模型的拟合关系

表 2-55　不同苯酚初始浓度下的准二级动力学模型相关参数

c_0/(mg/L)	q_e/(mg/g)	k_2/[g/(mg · min)]	h/[mg/(g · min)]	$q_{e,cal}$/(mg/g)	R^2
10	5.68421	0.03892016	1.33726	5.86166	0.9996
30	16.76842	0.01334735	3.99521	17.30104	0.9996
50	27.40658	0.00876949	6.9979	28.24859	0.9996

7. 吸附机理

按照 Weber 和 Morris 理论，分析活性炭吸附苯酚的吸附机理，将实验数据以 q_t对 $t^{0.5}$作图，如图 2-136 所示，从图 2-136 中可以得到内扩散速率常数 K_{id}，结果如表 2-56 所示。用 Boyd 动力学方程进一步分析其动力学数据，以 B_t对 t 作图，如图 2-137 所示。

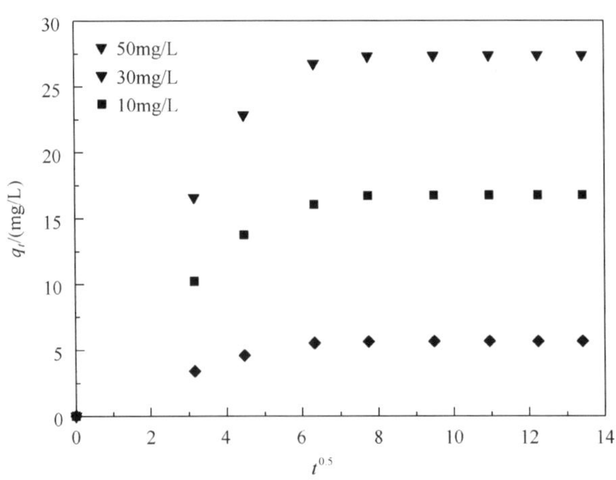

图 2-136　活性炭吸附溶液中苯酚的内扩散图

表 2-56　不同初始浓度下的内扩散速率常数和有效扩散系数

c_0/(mg/L)	K_{id}/[10^{-3}mg/(g·min$^{0.5}$)]	D_{eff}/(10^{-9}cm^2/s)
10	4.75012	1.19774
30	8.20909	1.66939
50	17.8015	1.46149

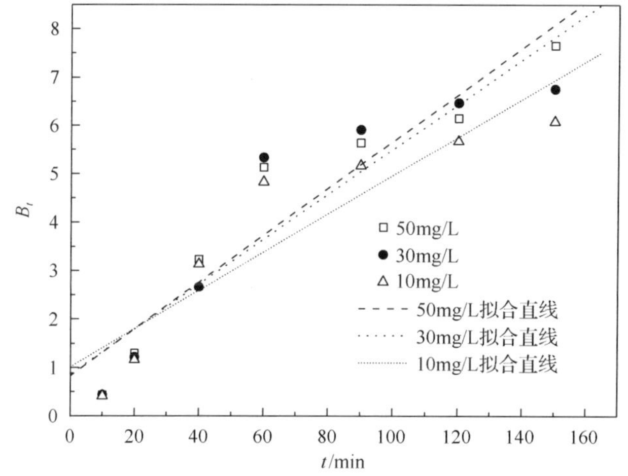

图 2-137　活性炭吸附苯酚的 B_t 对 t 图

由图 2-136 可以看出，整个吸附过程可以分为初始部分的膜扩散阶段和后续部分的内扩散阶段。通过对比不同初始浓度发现，溶液的初始浓度与吸附过程的控制步骤有较大关系，溶液初始浓度越大，截距越大；吸附剂表面吸附作用在速率控制步骤中的影响越大，内扩散速率常数 K_{id} 也越大。

由图 2-137 可以看出，对于再生活性炭吸附溶液中的苯酚，不同浓度下对应的直线均不通过原点，说明速率控制步骤为膜扩散控制。

8. 吸附饱和活性炭的再生

在氮气流量为 60mL/min，微波功率相同的条件下，考察了再生时间对吸附饱和甲基橙和苯酚的废活性炭的再生率和得率的影响，结果如表 2-57 所示。

由表 2-57 可知，对于两种废活性炭，再生率均随再生时间的延长而增加，但增加幅度并不明显，这可能是因为大部分有机物是吸附在活性炭的表层孔隙中，在微波加热时能很快脱附；而吸附在活性炭深层孔隙的有机物受到扩散速率的限制而脱附速率较慢，导致再生率随时间的延长只是缓慢增加。

表 2-57　微波再生时间对废活性炭再生率和得率的影响

再生时间/min	吸附饱和甲基橙活性炭		吸附饱和苯酚活性炭	
	再生率/%	得率/%	再生率/%	得率/%
5	61.64	90.3	42.57	93.6
10	63.79	89.8	44.65	92.8
15	66.38	89.2	51.72	92.1
20	67.67	88.2	53.79	91.4
25	69.83	87.5	56.07	90.6

2.5.8　吸附直接染料

印染废水中的直接染料(阳离子型染料)直接朱红是一种典型的染料。近年来，人们采用吸附法来处理难生化降解的染料和染色废水。其中活性炭的吸附脱色效果不错，但是成本稍高；而利用光催化剂(如氧化锌、二氧化钛等)可以将难降解的有机物分解为无机物、CO_2 和 H_2O，降解过程简单，反应条件温和，无二次污染，能耗也较低，但是因为单一氧化锌材料表面吸附性能较差、材料比表面积小，所以存在着严重的光腐蚀问题，降低了其光催化性能。

金雯[42]将由含锌废活性炭经微波加热活化后制备的锌炭复合材料用于吸附溶液中的直接朱红，通过实验考察了锌炭复合材料的吸附等温线和吸附动力学，实验对比分析了由微波加热水蒸气活化、二氧化碳活化和混合气体活化后制备的三种锌炭复合材料的吸附性能。

1. 吸附等温线

在不同直接朱红初始浓度下，由微波加热水蒸气活化、二氧化碳活化和混合气体活化后制备的三种锌炭复合材料对直接朱红的吸附量随吸附时间的变化规律如图 2-138 所示。

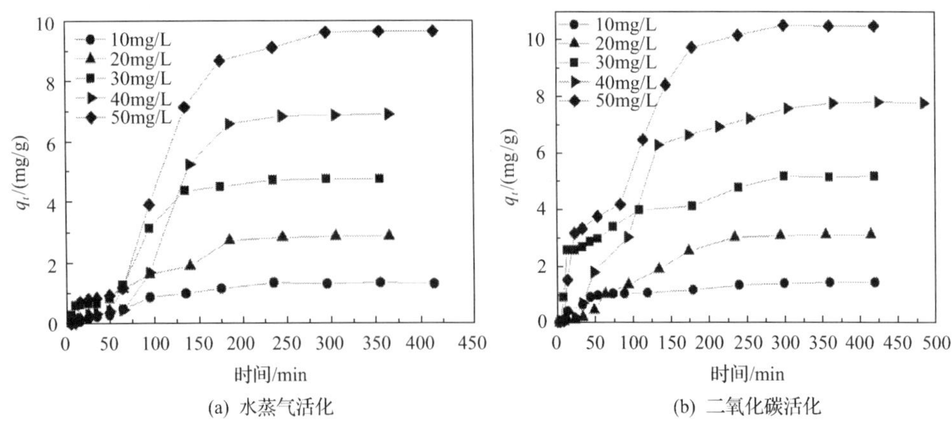

(a) 水蒸气活化　　(b) 二氧化碳活化

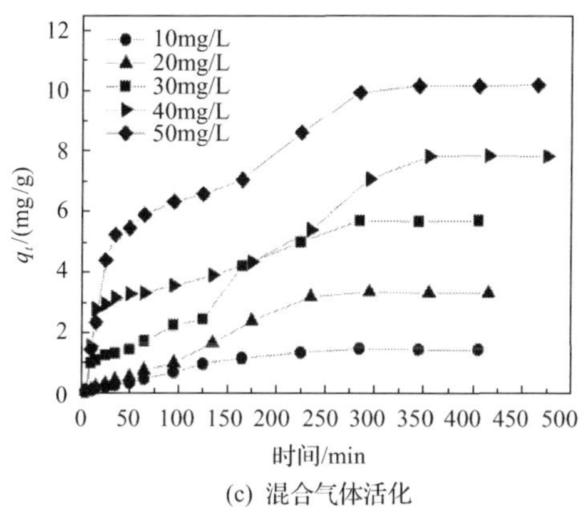

(c) 混合气体活化

图 2-138 不同气体活化制备的锌炭复合材料对直接朱红吸附量与吸附时间的关系

从图 2-138 可以看出，对于这三种吸附剂，当吸附时间相同时，吸附量基本随直接朱红初始浓度的增加而提高，吸附达到平衡所需的时间也基本随直接朱红初始浓度的增加而延长。由微波加热水蒸气活化、二氧化碳活化和混合气体活化后制备的三种锌炭复合材料的吸附平衡时间分别为 295min、300min 和 345min。

在不同吸附温度下，由微波加热水蒸气活化、二氧化碳活化和混合气体活化后制备的三种锌炭复合材料吸附直接朱红的实验数据与 Langmuir 和 Freundlich 方程的拟合直线分别如图 2-139～图 2-141 所示，相应的吸附动力学参数如表 2-58～表 2-60 所示。

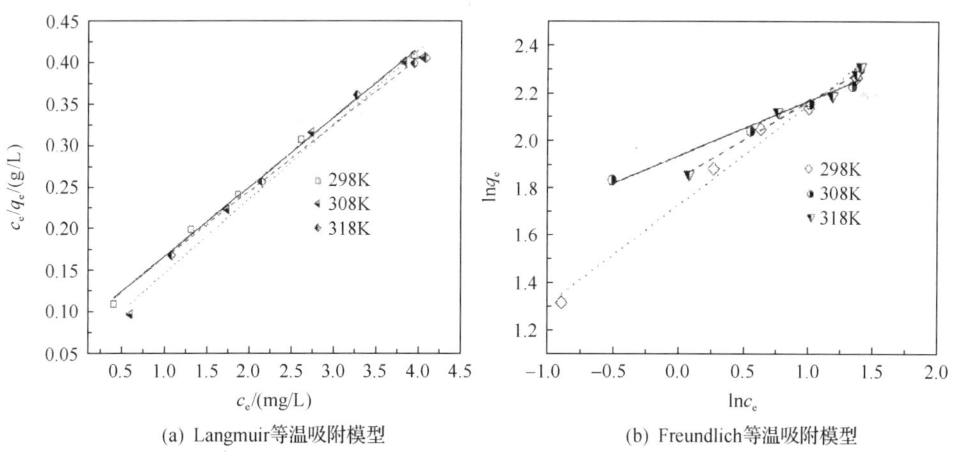

(a) Langmuir等温吸附模型 (b) Freundlich等温吸附模型

图 2-139 由微波加热水蒸气活化制备的锌炭复合材料吸附直接朱红的实验数据与 Langmuir 和 Freundlich 等温吸附模型的拟合关系

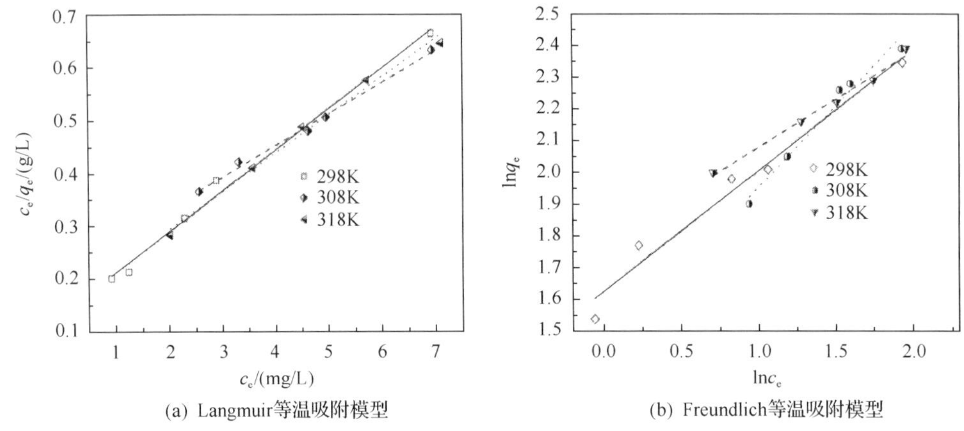

图 2-140　由微波加热二氧化碳活化制备的锌炭复合材料吸附直接朱红的实验数据与 Langmuir 和 Freundlich 等温吸附模型的拟合关系

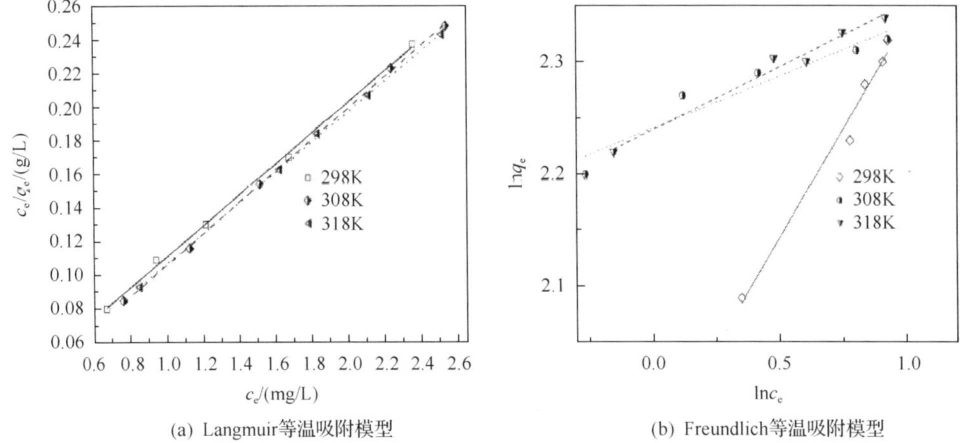

图 2-141　由微波加热混合气体活化制备的锌炭复合材料吸附直接朱红的实验数据与 Langmuir 和 Freundlich 等温吸附模型的拟合关系

由表 2-58～表 2-60 可以看出，在不同吸附温度下，三种锌炭复合材料吸附直接朱红的实验数据与 Langmuir 等温吸附模型的拟合系数均高于与 Freundlich 等温吸附模型的拟合系数，表明吸附过程更符合 Langmuir 等温吸附模型。由 Langmuir 等温吸附模型计算出的平衡吸附量随吸附温度的升高而增大，表明提高溶液温度有利于吸附。由 Freundlich 等温吸附模型计算出的 $1/n$ 值基本上为 0.1～0.5，表明这三种锌炭复合材料对直接朱红的吸附为有利吸附，适合用于处理该种染料废水。

表 2-58　由微波加热水蒸气活化制备的锌炭复合材料吸附直接朱红的实验数据与 Langmuir 和 Freundlich 等温吸附模型的拟合相关参数

模型	拟合参数	T/K		
		298	308	318
Langmuir 等温吸附模型	q_e/(mg/g)	9.64	9.95	10.07
	K_L/(L/mg)	1.01	1.57	0.95
	R^2	0.9969	0.9903	0.9938
Freundlich 等温吸附模型	$1/n$	0.42	0.27	0.32
	K_F	5.64	6.94	6.32
	R^2	0.9853	0.9776	0.9799

表 2-59　由微波加热二氧化碳活化制备的锌炭复合材料吸附直接朱红的实验数据与 Langmuir 和 Freundlich 等温吸附模型的拟合相关参数

模型	拟合参数	T/K		
		298	308	318
Langmuir 等温吸附模型	q_e/(mg/g)	10.45	10.93	10.99
	K_L/(L/mg)	0.58	0.28	0.48
	R^2	0.9914	0.9937	0.9901
Freundlich 等温吸附模型	$1/n$	0.38	0.51	0.30
	K_F	5.07	4.23	5.91
	R^2	0.9732	0.9761	0.9889

表 2-60　由微波加热混合气体活化制备的锌炭复合材料吸附直接朱红的实验数据与 Langmuir 和 Freundlich 等温吸附模型的拟合相关参数

模型	拟合参数	T/K		
		298	308	318
Langmuir 等温吸附模型	q_e/(mg/g)	10.17	10.22	10.38
	K_L/(L/mg)	0.84	7.65	5.64
	R^2	0.9932	0.9996	0.9997
Freundlich 等温吸附模型	$1/n$	0.38	0.09	0.11
	K_F	9.38	7.04	9.39
	R^2	0.979	0.9823	0.9133

2. 吸附动力学

由微波加热水蒸气活化、二氧化碳活化和混合气体活化后制备的三种锌炭复合材料对直接朱红的吸附实验数据与准一级和准二级动力学模型的拟合关系分别如图 2-142～图 2-144 所示，相应的拟合参数如表 2-61～表 2-63 所示。

从表 2-61～表 2-63 中可以看出，在不同直接朱红初始浓度下，三种锌炭复合材料吸附直接朱红的实验数据与准二级动力学模型的拟合系数均高于与准一级动力学模型的拟合系数，且由准二级动力学模型计算出的平衡吸附量要更接近实验的平衡吸附量，因此再生活性炭吸附直接朱红的过程更符合准二级动力学模型。

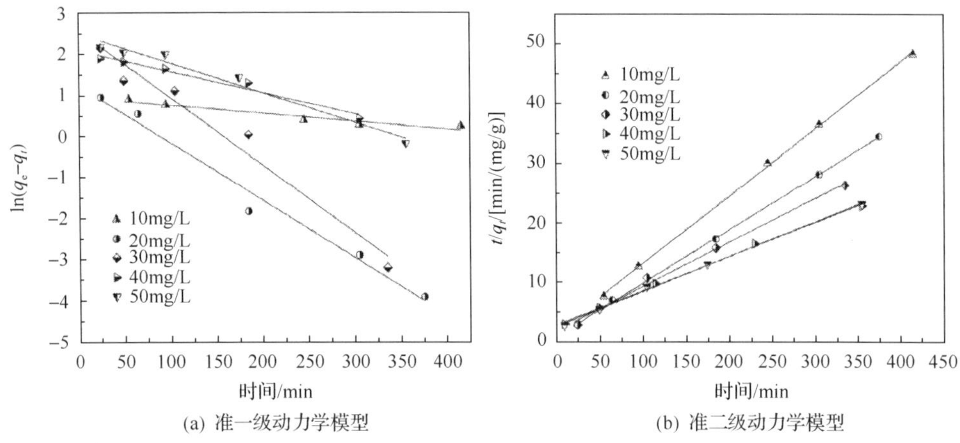

(a) 准一级动力学模型　(b) 准二级动力学模型

图 2-142　由微波加热水蒸气活化制备的锌炭复合材料吸附直接朱红的实验数据与准一级和准二级动力学模型的拟合关系

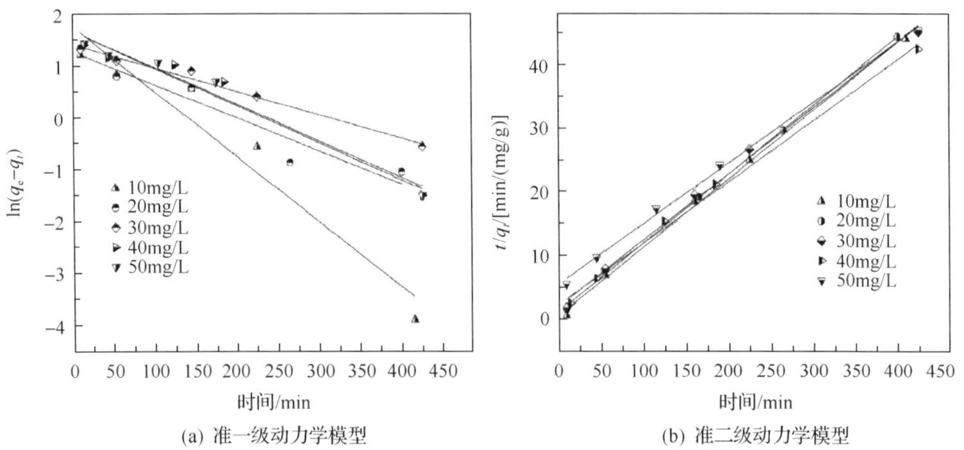

(a) 准一级动力学模型　(b) 准二级动力学模型

图 2-143　由微波加热二氧化碳活化制备的锌炭复合材料吸附直接朱红的实验数据与准一级和准二级动力学模型的拟合关系

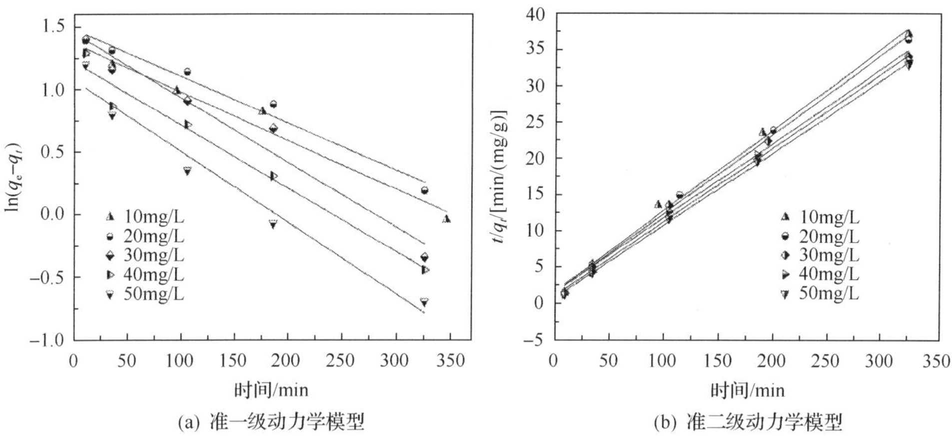

图 2-144　由微波加热混合气体活化制备的锌炭复合材料吸附直接朱红的实验数据与准一级和准二级动力学模型的拟合关系

表 2-61　由微波加热水蒸气活化制备的锌炭复合材料吸附直接朱红的实验数据与准一级和准二级动力学模型拟合的相关参数

模型	参数	c_0/(mg/L)				
		10	20	30	40	50
准一级动力学模型	q_e/(mg/g)	9.64	10.89	12.77	14.91	17.64
	k_1/min	0.0019	0.014	0.0165	0.0051	0.0072
	$q_{e,cal}$/(mg/g)	2.58	3.45	13.42	8.11	12.27
	R^2	0.92	0.98	0.96	0.97	0.96
准二级动力学模型	k_2/min	0.0067	0.0083	0.0028	0.0011	0.0012
	$q_{e,cal}$/(mg/g)	8.89	11.21	13.53	14.89	17.15
	R^2	0.99	1	0.99	0.99	1

表 2-62　由微波加热二氧化碳活化制备的锌炭复合材料吸附直接朱红的实验数据与准一级和准二级动力学模型拟合的相关参数

模型	参数	c_0/(mg/L)				
		10	20	30	40	50
准一级动力学模型	q_e/(mg/g)	9.21	9.35	10.97	13.15	18.23
	k_1/min	0.0126	0.0064	0.0045	0.007	0.0072
	$q_{e,cal}$/(mg/g)	5.85	3.58	4.11	5.34	5.31
	R^2	0.94	0.92	0.98	0.95	0.97
准二级动力学模型	k_2/min	0.0067	0.01	0.0052	0.0041	0.003
	$q_{e,cal}$/(mg/g)	9.23	9.41	9.61	12.38	17.71
	R^2	0.99	1	0.99	0.99	0.99

表 2-63 由微波加热混合气体活化制备的锌炭复合材料吸附直接朱红的实验数据与准一级和准二级动力学模型拟合的相关参数

模型	参数	c_0/(mg/L)				
		10	20	30	40	50
准一级动力学模型	q_e/(mg/g)	9.71	10.15	11.24	14.31	19.36
	k_1/min	0.0039	0.0038	0.0052	0.0051	0.0057
	$q_{e,cal}$/(mg/g)	3.92	4.38	4.25	3.35	2.92
	R^2	0.97	0.98	0.96	0.97	0.96
准二级动力学模型	k_2/min	0.0073	0.008	0.0064	0.0091	0.012
	$q_{e,cal}$/(mg/g)	9.46	10.20	11.28	13.89	18.24
	R^2	1	0.99	0.99	0.99	1

2.5.9 吸附苯和甲苯

随着人们生活水平的提高，美观大方、经济实用的装修装饰品在家庭或办公场合日益增多，部分装修装饰品中会加入甲醛、苯和甲苯等有机物以改善其性能，然而这些有机物通常属于挥发性有机物，容易导致室内空气污染。其中苯和甲苯是一种典型的挥发性有机物，长期接触这类型有机物会经引起慢性肺病、气管炎、支气管炎和肺癌等[81,82]，为此国家颁布了《室内空气质量标准》(GB/T 18883—2002)，以严格控制室内空气中的苯和甲苯气体的含量，因此如何减小空气中这类有害气体的危害也逐渐成为人们关注的焦点[83]。

周烈兴[84]以含锌废活性炭为原料，通过微波加热水蒸气活化处理后，制备出锌炭复合材料，并考察了其对苯和甲苯的吸附性能。锌炭复合材料的氧化锌含量为 6%，比表面积为 913m^2/g，孔体积为 0.81cm^3/g，碘吸附值为 987mg/g，亚甲基蓝吸附值为 90mL/g。

1. 等温吸附线

锌炭复合材料在不同温度下对苯和甲苯的等温吸附线如图 2-145 所示。

由图 2-145 可以看出，不同温度下的等温吸附线具有类似的变化趋势。等温吸附线的初始部分，即当相对压力较低时，吸附量和吸附速率随着相对压力的变化较大，代表活性炭上的微孔填充；当相对压力较高时，吸附等温线呈水平或接近水平状，吸附量变化较小，表现出非微孔表面上的多层吸附特征。根据 IUPAC 关于等温线的分类，苯和甲苯在锌炭复合材料上的吸附等温线均属于 I 型吸附等温线，表明其孔结构以微孔为主。

当温度分别为 20℃、30℃和 40℃时，锌炭复合材料吸附苯的实验数据与 Langmuir 方程的拟合关系如图 2-146 所示。由图 2-146 可以看出，当温度分别为

20℃、30℃和 40℃时，对应拟合直线的相关系数分别为 0.99001、0.99132 和 0.99380。根据拟合直线的截距，可以计算出最大吸附量分别为 278.55mg/g、277.78mg/g 和 263.16mg/g。

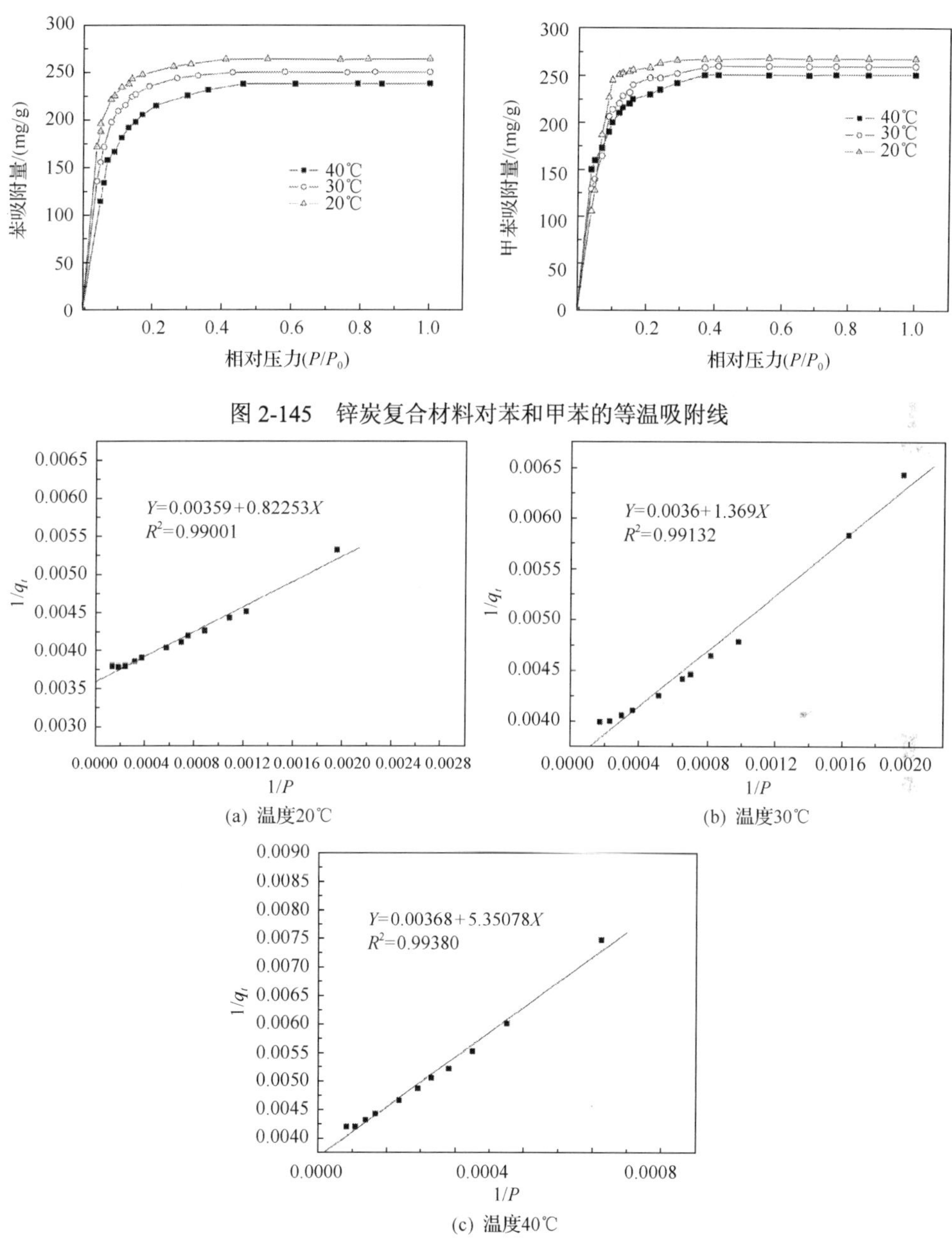

图 2-145　锌炭复合材料对苯和甲苯的等温吸附线

(a) 温度20℃　(b) 温度30℃　(c) 温度40℃

图 2-146　不同温度下吸附苯的实验数据与 Langmuir 方程的拟合关系

当温度分别为 20℃、30℃和 40℃时，锌炭复合材料吸附甲苯的实验数据与 Langmuir 方程的拟合关系分别如图 2-147 所示。由图 2-147 可以看出，当温度分别为 20℃、30℃和 40℃时，对应拟合直线的相关系数分别为 0.98233、0.98125 和 0.99279。根据拟合直线的截距，可以计算出最大吸附量分别为 273.23mg/g、273.22mg/g 和 264.55mg/g。

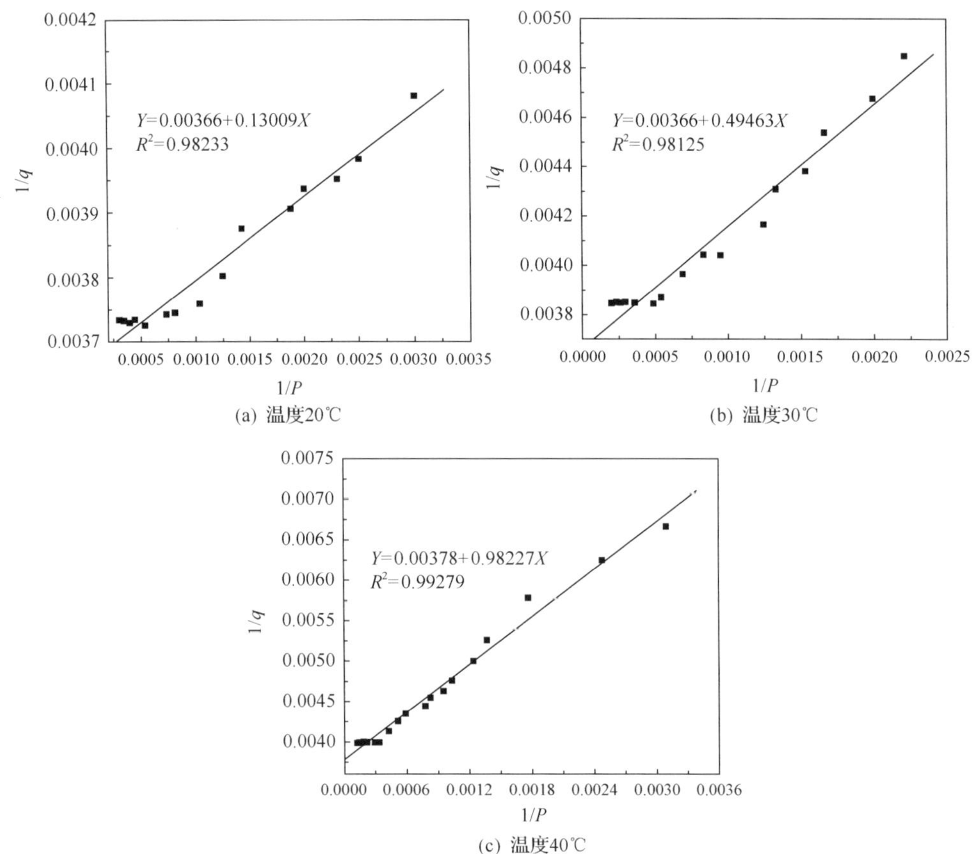

图 2-147　不同温度下吸附甲苯的实验数据与 Langmuir 方程的拟合关系

当温度分别为 20℃、30℃和 40℃时，锌炭复合材料吸附苯的实验数据与 Freundlich 方程的拟合关系分别如图 2-148～图 2-150 所示，可以看出拟合直线的斜率均小于 0.5，表明锌炭复合材料容易吸附苯。

当温度分别为 20℃、30℃和 40℃时，锌炭复合材料吸附甲苯的实验数据与 Freundlich 方程的拟合关系分别如图 2-151～图 2-153 所示，可以看出拟合直线的斜率均小于 0.5，表明锌炭复合材料容易吸附甲苯。

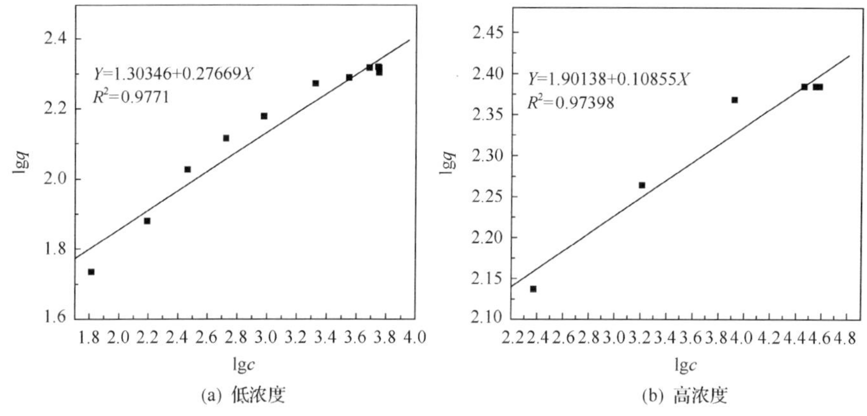

(a) 低浓度　(b) 高浓度

图 2-148　20℃时苯的吸附与 Freundlich 方程的拟合关系

低浓度：鼓泡气流量 6.0mL/min，稀释气流量 120.0mL/min；高浓度：鼓泡气流量 16.0mL/min，稀释气流量 110.0mL/min

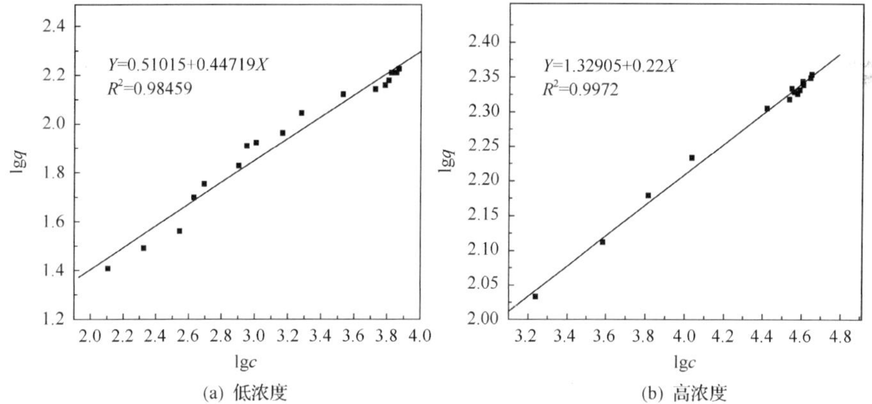

(a) 低浓度　(b) 高浓度

图 2-149　30℃时苯的吸附与 Freundlich 方程的拟合关系

低浓度：鼓泡气流量 6.0mL/min，稀释气流量 120.0mL/min；高浓度：鼓泡气流量 16.0mL/min，稀释气流量 110.0mL/min

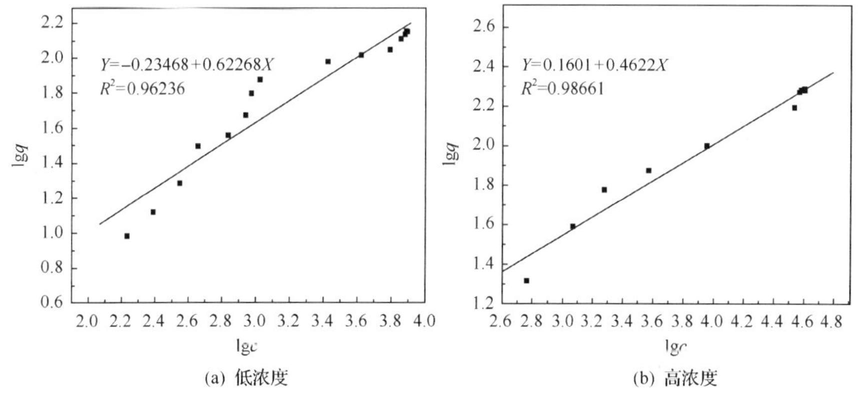

(a) 低浓度　(b) 高浓度

图 2-150　40℃时苯的吸附与 Freundlich 方程的拟合关系

低浓度：鼓泡气流量 6.0mL/min，稀释气流量 120.0mL/min；高浓度：鼓泡气流量 16.0mL/min，稀释气流量 110.0mL/min

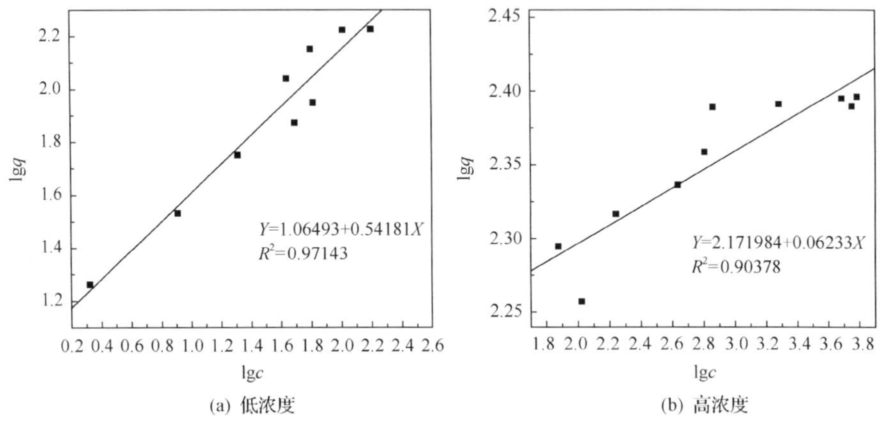

(a) 低浓度　(b) 高浓度

图 2-151　20℃时甲苯的吸附与 Freundlich 方程的拟合关系

低浓度：鼓泡气流量 6.0mL/min，稀释气流量 120.0mL/min；高浓度：鼓泡气流量 16.0mL/min，稀释气流量 110.0mL/min

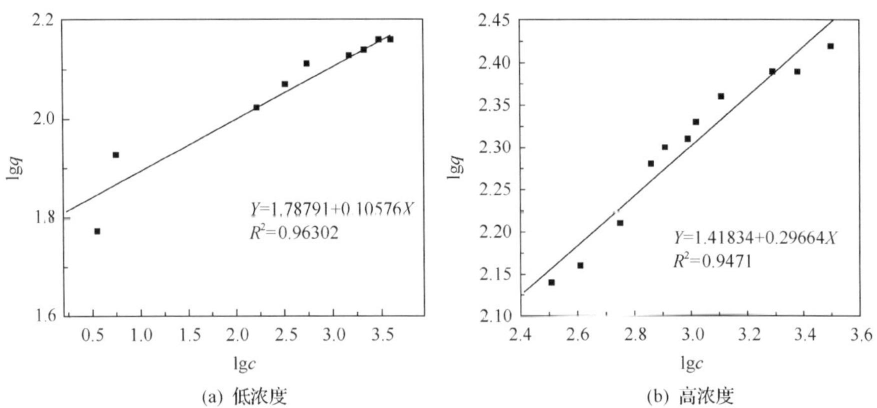

(a) 低浓度　(b) 高浓度

图 2-152　30℃时甲苯的吸附与 Freundlich 方程的拟合关系

低浓度：鼓泡气流量 6.0mL/min，稀释气流量 120.0mL/min；高浓度：鼓泡气流量 16.0mL/min，稀释气流量 110.0mL/min

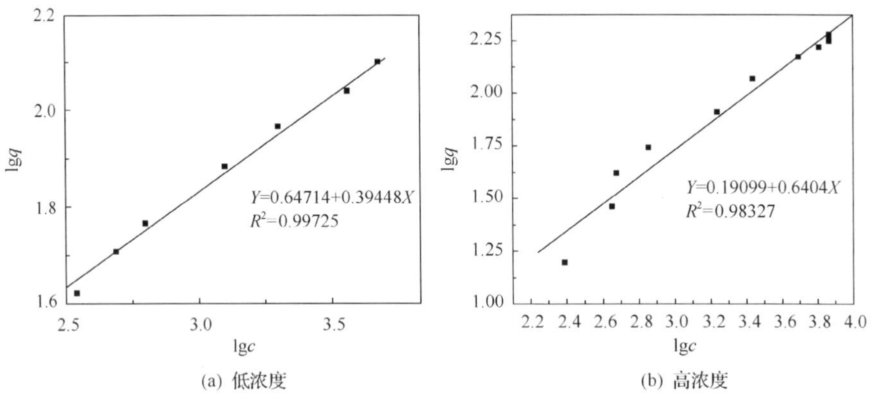

(a) 低浓度　(b) 高浓度

图 2-153　40℃时甲苯的吸附与 Freundlich 方程的拟合关系

低浓度：鼓泡气流量 6.0mL/min，稀释气流量 120.0mL/min；高浓度：鼓泡气流量 16.0mL/min，稀释气流量 110.0mL/min

2. 吸附穿透曲线

吸附穿透曲线反映出口吸附质浓度随时间的变化规律，从而了解吸附质在吸附剂上的吸附浓度变化情况。在温度分别为 20℃、30℃和 40℃的条件下，锌炭复合材料对低浓度和高浓度的苯和甲苯的吸附穿透曲线如图 2-154～图 2-159 所示。

由图 2-154～图 2-159 可知，苯和甲苯的饱和蒸气压随着吸附温度的增加，进口浓度也增加，从而使吸附穿透曲线平衡时的出口浓度增加。随着温度的升高，传质阻力减少，穿透时间缩短，穿透吸附量降低。

浓度增大，传质推动力变大，穿透曲线表现为变陡峭，穿透时间缩短，穿透吸附量增大。但浓度达到一定浓度后，浓度增加只改变传质推动力，而对穿透吸附量影响不大，这与吸附平衡数据相符。吸附苯的过程中出现这样的现象是因为吸

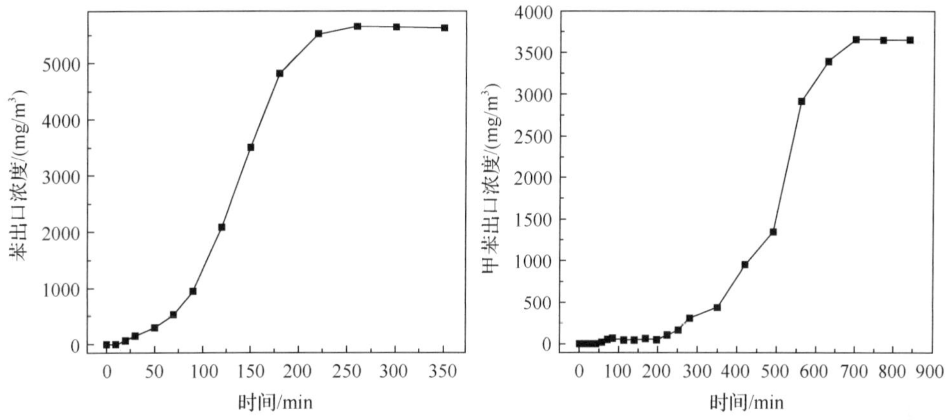

图 2-154　吸附穿透曲线(鼓泡气流量 6.0mL/min，稀释气流量 120.0mL/min，吸附温度 20.0℃)

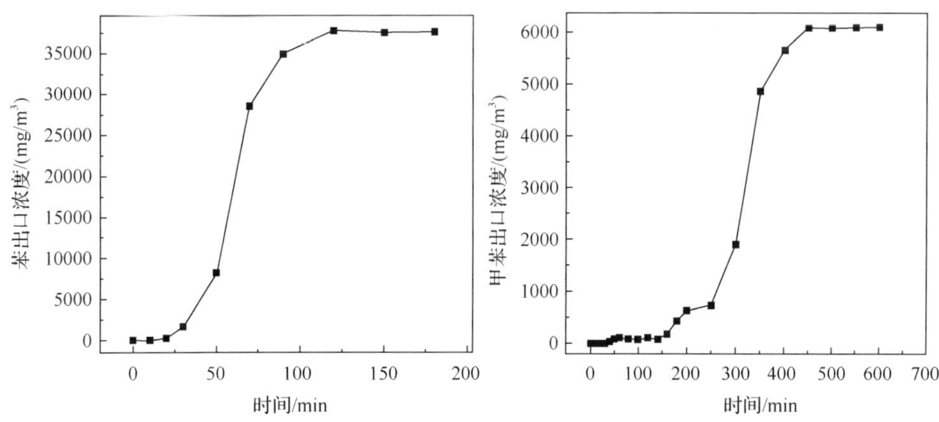

图 2-155　吸附穿透曲线(鼓泡气流量 16.0mL/min，稀释气流量 110.0mL/min，吸附温度 20.0℃)

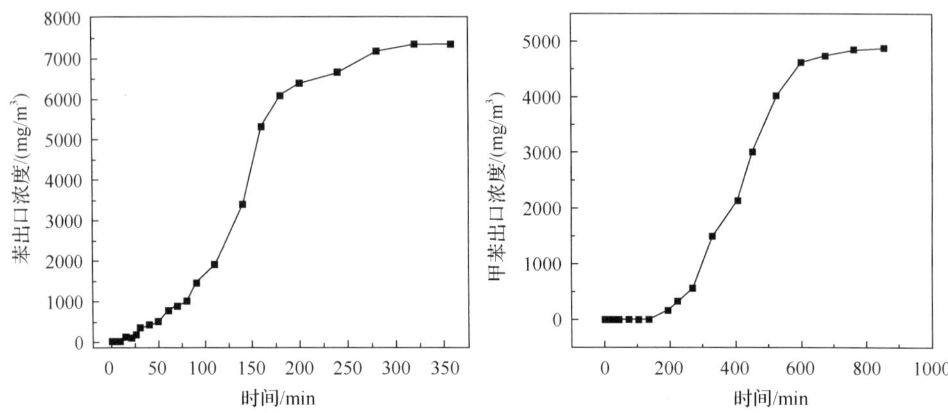

图 2-156　吸附穿透曲线(鼓泡气流量 6.0mL/min，稀释气流量 120.0mL/min，吸附温度 30.0℃)

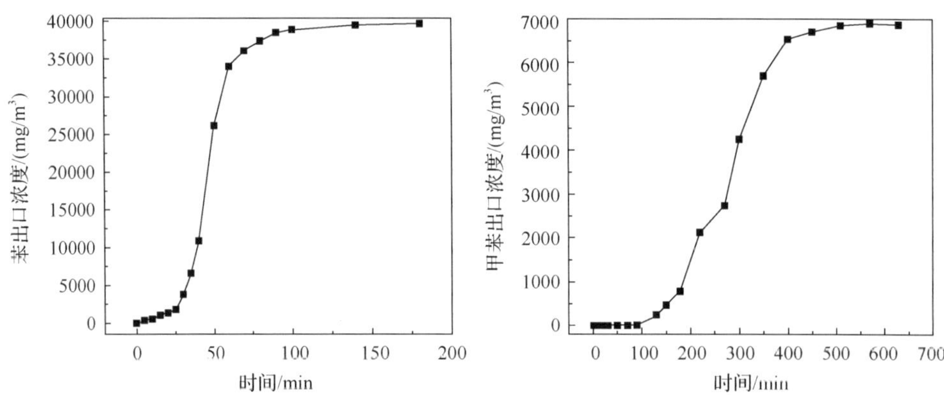

图 2-157　吸附穿透曲线(鼓泡气流量 16.0mL/min，稀释气流量 110.0mL/min，吸附温度 30.0℃)

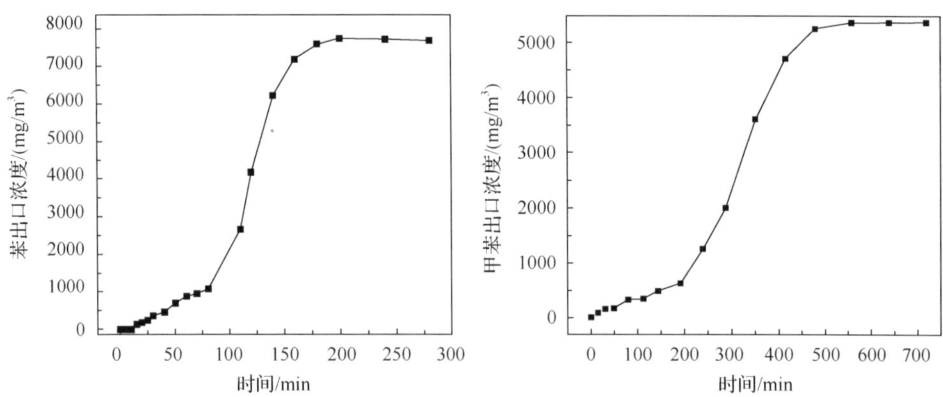

图 2-158　吸附穿透曲线(鼓泡气流量 6.0mL/min，稀释气流量 120.0mL/min，吸附温度 40.0℃)

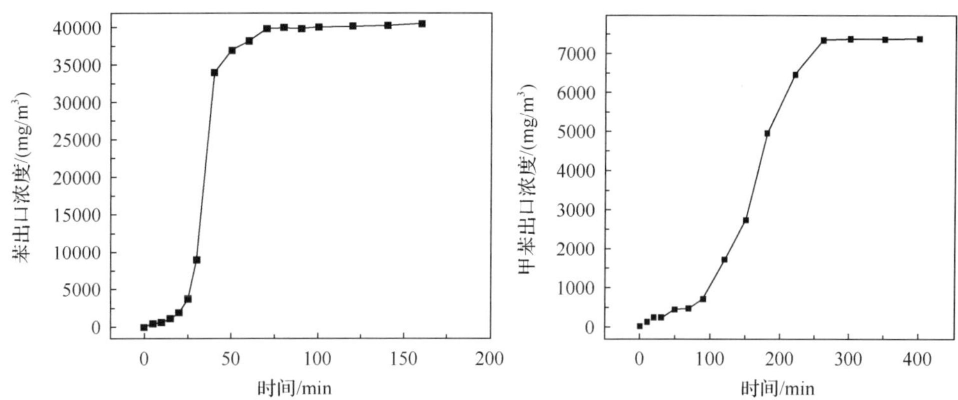

图 2-159　吸附穿透曲线(鼓泡气流量 16.0mL/min,稀释气流量 110.0mL/min,吸附温度 40.0℃)

附在活性炭上的苯分子、苯分子层间和分子层内的相互作用，导致部分活性点浓度增加，低浓度时穿透时间较长。在实际应用中活性炭穿透时间短，就会导致再生频繁，从而增加操作成本。

气体流速增大，穿透曲线变陡峭，气相主体和活性炭间的膜阻力变小，对提高吸附速度有利，并且对于同一吸附器来说，气体流速决定着吸附操作的处理量，气速增大会使生产能力提高，但增大气速会使苯和甲苯的穿透时间提前，穿透吸附量减小，影响吸附效果。这可能是因为气速增大，吸附质在柱内的停留时间变短，与活性炭层接触不充分，缩短穿透时间，使得穿透吸附量变小。

3. 吸附动力学

在不同温度下,锌炭复合材料对苯和甲苯的吸附动力学曲线如图 2-160～图 2-165 所示。

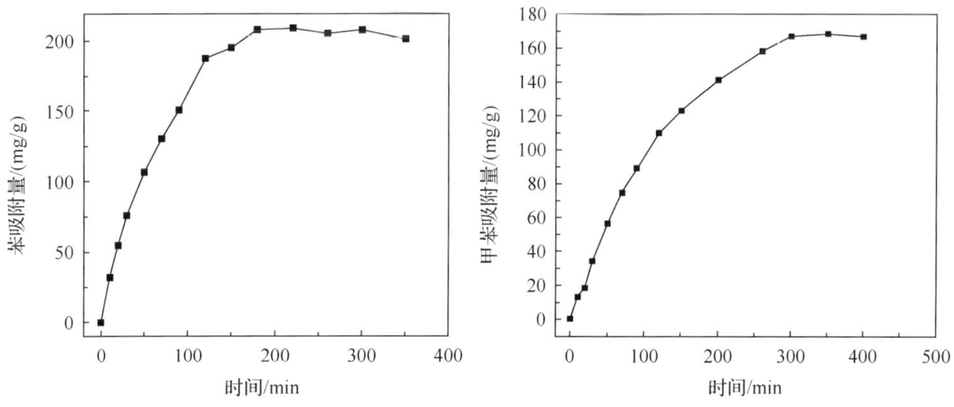

图 2-160　苯和甲苯在锌炭复合材料上的吸附动力学曲线(鼓泡气流量 6.0mL/min，稀释气流量 120.0mL/min，温度 20.0℃)

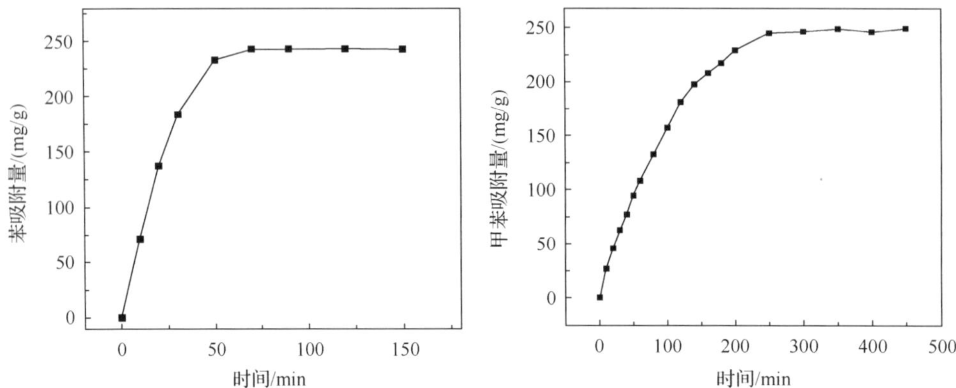

图 2-161　苯和甲苯在锌炭复合材料上的吸附动力学曲线（鼓泡气流量 16.0mL/min，稀释气流量 110.0mL/min，温度 20.0℃）

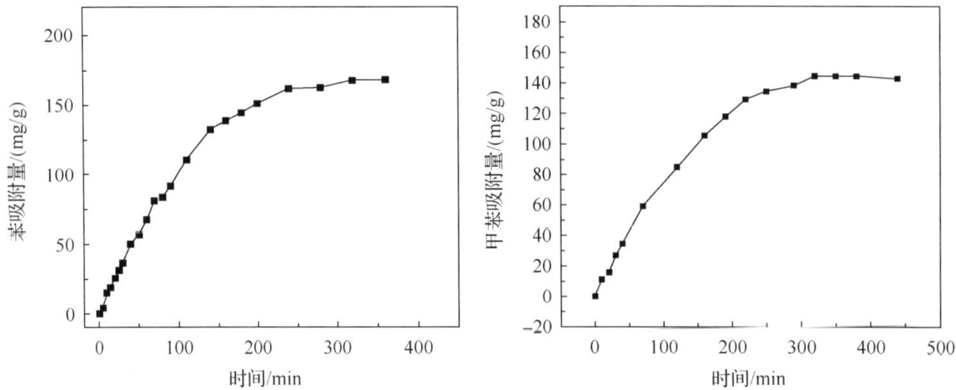

图 2-162　苯和甲苯在锌炭复合材料上的吸附动力学曲线（鼓泡气流量 6.0mL/min，稀释气流量 120.0mL/min，温度 30.0℃）

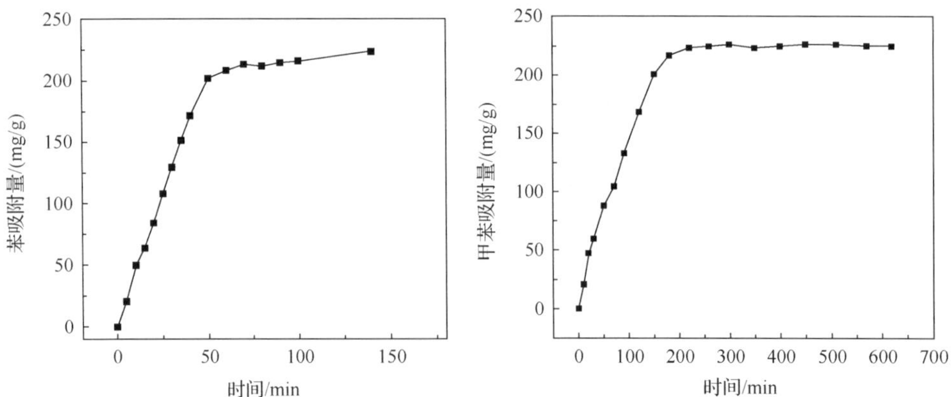

图 2-163　苯和甲苯在锌炭复合材料上的吸附动力学曲线（鼓泡气流量 16.0mL/min，稀释气流量 110.0mL/min，温度 30.0℃）

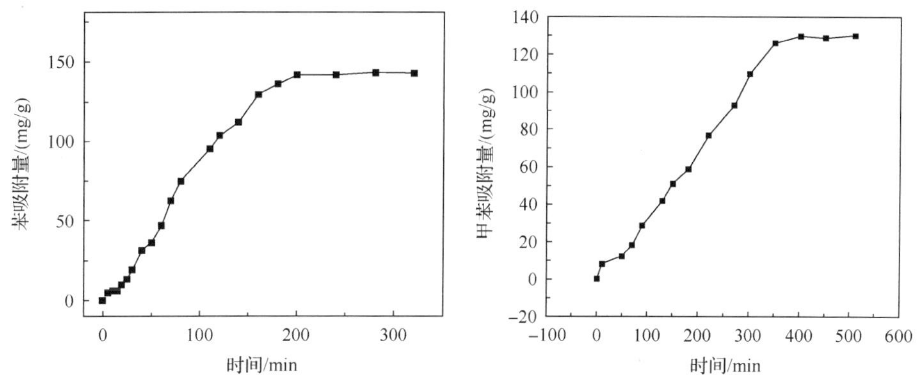

图 2-164　苯和甲苯在锌炭复合材料上的吸附动力学曲线(鼓泡气流量 6.0mL/min，稀释气流量 120.0mL/min，温度 40.0℃)

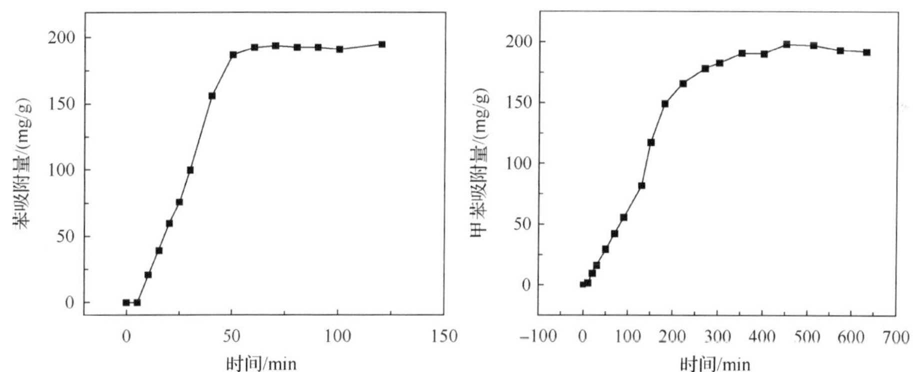

图 2-165　苯和甲苯在锌炭复合材料上的吸附动力学曲线(鼓泡气流量 16.0mL/min，稀释气流量 110.0mL/min，温度 40.0℃)

从图 2-160～图 2-165 可以看出，在吸附开始时，吸附量随吸附时间的延长而快速增加，当吸附达一定时间后，吸附量缓慢增加，直至最后趋于动态吸附平衡。这是由于在吸附初始阶段，苯和甲苯主要被吸附在活性炭颗粒的外表面，吸附速率较快；随着吸附过程的进行，苯和甲苯逐渐向活性炭的孔道内部扩散，扩散阻力逐渐增加，此时吸附速率主要受扩散控制，导致吸附速率变慢；在吸附后期，吸附主要发生在活性炭内表面，且浓度推动力越来越小，吸附已基本达到平衡[85]。

苯和甲苯在锌炭复合材料上的吸附过程以物理吸附为主，在相同吸附条件下，苯和甲苯在锌炭复合材料上的饱和吸附量随吸附温度的增加而降低，饱和吸附时间随吸附温度的增加而逐渐缩短，这与吸附等温线的结果一致。

当温度为 20℃、30℃和 40℃时，低浓度和高浓度的苯和甲苯在锌炭复合材料上的吸附实验数据与 Bangham 方程的拟合关系如图 2-166～图 2-171 所示，可以看出，不同吸附条件下，拟合直线的相关系数均很高，表明锌炭复合材料吸附苯和甲苯的过程符合 Bangham 拟合。

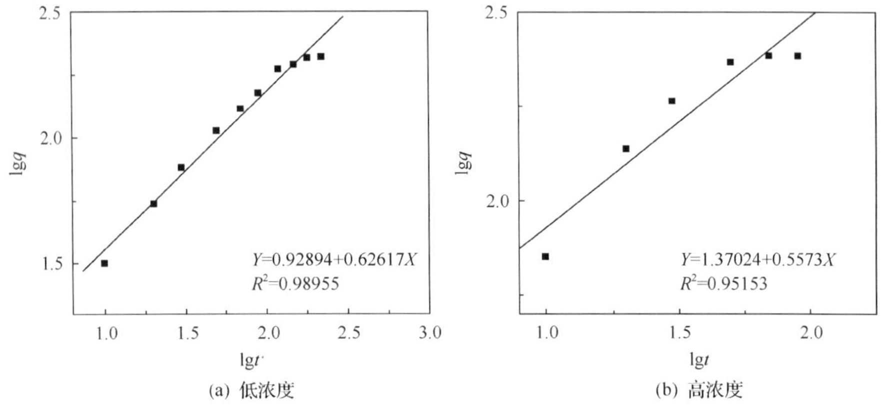

(a) 低浓度　(b) 高浓度

图 2-166　20℃时苯的吸附数据与 Bangham 方程的拟合关系

低浓度：鼓泡气流量 6.0mL/min，稀释气流量 120.0mL/min；高浓度：鼓泡气流量 16.0mL/min，稀释气流量 110.0mL/min

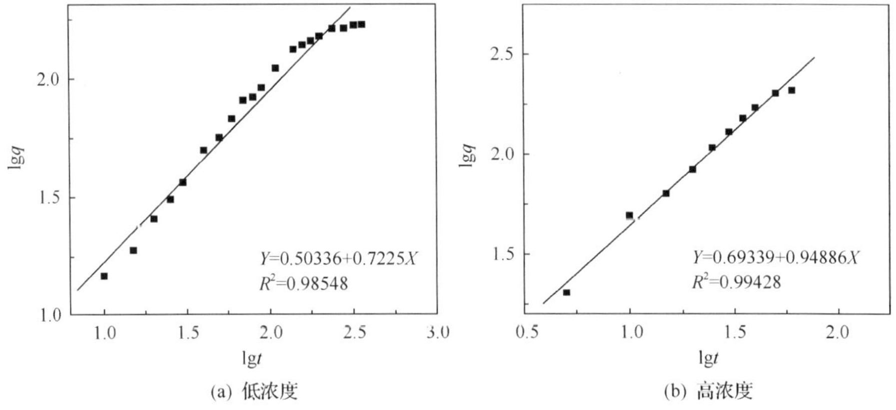

(a) 低浓度　(b) 高浓度

图 2-167　30℃时苯的吸附数据与 Bangham 方程的拟合关系

低浓度：鼓泡气流量 6.0mL/min，稀释气流量 120.0mL/min；高浓度：鼓泡气流量 16.0mL/min，稀释气流量 110.0mL/min

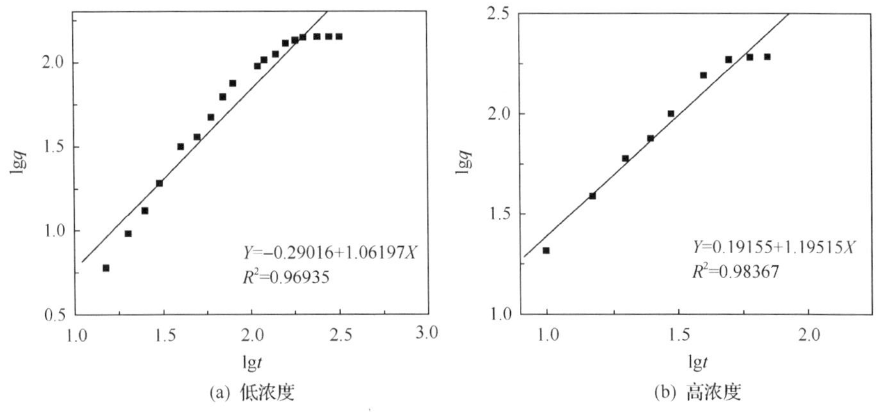

(a) 低浓度　(b) 高浓度

图 2-168　40℃时苯的吸附数据与 Bangham 方程的拟合关系

低浓度：鼓泡气流量 6.0mL/min，稀释气流量 120.0mL/min；高浓度：鼓泡气流量 16.0mL/min，稀释气流量 110.0mL/min

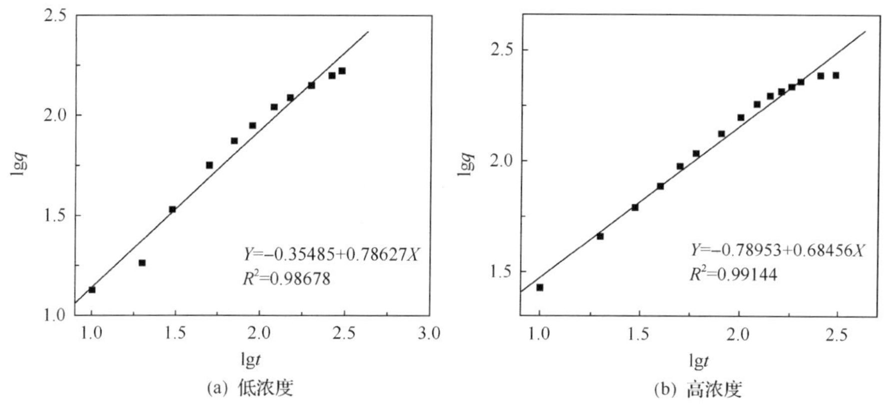

图 2-169　20℃时甲苯的吸附数据与 Bangham 方程的拟合关系

低浓度：鼓泡气流量 6.0mL/min，稀释气流量 120.0mL/min；高浓度：鼓泡气流量 16.0mL/min，稀释气流量 110.0mL/min

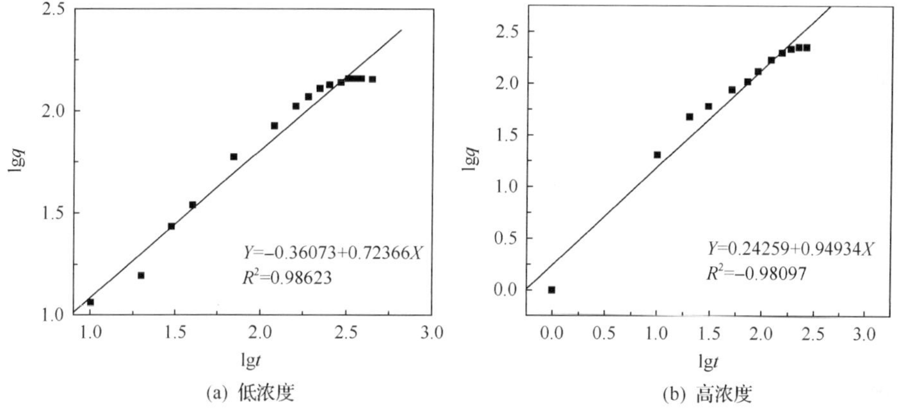

图 2-170　30℃时甲苯的吸附数据与 Bangham 方程的拟合关系

低浓度：鼓泡气流量 6.0mL/min，稀释气流量 120.0mL/min；高浓度：鼓泡气流量 16.0mL/min，稀释气流量 110.0mL/min

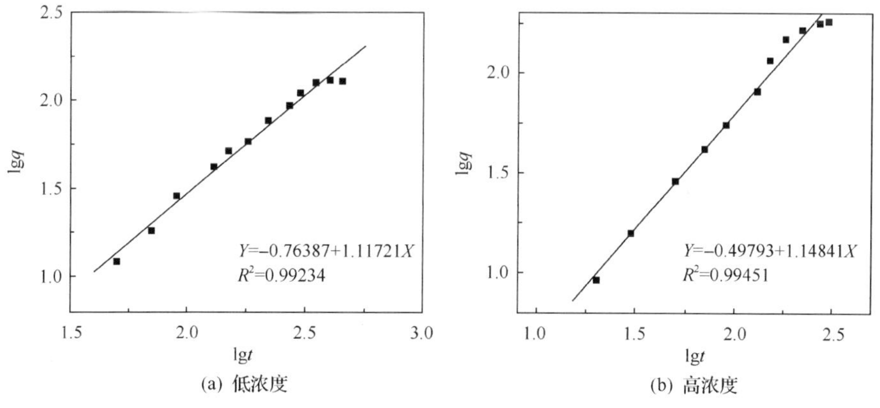

图 2-171　40℃时甲苯的吸附数据与 Bangham 方程的拟合关系

低浓度：鼓泡气流量 6.0mL/min，稀释气流量 120.0mL/min；高浓度：鼓泡气流量 16.0mL/min，稀释气流量 110.0mL/min

为了研究吸附动力学模型，在温度分别为 20℃、30℃和 40℃条件下，采用锌炭复合材料对低浓度和高浓度的苯和甲苯进行吸附，并采用准一级动力学模型和准二级动力学模型对实验数据进行拟合。当温度分别为 20℃、30℃和 40℃时，吸附苯与准一级动力学模型的拟合关系分别如图 2-172～图 2-174 所示；吸附苯与准二级动力学模型的拟合关系分别如图 2-175、图 2-176 所示。

由图 2-172～图 2-176 可知，准二级动力学方程的拟合相关系数要高于准一级动力学方程，表明锌炭复合材料吸附苯的过程更符合准二级动力学模型。吸附温度为 30℃时的拟合相关系数要高于吸附温度为 20℃和 40℃时的拟合相关系数，在相同吸附温度下，低浓度时的拟合相关系数要于高浓度时的拟合相关系数，这是由于吸附速率受温度和浓度影响所致[86]。

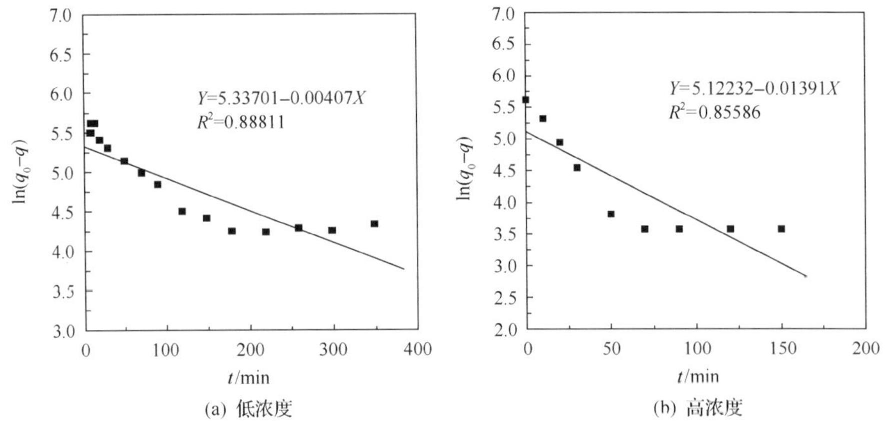

(a) 低浓度　(b) 高浓度

图 2-172　温度为 20℃时吸附苯与准一级动力学模型的拟合关系

低浓度：鼓泡气流量 6.0mL/min，稀释气流量 120.0mL/min；高浓度：鼓泡气流量 16.0mL/min，稀释气流量 110.0mL/min

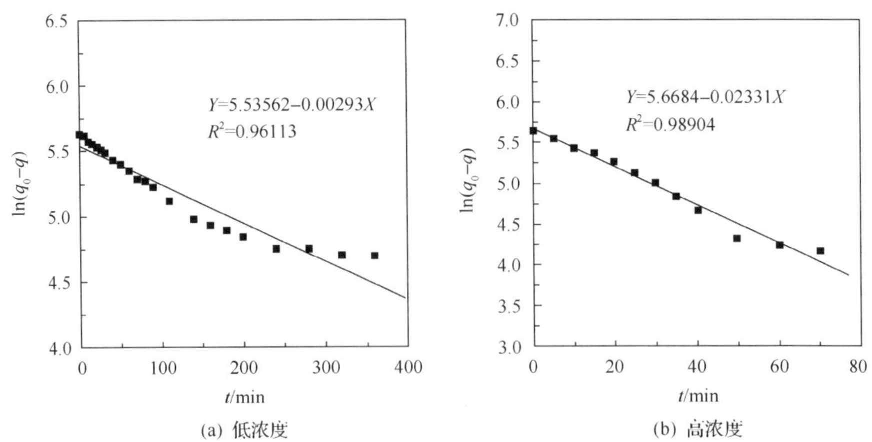

(a) 低浓度　(b) 高浓度

图 2-173　温度为 30℃时吸附苯与准一级动力学模型的拟合关系

低浓度：鼓泡气流量 6.0mL/min，稀释气流量 120.0mL/min；高浓度：鼓泡气流量 16.0mL/min，稀释气流量 110.0mL/min

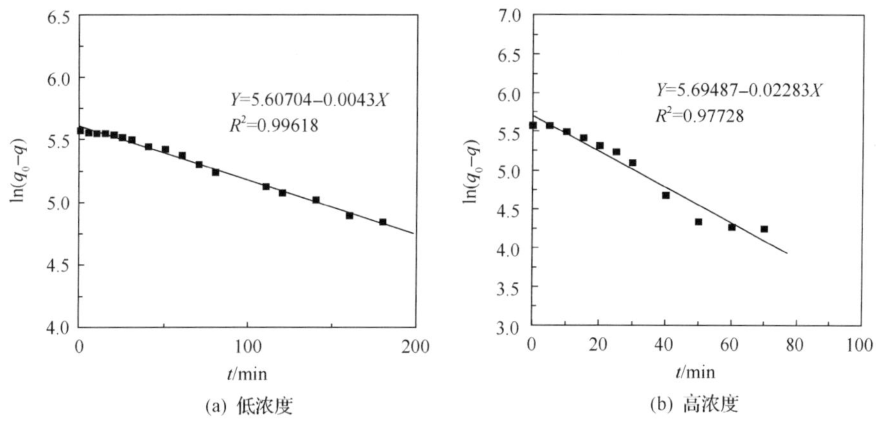

图 2-174　温度为 40℃时吸附苯与准一级动力学模型的拟合关系

低浓度：鼓泡气流量 6.0mL/min，稀释气流量 120.0mL/min；高浓度：鼓泡气流量 16.0mL/min，稀释气流量 110.0mL/min

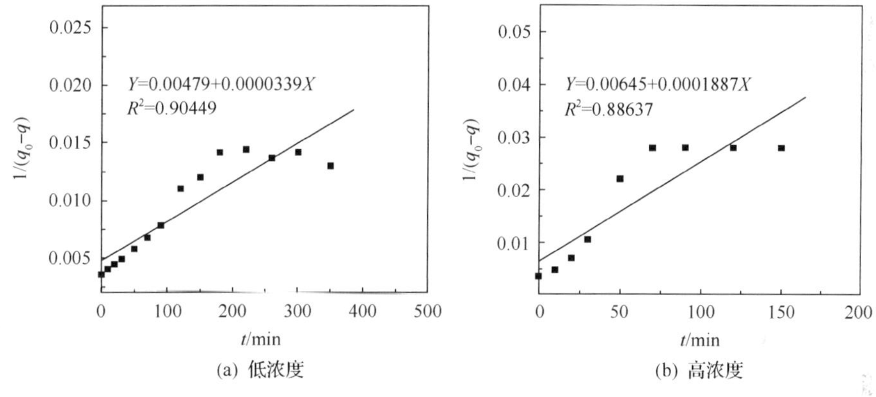

图 2-175　温度为 20℃时吸附苯与准二级动力学模型的拟合关系

低浓度：鼓泡气流量 6.0mL/min，稀释气流量 120.0mL/min；高浓度：鼓泡气流量 16.0mL/min，稀释气流量 110.0mL/min

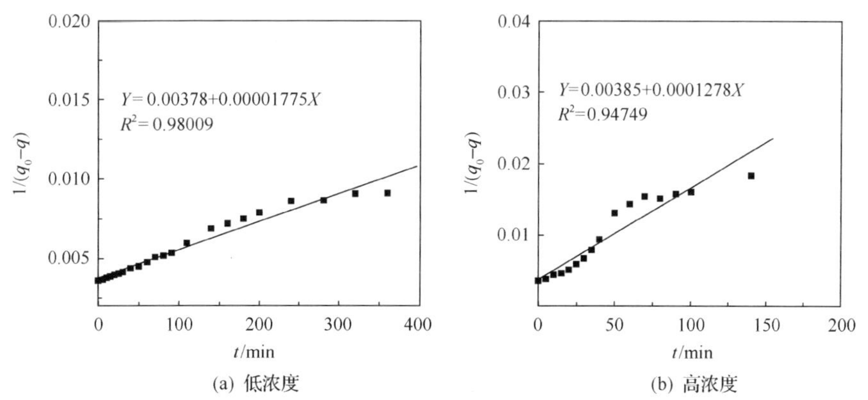

图 2-176　温度为 30℃时吸附苯与准二级动力学模型的拟合关系

低浓度：鼓泡气流量 6.0mL/min，稀释气流量 120.0mL/min；高浓度：鼓泡气流量 16.0mL/min，稀释气流量 110.0mL/min

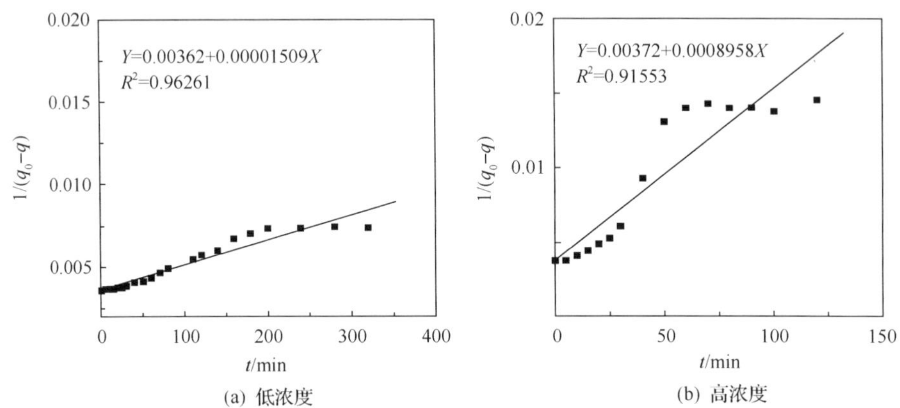

(a) 低浓度　　(b) 高浓度

图 2-177　温度为 40℃时吸附苯与准二级动力学模型的拟合关系

低浓度：鼓泡气流量 6.0mL/min，稀释气流量 120.0mL/min；高浓度：鼓泡气流量 16.0mL/min，稀释气流量 110.0mL/min

当温度分别为 20℃、30℃和 40℃时，吸附甲苯与准一级动力学模型的拟合关系分别如图 2-178～图 2-180 所示，甲苯与准二级动力学模型的拟合关系分别如图 2-181～图 2-183 所示。

由图 2-178～图 2-183 可知，准一级动力学方程的拟合相关系数要高于准二级动力学方程，表明锌炭复合材料吸附甲苯的过程更符合准一级动力学模型。在甲苯高浓度情况下，吸附温度为 30℃时的拟合相关系数要高于吸附温度为 20℃和 40℃时的拟合相关系数。在相同吸附温度下，低浓度时的拟合相关系数要低于高浓度时的拟合相关系数，这是由于吸附速率受温度和浓度影响所致。

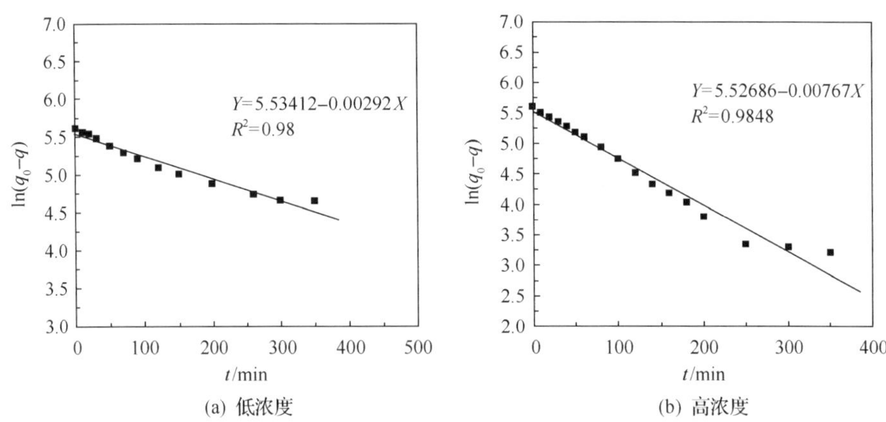

(a) 低浓度　　(b) 高浓度

图 2-178　温度为 20℃时吸附甲苯与准一级动力学模型的拟合关系

低浓度：鼓泡气流量 6.0mL/min，稀释气流量 120.0mL/min；高浓度：鼓泡气流量 16.0mL min，稀释气流量 110.0mL/min

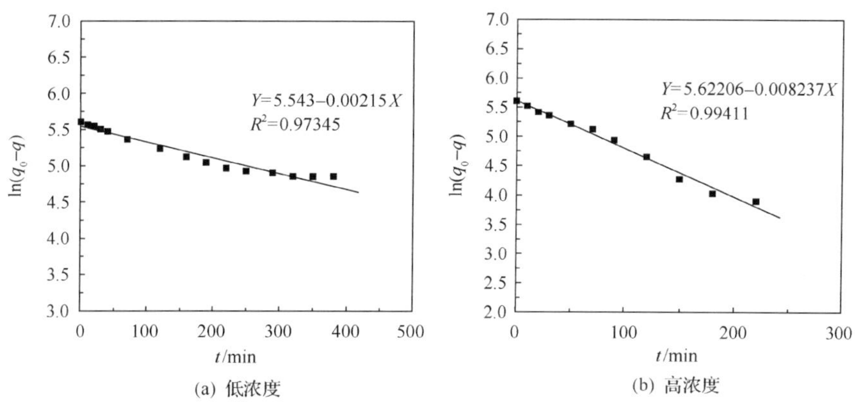

(a) 低浓度　(b) 高浓度

图 2-179　温度为 30℃时吸附甲苯与准一级动力学模型的拟合关系

低浓度：鼓泡气流量 6.0mL/min，稀释气流量 120.0mL/min；高浓度：鼓泡气流量 16.0mL min，稀释气流量 110.0mL/min

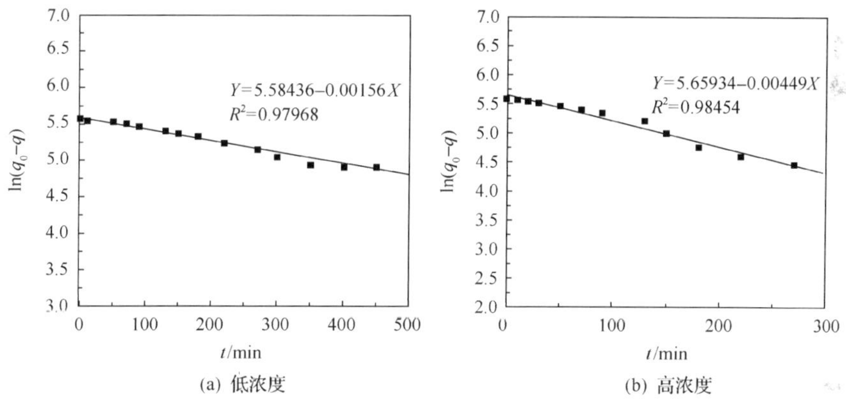

(a) 低浓度　(b) 高浓度

图 2-180　温度为 40℃时吸附甲苯与准一级动力学模型的拟合关系

低浓度：鼓泡气流量 6.0mL/min，稀释气流量 120.0mL/min；高浓度：鼓泡气流量 16.0mL min，稀释气流量 110.0mL/min

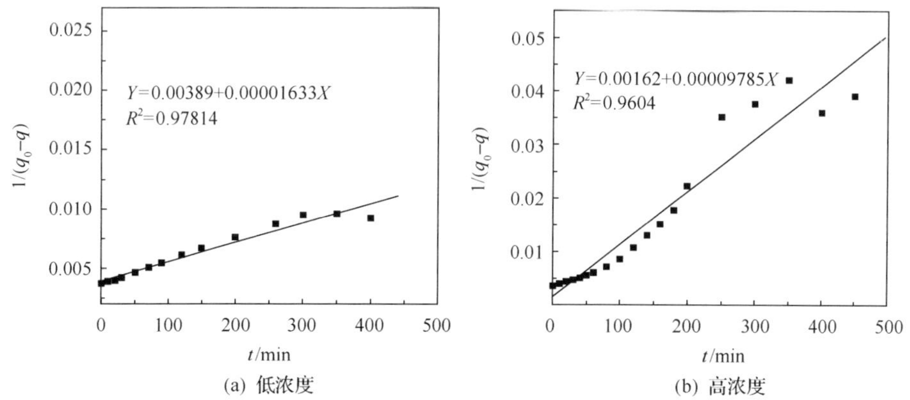

(a) 低浓度　(b) 高浓度

图 2-181　温度为 20℃时吸附甲苯与准二级动力学模型的拟合关系

低浓度：鼓泡气流量 6.0mL/min，稀释气流量 120.0mL/min；高浓度：鼓泡气流量 16.0mL min，稀释气流量 110.0mL/min

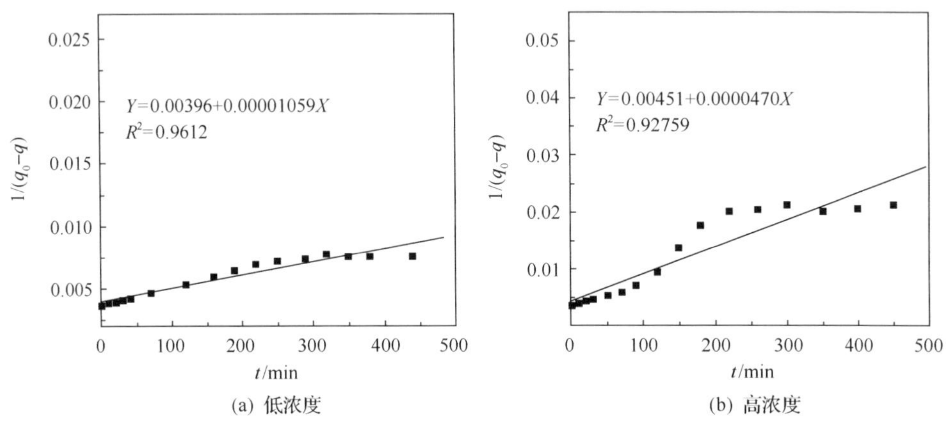

(a) 低浓度　　(b) 高浓度

图 2-182　温度为 30℃时吸附甲苯与准二级动力学模型的拟合关系

低浓度：鼓泡气流量 6.0mL/min，稀释气流量 120.0mL/min；高浓度：鼓泡气流量 16.0mL min，稀释气流量 110.0mL/min

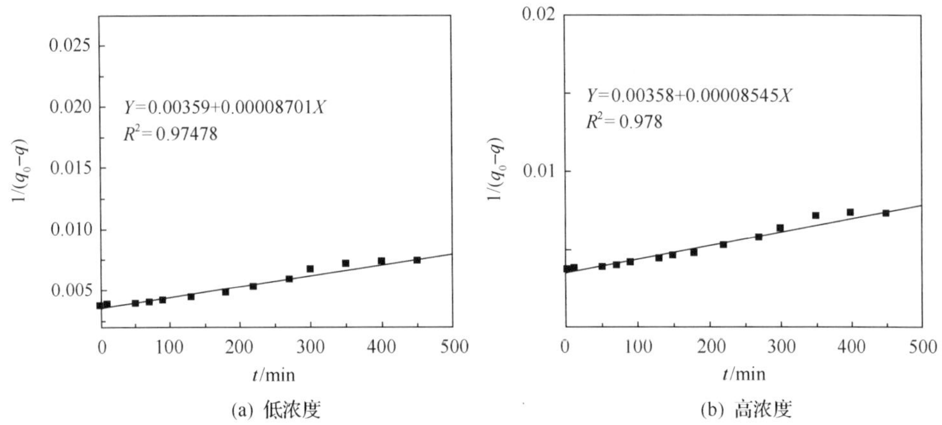

(a) 低浓度　　(b) 高浓度

图 2-183　温度为 40℃时吸附甲苯与准二级动力学模型的拟合关系

低浓度：鼓泡气流量 6.0mL/min，稀释气流量 120.0mL/min；高浓度：鼓泡气流量 16.0mL min，稀释气流量 110.0mL/min

4. 锌炭复合材料吸附甲苯和苯的预测

根据吸附温度分别为 20℃、30℃和 40℃时苯在锌炭复合材料上的吸附等温线数据，采用 Polanyi[87]吸附势理论推导出温度分别为 20℃、30℃和 40℃时甲苯在锌炭复合材料上的吸附等温线的理论和预测数据如图 2-184 所示。

由图 2-184 可以看出，甲苯的吸附等温线理论推导数据和实验数据较为接近，最大偏差小于 6.0%，表明预测结果是有效的。

根据吸附温度分别为 20℃、30℃和 40℃时苯在锌炭复合材料上的吸附等温线数据，采用 Polanyi[87]吸附势理论推导出温度分别为 20℃、30℃和 40℃时苯在锌炭复合材料上的吸附等温线的理论和预测数据，如图 2-185 所示。

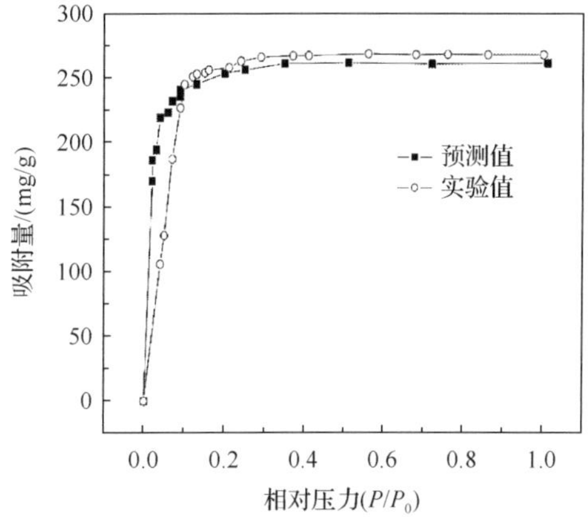

(a) 20℃

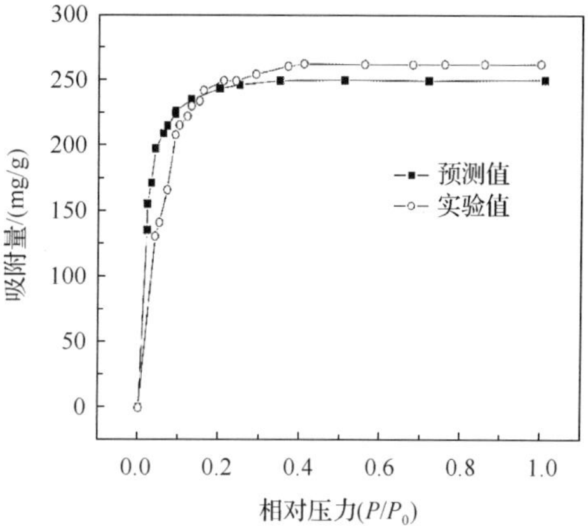

(b) 30℃

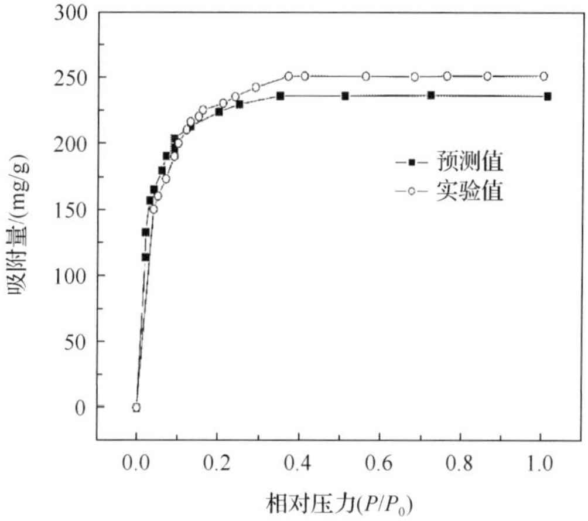

(c) 40℃

图 2-184　不同温度下锌炭复合材料对甲苯的吸附等温线实验值与理论预测值

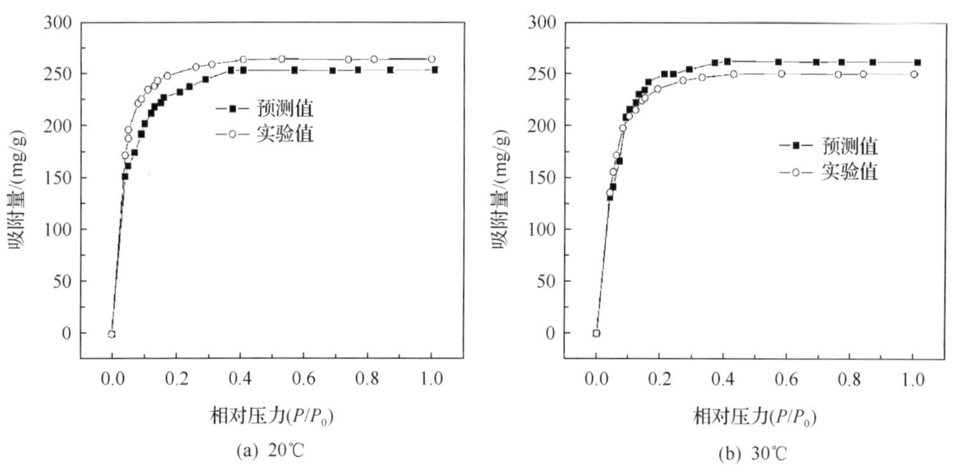

(a) 20℃

(b) 30℃

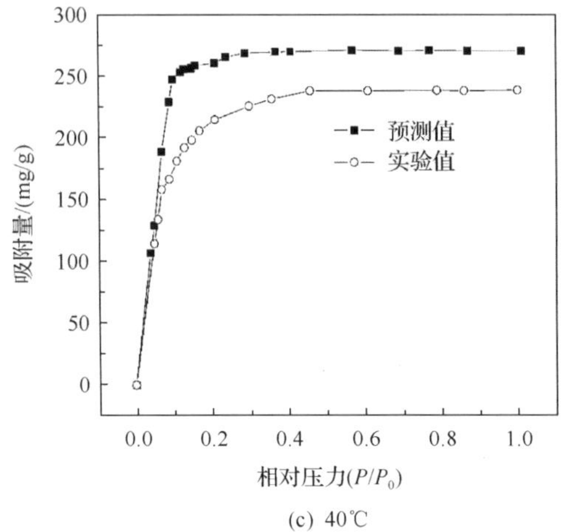

(c) 40℃

图 2-185　不同温度下锌炭复合材料对苯的吸附等温线实验值与理论预测值

由图 2-185 可以看出，苯的吸附等温线理论推导数据和实验数据较为接近，最大偏差小于 6.0%，表明预测结果是有效的。因此采用 Polanyi 吸附势理论，以已知吸附剂的吸附等温线数据，可以推测相关性质的吸附质在相同吸附剂上的吸附等温线，可以减少实验过程，预知吸附等温线，在研究吸附剂对吸附质的过程中具有重要意义[88]。

5. 复合材料吸附苯和甲苯性能比较

文献中关于采用活性炭吸附苯和甲苯已有了较多的报道，在相同的吸附条件下，不同类型活性炭对苯和甲苯的饱和吸附量分别如表 2-64 和表 2-65 所示，可以看出，相比于其余活性炭，再生活性炭的比表面积比较小，但是其对苯和甲苯的吸附能力要高于大部分活性炭，表明由含锌废活性炭经微波再生后所制备的锌炭复合材料适合用于吸附净化苯和甲苯。

表 2-64　不同类型活性炭对苯吸附量的对比

参数	本书	文献[89]	文献[90]	文献[91]	文献[92]	文献[93]	文献[94]	文献[95]
比表面积/(m^2/g)	913	883	975	1292	999	883	932	1297
总孔体积/(cm^3/g)	—	0.367	0.417	0.538	0.68	0.35	0.39	0.67
苯吸附量/(g/g)	0.278	0.21	0.19	0.217	0.341	0.13	0.15	0.12

表 2-65　不同类型活性炭对甲苯吸附量的对比

参数	本书	文献[96]	文献[97]	文献[91]	文献[92]	文献[93]	文献[95]	文献[95]
比表面积/(m^2/g)	913	883	993	1292	999	883	932	1297
甲苯吸附量/(g/g)	0.273	0.22	0.276	0.221	0.341	0.22	0.25	0.25

2.5.10　锌炭复合材料光催化性能研究

周烈兴[85]研究了锌炭复合材料对苯和甲苯的光催化降解性能。实验中的光照强度固定，光源采用功率为 125W、主波长为 365nm 的高压汞灯，光源与锌炭复合材料吸附柱的中心轴距离为 8.0cm。对比分析了在无光和有光条件下，锌炭复合材料对苯和甲苯的吸附穿透曲线，实验结果如图 2-186～图 2-189 所示。

从图 2-186～图 2-189 可以看出，在有光的条件下，苯和甲苯在锌炭复合材料上的穿透时间要长，证明负载在其中的氧化锌在有光的条件下对苯和甲苯具有一定的光催化性能，因此所制备的锌炭复合材料具有吸附和光催化的协同作用[98]。

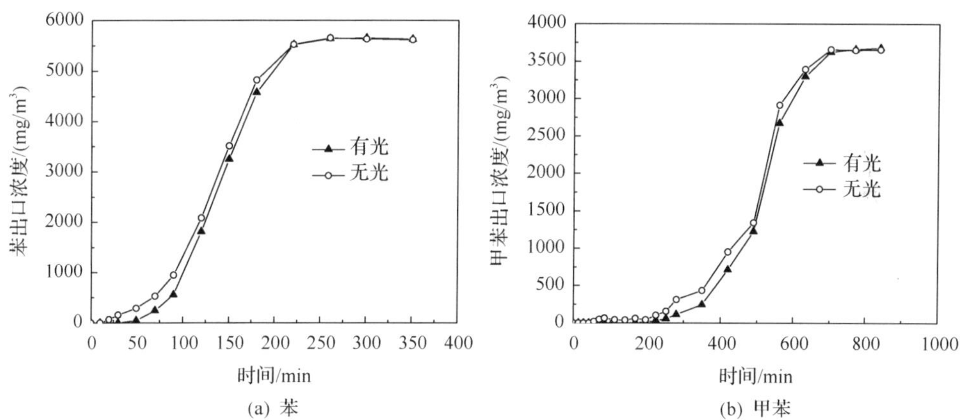

图 2-186　20℃时苯和甲苯在锌炭复合材料上光催化性能(鼓泡气流量 6.0mL/min，稀释气流量 120.0mL/min)

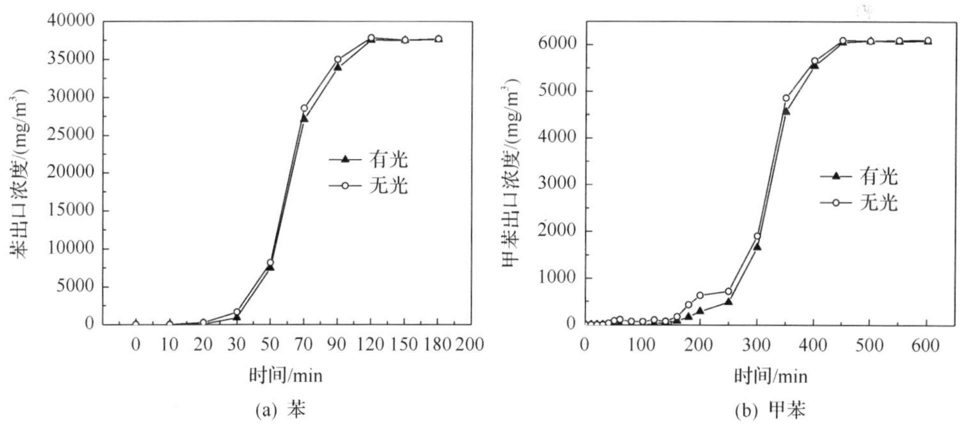

图 2-187　20℃时苯和甲苯在锌炭复合材料上光催化性能(鼓泡气流量 16.0mL/min，稀释气流量 110.0mL/min)

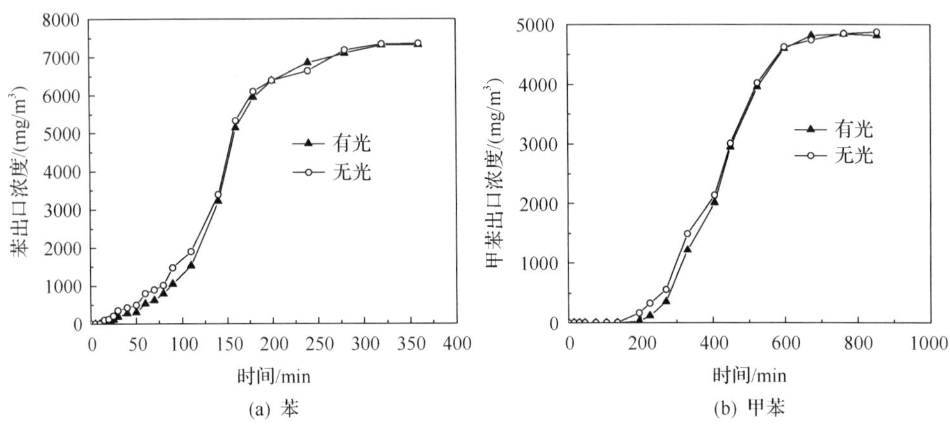

图 2-188 30℃时苯和甲苯在锌炭复合材料上光催化性能(鼓泡气流量 6.0mL/min，稀释气流量 120.0mL/min)

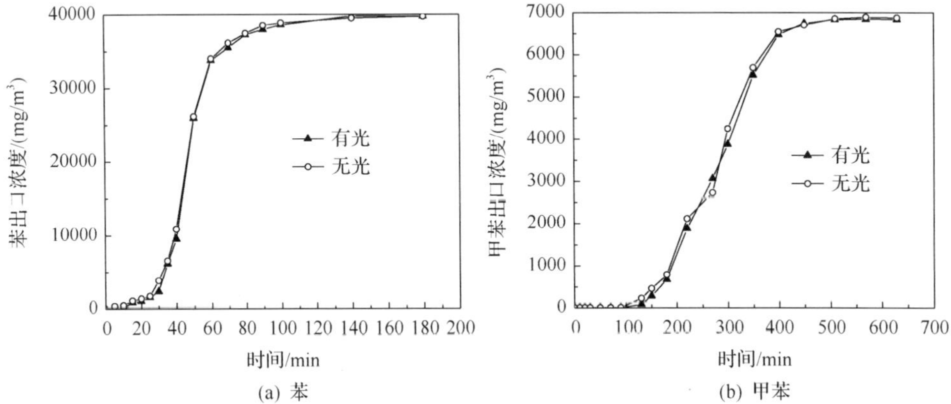

图 2-189 30℃时苯和甲苯在锌炭复合材料上光催化性能(鼓泡气流量 16.0mL/min，稀释气流量 110.0mL/min)

随着苯和甲苯的初始浓度及气体流量的逐渐增加，光催化氧化的速率也不断提高，但趋势逐渐减缓。这是由于光催化过程是一个复杂的吸附-反应过程，而不是简单的化学反应[99]，光催化降解速率实质上取决于苯和甲苯在催化剂表面的吸附量，而光催化剂表面活性位是有限的。故当吸附达饱和时，反应速率就不会再随着浓度的增加而增加。

参 考 文 献

[1] 郭秀玲，陈光辉，王伟文，等. 乙炔气相法合成乙酸乙烯催化剂的研究进展[J]. 化工进展，2017，36(9)：3293-3299.

[2] 李倩，陶敏莉，张敏华. 乙烯气相法制醋酸乙烯钯金催化剂的研究进展[J]. 分子催化，2012，26(5)：478-485.

[3] 陈晨，林性贻，陈晓晖，等. 乙炔法合成醋酸乙烯催化剂的研究进展[J]. 工业催化，2003，11(11)：7-12.

[4] 方士鑫, 段继海, 张自生, 等. 活性炭的高温处理对醋酸乙烯合成催化剂性能的影响[J]. 当代化工, 2015, 11: 2513-2516.

[5] 马昌菊. 工业报废 Zn/C 催化剂失活机理的研究[J]. 金山油化纤, 1993, 12(4): 4-9.

[6] Dabek L. Sorption of zinc ions from aqueous solutions on regenerated activated carbons[J]. Journal of Hazardous Materials, 2003, 101(2): 191-201.

[7] 张皓东, 张俊, 董占能. 废醋酸锌催化剂综合利用研究[J]. 中国资源综合利用, 2004, (2): 3-5.

[8] 韩志萍. 从废活性炭载体中回收醋酸锌的研究[J]. 湖州师范学院学报, 1995, (5): 37-40.

[9] 袁爱群, 蒙国华, 周泽广, 等. 从乙酸乙烯废活性炭触媒剂中回收乙酸锌制备无毒磷[J]. 上海涂料, 2005, 43(3): 30-32.

[10] 袁爱群, 蒙国华, 童张法. 醋酸乙烯生产过程废触媒的资源化回收[J]. 境污染治理技术与设备, 2006, 7(4): 111-113.

[11] 吴新华. 活性炭生产工艺原理与设计[M]. 北京: 中国林业出版社, 1994.

[12] 立本英机, 安部郁夫. 活性炭的应用技术:其维持管理及存在问题[M]. 南京: 东南大学出版社, 2002.

[13] 张正勇, 彭金辉, 张泽彪, 等. 醋酸乙烯合成用废触媒的热解特性及其动力学[J]. 中南大学学报(自然科学版), 2009, 40(2): 317-321.

[14] 张正勇. 载醋酸锌废催化剂资源化处置关键技术及理论研究[D]. 昆明: 昆明理工大学, 2010.

[15] Arii T, Kishi A. The effect of humidity on thermal process of zinc acetate[J]. Thermochimica Acta, 2003, 400(1-2): 175-185.

[16] 赵新宇, 李春忠, 郑柏存, 等. 二水合醋酸锌热分解机理与动力学[J]. 华东理工大学学报, 1997, 23(2): 191-195.

[17] Popescu C, Segal E. Critical considerations on the methods for evaluating kinetic parameters from nonisothermal experiments[J]. International Journal of Chemical Kinetics, 2015, 30(5): 313-327.

[18] Coats A W, Redfem J P. Kinctic paramctcrs from thcmogravimctric data[J]. Naturc, 1964, 2111(1): 68-69.

[19] 程世庆, 尚琳琳, 张海清. 生物质的热解过程及其动力学规律[J]. 煤炭学报, 2006, 31(4): 501-505.

[20] 陈纪忠, 邓天昇, 蒋斌波, 等. 竹材热解动力学的研究[J]. 林产化学与工业, 2005, 25(2): 11-15.

[21] 宋长忠, 方梦祥, 余春江, 等. 杉木热解及燃烧特性热天平模拟实验研究[J]. 燃料化学学报, 2005, 33(1): 68-73.

[22] Tsamba A J, Yang W, Blasiak W. Pyrolysis characteristics and global kinetics of coconut and cashew nut shells[J]. Fuel Processing Technology, 2006, 87(6): 523-530.

[23] 陈镜泓, 李传儒. 热分析及其应用[M]. 北京: 科学出版社, 1985.

[24] Vlaev L T, Markovska I G, Lyubchev L A. Non-isothermal kinetics of pyrolysis of rice husk[J]. Thermochimica Acta, 2003, 406(1): 1-7.

[25] 何启林, 王德明. 煤的氧化和热解反应的动力学研究[J]. 北京科技大学学报, 2006, 28(1): 1-5.

[26] Ma A, Zheng X, Liu C, et al. Study on regeneration of spent activated carbon by using a clean technology[J]. Green Processing & Synthesis, 2017, 6(5): 499-510.

[27] Lin G, Hu T, Liu C, et al. Dielectric characterizations and microwave heating behavior of zinc compound in microwave field[J]. Arabian Journal for Science & Engineering, 2017, 43(5): 1-10.

[28] Sipahioglu O, Barringer S A. Dielectric properties of vegetables and fruits as a function of temperature, ash, and moisture content[J]. Journal of Food Science, 2003, 68(1): 234-239.

[29] Liu C H, Zhang L B, Srinivasakannan C, et al. Dielectric properties and optimization of parameters for microwave drying of petroleum coke using response surface methodology[J]. Dry Technology, 2014, 32(3): 328-338.

[30] 马祥元. 乙酸乙烯合成用触媒载体活性炭再生新技术[D]. 昆明: 昆明理工大学, 2006.

[31] Paraguay F, Estrada W, Acosta D R, et al. Growth, structure and optical characterization of high quality ZnO thin films obtained by spray pyrolysis [J]. Thin Solid Films, 1999, 350 (1-2) : 192-202.

[32] Yang S H, Tang M T. Thermodynamics of Zn (Ⅱ) -NH_3-NH_4Cl-H_2O system[J]. Transactions of Nonferrous Metals Society of China, 2000, 10 (6) : 830-833.

[33] Zhou J, Shi C, Mei B, et al. Research on the technology and the mechanical properties of the microwave processing of polymer[J]. Journal of Materials Processing Technology, 2003, 137 (1-3) : 156-158.

[34] Bai D, Zhang Z, Yu K. Synthesis, field emission and glucose-sensing characteristics of nanostructural ZnO on free-standing carbon nanotubes films[J]. Applied Surface Science, 2010, 256 (8) : 2643-2648.

[35] Kudo S, Maki T, Miura K, et al. High porous carbon with Cu/ZnO nanoparticles made by the pyrolysis of carbon material as a catalyst for steam reforming of methanol and dimethyl ether[J]. Carbon, 2010, 48 (4) : 1186-1195.

[36] 解瑞. 废催化剂热处理产物吸附有机废水的研究[D]. 昆明: 昆明理工大学, 2009.

[37] Zhang Z, Niu H, Fernández Y, et al. Effect of temperature on the properties of ZnO/activated carbon composites from spent catalysts containing zinc acetate[J]. Journal of the Taiwan Institute of Chemical Engineers, 2010, 41 (5) : 617-621.

[38] Birks L S, Friedman H. Particle size determination from X-ray line broadening[J]. Journal of Applied Physics, 1946, 17 (8) : 687-692.

[39] Sobana N, Muruganandam M, Swaminathan M. Characterization of AC-ZnO catalyst and its photocatalytic activity on 4-acetylphenol degradation[J]. Catalysis Communications, 2008, 9 (2) : 262-268.

[40] Cesano F, Scarano D, Bertarione S, et al. Synthesis of ZnO-carbon composites and imprinted carbon by the pyrolysis of ZnCl2-catalyzed furfuryl alcohol polymers[J]. Journal of Photochemistry and Photobiology A: Chemistry, 2008, 196 (2-3) : 143-153.

[41] 孙成余. 活性炭脱除锌液中有机物反应机理的研究[D]. 昆明: 昆明理工大学, 2010.

[42] 金雯. 微波加热一步法制备活性炭基氧化锌复合吸附材料的研究[D]. 昆明: 昆明理工大学, 2012.

[43] 汪仁官. 实验设计与分析[M]. 北京: 中国统计出版社, 1998.

[44] Myers R H. Response surface methodology-current status and future directions[J]. Journal of Quality Technology, 1999, 31 (1) : 30-44.

[45] 王永菲, 王成国. 响应面法的理论与应用[J]. 中央民族大学学报(自然科学版), 2005, 14 (3) : 236-240.

[46] Chingombe P, Saha B, Wakeman R J. Sorption of atrazine on conventional and surface modified activated carbons[J]. Journal of Colloid & Interface Science, 2006, 302 (2) : 408-416.

[47] Walker G M, Hansen L, Hanna J A, et al. Kinetics of a reactive dye adsorption onto dolomitic sorbents[J]. Water Research, 2003, 37 (9) : 2081-2089.

[48] Vadivelan V, Kumar K V. Equilibrium, kinetics, mechanism, and process design for the sorption of methylene blue onto rice husk[J]. Journal of Colloid Interface Science, 2005, 286 (1) : 90-100.

[49] Sivaraj R, Namasivayam C, Kadirvelu K. Orange peel as an adsorbent in the removal of acid violet 17 (acid dye) from aqueous solutions[J]. Waste Management, 2001, 21 (1) : 105-110.

[50] Boyd G E, Adamson A W, Myers Jr L S. The exchange adsorption of ions from aqueous solutions by organic zeolites. Ⅱ. Kinetics1[J]. Journal of the American Chemical Society, 1947, 69 (11) : 2836-2848.

[51] 国家环境保护局. 钢铁工业废水治理[M]. 北京: 中国环境科学出版社, 1992.

[52] Luthy R G, Stamoudis V C, Campbell J R, et al. Removal of organic contaminants from coal conversion process condensates[J]. Journal, 1983, 55 (2) : 196-207.

[53] 王连生. 有机污染物化学下册[M]. 北京: 科学出版社, 1991.

[54] 毛悌和．化工废水处理技术[M]．北京:化学工业出版社, 2000.

[55] 李雨. 微波-活性炭协同处理焦化废水的工艺研究[D]. 昆明: 昆明理工大学, 2008.

[56] Booske J H, CooPer R F, Dobson I. Mechanisms for nonthermal effects on ionic mobility during microwave processing of crystalline solids[J]. Journal of Materials Research, 1992, 7(2): 495-501.

[57] Pollington S D, Bond G, Moyes R B, et al. The influence of microwaves on the rate of reaction of propan-1-ol with ethanoic acid[J]. The Journal of Organic Chemistry, 1991, 56(3): 1313-1314.

[58] Hua Y, Liu C. Microwave-assisted carbothermic reduction of ilmenite[J]. Acta Metallurgica Sinica (English Letters), 1996, 21(3): 164-170.

[59] Kubrakova I V. Effect of microwave radiation on physicochemical processes in solutions and heterogeneous systems: Applications in analytical chemistry[J]. Journal of Analytical Chemistry, 2000, 55(12): 1113-1122.

[60] 张耀斌. 微波辅助湿式空气氧化水中难降解有机物的研究[D]. 大连: 大连理工大学, 2005.

[61] 邓淑芳, 白敏冬, 白希尧, 等. 羟基自由基特性及其化学反应[J]. 大连海事大学学报, 2004, 30(3): 62-64.

[62] Yener J, Kopac T, Dogu G, et al. Dynamic analysis of sorption of Methylene Blue dye on granular and powdered activated carbon[J]. Chemical Engineering Journal, 2008, 144(3): 400-406.

[63] Demirbas A. Agricultural based activated carbons for the removal of dyes from aqueous solutions: A review[J]. Journal of Hazardous Materials, 2009, 167(1-3): 1-9.

[64] Nuithitikul K, Srikhun S, Hirunpraditkoon S. Influences of pyrolysis condition and acid treatment on properties of durian peel-based activated carbon[J]. Bioresource Technology, 2010, 101(1): 426-429.

[65] Zhang Z Y, Zhang Z B, Fernandez Y, et al. Adsorption isotherm and kinetic of methylene blue on low-cost adsorbent recovery from spent catalyst of vinyl acetate synthesis[J]. Applied Surface Science, 2010, 256(8): 2569-2576.

[66] Juang R S, Wu F C, Tseng R L. Characterization and use of activated carbons prepared from bagasses for liquid-phase adsorption[J]. Colloids and Surfaces A: Physicochemical and Engineering Aspects, 2002, 201(1): 191-199.

[67] Hameed B H, El-Khaiary M I. Batch removal of malachite green from aqueous solutions by adsorption on oil palm trunk fibre: Equilibrium isotherms and kinetic studies[J]. Journal of Hazardous Materials, 2008, 154(1-3): 237-244.

[68] Ahmad A A, Hameed B H. Fixed-bed adsorption of reactive azo dye onto granular activated carbon prepared from waste[J]. Journal of Hazardous Materials, 2010, 175(1): 298-303.

[69] Al-Degs Y S, El-Barghouthi M I, El-Sheikh A H, et al. Effect of solution pH, ionic strength, and temperature on adsorption behavior of reactive dyes on activated carbon[J]. Dyes & Pigments, 2008, 77(1): 16-23.

[70] Hameed B H, Din A T, Ahmad A L. Adsorption of methylene blue onto bamboo-based activated carbon: Kinetics and equilibrium studies[J]. Journal of Hazardous Materials, 2007, 141(3): 819-825.

[71] Hameed B H, El-Khaiary M I. Sorption kinetics and isotherm studies of a cationic dye using agricultural waste: Broad bean peels[J]. Journal of Hazardous Materials, 2008, 154(1): 639-648.

[72] Hameed B H. Spent tea leaves: A new non-conventional and low-cost adsorbent for removal of basic dye from aqueous solutions[J]. Journal of Hazardous Materials, 2009, 161(2-3): 753-759.

[73] El Qada E N, Allen S J, Walker G M. Adsorption of Methylene Blue onto activated carbon produced from steam activated bituminous coal: A study of equilibrium adsorption isotherm[J]. Chemical Engineering Journal, 2006, 124(1-3): 103-110.

[74] Senthilkumaar S, Varadarajan P R, Porkodi K, et al. Adsorption of methylene blue onto jute fiber carbon: Kinetics and equilibrium studies[J]. Journal of Colloid & Interface Science, 2005, 284(1): 78-82.

[75] Tan I A W, Hameed B H, Ahmad A L. Equilibrium and kinetic studies on basic dye adsorption by oil palm fibre activated carbon[J]. Chemical Engineering Journal, 2007, 127(1): 111-119.

[76] Hameed B H, Ahmad A L, Latiff K N A. Adsorption of basic dye (methylene blue) onto activated carbon prepared from rattan sawdust[J]. Dyes & Pigments, 2007, 75(1): 143-149.

[77] Kannan N, Sundaram M M. Kinetics and mechanism of removal of methylene blue by adsorption on various carbons-a comparative study[J]. Dyes & Pigments, 2001, 51(1): 25-40.

[78] AtkinsP W. Physical Chemistry[M]. 4th ed. London: Oxford University Press, 1990.

[79] Faust S D, Aly O M. Adsorption Processes for Water Treatment[M]. Amsterdam: Elsevier, 2013.

[80] Behera S K, Kim J H, Guo X, et al. Adsorption equilibrium and kinetics of polyvinyl alcohol from aqueous solution on powdered activated carbon[J]. Journal of Hazardous Materials, 2008, 153(3): 1207-1214.

[81] Mo J, Zhang Y, Yang R. Novel insight into VOC removal performance of photocatalytic oxidation reactors[J]. Indoor Air, 2005, 15(4): 291-300.

[82] Jones A P. Indoor air quality and health[J]. Atmospheric Environment, 1999, 33(28): 4535-4564.

[83] 姜安玺. 空气污染控制[M]. 北京: 化学工业出版社, 2003

[84] 周烈兴. 活性炭吸附处理苯和甲苯气体的性能及机理研究[D]. 昆明: 昆明理工大学, 2011.

[85] Chen J P, Wu S, Chong K H. Surface modification of a granular activated carbon by citric acid for enhancement of copper adsorption[J]. Carbon, 2003, 41(10): 1979-1986.

[86] 高洪亮, 周劲松, 骆仲泱. 模拟燃煤烟气中汞在活性炭上吸附的动力学研究[J]. 中原工学院学报, 2005, 16(6): 1-5.

[87] Polanyi M. Section Ⅲ.-Theories of the adsorption of gases. A general survey and some additional remarks. Introductory paper to section Ⅲ[J]. Transactions of the Faraday Society, 1932, 28(2): 350-360.

[88] 周烈兴, 钱天才, 王绍华. 活性炭掺杂氧化锌对苯的吸附等温线测定及甲苯的吸附等温线预测[J]. 功能材料, 2010, 41(8): 1473-1476.

[89] Chiang H L, Chiang P C, Huang C P. Ozonation of activated carbon and its effects on the adsorption of VOCs exemplified by methylethylketone and benzene[J]. Chemosphere, 2002, 47(3): 267-275.

[90] Chiang Y C, Chiang P C, Huang C P. Effects of pore structure and temperature on VOC adsorption on activated carbon[J]. Carbon, 2001, 39(4): 523-534.

[91] Su F, Lu C, Hu S. Adsorption of benzene, toluene, ethylbenzene and p-xylene by NaOCl-oxidized carbon nanotubes[J]. Colloids & Surfaces A Physicochemical & Engineering Aspects, 2010, 353(1): 83-91.

[92] Heinen A W, Peters J A, van Bekkum H. Competitive adsorption of water and toluene on modified activated carbon supports[J]. Applied Catalysis A: General, 2000, 194: 193-202.

[93] Carratalá-Abril J, Lillo-Ródenas M A, Linares-Solano A, et al. Regeneration of activated carbons saturated with benzene or toluene using an oxygen-containing atmosphere[J]. Chemical Engineering Science, 2010, 65(6): 2190-2198.

[94] Lillo-Ródenas M A, Fletcher A J, Thomas K M, et al. Competitive adsorption of a benzene-toluene mixture on activated carbons at low concentration[J]. Carbon, 2006, 44(8): 1455-1463.

[95] Lillo-Ródenas M A, Cazorla-Amorós D, Linares-Solano A. Behaviour of activated carbons with different pore size distributions and surface oxygen groups for benzene and toluene adsorption at low concentrations[J]. Carbon, 2005, 43(8): 1758-1767.

[96] Carratalááabril J, Lillorródenas M A, Linaressolano A, et al. Activated carbons for the removal of low-concentration gaseous toluene at the semipilot scale[J]. Industrial & Engineering Chemistry Research, 2009, 48(4): 2066-2075.

[97] Ryu Y K, Lee H J, Yoo H K, et al. Adsorption equilibria of toluene and gasoline vapors on activated carbon[J]. Journal of Chemical & Engineering Data, 2002, 47(5): 1222-1225.

[98] 钱天才, 周烈兴, 牟雷. 废触媒制备活性炭负载氧化锌的结构及其空气净化性能[J]. 材料工程, 2010, (3): 1-3.

[99] 甄开吉. 催化作用基础[M]. 第三版. 北京: 科学出版社, 2005.

第3章　废汞触媒载体活性炭的微波再生与应用

3.1 引　　言

聚氯乙烯(PVC)是世界上第二大通用塑料，其在工业、农业、国防和建筑等领域扮演着极其重要的角色[1]。氯乙烯单体(VCM)是合成PVC的原料，目前，乙炔氢氯化和乙烯氧氯化工艺是合成VCM的两种主要方法。乙炔氢氯化工艺所使用的原料来源于煤，乙烯氧氯化工艺使用的原料来源于石油。从20世纪50年代以来，随着乙烯成本的降低，国外大多数国家尤其是发达国家都使用乙烯氧氯化工艺生产VCM[2,3]，但是随着人们对煤炭资源里烃类化合物兴趣的再次提升以及石油危机所导致的乙烯氧氯化工艺的高成本问题[4]，这一趋势也许很快就会被逆转[5]。从全球范围内看，目前乙炔氢氯化工艺主要分布在东亚和东南亚地区，此外，独联体和一些欧洲国家也使用该工艺[6]。我国是一个“富煤贫油”的国家，因此一直以来乙炔氢氯化工艺都是生产VCM的主要方法，所占比例已经超过70%[7,8]。乙炔氢氯化工艺生产氯乙烯的反应如下[2]：

$$CH\equiv CH(g)+HCl(g)\longrightarrow CH_2=CHCl(g)+124.8(kJ/mol) \tag{3-1}$$

该反应是放热反应且具有高度的选择性，最佳反应温度为170～180℃[9]。经过科研工作者长期大量研究，负载于活性炭上的汞触媒($HgCl_2$)被选定为该反应催化活性最强的催化剂[10]。根据是否添加氯化钾、氯化钡、三氯化铈、氯化铵、四氯化锡、氯化亚铁、三氯化铝及碱金属和碱土金属氯化物等助剂或活化剂，又可以将氯化汞触媒分为单一氯化汞触媒和复合氯化汞触媒[11-13]。根据汞触媒中$HgCl_2$的含量，可以将其分为高汞触媒和低汞触媒，高汞触媒中$HgCl_2$的质量分数为10.5%～12.5%，低汞触媒中$HgCl_2$的质量分数为4.0%～6.5%[14]。

在我国PVC生产过程中，目前电石法合成氯乙烯仍占有重要地位，估计大小厂有70多家，均采用负载于活性炭上的氯化汞作为催化剂[15]。纯的升汞粉末对氯乙烯合成反应并无活性，而吸附于活性炭表面上的氯化汞分子，由于和炭相互作用，对该反应有优异的活性和选择性[16]。

氯化汞触媒的载体为活性炭，通常是由低灰分的煤加工后，经750～950℃高温水蒸气活化制备而成，使炭内部形成许多微细的空穴和通道[17,18]。活性炭内部通道系为约10μm的微孔结构，由于元素碳的结构，使活性炭本身与其他载体不同，而对氯乙烯合成反应也有一定的活性[19]。所采用活性炭为圆柱体条状，其颗粒大小要适当，平均尺寸为 $\Phi 3\times 6$mm，保证触媒在列管中填装时的密度，颗粒太大会使内部表面得不到充分利用，而颗粒太小会增加反应床层阻力。单层氯化汞的稳定性强，而存在于大孔内的氯化汞易升华，微孔内的氯化汞易积炭，难以发挥催化效能。为最大限度地在催化剂表面形成单层氯化汞，应该选择中孔(过渡型孔隙)多的活性炭作为载体。分布于活性炭中孔区域的氯化汞所占比例越大，触媒使用寿命越长[20]。

汞触媒在被使用一段时间后，会由于氯化汞升华或还原、触媒中毒和积碳等原因而失活，失活的汞触媒被称为废汞触媒，由于废汞触媒具有汞毒性而被收录于国家危险废物名录，代号为 HW29，目前国内的废汞触媒均由专业机构进行集中处置。国外早在 20 世纪六七十年代就已经完成了从乙炔氢氯化法向乙烯氧氯化法的转变，因此对于废汞触媒的处置或回收利用方面很少有国外的资料可以借鉴。国内关于废汞触媒回收的文献主要集中在 20 世纪，且主要停留在对实验现象的描述上，近年来公开了较多关于回收利用废汞触媒的专利。废汞触媒的处置方法分为化学预处理-焙烧法、高温升华法、复盐法、稳定固化法和直接再生法。其中化学预处理-焙烧法、高温升华法和复盐法都是针对回收废汞触媒中的汞，稳定固化法是将废汞触媒进行无害化处置，直接再生法是在不分离回收汞的前提下，直接对废汞触媒进行再生利用。

(1) 化学预处理-焙烧法是工业上回收废汞触媒最成熟的方法，其流程是先将废汞触媒用碱(包括 Na_2CO_3、NaOH 和碱石灰等)进行浸泡或煮沸，使其中的 $HgCl_2$ 转变为 HgO，这一步称作化学预处理，然后再用蒸馏炉或立式高炉等对 HgO 进行火法熔炼，所得汞蒸汽经冷凝后回收汞。化学预处理-焙烧法可以高效回收废氯化汞触媒中的汞，但该工艺具有工艺复杂和能耗高等缺点。

(2) 高温升华法是利用活性炭焦化温度比氯化汞升华温度高得多的原理，将废氯化汞触媒加热到一定温度后，使 $HgCl_2$ 升华，在系统微负压的条件下，从加热炉底通入 N_2 便可带出升华的 $HgCl_2$。通过高温升华法，可以将废氯化汞触媒中的 $HgCl_2$ 进行回收利用。

石家庄市科创助剂有限公司发明了控氧干馏法回收废汞触媒中 $HgCl_2$ 和活性炭的新工艺[21,22]，该新工艺主要包括三个部分：控氧干馏法回收废触媒 $HgCl_2$、水溶液浸泡法回收金属盐和活性炭扩孔再生。在负压密闭条件下同时回收汞触媒中的 $HgCl_2$ 和活性炭，经水溶液浸泡后还可以回收其他金属盐，即先采用高温升华法回收 $HgCl_2$，再对废汞触媒进行多次热水浸泡与气流鼓泡，将废汞触媒中起辅助作用的金属盐溶入水中，得到的盐溶液经过滤可再用于汞触媒制备；而高温升华及浸泡的过程实际上也是活性炭的复孔和再生过程，再生后的活性炭完全符合汞触媒载体的指标要求。整个工艺流程为密闭循环，实现了资源的综合利用和含汞废气、废液的零排放，回收的 $HgCl_2$ 质量分数为 95%，$HgCl_2$ 总回收率为 99.5% 以上，活性炭再生率为 85%以上，金属盐总回收率为 95%以上，具有显著的社会效益、经济效益和环境效益。

高温升华法对 Hg 的回收率基本在 97%以上，但是由于湿的 $HgCl_2$ 蒸汽和 Hg 蒸汽具有强烈的腐蚀性，又加之高温条件，使得几乎没有任何金属材料能抵抗如此强烈的腐蚀；而高温下抗腐蚀的陶瓷等非金属材料又具有传热性能差的缺点，因此有人便设想采用改变传热方式的办法来解决该问题，即在采用高温抗腐蚀材料的前提下，采用中频、工频和高频感应加热炉进行间接加热，但是由于资金问题该方法一直没有得到推广应用[12]。

(3) 复盐法处理废氯化汞触媒的原理为[23]：在 NaCl-HCl 溶液中，控制 pH≤7，温度为 35～95℃，经过一定时间反应后，废触媒中的 $HgCl_2$ 即可被溶液带出并生成复盐 $HgCl_2 \cdot 2NaCl$；再向该复盐溶液中加入还原剂甲醛或铁屑，并用 NaOH 调节溶液 pH 至 10～12，在温度为 50～80℃下进行搅拌，该复盐即可被还原而析出金属汞，金属汞完全沉淀后便可进一步分离再利用。复盐法的工艺简单，且对设备要求不高，但是一般只能回收废汞触媒中 80%～85%的 $HgCl_2$[23]，有的回收率甚至只有 60%[24]。

(4) 早期我国对废汞触媒无害化处理主要是通过挖坑深埋的方法，尽管后来有不同的稳定固化法的出现，但是这些技术都存在汞成本高和二次污染等问题。为此，朱建新和任亚峰[25]提出了一种以硫为添加剂机械球磨无害化处理废汞触媒的新方法，即先将废汞触媒和升华硫以质量比 1∶8 均匀混合后再球磨 2h。通过该方法可以使废汞触媒中的汞形成稳定的硫化汞，此外，该方法还具有工艺简单、成本低和能耗低的优点，但是在汞资源日益枯竭的今天，采用稳定固化法来处理废汞触媒显然不是最佳办法。

(5) 直接再生法是在不分离回收废汞触媒中的氯化汞的前提下，添加适量助剂和活性物质氯化汞对废汞触媒进行再生，同时消除催化剂中毒和积炭的问题。有关直接再生法的专利较多，但是该方法在工业生产上很少被采用。

综上所述，目前对废汞触媒的回收大多存在工艺流程长、能耗高、汞回收率和载体活性炭回收利用率低等问题，因此，探索出一种流程短、汞回收率高和活性炭再生效果好的新工艺显得尤为迫切。为此，笔者通过将微波加热技术应用到废汞触媒的处置中，实现了废汞触媒中汞的高效脱除和载体活性炭的同步活化再生。根据工艺的不同，可以分为两种：废汞触媒脱汞同步活性炭再生和微波加热直接活化废汞触媒载体活性炭再生。

3.2 原料分析表征

3.2.1 实验原料

该实验所用原料废汞触媒来源于贵州一家具有资质回收处理废汞触媒的企业，废汞触媒是黑色的具有刺鼻气味的黑色圆柱体，其直径为3～6mm，长度为2～8mm。废汞触媒的工业分析和主要元素含量分析结果如表3-1所示。废汞触媒的载体为煤质活性炭，在实验和分析之前，样品在80℃下干燥2h。

表3-1 废汞触媒主要成分分析

(a)

成分	水分	灰分	挥发分	固定碳
含量/wt%	1.50	12.23	12.55	73.72

(b)

元素	Cl	Si	Hg	Al	Ca	K	Ba	S	Fe	Na
含量/wt%	7.90	2.78	1.95	1.06	0.74	0.58	0.49	0.44	0.23	0.15

3.2.2 废汞触媒失活机制

根据行业要求，从2015年开始我国氯乙烯行业普遍采用低汞触媒替换高汞触媒，因此未来的废汞触媒主要是来源于低汞触媒，Liu等[26]研究了一种典型的低汞触媒(新汞触媒)及其废汞触媒的表面化学特征，分析了汞触媒的失活机制。化学分析结果表明，新汞触媒中总汞含量为4.51%，汞触媒失活后，废汞触媒中的总汞含量降至3.41%。与高汞触媒相比，低汞触媒失活总汞含量的挥发损失比例并不算太高。

汞触媒的催化反应过程是在串联有两段固定床转化器中进行的。汞触媒首先被用于第二段转化器，使用寿命约4600h；当催化活性下降后，汞触媒被转移到第一段转化器继续使用，使用寿命约为3000h，因此汞触媒的总使用寿命约为7600h。催化反应温度控制在130～180℃，具体取决于其他操作条件(如催化剂活性)。催化反应的绝对压力为0.12～0.15MPa。基于C_2H_2的气时空速(GHSV)为20～50h^{-1}，具体的GHSV取决于催化剂的使用条件。原料气中HCl(>95.8%)和C_2H_2(>99%)的物质的量比为1.05∶1。另外，原料气中的其他组分为H_2O(<0.03%)、O_2(<0.4%)、CO和N_2(<2%)。尽管反应前原料气经过净化处理，但乙炔气体中仍可能会含有痕量的PH_3和H_2S，氯化氢气体中可能

含有氯自由基，这些均可能引起催化剂中毒。催化反应过程中，乙炔在第一段转化器中的转化率大于 80%，在第二段转化器中的转化率大于 99%，在两段转化器中氯乙烯反应生成的选择性均大于 99.5%。

1. XRD 分析

载体活性炭、新汞触媒和废汞触媒的 XRD 图如图 3-1 所示。

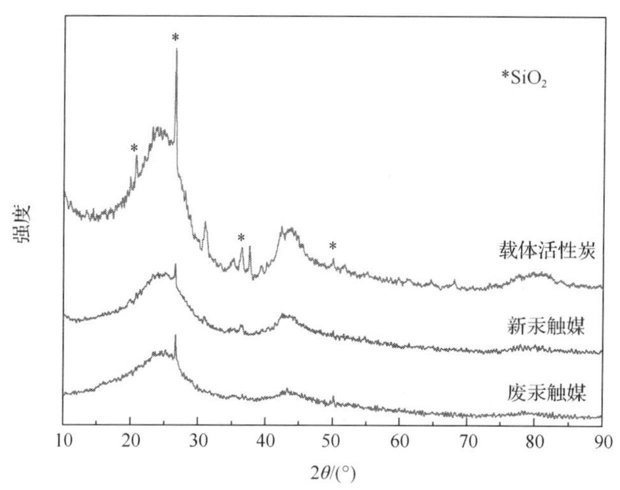

图 3-1　载体活性炭、新汞触媒和废汞触媒的 XRD 图

由图 3-1 可以看出，衍射角为 20°～26°和 40°～45°时属于活性炭的非晶形峰[27,28]。峰值出现在 20.9°、26.6°、36.5°和 50.1°的衍射峰是属于 SiO_2[29]，煤基 AC 中普遍存在有 SiO_2。在新汞触媒和废汞触媒中都没有发现活性组分 $HgCl_2$ 的特征峰，这可能是由于活性炭上负载的 $HgCl_2$ 是高度分散的或无定形的[30]。Xie 和 Tang[31]对 $HgCl_2$ 含量为 4wt%的 Hg-Cs/AC 催化剂进行了 XRD 分析，也没有找到活性组分的晶形峰，研究发现负载在活性炭上的氯化铯和氯化汞相互作用并形成了铯-汞氯化物，这些催化活性物质在活性炭表面上实际上是以单层或亚单层的分散态形式存在的。在一些具有高比表面积的商业催化剂上也发现了类似的现象[32]。因此，可以推断，本节的催化剂中，$HgCl_2$ 也高度分散在活性炭表面上。

2. SEM 分析

废汞触媒外表面的 SEM 图和元素面扫描图如图 3-2 所示，该区域的相应 EDS 分析如表 3-2 所示。

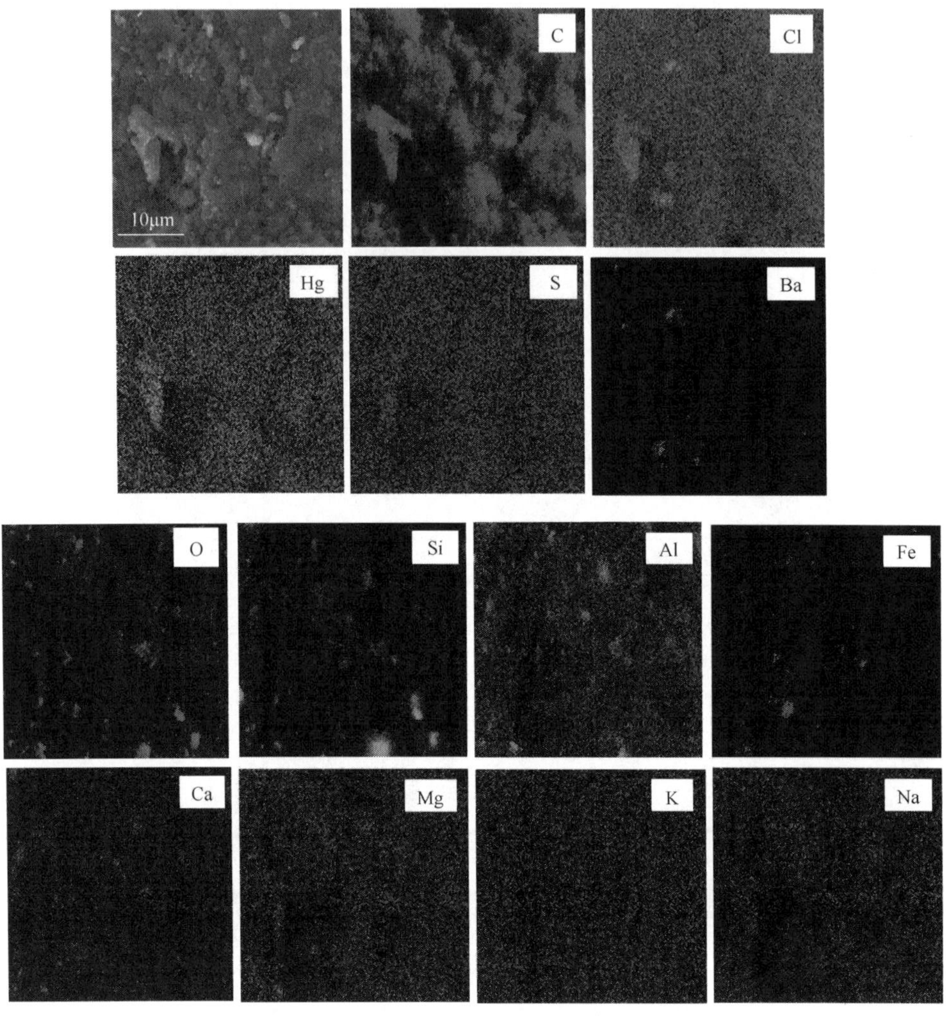

图 3-2　废汞触媒外表面的 SEM 图和元素面扫描图

表 3-2　图 3-2 中 SEM 面扫描的 EDS 分析　（单位：wt%）

元素												
C	Cl	O	Hg	Si	Fe	Al	S	Ba	Ca	Mg	K	Na
82.3	5.6	4.3	3.0	1.4	0.9	0.7	0.7	0.5	0.4	0.1	0.1	0.1

从图 3-2 可以看到，Hg 和 Cl 的含量较高且广泛分散在活性炭表面，表明触媒中 $HgCl_2$ 是以高度分散的形态存在，这也进一步证实了 XRD 分析的结果。元素 S 的面分布图与元素 Hg 的面分布图相似，表明样品中可能存在有由触媒失活而生成的 HgS。支林轩等[33]采用程序升温氧化-质谱（TPO-MS）分析证实了废低汞触媒中失活产物 HgS 的存在。

O 和 Si 的元素面分布图中存在着明显的重叠的亮点区域，表明废触媒中存在着晶形的 SiO_2，这也与 XRD 的分析结果相一致。根据如表 3-2 所示的 EDS 分析，O 和 Si 的质量比为 4.3∶1.4，而 SiO_2 中 O 和 Si 的质量比为 8∶7，表明 O 还可能与其他元素相结合。从图 3-2 中可以看出，元素 Al、Fe 和 Ca 的元素面分布中存在有与 O 重叠的区域，表明样品中存在 Al_2O_3、Fe_2O_3 和 CaO，这些氧化物主要来源于煤质活性炭[34]。在整个面扫描区域内，Ba 的含量只有 0.5wt%，但均集中分布在 Cl 含量较高的微区，表明催化剂助剂 $BaCl_2$ 的存在。Mg、K 和 Na 的含量较低，但在整个区域分布均匀，且与 Cl 的分布一致，这归因于催化活性物质 $MgCl_2$、KCl 和 NaCl 的存在。

为了比较触媒失活前后内表面结构的变化，对比分析了新汞触媒和废汞触媒的 SEM 图，如图 3-3 所示。从图 3-3 可以看出，新汞触媒的表面较为光滑且可以观察到许多均匀分布的白色点状物，根据 EDS 分析，这些白色物质是 $HgCl_2$ 和金属氯化物添加剂。在汞触媒失活后，活性炭上覆盖有多层稠密的吸附物，导致难以观察到类似于新汞触媒中的白色点状物。因此，由碳沉积引起的催化活性位点的覆盖是导致催化剂失活的原因之一。通过 EDS 分析表明，新汞触媒中 Cl 的相对含量高于废汞触媒中的含量，表明废汞触媒中吸附物可能是含氯的碳沉积。此外，对图 3-3(b)中废汞触媒进行能谱分析，没有检测到 Hg，这可能是由于汞在所检测的区域存在局部损失。

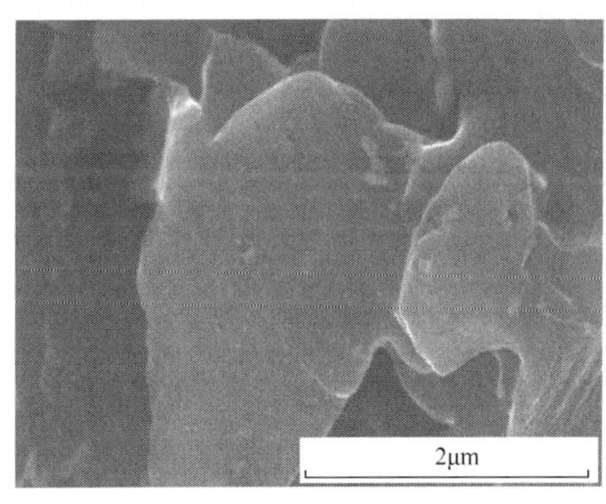

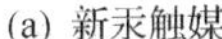

(a) 新汞触媒

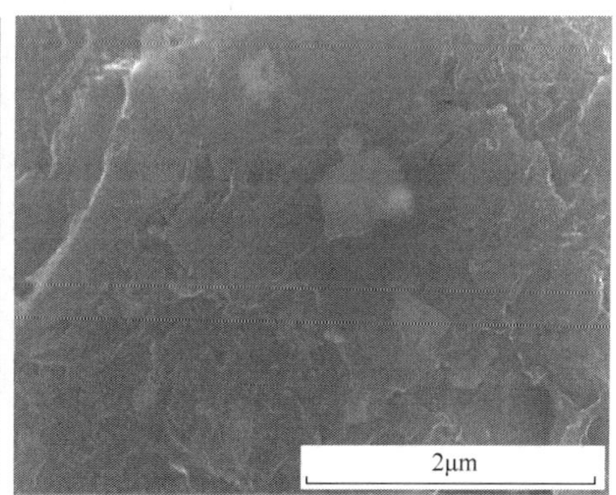

(b) 废汞触媒

图 3-3　触媒内部的微观结构图

3. 红外光谱和 X 射线光电子能谱(XPS)分析

载体活性炭、新汞触媒和废汞触媒的红外光谱图如图 3-4 所示。

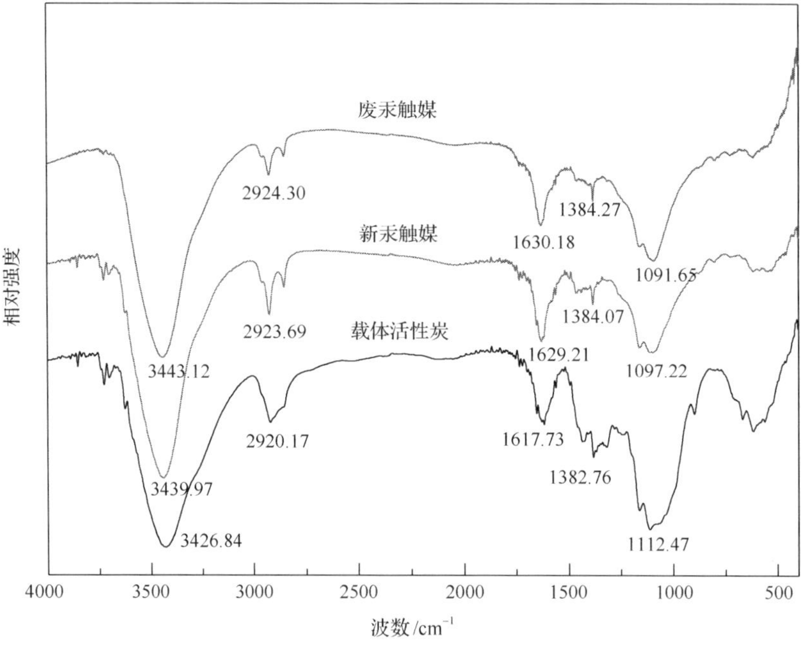

图 3-4　载体活性炭、新汞触媒和废汞触媒的红外光谱

从图 3-4 可以看出，三个样品上均存在很多红外吸附峰，这些都来源于活性炭上丰富的表面官能团。在 1112.47cm^{-1} 处的峰属于 C—O 伸缩振动峰[35]和 SiO_2 中 Si—O—Si 的伸缩振动峰[36]。1617.73cm^{-1} 处的峰属于 C═C 伸缩振动峰[37]。1382.76cm^{-1} 处的峰属于甲基的特征吸收峰[35,39]。2920.17cm^{-1} 处的峰属于 C—H 伸缩振动峰[35,40]。约 3430cm^{-1} 的峰属于—OH 伸缩振动峰[41]。

与载体活性炭相比，新汞触媒中活性炭上官能团的特征峰发生了明显的偏移，且峰的强度有所降低，这是由于 $HgCl_2$ 和其他催化添加剂在活性炭上发生了吸附所致。在载体活性炭和新汞触媒上分别出现在 1112.47cm^{-1} 和 1097.22cm^{-1} 位置的属于 C—O 官能团和 SiO_2 特征峰，在废汞触媒中偏移至 1091.65cm^{-1}，这可能是由于在触媒失活后，一些积碳有机物等杂质在 C—O 和 Si—O—Si 基团上发生了吸附而导致相应红外峰发生偏移。在后续的气相色谱-质谱（GC-MS）分析中，在废汞触媒上确实发现存在有与 O 和 Si 结合的有机物，如 $C_8H_{17}ClO_2Si$、$C_{10}H_9ClO_2$ 和 C_7H_9ClO。在汞触媒失活之后，大部分活性炭上的官能团的红外特征峰位置都发生了轻微偏移，这可能是由于某些杂质（如碳沉积物）在相应活性炭官能团上发生吸附所致，积碳等有机物在活性炭上的吸附会导致官能团减少，影响活性炭对汞的吸附，从而影响汞触媒的催化活性。

新汞触媒和废汞触媒的 XPS 全谱如图 3-5 所示，其中所含元素的相对含量如表 3-3 所示。

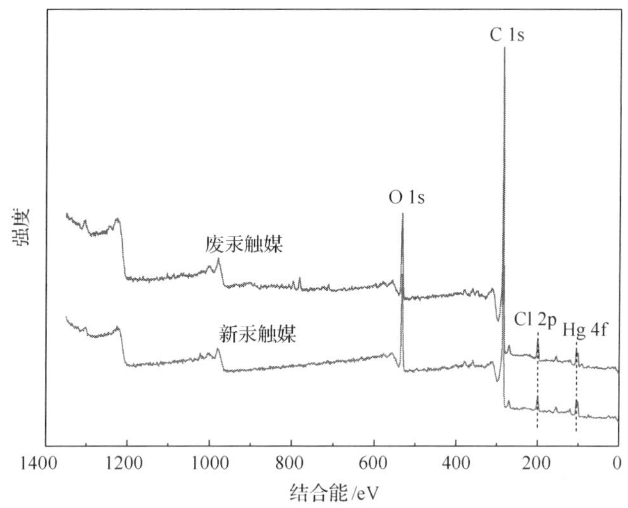

图 3-5　新汞触媒和废汞触媒的 XPS 全谱

表 3-3　图 3-5 中 XPS 谱图中不同元素的相对含量　（单位：mol%）

样品	C	O	Hg	Cl	Zn	Al	S	P
新汞触媒	74.49	17.95	2.53	2.50	0.23	2.30	—	—
废汞触媒	82.83	13.45	0.37	2.90	—	—	0.35	0.10

注：mol%表示摩尔分数。

由表 3-3 可以看出，新汞触媒和废汞触媒中存在的主要元素是 C、O、Hg 和 Cl。催化剂失活后，C 和 Cl 的相对含量有所增加，这可能是由于在催化反应过程中，含氯有机物在活性炭上发生了吸附。催化剂失活后，O 含量有所降低，可能是在催化反应过程中，含氧物质(Al_2O_3、CaO 和 C═O)发生了氢化现象，因为催化原料气之一是氯化氢气体，氯化氢可以与氧化物反应而生成水，从而导致氧的损失。新汞触媒中 Hg 的相对含量为 2.53%，而汞触媒失活后，Hg 的相对含量降至 0.37%，表明在催化反应过程中汞发生了损失，但是 XPS 是在超高真空度下进行检测的，因此也可能会导致样品中汞的挥发损失。在废汞触媒中发现元素 S 和 P，这与 SEM-EDS 结果一致，这是由于在催化反应中，原料气中可能会存在杂质元素 S 和 P，在反应过程中可能会吸附在活性炭上。

新汞触媒和废汞触媒中的 C 1s、O 1s、Cl 2p 和 Hg 4f/Si 2p 的高分辨 XPS 光谱分别如图 3-6～图 3-9 所示，相应的分峰拟合结果如表 3-4 所示。

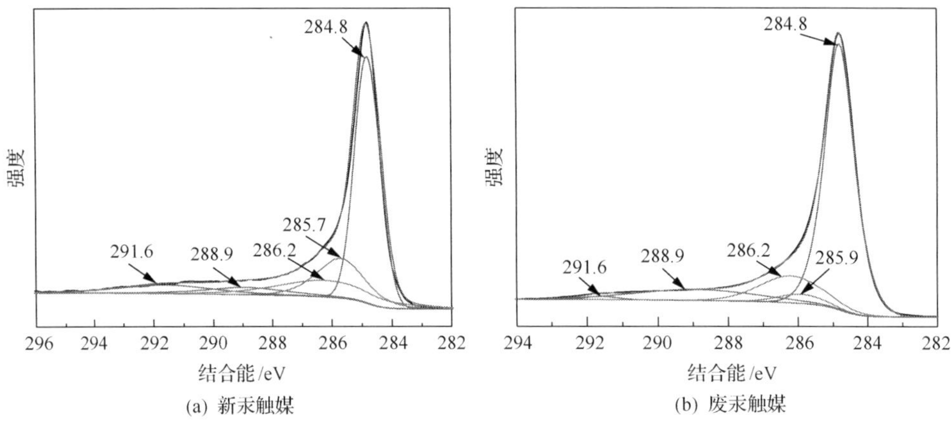

图 3-6　C 1s 高分辨 XPS 谱图

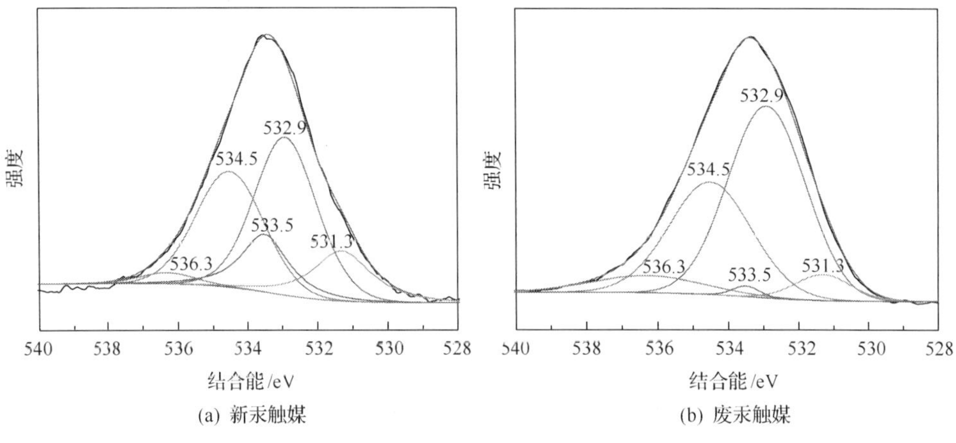

图 3-7　O 1s 高分辨 XPS 谱图

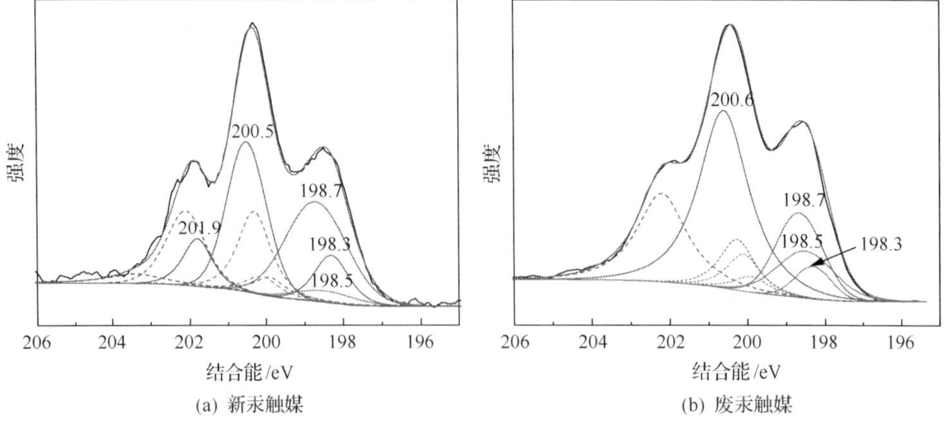

图 3-8　Cl 2p 高分辨 XPS 谱图

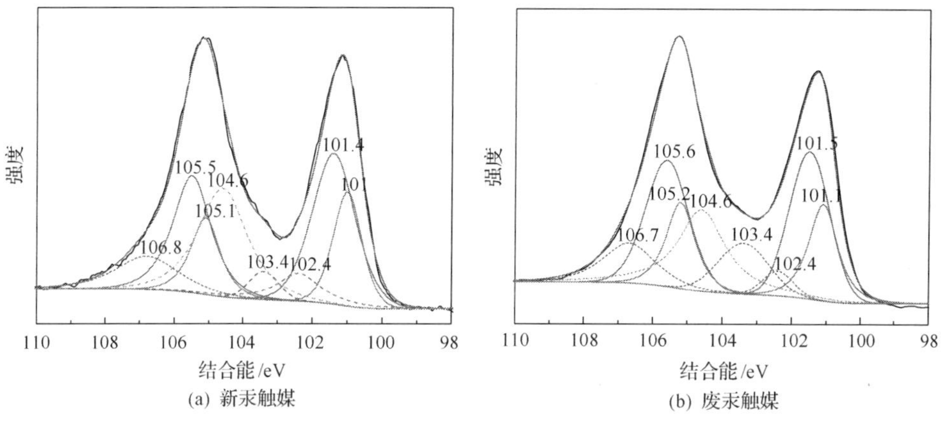

图 3-9　Hg 4f(实线)/Si 2p(虚线)的高分辨 XPS 谱图

表 3-4　新汞触媒和废汞触媒的 C 1s、O 1s、Cl $2p_{3/2}$ 和 Hg $4f_{7/2}$/Si 2p 的 XPS 图谱的分峰拟合结果

位置	峰位/eV	归属	参考文献	相对含量/mol%	
				新汞触媒	废汞触媒
C 1s	284.8	C—C、C═C、C—H	[42]、[43]	54.4	70.6
	285.9/285.7	C—O—C	[44]	17.5	3.5
	286.2	C—Cl	[45]	14.5	14.0
	288.9	O—C═O	[46]	5.9	11.1
	291.6	π-π*	[47]	7.7	0.8
O 1s	531.3	Al_2O_3	[48]	13.32	5.34
	532.9	SiO_2	[48]	40.13	53.47
	533.5	C—O—C	[49]	12.70	1.04
	534.5	化学结合的 O 和水	[50]	31.43	33.37
	536.3	物理吸附水	[51]	2.42	6.78
Cl $2p_{3/2}$	198.3	NaCl、KCl	[52]	10.7	6.4
	198.5	Hg_2Cl_2	[48]	4.2	15.0
	198.7	$HgCl_2$	[53]	37.2	21.7
	200.4	C—Cl	[54]	37.4	56.9
	202	有机 Cl	[55]	10.5	—
Hg $4f_{7/2}$	101	Hg_2Cl_2、HgS	[48]	33.5	35.1
	101.4	$HgCl_2$	[56]、[57]	66.5	64.9
Si 2p	102.4	SiO_x、Si—O	[58]	15.0	7.2
	103.4	SiO_2	[48]	7.8	24.3
	104.6	SiO_2	[59]	56.1	46.8
	106.8	SiC	[60]	21.1	21.7

根据图 3-6 和表 3-4 可以看出，汞触媒失活后含碳物质没有发生明显的变化。284.8eV 处的强峰归属于活性炭上的 C—C、C═C、C—H 基团，这些基团是活性炭芳环结构中的含碳共价键。汞触媒失活后，这些组分的含量从新汞触媒的 54.4mol%增加至废汞触媒的 70.6mol%，这是由于触媒失活后吸附了碳沉积。在 285.9eV 和 288.9eV 处的峰分别属于活性炭上 C—O—C 和 O—C═O 的特征峰，这在红外分析中也得到了证实。在 286.2eV 处的峰属于 C—Cl 共价键，在新汞触媒和废汞触媒中都可以观察到 C—Cl 键。Tao 等[61]通过 XPS 研究发现，浸渍过氯化铈的活性炭上 C 和 Cl^- 会发生反应而生成 C—Cl 共价键。在 291.6eV 处的峰属于活性炭芳香环中由 π–π^*跃迁所引起的卫星峰。

由图 3-7 和表 3-4 可知，新汞触媒和废汞触媒中的 O 1s 的 XPS 光谱可以分成四个峰，分别属于 Al_2O_3、SiO_2、C—O—C 和 H_2O 四种成分。其中 Al_2O_3 和 SiO_2 是来自于载体活性炭。C—O—C 属于活性炭上的官能团，这与傅里叶转换红外光谱分析(FTIR)和 C 1s 的 XPS 的分析结果一致。H_2O 是来自于活性炭上的吸收水。

如图 3-8 所示，Cl 2p 的光谱可以分为两个双峰(Cl $2p_{3/2}$ 和 Cl $2p_{1/2}$)，两个峰之间的能量差为 1.6eV，强度比为 2∶1。根据表 4.3 可知，催化剂失活后，NaCl/KCl 的含量略有下降。新触媒上 198.5eV 处的峰属于 Hg_2Cl_2。于婷[19]也观察到新汞触媒上 Hg_2Cl_2 的存在。事实上，根据新汞触媒的制备条件，可以提出如下反应：

$$C + 4HgCl_2 + 2H_2O \longrightarrow 2Hg_2Cl_2 + CO_2\uparrow + 4HCl\uparrow \tag{3-2}$$

根据热力学计算可知，当温度高于 50℃时，化学方程式(3-2)在热力学是可以发生的。在工业上，通常是将活性炭放入到温度为 85～90℃的 $HgCl_2$ 溶液中进行浸渍而制备新汞触媒。因此，在制备催化剂的过程中，$HgCl_2$ 是可以与 C 和 H_2O 反应生成 Hg_2Cl_2。在汞触媒失活后，废汞触媒中 Hg_2Cl_2 的相对含量增加了约 10.8%，这可能是有由于催化反应中部分 $HgCl_2$ 被还原为 Hg_2Cl_2。在新汞触媒和废汞触媒中，位于 200.4eV 的峰属于 C—Cl 共价键，进一步证明了触媒中 C—Cl 共价键的存在，与 C 1s 分峰的分析结果一致。催化剂失活后，C—Cl 基团的相对含量增加了约 20mol%，这很可能是由催化反应过程中含氯有机物在活性炭上吸附所引起的。在 202eV 处的峰属于与活性炭上的官能团(如羧基、苯基、羰基)有关的含氯物质[55]。这些物质出现在新汞触媒上，但是没有出现在废汞触媒上。基于之前的红外光谱分析，催化剂失活后活性炭上的一些官能团的红外吸收峰位置的偏移也可能与这些含氯物种的变化有关。

Hg 4f 的光电子能谱上有两个双峰，即 Hg $4f_{7/2}$ 和 Hg $4f_{5/2}$，Hg 4f 的自旋轨道分裂能为 4.1eV，两个峰的强度比约为 4∶3[62,63]，对 Hg 4f 的 XPS 图谱进行分峰拟合的结果如图 3-9 和表 3-4 所示。

对于新汞触媒，在 101.1eV 处的峰属于 Hg_2Cl_2，这与 Cl 2p 光谱关于 Hg_2Cl_2 的分峰的分析结果相一致。对于废汞触媒，101eV 处的峰属于 Hg_2Cl_2 或 HgS，实际上 Hg_2Cl_2 和 HgS 的峰位置都是在 101eV，因此难以准确区分 Hg_2Cl_2 和 HgS 的位置和相对含量。Hg $4f_{7/2}$ 在 101.4eV 处的峰值属于 $HgCl_2$。对比分析新汞触媒和废汞触媒可以发现，催化剂失活后，$HgCl_2$ 的相对含量略有下降，同时 Hg_2Cl_2/HgS 的相对含量增加。根据废汞触媒中的汞的连续浸提结果[64]，废汞触媒中易溶解态的 $HgCl_2$ 的含量仅为总汞含量的 56.4wt%。在本节中，XPS 分析结果也表明废汞触媒中 $HgCl_2$ 的含量只占总汞含量的 64.9at%，这进一步证实 $HgCl_2$ 不是废汞触媒上的唯一汞化合物。

Si 2p 与 Hg 4f 的结合能很接近，因此它们的 XPS 光谱出现了重叠。从图 3-9 可以看出，Si 2p 的能谱图可以进一步分成四个峰，102.4eV、103.4eV 和 104.6eV 处的峰属于 SiO_2，这与之前 XRD 和 SEM-EDS 等的分析结果一致。

4. GC-MS 分析

SEM、红外光谱和 XPS 等分析结果已初步表明，汞触媒失活的一个重要原因是炭沉积所引起的活性炭孔道的堵塞。为了进一步分析碳沉积的本质，利用甲醇对废汞触媒中的有机成分进行了提取，再对提取液进行气相色谱-质谱分析(GC-MS)。从 GC-MS 分析所得的废汞触媒提取液的总离子色谱如图 3-10 所示，对各色谱峰的成分进行解析并采用面积归一化法计算各成分的相对含量，结果如表 3-5 所示。

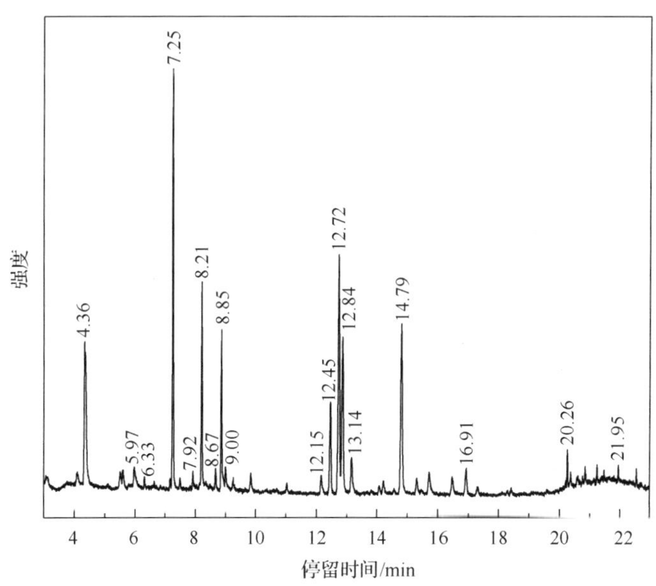

图 3-10　废汞触媒提取液的总离子色谱图

表 3-5　图 3-10 中各色谱峰的成分及其相对含量

出峰时间/min	分子结构	化合物	分子式	相对含量/mol%
4.36	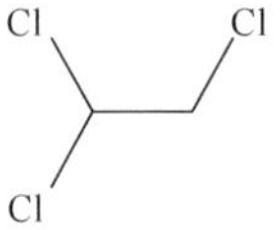	1, 1, 2-三氯乙烷	$C_2H_3Cl_3$	12.25
5.97	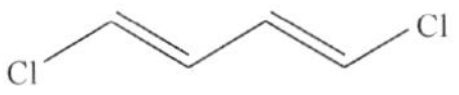	(E, Z)-1, 4-二氯-1, 3-丁二烯	$C_4H_4Cl_2$	1.00
6.33	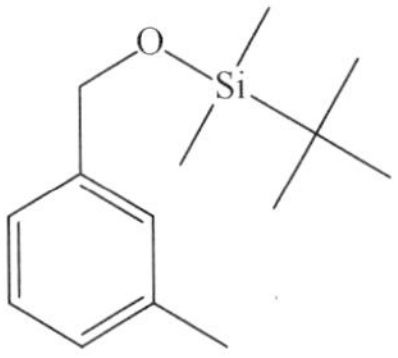	叔丁基-二甲基-甲硅烷基-三甲基苄醇	$C_{14}H_{24}OSi$	0.52
7.25, 12.45	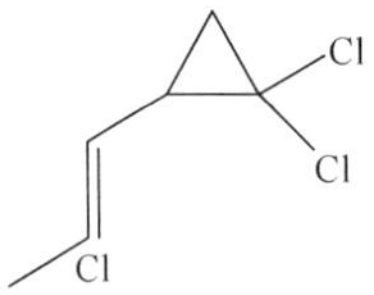	1, 3-二氯-2-丁烯	$C_4H_6Cl_2$	23.95
7.92	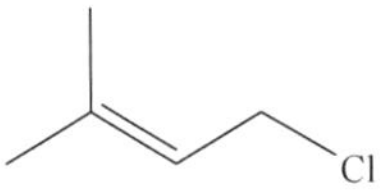	二氯-丙烯基环丙烷	$C_6H_8Cl_2$	0.56
8.21, 8.67, 8.85, 9.00, 12.72	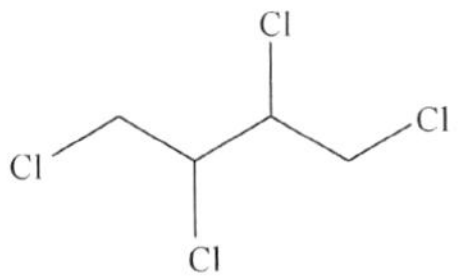	四氯丁烷	$C_4H_6Cl_4$	33.35
12.15, 13.14	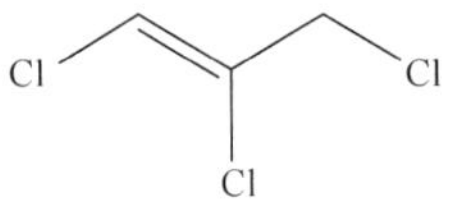	1, 2, 3-三氯-1-丙烯	$C_3H_3Cl_3$	2.61
12.84	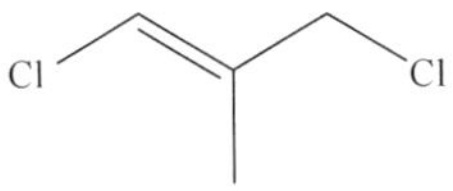	1, 3-二氯-2-甲基-丙烯	$C_4H_6Cl_2$	11.24
14.79	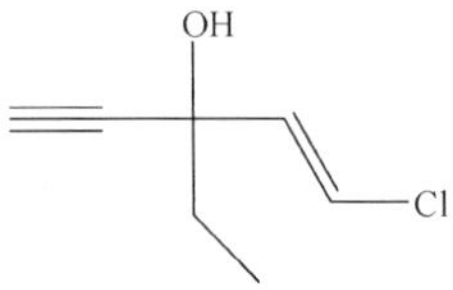	乙氯戊烯炔醇	C_7H_9ClO	12.43
16.91	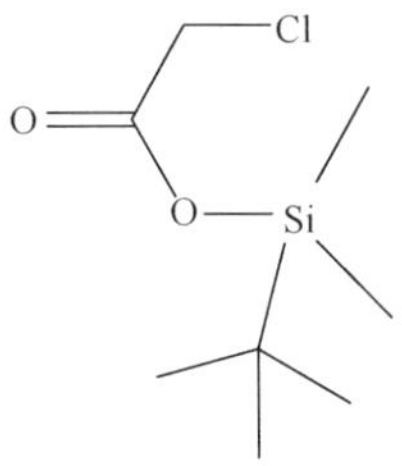	叔丁基二甲基甲硅烷基 2-氯乙酸酯	$C_8H_{17}ClO_2Si$	0.50

续表

出峰时间/min	分子结构	化合物	分子式	相对含量/mol%
20.26	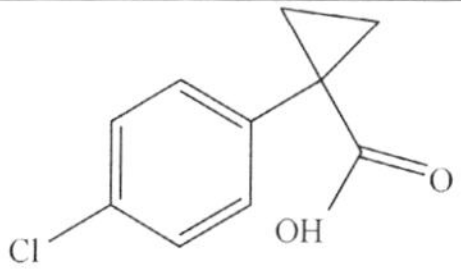 Cl OH O	1-(4-氯苯基)-环丙烷羧酸	$C_{10}H_9ClO_2$	1.17
21.95	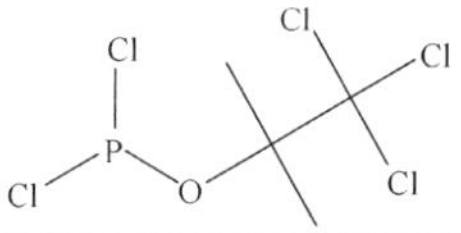 Cl P Cl O Cl Cl Cl	2, 2, 2-三氯-1, 1-二甲基乙基二氯亚磷酸酯	$C_4H_6Cl_5OP$	0.41

从表 3-5 可以看出，从废汞触媒中提取出的主要成分是含氯有机物，来源于催化剂反应过程中所发生的副反应。一些有机产物的形成机理可以通过以下反应进行推断：

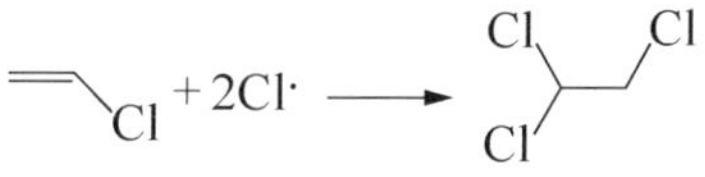

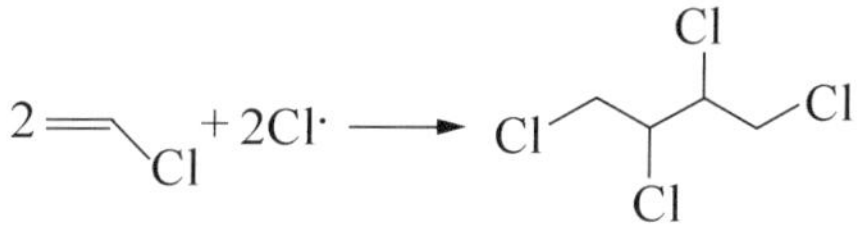

Cl + 2Cl· ⟶ Cl Cl Cl　(3-3)

2 Cl + 2Cl· ⟶ Cl Cl Cl Cl　(3-4)

2 ≡ + 2Cl· ⟶ Cl Cl　(3-5)

式(3-3)～式(3-5)的三种有机物是由主产物氯乙烯或反应物乙炔生成，来自于原料气氯化氢中的氯自由基可引发这些副反应。此外，有机物中的 $C_8H_{17}ClO_2Si$、$C_{10}H_9ClO_2$ 和 C_7H_9ClO 与触媒上的 C—O 和 Si—O—Si 基团有关；$C_4H_6Cl_5OP$ 的存在与来自原料气的含磷杂质有关。在催化反应过程中，副反应可能会在活性炭的孔道中发生，使得反应产物吸附在活性炭内部；副反应也可能在触媒外进行，使副反应产物吸附在触媒的外表面。这些都会阻碍反应物和产物在活性炭孔道中的扩散。此外，由汞触媒的机械损耗(如磨损和侵蚀)和由乙炔气还原所形成的粒状碳等所引起的细尘也会导致活性炭上的孔道发生堵塞。

5. 孔结构分析

为了分析汞触媒失活前后的孔结构的变化，对比分析了未经磨碎的载体活性炭、新汞触媒和废汞触媒的孔结构特征。为了对比废汞触媒的外表面和内部的孔结构差异，对磨碎后过 75μm 筛的粉末废汞触媒也进行了分析。载体活性炭、新汞触媒、废汞触媒和粉末废汞触媒的 N_2 吸脱附等温线如图 3-11 所示。

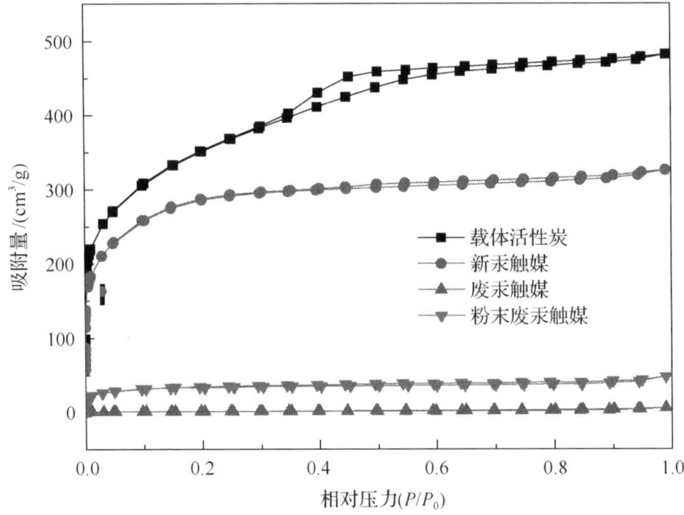

图 3-11　载体活性炭、新汞触媒、废汞触媒和粉末废汞触媒的 N_2 吸脱附等温线

从图 3-11 中可以看出，四个样品均显示出 IUPAC 分类的 I 型吸附等温线，表明样品是微孔的[65,66]。废汞触媒的 N_2 吸附量明显低于新汞触媒，表明催化剂失活后，载体活性炭的孔道被严重堵塞。废汞触媒的氮气吸附量几乎为零，表明废汞触媒的外表面几乎被完全阻塞。粉末废汞触媒的氮气吸附量要比废汞触媒略高，表明废汞触媒内部仍存在有一些未被堵塞的活性炭孔道。

根据密度函数理论(DFT)计算得到的载体活性炭、新汞触媒、废汞触媒和粉末废汞触媒的孔径分布图如图 3-12 所示，相应的孔结构参数如表 3-6 所示。

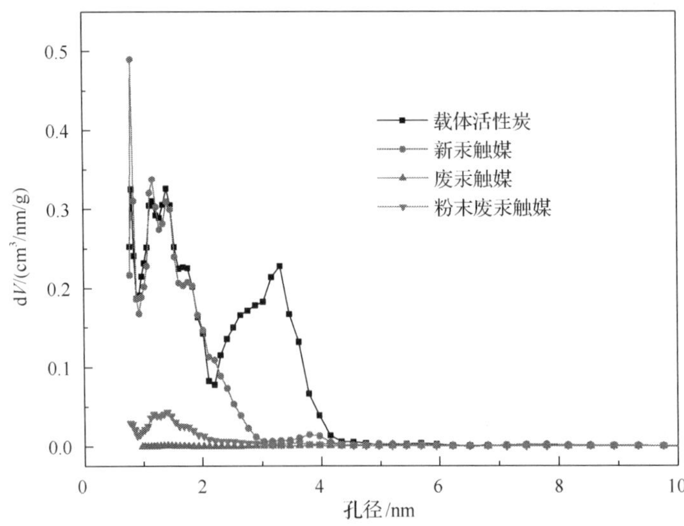

图 3-12　载体活性炭、新汞触媒、废汞触媒和粉末废汞触媒的 DFT 孔径分布图

表 3-6　载体活性炭、新汞触媒、废汞触媒和粉末废汞触媒的孔结构参数

样品	BET 比表面积/(m^2/g)	总孔体积/(cm^3/g)	平均孔径/nm	DFT 累积孔体积/(cm^3/g)	
				微孔体积(<2nm)	中孔体积(2～50nm)
载体活性炭	1244	0.75	2.40	0.37	0.30
新汞触媒	1039	0.50	1.94	0.36	0.09
废汞触媒	3	0.01	10.97	0.00	0.01
粉末废汞触媒	124	0.07	2.37	0.04	0.02

由图 3-12 可知，活性炭上的孔主要集中在 0.9～2nm 的微孔范围和 2～5nm 的介孔范围。当活性炭负载 $HgCl_2$ 等催化活性物质后，2～5nm 的孔明显减少，表明 $HgCl_2$ 等主要是吸附在孔径为 2～5nm 的孔道内。从图 3-12 和表 3-6 也可以看出，汞触媒失活后，废汞触媒的微孔和中孔体积都要显著低于新汞触媒。汞触媒失活后，不论是圆柱体废汞触媒还是粉末废汞触媒，其比表面积与载体活性炭相比都大幅下降，表明活性炭内外表面均发生了严重的堵塞。废汞触媒在被磨碎后，比表面积从 $3m^2/g$ 增至 $124m^2/g$。此外，从图 3-12 可以看出，粉末废汞触媒在 0.9～5nm 范围内可以观察到孔，而废汞触媒中几乎没有孔的存在。这表明废汞触媒外表面的堵塞可能会阻碍氮气的吸附，尤其是在 0.9～5nm 的孔隙范围内。

由表 3-6 可见，与载体活性炭相比，新汞触媒的比表面积由 $1244m^2/g$ 下降到 $1039m^2/g$，总孔体积从 $0.75cm^3/g$ 降低到 $0.50cm^3/g$，平均孔径从 2.39nm 下降至 1.94nm。这主要是由于 $HgCl_2$ 和其余催化活性炭物质在活性炭的孔道中发生吸附致。汞触媒失活后，比表面积由新汞触媒的 $1039m^2/g$ 急剧降低至废汞触媒的 $3m^2/g$，表明废汞触媒中的孔道堵塞相当严重。此外，废汞触媒的孔体积也要明显低于新汞触媒。粉末废汞触媒的比表面积和孔体积的略高于废汞触媒，表明粉末废汞触媒内部仍存在有一些没被堵塞的孔。

3.2.3　废汞触媒热解特性

Liu 等[64]研究了废汞触媒的热解特性，所采用废汞触媒的主要元素含量如表 3-7 所示，其中总汞含量为 3.31%，根据美国土地管理限制条例[67]，汞含量超过 260ppm①的含汞废物被认为是高汞废物，因此该废汞触媒属于高汞废物。根据 TCLP 实验，废汞触媒的浸出液中汞浓度为 64.18mg/L，远高于汞毒性浸出(TCLP)标准值 0.2mg/L[27]，因此该废汞触媒是一种典型的具有较强汞浸出毒性的固废。在汞触媒制备过程中，为了提高 $HgCl_2$ 的稳定性和汞触媒的催化活性，通常会将一些碱金属和碱土金属氯化物等加入到汞触媒中，因此，从表 3-7 中可知，废汞触媒中含有大量的 Ca、Fe、Mg、Al、K 和 Cl，以及痕量元素 Ce 和 Ba。

① ppm 表示百万分之一。

表 3-7　废汞触媒中的主要化学成分

元素	Hg	Ca	Fe	Mg	Al	K	Cl	Ce	Ba
含量	3.31wt%	1.55wt%	1.08wt%	0.39wt%	0.31wt%	0.17wt%	2.12wt%	388mg/kg	33mg/kg

为了具体分析废汞触媒中汞的赋存状态，采用连续浸提实验对废汞触媒进行了分析。文献[64]中采用的实验样品质量为 1g，由于废汞触媒中汞含量较高，连续浸提实验时汞的再吸附现象可能比较明显，本节将样品质量改 0.1g 而维持其余实验条件不变，这样可以提高提取剂的液固比，减少汞的总含量，进而减少汞的再吸附。对比分析了废汞触媒质量分别为 0.1g 和 1g 时的连续浸提结果，如图 3-13 所示。

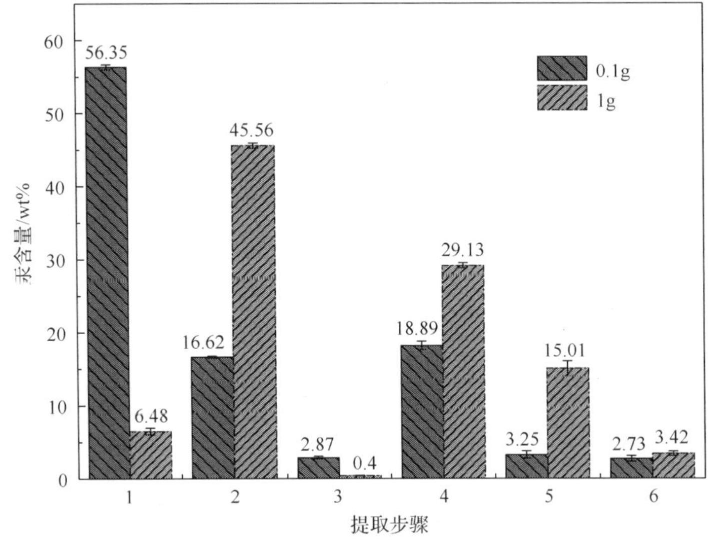

图 3-13　废汞触媒质量为 0.1g 和 1g 时的连续浸提结果

从图 3-13 可以看出，当样品质量不同时，每一步骤中汞的提取率都存在明显差异，尤其是前两个步骤中汞的提取率。当样品质量为 0.1g 时，第一步和第二步所提取的汞分别为 56.35wt%和 16.62wt%；而当样品质量为 1g 时，却存在相反的趋势，第一步仅提取了 6.48wt%的汞，而第二步中提取了 45.56wt%的汞。当样品质量为 1g 时，废汞触媒中总汞含量要明显高于文献中所测定的样品中的总汞含量[34,68]。因此，从前面步骤浸出的汞很可能会重新吸附至活性炭上，这部分重新吸附的汞又会在后续的步骤中被浸出，从而使第一步中浸出的汞含量偏低而第二步浸出的汞含量偏高。通过将样品质量从 1g 减少到 0.1g 后，第一步提取的汞的百分比明显升高而第二步提取的汞的百分比明显降低，表明通过减少样品质量后，汞的再吸附现象得以降低。因此，样品质量为 0.1g 时的连续浸提结果被认为更可靠，并用于后续的分析中。

根据图 3-13 可知，当样品质量为 0.1g 时，在每个提取步骤中均提取出了汞，表明汞触媒在失活后，废汞触媒中的汞并不是单一的催化活性物质 $HgCl_2$，而是存在多种形态的汞。前四个步骤中约有 94wt%的汞被浸出。由于前四个步骤所采用的提取剂均较温和，表明废汞触媒中的汞非常不稳定。因此，对废汞触媒应该进行严格的管理和储存以防止汞的浸出。连续浸提法中由六个步骤所提取的总汞含量与由电感耦合等离子体发射光谱仪（ICP-OES）测定的总汞含量的百分比为 88.9%，这种质量不平衡主要来源于连续六步浸提实验中汞的挥发损失和后续汞含量的测定所导致的误差，但是该结果对连续浸提实验而言是可以接受的[69]。

第一步提取的汞的比例最大，为 56.35wt%，这部分汞属于易溶解和易交换形态的汞，主要是负载在催化剂上的活性组分 $HgCl_2$。第二步提取的汞的比例为 16.62wt%，属于与不稳定有机物相结合的汞，这些不稳定有机物可能是来源于碳沉积。第三步和第四步所提取的汞的总量为 21.76wt%，这部分汞是与 Fe/Al 氧化物相结合的汞，Fe/Al 氧化物来源于泵触媒载体煤基活性炭中。第五步中提取的汞只有 3.25wt%，这部分汞属于强有机态结合的汞，有机物来源于积碳或活性炭上的含氧官能团[34]，由于第五步采用的提取剂是 40% HNO_3，具有强氧化性，因此 Hg^0 和 Hg_2Cl_2 也会在该步骤中被浸出。在乙炔氢氯化反应中，催化原料气乙炔具有还原性，因此很可能会导致 $HgCl_2$ 被还原为 Hg^0 和 Hg_2Cl_2。Adams[70] 通过电位分析证明 $HgCl_2$ 在吸附到活性炭上以后会形成 Hg_2Cl_2。活性炭表面上存在的氢醌、酚和硫氢化物基团可以将 Hg（Ⅱ）还原成 Hg（Ⅰ）[71]。最后一步所提取的汞含量最低，仅为 2.73%，这部分汞属于残留态的 HgS，很可能是来源于 $HgCl_2$ 的失活产物。

1. 热重分析

图 3-14（a）和（b）分别为不同升温速率下（5℃/min、10℃/min、15℃/min 和 20℃/min）废汞触媒的热重（TG）和微分热重（DTG）曲线。从图中可知，升温速率会影响 TG 曲线的位置和峰值温度。当升温速率增加时，DTG 曲线上峰的初始温度、最高温度和结束温度也随着增加。

根据图 3-14 可知，取升温速率为 10℃/min 的 TG 曲线和 DTG 曲线进行分析，废汞触媒的升温过程可以分为三个阶段。

第一阶段是从室温升温至 150℃，该阶段主要是水分的蒸发、微量弱吸附汞的挥发和一些具有高挥发性的杂质的挥发，这些杂质主要来源于催化反应过程中生成的副反应产物。

第二阶段为 150～380℃，该温度区间是废汞触媒的主要失重阶段，失重率达到 11.3%。

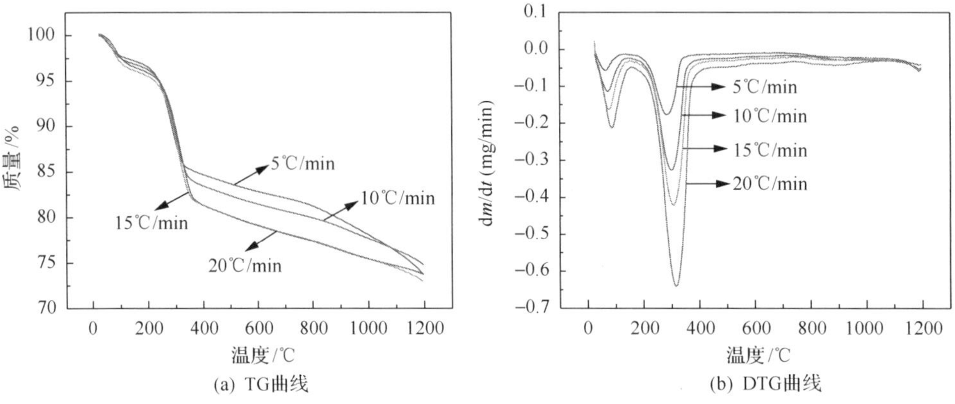

图 3-14　不同升温速率下废汞触媒的 TG 曲线和 DTG 曲线

根据文献可知(表 3-8)，吸附在不同载体上的 Hg_2Cl_2、$HgCl_2$ 和 HgS 的热脱附温度均低于 400℃，因此，废汞触媒中汞化合物 Hg_2Cl_2、$HgCl_2$ 和 HgS 等的挥发损失主要发生在第二阶段。第三阶段是从 380～776℃，该阶段的失重过程较为平缓，主要是样品中残留积碳和包裹态汞的挥发脱附。第四阶段是从 776～1120℃，从 DTG 曲线可以看出，该阶段出现了一个小的失重峰，主要是由于催化添加剂金属氯化物的挥发，根据有关物质的熔沸点，这些金属氯化物可能包括 $CaCl_2$、KCl、$BaCl_2$ 和 $CeCl_3$。在升温过程中，积碳的挥发脱附有两个途径：热分解释放和伴随汞脱附的释放，因此积碳有机物的释放可能存在于整个 TG 曲线中。积碳的成分包括具有不同挥发性的各种有机物和细碎的碳粉。综合考虑不同升温速率下废汞触媒的 TG 曲线可知，汞的失重主要发生在温度区间 150～400℃，因此，后续采用该温度区间对应的 TG 曲线和 DTG 曲线进行动力学计算。

表 3-8　文献中报道的在氮气气氛下汞化合物的热释放温度（单位：℃）

汞化合物	文献[72]	文献[73]	文献[74]	文献[75]
Hg^0				25～180, 150
Hg_2Cl_2	50～300, 75			100～250, 225
$HgCl_2$	50～300, 75	61～154, 110	125～225, 180	150～340, 275
HgS	170～450, 313	252～343, 305	225～325, 300	
载体	无	污染的土壤	氧化铝	磷粉

2. 热解动力学模型

热分析法通常被用来分析固体物质的热分解过程，对于只涉及单个固体反应物(如升华或分解)的反应过程一般可以通过式(3-6)来描述：

$$\mathrm{A(s)} \longrightarrow \mathrm{B(s)} + \mathrm{C(g)} \tag{3-6}$$

对于非等温实验数据，反应速率通常符合以下定律：

$$\frac{\mathrm{d}\alpha}{\mathrm{d}t} = k(T)f(\alpha) \tag{3-7}$$

式中，T 为绝对温度(K)；t 为反应时间(min)；$f(\alpha)$ 为反应模型的微分表达式，其中 α 为在反应时间为 t 时刻反应的转化率，定义为

$$\alpha = \frac{m_0 - m_t}{m_0 - m_\infty} \tag{3-8}$$

其中，m_0 为样品的初始质量；m_t 为时刻 t 时残留的样品质量；m_∞为样品的最终质量。

根据阿伦尼乌斯方程，替换方程式(3-7)中的 $k(T)$，可以得到

$$\frac{\mathrm{d}\alpha}{\mathrm{d}t} = A\mathrm{e}^{-\frac{E_\mathrm{a}}{RT}} f(\alpha) \tag{3-9}$$

式中，A 为指前因子(min^{-1})；E_a 为活化能；R 为普适气体常数(8.314kJ/mol K)。

为计算非等温动力学，引入升温速率 β，因此方程式(3-9)可以进一步表示为

$$\frac{\mathrm{d}\alpha}{\mathrm{d}T} = \frac{A}{\beta}\mathrm{e}^{-\frac{E_\mathrm{a}}{RT}} f(\alpha) \tag{3-10}$$

对方程式(3-10)的左右两边分别从 T_0～T 和 0～α 积分，可以得到积分反应模型 $g(\alpha)$：

$$g(\alpha) = \int_0^\alpha \frac{1}{f(\alpha)}\mathrm{d}\alpha = \frac{A}{\beta}\int_{T_0}^{T} \mathrm{e}^{-\frac{E_\mathrm{a}}{RT}}\mathrm{d}T \tag{3-11}$$

微分方程式(3-9)和式(3-10)及积分方程式(3-11)是研究基于热分析数据的研究热分析动力学的基本方程。方程式(3-11)中的 $\int_{T_0}^{T} \mathrm{e}^{-\frac{E_\mathrm{a}}{RT}}\mathrm{d}T$ 是一个著名的积分方程，该方程没有解析解，通过采用不同的近似方法来求解该方程可以形成不同的积分求解方法。

3. *热解动力学分析*

1) 非模型法

在热分析动力学研究中，非模型法得到广泛应用，因为非模型法既可以使用

等温数据也可以使用非等温数据，而且本质上从等温数据或非等温数据所获得的实验结果是一致的[76]。对于复杂的和具有多个反应的体系，非模型法可以在不假设反应机理的情况下计算活化能，从而真正揭示不同转化率下的热分解机理，因此该方法被认为是一个可靠的获得动力学参数的方法[77,78]。几种常用的非模型法及相应的线性方程如表 3-9 所示。

表 3-9　常用的非模型法及其线性方程

非模型法	线性方程	参考文献
Friedman	$\ln\left(\beta\left(\frac{\mathrm{d}\alpha}{\mathrm{d}T}\right)\right)=\ln\left(Af(\alpha)\right)-\frac{E_a}{RT}$	[79]
Kissinger	$\ln\left(\frac{\beta}{T_m^2}\right)=\ln\left[-\frac{AR}{E_a}f'(\alpha_m)\right]-\frac{E_a}{RT_m}$	[80]
Flynn-Wall-Ozawa（FWO）	$\ln\beta=\ln\left(\frac{AE_a}{Rg(\alpha)}\right)-5.331-1.052\frac{E_a}{RT}$	[81]、[82]
Kissinger-Akahira-Sunose（KAS）	$\ln\left(\frac{\beta}{T^2}\right)=\ln\left(\frac{AR}{E_a g(\alpha)}\right)-\frac{E_a}{RT}$	[83]
Starink	$\ln\left(\frac{\beta}{T^{1.92}}\right)=\text{Const.}-1.0008\left(\frac{E_a}{RT}\right)$	[84]

从表 3-9 可以看出，由于 $f(\alpha)$ 或 $g(\alpha)$ 与温度 T 无关，对于表 3-9 中的线性方程，在固定转化率的情况下，以方程左边项为纵坐标，$1/T$ 为横坐标作图，可以得到拟合直线，通过该拟合直线的斜率可以求得活化能。由 Friedman、KAS、FWO 和 Starink 法计算的活化能值是转化率的函数，因此这些非模型法也被称为等转化率法。值得注意的是，T_m 为 DTG 曲线上的峰值温度，因此，由 Kissinger 法只能求得一个活化能值，所以 Kissinger 法并不是等转化率法。

不同升温速率下汞的转化率与温度的关系如图 3-15 所示。将 TG 曲线和 DTG 曲线上的有关数据和不同温度下的 α 代入 Friedman、KAS、FWO 和 Starink 法的线性方程中进行计算，其中 α 的取值范围为 0.1～0.9，每隔 0.05 取一个点。计算结果表明，所有模型的线性拟合系数均大于 0.99，所计算的活化能 E_a 与转化率的 α 关系如图 3-16 所示。

由图 3-16 可知，由 Friedman、KAS、FWO 和 Starink 法所得到的 E_a 随 α 的变化趋势较为类似，在不同转化率下，由 Friedman、KAS 和 Starink 法所获得的活化能值几乎相同，而由 FWO 法获得的活化能值要明显高于其余方法的活化能值。Lopez-Gonzalez 等[71]研究了污染土壤中汞化合物的分解活化能，发现用 FWO

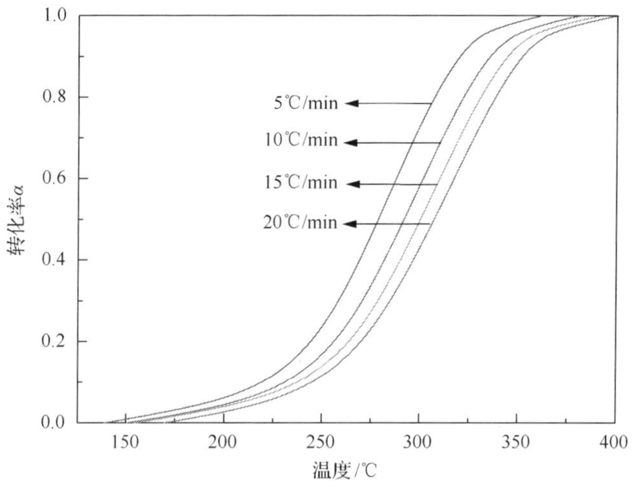

图 3-15 不同升温速率下汞的转化率与温度的关系

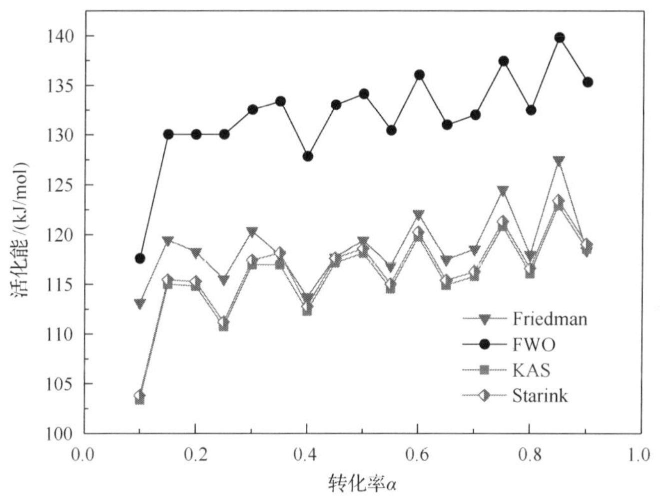

图 3-16 由不同等转化率法所计算的活化能值与转化率 α 的关系

法得到的活化值也要高于用 Friedman 法得到的活化值，这可能是由于使用 FWO 法时采用简单的温度积分近似值而导致系统误差。由 Friedman 法获得的活化能值略高于由 KAS 和 Starink 法所获得的活化能值，这是由于 Friedman 法是一种微分方法，易受实验噪声的影响，获得的活化能值较为分散。Mishra 和 Bhaskar[85]采用非模型法求解了稻草的热分解活化能，也得到了类似的结论。在不同转化率下，由 KAS 和 Starink 法所获得的活化能值非常接近。由于 Starink 法采用了更精确的温度积分近似值，获得的结果更为精准，因此将 Starink 法获得的活化能值用作后续分析，该方法得到的平均活化能为 116.3kJ/mol。此外，将 TG 曲线和 DTG 上的有关实验数据与表 3-9 中的 Kissinger 法的线性方程进行拟合计算，结果表明线性拟合相关系数为 0.98，该方法获得了单一的活化能值为 114.9kJ/mol，该值接近于采用 Starink 法计算的平均活化能值。

从图 3-16 可以看出，由不同方法获得的活化能均随转化率而波动，整体上活化能是随着转化率的增加而呈现出上升趋势，表明废汞触媒中汞的热脱附是一个复杂的过程。从本质上而言，废汞触媒类似于被汞污染的污泥[67]，也是一个具有多组分和多分散体系的物质，计算出的活化能值并不能代表任何单一的反应，因此所获得的“活化能”只是“表观活化能”。Bentley 等[27]研究了负载在活性炭上的氯化汞的热分解过程，发现 $HgCl_2$-AC、$HgCl_2$-$FeCl_3$-AC 和 $HgCl_2$-NaCl-AC 三种体系中氯化汞分解的活化能分别为 97.5kJ/mol、95.1kJ/mol 和 99.1kJ/mol，该值略低于废汞触媒中汞的热脱附活化能，其差异由废汞触媒更为复杂的体系所导致。

2)模型拟合法

由非模型法只能得出单一的活化能值，而通过模型拟合法可以同步获得动力学三因子 E_a、A 和 $f(\alpha)$。对于非等温数据，很多模型法可以用来评估动力学参数，选取 Coats-Redfern 方程来计算动力学[86]，如方程(3-12)所示：

$$\ln\left[\frac{g(\alpha)}{T^2}\right]=\ln\left(\frac{AR}{\beta E_a}\right)-\frac{E_a}{RT} \tag{3-12}$$

在固定升温速率为 β 的情况下，取值不同的转化率 α 及对应的 T，以 $\ln\left(\frac{g(\alpha)}{T^2}\right)$ 为纵坐标，$1/T$ 为横坐标作图，可以得到拟合直线，拟合度最高的模型被认为是动力学机理函数。

热分解动力学模型共有 41 个[87]，其中常用的动力学模型如表 3-10 所示。归纳这些动力学起来可以分为三种类型：加速模型、减速模型和 S 形模型[88]，这三种类型的模型都有一个特征的“动力学曲线”。对于等温动力学数据，由于 $k(T)$ 为常数，动力学曲线的形状仅取决于反应模型，故很容易识别这种“动力学曲线”；而对于非等温动力学数据，由于 $k(t)$ 和 $f(\alpha)$ 会同时变化而使 α 与 t 之间呈现 S 形的关系，从而难以判断反应模型。对于等温实验数据，α 与 t 之间的特征的动力学曲线如图 3-17 所示。加速模型表明反应速率随转化率而逐渐增加并在反应结束时达到最大值；减速模型表明在反应刚开始时，反应速率最大，然后随转化率的增加而逐渐降低；S 形模型表明反应的前段和后段分别为加速和减速过程，在中间某个转化率时反应速率达到最大。

表 3-10　对于固体热分解反应的常用动力学模型表达式 $f(\alpha)$ 和 $g(\alpha)$

模型	函数名称	机理	代号	微分形式 $f(\alpha)$	积分形式 $g(\alpha)$
加速形 α-t 曲线	指数法则		E1	α	$\ln\alpha$
S 形 α-t 曲线成核模型	Avarami-Erofeev 方程	随机成核和随后生长	A2	$2(1-\alpha)[-\ln(1-\alpha)]^{1/2}$	$[-\ln(1-\alpha)]^{1/2}$
	Avarami-Erofeev 方程	随机成核和随后生长	A3	$3(1-\alpha)[-\ln(1-\alpha)]^{2/3}$	$[-\ln(1-\alpha)]^{1/4}$
	Avarami-Erofeev 方程	随机成核和随后生长	A4	$4(1-\alpha)[-\ln(1-\alpha)]^{3/4}$	$[-\ln(1-\alpha)]^{1/4}$
减速形 α-t 曲线	收缩圆柱体(面积)	相边界反应，圆柱形对称	R2	$2(1-\alpha)^{1/2}$	$1-(1-\alpha)^{1/2}$
	收缩球状(体积)	相边界反应，球形对称	R3	$3(1-\alpha)^{2/3}$	$1-(1-\alpha)^{1/3}$
	抛物线法则	一维扩散	D1	$1/2\alpha$	α^2
	Valesi 方程	二维扩散，圆柱形对称	D2	$[-\ln(1-\alpha)]^{-1}$	$(1-\alpha)\ln\ln(1-\alpha)+\alpha$
	Jander 方程	三维扩散，球形对称	D3	$(3/2)(1-\alpha)^{2/3}[1-(1-\alpha)^{1/3}]^{-1}$	$[1-(1-\alpha)^{1/3}]^2$
	Ginstling–Brounshtein 方程	三维扩散，球形对称	D4	$(3/2)[(1-\alpha)^{-1/3}-1]^{-1}$	$1-2\alpha/3-(1-\alpha)^{2/3}$
	Mampel 单行法则(一级)	单分子衰减法则	F1	$1-\alpha$	$-\ln(1-\alpha)$
	二级	化学反应	F2	$(1-\alpha)^2$	$(1-\alpha)^{-1}-1$
	三级	化学反应	F3	$2(1-\alpha)^3$	$[(1-\alpha)^{-2}-1]/2$

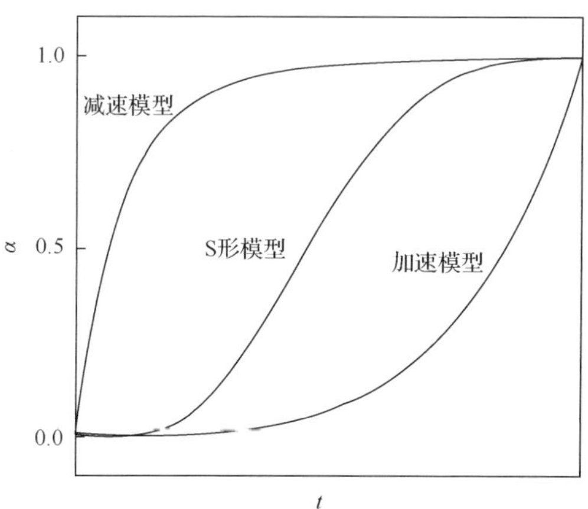

图 3-17　α 与 t 之间的特征动力学曲线[88]

废汞触媒的等温热重分析结果表明，α 与 t 之间的特征的动力学曲线符合减速模型，因此在后续研究中只采用减速模型。将在不同线性升温速率下从 TG 曲线和 DTG 曲线所获得的原始数据 α、$d\alpha/dT$、T_α 和表 3-10 所列出的减速动力学模型函数代入方程式(3-12)进行计算，获得了由不同模型所确定的活化能的平均值、指前因子的对数和拟合相关系数，如表 3-11 所示。

表 3-11　由不同减速模型所获得的汞热脱附过程的动力学参数

模型代号	E_a / (kJ/mol)	$\lg A$/min^{-1}	R^2
R2	55.6±1.1	3.93±0.18	0.9947±0.0008
R3	59.3±1.1	4.15±0.18	0.9972±0.0013
D1	101.2±1.8	8.27±0.17	0.9817±0.0009
D2	112.9±2.0	9.21±0.18	0.9916±0.0003
D3	127.8±2.4	10.10±0.19	0.9977±0.0012
D4	117.8±2.2	9.06±0.18	0.9946±0.0005
F1	67.2±1.3	5.48±0.18	0.9974±0.0024
F2	96.6±1.9	8.6±0.17	0.9688±0.0048
F3	132.8±2.7	12.3±0.23	0.9262±0.0062

从表 3-11 可以看出，实验数据几乎与所有模型都具有较好的拟合度，而只有四个扩散模型的 E_a 最接近于由无模型 Starink 模型估算的表观活化能(116.32kJ/mol)的平均值。尽管 D1 和 D2 模型与实验数据具有较高的拟合度，但是从活化能的角度而言，D1 和 D2 模型所获得的活化能值不如 D4 模型，因为由 D4 确定的活化能(117.8kJ/mol±2.2kJ/mol)最接近于通过无模型 Starink 模型获得的值(116.32kJ/mol)。此外，D3(0.9977±0.0012)和 D4(0.9946±0.0005)模型的相关系数也要高于由 D1(0.9817±0.0009)和 D2(0.9916±0.0003)模型所获得的相关系数。因此，综合考虑相关系数和 E_a，所有扩散模型中的 D1 和 D2 模型不能被认为是最佳拟合模型。一般而言，具有最高相关系数的 D3 模型应被视为最佳拟合模型。但进一步从活化能的角度考虑，相比于 D3 模型，D4 模型所获得的活化能值要更接近通过无模型 Starink 模型获得的值(116.32kJ/mol)。因此，在采用模型法来研究废汞触媒的脱汞过程时，无法选择一个最佳的模型来描述整个过程。这表明整个脱汞过程不能用一个单一的速率方程来进行预测，据此可以推测在脱汞过程中，不同的转化率下符合不同的机理函数。然而，尽管模型法无法确定最优模型，但对于表 3-10 中的模型，综合考虑相关系数和活化能，四种扩散模型似乎都要比其他模型更接近真实机理函数。这一初步结论有助于后续采用 $z(\alpha)$ 主曲线法进一步确定脱汞机理。

3) $z(\alpha)$ 主曲线法

Gotor 等[89]提出了“主曲线法”来研究等温或非等温实验数据下的固体热分解动力学，其中 $z(\alpha)$ 主曲线法主要包括下述的几个方程：

$$z(\alpha)=f(\alpha)g(\alpha) \tag{3-13}$$

$$z(\alpha)=\frac{\pi(u)\left(\frac{\mathrm{d}\alpha}{\mathrm{d}t}\right)T}{\beta} \tag{3-14}$$

$$\pi(u)=\frac{u^3+18u^2+86u+96}{u^4+20u^3+120u^2+240u+120} \tag{3-15}$$

式(3-13)和式(3-14)分别为理论 $z(\alpha)$ 方程和实验 $z(\alpha)$ 方程。$u=E_a/(RT)$，$\pi(u)$ 是取自于 Senum-Yang 温度积分近似式。将人为选定的 α 和各种可能的模型函数 $f(\alpha)$ 和 $g(\alpha)$ 代入式(3-13)，得到理论曲线；将由无模型 Starink 法得到的平均活化能值、实验数据 α、T 和 $\mathrm{d}\alpha/\mathrm{d}T$ 代入式(3-14)，并以 $z(\alpha)$ 对 α 作图，得到实验曲线。若实验曲线与标准曲线重叠或实验曲线数据点全部落在某一理论曲线上，则可以认为该理论曲线所对应的动力学函数为最概然机理函数。

通过相关计算获得的实验的和理论的 $z(\alpha)$ 曲线如图 3-18 所示。从图 3-18 可以看出，四种不同升温速率下的实验曲线几乎是重叠的，但是实验曲线不与任何单一的模型曲线相重叠。这也进一步证实了整个脱汞过程无法用单一的机理函数进行描述，从实验曲线随转化率的变化规律可以看出，实验曲线实际上是随转化率的变化而变化。当转化率为 0.1～0.4 时，实验的 $z(\alpha)$ 曲线几乎与 D1 模型的理论 $z(\alpha)$ 曲线重叠，表明脱汞机理符合一维扩散抛物线法则；当转化率为 0.4～0.6 时，实验曲线数据点落在 D2 模型和 D4 模型的理论 $z(\alpha)$ 曲线上，表明脱汞机理符合二维扩散、圆柱形对称 Valesi 方程和三维扩散、球形对称 Ginstling-Brounshtein 方程；当转化率大于 0.6 时，实验曲线大致与 D3 模型的理论 $z(\alpha)$ 曲线重叠，表明脱汞机理符合三维扩散、球形对称 Jander 方程。上述结果表明脱汞过程在不同转化率下符合不同的扩散模型。Bentley 等[27]的研究结果表明，负载在活性炭上的氯化汞的热分解过程与 D1 模型具有很好的拟合度。

上述分析结果表明，整个脱汞过程都是由扩散机制控制。根据之前的热力学分析，在所研究的温度区间，含汞物质 Hg^0、$HgCl_2$、Hg_2Cl_2 和 HgS 等均可以升华或分解，但是脱附的汞的扩散过程却会受到气体产物、活性炭孔道和碳沉积等的阻碍，从而影响汞脱附的动力学过程。对于不同的升温速率曲线，当转化率为 0.4 时，所对应的温度为 282～297℃，这个温度值刚好接近于失重峰的峰值温度 285～316℃；当转化率小于 0.4 时，物料温度低，汞释放速率较慢，汞释放量较小，脱

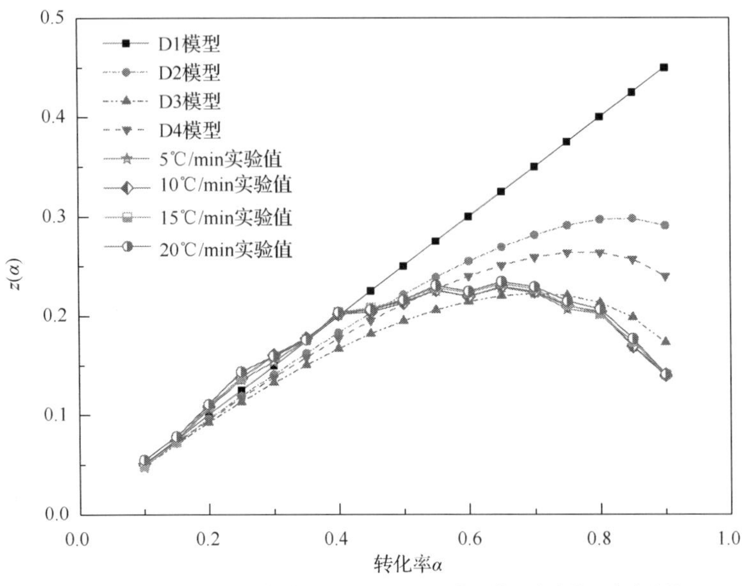

(a) 不同升温速率下D1、D2、D3和D4模型的理论曲线和实验曲线

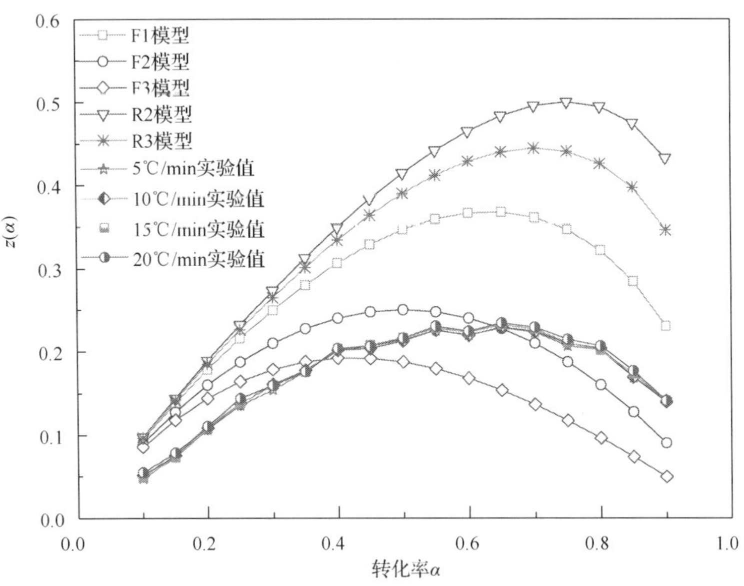

(b)不同升温速率下F1、F2、F3、R2和R3模型的理论曲线和实验曲线

图 3-18　实验的和理论的 $z(\alpha)$ 主曲线图

汞过程仅由一维扩散控制；当转化率大于 0.4 时，物料温度较高，汞释放速率和释放量明显增加，由气体产物、活性炭孔道和碳沉积等引起的传质阻力明显增加，脱汞过程转变为由二维扩散和三维扩散控制；当转化率大于 0.6 时，残留汞依靠浓度扩散更难脱除，脱汞过程由三维扩散控制。

综合上述分析可以发现，非模型法不涉及任何脱汞过程机理的假设，它可以首先对脱汞活化能进行一个精确的预测，并且有助于后续进一步确定机理函数。模型拟合法的结果表明，整个脱汞过程无法采用单一的机理函数进行描述，而采用 $z(\alpha)$ 主曲线法可以直观地揭示反应机理随转化率的变化规律。联合非模型法、模型法和 $z(\alpha)$ 主曲线法可以真正揭示废汞触媒的脱汞机理。

3.2.4　废汞触媒微波升温特性

Liu 等[90]研究了废汞触媒的微波升温特性，选取了两种典型的废汞触媒，根据其汞含量高低，分别称作废高汞触媒和废低汞触媒。为了进行对比研究，同时考察了载体活性炭升温行为。载体活性炭、废高汞触媒和废低汞触媒的 X 射线荧光光谱分析(XRF)结果如表 3-12 所示。

表 3-12　载体活性炭、废高汞触媒和废低汞触媒的 XRF 分析结果（单位：%）

物质	Na	Mg	Al	Si	P	S	Cl	K	Ca	Ti	Fe	Ni	Cu	Zn	Ba	Hg
载体活性炭	0.07	0.1	0.3	1	0.01	0.10	0.07	0.03	0.1	0.09	0.5	0.01	0.002	0	0	0.01
废高汞触媒	0.1	0.2	0.5	0.8	0.01	0.20	5.00	0.02	0.3	0.02	0.5	0.01	0	0	0.7	5
废低汞触媒	0.08	0.1	0.5	0.7	0.01	0.20	3.00	0.03	0.3	0.02	0.4	0.01	0.003	0.007	0.4	3

从表 3-12 可知，废汞触媒中主要化学成分为 Hg、Cl、Si、Ba、Al、Fe、Ca 和 S。根据 ICP-OES 分析，废高汞触媒和废低汞触媒中的总汞含量分别为 5.53% 和 3.13%，接近于 XRF 的分析结果。废汞触媒中主要含汞化合物是 $HgCl_2$，此外还存在 Hg_2Cl_2 和 HgS[4]。废高汞触媒和废低汞触媒中的 Cl 含量要明显高于载体活性炭，这是由于废汞触媒中含有作为催化剂添加剂的金属氯化物成分，如 $BaCl_2$、NaCl 和 $MgCl_2$；在催化反应过程中，汞触媒上会吸附含氯有机积碳，也会导致 Cl 含量增高[26]。Si、Al 和 Ca 是以氧化物的形式存在于煤质载体活性炭中。由于 SiO_2、Al_2O_3 和 CaO 是弱吸波材料[91,92]，而且由于熔点高难以挥发，此外，废高汞触媒和废低汞触媒中这些氧化物的含量几乎相同。因此，Si、Al 和 Ca 的存在对样品整体升温行为的影响可以忽略不计。样品中的少量 Na、Mg、P、Ti、Ni、Cu 和 Zn 等元素来源于载体活性炭。根据表 3-12 可知，当除去 Hg 和 Cl 的百分比后，废高汞触媒和废低汞触媒中的其余元素的总含量分别只有 3.36%和 2.36%。因此，笔者主要研究了挥发性汞化合物对样品升温行为的影响。

微波升温实验是在昆明理工大学非常规冶金教育部重点实验室自主研制的箱式微波炉中进行，所采用的微波频率为 2.45GHz，微波功率为 0～3kW 连续可调。箱式微波炉及相应的尾气处理装置示意图如图 3-19 所示。

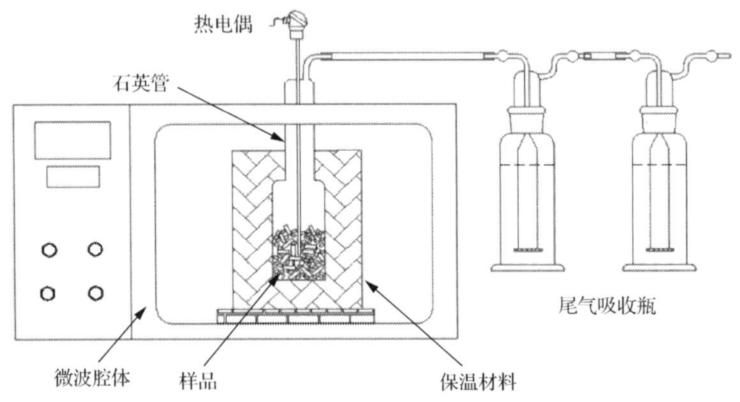

图 3-19　箱式微波炉加热装置示意图

从图 3-19 可以看出，样品装填在置于微波腔体中的石英玻璃容器中，并采用插入物料中心的带屏蔽的 K 型热电偶来测量物料温度。在石英容器末端连接有数个尾气洗涤瓶以吸收并净化升温过程释放的含汞气体，尾气洗涤瓶依次为饱和酸性 $KMnO_4$ 溶液、蒸馏水和活性炭。在微波加热过程中，当释放的含汞气体进入尾气洗涤瓶时，Hg^0 和 Hg_2Cl_2 会先被酸性 $KMnO_4$ 溶液氧化，可溶性 $HgCl_2$ 会被蒸馏水吸收，尾气中残留的未被吸收的汞经活性炭得到进一步净化。

控制微波功率为 400W，考察样品质量(20g、35g 和 50g)对升温行为的影响；控制样品质量为 20g，考察微波功率(200W、400W、600W 和 1000W)对升温行为的影响；控制微波功率为 400W，样品质量为 20g，考察样品粒径(0.075～0.25mm、0.25～0.84mm、0.84～2.0mm 和 2.0～2.8mm)对升温行为的影响。该实验考察的最高的温度为 1000℃，当样品温度达到 1000℃即停止实验。

1. 传热理论方程

在微波场中，单位时间内单位体积的物料中耗散的能量可以采用式(3-16)描述[93]：

$$P = 2\pi f \varepsilon_0 \varepsilon'' E^2 \tag{3-16}$$

式中，f 为微波频率，Hz；ε_0 为自由空间介电常数，F/m；ε''为介电损耗因子；E 为电场密度，V/m。

当物料温度升高 ΔT 时，单位体积的物料所吸收的能量可以表述为

$$Q_V = C_p \rho \Delta T \tag{3-17}$$

式中，ρ 为物料密度，kg/m^3；C_p 为物料比热，J/(K·kg)。

在本节中，忽略物料中心与边缘的温度梯度，认为物料整体的温度均匀，Coelho[94]在研究催化剂的升温行为时采用了该简化模型。当物料被微波加热后，会通过传导和加热将热量散发到周围环境中，通过石英管壁的传导所引起的热损失率可写为[95]

$$Q_{\mathrm{c}}=\alpha\left(T_{\mathrm{s}}-T_{0}\right) \tag{3-18}$$

式中，T_0为环境温度；T_{s}为样品温度；α为传热系数。

由加热所导致的热损耗可以由式(3-19)描述[96]：

$$Q_{\mathrm{r}}=\frac{eaA}{V}T_{\mathrm{s}}^{4} \tag{3-19}$$

式中，e为物料的加热系数；a为玻尔兹曼常量；A为样品的表面积；V为样品体积；T_{s}为样品温度。

由熔化、升华、挥发和分解所引起的热效应可以由式(3-20)描述[97]：

$$Q_{\mathrm{R}}=\sum_{i=1}^{m}n_{i}\Delta H_{T,t}^{0}\frac{\mathrm{d}F_{i}}{\mathrm{d}t} \tag{3-20}$$

式中，n_i为单位体积组分i的物质的量；$\Delta H_{T,t}^{0}$为反应i的焓变；F_i为反应i的转化率。

因此，单位体积样品的总热损耗可以表述为

$$Q_{\mathrm{T}}=Q_{\mathrm{c}}+Q_{\mathrm{r}}+Q_{\mathrm{R}} \tag{3-21}$$

基于能量转化定律可得

$$Q_{\mathrm{V}}=P-Q_{\mathrm{c}}-Q_{\mathrm{r}}-Q_{\mathrm{R}} \tag{3-22}$$

因此，可以推导出下列升温速率方程：

$$\frac{\mathrm{d}T_{\mathrm{s}}}{\mathrm{d}t}=\frac{P-Q_{\mathrm{c}}-Q_{\mathrm{r}}-Q_{\mathrm{R}}}{\rho C_{\mathrm{p}}} \tag{3-23}$$

在低温条件下，保温装置具有较好的保温能力，样品可以在短时间内被快速加热，因此热损失Q_{c}和Q_{r}几乎可以被忽略不计。此外，在较短的升温时间内，反应热Q_{R}也可以忽略不计。如果ε_0、ε''、E和C_{p}与温度无关，则方程(3-23)的右边将是常数，使得温度和时间之间呈如下线性关系：

$$T = kt + b \tag{3-24}$$

式中，k 和 b 均为常数。

通常在高温条件下物料的热损失是不可忽略的，随着微波加热的进行，物料温度最终会趋于一稳定值，此时，物料吸收的热量等于损失的热量，$\mathrm{d}T_S/\mathrm{d}t=0$。根据方程式(3-23)，可以推导出与平衡温度($T_e$)有关的下列公式：

$$2\pi f \varepsilon_0 \varepsilon'' E^2 - a\left(T_e - T_0\right) - \frac{e\alpha A}{V} T_e^{\ 4} - \sum_{i=1}^{m} n_i \Delta H_{T,t}^0 \frac{\mathrm{d}F_i}{\mathrm{d}t} = 0 \tag{3-25}$$

2. 热力学分析

废汞触媒中存在的汞化合物的温度特点如表 3-13 所示[72,98]，在加热至 1000℃以内的高温时，$HgCl_2$、Hg_2Cl_2 和 HgS 可能会分解，因此，提出了八种与 $HgCl_2$、Hg_2Cl_2 和 HgS 有关的可能会发生的化学反应，如化学方程式(3-26)～式(3-33)所示，每个反应方程所对应的 $\Delta G^{\ominus}$ 和 $\Delta H^{\ominus}$ 随温度的变化关系如图 3-20 所示。

表 3-13　废汞触媒中可能存在的汞化合物的温度特点

化学式	熔点	沸点/℃	升华/℃
Hg_2Cl_2	302℃	384	383
$HgCl_2$	277℃	304	
HgS(红色)	在 344℃时转变为黑色 HgS		584
HgS(黑色)	850℃		

$$HgCl_2(s) \longrightarrow Hg(g) + Cl_2(g) \tag{3-26}$$

$$HgCl_2(g) \longrightarrow Hg(g) + Cl_2(g) \tag{3-27}$$

$$Hg_2Cl_2(s) \longrightarrow Hg(g) + HgCl_2(g) \tag{3-28}$$

$$Hg_2Cl_2(s) \longrightarrow Hg(g) + HgCl_2(s) \tag{3-29}$$

$$Hg_2Cl_2(s) \longrightarrow 2Hg(g) + Cl_2(g) \tag{3-30}$$

$$2HgS(\text{黑色}) \longrightarrow 2Hg(g) + S_2(g) \tag{3-31}$$

$$2HgS(\text{红色}) \longrightarrow 2Hg(g) + S_2(g) \tag{3-32}$$

$$2HgS(g) \longrightarrow 2Hg(g) + S_2(g) \tag{3-33}$$

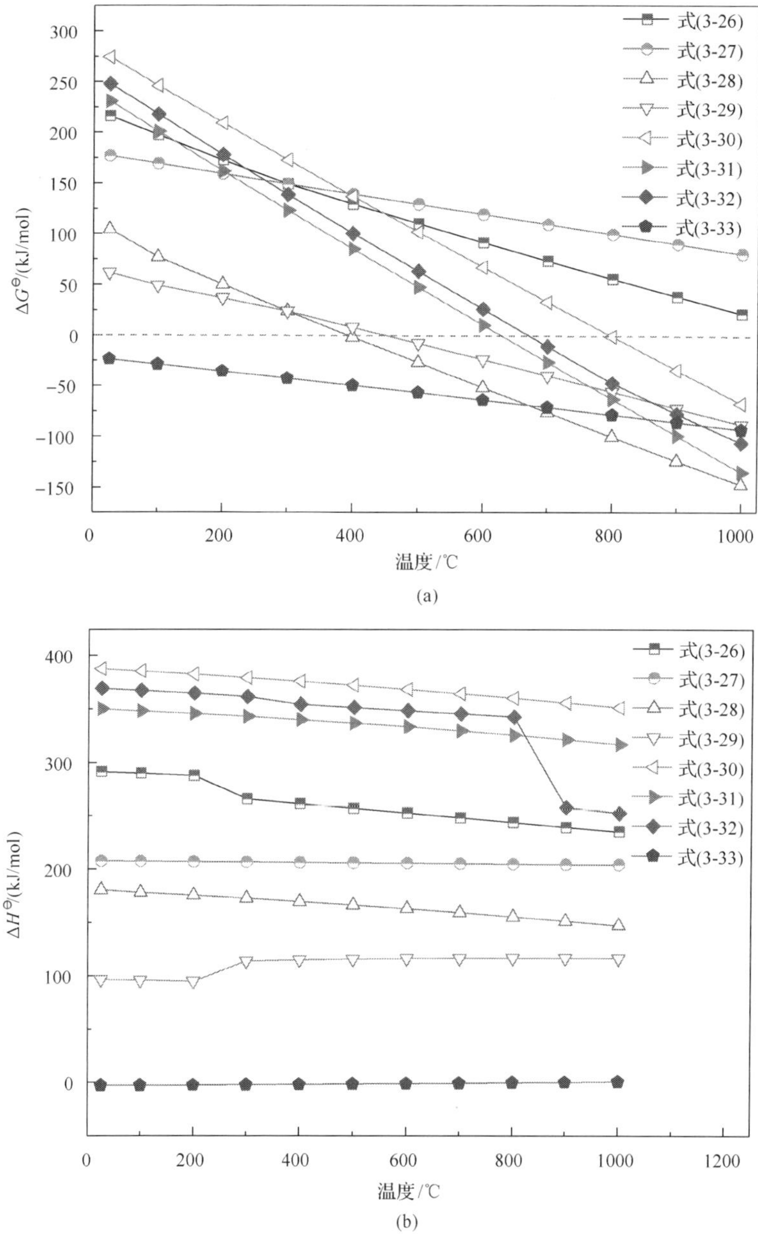

图 3-20　反应式(3-26)～式(3-33)的 $\Delta G^{\ominus}$和 $\Delta H^{\ominus}$随温度的变化关系

当化学反应的 $\Delta G^{\ominus}$为负值时，表明该反应在热力学上是可以发生的。根据图 3-20(a)，在 1000℃以内，反应式(3-26)和式(3-27)的 $\Delta G^{\ominus}$均为正值，表明该反应不可以发生，即不论是固态的 $HgCl_2$ 还是气态的 $HgCl_2$，都不会分解为 Hg(g)和 Cl_2(g)。与 Hg_2Cl_2(s)的分解有关的反应是式(3-28)～式(3-30)，根据 $\Delta G^{\ominus}$随温度的变化，当加热到 400℃后，Hg_2Cl_2(s)可以分解成 Hg(g)和 $HgCl_2$(s)或 $HgCl_2$(g)；当温度达到 800℃时，Hg_2Cl_2(s)还可以分解生成 Hg(g)和 Cl_2(g)。根据式(3-31)和式(3-32)的 $\Delta G^{\ominus}$随温度的变化趋势，HgS(黑色)和 HgS(红色)在 650℃以后，均可以分解为 Hg(g)和 S_2(g)。式(3-33)的 $\Delta G^{\ominus}$始终为负值，表明 HgS(g)不能稳定存在。由图 3-20(b)可知，在室温至 1000℃内，除反应(3-33)的 $\Delta H^{\ominus}$为负值外，其余反应的 $\Delta H^{\ominus}$均为正值，表明化学方程式(3-33)为放热反应，其余反应为吸热反应。此外，汞化合物的熔化和升华及碳沉积的分解挥发过程也是吸热的。

3. 物料量的影响

当控制微波输入功率为 400W 时，物料量对载体活性炭、废高汞触媒和废低汞触媒的升温行为的影响如图 3-21 所示。从图 3-21 中可以看出，三种样品呈现出类似的升温曲线，其升温过程具体可分为两个阶段：快速升温阶段(第一阶段)和慢速升温阶段(第二阶段)，分别可以用线性方程和三次多项式进行拟合，拟合结果如表 3-14 所示。

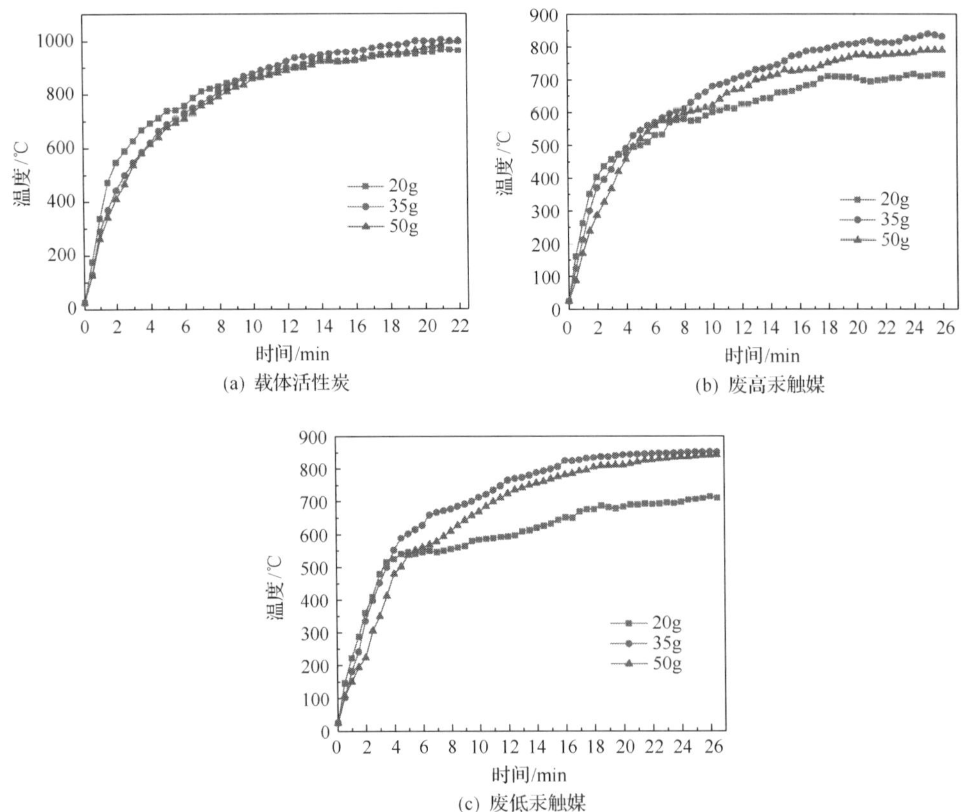

(a) 载体活性炭　(b) 废高汞触媒　(c) 废低汞触媒

图 3-21　在不同物料量下样品的升温曲线(微波功率为 400W)

表 3-14　对图 3-21 中升温曲线的定量描述

质量/g	样品	第一阶段：$T = kt + b$					第二阶段：$T = A + B_1t + B_2t^2 + B_3t^3$						
		k	b	R^2	T_1	t_1	A	B_1	B_2	B_3	R^2	T_e	t_e
20	载体活性炭	301.0	27.0	0.9985	473	1.5	324.69	128.17	−10.89	0.35	0.9951	930	14.5
	废高汞触媒	215.8	37.9	0.9852	351	1.5	291.71	62.10	−4.33	0.12	0.9900	705	18
	废低汞触媒	145.1	58.1	0.9820	480	3	495.06	3.98	0.64	−0.02	0.9825	707	20.5
35	载体活性炭	265	23.2	0.9989	290	1	205.80	129.40	−7.91	0.17	0.9958	1000	19.5
	废高汞触媒	173.2	32.8	0.9956	370	2	258.16	64.26	−2.61	0.04	0.9911	840	25
	废低汞触媒	127.4	51.1	0.9861	589	4.5	428.94	43.75	−1.93	0.05	0.9907	845	21
50	载体活性炭	237	22.2	0.9966	262	1	178.37	132.49	−8.21	0.18	0.9946	1000	22
	废高汞触媒	107	50.2	0.9818	458	4	321.23	46.81	−1.78	0.03	0.9889	776	20.5
	废低汞触媒	108.2	33.5	0.9904	480	4	296.35	53.19	−1.74	0.02	0.9972	840	25.5

注：T_1 为第一阶段的结束温度；t_1 为达到温度 T_1 时的升温时间；T_e 为平衡温度；t_e 为达到平衡温度 T_e 的时间。

从表 3-14 可知，第一阶段样品的升温速率的线性拟合系数均大于 0.98，表明在快速升温阶段，样品具有良好的线性升温特征，这与式(3-24)的理论分析结果一致。在第一阶段，每种样品在不同物料量下的升温速率呈现出以下趋势：20g＞35g＞50g，可以通过式(3-23)来解释。当忽略热损失时，在恒定的微波功率下，升温速率与单位体积材料中耗散的能量(P)呈正相关关系，其能量密度的顺序为 P(20g)＞P(35g)＞P(50g)，即能量密度随着材料质量的减小而增加。因此，升温速率随着材料质量的减小而增加。

对于第二阶段，升温速率曲线符合三次多项式，其拟合系数大于 0.98。样品的升温速率和平衡温度从大到小的顺序：35g＞50g＞20g，这可以从两个方面来解释：一方面，在相同的实验条件下，样品吸收的能量密度随材料质量的减小而增加；另一方面，当样品质量较小时，表面积和体积比较大，导致加热所引起的热损失(Q_r)相对较高[99]。因此，综合考虑能量吸收和热量损失，样品质量为 35g 时可以获得最高的升温速率和平衡温度。然而 Pickles 研究了含镍褐铁矿红土[99]和铝土矿[100]的微波加热行为，发现样品的温度随质量的增加而增加，这可能是由于废汞触媒的性质以及所采用的微波功率和物料质量的比例与文献不同引起。从上述分析可以得出结论，当采用与微波功率相匹配的合适的物料量时，可以充分地利用微波能量并使样品获得较好的升温行为。

随着微波加热的进行，样品温度升高，由加热和热传导所导致的热量损失也增大，当样品吸收的能量接近于热损失的能量时，样品会达到平衡温度(T_e)，如式(3-25)所示。从表 3-14 可以看出，载体活性炭的平衡温度最高，废低汞触媒的平衡温度略高于废高汞触媒。这可以通过式(3-20)中的反应热(Q_R)来解释：根据热力学分析结果可知，汞化合物的分解过程都是吸热的，导致 Q_R 随汞含量增加而增加，因此由反应热导致的 Q_R 由大到小顺序为：废高汞触媒、废低汞触媒、载体活性炭；Walkiewicz 等[101]研究了微波输入功率为 1kW 时，25g 不同汞化合物的升温行为，结果表明：Hg^0 在 6min 内仅升温至 40℃，$HgCl_2$ 在 7min 内仅升温至 112℃，HgS 在 7min 仅升温至 105℃，这表明 Hg^0、$HgCl_2$ 和 HgS 均是弱吸波材料，因此废汞触媒的吸波能力要低于载体活性炭，从而导致废汞触媒的平衡温度低于性炭载体。

4. 微波功率的影响

当样品质量为 20g 时，考察了微波输入功率分别为 200W、400W、600W 和 1200W 条件下，载体活性炭、废低汞触媒和废高汞触媒的微波升温行为，其结果如图 3-22 所示。

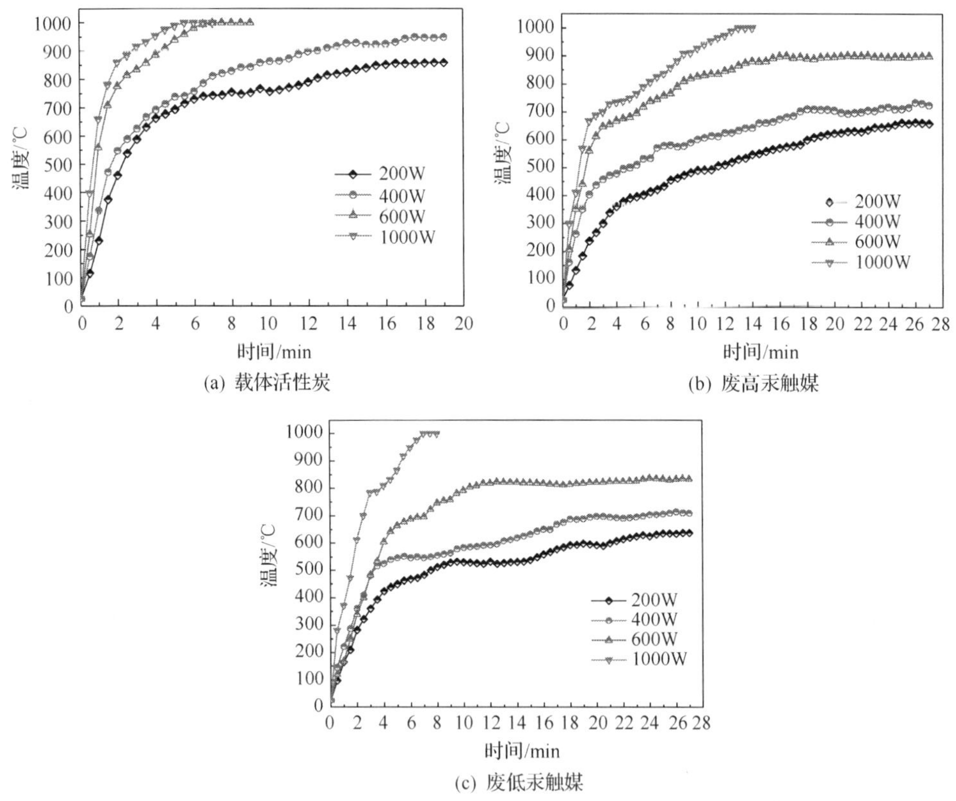

图 3-22　在不同微波功率下样品的升温曲线(物料质量为 20g)

从图 3-22 可以看出，载体活性炭和废汞触媒均具有类似的升温曲线。升温过程也可以分为两个不同的阶段(第一阶段和第二阶段)，对两个升温阶段分别采用线性方程和三次多项式进行拟合，其拟合相关系数大于 0.98。对于两个升温阶段，每个阶段的升温速率和平衡温度都随输入功率的增加而增加。Ma 等[102]研究了活性炭的升温行为，也得到了类似的结果。这可以根据式(3-23)进行解释，在热损失不变的情况下，物料吸收的能量随微波功率的升高而增加，从而导致升温速率提高。

微波输入功率对平均升温速率的影响如图 3-23 所示。平均升温速率与输入功率的关系可以采用线性方程进行拟合，其相关系数 R^2 大于 0.9。在相同的输入功率下，废高汞触媒和废低汞触媒的升温速率均小于载体活性炭，这是由于废触媒中含有汞和有机碳沉积，在加热时会分解和挥发导致吸热，从而降低了样品的平均升温速率。当输入功率为 200W 或 400W 时，废高汞触媒和废低汞触媒的平均升温较为接近。当微波功率提高到 600W 和 1000W 时，废高汞触媒的平均升温速率要低于废低汞触媒，这在微波功率为 1000W 时尤为明显。废高汞触媒中汞含量较高是造成这种现象的主要原因。此外，金属氯化物(如 $BaCl_2$、$MgCl_2$、NaCl)在 700～1000℃的高温下也开始熔融并挥发[103]，该过程需要吸收热量。根据表 3-12，废高汞触媒中金属氯化物的含量要高于废低汞触媒。因此，与废低汞触媒相比，废高汞触媒将会吸收更多的热量而导致样品升温速度变慢。

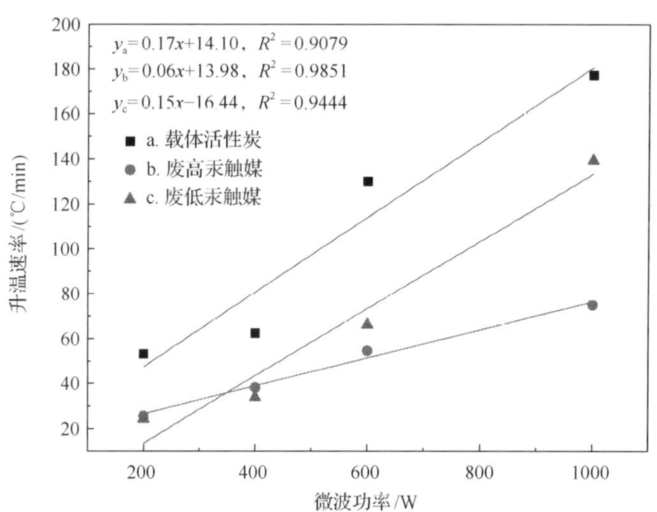

图 3-23　平均升温速率与功率的关系

每种样品的平衡温度和输入功率的关系如图 3-24 所示。对于载体活性炭和废低汞触媒，平衡温度和输入功率之间呈良好的线性拟合关系，其拟合系数大于 0.99；而对于废高汞触媒，平衡温度和输入功率之间的线性拟合系数只有 0.89。这可以通过热平衡方程来解释：E^2 与输入功率 P_{in} 呈正比，因此式(3-16)中的 P

与 $P_{in}\varepsilon''$ 呈正比[104]，Q_r 可以进一步简化为 Q_c 的形式，如式(3-18)所示。Zhang 等[95]采用该简化模型来研究负载 MoS_2 和 Pt 的催化剂的微波加热过程，结果表明该简化模型是合适的。假定 Q_R 正比于 P_{in}，那么式(3-25)可以进一步简化为

$$T_e = (c\varepsilon'' + m)P_{in} + n \tag{3-34}$$

式中，c、m 和 n 均为常数。

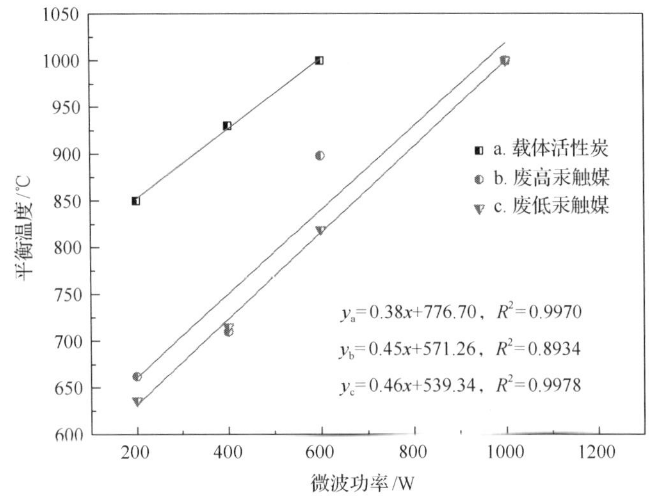

图 3-24　样品平衡温度与功率的关系

如果 ε'' 与温度 T 无关，则 T_e 是 P_{in} 的线性函数。由于对载体活性炭和废低汞触媒而言，其平衡温度 T_e 和输入功率 P_{in} 之间具有良好的线性拟合关系，故可以反过来推测载体活性炭和废低汞触媒的 ε'' 不受温度的影响。而对于废高汞触媒，T_e 和 P_{in} 之间的线性拟合关系较差，很可能是由于 ε'' 随温度发生了变化，这与样品中高含量的汞随温度的升高而发生迁移有关。本研究所得出的这个推论需要根据物料的高温介电性质的信息来进一步证实。

5. 物料粒径的影响

在不同粒度范围下，载体活性炭和废低汞触媒的升温特性分别如图 3-25(a)和图 3-25(b)所示，相应的平均升温速率与粒度之间的关系如图 3-26 所示。可以看出，对于载体活性炭和废低汞触媒，其平衡温度和平均升温速率均随物料粒径的减小而增加。这可以采用方程式(3-23)来解释：随着粒径的减小，物料的孔隙率减小，导致介电损耗因子 ε'' 增加，同时物料的热损失也降低。此外，从图 3-26 也可以看出，在相同粒径范围内，废低汞触媒要比载体活性炭的升温速率更慢。

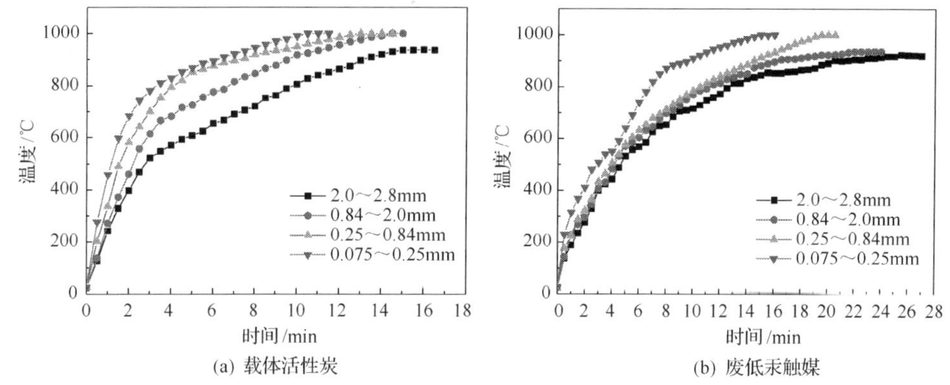

图 3-25 不同粒径的载体活性炭和废低汞触媒的升温曲线

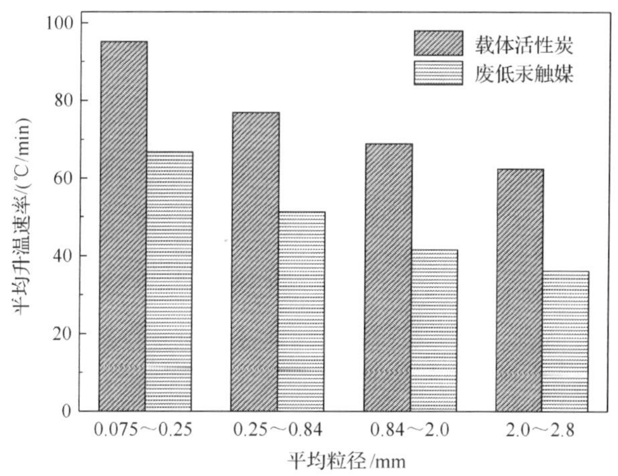

图 3-26 物料粒径对载体活性炭和废低汞触媒升温行为的影响(物料量 20g，微波功率 400W)

3.3 废汞触媒脱汞研究

3.3.1 常规加热脱汞

常规加热实验是在实验室气氛管式电阻炉(型号为 SK—G06123K，由天津中环实验室炉有限公司生产)中进行，常规加热管式电炉及相应的尾气处理装置如图 3-27 所示。加热过程中，样品中释放的汞蒸气被持续通入到载气带出石英管，在尾部小型真空泵的作用下，石英管末端会形成微负压，从石英管释放出的汞蒸气首先经缓冲瓶冷凝收集，未冷凝的气体依次通过 4%(W/V①) $KMnO_4$/10%(V/V②) H_2SO_4 溶

① W/V 表示质量浓度。

② V/V 表示体积分数。

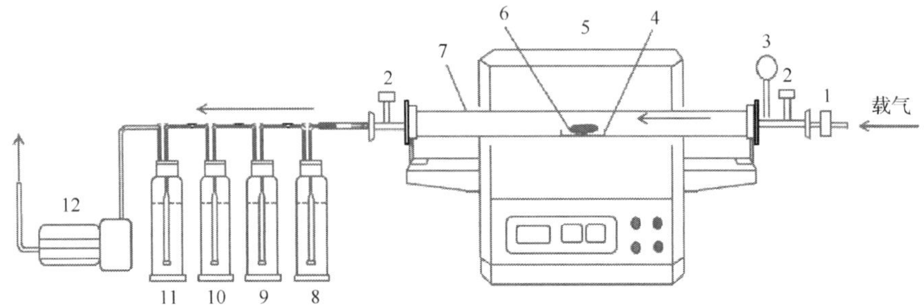

图 3-27　常规加热实验装置示意图

1.进气阀；2.流量计；3.压力表；4.坩埚；5.炉体；6.样品；7.石英管；8.缓冲瓶；9.4%(W/V) $KMnO_4$/10%(V/V) H_2SO_4 溶液；10.40%(W/V) NaOH 溶液；11.10%(W/V) Na_2S 溶液；12.小型真空泵

液、40%(W/V) NaOH 溶液和 10%(W/V) Na_2S 溶液进行洗涤吸收，最后残留的尾气经通风橱排空。

常规加热脱汞实验步骤如下：

(1) 称量约 15g 样品放入氧化铝坩埚小舟，精确称量至 0.01g。

(2) 设定好管式电炉的升温程序并打开氮气将石英管中的空气排尽。

(3) 开启电炉以 20℃/min 的速率进行升温，当温度快接近设定温度时，将坩埚小舟推入石英管中间位置，拧紧石英管出气口阀门并将其连接至尾气处理装置，开启尾气抽气泵。调节氮气进气流量至设定值。

(4) 当保温时间结束后，保持氮气开启，当样品在石英管中自然冷却至室温后取出称重。

3.3.2　载气类型及流量的影响

在焙烧温度为 400℃，焙烧时间为 30min，氮气流量对汞脱除率和残留汞含量的影响如表 3-15 所示。

表 3-15　载体类型及流量对汞脱除率及残留汞浓度的影响

气体类型	气体流量/(L/h)	汞脱除率/%	残留汞含量/(mg/kg)
空气	120	75.37	5230
氮气	0	80.46	4123
	20	99.43	122
	120	99.54	100
	240	99.58	90
	400	99.45	119

由表 3-15 可以看出，当氮气流量为零时，汞脱除率仅为 80.46%；当氮气流量增加至 20L/h 时，残留汞含量快速降低，汞脱除率提高至 99.43%；当氮气流量从 20L/h 增加至 240L/h 时，汞脱除率随氮气流量的增加而提高；当氮气流量达到

400L/h 时，汞脱除率反而有所降低。

从废汞触媒中脱除的汞会被流动的氮气带走，废汞触媒表面的气态汞浓度会随氮气流量的增加而降低，这可以促进汞脱附的外传质过程。然而，由于通入的氮气温度较低，当氮气流量过大时，可能会使废汞触媒表层温度降低，从而导致脱附的汞重新吸附在废汞触媒上；另外，过多的氮气可能会来不及排出石英管而在其中形成紊流，导致氮气中携带的汞不能被顺利排出，进而影响汞的脱除效果。综合考虑汞脱除率和氮气消耗量，选取最优氮气流量为 120L/h。

从表 3-15 也可以看出，当采用空气作为载气时，汞脱除率仅为 75.37%，表明氮气作为载气时有利于汞的脱除。这是由于以空气作为载气时，来自空气中的氧气或水分可能与会与汞反应而形成具有较高分解温度的氧化汞[105]。此外，采用氮气作为载气时，可以有效避免活性炭的氧化，这有利于后续对活性炭进行回收再利用，同时也可以减少二氧化碳等温室气体的排放。因此，选定氮气作为载气。

3.3.3　焙烧温度的影响

焙烧温度是影响含汞废物中汞脱除的一个关键因素。由于不同的汞化合物挥发温度不同，因此热处理温度是影响含汞废物中汞脱除的关键因素[67,106,107]。焙烧温度对废汞触媒中汞脱除率的影响如图 3-28 所示。由图 3-28 可以看出，当焙烧温度为 250℃时，汞的脱除率很低；随温度的继续增加，汞脱除率会显著提高。大部分汞在 250～400℃被脱除。当温度达到 600℃后，残留汞含量和汞脱除率均趋向于稳定。当废汞触媒在 600℃下焙烧 30min 后，残留汞含量降至 20mg/kg，汞脱除率为 99.91%。

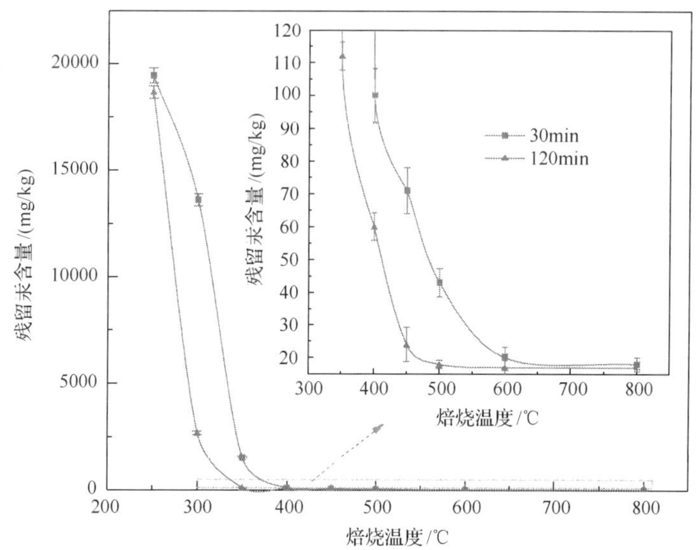

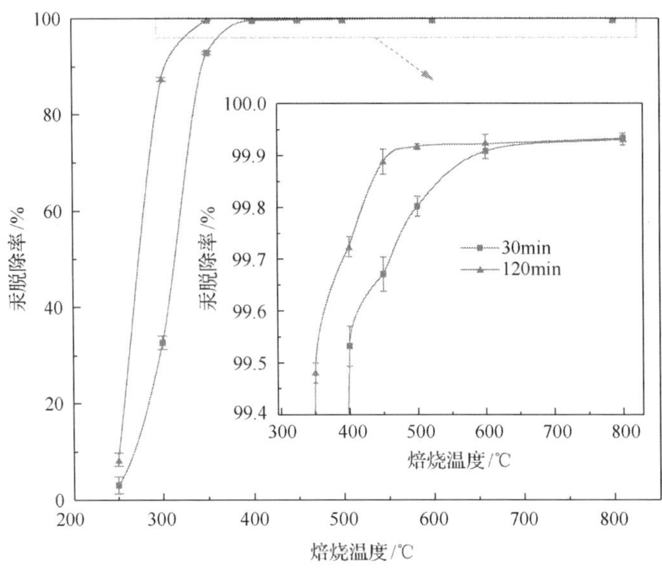

图 3-28　残留汞含量和汞脱除率与焙烧温度的关系

对比焙烧时间为 30min 和 120min 时的脱汞效果，可以发现在 250～400℃的温度范围内，尤其是当焙烧温度为 300℃和 350℃时，废汞触媒焙烧 120min 后的脱汞率明显高于焙烧 30min 时的脱汞率，表明在 250～400℃内汞的脱除过程受扩散控制，这与热分析动力学研究的结果相一致。Taube 等[108]研究发现，含汞土壤在 115～230℃的挥发脱除过程也是受扩散控制。

3.3.4　保温时间的影响

当焙烧温度为 300～350℃时，保温时间对汞脱除率的影响如图 3-29 所示。当焙烧温度为 300℃时，随保温时间的延长，残留汞含量降低，汞脱除率会升高；当保温时间达到 240min 时，汞脱除率可达到 97.12%，趋向于该温度下的极限值。

当温度从 300℃增加至 350℃、400℃和 450℃时，汞脱除率会随温度的增加而提高。这是因为氯化汞的沸点只有 302℃。当 350℃下焙烧 10min 后，汞脱除率仅为 43.61%；当保温时间增加至 30min 时，残留汞含量迅速降低，汞脱除率达到 92.88%；当保温时间增加至 120min 时，汞脱除率可达到最大值 99.48%。当废汞触媒分别在 400℃和 450℃下仅 10min 焙烧，汞脱除率分别可达 90.72%和 99.54%；当焙烧时间从 30min 增加至 120min，残留汞含量缓慢降低。在 400℃保温 90min 后，汞脱除率可达到最大值 99.71%，在 450℃保温 60min 后，汞脱除率可达到最大值 99.88%。

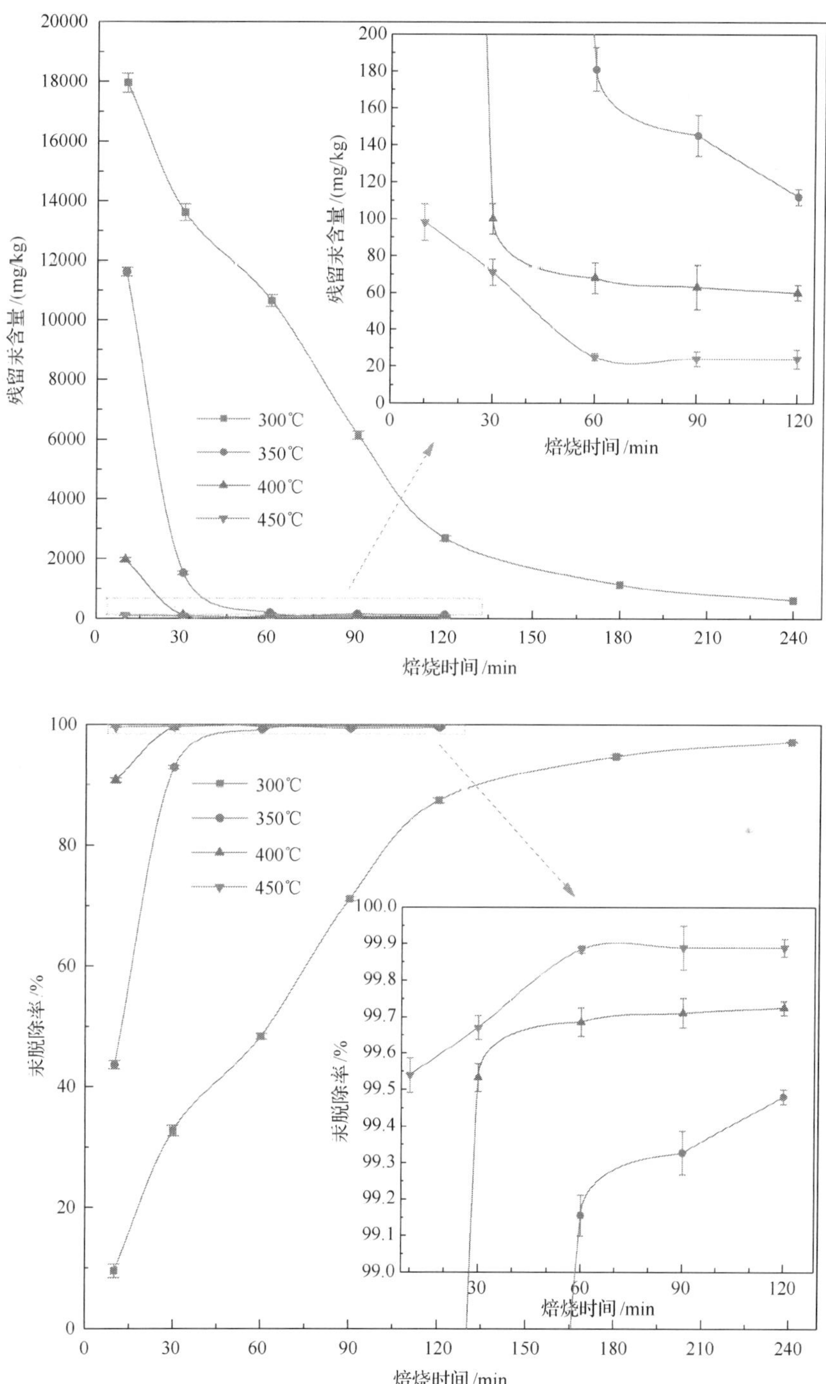

图 3-29　残留汞含量和汞脱除率与焙烧时间的关系

由上述分析可知，当保温时间较短时，焙烧温度比保温时间对汞脱除率的影响更显著。在某一温度下，尽管汞脱除率会随保温时间的延长而增加，但最终会趋向于一平衡值，达到脱除极限。当焙烧温度较高时，脱除极限可以在较短时间内达到。通过在较低温度下(如 300℃和 350℃)延长焙烧时间或在较短焙烧时间下提高焙烧温度均可以获得较高的汞脱除率。

3.3.5　微波加热脱汞

微波加热脱汞实验是在由昆明理工大学非常规冶金教育部重点实验室自主研制的管式微波炉中进行[109]。所采用的微波频率为 2.45GHz，微波功率为 0～3kW 连续可调。管式微波炉及相应的尾气处理装置示意图如图 3-30 所示，管式微波炉的设备参数如表 3-16 所示。

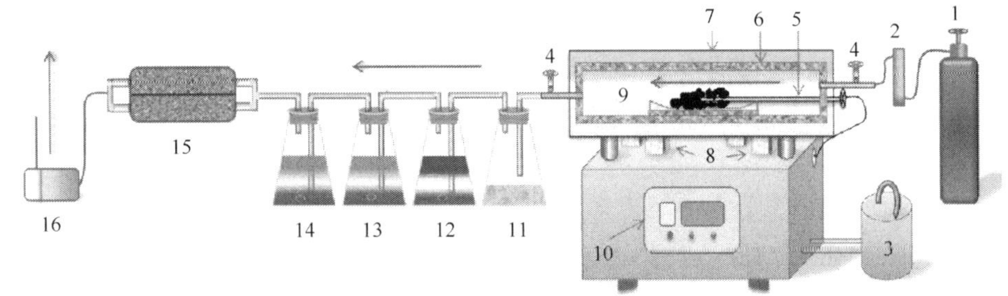

图 3-30　管式微波炉加热装置示意图

1.氮气瓶；2.流量计；3.循环水冷却器；4.进气阀；5.带屏蔽的 K 型热电偶；6.保温材料；7.防漏波不锈钢管；8.磁控管；9.石英管；10.控制面板和显示屏；11.缓冲瓶；12.4%(W/V) $KMnO_4$/10%(V/V) H_2SO_4溶液；13.40%(W/V) NaOH 溶液；14.10%(W/V) Na_2S 溶液；15.活性炭；16.小型真空泵

表 3-16　管式微波炉的设备参数

炉管材料	石英管尺寸	升温速度	加热方式	控温精度	最高温度	额定功率
石英玻璃	Φ60mm×1000mm	不限	微波加热	±5℃	1300℃	3kW

根据图 3-30 可知，加热过程中，样品中释放的汞蒸气被持续通入的氮气带出石英管，在尾部小型真空泵的作用下，石英管末端会形成微负压，从石英管释放出的汞蒸气首先经缓冲瓶冷凝收集，未冷凝的气体依次通过 4%(W/V) $KMnO_4$/10%(V/V) H_2SO_4 溶液、40%(W/V) NaOH 溶液和 10%(W/V) Na_2S 溶液进行洗涤吸收，然后经活性炭柱进一步净化，最后残留的尾气经通风橱排空。

微波加热脱汞实验步骤如下：

(1) 称量约 15g 样品放入氧化铝坩埚小舟，精确称量至 0.01g。

(2) 设定好管式微波炉的升温程序并打开氮气将石英管中的空气排尽。

(3)将坩埚小舟推入石英管中间位置，拧紧石英管出气口阀门并将其连接至尾气处理装置，开启尾气抽气泵。调节氮气进气流量至设定值。

(4)开启微波设备循环冷却水，再启动微波。

(5)当保温时间结束后，保持氮气开启，当样品在石英管中自然冷却至室温后取出称重。

1. 微波控温脱汞工艺

微波场中材料的升温特性反映了其微波吸收能力。当微波功率为 500W，物料量为 15.04g，氮气流量为 200L/h 时，测试了废汞触媒在管式微波炉中的升温行为如图 3-31 所示。

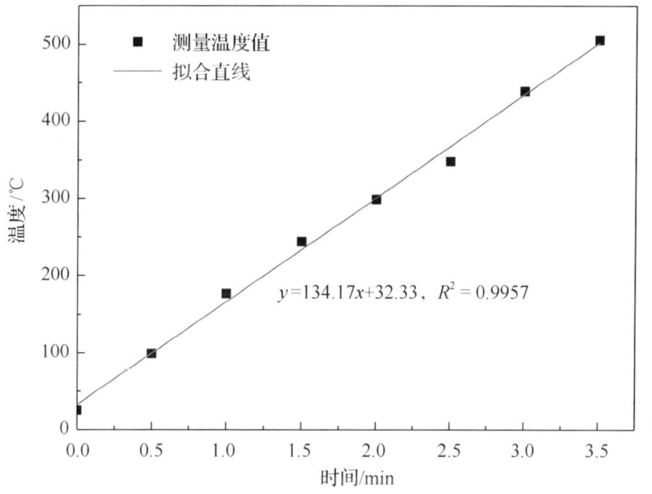

图 3-31　废汞触媒微波加热升温行为

由图 3-31 可以看出，在升温至 500℃以前，样品的升温曲线符合良好的线性升温特征。样品升温至 500℃的时间不到 4min，平均升温速率可达到 134.2℃/min，表明废汞触媒在管式微波炉中具有良好的微波升温性能。这主要是由于废汞触媒中的活性炭具有较高的介电损耗，可以快速地将微波能转化为热能。由于废汞触媒中吸附有大量含氯有机物，这些有机物大多为极性分子，可以选择性地吸附微波，从而加速样品的升温速率。

1）氮气流量的影响

由常规脱汞的实验结果可知，氮气作为载气时汞的脱除效果较好，因此在微波焙烧脱汞实验中也采用氮气作为载气，氮气流量对汞的脱除率的影响如图 3-32 所示。

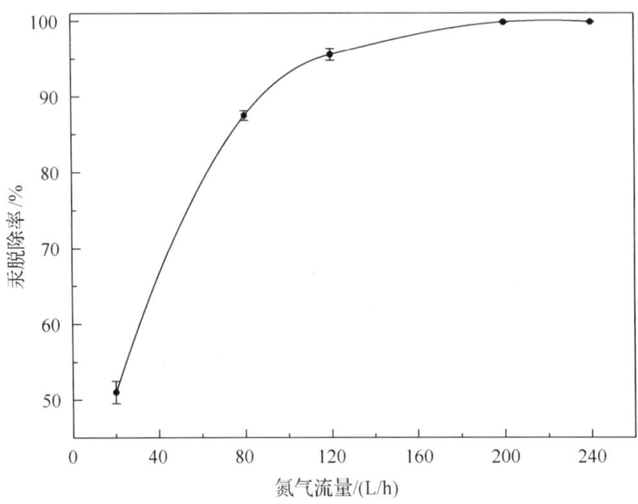

图 3-32　氮气流量对汞脱除率的影响(焙烧温度 400℃，保温时间 30min)

由图 3-32 可知，随氮气流量的增加，汞的脱除率呈现出减速增加的模式：当氮气流量为 20L/h 时，汞的脱除率仅为 50.99%；当氮气流量达到 80L/h 时，汞的脱除率显著增加至 87.48%；进一步增加氮气流量，汞的脱除率缓慢增加，当氮气流量达到 200L/h 和 240L/h 时，汞的脱除率趋于稳定值。因此，在后续实验中，氮气流量均采用 200L/h。

汞从活性炭上的脱除过程可以分为三个步骤：①在微波加热条件下，样品温度升高，汞分子吸收足够的能量后从活性炭上的吸附位点(如表面官能团)解吸；②解吸的汞在活性炭内部的孔道中迁移且有可能会重新吸附到活性炭上，经过反复地解吸、吸收和再解吸后，汞分子最终扩散到活性炭的表面上；③到达活性炭表面的汞进一步扩散到活性炭周围的气氛中，并被流动的氮气带走。整个汞的脱除过程受三个步骤的共同制约。流动的氮气可以加速步骤③中汞的扩散过程，因此汞脱除率会随氮气流量的增加而增加。但是一旦氮气流量达到较高值，步骤③将不再是汞脱除的速率控制步骤，因此继续增加氮气流量对汞脱除率的影响不会太大。

2)焙烧温度和保温时间的影响

微波焙烧温度和时间对汞脱除率和残留汞浓度的影响如表 3-17 所示。从表 3-17 可以看出，当样品在 350℃焙烧 10min 后，汞的脱除率仅为 93.54%，残留汞浓度为(1387±125)mg/kg；当焙烧时间延长至 30min 后，汞的脱除率显著增加，达到 99.41%，残留汞浓度也降低至(127±14.5)mg/kg；继续增加焙烧时间，汞的脱除率缓慢增加，当焙烧时间达到 90min 后，汞的脱除率趋于稳定值 99.94%，此时残留汞浓度仅为(14±1.8)mg/kg。

表 3-17 微波焙烧温度和时间对汞脱除率和残留汞浓度的影响

焙烧温度/℃	焙烧时间/min	汞脱除率/%	残留汞浓度/(mg/kg)
350	10	93.54	1387±125
	30	99.41	127±14.5
	60	99.92	18±5.9
	90	99.94	14±1.8
400	10	97.87	460±123
	30	99.83	36±13.5
	60	99.94	13±4.0
	90	99.96	8.6±4.1
450	10	99.89	23±9.4
	30	99.92	17±5.6
	60	99.95	12±3.2
	90	99.97	8.6±4.3
500	10	99.95	11±6.3
	30	99.98	4.5±1.8
	60	99.98	4.1±3.2
	90	99.98	4.1±2.0

当焙烧温度提高至 400℃后，与 350℃时的结果相比，汞的脱除率明显提高。仅焙烧 10min 后，汞的脱除率就达到 97.87%；随着焙烧时间的延长，汞的脱除率继续增加，当焙烧时间达到 90min 后，汞的脱除率趋于稳定值 99.96%。进一步提高焙烧温度至 400℃和 450℃后，汞的脱除率显著提高。

当样品在 450℃和 500℃下焙烧仅 10min 后，汞的脱除率可以分别达到 99.89%和 99.95%。焙烧温度为 450℃时，汞的脱除率随焙烧时间而缓慢增加，当焙烧时间从 30min 增加至 90min 时，汞的脱除率从 99.92%提高至 99.97%。当焙烧温度为 500℃时，焙烧时间对汞的脱除率的影响很小，焙烧时间为 30min 时，汞脱除率即可达到 99.98%，继续延长焙烧时间，汞的脱除率没有进一步提高。

在每一个焙烧温度下，残留汞浓度随焙烧时间的延长而显著降低，与汞脱除率呈现出相反的趋势，在不同的焙烧温度下，残留汞浓度都有一个极限值，在 350℃、400℃、450℃和 500℃焙烧 90min 后，残留汞浓度均趋向于一个稳定值，分别为(14±1.8)mg/kg、(8.6±4.1)mg/kg、(8.6±4.3)mg/kg 和(4.1±2.0)mg/kg。

通过上述分析也可以看出，残留汞浓度趋向于平衡的时间也随焙烧温度的提高而缩短。这是因为焙烧温度升高时，汞的扩散迁移过程变得更快。焙烧温度越高时，达平衡时残留汞浓度也越低。当废汞触媒在 500℃下焙烧 30min 后，汞脱除率达到最高值 99.98%，此时残留汞浓度仅为(4.5±1.8)mg/kg。因此，500℃和

30min 被认为是微波最优脱汞温度和时间。

2. 微波控功率脱汞工艺

Liu 等[110]提出了微波控功率脱汞工艺处理废汞触媒，考察了微波焙烧时间和微波功率对汞脱除率的影响。

1) 微波焙烧时间的影响

在微波功率为 500W 和氮气流量为 200L/h 的条件下，考察了微波焙烧时间对废汞触媒汞脱除率和残留汞含量的影响，结果如图 3-33 所示。

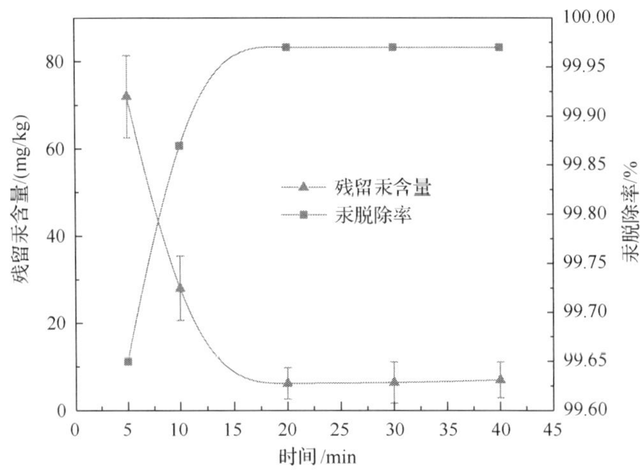

图 3-33　微波焙烧时间对汞脱除率和残留汞含量的影响

由图 3-33 可以看出，随着焙烧时间从 5min 增加至 20min，汞脱除率急剧上升，残留汞浓度急剧降低；当焙烧时间为 20min 时，汞脱除率可达 99.97%，残留汞含量为 6.2mg/kg；继续延长焙烧时间，汞脱除率不继续增加，残留汞含量趋于稳定值。因此，最优焙烧时间为 20min。

2) 微波功率的影响

在微波加热下，物料温度由微波功率决定。当焙烧时间为 20min，氮气流量为 200L/h 时，微波功率对汞脱除率和残留汞含量的影响如图 3-34 所示。

由图 3-34 可以看出，随着微波功率从 300W 增加到 400W，汞脱除效率急剧增加，残留汞含量明显降低。这是由于随微波功率的增加，样品吸收的能量增加，导致样品温度升高而有利于汞的脱除。随着微波功率的进一步增加，汞的脱除效果逐渐提高，当微波功率达到 700W 时，汞脱除率可达到 99.98%，残留汞含量仅为 3.5mg/kg。继续提高微波功率至 800W，残留汞浓度没有进一步降低。因此，最优微波功率为 700W。

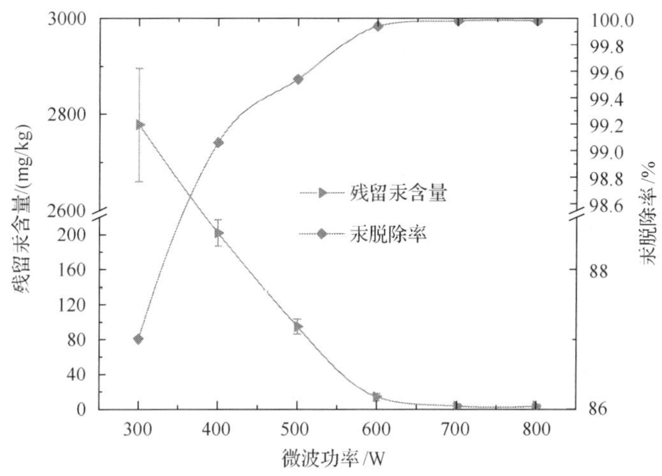

图 3-34　微波功率对汞脱除率和残留汞含量的影响

对在 700W 下焙烧 20min 后的废汞触媒进行汞的毒性浸出实验(TCLP)，发现汞浸出浓度仅为 3μg/L，远低于 TCLP 限值(0.2mg/L)，表明废汞触媒中汞的浸出毒性已被完全解除。

3.4　一步法活化再生

3.4.1　微波加热水蒸气活化再生

Liu 等[111]采用水蒸气作为活化气体，对废汞触媒进行了微波加热再生。实验在管式微波炉中进行，为了使水蒸气能顺利通过炉膛，并将脱除的汞携带出去，实验时控制氮气流量为 100L/h，水蒸气流量为 30L/h，主要考察了活化温度和活化时间对活性炭再生效果的影响。

1. 活化时间和活化温度的影响

控制活化温度为 900℃，考察了活化时间对活性炭得率和亚甲基蓝吸附值的影响，结果如图 3-35 所示。

由图 3-35 可以看出，当活化时间由 0.5h 延长至 1.5h 时，活性炭得率和亚甲基蓝吸附值均随活化时间的延长而增加；进一步延长活化时间至 2h，活性炭得率和亚甲基蓝吸附值反而有所下降。当活化时间为 1.5h 时，亚甲基蓝吸附值为 173mg/g，得率为 88.42%；当活化时间为 2h 时，亚甲基蓝吸附值下降至 170mg/g，得率为 87.33%。这是由于随活化时间的延长，会有更多的有机杂质等从活性炭孔道中释放，从而打开活性炭被堵塞的孔道，但是活化时间过长时，更多的碳与水蒸气发生反应，从而降低活性炭得率。因此最优活化时间确定为 1.5h。

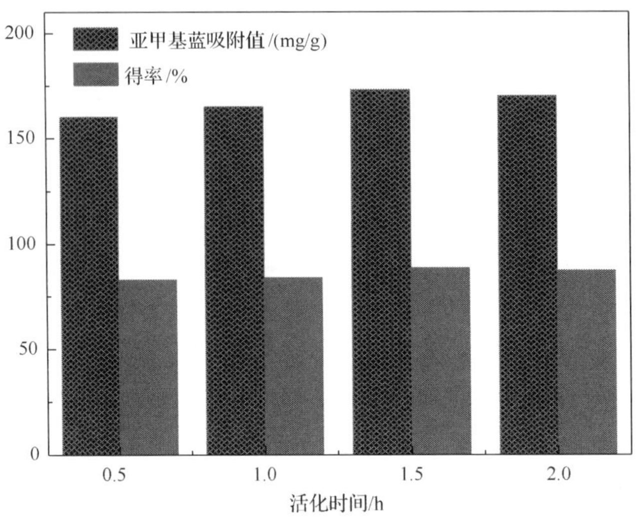

图 3-35　活化时间对活性炭亚甲基蓝吸附值和得率的影响

当控制活化时间为 1.5h 时，考察了活化温度对活性炭亚甲基蓝吸附值和得率的影响，结果如图 3-36 所示。

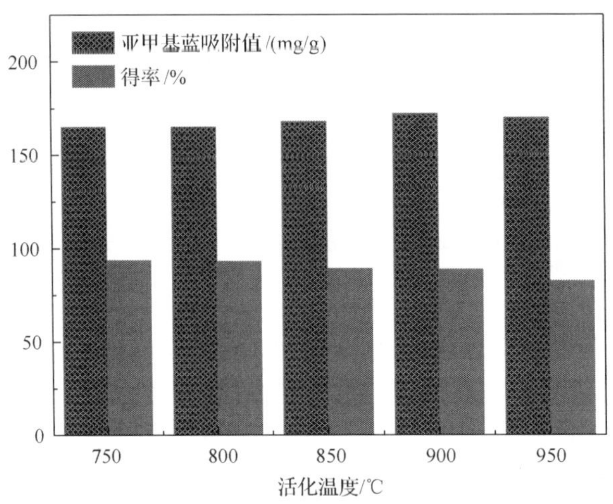

图 3-36　活化温度对活性炭亚甲基蓝吸附值和得率的影响

由图 3-36 可以看出，当活化温度从 750℃增加至 900℃，活性炭的亚甲基蓝吸附值随温度的增加而有所提高，这是由于温度越高时，堵塞在活性炭孔道中的有机物等杂质可以更快地脱附，水蒸气与碳的反应也更强烈，从而增加活性炭的孔隙。当进一步提高活化温度至 950℃后，活性炭的亚甲基蓝吸附值略有降低，这可能是由于温度过高时，活性炭中已经形成的微孔发生坍塌而导致孔径变大，降低其吸附能力。当活化温度从 750℃增加至 950℃，活性炭的得率随温度的增加而降低，这是由于温度越高时，更多的杂质被脱除，活化反应进行得更彻底。因此，综合考虑活性炭亚甲基蓝的吸附能力和得率，确定最优活化温度为 900℃。

2. 再生活性炭的表征

再生废催化剂的氮气吸脱附等温线如图 3-37 所示。可以看出，根据 IUPAC 分类，该吸附等温线为Ⅳ型吸附等温线，等温线上形成一个滞后回环，这是多孔材料的特点。根据孔径分布(BJH)法计算出的再生活性炭的孔径主要为 0.8nm 左右，说明再生催化剂微孔和中孔混合存在。经活化再生后，活性炭的比表面积增加至 730.20m^2/g，总孔体积增加至 0.47cm^3，平均孔径为 2.56nm，表明活性炭得到了很好的再生。

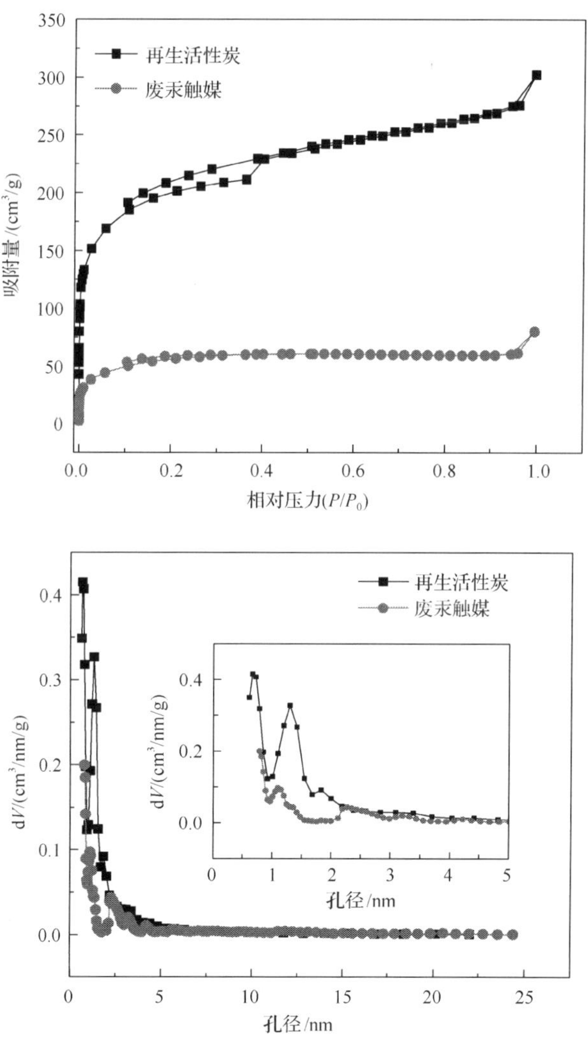

图 3-37　废汞触媒和再生活性炭的氮气吸脱附等温线和孔径分布

图 3-38 为废汞触媒和载体活性炭再生前后的红外光谱图谱，图 3-38 中 3430cm^{-1}处属于O—H的伸缩振动峰，2920cm^{-1}属于C—H的伸缩振动峰，1110cm^{-1}处属于 C—O—C 的特征峰，可以看出，在活化再生前后，活性炭上官能团的特征峰的位置发生了偏移，这归因于活性炭上汞化合物和有机物等杂质的脱除。

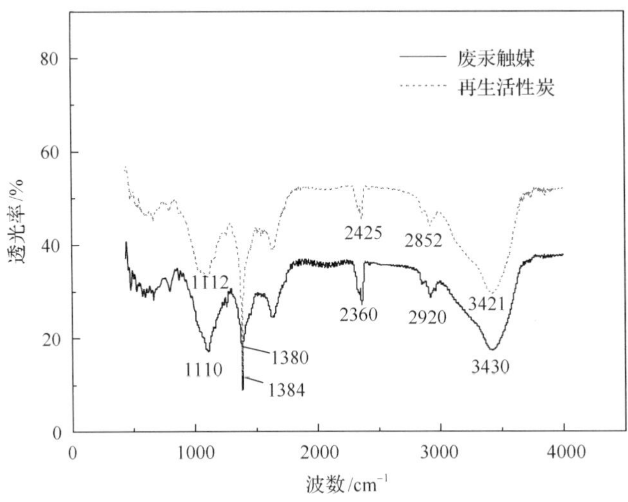

图 3-38　废汞触媒和再生活性炭再生前后的红外光谱分析

图 3-39 为废汞触媒载体活性炭再生前后的 SEM 图，再生前活性炭表面吸附有大量有机物等杂质，活性炭的孔道被严重堵塞，而再生后，活性炭表面变得更清洁、更光滑，且可以观察到更多的孔道，表明经活化处理后，活性炭上的杂质得到有效脱除，孔结构得到明显再生。

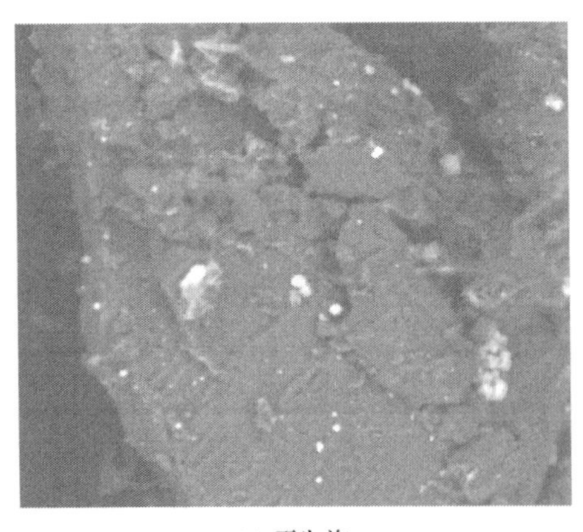

(a) 再生前

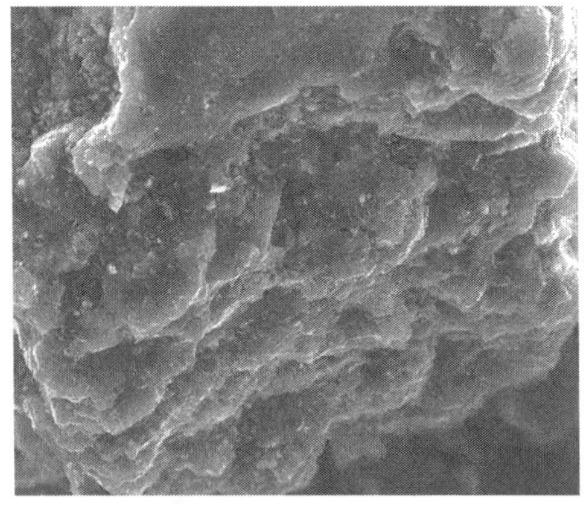

(b) 再生后

图 3-39　废汞触媒载体活性炭再生前后的微观形貌

3.4.2 微波加热-超声波喷雾活化再生

1. 活化时间和温度的影响

Jiang 等[112]采用微波加热-超声波喷雾的方式对废汞触媒载体活性炭进行了再生。实验首先将废汞触媒载体活性炭放入管式微波炉中央，开启超声波装置，控制喷雾气流速度为 30L/h，同时通入 100L/h 的载气氮气，样品在活化气体下通过微波加热在设定温度下保温一定时间，保温结束后，待样品冷却后置于 85℃的真空干燥箱中干燥 3h 后便得到再生活性炭。实验考察了活化温度和活化时间对再生活性炭亚甲基蓝吸附值和得率的影响。

当活化时间为 60min 时，考察了活化温度为 500～900℃时对再生活性炭的亚甲基蓝吸附值和得率的影响，结果如图 3-40 所示。

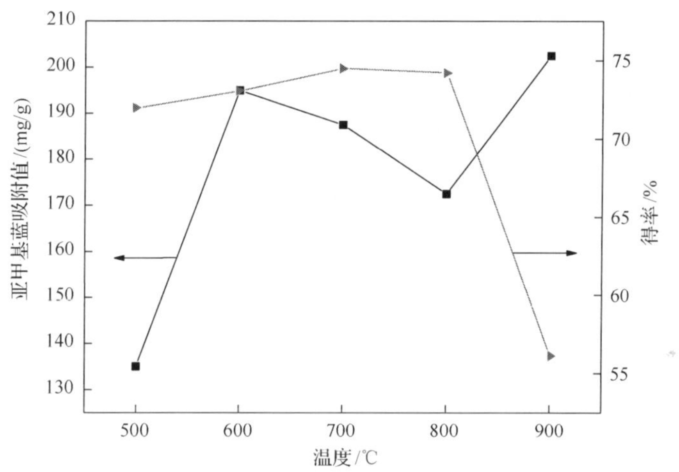

图 3-40 活化温度对再生活性炭亚甲基蓝吸附值和得率的影响

由图 3-40 可以看出，整体上亚甲基蓝吸附值随温度的升高而增加，当活化温度为 900℃时，亚甲基蓝吸附值达到最大值 202.5mg/g。这是因为当活化温度较低时，活性炭上只有小部分孔道得到再生；当活化温度较高时，废活性炭中吸附的杂质会在喷雾气流的作用下得以挥发分解。当活化温度从 500℃增加至 800℃时，得率缓慢提高；当活化温度达到 900℃时，得率急剧下降，这可能是在高温下更多的碳参与活化反应而损失。因此，在后续实验中选取活化温度为 900℃。

当活化温度为 900℃时，考察了活化时间对再生活性炭的亚甲基蓝吸附值和得率的影响，结果如图 3-41 所示。

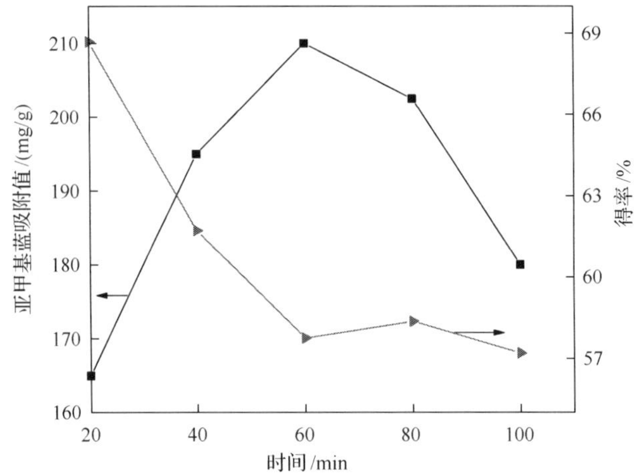

图 3-41　活化时间对再生活性炭亚甲基蓝吸附值和得率的影响

由图 3-41 可以看出，亚甲基蓝吸附值随活化时间的延长先增加后降低，这是由于活化时间的延长可以使更多的杂质从活性炭孔道中得以脱除；当活化时间太长时，活性炭中已生成的孔隙可能会被烧毁，从而导致其吸附能力下降。当活化时间从 20min 延长至 60min 时，活性炭的得率随时间的延长而降低，继续延长活化时间至 100min，得率基本保持不变。因此，综合考虑再生活性炭的吸附能力和得率，选取 60min 作为最优活化时间。

2. 再生活性炭的表征

图 3-42 为废汞触媒载体活性炭再生前后的氮气吸脱附等温线。根据 IUPAC

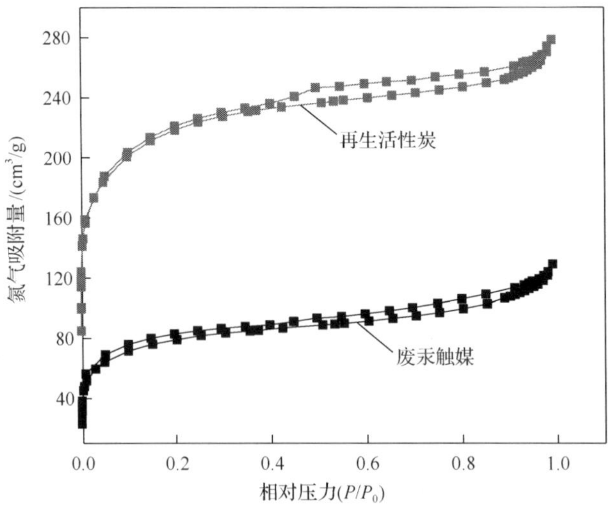

图 3-42　废汞触媒载体活性炭再生前后的氮气吸脱附等温线

分类，两条等温线均可归类为Ⅳ型吸附等温线。当相对压力为 0.4～0.9 时，两条等温线都表现出滞后环。由于毛细冷凝作用，再生活性炭的氮气吸脱附等温线上的滞后环比废活性炭的宽。与原料废汞触媒相比，再生活性炭的比表面积增加至 801.6m^2/g，总孔体积增加至 0.43cm^3/g，平均孔径降至 1.08nm，表明废汞触媒在微波加热-超声喷雾的作用下能得到很好的再生。

废汞触媒载体活性炭再生前后的微观结构对比如图 3-43 所示。可以看出，废汞触媒表面相对粗糙不规则，没有明显的孔结构；再生活性炭表面出现了明显的孔结构，且表面的杂质明显减少。此外，通过能谱分析可以看出(图 3-44)，经再生后活性炭没有检测到汞的信号，表明微波加热-超声波喷雾既能有效恢复活性炭的孔隙结构和吸附能力，也可以高效脱除废汞触媒上的汞。

(a) 废汞触媒

(b) 再生活性碳

图 3-43　废汞触媒和再生活性炭的微观结构图对比

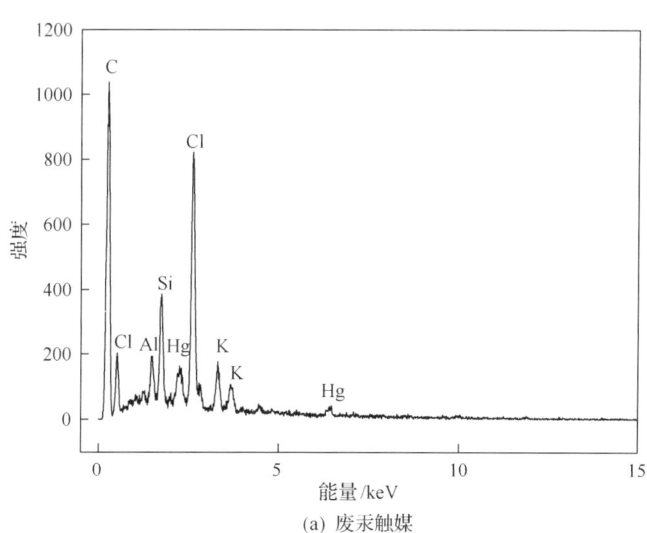

(a) 废汞触媒

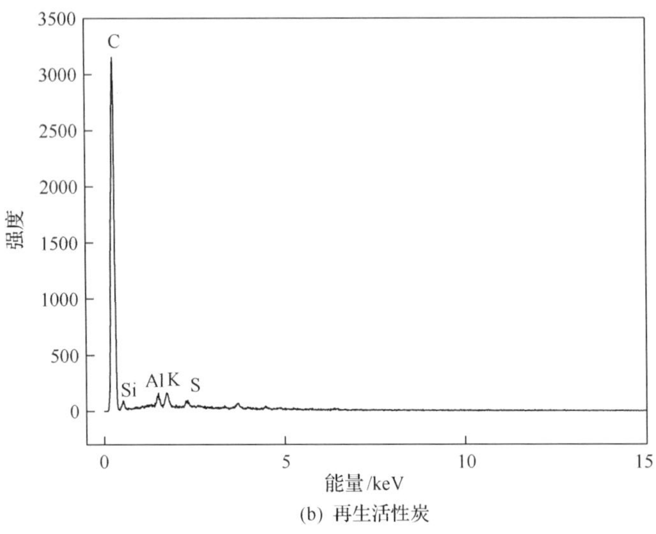

(b) 再生活性炭

图 3-44　废汞触媒和再生活性炭的能谱图

图 3-45 为废汞触媒再生前后的红外光谱分析，可以看出，两个样品的红外光谱大致相似。在 $3433cm^{-1}$ 处的峰归因于 O—H 和 N—H 的伸缩振动。在 $2924cm^{-1}$ 的峰值对应于 C—H 的伸缩振动，可能是由空气中的二氧化碳引起。在 $2852cm^{-1}$ 的峰可以归属为 C—H 官能团。在约 $2340cm^{-1}$ 处的吸收峰是二氧化碳的不对称膨胀振动峰。在 $1636cm^{-1}$ 处的峰可归因于芳香基 C═C 键。在 $1457cm^{-1}$ 处的峰属于—CH_3 的对称弯曲[113]。约 $1100cm^{-1}$ 的峰归因于 C—O 键。在 400～$800cm^{-1}$ 处的峰归因于铁和锌化合物的振动[114]。通过对比可以发现，活性炭经再生后位于 $1100cm^{-1}$ 和 $1636cm^{-1}$ 的振动峰强度明显降低，表明再生活性炭上的 C—O 和 C═C 键减少，可能是由于再生过程中杂质有机物发生了脱除或官能团发生了分解。

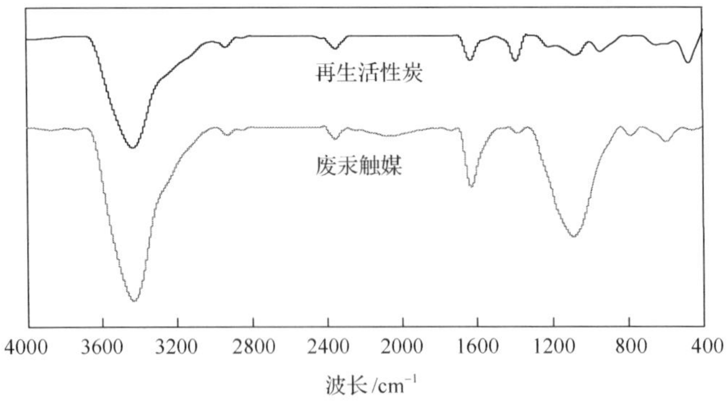

图 3-45　废汞触媒再生前后的红外光谱分析

3.4.3 微波加热二氧化碳活化再生

采用微波加热的方式，以二氧化碳为活化气体对废汞触媒载体活性炭进行了再生。实验时取一定量的废活性炭放入微波炉中，在设定温度下加热，控制二氧化碳流量为 0.5L/min，加热 1h 后关闭微波，待样品冷却后取出进行分析表征。考察了温度对样品再生效果的影响。

在不同活化温度下获得的再生活性炭的碘吸附值和亚甲基蓝吸附值如图 3-46 所示。可以看出，当温度从 500℃增加至 800℃时，再生活性炭的碘吸附值和亚甲基蓝吸附值随温度的增加而提高。这是由于温度越高，可以给样品提供更多的能量，有利于吸附质克服分子间作用力而脱附，更多的有机物可以在高温下得以分解挥发，同时高温也有利于二氧化碳与碳反应，从而使活性炭的孔道再生。

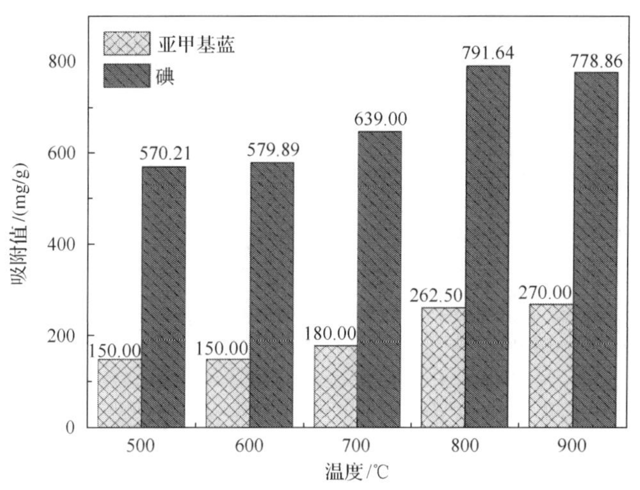

图 3-46　不同温度下再生活性炭的碘吸附值和亚甲基蓝吸附值

进一步增加温度至 900℃时，再生活性炭的碘吸附值有所下降，而亚甲基蓝吸附值略有上升。由于碘吸附值是评价样品微孔的水平，亚甲基蓝吸附值主要是评价样品中孔的水平，表明当温度达到 900℃后，再生活性炭的微孔开始减少，可能是由于温度过高，导致已经形成的微孔发生坍塌，而中孔没有发生明显的变化。

废汞触媒和不同温度下再生活性炭的氮气吸脱附等温线如图 3-47 所示，可以看出，再生活性炭的氮气吸脱附值明显高于废活性炭，表明经活化再生后，活性炭的孔隙得到明显增加。活化温度越高，再生活性炭的氮气吸脱附量越大，表明提高温度有利于活性炭的再生。不同温度下再生活性炭的孔结构参数如表 3-18 所示。

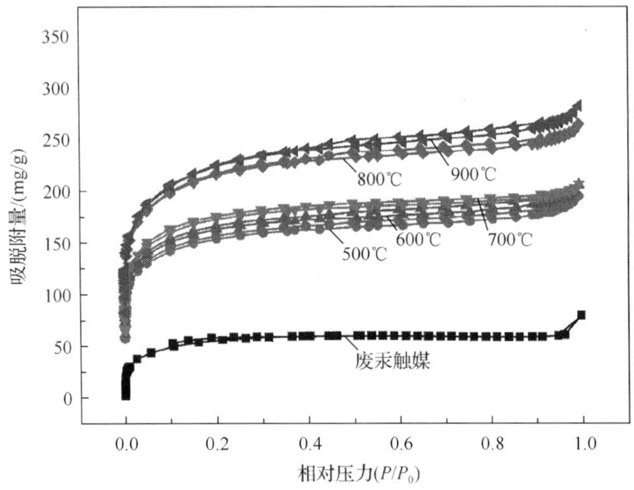

图 3-47　废汞触媒和不同温度下再生活性炭的氮气吸脱附等温线

表 3-18　废汞触媒和不同温度下再生活性炭的孔结构参数

原料	比表面积/(m^2/g)	总孔体积/(cm^3/g)	平均孔径/nm	微孔率/%
废汞触媒	287.43	0.200	2.78	43.6
500℃再生活性炭	566.69	0.302	2.13	56.3
600℃再生活性炭	603.09	0.318	2.11	56.9
700℃再生活性炭	639.69	0.319	2.00	59.5
800℃再生活性炭	794.27	0.411	2.06	54.7
900℃再生活性炭	820.97	0.438	2.13	53.4

从表 3-18 可以看出，不同温度下活化再生样品的平均孔径为 2.00～2.78nm，表明样品中主要为微孔和中孔，此外，样品的比表面积和总孔体积均随活化温度的提高而增加。由此可见，废活性炭通过微波加热二氧化碳高温活化后，微孔和中孔均可以得到较好的再生。

废汞触媒和不同温度下再生活性炭的红外光谱如图 3-48 所示。由图 3-48 可以看出，在 670cm^{-1}处的峰属于 C—Cl，在活化温度为 500～700℃的样品上可以观察到明显 C—Cl。当活化温度达到 800℃或 900℃后，样品中的 C—Cl 消失。C—Cl 很可能是来自于有机物，因此，800℃或 900℃的高温有利于有机物的脱除。位于 1060cm^{-1}或 1070cm^{-1}处的峰归因于 C—O 的不对称伸缩振动峰；3420cm^{-1}或 3460cm^{-1}处的峰归因于醇或酚；位于 1650cm^{-1}处的强峰属于 C═C 拉伸振动；位于 1730cm^{-1}和 2820cm^{-1}处的峰归因于醛基；1375cm^{-1}或 1385cm^{-1}处的峰归因于 C—O—C 基团。通过对比分析可以看出，随温度的增加，活性炭上这些官能团的特征峰强度会降低甚至消失，表明在高温活化条件下，一些不饱和烃、醛、C═O、C═C 等官能团，在再生过程中下会转化为二氧化碳[115]。

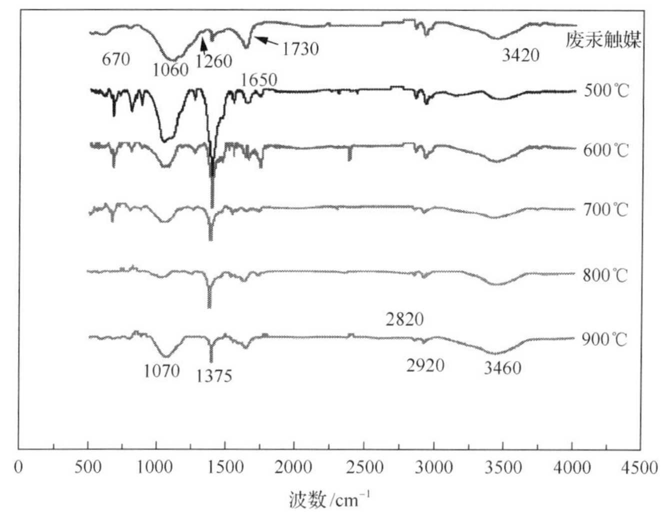

图 3-48　废汞触媒和不同温度下再生活性炭的红外光谱

为了表征再生后活性炭的结构变化，对比分析了废汞触媒和不同温度下再生活性炭的拉曼光谱，如图 3-49 所示。

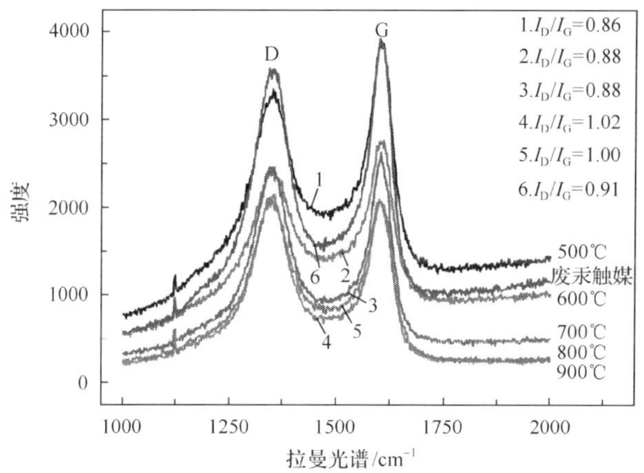

图 3-49　废汞触媒和不同温度下再生活性炭的拉曼光谱

I_D/I_G 表示 D 峰和 G 峰的强度比

图 3-49 中位于 1350cm^{-1} 处的 D 波段归因于石墨结构，而位于 1575cm^{-1} 处的 G 波段则反映了一个缺陷或无序的碳结构[116]。当温度从 500℃增加至 800℃时，I_D/I_G 从 0.86 增加至 1.02。根据 Gupta 等[107]的研究，由碳引起的 C sp2 的杂化速度比 C sp3 快，即随温度的升高，再生基体的石墨化程度会降低，而缺陷的碳结构会增加。当活化温度达到 900℃时，样品 I_D/I_G 又降至 1.00，表明在更高温度下，缺陷结构会向有序石墨结构转变[108]。

图 3-50 为不同温度下再生活性炭的 C 1s 高分辨率 XPS 谱图，可以看出，样品中均含有芳香碳、脂肪碳、C—O—C、醛类、CO_3^{2-}和 π-π 键等基团，284.8eV

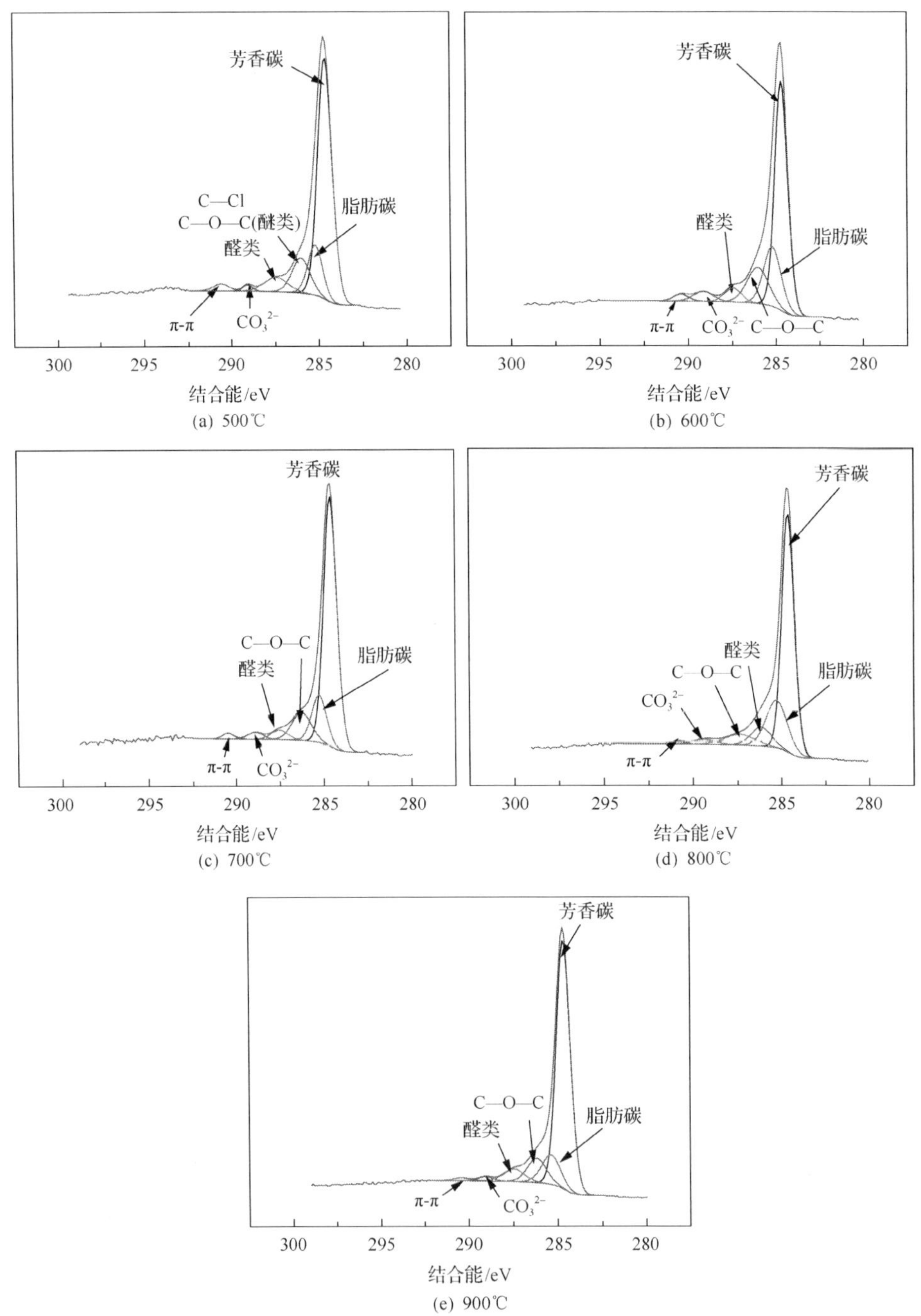

图 3-50　不同温度下再生活性炭的 C 1s 高分辨率 XPS 谱图

处的强峰归因于 C—C、C═C 和 C—H，286eV 处的峰属于 C—O—C，289.1eV 的峰值归因于 CO_3^{2-}，样品中 CO_3^{2-}可能与 Ba^{2+}和 Ca^{2+}相结合。

图 3-51 为废汞触媒和不同活化温度下再生活性炭的微观形貌图，可以看出，活性炭表面随活化温度的升高而变得更加清洁，即温度越高，越有利于废活性炭中杂质的脱除，从而使活性炭孔道得到更好的再生。

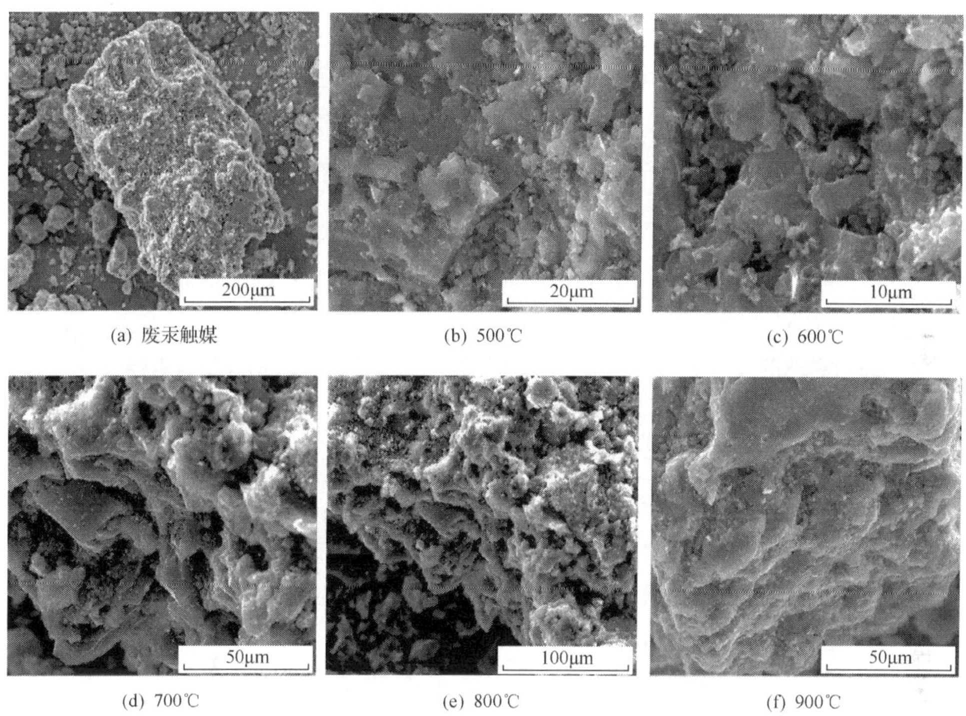

(a) 废汞触媒　(b) 500℃　(c) 600℃

(d) 700℃　(e) 800℃　(f) 900℃

图 3-51　废汞触媒和不同活化温度下得到的再生活性炭的微观形貌图

Cheng 等[119]采用微波加热的方式，以二氧化碳为活化气体对废汞触媒载体活性炭进行了再生。取一定量的废活性炭放入微波炉中，在 900℃下加热 80min，控制二氧化碳流量为 0.5L/min，待冷却后取出进行分析表征。

图 3-52 为废活性炭和再生活性炭的氮气吸脱附等温线和微分孔径分布图。从图 3-52 可以看出，再生活性炭的氮气吸脱附值要高于废活性炭，表明再生活性炭上的孔数量更多。废活性炭和再生活性炭的孔径主要集中在 1～5nm，而再生活性炭上的峰值要更高，表明孔隙更多。

废活性炭经活化再生后，其比表面积增加至 848.15m^2/g，总孔体积增加至 0.46cm^3/g，平均孔径降至 2.19nm，微孔体积增加至 0.236cm^3/g，碘吸附值增加至 859.6mg/g，表明废活性炭在微波加热-超声喷雾的作用下能得到很好的再生。

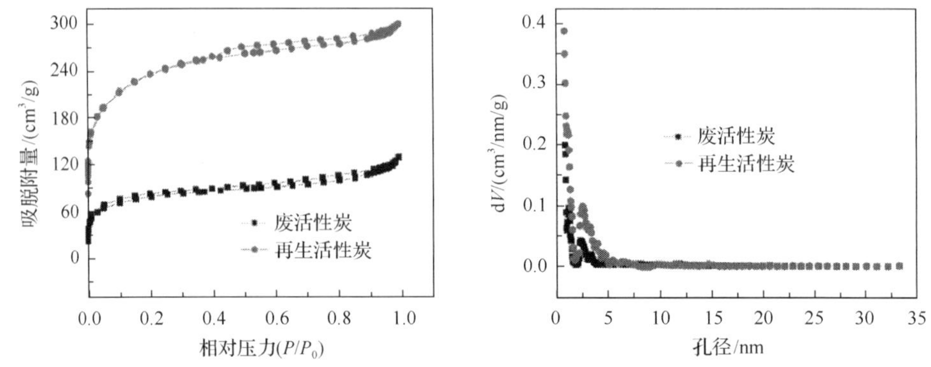

图 3-52　废活性炭和再生活性炭的氮气吸脱附等温线和微分孔径分布

图 3-53 为废汞触媒载体活性炭再生前后的 SEM 图，可以看出，再生前活性炭表面吸附有大量杂质，孔隙较少，经过活化再生后，可以观察到更多的孔隙，孔结构得到有效再生。

(a) 再生前　　(b) 再生后

图 3-53　废汞触媒再生前后的微观形貌

图 3-54 为废汞触媒再生前后的 XRD 光谱分析，可以看出，废活性炭和再生活性炭上的特征衍射峰代表炭和二氧化硅。21.8°处的衍射峰代表石墨结构的(002)晶面，44.2°处的衍射峰代表石墨结构的(100)晶面。废活性炭经再生后，(002)晶面几乎没有发生变化，而(100)晶面处的衍射峰强有所降低且衍射角位置略有减小，表明再生活性炭上的石墨结晶尺寸有所减小。较小的微晶促进了不饱和碳原子在再生活性炭上的变化，从而提高了活性炭的表面活性和吸附性能。上述分析表明，微波加热二氧化碳活化法可以有效破坏活性炭上的石墨晶体结构。

拉曼光谱通常用来分析样品的有序或无序晶体结构[107]，废汞触媒和再生活性炭的拉曼光谱分析如图 3-55 所示。在约 1350cm^{-1}(D 波段)和 1600cm^{-1}(G 波段)有两个代表碳材料的特征峰。碳材料的石墨化程度通常用 I_D/I_G 进行评价[120]，从图

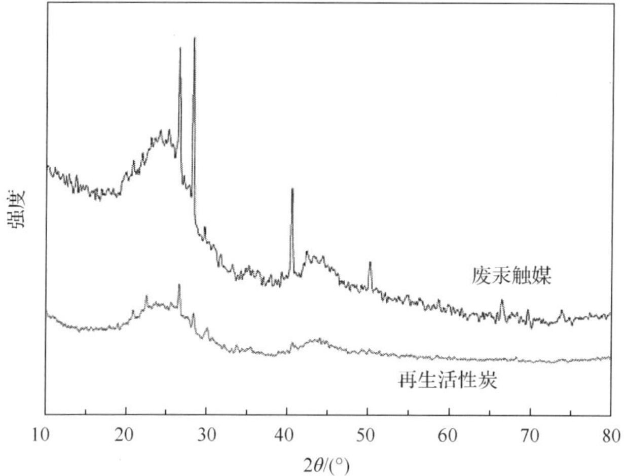

图 3-54　废汞触媒载体活性炭再生前后的 XRD 光谱分析

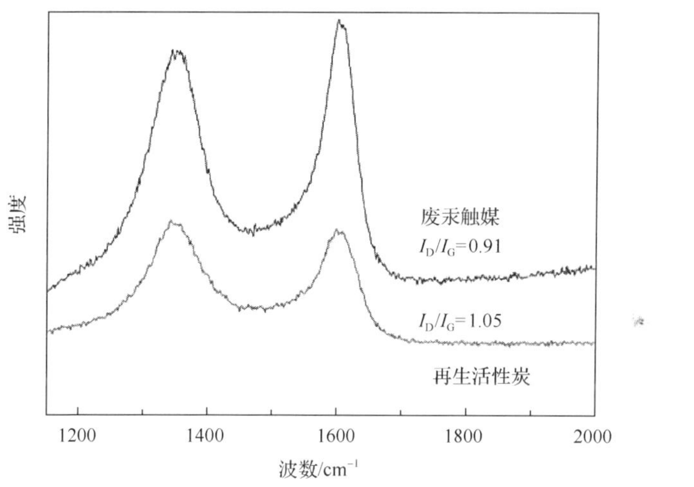

图 3-55　废汞触媒和再生活性炭的拉曼光谱

中可以看出，再生活性炭的 I_D/I_G 大于废活性炭的 I_D/I_G，表明废汞触媒载体活性炭经活化再生后，石墨结晶结构遭到破坏，许多不饱和碳原子存在于再生活性炭表面，这与 XRD 的分析结果一致。

图 3-56 为废汞触媒和再生活性炭的红外光谱。从图 3-56 可以看出，废汞触媒和再生活性炭的红外光谱图整体基本一致，在 3430cm^{-1} 和 3440cm^{-1} 处的吸附峰代表羟基官能团上 O—H 的伸缩振动[121]，在 2920cm^{-1} 的峰值表明 C—H 伸缩振动存在[121]，在约 1630cm^{-1} 处的峰代表烯烃结构的 C═C 振动[122]，约 1120cm^{-1} 处的峰代表 C—O 键。从 600cm^{-1} 至 900cm^{-1} 的一些弱峰可能归因于 C—H 或 O—H 的平面外弯曲模式。废汞触媒再生前后红外光谱上一些特征峰的

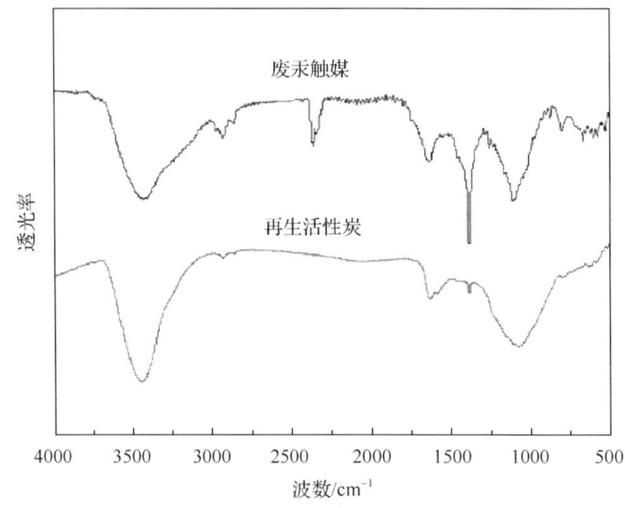

图 3-56 废汞触媒和再生活性炭的红外光谱

位置的变化可能是由有机物等的分解导致。废汞触媒经活化再生后，位于 600cm^{-1} 至 900cm^{-1} 的一些弱峰的消失表明氢的脱除，这可以通过元素分析进行证实，废活性炭中氢含量为 1.59%，而再生活性炭中的氢含量降至 0.76%。

图 3-57 为废汞触媒和再生活性炭的 C 1s 高分辨率 XPS 光谱，可以看出，位于 284.71eV、285.78eV、286.88eV 的峰值分别代表官能团 C—C、C—O 和 C═O，废汞触媒经过活化处理后，这些官能团的结合能均有所偏移，例如，C═O 的结合能从 286.88eV 变为 286.28eV，C═O 的含量从 4.18%增加到 22.13%。表明废汞触媒经微波加热二氧化碳活化再生后，某些官能团的结合能发生了变化。

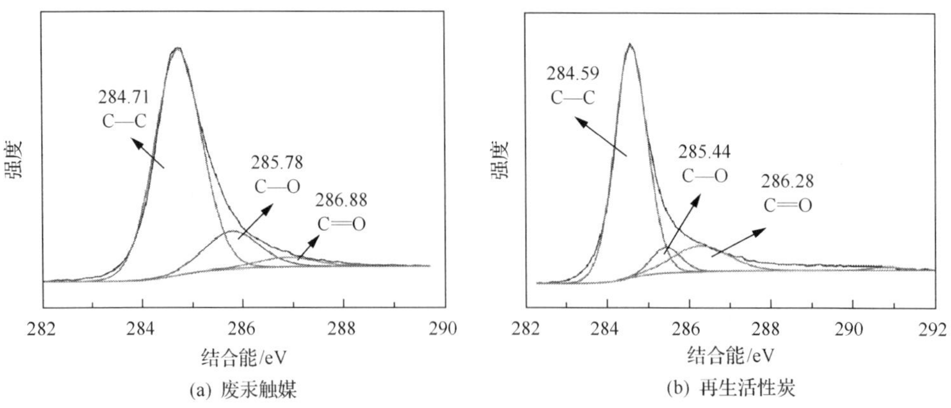

图 3-57 废汞触媒和再生活性炭的 C 1s 高分辨率 XPS 光谱

3.5 脱汞后活性炭的改性及应用

3.5.1 脱汞活性炭直接用于吸附汞

1. 脱汞后再生活性炭表征

废汞触媒经微波加热脱汞后，吸附在载体活性炭中的有机物等杂质也被同步脱除，活性炭在一定程度上得以再生且不再具有汞浸出毒性，因此再生活性炭具有回收再利用价值。Liu 等[110]选取将废汞触媒在 700W 下焙烧 20min 后的再生活性炭作为吸附剂，将其用于吸附水溶液中的汞离子以考察其吸附性能。采用 SEM、红外光谱和 XPS 技术对再生活性炭进行了表征分析。

废汞触媒和再生活性炭的微观结构如图 3-58 所示。从图 3-58(a)可见，废汞触媒表面吸附有一些细碎的杂质，表面较为粗糙且很难观察到孔隙；从图 3-58(b)可见，废汞触媒经微波焙烧后，表面变得更为光滑，且可以观察到许多孔道，表明吸附的杂质得到了较好的脱除。同时样品的体积密度也从废汞触媒的 0.61g/cm^3 降至再生活性炭的 0.51g/cm^3。

(a) 废汞触媒

(b) 再生活性炭

图 3-58 废汞触媒和再生活性炭的 SEM 图

废汞触媒和再生活性炭的氮气吸脱附等温线如图 3-59(a)所示，相比于废汞触媒，再生活性炭具有更大的氮气吸脱附能力。根据图 3-59(b)可知，再生活性炭的 BET 比表面积从废汞触媒的 287.4m^2/g 增加到 632.9m^2/g，总孔体积从 0.2cm^3/g 增至 0.32cm^3/g，主要归因于微孔体积的增加；再生活性炭的平均孔径也减小至 1.99nm。上述结果表明，在微波加热后，废汞触媒中的汞和杂质被脱除后，载体活性炭得到了再生，其比表面积和孔隙在一定程度上得以恢复。

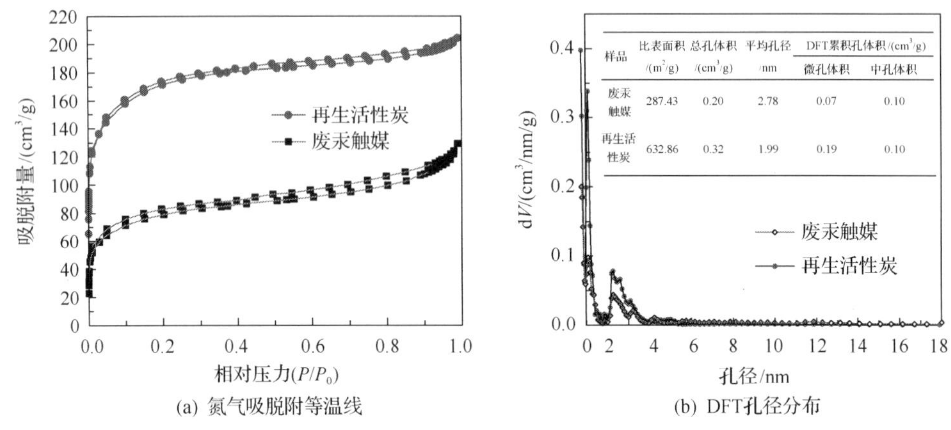

样品	比表面积/(m²/g)	总孔体积/(cm³/g)	平均孔径/nm	DFT累积孔体积/(cm³/g)	
				微孔体积	中孔体积
废汞触媒	287.43	0.20	2.78	0.07	0.10
再生活性炭	632.86	0.32	1.99	0.19	0.10

图 3-59　废汞触媒和再生活性炭的氮气吸脱附等温线和 DFT 孔径分布图

废汞触媒和再生活性炭的红外光谱如图 3-60 所示。位于 3432.16cm^{-1} 处的峰属于—OH 的伸缩振动峰[123]；位于 1384.42cm^{-1}、2922.63cm^{-1} 和 2852.42cm^{-1} 处的峰属于 C—H 的伸缩振动[124,126]；位于 1629.26cm^{-1} 处的峰属于 C═C 的特征峰[127]；位于 1111.63cm^{-1} 处的峰属于 C—O—C 的特征峰[128]；位于 1735.21cm^{-1} 处的峰属于羧基(—COOH)中的 C═O 的伸缩振动峰[129,130]；位于 779.13cm^{-1} 和 797.93cm^{-1} 处的双峰是归因于活性炭上 SiO_2 中 Si—O 的振动[131]；此外，位于 592.24cm^{-1} 和 473.94cm^{-1} 的小峰也与 SiO_2 的存在有关[132,133]。从上述分析可见，废汞触媒经微波加热处理后，由于汞和杂质的脱附，使部分特征吸收峰位置发生了轻微的偏移，但官能团的种类并没有发生明显的变化。

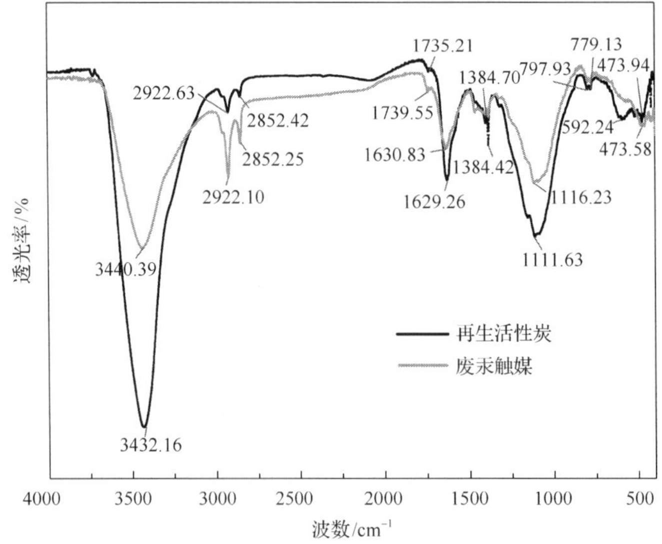

图 3-60　废汞触媒和再生活性炭的红外光谱图

再生活性炭中 C、H、N 的含量分别为 83%、1.3%和 0.9%。再生活性炭的 XPS 全谱如图 3-61(a)所示，可见样品中主要元素为 C 和 O，此外还含有 N 和 S 等。再生活性炭的 C 1s 和 O 1s 的高分辨率 XPS 图谱分别如图 3-61(b)和 3-61(c)所示。

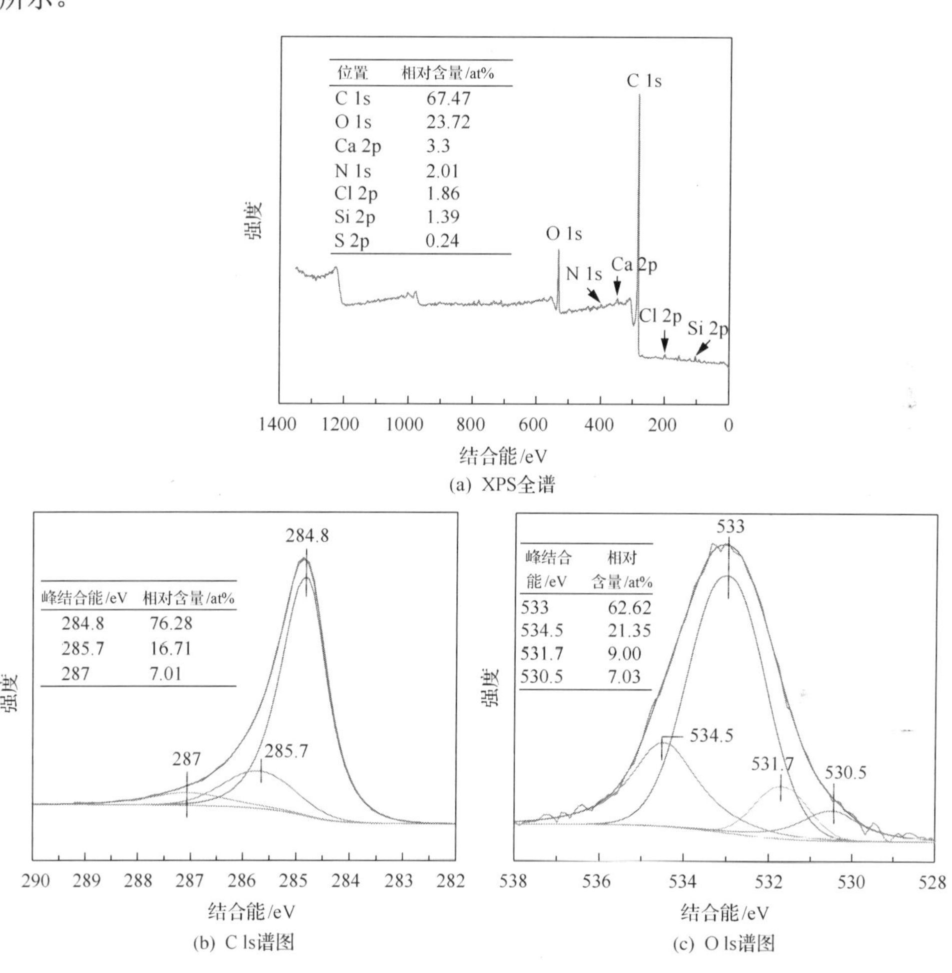

图 3-61　再生活性炭的 XPS 全谱、高分辨率 C 1s 谱图及高分辨率 O 1s 谱图

从图 3-61(b)可以看出，C 1s 谱图可以被分为三个峰：其中位于 284.8eV 的峰属于 C—C、C═C 或 C—H[43,134]，位于 285.7eV 的峰属于 C—N、C—O—C[135,136]，位于 287eV 的峰属于 C═O[137]。O 1s 可以分为四个峰：位于 530.5eV 的峰属于 C═O[138]；位于 531.7eV 的峰属于 C—OH/C—O—C[139]；位于 533eV 的峰属于 Si—O/C—OH/C—O—C[140,141]；位于 534.5eV 的峰属于化学吸附的氧或水中的氧[142]。

2. 再生活性炭吸附汞离子研究

1) pH 的影响和吸附机理

汞的吸附过程与吸附剂性质和水溶液中汞的存在形态有关，而汞的存在形态与溶液的 pH 密切相关，零电荷点 pH(pH_{zpc})是吸附剂表面电荷为零时的 pH，通常被用于确定吸附剂表面的电荷情况，吸附剂在 pH＜pH_{zpc} 时带正电，在 pH＞pH_{zpc} 时带负电。采用 drift 法[143]测定了废汞触媒的 pH_{zpc}，所获得的初始 pH 与终点 pH 的关系如图 3-62 所示。进一步考察了初始 pH 对汞脱除率和终点 pH 的影响，如图 3-63 所示。

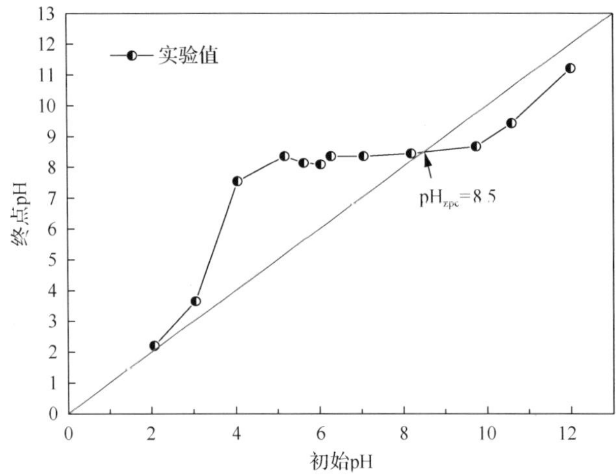

图 3-62　初始 pH 与终点 pH 的关系

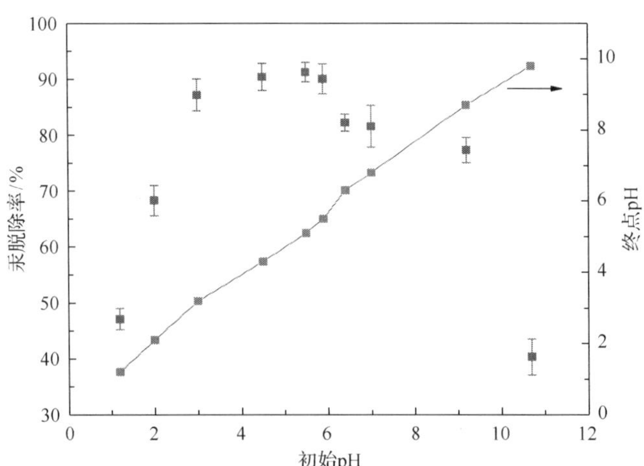

图 3-63　pH 对汞脱除率的影响(吸附剂量 0.1g/50mL，初始 Hg(Ⅱ)浓度 9.84mg/L，吸附时间 6h)

从图 3-62 可以看出，再生活性炭的 pH_{zpc} 为 8.5，因此，再生活性炭在 pH<8.5 时带正电，如果吸附过程涉及静电相互作用，那么当 pH<8.5 时，再生活性炭不利于对 Hg(Ⅱ)的吸附。

从图 3-63 可以看出，当 pH<4 时，汞的脱除率随 pH 的增加而明显提高；当 pH 达到 4～6 时，汞的脱除率达到最大值；随着 pH 继续增加，汞的脱除率下降。因此后续实验中 pH 均采用 5.5。Zhu 等[138]研究了 pH 对活性炭吸附 $HgCl_2$ 溶液中汞的影响，也观察到了类似的趋势。Tan 等[144]指出汞在生物炭基活性炭上的吸附也是随 pH 的增加而提高，并在 pH 为 4～6 时达到最大值。

为了进一步分析吸附机理，采用化学平衡模拟软件 Visual Minteq 对不同 pH 下溶液中汞的存在形态进行了模拟分析，结果如图 3-64 所示。

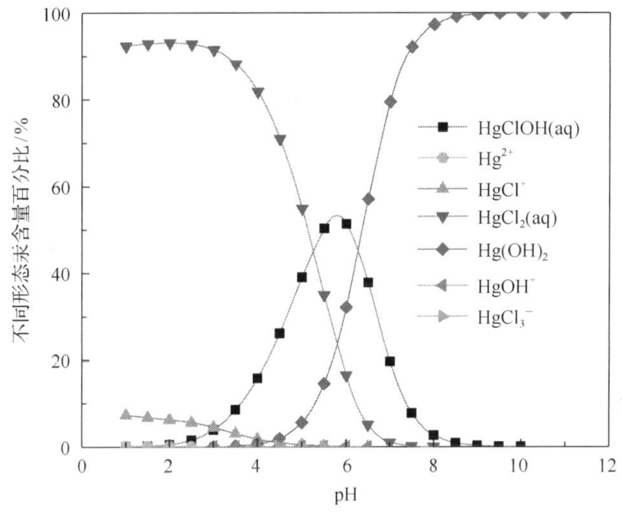

图 3-64　不同 pH 下氯化汞溶液中汞的存在形态

从图 3-64 可以看出，当 pH<4 时，汞主要以 $HgCl_2$(aq)的形态存在；当 pH>7 时，汞主要以 $Hg(OH)_2$ 的形态存在；当 pH 为 2～8 时，溶液中均存在 HgClOH(aq)。在 pH=6 时，HgClOH、$Hg(OH)_2$ 和 $HgCl_2$ 的含量百分比分别为 51.34%、32.13%和 16.44%；当 pH 为 4～6 时，离子态的 Hg^{2+}、$HgCl^{+}$、$HgOH^{+}$ 和 $HgCl_3^{-}$的比例均很低，此外，再生活性炭的表面电荷为正不利于吸附阳离子。HgClOH、$Hg(OH)_2$ 和 $HgCl_2$ 不带电，因此静电相互作用似乎不足以解释汞的吸附机理。例如，HgClOH、$Hg(OH)_2$ 和 $HgCl_2$ 等不带电的分子可能通过物理吸附作用被除去[145]。

已有研究人员提出了 $HgCl_2$ 还原吸附的机理。Lopez-Gonzalez 等[71]采用活性炭从 $HgCl_2$ 溶液中吸附汞，观察到吸附汞后的活性炭表面有一层白色的 Hg_2Cl_2。Adams[70]通过 SEM-EDS 观察了与 $HgCl_2$ 溶液接触的活性炭上不溶性 Hg_2Cl_2 的存在，并解释还原机理是由于 Hg^{2+}变为 Hg_2^{2+}的还原电位(+0.905V)高于活性炭的电位(+0.24V)。Zhu 等[138]指出，活性炭中的离域 π 电子参与了 Hg^{2+}的还原吸附。根据文献报道，$HgCl_2$ 的还原吸附机理可以用以下反应来解释[146]：

$$—C—H + 2HgCl_2 + H_2O \rightleftharpoons —C—OH + Hg_2Cl_2 + 2HCl \tag{3-35}$$

$$—C—H / —C—OH + 2HgCl_2 + H_2O \rightleftharpoons —C{=}O + Hg_2Cl_2 + 2HCl \tag{3-36}$$

$$—C—H / —C—OH + 2HgCl_2 + H_2O \rightleftharpoons —COOH + Hg_2Cl_2 + 2HCl \tag{3-37}$$

$$2(—C—OH) + 2HgCl_2 \rightleftharpoons 2(—C{=}O) + Hg_2Cl_2 + 2HCl \tag{3-38}$$

相应地，也可以假设 HgOHCl 和 $Hg(OH)_2$ 也是通过还原而被吸附，还原反应式如式(3-39)～式(3-46)所示：

$$—C—H + 2Hg(OH)_2 \rightleftharpoons —C—OH + Hg_2(OH)_2 + H_2O \tag{3-39}$$

$$—C—H / —C—OH + 2Hg(OH)_2 + H_2O \rightleftharpoons —C{=}O + Hg_2(OH)_2 + 2H^+ \tag{3-40}$$

$$—C—H / —C—OH + 2Hg(OH)_2 + H_2O \rightleftharpoons —COOH + Hg_2(OH)_2 + 2H^+ \tag{3-41}$$

$$2(—C—OH) + 2Hg(OH)_2 \rightleftharpoons 2(—C{=}O) + Hg_2(OH)_2 + 2H^+ \tag{3-42}$$

$$—C—H + 2HgOHCl \rightleftharpoons —C—OH + Hg_2Cl_2 + H_2O \tag{3-43}$$

$$—C—H / —C—OH + 2HgOHCl \rightleftharpoons —C{=}O + Hg_2Cl_2 + H_2O \tag{3-44}$$

$$—C—H / —C—OH + 2HgOHCl \rightleftharpoons —COOH + Hg_2Cl_2 + H_2O \tag{3-45}$$

$$2(—C—OH) + 2HgOHCl \rightleftharpoons 2(—C{=}O) + Hg_2Cl_2 + 2H_2O \tag{3-46}$$

综上所述，当 pH 为 4～6 时，溶液中主要的汞形态 $HgCl_2$、$Hg(OH)_2$ 和 HgClOH 均可以通过还原机理而被吸附。此外，在活性炭中离域 π 电子的作用下，$Hg(OH)_2$ 也可以通过还原反应而被吸附。随着溶液酸度的增加，平衡反应式(3-35)～式(3-38)和式(3-40)～式(3-42)将向左移动，不利于汞的吸附，这很可能就是随着 pH 从 4 降低到 1 时汞吸附量降低的原因。

汞在活性炭上的吸附与含氧官能团的存在密切相关，Tan 等[144]解释当 pH 为 4～6 时，汞的吸附量较高的原因是活性炭表面的含氧官能团上的质子与汞离子之间发生了离子交换。Xu 等[147]解释活性炭吸附汞离子的机理是形成了$(ACOO)_2Hg$和$(AO)_2Hg$，其他研究者也得出了类似的结论[148,149]。因此，离子交换也应当是活性炭吸附溶液中汞的另一个机理，离子交换吸附反应如方程式(3-47)和式(3-48)所示[150-153]：

$$C_xOH / C_xOOH \rightleftharpoons C_xO^- / C_xOO^- + H^+ \tag{3-47}$$

$$2C_xO^- / 2C_xOO^- + Hg^{2+} \rightleftharpoons (C_xO)_2Hg / (C_xCOO)_2Hg \tag{3-48}$$

方程式(3-47)是离子交换反应的第一个步骤，表示去质子过程；方程式(3-48)是离子交换的第二个步骤，表示汞离子吸附在去质子的活性炭表面。当溶液增加 pH 时，会促进平衡反应式(3-47)向右进行，从而生产更多的C_xO^- / C_xOO^-而促进汞离子的吸附。据报道，$Hg(OH)_2$和 HgOHCl 也可以作为一个配合基而被吸附脱除，因此 $HgCl_2$、$Hg(OH)_2$和 HgOHCl 也可能是被活性炭上去质子化的位点所吸附如式(3-49)～式(3-51)所示：

$$C_xO^- / C_xOO^- + HgCl_2 \rightleftharpoons C_xO—HgCl_2{}^- / C_xOO—HgCl_2{}^- \tag{3-49}$$

$$C_xO^- / C_xOO^- + Hg(OH)_2 \rightleftharpoons C_xO — Hg(OH)_2{}^- / C_xOO — Hg(OH)_2{}^- \tag{3-50}$$

$$C_xO^- / C_xOO^- + HgOHCl \rightleftharpoons C_xO — HgOHCl^- / C_xOO — HgOHCl^- \tag{3-51}$$

根据图 3-64 可知，在吸附结束时，溶液的终点 pH 略有降低。此外，对比吸附汞前后再生活性炭的红外光谱，可以发现吸附汞后，活性炭上一些官能团(如—OH、C—O—C、C—H)的位置和强度发了改变，表明这些官能团参与了汞的吸附。因此，这也进一步证实了汞在再生活性炭上吸附机理为还原吸附和离子交换。

2) 吸附剂量的影响

吸附剂量对汞脱除率的影响如图 3-65 所示。可以看出，随着吸附剂量从 0.1g/100mL 增至 0.8g/100mL，汞脱除率显著提高；继续增加吸附剂量，汞脱除率呈现缓慢上升趋势。随吸附剂量的增加，吸收剂表面可用的新鲜吸附位点增加，可以提供更多与汞吸收相关的表面积和化学官能团，从而提高汞的吸附量[154,155]。从图 3-65 也可以看出，从 100mL 汞离子浓度为 104.75mg/L 的溶液中定量除去 95%的汞，至少需要 1.8g 再生活性炭。

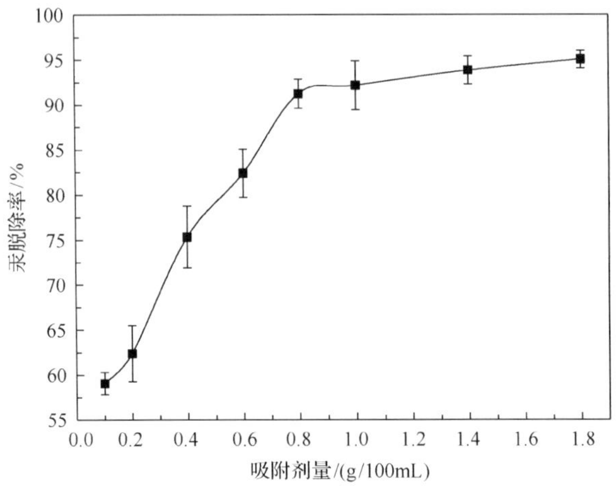

图 3-65 吸附剂量对汞脱除率的影响

3）吸附动力学

吸附时间和初始 Hg(Ⅱ)浓度对 Hg(Ⅱ)吸附量的影响如图 3-66 所示。从图 3-66 可以看出，相同吸附时间，汞离子的吸附量随初始 Hg(Ⅱ)浓度的增加而提高。在不同初始 Hg(Ⅱ)浓度下，吸附量随吸附时间延长而提高，尤其是当初始 Hg(Ⅱ)浓度较高时，这种现象更为明显。当吸附时间为 6h 时，吸附量增大趋于平稳，吸附基本达到平衡。在吸附开始时，溶液中汞浓度较高，汞离子向活性炭表面及孔道内的扩散速度较快，因此吸附速度也较快；随着吸附作用的进行，汞离子浓度降低，同时活性炭上的吸附位点逐渐减少，导致吸附速度逐渐下降。在后续的吸附实验中吸附时间均采用 6h 以确保足够的吸附时间。

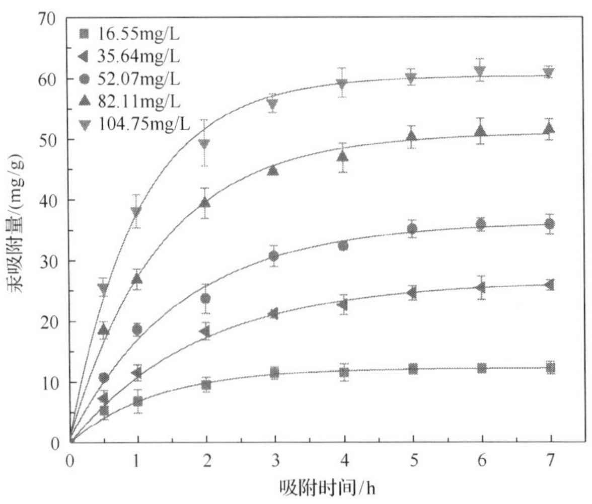

图 3-66 在不同初始 Hg(Ⅱ)浓度下吸附时间对汞吸附量的影响（吸附剂量 0.1g/100mL，pH=5.5）

为了研究汞的吸附动力学，采用准一级动力学模型、准二级动力学模型和粒子内扩散动力学模型对实验数据进行分析，其动力学方程分别如式(3-52)～式(3-54)所示[156,158]：

$$\lg(q_e - q_t) = \lg q_e - \frac{k_1}{2.303}t \tag{3-52}$$

$$\frac{t}{q_t} = \frac{1}{k_2 q_e^2} + \frac{t}{q_{e,cal}} \tag{3-53}$$

$$q_t = K_{id} t^{1/2} + C \tag{3-54}$$

式中，q_e (mg/g)为达到吸附平衡时单位质量吸附剂所吸附的 Hg(Ⅱ)的量；q_t 为吸附时间 t 时单位质量吸附剂所吸附的 Hg(Ⅱ)的量(mg/g)；$q_{e,cal}$ 为计算的平衡吸附量(mg/g)；k_1 (min^{-1})和 k_2[g/(mg·min)]分别为准一级动力学模型和准二级动力学模型的吸附速率常数；K_{id} 为粒子内扩散常数[mg/(g·$min^{1/2}$)]；C 为与边界层厚度有关的常数。

不同动力学模型对实验数据的线性拟合关系如图 3-67 所示，相应的动力学参数和拟合相关系数如表 3-19 所示。

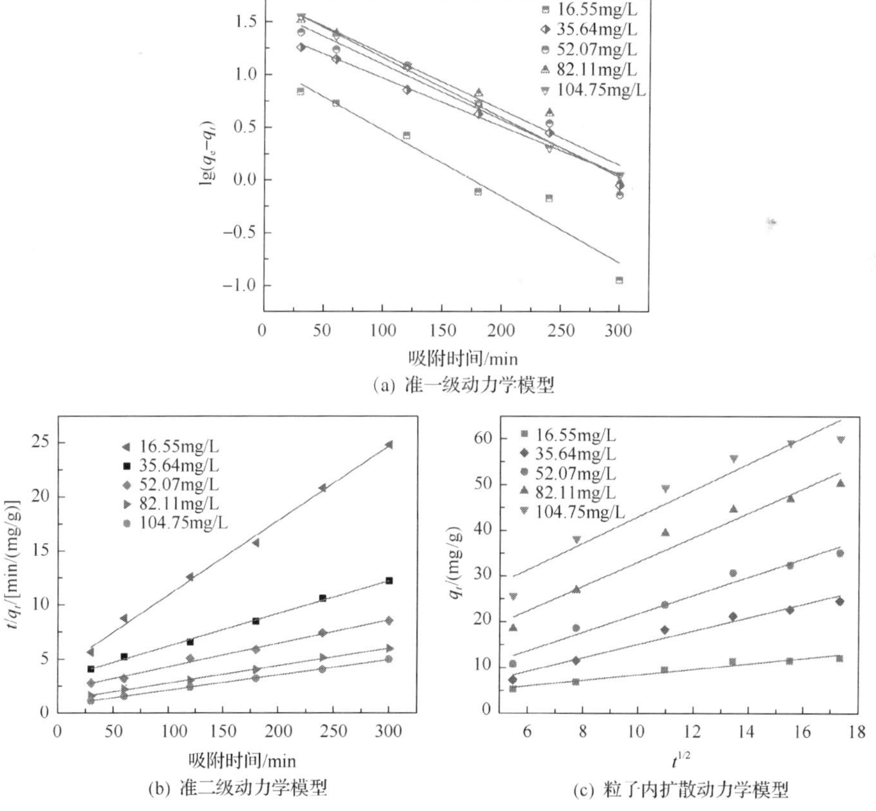

图 3-67　不同动力学模型对实验数据的拟合关系

表 3-19　不同初始 Hg(Ⅱ)浓度下拟合的动力学模型参数

c_0/(mg/L)	q_e/(mg/g)	准一级模型			准二级模型			粒子内扩散模型	
		k_1	$q_{e,cal}$	R^2	k_2	$q_{e,cal}$	R^2	K_{id}	R^2
16.55	12.2	0.0145	12.57	0.9451	0.0017	14.47	0.9944	0.5974	0.9367
35.64	25.45	0.0105	26.33	0.9700	0.0005	33.21	0.9961	1.4627	0.9582
52.07	35.86	0.0121	41.54	0.9330	0.0004	46.32	0.9906	2.0193	0.9659
82.11	51.2	0.0121	51.89	0.9485	0.0003	62.19	0.9981	2.6782	0.9478
104.75	61.25	0.0131	52.97	0.9957	0.0003	71.33	0.9993	2.9029	0.9209

由表 3-19 可以看出，在不同初始 Hg(Ⅱ)浓度下，准二级动力学模型的相关系数均大于 0.99，要优于准一级模型和粒子内扩散模型；此外，与准一级模型相比，由准二级模型所计算出的汞平衡吸附量 $q_{e,cal}$ 更接近于实验的平衡吸附量 q_e。因此，汞的吸附过程符合准二级动力学模型。

4) 吸附等温线

不同初始 Hg(Ⅱ)浓度下，汞离子在再生活性炭上的平衡吸附量与平衡吸附浓度之间的关系如图 3-68(a)所示，可以看出，平衡吸附量随着初始汞浓度的增加而增加，表明再生活性炭具有较高的汞吸附能力。

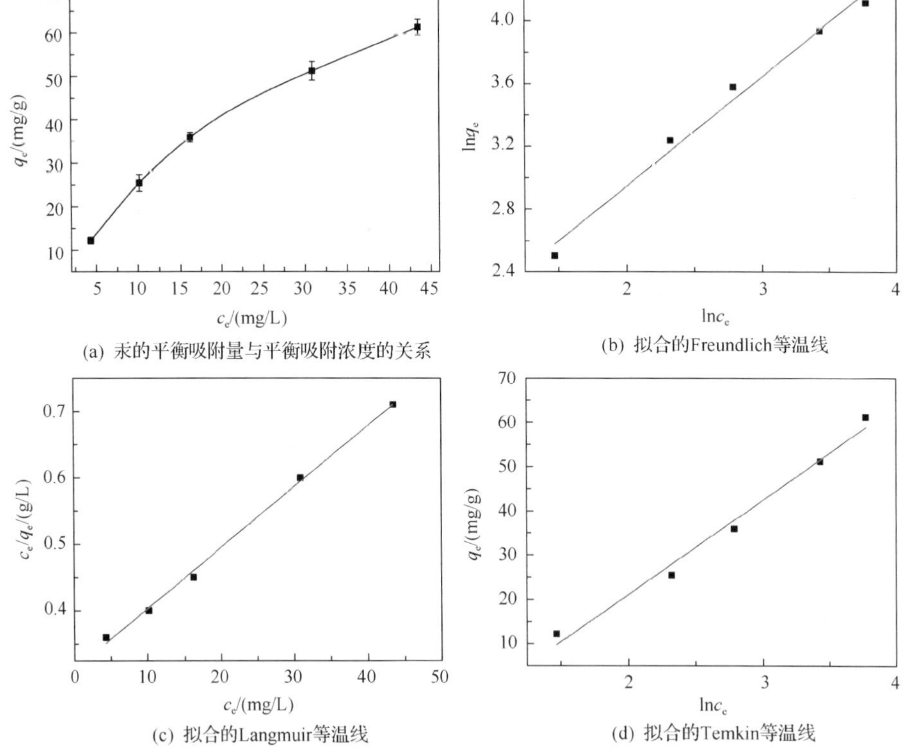

图 3-68　汞离子在再生活性炭上的吸附曲线与拟合曲线

几种经典的等温吸附模型 Freundlich 等温线、Langmuir 等温线和 Temkin 等温线[图 3-68(b)～(d)]的线性表达式分别如式(3-55)～式(3-57)所示[159,160]：

$$\ln q_e = \ln K_F + \frac{1}{n}\ln c_e \tag{3-55}$$

$$\frac{c_e}{q_e} = \frac{c_e}{q_m} + \frac{1}{K_L q_m} \tag{3-56}$$

$$q_e = RTb^{-1}\ln A_T + RTb^{-1}\ln c_e \tag{3-57}$$

式(3-55)～式(3-57)中，K_F 和 n 分别为与吸附能力和吸附强度有关的 Freundlich 常数，n 越小，表明吸附质和吸附剂之间的结合越牢固，通常对一种效果较好的吸附剂，n 取值为 1～10；c_e 为平衡浓度(mg/L)；q_m 为完全单层覆盖时的吸附量(mg/g)；K_L 为与相对吸附能相关的 Langmuir 常数(L/mg)；RTb^{-1} 为与吸附热有关的常数，其中 R 为通用气体常量，值为 8.314J/(mol·K)，T 为绝对温度(K)；A_T 为 Temkin 等温结合平衡常数。

采用 Freundlich 等温线、Langmuir 等温线和 Temkin 等温线对静态吸附平衡数据进行拟合，结果分别如图 3-68(b)～(d)所示，相应的等温线参数如表 3-20 所示。可以看出，相对于其他等温吸附模型，Langmuir 等温线与实验数据的拟合度最高，相关系数高达 0.99649，表明平衡吸附数据符合 Langmuir 等温吸附模型。Langmuir 等温吸附模型假定：吸附剂表面是均匀的，所有的吸附过程遵循相同的机制，且发生最大吸附时只有一个单分子层形成[161]。大多研究者发现汞离子在活性炭上的吸附过程也符合 Langmuir 等温吸附模型[153,154,158]。

表 3-20　不同等温吸附模型的拟合参数

等温吸附模型	参数	R^2
Freundlich	K_F=4.734092, n=1.436348	0.98207
Langmuir	K_L=0.029472, q_m=109.05	0.99649
Temkin	RTb^{-1}=21.33949, A_T=0.363005007	0.98123

无量纲分离因子 R_L 可以反映等温线的形状，相应的判断方法和不同初始 Hg(Ⅱ)浓度下计算出的 R_L 如表 3-21 所示。可以看出，在不同初始 Hg(Ⅱ)浓度下，分离因子 R_L 为 0～1，表明在所研究的初始 Hg(Ⅱ)浓度范围内，Hg(Ⅱ)在再生活性炭上的吸附为有利吸附过程。

表 3-21　不同初始汞浓度下的 R_L

参数	初始 Hg(Ⅱ)浓度/(mg/L)				
	16.55	35.64	52.07	82.11	104.75
R_L	0.672148456	0.487711434	0.394536045	0.292400178	0.244664873

通过 Langmuir 等温吸附模型拟合出的最大单层饱和理论吸附量为 109.05mg/kg。不同类型的活性炭对汞的最大吸附能力如表 3-22 所示。可以看出，该再生活性炭对汞的吸附能力高于大部分商业活性炭，且与用浓硫酸和碳酸氢盐处理的花生壳制备的活性炭的吸附能力相当。对比分析不同活性炭的制备/再生条件也可以看出(表 3-22)，该再生活性炭的获得不需要采用任何化学试剂，成本较低且方法更简单。此外，再生活性炭为柱状活性炭，吸附后通过简单的过滤即可将活性炭进行分离，与粉状吸附剂相比，更易于分离和回收。表明由废汞触媒脱汞后获得的再生活性炭是一种低成本的和具有应用前景的汞吸附剂。

表 3-22　不同类型活性炭的制备条件/来源及其对汞的最大吸附能力

活性炭类型	最大吸附能力/(mg/g)	制备条件/来源	参考文献
胡桃壳	151.5	$ZnCl_2$ 活化，N_2 炭化	[163]
抗生素废物	129	K_2CO_3 活化，在 900℃炭化 5min	[154]
花生壳	109.89	用浓硫酸和碳酸氢盐处理	[164]
废汞触媒再生活性炭	109.05	微波加热，N_2 气氛	本书
印度杏仁果壳	94.43	用浓硫酸处理	[165]
商业活性炭	69.44	来自 Merck 公司	[166]
西米废弃物	55.6	用 50% H_2SO_4 和 $(NH_4)_2S_2O_8$ 活化	[167]
爪哇木棉壳	25.88	炭化，水蒸气活化	[168]
商业活性炭	12.38	来自印度孟买 M/s-Burbidges 公司	[164]
商业颗粒活性炭	0.8	来自 FS-400, Calgon 公司	[169]

3. 汞的循环吸脱附研究

汞的循环吸脱附研究具有重要的环保价值和经济效益：一方面，由于吸附汞后的活性炭中汞含量较高，是一种危险固废，需要处理后才能丢弃；另一方面，一种好的吸附剂通常可以通过吸附-解吸循环来进行重复使用。因此，本节在使用再生活性炭吸附汞后，采用脱附实验来评估回收汞和吸附剂的可行性。汞的脱附实验条件如下：将吸附汞后的活性炭放入管式微波炉中加热，每次采用约 6g 样品，控制微波功率为 500W，加热时间为 20min，氮气流量为 120L/h，经微波加热脱汞后的活性炭重新用于汞吸附实验。汞吸附实验采用的是 100mL 初始 Hg(Ⅱ)浓度为 96.83mg/L 的氯化汞溶液，pH 为 5.5，吸附剂量为 2g，吸附时间为 6h，循环吸脱附实验共进行五次。

Yardim 等[152]采用热水解吸吸附有 $HgCl_2$ 的活性炭，发现仅有 4%～6%的汞从活性炭上解吸。Namasivayam 和 Kadirvelu[151]使用 0.5mol/L HCl 和质量分数为 2.0%KI

来洗脱负载在活性炭上的 $HgCl_2$，发现汞的最大回收率分别为 63%和 84%。可见采用普通试剂难以将吸附的汞解吸，表明在吸附过程中，部分氯化汞与活性炭之间通过化学吸附后形成了稳定的化学键。因此，本节采用微波加热来解吸汞。实验结果表明，微波加热后活性炭上吸附的汞几乎可以完全被脱除。

在汞解吸之后，再生活性炭对溶液中的汞脱除率与循环使用次数的关系如图 3-69 所示。

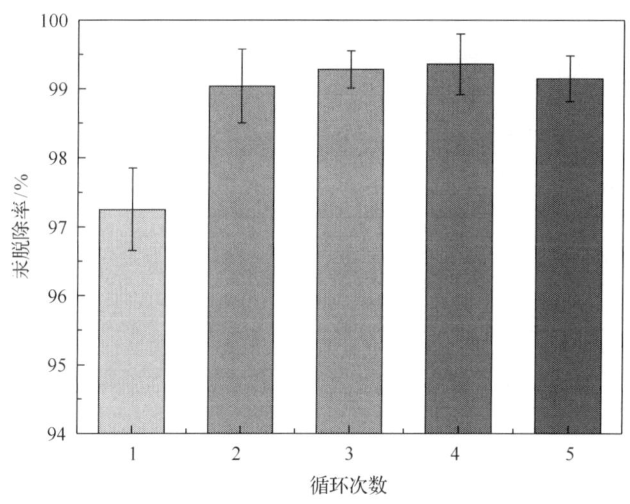

图 3-69 多次循环使用后再生活性炭的汞吸附能力

由图 3-69 可知，再生活性炭第一次用于吸附实验时，汞的脱除率为 97.25%。第二次循环吸附时，汞的脱除率增加至 99.04%，这可能是由于在第一次吸附过程中一些残碳和杂质被洗脱，导致活性炭孔隙和吸附位点进一步增加。经过第三次和第四次循环吸脱附后，吸附剂保持着高的汞吸附能力。经过五次循环吸脱附后，汞的脱除率仍可高达 99.15%。表明汞在微波作用下，活性炭上吸附的汞可以得到很好的脱附，吸附剂具有良好的再生性能。对于高乙烯生产企业(VCM)，可以采用该再生活性炭脱除含汞废盐酸中的 $HgCl_2$。

3.5.2 载铁改性活性炭用于吸附砷

采用废汞触媒载体活性炭经微波脱汞再生后的样品进行改性，制备出载铁吸附剂用于吸附除砷。具体实验步骤如下：原料为废汞触媒载体活性炭在氮气气氛下经微波加热，将在 500℃焙烧 30min 后的焙烧样品放入 0.1%H_2O_2 溶液中，在超声波作用下浸渍 5h，最后将溶液过滤，将滤渣进行干燥后，放入含铁离子的溶液中，在超声波作用下强化铁在活性炭上的负载，铁负载量分别为 4.19wt%、8.38wt%、12.51wt%、16.75wt%和 21.00wt%。含铁离子的溶液由质量比为 1∶1 的

$FeCl_3 \cdot H_2O$ 和 $FeSO_4$ 配置，最后将得到的载铁活性炭置于微波炉中进行干燥并用稀 H_2SO_4 进行洗涤。

向 500mL 锥形瓶中加入 250mL 浓度为 100mg/L 的 Na_2HAsO_4 溶液，将 2g 载铁量分别为 4.19wt%、8.38wt%、12.51wt%、16.75wt%和 21.00wt%的改性活性炭样品加入锥形瓶中，将溶液在室温下进行磁力搅拌 8h 后，再测定溶液中的砷浓度。

1. 改性活性炭的表征

图 3-70 为不同铁负载量的再生活性炭的 XRD 图谱。当铁负载量为 4.19%时，样品中主要物相为 Fe_3O_4、$FeSO_4$、$FeSO_3$、FeS 和 SiO_2。随铁负载量的增加，Fe_3O_4、$FeSO_4$ 和 $FeSO_3$ 的峰强度逐渐下降，此外，一种新物相 $(H_3O)Fe_3(SO_4)_2(OH)_6$ 先增加后减少，Fe_2O_3 的峰呈增强趋势。在上述含铁物相中，由于 Fe_2O_3 和 Fe_3O_4 有利于除砷，因此铁负载量应超过 4.19%。

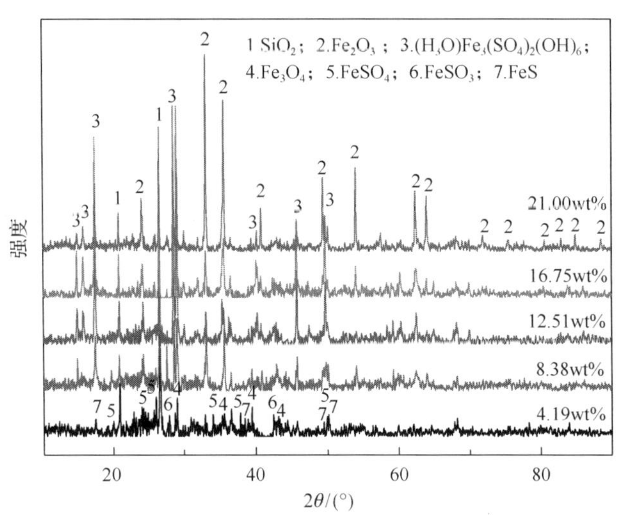

图 3-70　不同铁负载量的再生活性炭 XRD 图谱

图 3-71 为不同铁负载量的再生活性炭的拉曼光谱，不同样品中均存在两个尖峰，$1360cm^{-1}$ 处的峰为 D 带，$1580cm^{-1}$ 处的峰为 G 带。峰强度比值 I_D/I_G 可以用来表征石墨中的无序化程度，I_D/I_G 越小，表明样品的缺陷强度越高，即出现更高的无定形碳结构[169]。当样品中铁负载量分别为 4.19wt%、8.38wt%、12.51wt%、16.75wt%和 21.00wt%时，对应 I_D/I_G 分别为 0.91、0.90、0.81、0.93 和 0.94，可见样品缺陷强度随铁负载量的增加而先增加后减小。缺陷强度越高越有利于吸附杂质，因此，铁负载量为 12.51wt%的样品有利于吸附。

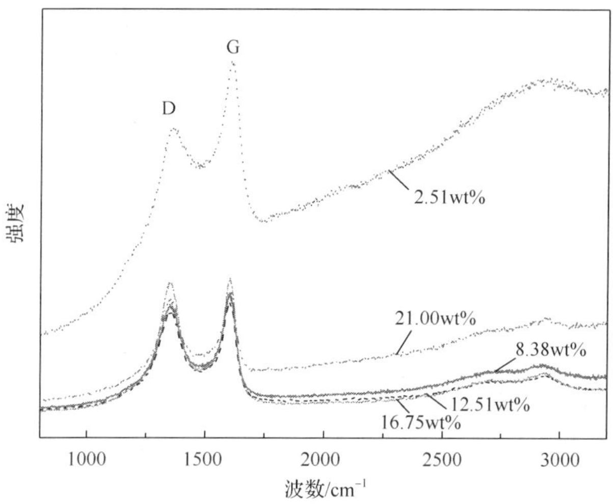

图 3-71 不同铁负载量的再生活性炭拉曼光谱

图 3-72 为不同铁负载量的再生活性炭的 C 1s 和 Fe 2p 高分辨率 XPS 谱图，可以看出，不同样品之间并没有明显差异。在 711.5eV 处的峰属于 Fe 2p3，归因于 Fe^{3+}的存在。

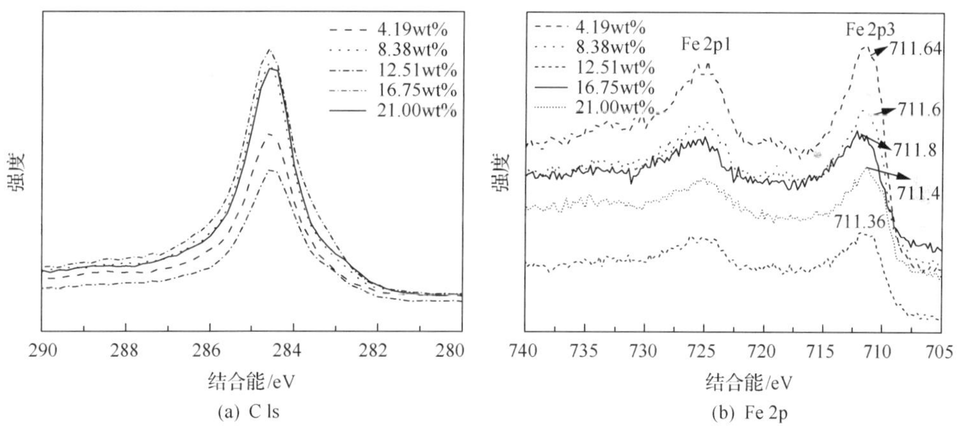

图 3-72 不同铁负载量的再生活性炭的 C 1s 和 Fe 2p 高分辨率 XPS 谱图

图 3-73 为不同铁负载量的再生活性炭的 TEM 图，从这些样品均可观察到起皱的片状边缘，该形态通常出现在石墨烯材料中，表明废汞触媒载体活性炭经微波加热在 500℃下焙烧后不会改变样品的石墨结构。从图 3-73 中也可以看出，当铁负载量越高时，样品中可观察到的铁颗粒也越多。铁均匀分散在活性炭上，这与铁的颗粒大小和是否形成团簇无关。

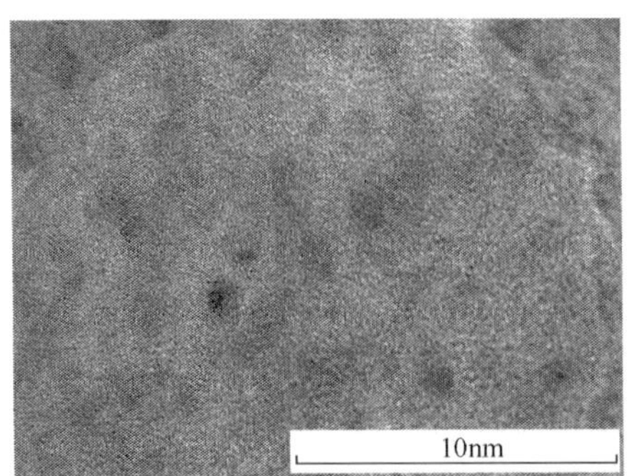

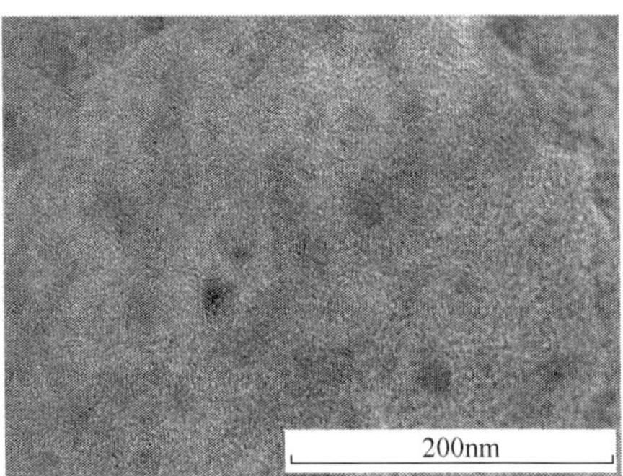

(a) 4.19wt%

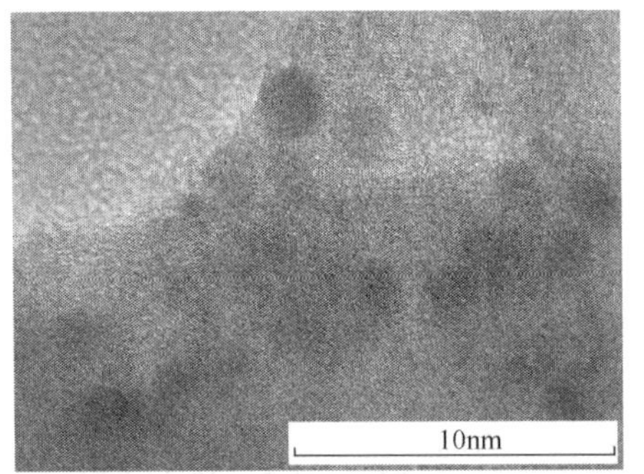

(b) 8.38wt%

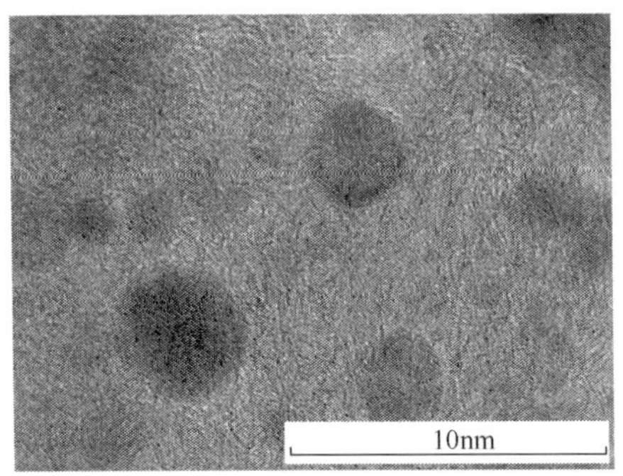

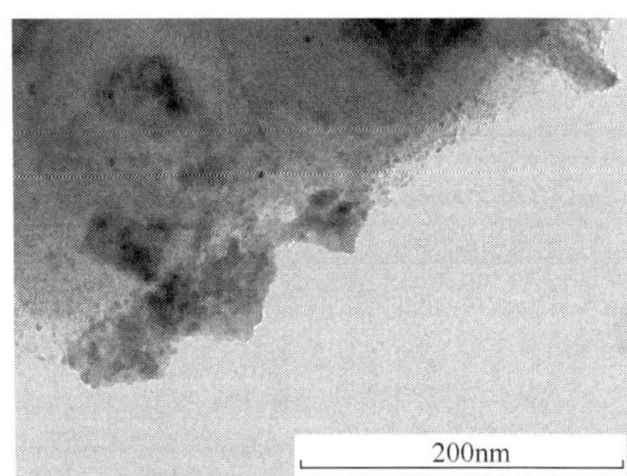

(c) 12.51wt%

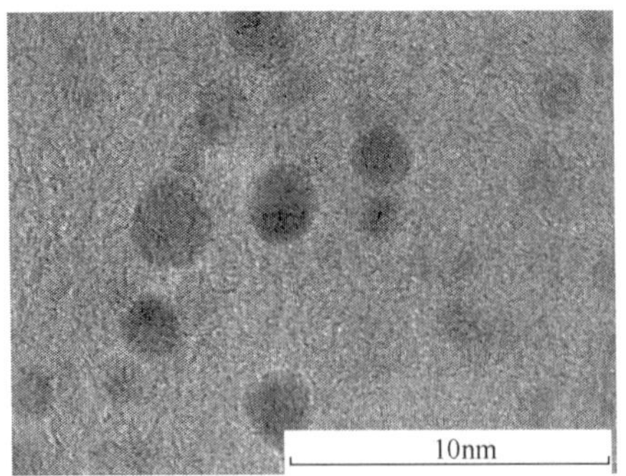

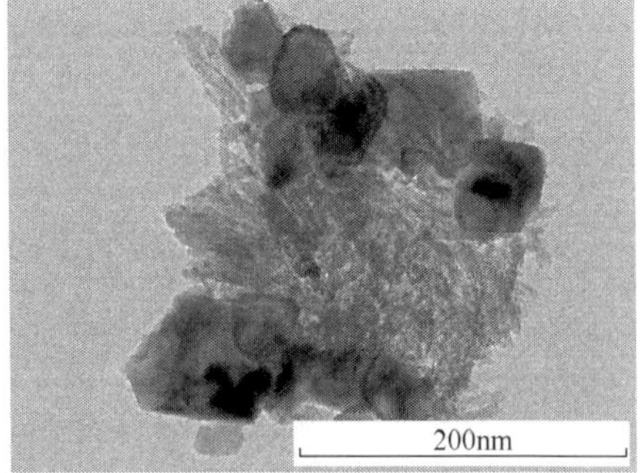

(d) 16.75wt%

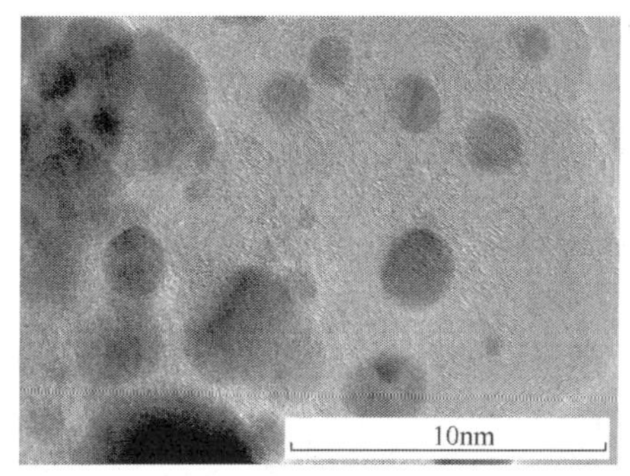

(e) 21.00wt%

图 3-73　不同铁负载量的再生活性炭的 TEM 图

图 3-74 为铁负载量分别为 4.19wt%、12.51wt%和 21.00wt%时的再生活性炭的元

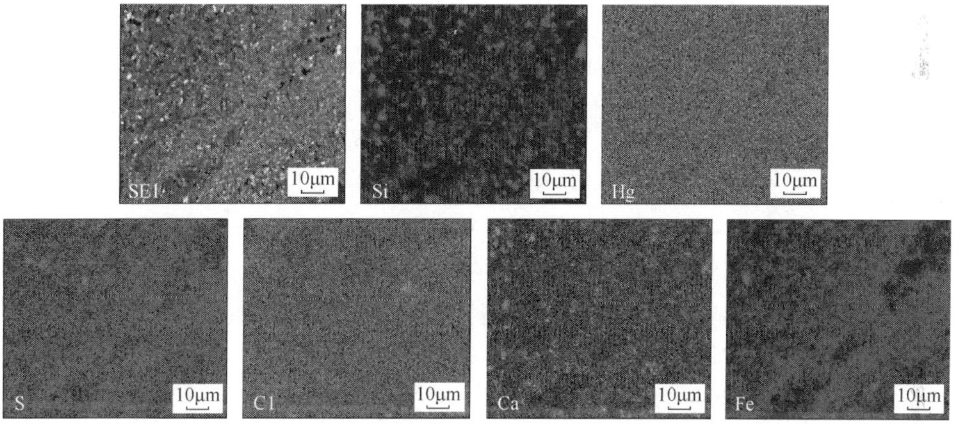

(a) 4.19wt%

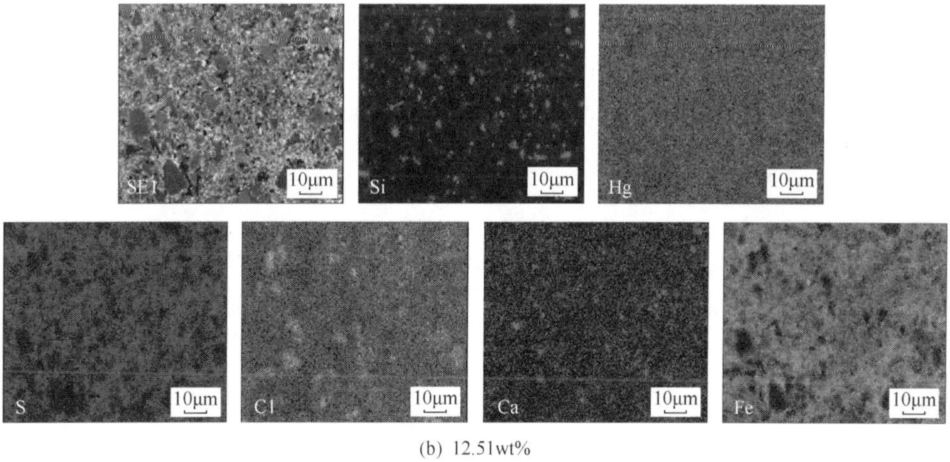

(b) 12.51wt%

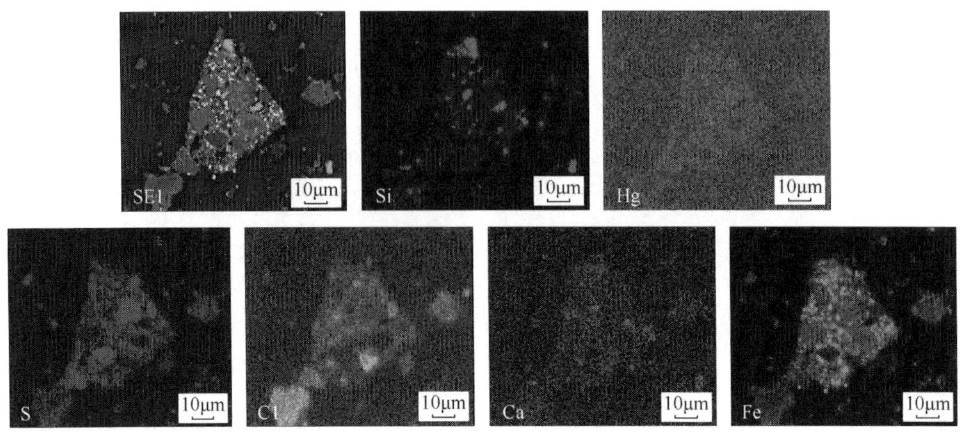

(c) 21.00wt%

图 3-74　铁负载量分别为 4.19wt%、12.51wt%和 21.00wt%时的再生活性炭的元素分布面扫描图

素分布面扫描图，可以看出，样品中主要元素包括 Si、Hg、S、Cl、Ca 和 Fe。根据能谱分析，可以明显检测到 SiO_2。Hg 元素基本消失，表明在惰性气氛下 500℃焙烧是适用的。

2. 除砷效果

图 3-75 为不同铁负载量的改性再生活性炭对砷的吸附去除效果，可以看出，当样品中载铁量分别为 4.19wt%、8.38wt%、12.51wt%、16.75wt%和 21.00wt%时，对应砷的去除率分别为 80.21wt%、84.25wt%、86.76wt%、86.52wt%和 86.41wt%。表明活性炭吸附砷的能力随载铁量的升高先增加后降低，当载铁量为 12.51wt%时，

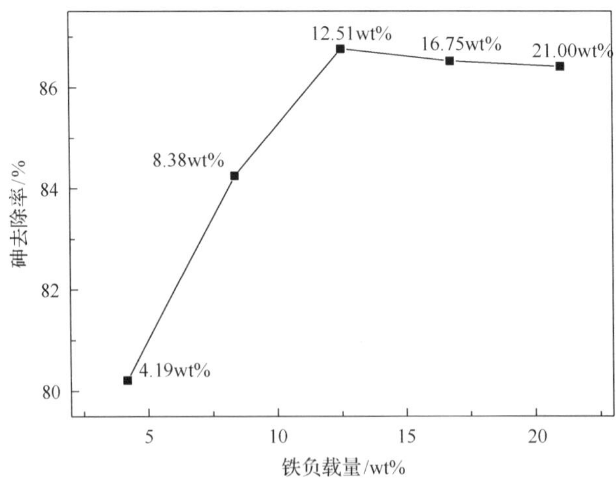

图 3-75　不同铁负载量的改性再生活性炭对砷的吸附去除效果

活性炭对砷的去除率可达到最大值 86.76%。根据之前对样品的分析表征，可以推测该现象与样品石墨结构的缺陷程度有关，当样品载铁量为 12.51wt%时，缺陷程度最高，因此对砷的吸附能力也最大。

3.5.3 载铜改性活性炭用于吸附亚甲基蓝

以脱汞后的活性炭为原料，通过负载硝酸铜后进行微波焙烧再生，得到改性活性炭，并将其用于吸附亚甲基蓝。具体实验步骤如下：原料为废汞触媒载体活性炭在氮气气氛下经微波加热在 500℃焙烧 30min 后的样品，取上述 10g 脱汞后的活性炭放入 50mL、0.5mol/L 硝酸铜溶液中，过程中加入功率为 500W 的超声波辅助浸渍，同时开展未加超声波的空白对照实验。在浸渍 12h 后，将溶液过滤，所得滤渣置于微波炉中直接在氮气气氛中进行加热再生，然后将改性再生活性炭用于吸附亚甲基蓝，系统考察了微波焙烧温度和保温时间对活性炭吸附效果的影响。

1. 微波再生温度和时间的影响

在微波焙烧时间为 20min 的条件下，研究了微波焙烧温度分别为 400℃、500℃、600℃、700℃、800℃和 900℃时，改性再生活性炭对亚甲基蓝的吸附效果，结果如图 3-76 所示。

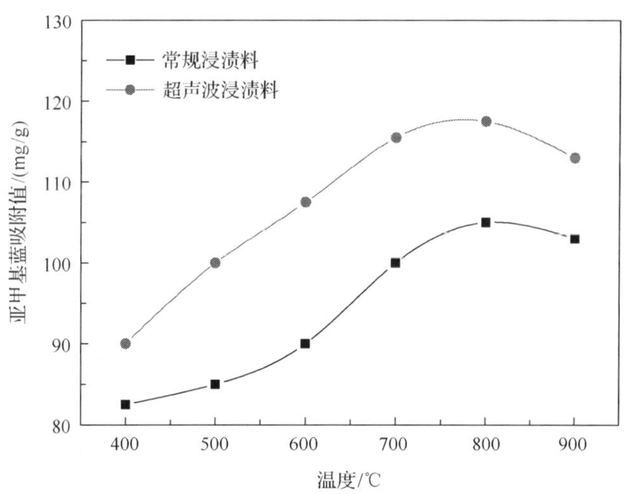

图 3-76　不同微波焙烧温度下获得的改性再生活性炭对亚甲基蓝的吸附效果

从图 3-76 可以看出，对于常规浸渍料和超声波浸渍料，当微波焙烧温度从 400℃增加至 800℃时，所得样品对亚甲基蓝的吸附值均随温度的增加而提高；进一步将焙烧温度提高至 900℃后，所得样品对亚甲基蓝的吸附值反而下降。这是由于在 800℃时，硝酸铜发生分解并放出大量气体，有助于活性炭上孔道的形成，而当温度过高时，会导致已形成孔道坍塌，影响活性炭的吸附能力。与常规浸渍料相比，采用超声波浸渍负载铜的样品的吸附性能更好。因此，最优焙烧温度选为 800℃。

在微波焙烧温度为 800℃的条件下，研究了当保温时间分别为 10min、15min、20min、25min 和 30min 时，改性再生活性炭对亚甲基蓝的吸附效果，结果如图 3-77 所示。从图 3-77 可以看出，对于常规浸渍料和超声波浸渍料，当保温时间从 10min 增加至 30min 时，所得样品对亚甲基蓝的吸附值均随保温时间的延长而提高。当保温时间达到 25min 后，吸附值没有明显提高，基本达到最大值，超出 25min 以外的保温时间会增加能耗成本，因此确定最优保温时间为 25min。与常规浸渍料相比，采用超声波浸渍负载铜的样品的吸附性能要更好。

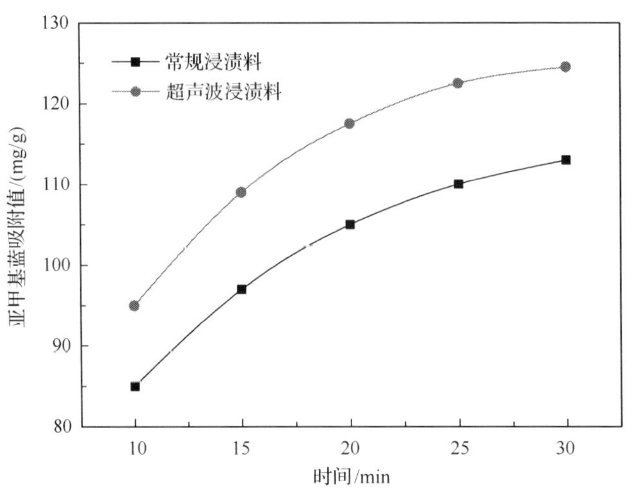

图 3-77　不同保温时间下获得的改性再生活性炭对亚甲基蓝的吸附效果

2. 改性再生活性炭的表征

微波再生的最优条件为焙烧温度 800℃，保温时间 25min，本节考察了超声波浸渍与常规浸渍对改性再生活性炭性能的影响，采用氮气吸脱附等温线、XRD、FTIR 和 SEM 等对超声波浸渍料和常规浸渍料进行了对比分析。

图 3-78 为超声波浸渍料和常规浸渍料的氮气吸脱附等温线和微分孔径分布，根据 IUPAC 分类，两条吸附等温线均为Ⅳ型等温线，铜原子直径为 0.26nm，超声波浸渍料平均孔径为 12.57nm，因此铜原子易进入活性炭孔隙中，铜在活性炭上的负载可以改善其吸附性能。超声波浸渍料和常规浸渍料的孔结构参数如表 3-23 所示，可以看出，超声波浸渍料的比表面积和孔体积均要大于常规浸渍料，

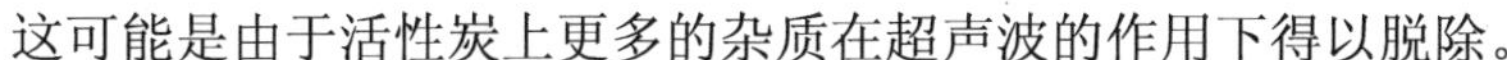
这可能是由于活性炭上更多的杂质在超声波的作用下得以脱除。

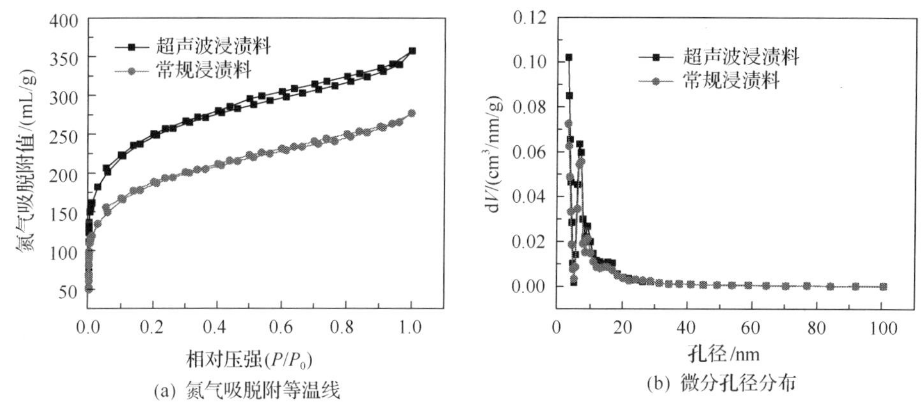

(a) 氮气吸脱附等温线　(b) 微分孔径分布

图 3-78　超声波浸渍料和常规浸渍料的氮气吸脱附等温线和微分孔径分布图

表 3-23　超声波浸渍料和常规浸渍料的孔结构参数

参数	超声波浸渍料	常规浸渍料
比表面积/(m^2/g)	892.314	652.180
总孔体积/(cm^3/g)	0.5525	0.383
平均孔径/nm	12.5668	13.0282

图 3-79 为超声波浸渍料和常规浸渍料的 XRD 图谱，可以看出，两个样品的 XRD 图比较类似，均存在三个代表碳的特征峰。此外样品中均存在代表铜化合物的特征衍射峰，表明活性炭经载铜和微波焙烧改性再生后，铜化合物被成功负载在活性炭上。

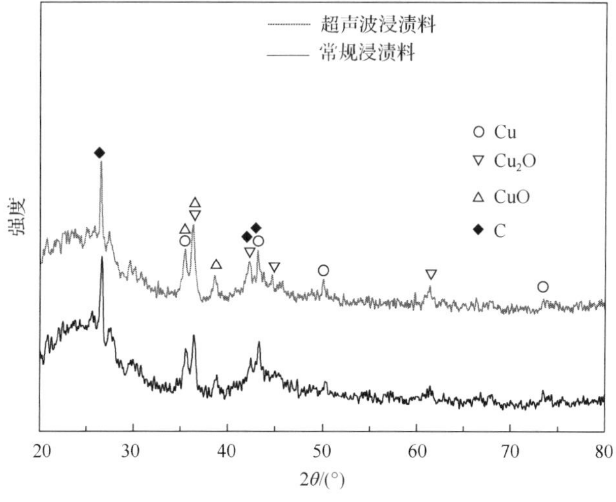

图 3-79　超声波浸渍料和常规浸渍料的 XRD 图谱

图 3-80 为超声波浸渍料和常规浸渍料的红外光谱，可以看出，两个样品的红外光谱没有明显区别，在 3470cm^{-1}、1642cm^{-1} 和 1098cm^{-1} 处有三个明显的峰。3200cm^{-1} 至 3500cm^{-1} 之间的高强度峰可归因于 N—H 伸缩振动。在 1500cm^{-1} 和 1750cm^{-1} 附近的峰属于 C═O 的振动。约 1200cm^{-1} 处的峰可归因于羧基和醚的 C—O 伸缩振动。因此，改性活性炭上有丰富的有助于吸附的官能团[170]。

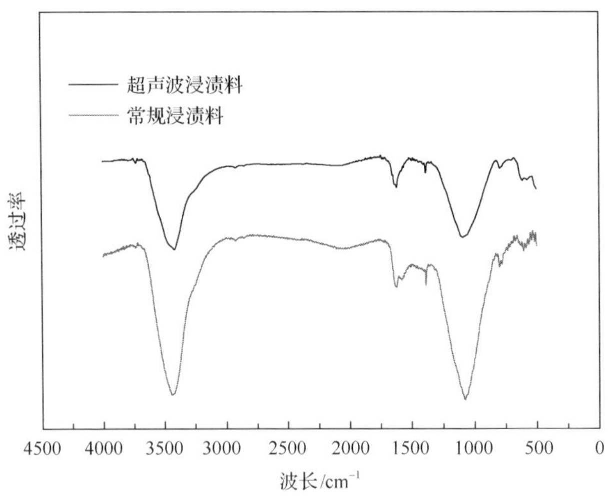

图 3-80　超声波浸渍料和常规浸渍料的红外光谱

3. 改性再生活性炭的应用

将最优条件下获得的改性再生活性炭用于光催化降解亚甲基蓝，降解时间对催化降解效果的影响如图 3-81 所示，可以看出，对于常规浸渍料和超声波浸渍料，

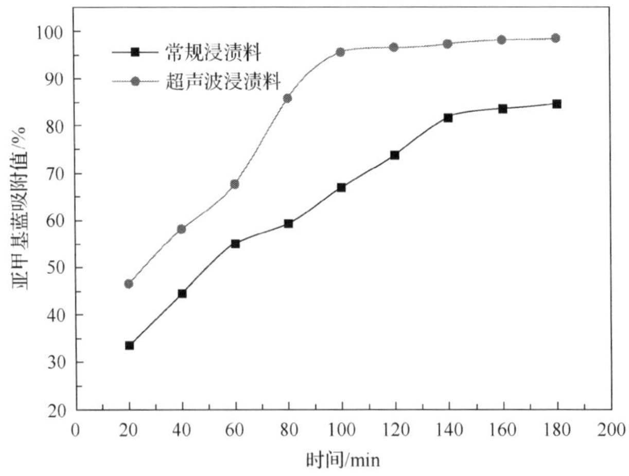

图 3-81　吸附时间对光催化降解亚甲基蓝的影响

所得样品对亚甲基蓝的吸附值均随降解时间的延长而提高。超声波浸渍料的光催化降解效果要比常规浸渍料更好，当光催化时间为 100min 时，超声波浸渍料的吸附值比常规浸渍料要高约 30%。在超声波作用下，可以增强铜在活性炭上的负载，铜的负载会导致活性炭晶格发生缺陷，此外，铜离子可以捕获光电子，有效防止空穴复合过程中的电荷转移，大大提高光催化活性[171]。

3.6　一步法再生活性炭的应用

3.6.1　吸附亚甲基蓝和甲基橙

Cheng 等[119]采用废汞触媒经微波加热二氧化碳活化后的再生活性炭用于吸附有机染料亚甲基蓝和甲基橙。实验采用的是 100mL 浓度为 100～300mg/L 的亚甲基蓝和浓度为 300～500mg/L 甲基橙，再生活性炭的用量为 0.1g，样品置于 30℃下进行恒温水浴震荡，震荡速率为 300r/min。

1. 吸附等温线

再生活性炭吸附亚甲基蓝和甲基橙的实验数据与 Langmuir、Freundlich 和 Temkin 三种等温吸附模型的拟合参数见表 3-24。可以看出，Langmuir 等温吸附模型的相关系数要高于其余两个模型，表明亚甲基蓝和甲基橙的吸附过程更符合 Langmuir 等温吸附模型，吸附过程为单层吸附。由 Langmuir 等温吸附模型计算出的甲基橙的吸附量大于亚甲基蓝的吸附量，表明再生活性炭更容易吸附甲基橙。

表 3-24　再生活性炭吸附亚甲基蓝和甲基橙的实验数据与不同等温吸附模型的拟合参数

等温吸附模型	拟合参数	亚甲基蓝	甲基橙
Langmuir	q_m/(mg/g)	260	420
	K_L/(L/mg)	4.03	2.10
	R^2	0.9613	0.9725
Freundlich	$1/n$	0.165	0.081
	K_F/[(mg/g)/(mg/L)$^{1/n}$]	160	310
	R^2	0.7942	0.8828
Temkin	A_T/(L/g)	177	312
	RTb^{-1}	29.7	29.6
	R^2	0.8921	0.9146

温度为 30℃时再生活性炭吸附亚甲基蓝和甲基橙的 Langmuir 等温线如图 3-82 所示。再生活性炭吸附亚甲基蓝和甲基橙的 R_L 分别为 0.00083～0.00248 和

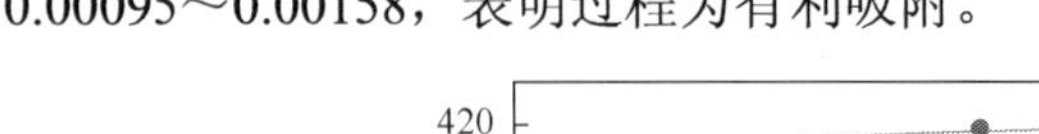

0.00095～0.00158，表明过程为有利吸附。

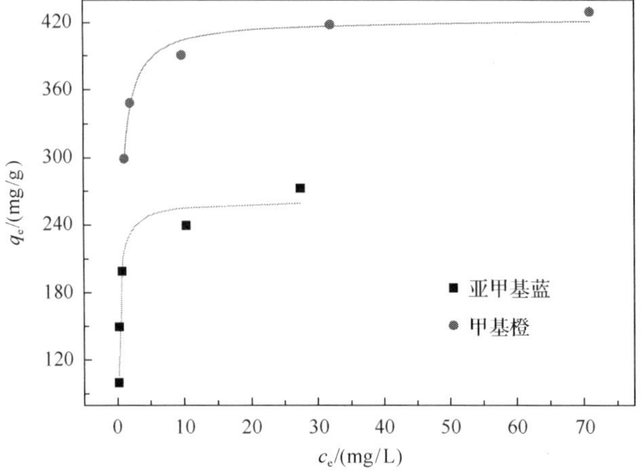

图 3-82　温度为 30℃时再生活性炭吸附亚甲基蓝和甲基橙的 Langmuir 等温线

表 3-25 对比了不同吸附剂对亚甲基蓝和甲基橙的最大吸附量。可以看出，由废汞触媒载体活性炭经微波加热二氧化碳活化后得到的再生活性炭对亚甲基蓝和甲基橙的吸附量要明显高于其他吸附剂，表明该再生活性炭是一种成本低廉且具有高吸附能力的吸附剂。

表 3-25　不同吸附剂对亚甲基蓝和甲基橙的最大吸附量

吸附剂	最大单层吸附量		参考文献
	亚甲基蓝/(mg/g)	甲基橙/(mg/g)	
商业活性炭	199.6	35.43	[172]
花生壳活性炭	164.90	—	[120]
开心果壳活性炭	129.00	—	[173]
质子化壳聚糖	—	130.9	[174]
碳纳米管复合吸附剂	—	170.00	[175]
$NiFe_2O_4$/活性炭	—	185.00	[176]
再生活性炭	260	420	本书

2. 吸附动力学

采用准一级动力学模型、准二级动力学模型和粒子内扩散三种动力学模型来对吸附实验数据进行拟合，得到的动力学参数如表 3-26 所示。图 3-83 为采用再生活性炭吸附亚甲基蓝和甲基橙的实验数据与准二级动力学的拟合关系。

表 3-26　30℃时三种动力学模型吸附动力学结果

有机物	准一级动力学模型		
	$q_{e,cal}$/(mg/g)	k_1/min^{-1}	R^2
亚甲基蓝	240.09	0.1103	0.5514
甲基橙	296.87	0.1601	0.8342

有机物	准二级动力学模型		
	$q_{e,cal}$/(mg/g)	k_2/(g/mg·min)	R^2
亚甲基蓝	253.81	0.00094	1.0000
甲基橙	299.40	0.005	1.0000

有机物	粒子内扩散模型					
	c_1/(mg/g)	c_2/(mg/g)	k_{31}/(mg/g·min$^{1/2}$)	k_{32}/(mg/g·min$^{1/2}$)	R_1^2	R_2^2
亚甲基蓝	190.94	219.31	5.55	2.35	0.9134	0.8326
甲基橙	269.22	294.33	3.60	0.33	0.9902	0.8931

注：由于拟合粒子内扩散模型时，分成了两个时间段，c_1、k_{31}、R_1^2 为第一时间段的相关参数；c_2、k_{32}、R_2^2 为第二时间段的相关参数。

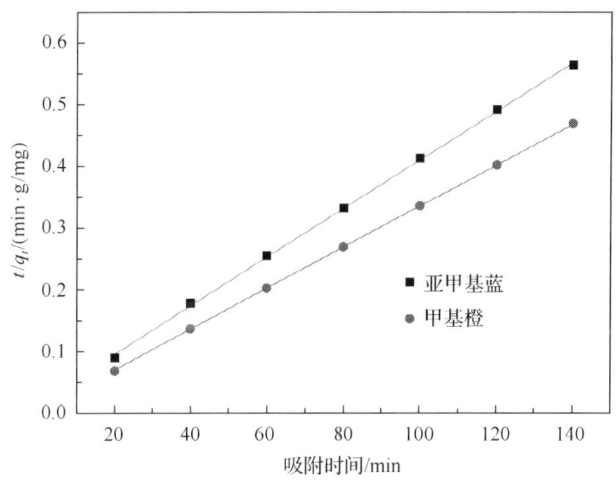

图 3-83　再生活性炭吸附亚甲基蓝和甲基橙的实验数据与准二级动力学的拟合关系

由表 3-26 可知，实验数据与准二级动力学模型的拟合系数要大于准一级动力学模型和粒子内扩散模型，且由准二级动力学模型计算出的吸附值要与实验值更为接近，因此，吸附过程更符合准二级动力学模型。该结果与 Yu 和 Luo[177]报道的用耶路撒冷菊芋制备的介孔活性炭吸附亚甲基蓝和甲基橙的结果是一致的。由表 3-26 可知，由准二级动力学模型拟合出的吸附甲基橙的 k_2 要大于吸附亚甲基蓝的 k_2，表明再生活性炭吸附甲基橙的速率更快，达到吸附平衡的时间更短。

图 3-84 为再生活性炭吸附亚甲基蓝和甲基橙的实验数据与粒子内扩散模型的拟合关系，可以看出拟合线没有经过坐标原点，这可能是由于初始吸附阶段和最

终吸附阶段的传质速率不同。因此，采用再生活性炭吸附亚甲基蓝和甲基橙的过程中，粒子内扩散并不是唯一的限速步骤，吸附过程可能受多个步骤控制。

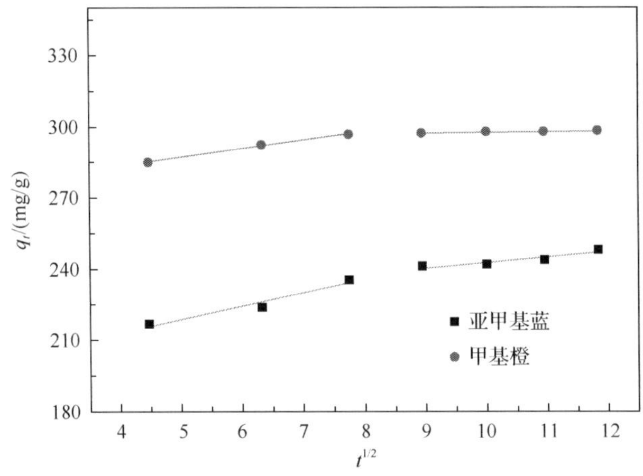

图 3-84 再生活性炭吸附亚甲基蓝和甲基橙的实验数据与粒子内扩散模型的拟合关系

3.6.2 吸附甲基橙和刚果红

Jiang 等[112]采用废汞触媒经微波加热-超声波喷雾活化后的再生活性炭用于吸附有机印染废水甲基橙和刚果红，实验在温度为 303～323K 的恒温振荡器中进行。实验采用体积为 100mL 的甲基橙和刚果红溶液，再生活性炭的用量为 0.1g，将样品置于 303～323K 下进行恒温水浴震荡，震荡速率为 250r/min。

1. 吸附动力学

为了研究吸附动力学，再生活性炭用量为 0.05g，甲基橙和刚果红溶液体积为 100mL，在吸附温度为 313K 下开展吸附实验。考察了不同初始浓度的甲基橙和刚果红溶液下，吸附量随吸附时间的变化，结果如图 3-85 所示。采用准一级动力学模型、准二级动力学模型和粒子内扩散三种动力学模型来对实验数据进行拟合，得到的动力学参数如表 3-27 所示。

从表 3-27 可见，实验数据与三种动力学模型的拟合系数均较高，但准二级动力学模型的拟合系数要大于准一级动力学模型和粒子内扩散模型，且由准二级动力学模型计算出的吸附值更接近实验值，因此，吸附过程更符合准二级动力学模型。准二级动力学模型表明化学吸附在限速步骤中起着重要的作用，染料分子通过转移或共享电子附着到再生活性炭表面[178]。然而，吸附是一个复杂的过程，尽管吸附过程更符合准二级动力学模型，但从该模型得到的结果不能预测扩散过程。

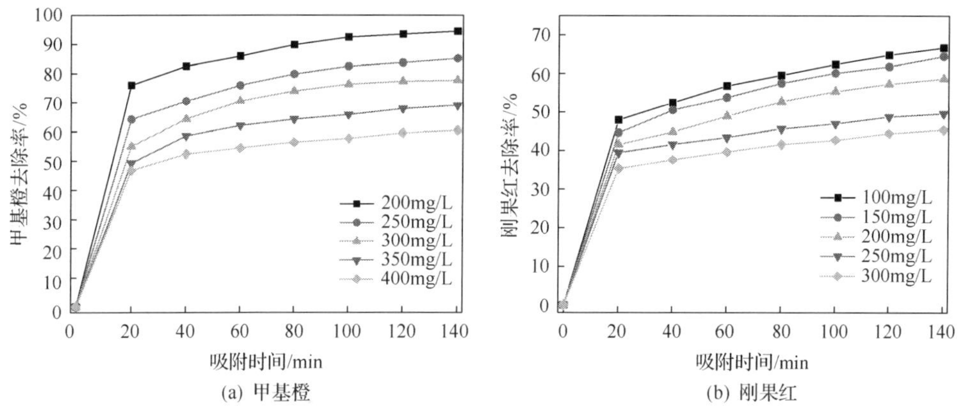

图 3-85　再生活性炭对不同初始浓度的甲基橙和刚果红的去除率

表 3-27　再生活性炭对甲基橙和刚果红吸附动力学参数

染料	准一级动力学			准二级动力学			粒子内扩散动力学		
	k_1/m^{-1}	$q_{e,cal}$/(mg/g)	R^2	k_2/[g/(mg·min)]	$q_{e,cal}$/(mg/g)	R^2	K_{id}	c	R^2
甲基橙	0.0151	60.6	0.979	0.0007	469.4	0.999	4.83	405.2	0.996
刚果红	0.0172	134.1	0.985	0.0003	324.7	0.997	22.8	172. 8	0.979

注：k_1 和 k_2 分别为准一级和准二级动力学模型吸附速率常数；$q_{e,cal}$ 为计算的平衡吸附量。

活性炭在吸附甲基橙或刚果红时，吸附初始阶段主要依赖于再生活性炭的表面孔结构，随后吸附质向活性炭孔道内迁移，因此粒子内扩散是一个限速过程。对于粒子内扩散模型，如果拟合直线通过原点，则表明吸附过程由粒子内扩散控制。从表 3-27 的数据可以看出，两条拟合直线都没有通过原点，表明在吸附的最初和最后阶段的传质速率不一致，粒子内扩散不是唯一的限速步骤。

2. 吸附等温线

在温度 303K、313K 和 323K 下分别对初始浓度为 200～400mg/L 的甲基橙和初始浓度为 100～300mg/L 溶液进行等温线研究。实验数据与 Langmuir、Freundlich 和 Temkin 三种等温吸附模型的拟合结果如表 3-28 所示。

表 3-28　再生活性炭吸附甲基橙和刚果红的实验数据与不同吸附等温吸附模型的拟合参数

染料	温度/K	Langmuir			Freundlich			Temkin		
		q_m	K_L/(L/mg)	R^2	K_F	n	R^2	A_T/(L/mg)	RTb^{-1}	R^2
甲基橙	303	492.6	72.9	0.983	256.9	7.8	0.914	215.4	54.1	0.927
	313	518.1	145.6	0.992	297.4	9.9	0.938	273.6	43.0	0.934
	323	529.1	185.9	0.999	311.9	9.4	0.946	288.7	47.6	0.961
刚果红	303	289.9	10.8	0.999	152.7	11.6	0.776	146.7	17.7	0.734
	313	295.9	12.1	0992	115.1	5.7	0.802	77.8	39.1	0.757
	323	301.2	15.1	0.984	87.9	4.3	0.969	41.3	43.5	0.718

由表 3-28 可以看出，Langmuir 等温吸附模型拟合系数要高于其他两种模型，在不同温度下 Langmuir 等温吸附模型与实验数据的拟合关系如图 3-86 所示。因此，Langmuir 等温线可以用来描述再生活性炭对甲基橙和刚果红染料的吸附行为。Langmuir 等温吸附模型表明吸附为单层且表面均匀的吸附[179]。

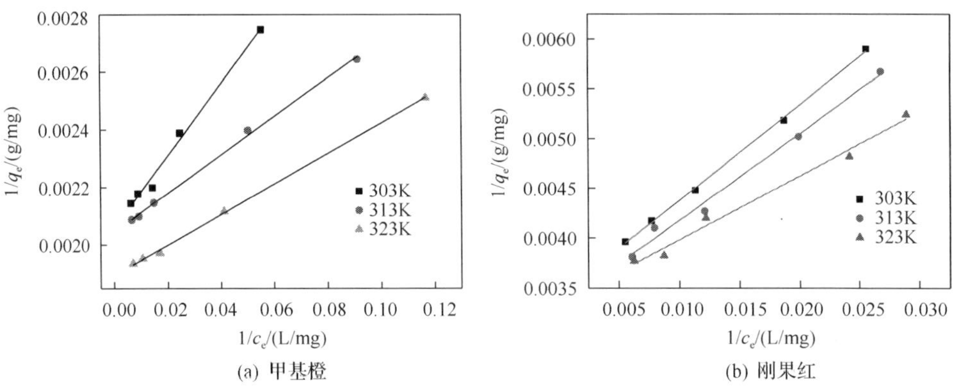

图 3-86　再生活性炭吸附甲基橙和刚果红的实验数据与 Langmuir 等温吸附模型的拟合关系

表 3-29 对比了不同吸附剂对甲基橙或刚果红染料的最大吸附量。由表 3-29 可以看出，由废汞触媒载体活性炭经微波-超声波喷雾处理后得到的再生活性炭对甲基橙或刚果红的吸附量要明显高于其他吸附剂，表明再生活性炭是一种具有高吸附能力的吸附剂。

表 3-29　不同吸附剂对甲基橙和刚果红的最大吸附量

吸附剂	染料	最大吸附量/(mg/g)	参考文献
再生活性炭	甲基橙	529.1	本书
木质素活性炭		300	[180]
芦苇活性炭		238	[181]
枣核活性炭		434	[182]
商用活性炭		46	[183]
再生活性炭	刚果红	301.2	本书
枣渣活性炭		105.4	[184]
番石榴叶活性炭		47.2	[185]
橄榄石活性炭		2.2573	[186]
花生壳活性炭		136.4	[187]

3. 吸附热力学

研究吸附热力学可以揭示再生活性炭对甲基橙和刚果红的吸附机制。根据吸附热力学方程，以 $\ln K_L$ 对 $1/T$ 作图，如图 3-87 所示。由拟合直线的斜率和截距可

分别计算出 $\Delta S^{\ominus}$和 $\Delta H^{\ominus}$。在不同吸附温度下，再生活性炭对甲基橙和刚果红吸附热力学参数见表 3-30。

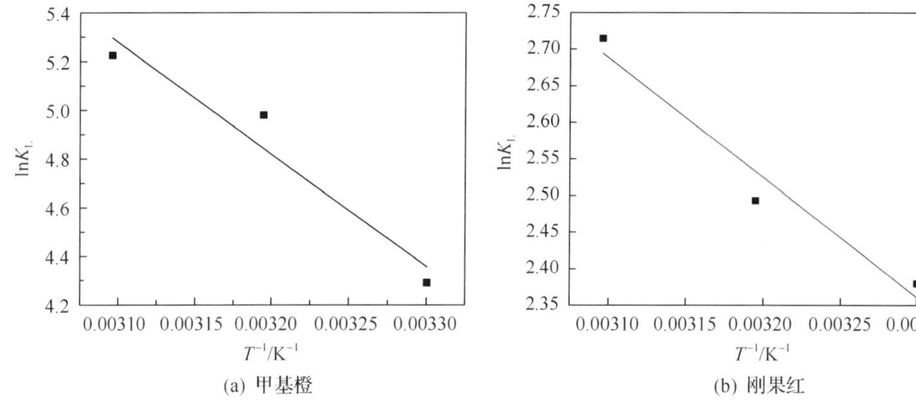

(a) 甲基橙　(b) 刚果红

图 3-87　$\ln K_L$与 $1/T$ 的拟合关系

表 3-30　再生活性炭吸附甲基橙和刚果红的热力学参数

染料	温度/K	$\Delta G^{\ominus}$/(kJ/mol)	$\Delta S^{\ominus}$/(J/mol/K)	$\Delta H^{\ominus}$/(kJ/mol)
甲基橙	303	−10.8	160.4	38.2
	313	−12.9		
	323	−14.1		
刚果红	303	−6.0	64.5	13.58
	313	−6.5		
	323	−7.3		

从表 3-30 可以看出，在不同吸附温度下，$\Delta G^{\ominus}$均为负值，温度越高，$\Delta G^{\ominus}$值越小，表明吸附过程是自发进行的，且温度越高越容易进行。$\Delta H^{\ominus}$为正值，表明吸附过程是吸热的。因此，吸附温度越高越有利于吸附，此外，提高温度时可以降低溶液黏度，加快传质速率从而促进吸附[188]。$\Delta S^{\ominus}$为正值，表明吸附是一个熵增过程，吸附时固-液界面处的随机性会增加[189]。

参考文献

[1] Wang F, Wang L, Wang J, et al. Bimetallic Pd-K/Y-zeolite catalyst in acetylene hydrochlorination for PVC production[J]. Reaction Kinetics Mechanisms & Catalysis, 2014, 114(2): 725-734.

[2] Zhang J, Liu N, Li W, et al. Progress on cleaner production of vinyl chloride monomers over non-mercury catalysts[J]. Frontiers of Chemical Science & Engineering, 2011, 5(4): 514-520.

[3] Shankar H S, Agnew J B. Kinetics of acetylene hydrochlorination[J]. Industrial & Engineering Chemistry Product Research and Development, 1980, 19(2): 232-237.

[4] Wei X, Shi H, Qian W, et al. Gas-phase catalytic hydrochlorination of acetylene in a two-stage fluidized-bed reactor[J]. Industrial & Engineering Chemistry Research, 2008, 48(1): 128-133.

[5] Conte M, Carley A F, Hutchings G J. Reactivation of a carbon-supported gold catalyst for the hydrochlorination of acetylene[J]. Catalysis Letters, 2008, 124(3-4): 165-167.

[6] Pacyna E G, Pacyna J M, Sundseth K, et al. Global emission of mercury to the atmosphere from anthropogenic sources in 2005 and projections to 2020[J]. Atmospheric Environment, 2010, 44(20): 2487-2499.

[7] Li X, Yang W, Kang L, et al. A novel, non-metallic graphitic carbon nitride catalyst for acetylene hydrochlorination[J]. Journal of Catalysis, 2014, 311(3): 288-294.

[8] 聂颖. 乙炔法氯乙烯生产技术的研究开发进展[J]. 精细化工原料及中间体, 2011, (9): 25-29.

[9] Mitchenko S A, Khomutov E V, Shubin A A, et al. Catalytic hydrochlorination of acetylene by gaseous HCl on the surface of mechanically pre-activated K_2PtCl_6 salt[J]. Journal of Molecular Catalysis A Chemical, 2004, 212(1-2): 345-352.

[10] 郭燕燕, 刘鹰, 胡瑞生, 等. 乙炔氢氯化反应非贵金属无汞催化剂的研究进展[J]. 化工进展, 2014, 33(6): 1486-1490.

[11] 张亚雄. 贵汞生产氯化汞-活性炭触媒的技术进展[J]. 有色冶炼, 1995, (6): 29-32.

[12] 张亚雄, 邓晓丹, 吴斌. 我国氯化汞触媒生产和废氯化汞触媒回收利用技术进展[J]. 聚氯乙烯, 2008, 36(10): 24-27.

[13] 许志华, 郭洪新, 周本荣. 乙炔氢氯化合成氯乙烯用催化剂的研究概况[C]//第 30 届全国聚氯乙烯行业技术年会, 贵阳, 2008.

[14] 张云洁. 氯化汞触媒在聚氯乙烯行业中的应用[J]. 聚氯乙烯, 2013, 41(3): 29-31.

[15] 王国文. 氯化汞复配触媒的开发与应用[J]. 应用化工, 2002, 31(5): 37-38.

[16] 丛茂生, 姜恒, 桂建舟, 等. 乙炔法合成氯乙烯用氯化汞催化剂的改良[J]. 聚氯乙烯, 2007, (6): 25-27.

[17] 李国栋, 周军, 张新力. 电石法聚氯乙烯生产中汞消耗与汞污染的降低[J]. 中国氯碱, 2009, (3): 42-45.

[18] 张键, 李军强. 浅谈氯化汞触媒寿命的影响因素[C]//2013 年全国聚氯乙烯行业技术年会, 天津, 2013.

[19] 于婷. 制备工艺对氯化汞催化剂性能的影响[D]. 北京: 北京服装学院, 2014.

[20] 高旭东. 电石路线氯乙烯生产技术新进展[J]. 聚氯乙烯, 2011, (9): 1-8.

[21] 吴梦歌, 等. 控氧干馏法回收废触媒中 $HgCl_2$ 及再生汞触媒的新工艺及设备[C]//2010 全国石油和化学工业节能环保技术、设备交流会, 杭州, 2010.

[22] 工信部节能与综合利用司. 废汞触媒回收利用取得突破[J]. 资源再生, 2009, (10): 3.

[23] 佚名. 罗马尼亚氯化汞触媒制造及废触媒的回收与再生工艺简介[J]. 聚氯乙烯, 1974, (2): 36-39.

[24] 邱运仁, 闫升. 一种回收利用废汞触媒的方法: CN201410034603.3[P]. 2014-5-21.

[25] 朱建新, 任亚峰. 一种以硫为添加剂机械球磨机械球磨处理废汞触媒的方法: CN201410641749.1[P]. 2015-3-25.

[26] Liu C, Liu C, Peng J, et al. Surface chemical characterization of deactivated low-level mercury catalysts for acetylene hydrochlorination[J]. Chinese Journal of Chemical Engineering, 2018, 26(2): 364-372.

[27] Bentley M, Fan M, Dutcher B, et al. Catalytic regeneration of mercury sorbents[J]. Journal of Hazardous Materials, 2013, 262(8): 642-648.

[28] Xu X L, Zhao J, Lu C S, et al. Improvement of the stability of Hg/AC catalysts by CsCl for the high-temperature hydrochlorination of acetylene[J]. Chinese Chemical Letters, 2016, 27(6): 822-826.

[29] Anthony J W, Bideaux R A, BladhK W, et al. Handbook of Mineralogy, vol. I, Elements, Sulfides, Sulfosalts[M]. Tuscon: Mineral Data Publishing, 1990.

[30] Selivanov V N, Plavnik G M, Glazunova E D, et al. X-ray study of the dispersion and pore structure of the HgCl 2-active carbon catalytic system[J]. Bulletin of the Academy of Sciences of the USSR, Division of chemical science, 1989, 38(11): 2222-2226.

[31] Xie Y C, Tang Y Q. Spontaneous monolayer dispersion of oxides and salts onto surfaces of supports: Applications to heterogeneous catalysis[J]. Advances in Catalysis, 1990, 37: 1-43.

[32] Xie Y, Yang N, Liu Y, et al. Spontaneous dispersion of some active components onto the surfaces of carriers[J]. Scientia Sinica (Series B), 1983, 26(4): 337-350.

[33] 支林轩，李瑛，唐浩东，等. 乙炔氢氯化反应制备氯乙烯低固汞催化剂失活机理[J]. 化学反应工程与工艺，2015，31(4): 343-351.

[34] Tong S, Fan M, Mao L, et al. Sequential extraction study of stability of adsorbed mercury in chemically modified activated carbons[J]. Environmental Science & Technology, 2011, 45(17): 7416-7421.

[35] Gómez-Serrano V, Piriz-Almeida F, Durán-Valle C J, et al. Formation of oxygen structures by air activation. A study by FT-IR spectroscopy[J]. Carbon, 1999, 37(10): 1517-1528.

[36] Muhammad N, Maitra S, Ul Haq I, et al. Some studies on the wear resistance of artificial teeth in presence of amorphous SiO_2 and TiO_2 fillers[J]. Cerâmica, 2011, 57(343): 324-328.

[37] Hirose S, Hatakeyama T, Izuta Y, et al. TG-FTIR studies on lignin-based polycaprolactones[J]. Journal of Thermal Analysis and Calorimetry, 2002, 70(3): 853-860.

[38] Pan P, Liang Z, Zhu B, et al. Blending effects on polymorphic crystallization of poly (L-lactide)[J]. Macromolecules, 2009, 42(9): 3374-3380.

[39] Pawelec B, Mariscal R, Navarro R M, et al. Hydrogenation of aromatics over supported Pt-Pd catalysts[J]. Applied Catalysis A: General, 2002, 225(1-2): 223-237.

[40] Allen D T, Palen E J, Haimov M I, et al. Fourier transform infrared spectroscopy of aerosol collected in a low pressure impactor (LPI/FTIR): Method development and field calibration[J]. Aerosol Science and Technology, 1994, 21(4): 325-342.

[41] Tan X, Fang M, Chen C, et al. Counterion effects of nickel and sodium dodecylbenzene sulfonate adsorption to multiwalled carbon nanotubes in aqueous solution[J]. Carbon, 2008, 46(13): 1741-1750.

[42] Veith G M, Baggetto L, Adamczyk L A, et al. Electrochemical and solid-state lithiation of graphitic C_3N_4[J]. Chemistry of Materials, 2013, 25(3): 503-508.

[43] Cheon J Y, Kim J H, Kim J H, et al. Intrinsic relationship between enhanced oxygen reduction reaction activity and nanoscale work function of doped carbons[J]. Journal of the American Chemical Society, 2014, 136(25): 8875-8878.

[44] He T, Yang Z, Chen R, et al. Enhanced endothelialization guided by fibronectin functionalized plasma polymerized acrylic acid film[J]. Materials Science and Engineering: C, 2012, 32(5): 1025-1031.

[45] Wang H, Huang J, Zhang K, et al. Effects of zero-valent metals together with quartz sand on the mechanochemical destruction of dechlorane plus coground in a planetary ball mill[J]. Journal of Hazardous Materials, 2014, 264(2): 230-235.

[46] Zhao D, Sheng G, Chen C, et al. Enhanced photocatalytic degradation of methylene blue under visible irradiation on graphene@TiO_2 dyade structure[J]. Applied Catalysis B: Environmental, 2012, 111: 303-308.

[47] Chiang Y C, Lee C Y, Lee H C. Surface chemistry of polyacrylonitrile-and rayon-based activated carbon fibers after post-heat treatment[J]. Materials Chemistry and Physics, 2007, 101(1): 199-210.

[48] Naumkin A V, Kraut-Vass A, Gaarenstroom S W, et al. NIST X-ray photoelectron spectroscopy database-NIST standard reference database 20, version 4.1[OL/J]. 2012. https://srdata.nist.gov/xps/Default.aspx.

[49] Swiatkowski A, Pakula M, Biniak S, et al. Influence of the surface chemistry of modified activated carbon on its electrochemical behaviour in the presence of lead（Ⅱ）ions[J]. Carbon, 2004, 42(15): 3057-3069.

[50] Puziy A M, Poddubnaya O I, Socha R P, et al. XPS and NMR studies of phosphoric acid activated carbons[J]. Carbon, 2008, 46(15): 2113-2123.

[51] Burg P, Fydrych P, Cagniant D, et al. The characterization of nitrogen-enriched activated carbons by IR, XPS and LSER methods[J]. Carbon, 2002, 40(9): 1521-1531.

[52] Tsubouchi N, Ohtaka N, Ohtsuka Y. Reactions of hydrogen chloride with carbonaceous materials and the formation of surface chlorine species[J]. Energy & Fuels, 2016, 30(3): 2320-2327.

[53] Tan Z, Sun L, Xiang J, et al. Gas-phase elemental mercury removal by novel carbon-based sorbents[J]. Carbon, 2012, 50(2): 362-371.

[54] Wang J, Deng B, Chen H, et al. Removal of aqueous Hg（Ⅱ）by polyaniline: Sorption characteristics and mechanisms[J]. Environmental Science & Technology, 2009, 43(14): 5223-5228.

[55] Mahle J J, Peterson G W, Schindler B J, et al. Role of TEDA as an activated carbon impregnant for the removal of cyanogen chloride from air streams: synergistic effect with Cu(Ⅱ)[J]. The Journal of Physical Chemistry C, 2010, 114(47): 20083-20090.

[56] Sasmaz E, Kirchofer A, Jew A D, et al. Mercury chemistry on brominated activated carbon[J]. Fuel, 2012, 99(9): 188-196.

[57] Vieira R S, Oliveira M L M, Guibal E, et al. Copper, mercury and chromium adsorption on natural and crosslinked chitosan films: An XPS investigation of mechanism[J]. Colloids and Surfaces A: Physicochemical and Engineering Aspects, 2011, 374(1-3): 108-114.

[58] Chiang K C, Hsieh T E. Characteristics of AgInSbTe-SiO_2 nanocomposite thin film applied to nonvolatile floating gate memory devices[J]. Nanotechnology, 2010, 21(42): 425204.

[59] Wang H, Fang J, Cheng T, et al. One-step coating of fluoro-containing silica nanoparticles for universal generation of surface superhydrophobicity[J]. Chemical Communications, 2008, 7(7): 877-879.

[60] Hassan S, Yusof M S, Embong Z, et al. Angle resolved X-ray photoelectron spectroscopy (ARXPS) analysis of lanthanum oxide for micro-flexography printing[J]. AIP Conference Proceedings, 2016, 1704(1): 040002.

[61] Tao S, Li C, Fan X, et al. Activated coke impregnated with cerium chloride used for elemental mercury removal from simulated flue gas[J]. Chemical Engineering Journal, 2012, 210: 547-556.

[62] Behra P, Bonnissel-Gissinger P, Alnot M, et al. XPS and XAS study of the sorption of Hg（Ⅱ）onto pyrite[J]. Langmuir, 2001, 17(13): 3970-3979.

[63] Hutson N D, Attwood B C, Scheckel K G. XAS and XPS characterization of mercury binding on brominated activated carbon[J]. Environmental Science & Technology, 2007, 41(5): 1747-1752.

[64] Liu C, Peng J, Ma A, et al. Study on non-isothermal kinetics of the thermal desorption of mercury from spent mercuric chloride catalyst[J]. Journal of Hazardous Materials, 2017, 322: 325-333.

[65] Gregg S J, Sing K S W. Adsorption, Surface Area and Porosity [M]. New York: Academic, 1982.

[66] Sonwane C G, Bhatia S K. Characterization of pore size distributions of mesoporous materials from adsorption isotherms[J]. The Journal of Physical Chemistry B, 2000, 104(39): 9099-9110.

[67] Busto Y, F M G T, Peralta L M, et al. An investigation on the modelling of kinetics of thermal decomposition of hazardous mercury wastes[J]. Journal of Hazardous Materials, 2013, 260(1): 358-367.

[68] Hall G E M, Pelchat P. The design and application of sequential extractions for mercury, Part 2. Resorption of mercury onto the sample during leaching[J]. Geochemistry: Exploration, Environment, Analysis, 2005, 5 (2) : 115.

[69] Graydon J W, Zhang X, Kirk D W, et al. Sorption and stability of mercury on activated carbon for emission control[J]. Journal of Hazardous Materials, 2009, 168 (2) : 978-982.

[70] Adams M D. The mechanisms of adsorption of $Hg(CN)_2$ and $HgCl_2$ on to activated carbon[J]. Hydrometallurgy, 1991, 26 (2) : 201-210.

[71] Lopez-Gonzalez J D D, Moreno-Castilla C, Guerrero-Ruiz A, et al. Effect of carbon-oxygen and carbon-sulphur surface complexes on the adsorption of mercuric chloride in aqueous solutions by activated carbons[J]. Journal of Chemical Technology and Biotechnology, 1982, 32 (5) : 575-579.

[72] Sedlar M, Pavlin M, Popovič A, et al. Temperature stability of mercury compounds in solid substrates[J]. Open Chemistry, 2015, 13: 404-419.

[73] López F A, Sierra M J, Rodríguez O, et al. Non-isothermal kinetics of the thermal desorption of mercury from a contaminated soil[J]. Revista de Metalurgia, 2014, 50 (1) : e001.

[74] Reis A T, Coelho J P, Rodrigues S M, et al. Development and validation of a simple thermo-desorption technique for mercury speciation in soils and sediments[J]. Talanta, 2012, 99: 363-368.

[75] Raposo C, Windmöller C C, Junior W A D. Mercury speciation in fluorescent lamps by thermal release analysis[J]. Waste Management, 2003, 23 (10) : 879-886.

[76] Vyazovkin S, Wight C A. Model-free and model-fitting approaches to kinetic analysis of isothermal and nonisothermal data[J]. Thermochimica Acta, 1999, 340: 53-68.

[77] Opfermann J R, Kaisersberger E, Flammersheim H J. Model-free analysis of thermoanalytical data-advantages and limitations[J]. Thermochimica Acta, 2002, 391 (1-2) : 119-127.

[78] Starink M J. The determination of activation energy from linear heating rate experiments: A comparison of the accuracy of isoconversion methods[J]. Thermochimica Acta, 2003, 404 (1-2) : 163-176.

[79] Friedman H L. Kinetics of thermal degradation of char-forming plastics from thermogravimetry. Application to a phenolic plastic[J]. Journal of Polymer Science: Polymer Symposia, 1964, 6 (1) : 183-195.

[80] Kissinger H E. Reaction kinetics in differential thermal analysis[J]. Analytical Chemistry, 1957, 29 (11) : 1702-1706.

[81] Ozawa T. A new method of analyzing thermogravimetric data[J]. Bulletin of the Chemical Society of Japan, 1965, 38 (11) : 1881-1886.

[82] Flynn J H, Wall L A. A quick, direct method for the determination of activation energy from thermogravimetric data[J]. Journal of Polymer Science Part C: Polymer Letters, 1966, 4 (5) : 323-328.

[83] Flynn J H, Wall L A. General treatment of the thermogravimetry of polymers[J]. Journal of Research of the National Bureau of Standards, 1966, 70 (6) : 487-523.

[84] Starink M J. A new method for the derivation of activation energies from experiments performed at constant heating rate[J]. Thermochimica Acta, 1996, 288 (1-2) : 97-104.

[85] Mishra G, Bhaskar T. Non isothermal model free kinetics for pyrolysis of rice straw[J]. Bioresource Technology, 2014, 169: 614-621.

[86] Coats A W, Redfern J P. Kinetic parameters from thermogravimetric data. Ⅱ[J]. Journal of Polymer Science Part C: Polymer Letters, 1965, 3 (11) : 917-920.

[87] 胡荣祖. 热分析动力学[M]. 北京: 科学出版社, 2001.

[88] Vyazovkin S, Burnham A K, Criado J M, et al. ICTAC Kinetics Committee recommendations for performing kinetic computations on thermal analysis data[J]. Thermochimica Acta, 2011, 520 (1-2) : 1-19.

[89] Gotor F J, Criado J M, Malek J, et al. Kinetic analysis of solid-state reactions: the universality of master plots for analyzing isothermal and nonisothermal experiments[J]. The Journal of Physical Chemistry A, 2000, 104(46): 10777-10782.

[90] Liu C, Liu C H, Zhang L B, et al. Microwave heating behaviors of used mercury-containing catalysts[J]. Chemical Engineering Communications, 2018: 1-12.

[91] Amankwah R K, Khan A U, Pickles C A, et al. Improved grindability and gold liberation by microwave pretreatment of a free-milling gold ore[J]. Mineral Processing & Extractive Metallurgy, 2005, 114(1): 30-36.

[92] Ma S J, Zhou X W, Su X J, et al. A new practical method to determine the microwave energy absorption ability of materials[J]. Minerals Engineering, 2009, 22(13):1154-1159.

[93] Al-Harahsheh M, Kingman S W. Microwave-assisted leaching-A review[J]. Hydrometallurgy, 2004, 73(3): 189-203.

[94] Coelho R. Physics of Dielectrics for the Engineer[M]. Amsterdam: Elsevier, 2012.

[95] Zhang X, Hayward D O, Mingos D M P. Microwave dielectric heating behavior of supported MoS_2 and Pt catalysts[J]. Industrial & Engineering Chemistry Research, 2001, 40(13): 2810-2817.

[96] Mingos D M, Baghurst D R. ChemInform abstract: Applications of microwave dielectric heating effects to synthetic problems in chemistry[J]. Cheminform, 1991, 22(36): 301.

[97] Liu B G, Peng J H, Huang D F, et al. Temperature rising characteristics of ammonium diurante in microwave fields[J]. Nuclear Engineering & Design, 2010, 240(10): 2710-2713.

[98] Rodríguez O, Padilla I, Tayibi H, et al. Concerns on liquid mercury and mercury-containing wastes: A review of the treatment technologies for the safe storage[J]. Journal of Environmental Management, 2012, 101(13): 197-205.

[99] Pickles C A. Microwave heating behaviour of nickeliferous limonitic laterite ores[J]. Minerals Engineering, 2004, 17(6): 775-784.

[100] Pickles C A. Microwaves in extractive metallurgy: Part 1–review of fundamentals[J]. Minerals Engineering, 2009, 22(13): 1102-1111.

[101] Walkiewicz J W, Kazonich G, McGill S L. Microwave heating characteristics of selected minerals and compounds[J]. Minerals and Metallurgical Processing, 1988, 5(1): 39-42.

[102] Ma S, Jin X, Yao J, et al. Characteristic change of activated carbon under microwave irradiation[C]//Digital Manufacturing and Automation (ICDMA), 2010 International Conference on IEEE, 2010, 1: 379-382.

[103] Haynes W M. CRC handbook of Chemistry and Physics[M]. Boca Raton: CRC Press, 2014.

[104] Metaxas A C, Meredith R J. Industrial Microwave Heating[M]. IEE Power Engineering Series 4, London: Peter Peregrinus Ltd, 1983.

[105] Lopez-Anton M A, Yuan Y, Perry R, et al. Analysis of mercury species present during coal combustion by thermal desorption[J]. Fuel, 2010, 89(3): 629-634.

[106] Taube F, Pommer L, Larsson T, et al. Soil remediation-mercury speciation in soil and vapor phase during thermal treatment[J]. Water, Air, and Soil Pollution, 2008, 193(1-4): 155-163.

[107] Busto Y, Cabrera X, Tack F M, et al. Potential of thermal treatment for decontamination of mercury containing wastes from chlor-alkali industry[J]. Journal of Hazardous Materials, 2011, 186(1):114.

[108] Taube F, Pommer L, Larsson T, et al. Soil remediation-mercury speciation in soil and vapor phase during thermal treatment[J]. Water Air Soil Pollut, 2008, 193(1-4):155-163.

[109] Liu C, Peng J, Liu J, et al. Catalytic removal of mercury from waste carbonaceous catalyst by microwave heating[J]. Journal of Hazardous Materials, 2018, 358: 198-206.

[110] Liu C, Peng J, Zhang L, et al. Mercury adsorption from aqueous solution by regenerated activated carbon produced from depleted mercury-containing catalyst by microwave-assisted decontamination[J]. Journal of Cleaner Production, 2018, 196: 109-121.

[111] Liu J, Zhang L, Kannan C S, et al. Regenerating mercurous chloride-loaded porous carbon complex through steam-induced thermal activation[J]. Materials Research Express, 2018, 5(9): 095601.

[112] Jiang X, Shu J H, Zhang L B, et al. Regeneration of spent mercury catalyst for the treatment of dye wastewater by the microwave and ultrasonic spray-assisted method[J]. Green Processing and Synthesis, 2018.

[113] Ghaedi M, Nasab A G, Khodadoust S, et al. Characterization of zinc oxide nanorods loaded on activated carbon as cheap and efficient adsorbent for removal of methylene blue[J]. Journal of Industrial & Engineering Chemistry, 2015, 21(21): 986-993.

[114] Dou J, Yu J, Tahmasebi A, et al. Ultrasonic-assisted preparation of highly reactive Fe-Zn sorbents supported on activated-char for desulfurization of COG[J]. Fuel Processing Technology, 2015, 135:187-194.

[115] Kong J, Yue Q, Huang L, et al. Preparation, characterization and evaluation of adsorptive properties of leather waste based activated carbon via physical and chemical activation[J]. Chemical Engineering Journal, 2013, 221: 62-71.

[116] Paris O, Zollfrank C, Zickler G A. Decomposition and carbonisation of wood biopolymers-A microstructural study of softwood pyrolysis[J]. Carbon, 2005, 43(1): 53-66.

[117] Sadezky A, Muckenhuber H, Grothe H, et al. Raman microspectroscopy of soot and related carbonaceous materials: Spectral analysis and structural information[J]. Carbon, 2005, 43(8): 1731-1742.

[118] Sheng C D. Char structure characterised by Raman spectroscopy and its correlations with combustion reactivity[J]. Fuel, 2007, 86(15): 2316-2324.

[119] Chen S, Liu J, Hu W H, et al. Removal of organic dyes from aqueous solution using waste catalyst-derived adsorbent: Isotherm modeling and kinetic studies[J]. Materials Research Express, 2018, 5(6): 065603.

[120] Kazak O, Eker Y R, Bingol H, et al. Novel preparation of activated carbon by cold oxygen plasma treatment combined with pyrolysis[J]. Chemical Engineering Journal, 2017, 325: 564-575.

[121] Cheng S, Zhang L, Xia H, et al. Preparation of high specific surface area activated carbon from walnut shells by microwave-induced KOH activation[J]. Journal of Porous Materials, 2015, 22(6): 1527-1537.

[122] Liu Q S, Zheng T, Li N, et al. Modification of bamboo-based activated carbon using microwave radiation and its effects on the adsorption of methylene blue[J]. Applied Surface Science, 2010, 256(10): 3309-3315.

[123] Sfaksi Z, Azzouz N, Abdelwahab A. Removal of Cr(Ⅵ) from water by cork waste[J]. Arabian Journal of Chemistry, 2014, 7(1): 37-42.

[124] Li C, Li G, Liu S. Spherical hydroxyapatite with colloidal stability prepared in aqueous solutions containing polymer/surfactant pair[J]. Colloids and Surfaces A: Physicochemical and Engineering Aspects, 2010, 366(1-3): 27-33.

[125] Divya V, Sangaranarayanan M V. A facile synthetic strategy for mesoporous crystalline copper-polyaniline composite[J]. European Polymer Journal, 2012, 48(3): 560-568.

[126] Salar R K, Sharma P, Kumar N. Enhanced antibacterial activity of streptomycin against some human pathogens using green synthesized silver nanoparticles[J]. Resource-Efficient Technologies, 2015, 1(2): 106-115.

[127] Kadhum A A H, Al-Amiery A A, Shikara M, et al. Synthesis, structure elucidation and DFT studies of new thiadiazoles[J]. International Journal of Physical Sciences, 2011, 6(29): 6692-6697.

[128] Miao Q, Jin Y, Dong Y, et al. Surface behavior and micelle morphology of novel nonionic polyurethane bolaform amphiphilic block copolymers[J]. Journal of Polymer Research, 2010, 17(6): 911-921.

[129] Velasco-Santos C, Martinez-Hernandez A L, Lozada-Cassou M, et al. Chemical functionalization of carbon nanotubes through an organosilane[J]. Nanotechnology, 2002, 13(4): 495.

[130] Rao R A K, Khan U. Adsorption studies of Cu（Ⅱ）on Boston fern (Nephrolepis exaltata Schott cv. Bostoniensis) leaves[J]. Applied Water Science, 2017, 7(4): 2051-2061.

[131] Geetha S R, Pingaley A, Brindha P, et al. What roles do herbs play in Kantacenturam: An iron oxide based herbo-mineral Siddha drug formulation[J]. Indian Journal of Traditional Knowledge, 2015, 14(3): 433-439.

[132] Padmaja P, Anilkumar G M, Mukundan P, et al. Characterisation of stoichiometric sol-gel mullite by fourier transform infrared spectroscopy[J]. International Journal of Inorganic Materials, 2001, 3(7): 693-698.

[133] Wers E, Oudadesse H, Lefeuvre B, et al. Thermal investigations of Ti and Ag-doped bioactive glasses[J]. Thermochimica Acta, 2014, 580: 79-84.

[134] Veith G M, Baggetto L, Adamczyk L A, et al. Electrochemical and solid-state lithiation of graphitic C_3N_4[J]. Chemistry of Materials, 2013, 25(3): 503-508.

[135] Sevilla M, Fuertes A B. The production of carbon materials by hydrothermal carbonization of cellulose[J]. Carbon, 2009, 47(9): 2281-2289.

[136] Chang C M, Liu Y L. Functionalization of multi-walled carbon nanotubes with non-reactive polymers through an ozone-mediated process for the preparation of a wide range of high performance polymer/carbon nanotube composites[J]. Carbon, 2010, 48(4): 1289-1297.

[137] Takahagi T, Ishitani A. XPS studies by use of the digital difference spectrum technique of functional groups on the surface of carbon fiber[J]. Carbon, 1984, 22(1): 43-46.

[138] Zhu J, Deng B, Yang J, et al. Modifying activated carbon with hybrid ligands for enhancing aqueous mercury removal[J]. Carbon, 2009, 47(8): 2014-2025.

[139] Xiao L P, Shi Z J, Xu F, et al. Hydrothermal carbonization of lignocellulosic biomass[J]. Bioresource Technology, 2012, 118: 619-623.

[140] Jeong S J, Xia G, Kim B H, et al. Universal block copolymer lithography for metals, semiconductors, ceramics, and polymers[J]. Advanced Materials, 2008, 20(10): 1898-1904.

[141] Liu S, Tian J, Wang L, et al. Hydrothermal treatment of grass: A low-cost, green route to nitrogen-doped, carbon-rich, photoluminescent polymer nanodots as an effective fluorescent sensing platform for label-free detection of Cu（Ⅱ）ions[J]. Advanced Materials, 2012, 24(15): 2037-2041.

[142] Puziy A M, Poddubnaya O I, Ziatdinov A M. On the chemical structure of phosphorus compounds in phosphoric acid-activated carbon[J]. Applied Surface Science, 2006, 252(23): 8036-8038.

[143] Benzekri M B, Benderdouche N, Bestani B, et al. Valorization of olive stones into a granular activated carbon for the removal of Methylene blue in batch and fixed bed modes[J]. Journal of Materials and Environmental Sciences, 2018, 9(1): 272-284.

[144] Tan G, Sun W, Xu Y, et al. Sorption of mercury（Ⅱ）and atrazine by biochar, modified biochars and biochar based activated carbon in aqueous solution[J]. Bioresource Technology, 2016, 211: 727-735.

[145] Faulconer E K, von Reitzenstein N V H,Mazyck D W. Optimization of magnetic powdered activated carbon for aqueous Hg(Ⅱ) removal and magnetic recovery[J]. Journal of Hazardous Materials, 2012, 199-200: 9-14.

[146] El-Shafey E I. Removal of Zn（Ⅱ）and Hg（Ⅱ）from aqueous solution on a carbonaceous sorbent chemically prepared from rice husk[J]. Journal of Hazardous Materials, 2010, 175(1-3): 319-327.

[147] Xu G, Wang L, Xie Y, et al. Highly selective and efficient adsorption of Hg^{2+} by a recyclable aminophosphonic acid functionalized polyacrylonitrile fiber[J]. Journal of Hazardous Materials, 2018, 344: 679-688.

[148] González P G, Pliego-Cuervo Y B. Adsorption of Cd(Ⅱ), Hg(Ⅱ) and Zn(Ⅱ) from aqueous solution using mesoporous activated carbon produced from Bambusa vulgaris striata[J]. Chemical Engineering Research and Design, 2014, 92(11): 2715-2724.

[149] ShamsiJazeyi H, Kaghazchi T. Investigation of nitric acid treatment of activated carbon for enhanced aqueous mercury removal[J]. Journal of Industrial and Engineering Chemistry, 2010, 16(5): 852-858.

[150] Eligwe C A, Okolue N B, Nwambu C O, et al. Adsorption thermodynamics and kinetics of mercury (Ⅱ), cadmium (Ⅱ) and lead (Ⅱ) on lignite[J]. Chemical Engineering & Technology, 1999, 22(1): 45-49.

[151] Namasivayam C,Kadirvelu K. Uptake of mercury (Ⅱ) from wastewater by activated carbon from an unwanted agricultural solid by-product: Coirpith[J]. Carbon, 1999, 37(1): 79-84.

[152] Yardim M F, Budinova T, Ekinci E, et al. Removal of mercury (Ⅱ) from aqueous solution by activated carbon obtained from furfural[J]. Chemosphere, 2003, 52(5): 835-841.

[153] Budinova T, Petrov N, Parra J, et al. Use of an activated carbon from antibiotic waste for the removal of Hg (Ⅱ) from aqueous solution[J]. Journal of Environmental Management, 2008, 88(1): 165-172.

[154] Hadavifar M, Bahramifar N, Younesi H, et al. Adsorption of mercury ions from synthetic and real wastewater aqueous solution by functionalized multi-walled carbon nanotube with both amino and thiolated groups[J]. Chemical Engineering Journal, 2014, 237: 217-228.

[155] Wahi R, Ngaini Z, Jok V U. Removal of mercury, lead and copper from aqueous solution by activated carbon of palm oil empty fruit bunch[J]. World Applied Sciences Journal 5 (Special Issue for Environment), 2009, 5: 84-91.

[156] Zabihi M, Ahmadpour A, Asl A H. Removal of mercury from water by carbonaceous sorbents derived from walnut shell[J]. Journal of Hazardous Materials, 2009, 167(1-3): 230-236.

[157] He Z W, He L H, Yang J, et al. Removal and recovery of Au (Ⅲ) from aqueous solution using a low-cost lignin-based biosorbent[J]. Industrial & Engineering Chemistry Research, 2013, 52(11): 4103-4108.

[158] Long L, Xue Y, Zeng Y, et al. Synthesis, characterization and mechanism analysis of modified crayfish shell biochar possessed ZnO nanoparticles to remove trichloroacetic acid[J]. Journal of Cleaner Production, 2017, 166: 1244-1252.

[159] Ben-Ali S, Jaouali I, Souissi-Najar S, et al. Characterization and adsorption capacity of raw pomegranate peel biosorbent for copper removal[J]. Journal of Cleaner Production, 2017, 142: 3809-3821.

[160] Czarna D, Baran P, Kunecki P, et al. Synthetic zeolites as potential sorbents of mercury from wastewater occurring during wet FGD processes of flue gas[J]. Journal of Cleaner Production, 2018, 172: 2636-2645.

[161] Lu X, Jiang J, Sun K, et al. Influence of the pore structure and surface chemical properties of activated carbon on the adsorption of mercury from aqueous solutions[J]. Marine Pollution Bulletin, 2014, 78(1-2): 69-76.

[162] Zabihi M, Asl A H, Ahmadpour A. Studies on adsorption of mercury from aqueous solution on activated carbons prepared from walnut shell[J]. Journal of Hazardous Materials, 2010, 174(1-3): 251-256.

[163] Namasivayam C, Periasamy K. Bicarbonate-treated peanut hull carbon for mercury (Ⅱ) removal from aqueous solution[J]. Water Research, 1993, 27(11): 1663-1668.

[164] Inbaraj B S, Sulochana N. Mercury adsorption on a carbon sorbent derived from fruit shell of Terminalia catappa[J]. Journal of Hazardous Materials, 2006, 133(1-3): 283-290.

[165] Oubagaranadin J U K, Sathyamurthy N, Murthy Z V P. Evaluation of Fuller's earth for the adsorption of mercury from aqueous solutions: A comparative study with activated carbon[J]. Journal of Hazardous Materials, 2007, 142(1-2): 165-174.

[166] Kadirvelu K, Kavipriya M, Karthika C, et al. Mercury（Ⅱ）adsorption by activated carbon made from sago waste[J]. Carbon, 2004, 42(4): 745-752.

[167] Rao M M, Reddy D H K K, Venkateswarlu P, et al. Removal of mercury from aqueous solutions using activated carbon prepared from agricultural by-product/waste[J]. Journal of Environmental Management, 2009, 90(1): 634-643.

[168] Ma X, Subramanian K S, Chakrabarti C L, et al. Removal of trace mercury（Ⅱ）from drinking water: Sorption by granular activated carbon[J]. Journal of Environmental Science & Health Part A, 1992, 27(6): 1389-1404.

[169] Lucchese M M, Stavale F, Ferreira E H M, et al. Quantifying ion-induced defects and Raman relaxation length in graphene[J]. Carbon, 2010, 48(5): 1592-1597.

[170] Ahmaruzzaman M, Gupta V K. Rice husk and its ash as low-cost adsorbents in water and wastewater treatment[J]. Industrial & Engineering Chemistry Research, 2011, 50(24): 13589-13613.

[171] Ohno T, Masaki Y, Hirayama S, et al. TiO_2-photocatalyzed epoxidation of 1-decene by H_2O_2 under visible light[J]. Journal of Catalysis, 2001, 204(1): 163-168.

[172] Djilani C, Zaghdoudi R, Djazi F, et al. Adsorption of dyes on activated carbon prepared from apricot stones and commercial activated carbon[J]. Journal of the Taiwan Institute of Chemical Engineers, 2015, 53: 112-121.

[173] Attia A A, Girgis B S, Khedr S A. Capacity of activated carbon derived from pistachio shells by H_3PO_4 in the removal of dyes and phenolics[J]. Journal of Chemical Technology & Biotechnology, 2003, 78(6): 611-619.

[174] Huang R, Liu Q, Huo J, et al. Adsorption of methyl orange onto protonated cross-linked chitosan[J]. Arabian Journal of Chemistry, 2017, 10(1): 24-32.

[175] Zhao D, Yang B,Nan Z. Synthesis of uniform Co NPs with high saturation magnetization and investigation on removal of methyl orange from aqueous solution by Co/MWCNTs composite[J]. Materials Research Bulletin, 2015, 68: 126-132.

[176] Kannan N, Sundaram M M. Kinetics and mechanism of removal of methylene blue by adsorption on various carbons-a comparative study[J]. Dyes and Pigments, 2001, 51(1): 25-40.

[177] Yu L,Luo Y. The adsorption mechanism of anionic and cationic dyes by Jerusalem artichoke stalk-based mesoporous activated carbon[J]. Journal of Environmental Chemical Engineering, 2014, 2(1): 220-229.

[178] Alothman Z A, Habila M A, Ali R, et al. Valorization of two waste streams into activated carbon and studying its adsorption kinetics, equilibrium isotherms and thermodynamics for methylene blue removal[J]. Arabian Journal of Chemistry, 2014, 7(6):1148-1158.

[179] Ghaedi M, Ghaedi A M, Mirtamizdoust B, et al. Simple and facile sonochemical synthesis of lead oxide nanoparticles loaded activated carbon and its application for methyl orange removal from aqueous phase[J]. Journal of Molecular Liquids, 2016, 213(1):48-57.

[180] Mahmoudi K, Hamdi N, Kriaa A, et al. Adsorption of methyl orange using activated carbon prepared from lignin by $ZnCl_2$ treatment[J]. Russian Journal of Physical Chemistry A, 2012, 86(8): 1294-1300.

[181] Chen S, Zhang J, Zhang C, et al. Equilibrium and kinetic studies of methyl orange and methyl violet adsorption on activated carbon derived from Phragmites australis[J]. Desalination, 2010, 252(1): 149-156.

[182] Mahmoudi K, Hosni K, Hamdi N, et al. Kinetics and equilibrium studies on removal of methylene blue and methyl orange by adsorption onto activated carbon prepared from date pits-A comparative study[J]. Korean Journal of Chemical Engineering, 2015, 32(2): 274-283.

[183] León G, García F, Miguel B, et al. Equilibrium, kinetic and thermodynamic studies of methyl orange removal by adsorption onto granular activated carbon[J]. Desalination & Water Treatment, 2015, 57(36): 1-14.

[184] Belhachemi M, Addoun F. Adsorption of congo red onto activated carbons having different surface properties: Studies of kinetics and adsorption equilibrium[J]. Desalination & Water Treatment, 2012, 37 (1-3) : 122-129.

[185] Ojedokun A T, Bello O S. Kinetic modeling of liquid-phase adsorption of Congo red dye using guava leaf-based activated carbon[J]. Applied Water Science, 2017, 7 (4) : 1965-1977.

[186] Najar-Souissi S, Ouederni A, Ratel A. Adsorption of dyes onto activated carbon prepared from olive stones[J]. Journal of Environmental Science, 2005, 17: 998-1003.

[187] Lawal I A, Chetty D, Akpotu S O, et al. Sorption of Congo red and reactive blue on biomass and activated carbon derived from biomass modified by ionic liquid[J]. Environmental Nanotechnology, Monitoring & Management, 2017, 8: 83-91.

[188] Gautam P K, Gautam R K, Saroj R S, et al. Density, viscosity, thermal expansion coefficients and heat capacity ratios of an environmentally hazardous dye tartrazine in aqueous solutions in the temperature range 293.15-333. 15K[J]. Proceedings of the National Academy of Sciences India, 2015, 85(1): 35-39.

[189] Gautam P K, Gautam R K, Banerjee S, et al. Preparation of activated carbon from Alligator weed（Alternenthera philoxeroids）and its application for tartrazine removal: Isotherm, kinetics and spectroscopic analysis[J]. Journal of Environmental Chemical Engineering, 2015, 3 (4) : 2560-2568.

第 4 章　湿法炼锌工序废活性炭的微波再生

4.1　引　　言

目前，全世界 80%以上的锌是由湿法炼锌工艺生产的，湿法炼锌主要包括焙烧、浸出、浸出液净化和电积等工序。由于电解液中某些有机物的存在严重危害锌电积过程，需要在电积之前对锌液中有机物进行净化，活性炭由于其较大的比表面积和丰富的孔结构，可以对有机物进行高效吸附，净化后产生大量含有机物的废活性炭。李春阳[1]研究了湿法炼锌工序废活性炭的微波再生。

4.2　原料分析表征

4.2.1　实验原料

实验原料来自云南省某锌冶炼企业的湿法炼锌工艺中有机物净化的粉末状废活性炭(以下简称废活性炭)，样品经适当干燥后备用。

4.2.2　介电分析

废活性炭介电性质与温度的关系如图 4-1 所示。由图 4-1(a)可知，当温度低于 300℃时，废活性炭的介电常数几乎与温度无关；当温度从 300℃增加至 1000℃时，废活性炭的介电常数随温度的增加而显著提高，且在温度为 800℃左右出现了一个波峰。活性炭载体介电常数受温度影响较小，因此，废活性炭介电常数随温度的变化主要是由所吸附的杂质引起的，有机物等杂质在升温过程中会发生物理或化学变化，从而导致样品整体上介电常数改变。

废活性炭的介电损耗因子明显受温度影响，在 100～200℃和 600～900℃这两个温度区间均出现了明显的波峰[图 4-1(b)]，表明在该温度区间能量转换率高，有更多的微波能转化为热能，这可以为后续废活性炭再生工艺的选择提供理论依据。

损耗正切在 100～200℃和 600～900℃这两个温度区间均出现了明显的波峰[图 4-1(c)]，在 400℃时出现了一个较小的峰值，由于损耗因子是介电损耗和介电常数的比值，可以更全面地反映物料的介电性质，可以为后续废活性炭再生过程中最佳温度的选择提供参考[2]。

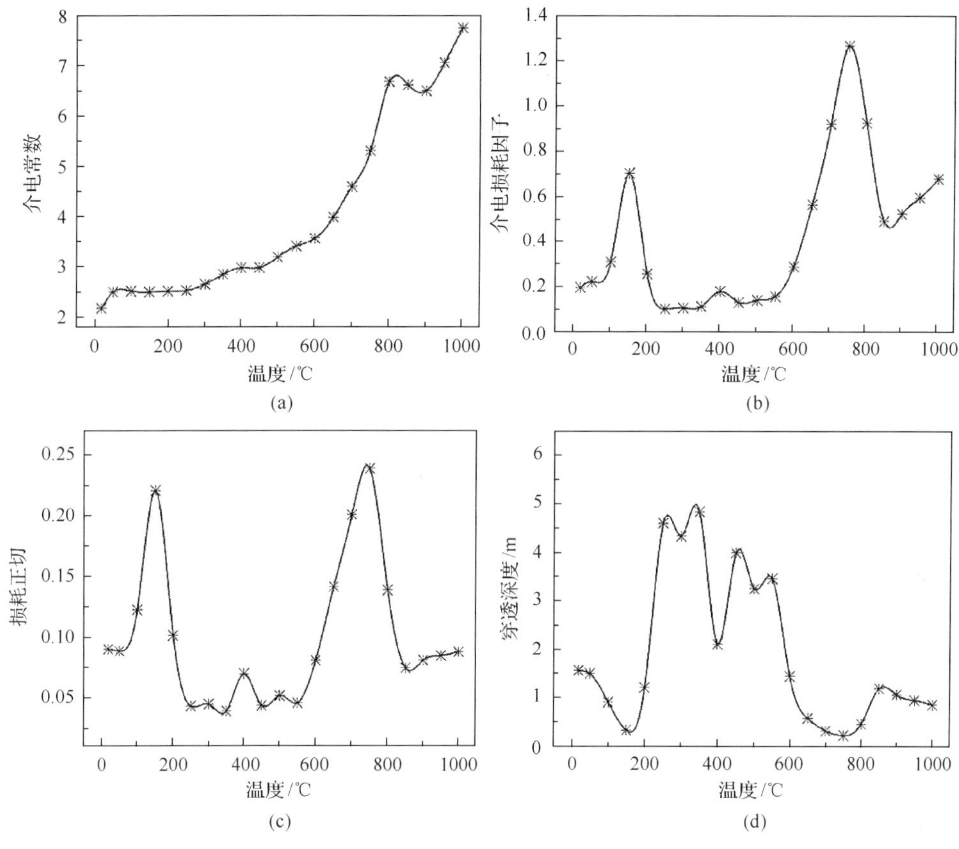

图 4-1　废活性炭介电特性与温度的关系

由图 4-1(d)可知，废活性炭的穿透深度很低，在 100～200℃和 600～900℃两个温度区间内，穿透深度不超过 1.5m。废活性炭的穿透深度是各类杂质的穿透深度和活性炭本身的穿透深度的叠加，穿透深度越小，说明杂质转化而成的热能越多，则越有利于杂质的去除。而在其他温度区间，很明显穿透深度大，说明废活性炭中的大多数杂质在此温度区间吸波性能较差，如果选在该温度下对废活性炭进行再生，则活性炭的再生效率不高，因为杂质在不太吸波的情况下，相对来说比较难以去除，而为了适应高温带来的变化，活性炭本体结构很容易遭到破坏，即得率降低。

Lin 等[3]研究了含锌废活性炭的介电性质，采用原料是用于湿法炼锌厂中吸附硫酸锌溶液中有机物的活性炭。实验时将 0.5～3g/L 的活性炭投入硫酸锌溶液中，在温度为 50～80℃下吸附 30～90min，吸附后废活性炭中锌含量为 4.27%，水分含量为 20.04%。

在空气气氛环境中，升温速率为 10℃/min 下，测定了废活性炭和硫酸锌的热重差热，结果如图 4-2 所示。从图 4-2(a)可知，废活性炭在 85～110℃时质量损失为 20%，这归因于水分的挥发损失。当温度达到 300℃时，样品发生了轻微的重量损失，并在 290℃处出现了一个吸热峰，这是由有机物的脱除所引起的。在 300～690℃范围内，TG 曲线发生急剧下降且差示扫描量热计(DSC)曲线明显增加。这是由于在该温度区间，部分废活性炭已被水蒸气所活化，一些挥发物和有机物被分解。随着温度的持续升高，碳在空气中燃烧并释放热量。此外，在 670℃时，DSC 曲线急剧下降，表明碳几乎已燃烧完全。

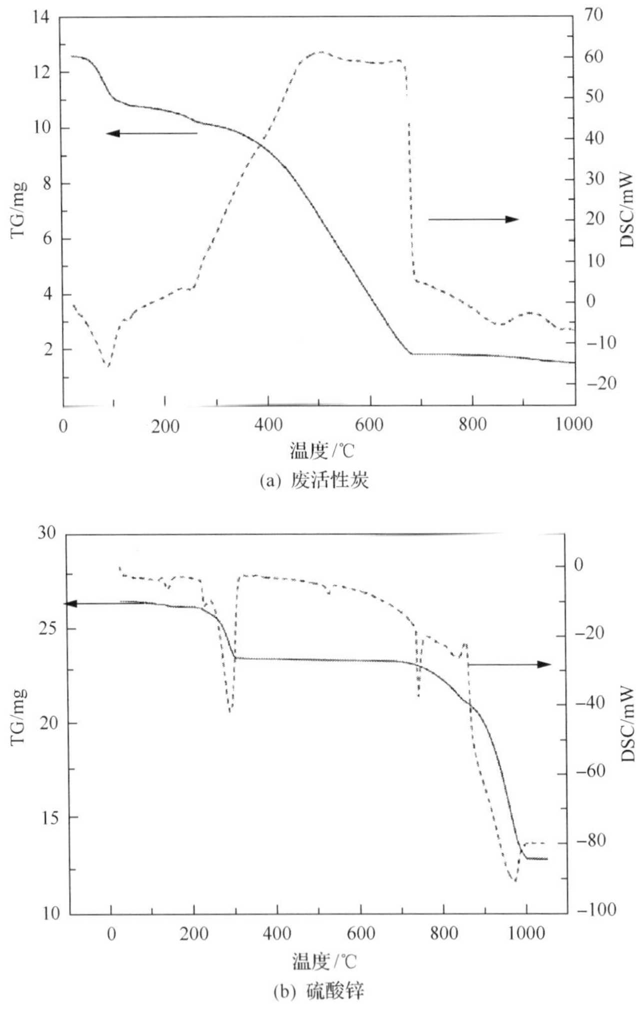

(a) 废活性炭

(b) 硫酸锌

图 4-2　废活性炭和硫酸锌的 TG-DSC 曲线

由图 4-2(b)可知，硫酸锌在 200～400℃存在一个明显的吸热峰，质量损失约为 10.5%，这接近 $ZnSO_4 \cdot H_2O$ 的理论失水值 10.06%。在 400～650℃温度区间，

TG 曲线几乎保持不变而 DSC 曲线逐渐下降，这是由于 $ZnSO_4$ 由 H 相转变为 N 相[4]。在 650～1000℃温度区间，硫酸锌开始发生分解并在 750℃和 970℃处出现了两个吸热峰。然而，TG 和 DSC 曲线持续下降并在 866℃处出现了一个向上的峰，表明生成了一个中间产物。

硫酸锌的分解过程可以由下述反应描述[4,5]：

$$3ZnSO_4 \longrightarrow ZnO \cdot 2ZnSO_4 + SO_3\uparrow \tag{4-1}$$

$$ZnO \cdot 2ZnSO_4 \longrightarrow 3ZnO + 2SO_3\uparrow \tag{4-2}$$

由此可以推断，在温度达到 1000℃后，硫酸锌可以完全分解为氧化锌。

从上述分析可知，硫酸锌在 650℃开始分解，进一步测定了硫酸锌在分解前和分解后的介电性质，结果分别如图 4-3 和图 4-4 所示。

由图 4-3 可知，从室温至 350℃，硫酸锌的介电常数随温度的升高而明显增加，损耗因子和损耗正切随温度的升高而缓慢增加，这归因于结晶水的挥发损失。当温度从 400℃增加至 600℃，硫酸锌的介电常数、损耗因子和损耗正切均随温度的升高而显著增加，表明硫酸锌的介电性质与温度有关，其吸波能力随温度的升高而增强。

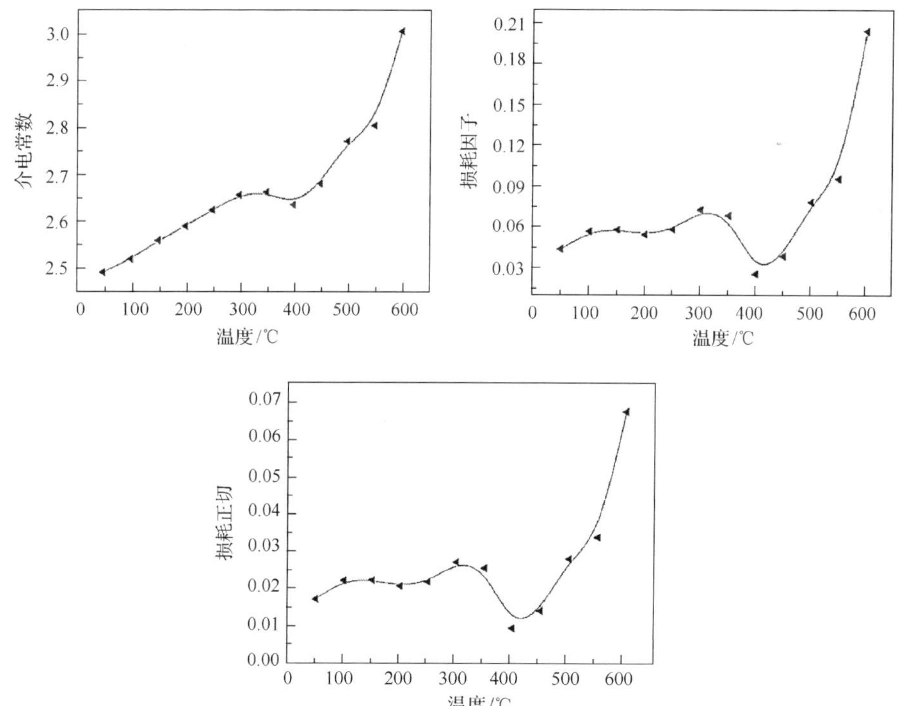

图 4-3　硫酸锌在分解前的介电性质与温度的关系(表观密度 1250kg/m^3)

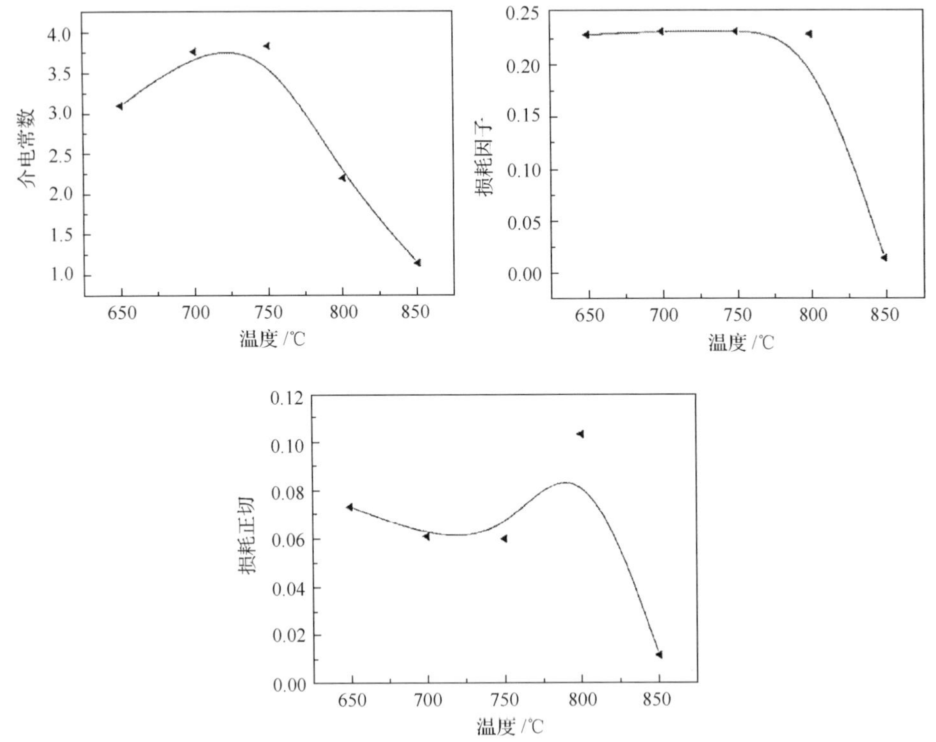

图 4-4　硫酸锌在分解后的介电性质与温度的关系(表观密度 1250kg/m³)

由图 4-4 可知，当温度为 650～750℃时，样品的介电常数随温度的升高而增加，损耗因子几乎没有变化，而损耗正切随温度的升高而有所降低。对比图 4-3 和图 4-4 可知，硫酸锌的分解中间产物 $ZnO\cdot 2ZnSO_4$ 的吸波能力比硫酸锌更强。

当进一步升高温度，样品将会分解为氧化锌，氧化锌的介电性质随温度的变化关系如表 4-1 所示。可以看出，氧化锌的损耗因子和介电损耗角正切均要小于硫酸锌，表明氧化锌的吸波能力更差。因此从图 4-4 中也可以看出，样品的损耗因子和损耗正切发生了明显的下降。

表 4-1　氧化锌的介电性质

介电性质	温度/℃						
	20	100	250	400	550	700	850
介电常数	1.773	1.773	1.814	1.855	2.017	2.026	2.053
损耗因子	0.032	0.029	0.027	0.026	0.037	0.043	0.031
损耗正切	0.018	0.017	0.015	0.014	0.018	0.021	0.015

不同表观密度的废活性炭的介电性质如图 4-5 所示。

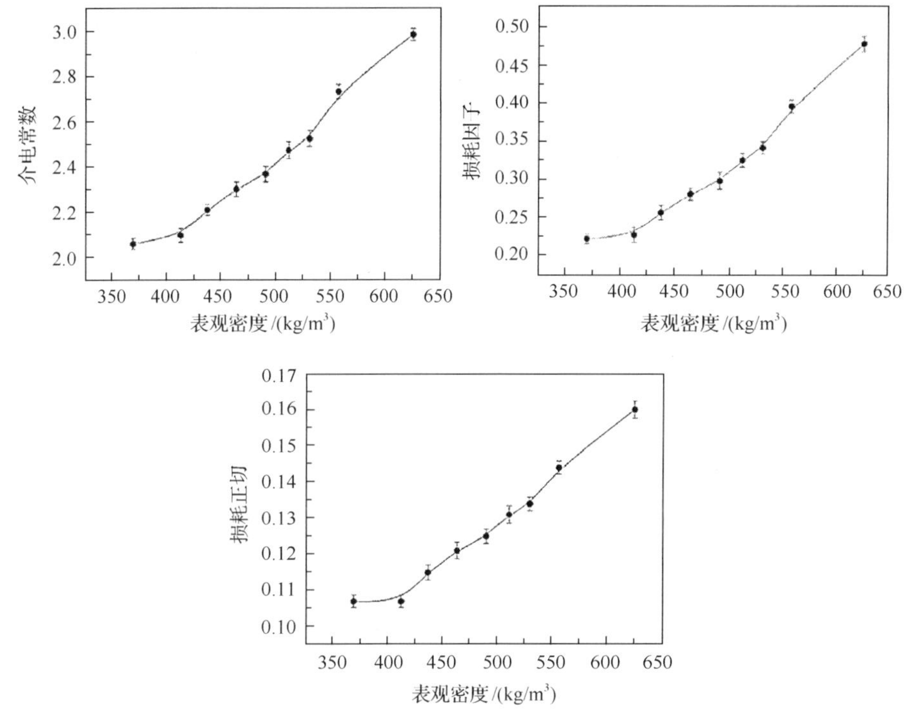

图 4-5　不同表观密度的废活性炭的介电性质

从图 4-5 可知，废活性炭的介电常数、损耗因子和损耗正切均随样品表观密度的增加而升高。当废活性炭的表观密度从 369kg/m^3 增加至 625kg/m^3 时，介电常数、损耗因子和损耗正切分别约增加了 45.05%、116.45%和 49.53%。这是由于废活性炭中含有较高含量的水分，而水是一种良好的微波吸收体，废活性炭中水的含量会随表观密度的增加而增加，从而有助于提高废活性炭的介电性质。此外，废活性炭的介电性质也与其他具有良好吸波性能的物质有关，如硫酸锌。由此可见，废活性炭的物料量会影响其微波升温行为。

从室温至 1000℃时，废活性炭的介电性质与温度的关系如图 4-6 所示。

由图 4-6 可知，温度对废活性炭的介电常数、损耗因子和损耗正切的影响较大，高温时尤为明显。从室温至 600℃，废活性炭的介电常数随温度的上升而缓慢增加，这归因于水分的挥发[6]，但生物质和烟煤的介电常数会随水分的挥发而降低，这是由于这些材料在低温下吸波性能较差[7,8]。当温度从 600℃增加至 800℃，废活性炭的介电常数增加了 185.67%；当温度为 800～900℃时，介电常数几乎不变，随着温度持续增加，介电常数又明显增加，这归因于废活性炭中有机物等的挥发、化学键的断裂和极化效应[9]。材料的极化能力与介电常数有关，介电常数

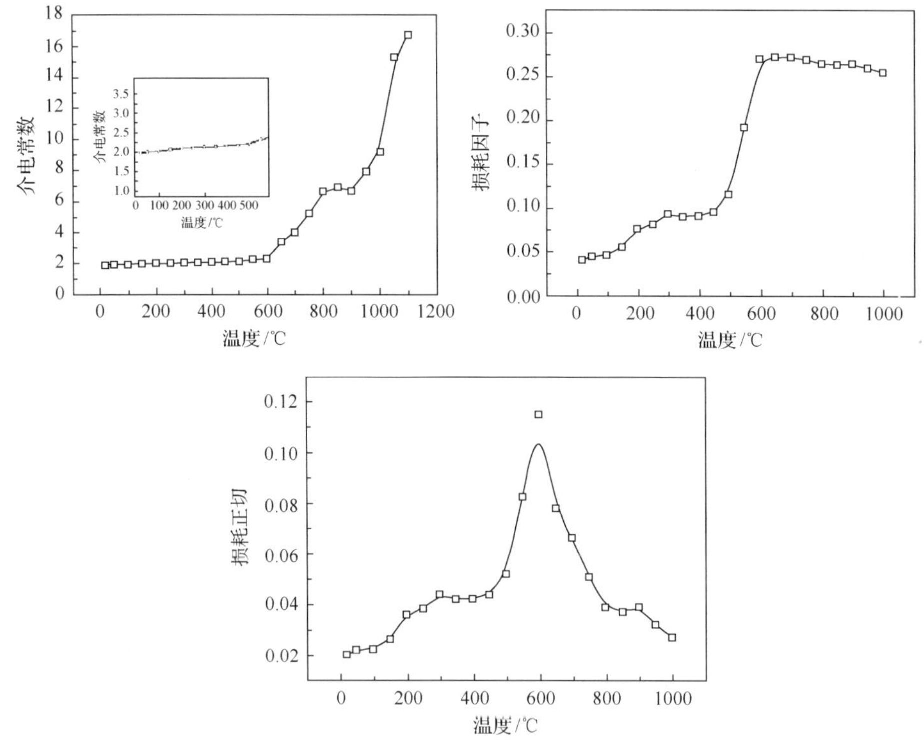

图 4-6　废活性炭(表观密度为 558kg/m^3)的介电性质与温度的关系

越大则极化能力越强[10]。介电常数随温度的增加也可能是由于高温电磁场中偶极子的变化或运动增强所致[11]。

从图 4-6 可知，当温度为室温至 300℃时，废活性炭的损耗因子和损耗角正切随温度的升高而增加，当温度从 300℃增加至 450℃时，废活性炭的损耗因子和损耗角正切几乎不随温度变化。当温度从 450℃增加至 600℃时，废活性炭的损耗因子和损耗角随温度的升高而急剧增加。损耗因子的增加归因于废活性炭中有机物的挥发和一些炭的生成。当温度超过 450℃时，会产生更多的自由电子，导致样品对微波的相应能力提高，反过来促进电子导电[12]。当温度从 600℃增加至 800℃时，废活性炭的损耗因子几乎不发生变化，而损耗角正切会从 0.115 降至 0.023。这表明样品的微波吸收能力会随温度的升高先增加而后保持不变，电磁能转变为热能的能力会随温度的升高先增加后降低。本节所用活性炭的介电性质太大而无法测量，但当活性炭吸附硫酸锌和有机物后，其介电损耗低于 0.05，表明硫酸锌和有机物对活性炭的介电性质有负面影响。

温度对硫酸锌穿透深度的影响如图 4-7 所示。

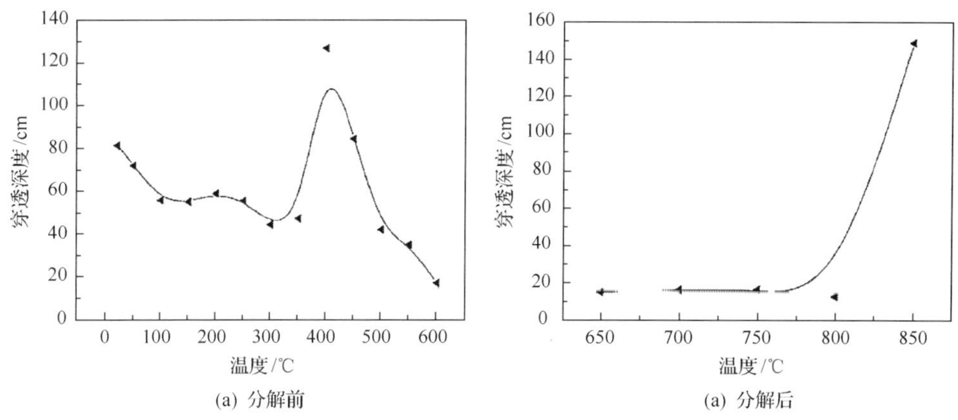

图 4-7　硫酸锌在分解前和分解后的穿透深度与温度的关系

由图 4-7 可知，当温度从 20℃增加至 350℃时，硫酸锌的穿透深度随温度的增加而缓慢下降，这归因于结晶水的挥发。当温度从 350℃增加至 400℃，硫酸锌的穿透深度显著增加，且当温度为 400～500℃时，硫酸锌的穿透深度较大。当温度从 400℃增加至 600℃，硫酸锌的穿透深度从 126.17cm 降低至 16.57cm，降幅达 86.87%，进一步表明硫酸锌具有良好的吸波能力。上述分析表明，硫酸锌的穿透深度受温度的影响较大，硫酸锌在高温条件下的吸波能力要比低温下更强。

废活性炭的表观密度对穿透深度的影响如图 4-8 所示。

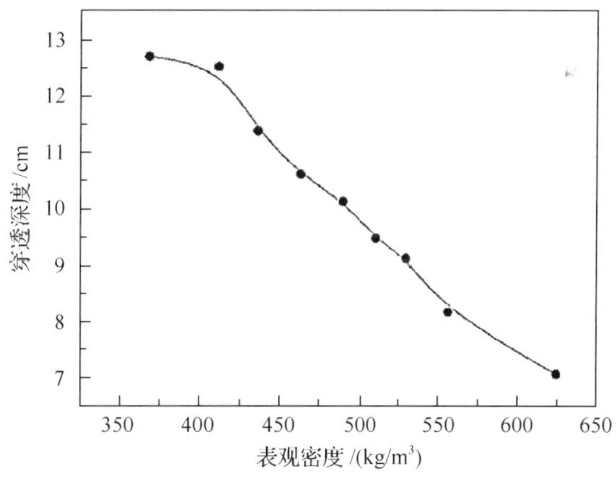

图 4-8　废活性炭的表观密度对穿透深度的影响

由图 4-8 可知，废活性炭的穿透深度近似随表观密度的增加而降低，表明废活性炭在室温下是良好的微波吸收体。表观密度越大，穿透深度越小，由于实际穿透深度要大于理论穿透深度，会导致不均匀加热[13]。因此，知道穿透深度和表观密度之间的关系有助于保证样品在微波场中能被均匀加热。

废活性炭穿透深度与温度之间的关系如图 4-9 所示。

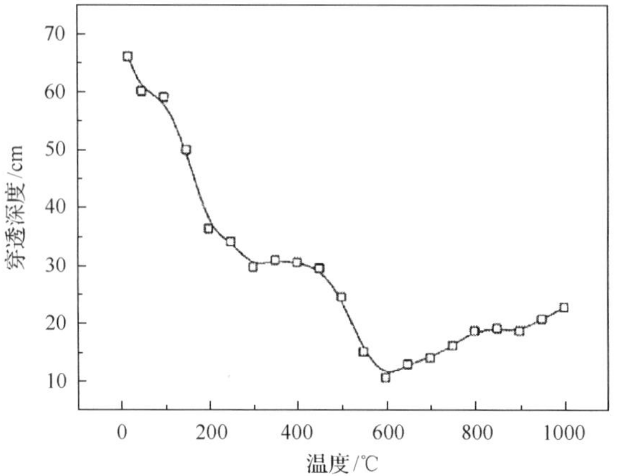

图 4-9　废活性炭穿透深度与温度之间的关系

由图 4-9 可知，从室温至 600℃，废活性炭的穿透深度随温度的上升而持续降低；当温度从 600℃增加至 1000℃时，废活性炭的穿透深度随温度的上升而缓慢增加。这与废活性炭中成分的复杂性有关，也与水分对废活性炭的活化效果有关。在室温至 600℃时，穿透深度的降低是活性炭中水分、化学成分与微波能共同作用的结果，一旦碳生成，样品的吸波能力将会急剧增强，因此，温度为 600℃时，样品的吸波能力最强。当温度超过 600℃，一些碳会被氧化、燃烧并转变为灰，同时无机化合物也会分解，从而导致穿透深度增加。

4.2.3　GC-MS 分析

实验时采用 75%的乙醇对废活性炭样品进行浸泡，在超声波的辅助下，可以将废活性炭中的有机化合物浸入到乙醇溶液中，采用 GC-MS 对浸出溶液进行分析，可以得知所浸出的有机物的类型和相对含量。采用美国国家标准与技术研究院(NIST)质谱数据库对色谱峰鉴定，并将停留时间与库中列出的标准化合物进行比较，从而得出有机物种类[14]。

废活性炭中可能存在的有机物的种类见表 4-2。废活性炭中有机物的质谱分析如图 4-10 所示。废活性炭中有机物的出峰面积百分比如图 4-11 所示。

表 4-2　废活性炭中可能存在的有机物的种类

出峰时间/min	有机物名称	分子式	百分比/%	官能团
5.17	丁酸乙酯	$C_6H_{12}O_2$	1.07	CO═O、C—O—C
8.18	戊酸 4-甲基乙酯	$C_8H_{16}O_2$	0.23	CO═O、C—O—C
8.84	己酸乙酯	$C_8H_{16}O_2$	1.00	CO═O、C—O—C
9.20	1-己醇 2-乙基	$C_8H_{18}O$	0.13	OH

续表

出峰时间/min	有机物名称	分子式	百分比/%	官能团
10.42	庚酸乙酯	$C_9H_{18}O_2$	0.40	CO═O、C—O—C
10.75	硫酸二乙酯	$C_4H_{10}O_4S$	2.36	C—O—C
11.65	戊烷 1,1-磺酰基双	$C_{10}H_{22}O_2S$	0.52	C—O—C、O═S═O
11.90	辛酸乙酯	$C_{10}H_{20}O_2$	0.33	C═O
12.70	十八烷 3-乙基	$C_{26}H_{54}$	0.02	C—O—C
12.89	苯甲酸乙酯	$C_9H_{10}O_2$	0.93	C═O、C—O—C
13.00	二乙基甲基琥珀酸酯	$C_9H_{16}O_4$	0.06	C═O、C—O—C
15.14	苯甲酸-2-硝基-乙酯	$C_{16}H_{11}ClF_3NO_5$	4.60	C═O、C—O—C、O═N═O
15.66	醚类(大分子高聚物)	$C_{20}H_{23}IO_6$	0.03	C═O、C—O—C、OH
21.18	乙酰基氧基三环氧	$C_{28}H_{34}O_8$	0.04	C═O、CO═O
21.31	油酸	$C_{18}H_{34}O_2$	1.09	OH、C═O
21.39	亚油酸乙酯	$C_{20}H_{36}O_2$	0.83	C═O、C—O—C
21.53	亚油酸甲酯	$C_{19}H_{34}O_2$	0.53	C—O—C
21.65	异苯并呋喃二酮	$C_{10}H_8O_3$	0.08	苯环、CO═O、C—O—C
21.71	异苯并呋喃二酮(同分异构)	$C_{10}H_8O_3$	0.04	苯环、CO═O
21.81	联苯	$C_{12}H_{10}$	0.04	苯环
21.88	4,4′-对亚苯基二亚丙基二苯	$C_{24}H_{26}O_2$	0.44	苯环、OH
22.41	十八碳二烯炔酸甲酯(同分异构)	$C_{19}H_{30}O_2$	0.35	C═O、C—O—C
22.46	十八碳二烯炔酸甲酯(同分异构)	$C_{19}H_{30}O_2$	0.17	C═O、C—O—C
22.53	甲基柏氨酸酯(同分异构)	$C_{19}H_{30}O_2$	1.00	C═O
22.6	甲基柏氨酸酯(同分异构)	$C_{19}H_{30}O_2$	1.11	C—O—C
22.65	甲基柏氨酸酯(同分异构)	$C_{19}H_{30}O_2$	1.44	C═O
22.77	酸甲酯	$C_{20}H_{36}O_3$	0.65	C—O—C
22.94	氟氢缩松(同分异构)	$C_{24}H_{33}FO_6$	0.05	OH、C═O
23.10	氟氢缩松(同分异构)	$C_{24}H_{33}FO_6$	0.11	OH、C═O
23.15	亚油酸乙酯(同分异构)	$C_{20}H_{36}O_2$	0.26	C═O、C—O—C
23.18	亚油酸乙酯(同分异构)	$C_{20}H_{36}O_2$	0.32	C═O、C—O—C
23.39	氟氢缩松(同分异构)	$C_{24}H_{33}FO_6$	0.06	OH、C═O
23.68	氟氢缩松(同分异构)	$C_{24}H_{33}FO_6$	0.02	OH、C═O
23.83	氟氢缩松(同分异构)	$C_{24}H_{33}FO_6$	0.06	OH、C═O
24.50	氟氢缩松(同分异构)	$C_{24}H_{33}FO_6$	0.26	OH、C═O

续表

出峰时间/min	有机物名称	分子式	百分比/%	官能团
24.8	乙酰基氧基三环氧(同分异构)	$C_{28}H_{34}O_8$	0.13	C═O、C—O—C
25.46	乙酰基氧基三环氧(同分异构)	$C_{28}H_{34}O_8$	0.10	C═O、C—O—C
25.65	氟氢缩松(或同分异构)	$C_{24}H_{33}FO_6$	0.06	OH、C═O
25.81	氟氢缩松(或同分异构)	$C_{24}H_{33}FO_6$	0.09	OH、C═O
25.98	氟氢缩松(或同分异构)	$C_{24}H_{33}FO_6$	0.10	OH、C═O

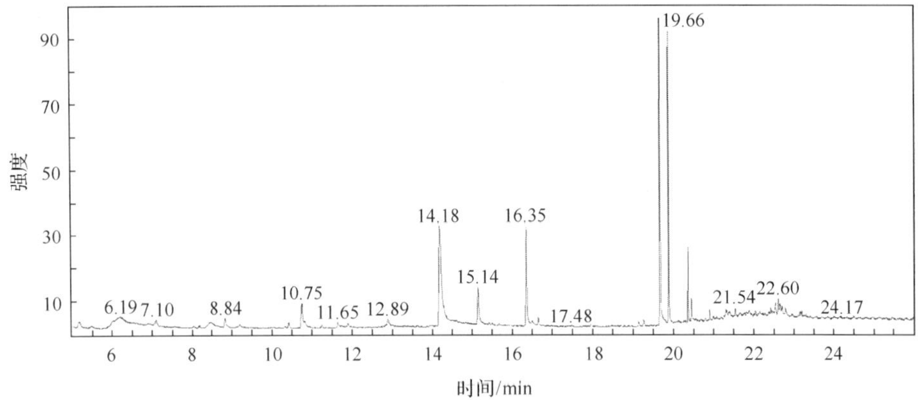

图 4-10　废活性炭中有机物的质谱分析图

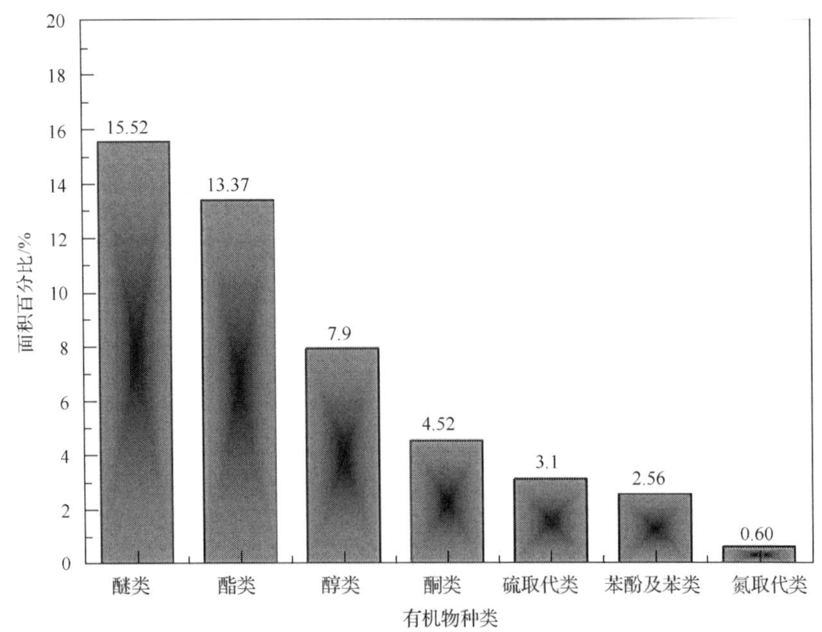

图 4-11　废活性炭中各类有机物的出峰面积百分比

由图 4-10 可知，当停留时间小于 5min 时，曲线上的出峰为溶剂峰；当停留时间为 5～10min 时，出现了一些峰强较弱的峰，归因于某些低沸点有机物的挥发，这些有机物种类繁多且结构复杂，多为同分异构体；当停留时间为 10～20min 时，出现了几个强度较高的峰；当停留时间大于 21min 后，检测到许多强度较弱的峰。这些有机物大多结构相似，沸点接近，因此出峰位置密集分布，这可以从表 4-2 得到进一步证实。

由图 4-11 可知，废活性炭中的有机物可以分为七大类，根据其百分含量由大到小排序依次为：醚类(15.52%)＞酯类(13.37%)＞醇类(7.9%)＞酮类(4.52%)＞硫取代类(3.10%)＞苯酚及苯类(2.56%)＞氮取代类(0.60%)。

从上述分析可见，废活性炭中含有诸多种类繁杂有机物，因此要实现废活性炭的再生必须脱除这些有机物。在采用超声波辅助乙醇提取的过程中，超声波的能量不足以破坏有机物结构，因此，需要给废活性炭提供更多的能量来实现有机物的分解或脱除，从而实现废活性炭再生，这也为后续选择微波加热再生废活性炭的工艺提供了依据。

4.2.4　SEM-EDS 分析

废活性炭的微观形貌特征如图 4-12 所示。从图 4-12 可以看出，活性炭上吸附有很多白色小颗粒而造成了孔道的堵塞，这是由于当活性炭用于吸附处理硫酸锌溶液时，有机物会通过物理作用和化学作用而吸附在活性炭孔道中，从而导致其孔道堵塞。

图 4-12　废活性炭的 SEM 图

为了进一步分析废活性炭中的成分，对其进行了能谱分析，结果如图 4-13 所示，相应的元素成分见表 4-3。由图 4-13 和表 4-3 可知，废活性炭上除元素 C 以外，还含有较多的杂质元素，其中 Zn、S 和 O 的含量均较高，这可能是活性炭在使用过程中，吸附了硫酸锌溶液中的部分硫酸锌。此外，废活性炭中还含有少量Fe、Al、Mn等金属元素，可能来自于活性炭本身或硫酸锌溶液。

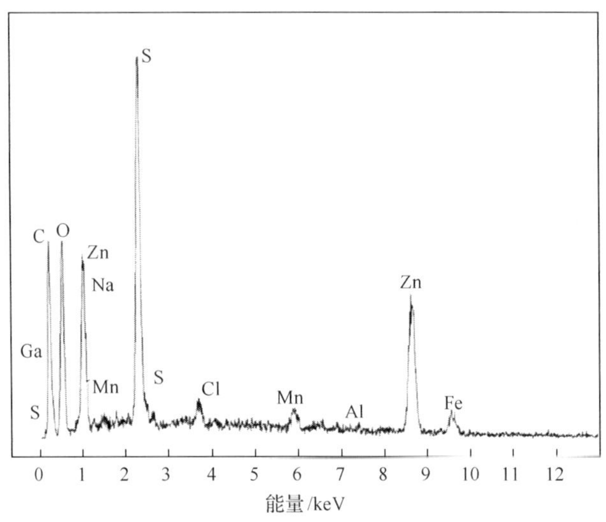

图 4-13　废活性炭的能谱分析

表 4-3　废活性炭能谱分析的元素百分含量　（单位：%）

C	S	Zn	O	Fe	Al	Mn	Ga	Na	Cl
76.0	10.32	8.29	4.40	0.31	0.23	0.19	0.07	0.10	0.09

4.2.5　TEM 分析

图 4-14 为废活性炭的透射电镜图。由图 4-14 可知，废活性炭并不是完整的

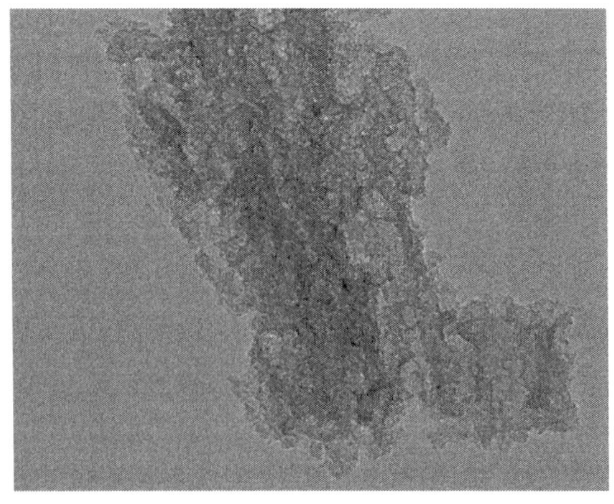

图 4-14　废活性炭的透射电镜图

晶形结构，这是因为废活性炭中吸附有许多无机物或有机物等杂质，杂质元素以物理吸附或化学吸附的方式存在于活性炭上，因此难以观察到废活性炭的晶形结构，但是通过透射电镜可以观察到废活性炭上存在明暗不同的区域，表明在废活性炭的不同位置杂质元素的种类或含量不同，也可能是活性炭和杂质之间的结晶方式不同而导致重叠。

4.2.6　孔结构分析

废活性炭的氮气吸脱附等温线和微分孔径分布如图 4-15 所示。由图 4-15(a)可知，废活性炭的氮气吸脱附量很低，且在吸附和脱附过程中出现了很大的回滞环，说明孔结构破坏严重，微孔数量很少。由图 4-15(b)可知，废活性炭中的孔大多为中孔，其平均孔径为 5.94nm，总孔体积仅为 0.37cm^3/g，此外废活性炭的比表面积仅为 281cm^2/g。这些均表明废活性炭的孔道堵塞严重。

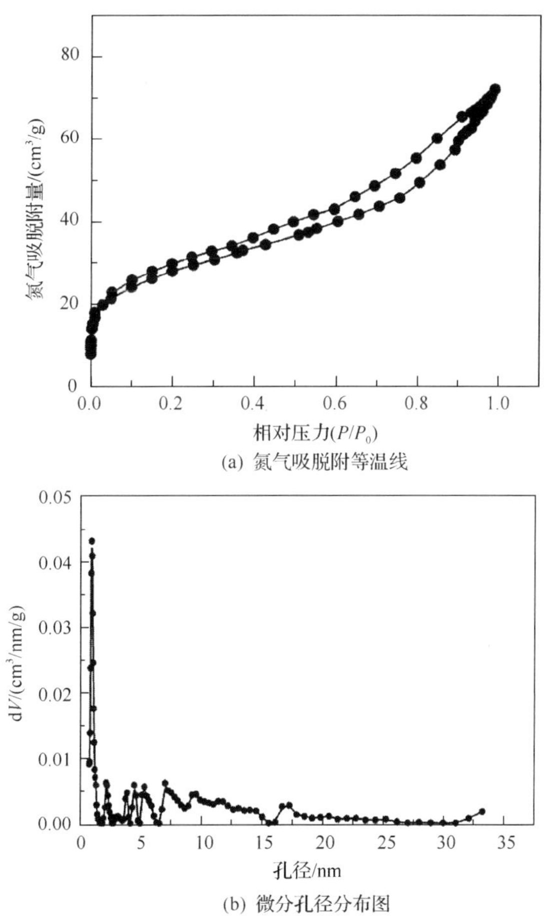

(a) 氮气吸脱附等温线

(b) 微分孔径分布图

图 4-15　废活性炭的氮气吸脱附等温线和废活性炭的微分孔径分布

4.2.7　红外光谱分析

废活性炭的红外光谱分析如图 4-16 所示。从图 4-16 可以看出，废活性炭上存在两个出峰较为密集的区域：1300～1900cm^{-1}(区域 2)和 3500～3900cm^{-1}(区域 1)这两个区域的局部放大图如图 4-17 所示。在这两个区域中，峰值较小并且呈现出复杂性，表明废活性炭中存在许多性质和结构相似的官能团。图 4-16 中不同峰所对应的官能团和有机物见表 4-4,可以看出废活性炭上含有许多不同类型的有机物，这与 GC-MS 的分析结果类似。

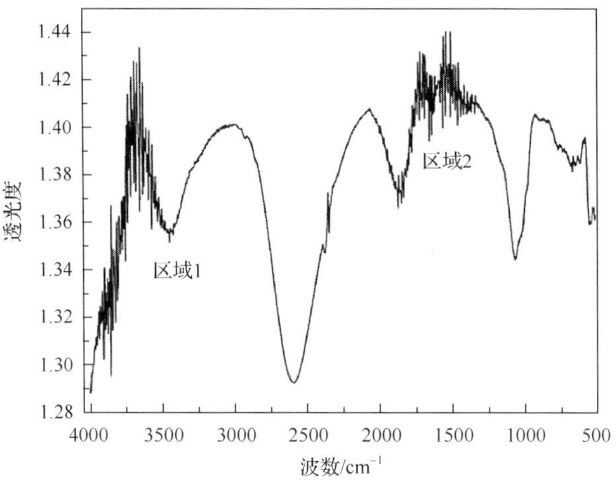

图 4-16　废活性炭红外光谱图

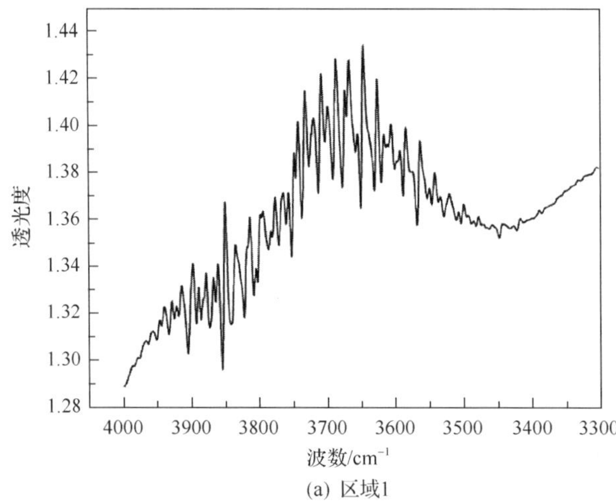

(a) 区域1

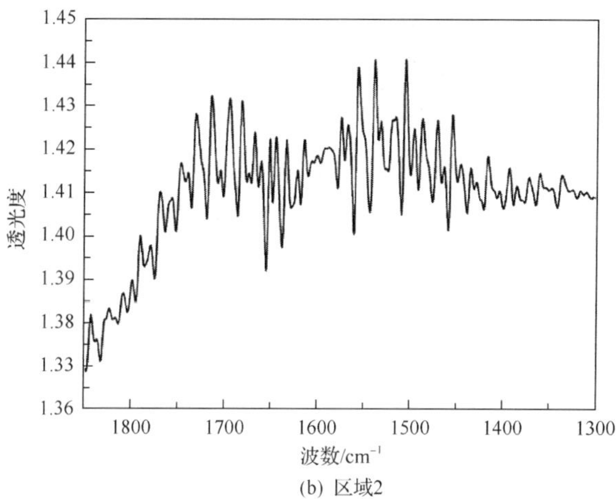

(b) 区域2

图 4-17　图 4-16 中区域 1 和区域 2 的局部放大图

表 4-4　废活性炭红外光谱图中不同波数所对应的官能团和有机物

波数/cm^{-1}	官能团	有机物名称
495	C—I	卤化物
610(640)	O═S═O、C—Cl、C—Br	硫化物
1150～1387 或 1155	C═S、R—SO_2—N、R—SO_3—M+、Ar—N—R	黄酰胺
1400	COO—	饱和碳酸
1520	CHCHCHCHS	噻吩
1541～1562	C_4H_5N	吡咯
1580	C═C	苯环
1613	CHCHCHCHCHN	吡啶
1625	C—C	不饱和烃
1638	$C_{17}H_{26}C_{11}NO_3S$、$C_{14}H_{13}SO_5Cl$	恶草酮
1659 或 1666	Ar—CO—Ar	酮
1685	C═O—C—C═OH	α, β 不饱和醛酮
1717	R_1—O═CH—CH═O═R_2	六碳环
1734	CH═O—R、R_1—C═O—R_2	饱和醛
1775	R—CO—O—CO—R	α, β 酐
1849	C═C—C	碳环
1875～1925	C—S、C—S—R	硫取代物
2650	R—S—H、NH^+	铵盐
3567～3630	R_1—CH(R_2)—OH、R—CH_2—OH	多元醇
3650(3660)	C═N—OH	醇
3678～3908	X—H…Y	氢键

4.3　超声波预处理-常规加热活化再生

废活性炭常规加热活化再生实验流程主要包括三个部分。

(1) 超声波预处理。首先将原料废活性炭放入不同比例的乙醇溶液中进行浸渍，在浸渍过程中加入超声波进行强化，与未加入超声波的效果进行对比。

(2) 常规加热活化再生。浸渍结束后，将溶液过滤，滤渣活性炭置于管式电阻炉中进行高温活化再生，考察气体类型、再生温度、活化时间等因素对再生效果的影响。

(3) 分析表征。对得到的再生活性炭进行分析表征，本节以再生活性炭对苯酚的吸附能力和活性炭得率来考察其再生效果。

4.3.1　影响再生效果的因素

1. 超声波预处理的影响

影响超声波处理效果的主要因素为超声波功率和时间，因此考察了废活性炭在不同功率的超声波预处理浸渍后的再生效果，结果如图 4-18 所示。

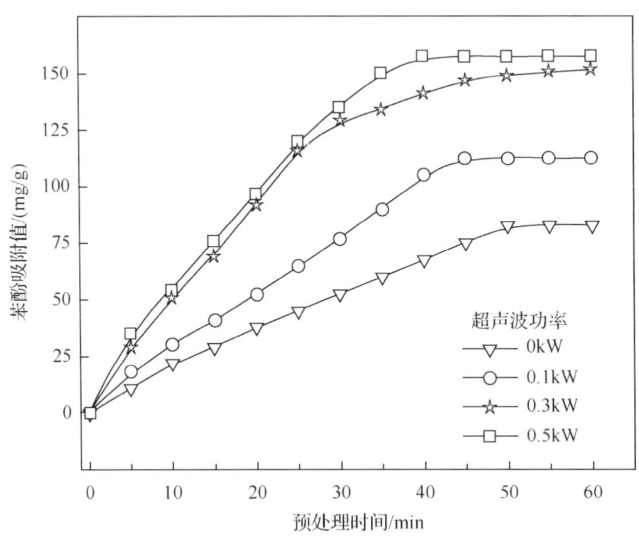

图 4-18　超声波预处理功率和预处理时间对再生活性炭苯酚吸附量的影响

由图 4-18 可知，在相同预处理时间下，当超声波功率从 0.1kW 增加到 0.3kW 时，活性炭的苯酚吸附值得到了明显的提高，而继续增加超声波功率至 0.5kW 后，活性炭的苯酚吸附值没有明显提高。在吸附初始阶段，活性炭的苯酚吸附值随时间的延长而快速增加，当预处理达到 60min 后，吸附基本达到平衡。此外，从空自对照实验(0kW)可以看出，在不采用超声波预处理下，活性炭的苯酚吸附值要明显低于采用超声波预处理的效果。

在乙醇溶液浸渍废活性炭的过程中，超声波的引入会导致空化效应，在溶液中形成大量气泡，随着这些气泡的爆裂，会产生局部高温高压，从而在一定程度上促进有机物从活性炭上的解离。超声波功率的增强和作用时间的延长均可获得更好的效果，从而促进有机物的脱除，有利于后续活性炭的再生[15]。

常规加热再生温度对经不同超声波功率预处理后的废活性炭得率的影响如图 4-19 所示。

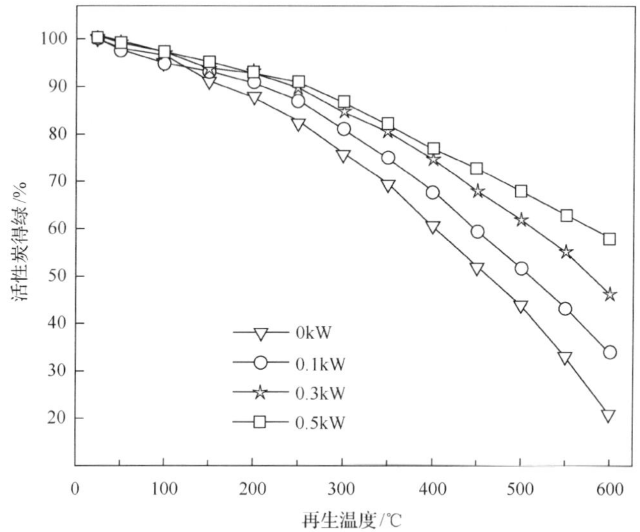

图 4-19　超声波预处理功率和再生温度对活性炭得率的影响

由图 4-19 可知，在不同超声波功率预处理条件下，活性炭得率均随再生温度的增加而降低，这是由于在高温条件下，废活性炭中的有机物等杂质会发生挥发损失，同时碳成分也会发生损失，从而导致得率的下降，温度越高，这种现象越明显。当再生温度相同时，超声波预处理功率越大时，活性炭得率越高，而未经超声波预处理的样品，得率最低。这是由于在超声波预处理下，有机物在活性炭中的赋存状态可能会发生改变，使其在后续高温再生时更容易被脱除，从而减少活性炭碳成分的损失；此外，当超声波预处理功率过大时，活性炭会为适应强震荡的环境而发生晶形结构的改变，使得在后续高温再生时减少损失。

2. 预处理 pH 的影响

在超声波预处理功率为 0.3kW、预处理温度为 25℃、预处理时间为 20min、活化气体为氮气及活化温度为 300～500℃的条件下，考察了预处理 pH 对活性炭得率和苯酚吸附值的影响，结果如图 4-20 所示。

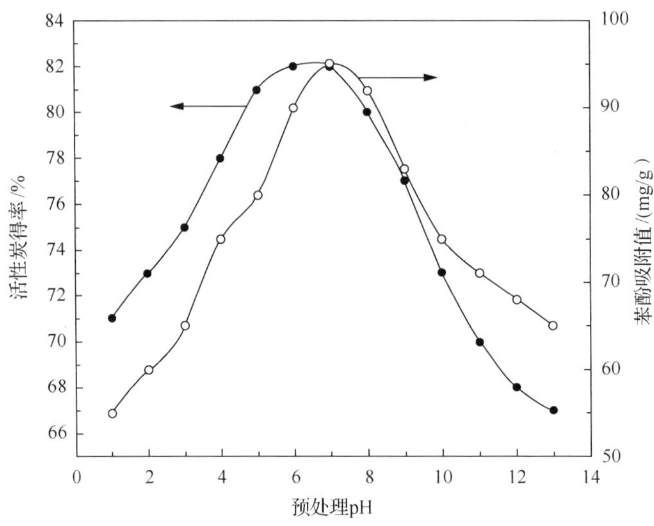

图 4-20　预处理 pH 对活性炭得率和苯酚吸附值的影响

由图 4-20 可知，活性炭得率和苯酚吸附值随预处理 pH 的变化呈现出相同的趋势，即随预处理 pH 的增加先升高后降低，在预处理酸碱度接近中性时达到最大值。这是由于过多的 H^+或 OH^-均会对废活性炭中有机物的分子结构产生某些影响，影响后续高温下有机物的裂解或挥发。此外，过多的 H^+或 OH^-也会损害活性炭的结构，例如，H^+会侵蚀活性炭的晶形；OH^-易结晶并在高温下以熔融的方式嵌入活性炭晶格中。综上所述，预处理 pH 应控制在 5～8。

3. 活化气体的影响

在控制预处理条件相同的情况下(超声波功率为 0.3kW、温度为 25℃、处理时间为 20min)，考察了采用高纯氮气和水蒸气作为活化气体时，在不同气体流量下，再生活性炭对苯酚的吸附值及其得率的影响结果分别如图 4-21 和图 4-22 所示。

由图 4-21 可知，当气体流量小于 $1.0cm^3/min$ 时，氮气作为活化气体时所得到的再生活性炭的苯酚吸附值要高于水蒸气作为活化气体时所得到的再生活性炭的苯酚吸附值；而当气体流量大于 $1.0cm^3/min$ 时，结果相反。这是由于氮气的湿度和黏度均要低于水蒸气，当气体流量低于 $1.0cm^3/min$ 时，水蒸气会在活性炭孔道内外循环流动，挥发的有机物难以被带出；反之，氮气的流动性要强于水蒸气，易于将脱附的有机物从活性炭表面带走，从而有利于活性炭的再生。而当气体流量大于 $1.0cm^3/min$ 时，气体压差较大，水蒸气流动性会增强，水蒸气会与活性炭和有机物等杂质产生更多的有效碰撞，有利于水与碳反应造孔，因此，水蒸气活化的活性炭再生效果要更好。此外，从图 4-22 中也可以看出，当活化气体流量增加至一定值时，再生活性炭的吸附能力会基本维持稳定。

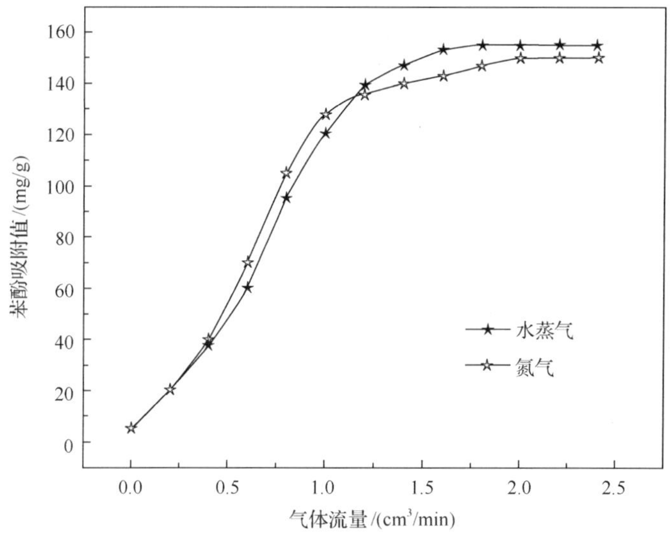

图 4-21　不同活化气体流量对再生活性炭苯酚吸附量的影响

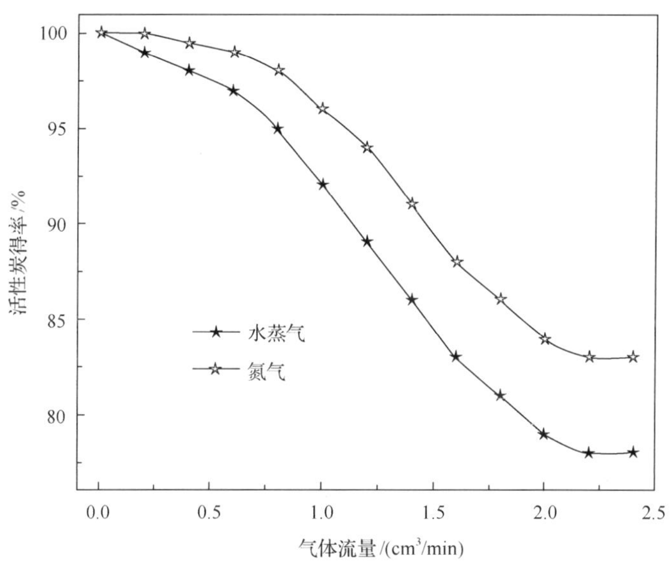

图 4-22　不同活化气体流量对再生活性炭得率的影响

由图 4-22 可知，当气体流量相同时，氮气条件下所得到的再生活性炭得率高于活化气体为水蒸气的得率，但是在两种条件下，活性炭得率均高于 75%，表明采用两种气体对废活性炭进行再生均具有可行性。随活化气体流量的增大，两种条件下所得到活性炭吸附值之间的差值会呈现增加的趋势，即采用水蒸气作为活化气体时，得率会随气体流量的增大而下降得更快，这是由于水蒸气不仅能携带走挥发的杂质有机物，还能与活性炭发生反应，消耗掉部分碳。因此，氮气时更能反映出再生活性炭的真实得率。

4. 再生温度的影响

在超声波预处理功率为 0.3kW、预处理温度为 25℃、预处理时间为 20min、氮气气氛条件下，考察了常规加热再生温度对再生活性炭得率和苯酚吸附量的影响，结果如图 4-23 所示。

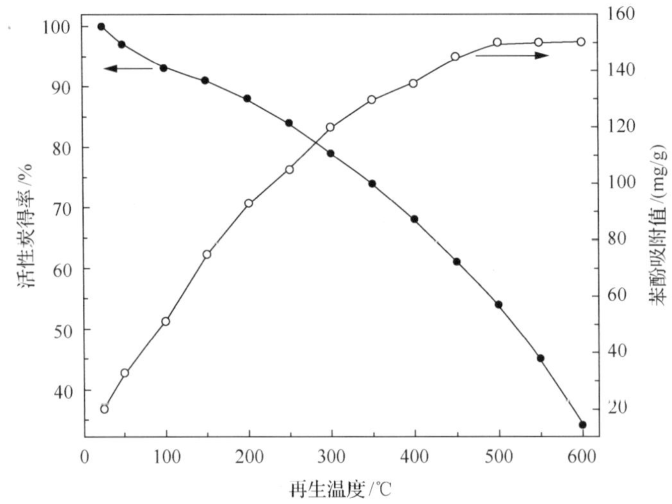

图 4-23　常规加热再生温度对再生活性炭得率和苯酚吸附量的影响

由图 4-23 可知，再生活性炭得率会随再生温度的增加而加速下降，当温度为 600℃时，得率下降至仅为 35%，这是由于在高温条件下，在有机物等杂质挥发脱除的同时，活性炭也被烧失。再生活性炭对苯酚吸附量会随温度的升高而不断增加，表明温度越高越有利于活性炭中杂质的挥发脱除，促进活性炭的再生。

5. 再生时间的影响

在超声波预处理功率为 0.3kW、预处理温度为 25℃、预处理时间为 20min、预处理 pH 为 5～8，氮气气氛，再生温度为 300～500℃的条件下，考察了常规加热再生时间对再生活性炭得率和苯酚吸附量的影响，结果如图 4-24 所示。

由图 4-24 可知，再生活性炭得率随再生时间的延长而呈现出加速下降的趋势，当再生时间达到 60min 后，得率下降至约 60%。当再生时间小于 20min 时，再生活性炭对苯酚的吸附随时间的延长而快速增加；当再生时间超过 20min 后，吸附

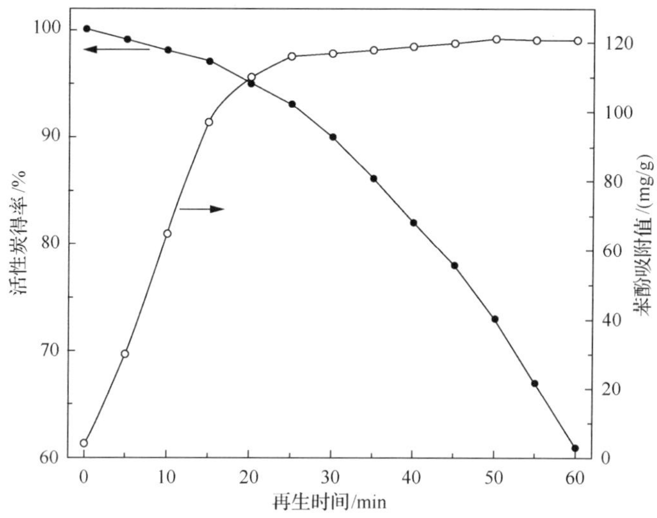

图 4-24　常规加热再生时间对再生活性炭得率和苯酚吸附量的影响

量逐渐趋于稳定，直至最终达到饱和吸附量 120mg/g。这是由于在吸附过程中，苯酚会在活性炭上同时进行物理吸附和化学吸附，再生时间延长可以使更多的活性炭得到再生，从而提供更多可以用于吸附的孔体积和官能团，当再生时间达到一定值时，活性炭上的孔体积和官能团会达到吸附饱和。

4.3.2　再生活性炭的表征

从上述研究结果可知，常规加热条件下再生废活性炭的较优工艺条件为：预处理超声波功率为 0.3kW、预处理温度为 25℃、预处理时间为 20min、氮气气氛、再生温度为 300～500℃、pH 为 5～8、再生时间为 30～50min。对在该条件下获得的再生活性炭进行了表征分析。

1. GC-MS 分析

为了分析再生过程中废活性炭上有机物的去除效果，对常规再生活性炭进行了 GC-MS 分析，再生活性炭中有机物的质谱分析如图 4-25 所示。

对比图 4-25 和图 4-10 可知，再生活性炭质谱图上的出峰明显少于废活性炭，表明废活性炭经常规加热再生后，大部分有机物已经被脱除。由图 4-25 可知，再生活性炭上在 20～25min 出现了少数较明显峰和一些密集的强度较弱的峰，表明再生活性炭上仍含有一些无法脱除的有机物，不同出峰位置对应可能的有机物名称如表 4-5 所示，不同有机物的出峰面积百分比如图 4-26 所示。

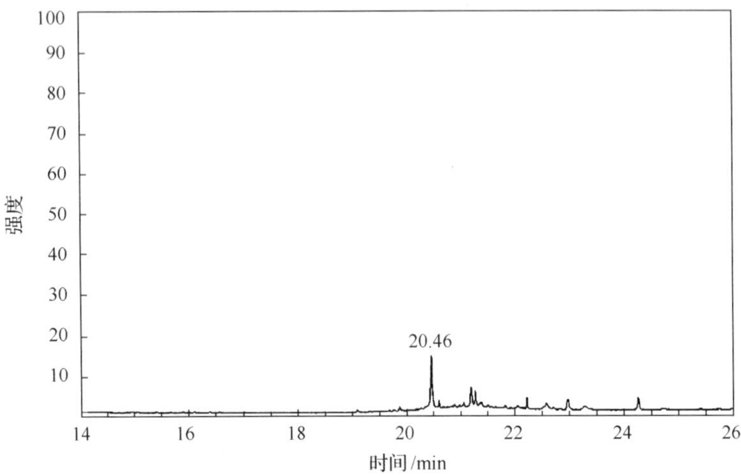

图 4-25　常规再生活性炭中有机物的质谱分析图

表 4-5　常规再生活性炭中可能存在的有机物的种类

出峰时间/min	有机物名称	分子式	百分比/%	官能团
16.11	3-乙基-3-甲基十九烷	$C_{22}H_{46}$	0.08	碳直链
19.09	豆蔻酸	$C_{14}H_{28}O_2$	0.29	COOH
19.40	乙酰氧基甲基十四氢三羟基甲基	$C_{24}H_{32}O_8$	0.04	OH、CO═O、C═O
19.76	9-十六碳烯酸	$C_{16}H_{30}O_2$	0.17	COOH
20.45	正棕榈酸	$C_{16}H_{32}O_2$	8.86	COO
20.60	棕榈酸乙酯	$C_{18}H_{36}O_2$	0.64	COO
20.84	赤霉酸	$C_{19}H_{22}O_6$	0.22	COOH、COO、OH
20.88	十七烷酸	$C_{17}H_{34}O_2$	0.36	COOH
21.19	油酸	$C_{18}H_{34}O_2$	3.22	COOH、C═C
21.27	硬脂酸	$C_{18}H_{36}O_2$	1.93	COOH
21.37	亚油酸乙酯	$C_{20}H_{36}O_2$	1.06	COO
21.82	10-氧代棕榈酸甲酯	$C_{17}H_{32}O_3$	0.42	COO
22.06	花生酸	$C_{20}H_{40}O_2$	0.61	COOH
22.17	棕榈酸己酯	$C_{22}H_{44}O_2$	0.06	COO
22.22	己二酸二异辛酯	$C_{22}H_{42}O_4$	0.91	COO
22.42	海岛酸	$C_{20}H_{30}O_2$	0.07	COOH
23.28	豆甾醇	$C_{29}H_{48}O$	1.48	OH
24.15	异乙醇酸异丙酯	$C_{26}H_{44}O_5$	0.08	OH、COO
25.40	谷甾醇	$C_{29}H_{50}O$	0.17	OH

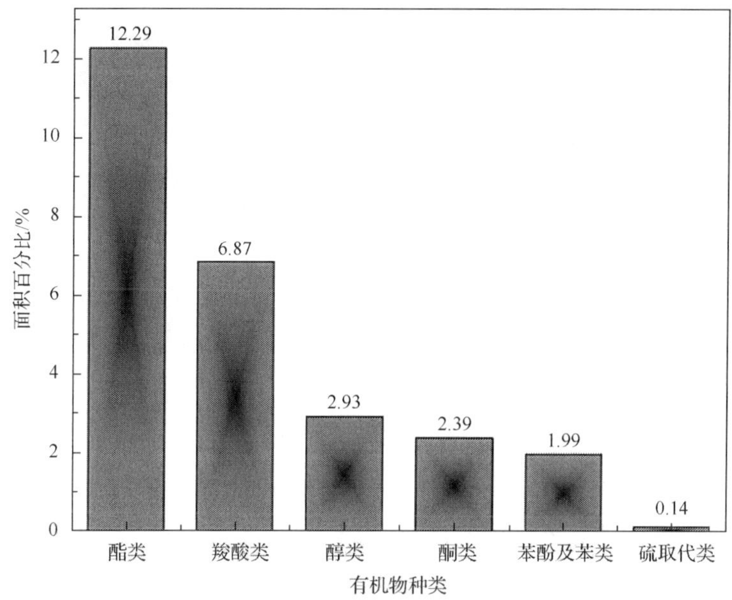

图 4-26　常规再生活性炭中各类有机物的出峰面积百分比

由表 4-5 和图 4-26 可以看出，不同类型有机物的含量由高到低为：酯类(12.29%)＞羧酸类(6.87%)＞醇类(2.93%)＞酮类(2.39%)＞苯酚及苯类(1.99%)＞硫取代类(0.04%)，通过常规加热再生后得到的活性炭中有机物的种类和含量都明显减少，表明常规加热对废活性炭中有机物的脱除具有一定的作用，但是仍无法完全脱除。

2. SEM-EDS 分析

常规再生活性炭的 SEM-EDS 分析如图 4-27 所示，可以看出再生活性炭具有明显的孔结构，表明孔隙中的大量有机物等杂质已被有效脱除。EDS 分析的元素成分见表 4-6，可以看出再生活性炭中金属元素等的含量明显下降，几乎没有氢元素，而碳元素的含量明显上升，表明常规加热可以有效脱除废活性炭中的有机物和一些无机物，但是这些杂质元素仍会有部分残留。

3. TEM 分析

图 4-28 为常规再生活性炭的透射电镜图。从图 4-28 可以看出，常规再生后的活性炭中可以观察到模糊的孔结构，且孔周围密布着碳分子的晶形，这是由于废活性炭经高温再生后，孔隙中所吸附的杂质得以分解挥发，同时活性炭晶形也会随高温环境而发生适应性改变。再生活性炭这种规整的碳骨架结构有利于其在用作吸附剂时，有效抵抗溶液或外界的动能和热能的侵蚀。

图 4-27　常规再生活性炭的 SEM-EDS 分析图

表 4-6　常规再生活性炭 EDS 分析的元素百分含量　　（单位：%）

C	S	Zn	O	Fe	Al	Mn	Cl
91.00	3.32	3.29	1.90	0.21	0.13	0.09	0.06

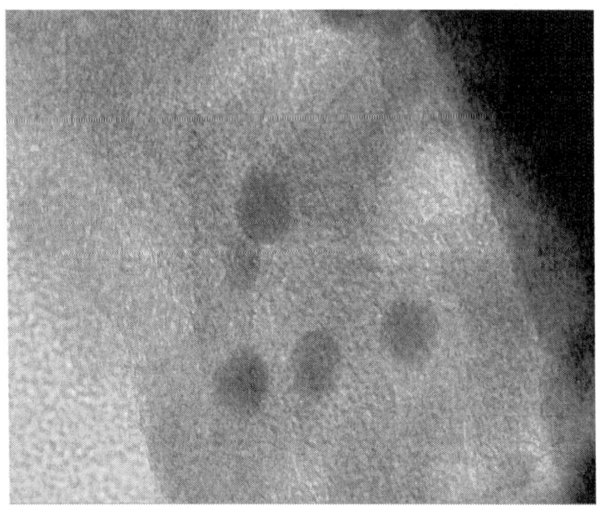

图 4-28　常规再生活性炭的透射电镜图

4. 孔结构分析

常规加热再生活性炭和废活性炭的氮气吸脱附等温线和微分孔径分布如图 4-29 所示。

由图 4-29(a)可知，常规再生活性炭的氮气吸脱附值要明显高于废活性炭的氮气吸附脱值，这是由于废活性炭经高温再生后，大部分无机物和有机物等杂质已被脱除，活性炭被堵塞的孔道得以疏通，其吸附性得以明显恢复。

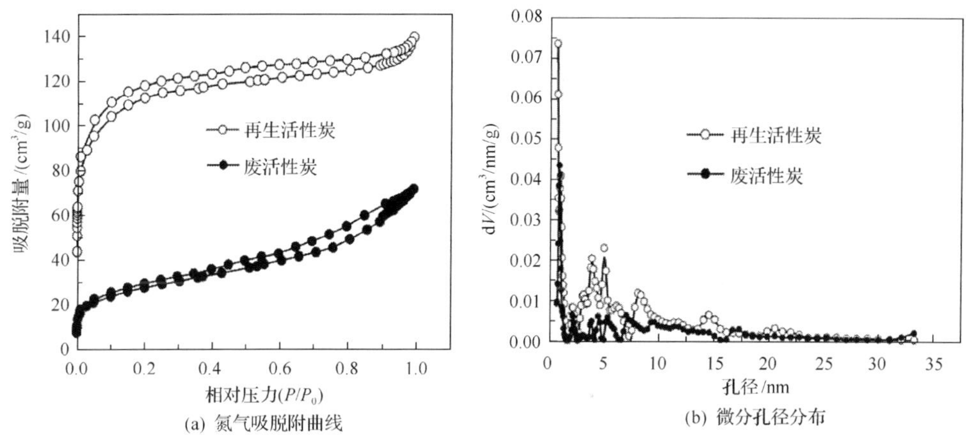

图 4-29　常规加热再生活性炭和废活性炭的氮气吸脱附等温线和微分孔径分布

由图 4-29(b)可知，再生活性炭的平均孔径降低至 4.77nm，总孔体积增加至 0.93cm^3/g。此外，再生活性炭的比表面积也提高至 624m^2/g。表明经常规加热再生后，废活性炭的比表面积和孔体积都得到明显提高，有利于后续用作吸附剂。

5. 红外光谱分析

再生活性炭的红外光谱如图 4-30 所示。由图 4-30 可以看出，再生活性炭分别在 3400～3500cm^{-1}、2300～2400cm^{-1}、1600～1700cm^{-1}、1000～1200cm^{-1} 处出现了四个较为明显的峰，这些属于活性炭上的固有官能团等。与废活性炭的红外光谱相比，再生活性炭上的很多杂峰均已消失，表明废活性炭经常规加热再生后，有机物等杂质得以有效脱除。

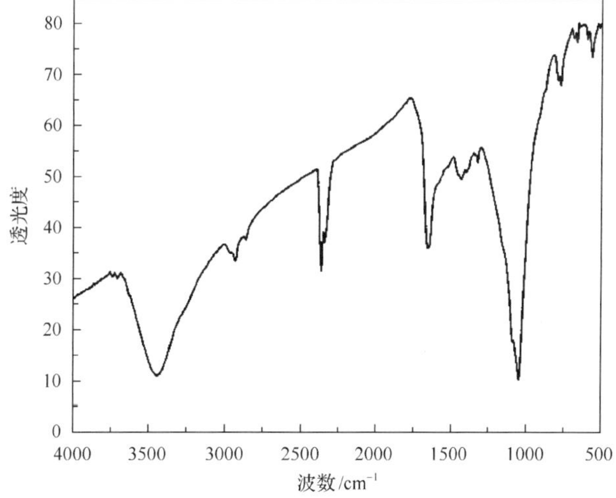

图 4-30　常规加热再生活性炭的红外光谱图

4.4　超声波预处理-微波加热活化再生

废活性炭的微波加热活化再生实验流程主要包括三个部分。

(1)超声波预处理。首先将原料废活性炭放入不同比例的乙醇溶液中进行浸渍，在浸渍过程中可以加入超声波进行强化，同时与未加入超声波的实验效果进行对比。

(2)微波加热活化再生。浸渍结束后，将溶液过滤，滤渣活性炭置于微波炉中进行高温活化再生，考察气体类型、再生温度、活化时间等因素对再生效果的影响。

(3)分析表征。最后对得到的再生活性炭进行分析表征，本节以再生活性炭对苯酚的吸附能力和活性炭得率来考察其再生效果。

4.4.1　影响再生效果的因素

1. 超声波预处理的影响

在微波加热再生废活性炭工艺中，预处理浸渍过程中超声波功率和预处理时间对活性炭的再生效果如图 4-31 所示。由图 4-31 可知，在不同超声波功率下，活性炭的苯酚吸附值均随时间的延长而增加且在吸附一定时间后达到吸附平衡。当不采用超声波时，在吸附约 50min 后达到吸附平衡，活性炭对苯酚的吸附平衡值约为 120mg/g。当超声波功率为 0.1kW 时，吸附平衡时间约为 40min，活性炭对苯酚的吸附平衡值约为 150mg/g。当超声波功率为 0.3kW 和 0.5kW 时，吸附量随时间的变化趋势类似，在吸附约 30min 后基本达到吸附平衡，平衡吸附量高达 200mg/g。表明预处理效果会在一定范围内随超声波功率的增加而提高。

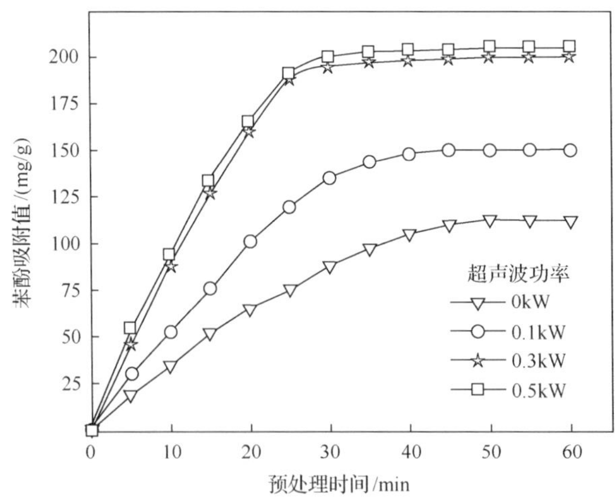

图 4-31　超声波功率和预处理时间对再生活性炭苯酚吸附量的影响

微波加热再生温度对超声波预处理后废活性炭得率的影响如图 4-32 所示。

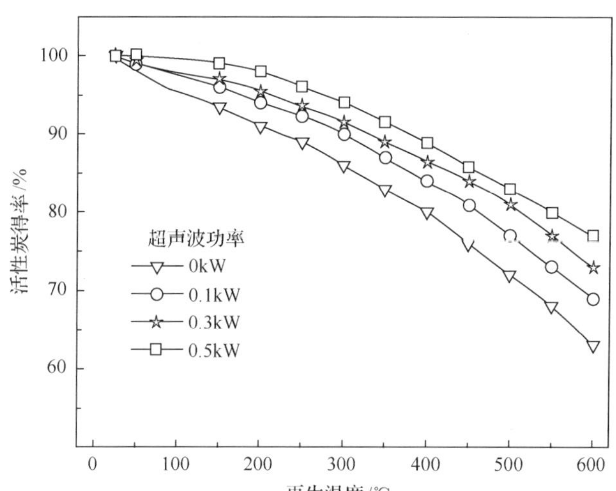

图 4-32　超声波功率和再生温度对再生活性炭得率的影响

由图 4-32 可知，在不同超声波功率预处理条件下，活性炭得率均随再生温度的增加而降低，这是由于在高温条件下，废活性炭中的有机物等杂质会发生挥发损失，同时碳成分也会发生损失，从而导致得率下降，温度越高，这种现象越明显。当再生温度相同时，超声波功率越大时，活性炭得率越高，而未经超声波预处理的样品，得率最低。这是由于在超声波预处理下，有机物在活性炭中的赋存状态可能会发生改变，使其在后续高温再生时可以更容易被脱除，从而减少活性炭的碳的损失。此外，当超声波功率过大时，活性炭会为适应强震荡的环境而发生晶形结构的改变，使其在后续高温再生时减少损失。

2. 预处理 pH 的影响

在超声波预处理功率为 0.3kW、预处理温度为 25℃、预处理时间为 20min、活化气体为水蒸气及微波加热活化温度为 250～500℃的条件下，考察了预处理 pH 对活性炭得率和苯酚吸附值的影响，结果如图 4-33 所示。

由图 4-33 可知，活性炭得率和苯酚吸附值随预处理 pH 的变化呈相同的变化趋势，即随预处理 pH 的增加先升高后降低，在预处理 pH 接近于 7 时，再生活性炭的苯酚吸附值可以达到约 210mg/g。这是由于过多的 H^+或 OH^-均会对废活性炭中有机物的分子结构产生某些影响，影响后续高温下有机物的分解或挥发。此外，过多的 H^+或 OH^-也会损害活性炭的结构，这在采用微波加热和水蒸气作为活化气体的情况下可能更为明显。

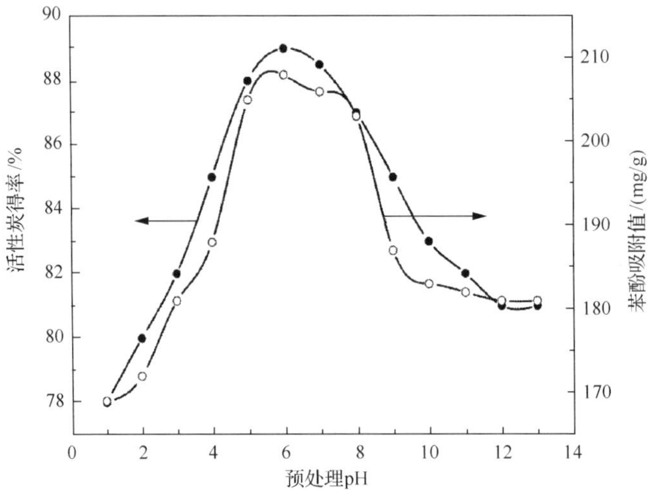

图 4-33 预处理 pH 对活性炭得率和苯酚吸附值的影响

3. 活化气体的影响

在控制预处理条件相同的情况下(超声波功率为 0.3kW、温度为 25℃、处理时间为 20min)，考察了采用高纯氮气和水蒸气作为活化气体时，在不同气体流量下，再生活性炭对苯酚的吸附量及其得率的影响，结果如图 4-34 所示。

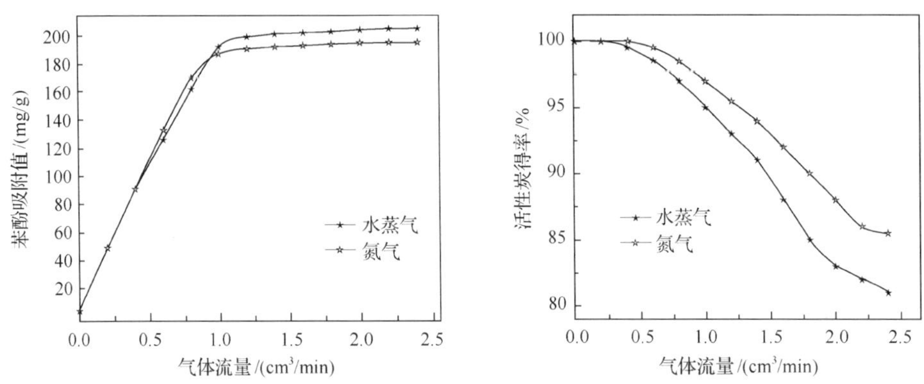

图 4-34 气体流量对再生活性炭苯酚吸附量和得率的影响

由图 4-34 可知，两种不同气体下得到的活性炭苯酚吸附量随气体流速的变化趋势较接近，均在流量为 $1cm^3/min$ 时达到吸附平衡。水蒸气气氛下，苯酚的最大吸附量约为 200mg/g；氮气气氛下，苯酚的最大吸附量约为 190mg/g。

当气体流量小于 $1.0cm^3/min$ 时，氮气时所得到的再生活性炭的苯酚吸附值要高于水蒸气作为活化气体时所得到的再生活性炭的苯酚吸附值；当气体流量大于 $1.0cm^3/min$ 时，结果相反。这是由于氮气的湿度和黏度均要低于水蒸气，当气体流量低于 1.0cm^3/min 时，水蒸气会在活性炭孔道内外循环流动，挥发的有机物难以被带出；反之，氮气的流动性要强于水蒸气，易于将脱附的有机物从活性炭表面带走，从而有利于活性炭的再生。当气体流量大于 1.0cm^3/min 时，气体压差较大，水蒸气流动性会增强，水蒸气会与活性炭和有机物等杂质产生更多的有效碰撞，有利于水与碳反应造孔，因此，此时水蒸气活化的活性炭再生效果要更好。

由图 4-34 可知，活化气体类型对得率的影响较为显著，但是在两种条件下，活性炭得率均高于 80%，表明采用两种气体对废活性炭进行再生均具有可行性。当气体流量相同时，氮气气氛下得到的再生活性炭得率高于水蒸气气氛下的得率，这种现象在气体流速越大时越明显。这是由于水蒸气不仅能携带走挥发的杂质有机物，还能与活性炭反应，消耗掉部分碳。

4. 再生温度的影响

在超声波预处理功率为 0.3kW、预处理温度为 25℃、预处理时间为 20min、活化气体为水蒸气、流量为 1cm^3/min 的条件下，考察了微波加热再生温度对再生活性炭得率和苯酚吸附量的影响，结果如图 4-35 所示。

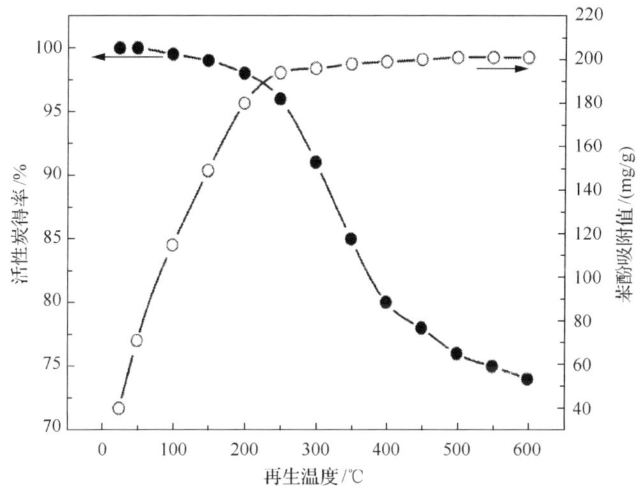

图 4-35　微波加热再生温度对再生活性炭得率和苯酚吸附量的影响

由图 4-35 可知，当温度低于 150℃时，活性炭得率随温度的升高缓慢下降，废活性炭中只有部分杂质开始挥发，此时活性炭仍具有较稳定的晶形结构；当温度为 150～400℃时，活性炭得率随温度的升高而明显下降，这是由于有更多的有机物等杂质在该温度区间挥发脱除；当温度为 400～600℃时，活性炭得率随温度的升高缓慢下降，此时大部分杂质已被脱除，且活性炭晶形结构已经适应高温，因此炭结构不会再发生明显损失。当温度从 25℃升至 300℃时，再生活性炭的苯酚吸附值随温度的增加而显著提高；当温度达到 300℃时，吸附量基本达到最大值 200mg/g。相比于常规加热，废活性炭在微波加热下的活化再生效果更好，这是由于微波可以选择性加热，使有机物等杂质得以快速脱除，从而快速恢复活性炭被堵塞的孔道，同时可以避免活性炭本体成分的过量烧失。

5. 再生时间的影响

在超声波预处理功率为 0.3kW、预处理温度为 25℃、预处理时间为 20min、预处理 pH 为 5～8、再生活化气体为水蒸气、微波加热再生温度为 250～500℃的条件下，考察了微波加热再生时间对再生活性炭得率和苯酚吸附量的影响，结果如图 4-36 所示。

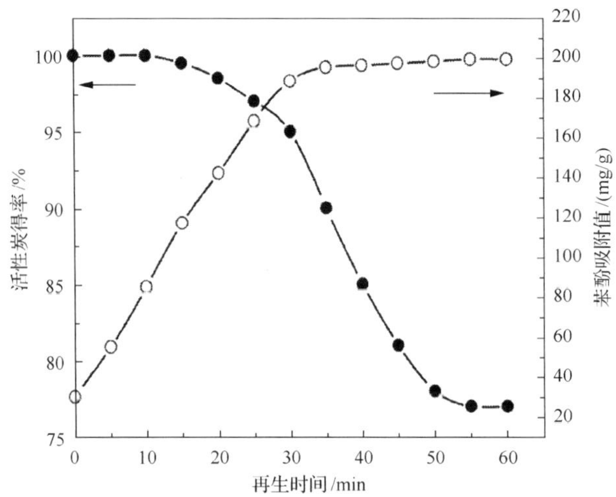

图 4-36　微波加热再生时间对再生活性炭得率和苯酚吸附量的影响

由图 4-36 可知，再生活性炭得率随再生时间的延长而下降，当再生时间小于 20min 或大于 50min 时，再生时间对活性炭的苯酚吸附值的影响均很小；而当再生时间为 20～50min 时，吸附量随再生时间的延长而迅速下降，最低得率约为 77%。再生活性炭的苯酚吸附值随时间的延长而迅速提高，直至在约 30min 后达到饱和吸附量 200mg/g。这是由于随再生时间的不断延长，会有更多的有机物等杂质被挥发脱除，从而使活性炭孔道得以再生，吸附能力增强，但是再生时间过长时，活性炭结构可能会受到破坏，活性炭得率也会更低，因此，在微波加热活化再生工艺中，再生时间不宜超过 30min。

4.4.2　再生活性炭表征

对比分析常规加热和微波加热条件下所获得再生活性炭的介电性质，其中微波加热的实验条件为：预处理超声波功率为 0.3kW、预处理温度为 25℃、预处理时间为 20min、氮气气氛、再生温度为 250～500℃、pH 为 5～8、再生时间为 30min。

1. GC-MS 分析

为了分析再生过程中废活性炭上有机物的去除效果，对微波再生活性炭进行了 GC-MS 分析，再生活性炭中有机物的质谱分析如图 4-37 所示。再生活性炭中可能存在的有机物的种类见表 4-7。再生活性炭中有机物的百分含量如图 4-38 所示。与废活性炭和常规再生活性炭相比，微波再生活性炭中的有机物的种类和含量要更低，表明微波对有机物的脱除效果要比常规加热更好。

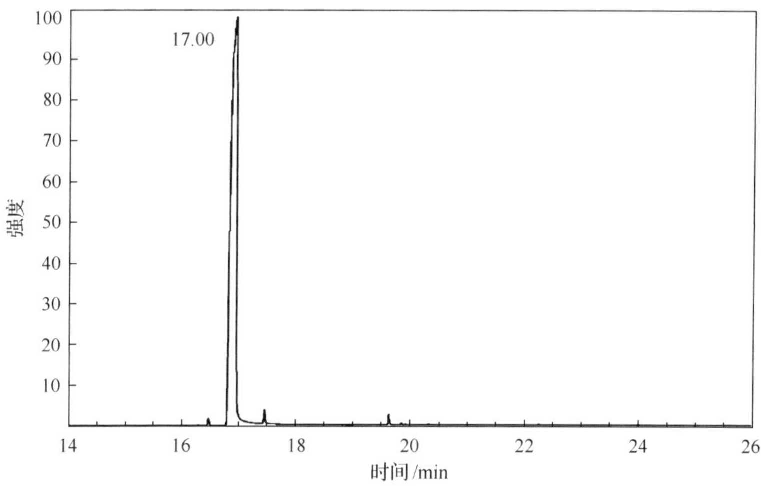

图 4-37　微波再生活性炭中有机物的质谱分析图

表 4-7　微波再生活性炭中可能存在的有机物的种类

出峰时间/min	有机物名称	分子式	百分比/%	官能团
16.64	胆甾烷-3-酮环状 1,2-乙二基	$C_{29}H_{50}O_2$	0.02	碳环
20.30	9-十八碳烯酸- 十四烷基酯	$C_{32}H_{62}O_2$	0.01	C═O、C—O—C、C═C
20.36	二羧酸甲酰基-7-羟基-1-甲基-8-亚甲基	$C_{22}H_{30}O_6$	0.03	OH、C═O、COO
20.79	氟氢缩松（或同分异构体）	$C_{24}H_{33}FO_6$	0.01	OH、C═O
20.89	胆甾-5,7,9-三烯-3-醇 4,4-二甲基	$C_{29}H_{46}O$	0.01	OH、C═C
20.98	16-溴环状乙酰氧基	$C_{23}H_{35}BrO_4$	0.01	COO
21.07	雄甾烷二醇亚乙基二氧基二甲基	$C_{23}H_{38}O_4$	0.01	OH
22.28	己二酸双 2-乙基己基酯	$C_{22}H_{42}O_4$	0.03	COO

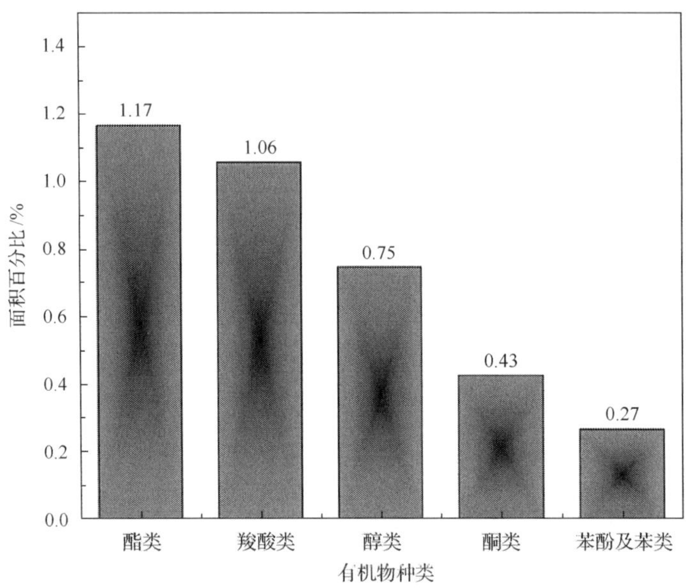

图 4-38　微波再生活性炭中各类有机物的出峰面积百分比

在微波加热条件下，废活性炭中不同官能团之间的转化关系如图 4-39 所示。

由图 4-39 可以看出，在加热活化时，官能团之间发生了复杂的演变，在常规加热再生时，由于加热不具有选择性，因此在有机物等杂质脱除的同时，活性炭

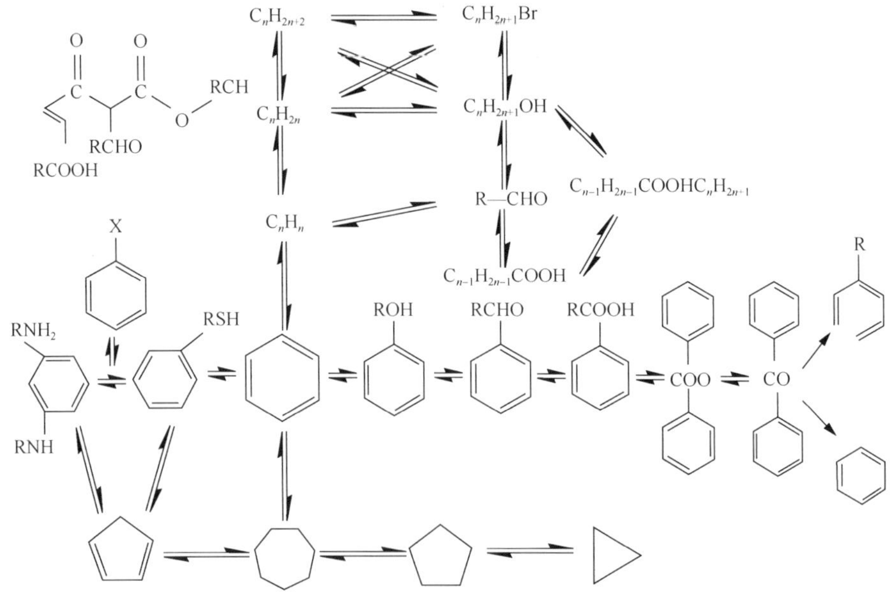

图 4-39　微波再生过程中有机物之间的转化

结构也易遭到破坏，且在氮气气氛下，有机物更难以被降解。而微波的选择性加热和催化效应可以使有机物杂质更好地被降解，因此微波加热对废活性炭的再生具有更为广泛的前景和意义[16]。

2. SEM-EDS 分析

再生活性炭的 SEM-EDS 分析如图 4-40 所示，可以看出，再生活性炭的孔结构清晰可见且排列均匀，且在孔隙中几乎观察不到杂质，表明经微波活化再生后，活性炭的孔道得到明显恢复。

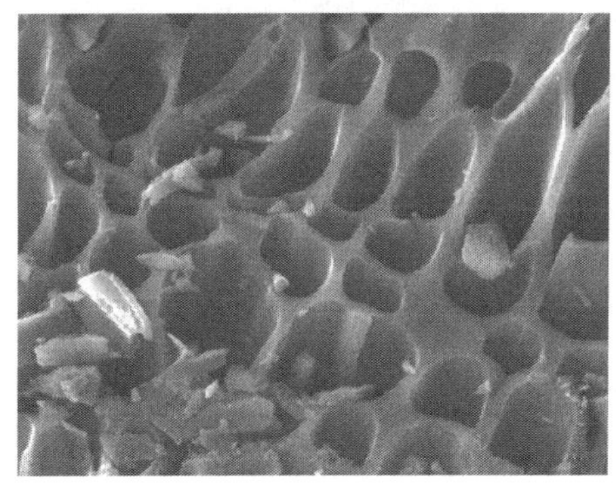

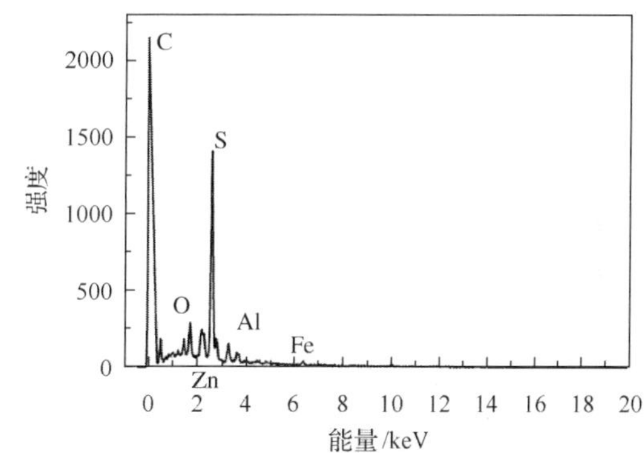

图 4-40　微波再生活性炭的 SEM-EDS 图

EDS 分析的元素成分如表 4-8 所示，由表可见，再生活性炭中的成分主要为碳，其他元素的含量显著降低，与常规加热的效果相比，微波加热再生后的活性炭中残留元素的含量更低，表明微波对活性炭的再生效果比常规加热更好。再生活性炭中仍残留有微量的锌、铁和铝，这些元素很可能嵌入在活性炭的晶格中并与其紧密结合，因此高温下也难以脱除。但是这些金属元素具有螯合性，因此可能对后续再生活性炭的应用具有重要作用。

表 4-8　微波再生活性炭能谱分析的元素含量　（单位：%）

元素	C	S	Zn	O	Fe	Al
百分含量	96.20	1.32	2.29	0.09	0.06	0.04

3. TEM 分析

图 4-41 为微波再生活性炭的透射电镜图。与常规再生活性炭和废活性炭的透射电镜图相比，微波再生活性炭不仅能观察到更清晰的孔结构，还能看到晶形更加规整的碳结构，表明废活性炭在微波加热下，杂质的脱除效果更好，同时活性炭结构的变形或坍塌的可能性也更小，从而更有利于获得具有良好吸附性能的再生活性炭。

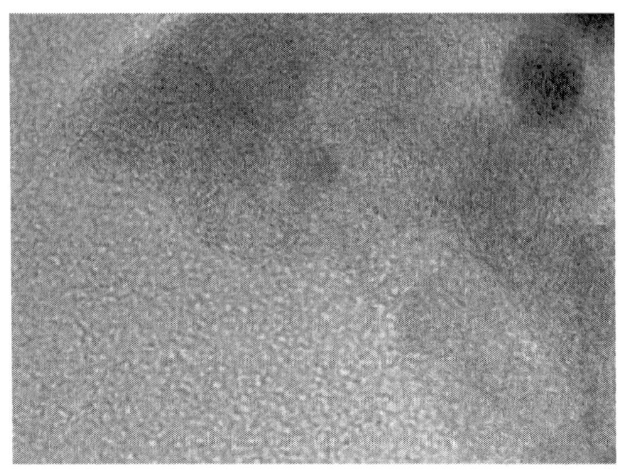

图 4-41 微波再生活性炭的透射电镜图

4. 孔结构分析

废活性炭的氮气吸脱附等温线和微分孔径分布分布如图 4-42 所示。

由图 4-42(a)微波加热再生活性炭的氮气吸脱附值要比常规再生活性炭更高，在相对压力较小时，微波再生活性炭氮气吸附量呈现迅速上升趋势，且相对压力增大时，曲线并没有像常规再生活性炭那样增长平缓，而仅仅是比其之前的增长趋势有所减缓而已，整体上还是呈上升趋势，说明微波再生得到的活性炭孔径比较均匀。此外微波再生活性炭的回滞环要明显小于常规再生活性炭的回滞环，说明微波再生活性炭的孔径更加接近并偏向微孔范围。

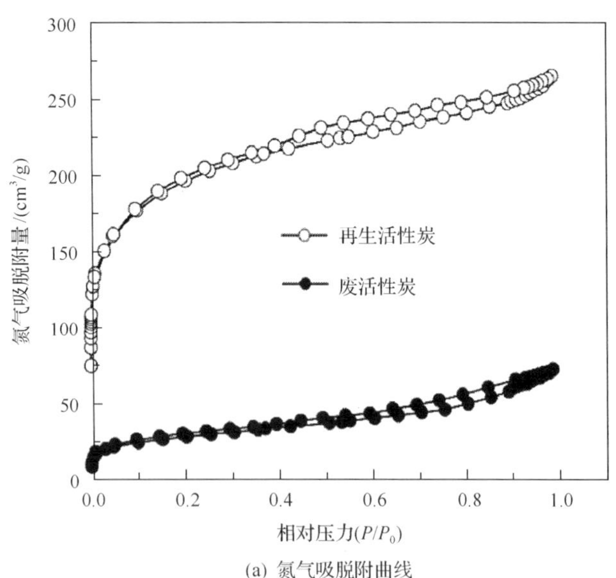

(a) 氮气吸脱附曲线

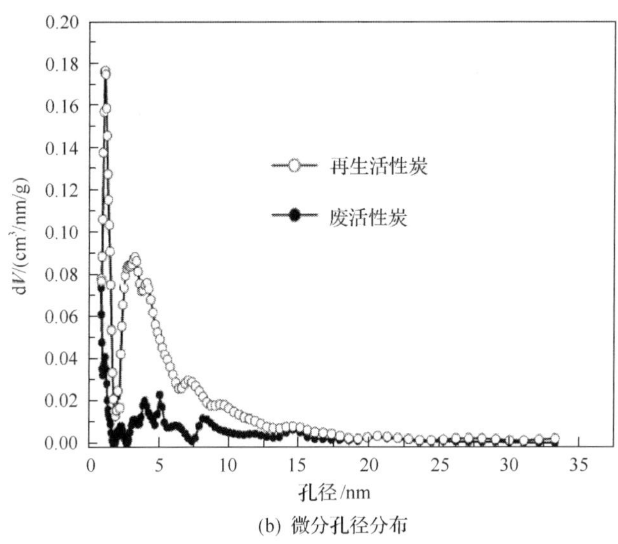

(b) 微分孔径分布

图 4-42　微波加热再生活性炭的氮气吸脱附曲线和微分孔径分布

由图 4-42(b)可知，微波再生活性炭的平均孔径降低至 3.27nm，总孔体积增加至 1.50cm^3/g。此外再生活性炭的比表面积也提高至 923m^2/g。由此可见，微波再生活性炭的比表面积和孔体积均要明显高于常规再生活性炭，且孔体积更小。这主要归因于微波加热优于常规加热的独特优势，微波的快速加热和选择性加热的特点，可以使废活性炭得以快速升温，有机物可以被快速高效地脱除，从而迅速恢复活性炭被堵塞的孔道。

5. 红外光谱分析

微波加热再生活性炭的红外分析光谱如图 4-43 所示。由图 4-43 可以看出，再生活性炭上属于有机物的杂峰均已消失，剩余的主要是一些活性炭上官能团的特征峰，表明微波加热不会去除活性炭上的官能团，只是改变其强度。如果将微波再生活性炭用于吸附水溶液中的金属离子或有机物等，这些官能团将会参与吸附作用而提高吸附能力。

Lin 等[3]研究了湿法炼锌工序中吸附有机物和硫酸锌的废活性炭的微波再生，废活性炭的升温性能如图 4-44 所示。

由图 4-44 可知，废活性炭可以在 14min 内从室温升温至近 1000℃，表明其具有良好的微波吸收性能。从室温至 200℃，样品的升温速率很慢，这归因于水分和一些介电性质较差的杂质的释放。同时在升温过程中，水分也可能会对废活性炭起到活化作用，因此，随温度的增加，废活性炭中会生成部分新炭，使得样品温度急剧上升。

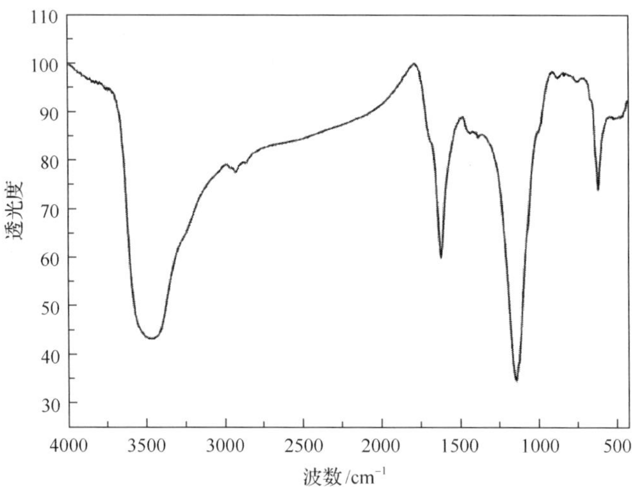

图 4-43　微波加热再生活性炭红外光谱图

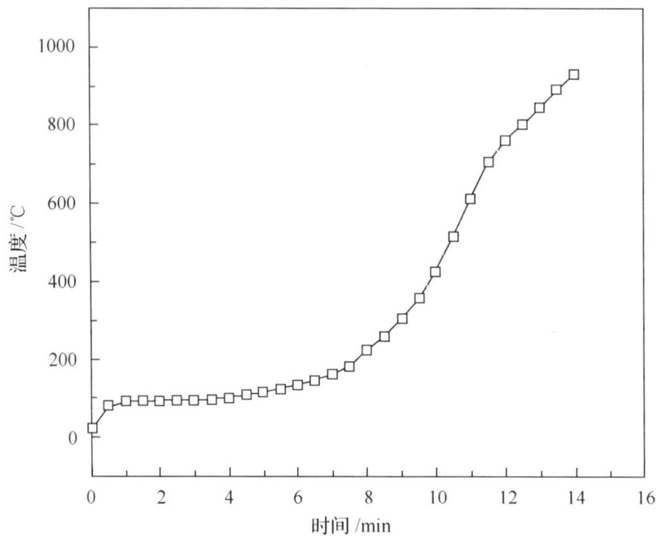

图 4-44　废活性炭的升温特性(微波功率 700W，样品质量 40g)

废活性炭和再生活性炭的微观形貌特征如图 4-45 所示。

由图 4-45 可以看出，废活性炭表面较为粗糙，孔隙被杂质堵塞，难以观察到孔结构；而再生活性炭中杂质很少，能观察到明显的孔结构，且再生活性炭表面要比废活性炭表面更光滑，表明微波加热可以直接对废活性炭进行再生。

(a) 废活性炭

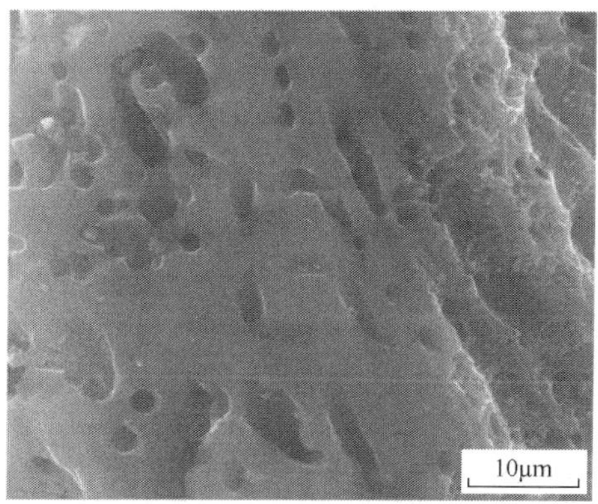

(b) 再生活性炭

图 4-45　废活性炭和再生活性炭的 SEM 图

参 考 文 献

[1] 李春阳. 有机物污染废活性炭微波再生的机理研究[D]. 昆明: 昆明理工大学, 2018.

[2] Leyva-García S, Lozano-Castelló D, Morallón E. Electrochemical performance of a super porous activated carbon in ionic liquid-based electrolytes[J]. Journal of Power Sources, 2016, 336(4): 419-426.

[3] Lin G, Liu C, Zhang L, et al. High temperature dielectric properties of spent adsorbent with zinc sulfate by cavity perturbation technique[J]. Journal of Hazardous Materials, 2017, 330: 36-45.

[4] Straszko J, Olszak-Humienik M, Możejko J. Kinetics of thermal decomposition of $ZnSO_4 \cdot 7H_2O$[J]. Thermochimica Acta, 1997, 292(1): 145-150.

[5] Ingraham T R, Marier P. Kinetics of the thermal decomposition of $ZnSO_4$ and $ZnO \cdot 2ZnSO_4$[J]. Canadian Metallurgical Quarterly, 1967, 6(3): 249-261.

[6] Menéndez J A, Arenillas A, Fidalgo B, et al. Microwave heating processes involving carbon materials[J]. Fuel Processing Technology, 2010, 91(1): 1-8.

[7] Motasemi F, Afzal M T, Salema A A, et al. Microwave dielectric characterization of switchgrass for bioenergy and biofuel[J]. Fuel, 2014, 124(15): 151-157.

[8] Motasemi F, Afzal M T, Salema A A. Microwave dielectric characterization of hay during pyrolysis[J]. Industrial Crops and Products, 2014, 61: 492-498.

[9] Binner E, Lester E, Kingman S, et al. A review of microwave coal processing[J]. Journal of Microwave Power and Electromagnetic Energy, 2014, 48(1): 35-60.

[10] Fang Z, Li C, Sun J, et al. The electromagnetic characteristics of carbon foams[J]. Carbon, 2007, 45(15): 2873-2879.

[11] Tripathi M, Sahu J N, Ganesan P, et al. Effect of temperature on dielectric properties and penetration depth of oil palm shell (OPS) and OPS char synthesized by microwave pyrolysis of OPS[J]. Fuel, 2015, 153: 257-266.

[12] Mingos D M P, Baghurst D R. Tilden Lecture. Applications of microwave dielectric heating effects to synthetic problems in chemistry[J]. Chemical Society Reviews, 1991, 20(1): 1-47.

[13] Beneroso D, Albero-Ortiz A, Monzó-Cabrera J, et al. Dielectric characterization of biodegradable wastes during pyrolysis[J]. Fuel, 2016, 172: 146-152.

[14] Zhang X Y, Zheng L N, Wang H L, et al. Elemental bio-imaging of biological samples by laser ablation-inductively coupled plasma-mass spectrometry[J]. Chinese Journal of Analytical Chemistry, 2016, 44(11): 1646-1651.

[15] Lorenc-Grabowska E, Diez M A,Gryglewicz G. Influence of pore size distribution on the adsorption of phenol on PET-based activated carbons[J]. Journal of Colloid and Interface Science, 2016, 469: 205-212.

[16] Drolc A, Cotman M, Roš M. Uncertainty of chemical oxygen demand determination in wastewater samples[J]. Accreditation and Quality Assurance, 2003, 8(3): 138-145.

第5章　其余废活性炭的微波再生与应用

5.1　引　　言

活性炭在冶金、化工、医药和环保等行业被广泛用作吸附剂，主要用于吸附金和汞等金属，苯、甲苯、丙酮等挥发性有害气体，甲基橙、亚甲基蓝、刚果红等印染废水。此外，活性炭在食品和医药等行业用于除臭、除杂、除味和脱色。然而，一旦这些活性炭吸附饱和后，将会产生大量的废活性炭，直接将废活性炭堆存或丢弃容易对周围环境造成危害，且造成资源浪费，将废活性炭进行再生利用具有重要的环保价值和经济效益。

5.2　黄金生产用废活性炭的微波再生

炭浆法是一种重要的提金的方法，通常可以分为三个工序：金的氰化浸出、活性炭吸附金和载金炭的解吸[1]。该方法通过采用活性炭从氰化矿浆中吸附金，然后将金从活性炭中解吸下来并回收金。因此，活性炭对金的吸附能力是影响金回收率的关键因素，通常需要采用强度较高、比表面积较大的特制活性炭。活性炭在经过多次吸附、解吸循环之后，其吸附金的能力会下降，而生产厂家为了降低成本，需要对解吸金后的废活性炭进行再生[2]。因此，废活性炭的再生效果是关系金回收率和生产成本的关键因素。废活性炭的常规活化再生法通常存在再生时间长、再生效果差等问题[3]。

张利波等[4]以云南某冶炼厂炭浆法提金工艺中解吸金后的废活性炭为原料，采用微波加热中试实验装置进行再生，实验装置如图5-1所示。该装置中所采用微波源的频率为915MHz，微波功率为0～20kW连续可调。料层直径为70cm，微波功率为18kW，将废活性炭由室温升温至800℃后，从不同位置取样分析发现再生活性炭的碘吸附值均高于1100mg/g，表明废活性炭经微波再生后可以获得高品质的再生活性炭。该微波加热中试实验装置可以实现连续化进出料生产，经初步估计，年处理废活性炭量可达到120t，且无须采用水蒸气等活化气体。

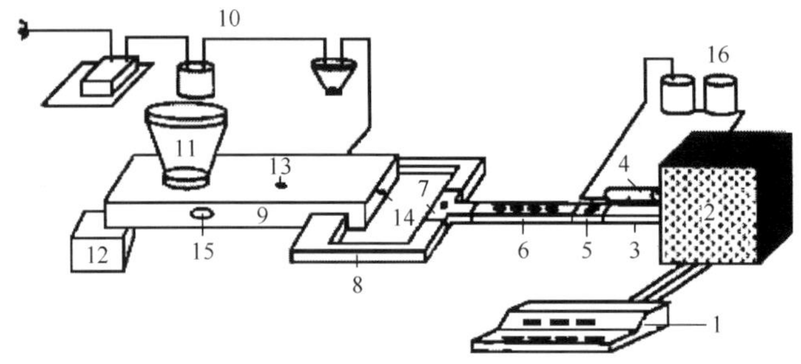

图 5-1　微波加热再生废活性炭中试实验装置

1.控制系统；2.微波电源；3.环行器；4.水负载；5.定向耦合器；6.四螺钉调配器；7.分配器；8.波导；9.微波腔体；10.烟气处理系统；11.进料系统；12.出料系统；13.测温孔；14.照明孔；15.观察孔；16.水冷系统

长春黄金研究院有限公司采用常规再生炉对废活性炭进行再生处理，所得再生炭的碘吸附值为 950mg/g[2]。朱云等[3]以水蒸气为活化气体，对废活性炭进行常规热再生，每天需要消耗水蒸气 100kg，且处理量为 100kg。

由于常规加热是表及里的加热方式，传热速度慢，通常需在通入活化气体的条件下才能得到高效再生。而微波加热可以克服上述缺点，可以对废活性炭进行快速和选择性加热。此外，与常规加热再生设备相比，微波装置具有小型化、自动化、操作简便等优点，可以显著降低再生成本并提高产品质量。

Zuo 等[5]对云南某金矿由炭浆法提金工艺中解吸金后的废活性炭进行了微波加热再生，并采用响应曲面法对再生工艺进行了优化，该实验的三个影响因子分别是：活化温度 X_1、保温时间 X_2 和水蒸气流量 X_3，响应值选取：碘吸附值 Y_1 和得率 Y_2。实验设计方案与实验结果见表 5-1。

表 5-1　微波加热水蒸气活化再生提金用废活性炭响应曲面法实验设计与结果

实验序号	影响因子			响应值	
	X_1/℃	X_2/min	X_3/(mL/min)	Y_1/(mg/g)	Y_2/%
1	800	40	2	974	51.03
2	900	40	2	1022.22	30.33
3	800	60	2	1016.02	34.76
4	900	60	2	1027.79	18.96
5	800	40	4	1021.72	37.76
6	900	40	4	1012.56	18.56
7	800	60	4	998.17	28.57
8	900	60	4	886.07	2.987
9	765.91	50	3	970.7	50.15
10	934.09	50	3	962.55	10.5

续表

实验序号	影响因子			响应值	
	X_1/℃	X_2/min	X_3/(mL/min)	Y_1/(mg/g)	Y_2/%
11	850	33.18	3	1050.96	39.51
12	850	66.82	3	1017.8	19.33
13	850	50	1.32	1064.82	38.38
14	850	50	4.68	1001.44	16.23
15	850	50	3	1068.81	26.84
16	850	50	3	1064.89	26.66
17	850	50	3	1065.57	27.03
18	850	50	3	1068.77	26.53
19	850	50	3	1070.27	26.89
20	850	50	3	1070.72	27.15

通过 CCD 设计对各个影响因素之间的相互作用及各影响因子对回归模型的影响作用进行分析，样品的碘吸附值和得率都选取二次模型。以再生温度 X_1、再生时间 X_2 和水蒸气流量 X_3 为自变量；碘吸附值 Y_1 和得率 Y_2 为因变量，得到的多项回归方程如下：

碘吸附值

$$Y_1=1068-5.49X_1-11.57X_2-16.7X_3-17.42X_1X_2-22.66X_1X_3 \\ -24.7X_2X_3-38.67X_1^2-14.71X_2^2-15.16X_3^2 \tag{5-1}$$

得率

$$Y_2=27.91-10.83X_1-6.32X_2-6.18X_3 \tag{5-2}$$

所采用模型的精确性取决于相关系数 R^2，经过拟合计算，方程式(5-1)的 R^2 值为 0.9703，方程式(5-2)的 R^2 值为 0.9776，R^2 值越接近 1，表明所采用模型的预测值与实验值越接近。

通过采用 ANOVA 对模型的精确度进行分析，再生活性炭碘吸附值分析如表 5-2 所示，模型的 F 值为 36.3，Prob＞F 值为＜0.0001，说明模型的精确度较高，模拟效果较显著。再生活性炭得率分析如表 5-3 所示，模型的 F 值为 233.15，Prob＞F 值小于 0.0001，说明模型的精确度高，模拟效果好。在分析中，X_1、X_2 和 X_3 对样品得率的影响明显。

表 5-2 提金用再生活性炭碘吸附值的方差分析结果

方差来源	平方和	自由度	均方	F 值	Prob>F
模型	42310.23	9	4701.14	36.3	<0.0001
X_1	411.62	1	411.62	3.18	0.1049
X_2	1833	1	1833	14.15	0.0037
X_3	3809.85	1	3809.85	29.42	0.0003
X_1X_2	2428.7	1	2428.7	18.75	0.0015
X_1X_3	4106.45	1	4106.45	31.71	0.0002
X_2X_3	4882.2	1	4882.2	37.7	0.0001
X_1^2	21549.8	1	21549.8	166.41	<0.0001
X_2^2	3120.34	1	3120.34	24.1	0.0006
X_3^2	3310.59	1	3310.59	25.56	0.0005

表 5-3 提金用再生活性炭得率的方差分析结果

方差来源	平方和	自由度	均方	F 值	Prob>F
模型	2671.29	3	890.43	233.13	<0.0001
X_1	1603.15	1	1603.15	489.74	<0.0001
X_2	545.87	1	545.87	166.76	<0.0001
X_3	522.27	1	522.27	159.55	<0.0001

再生活性炭碘吸附值和得率的实验值与预测值的对比如图 5-2 所示。由图 5-2 可以看出，通过软件设计所得到的预测值与实验值较接近，实验值基本平均分布在预测直线的周围，说明实验选取的模型可以较好反映样品碘吸附值和得率的自变量与因变量之间的关系。

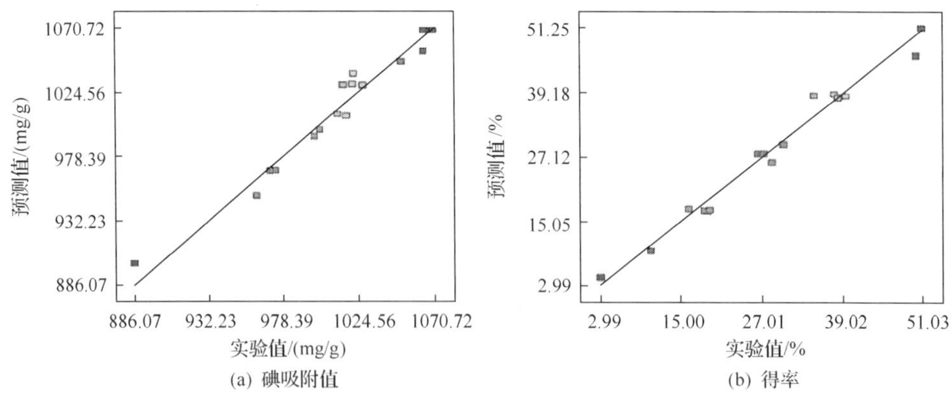

图 5-2 提金用再生活性炭碘吸附值和得率的预测值与实验值

再生温度和水蒸气流量对碘吸附值影响的响应曲面如图 5-3 所示。由图 5-3

可以看出，随活化温度升高和水蒸气流量的增加，样品的碘吸附值增大，但当再生温度过高或水蒸气流量过大时，样品的碘吸附值会降低。这是由于随再生温度的升高，碳和水的反应速度增加，在相同的时间内有更多的活性炭孔形成，使样品孔结构更加发达而使碘吸附值增大。增加水蒸气流量可以使碳与水的反应更加充分，使炭形成较发达的孔结构，从而增加其碘吸附值。而温度过高或水蒸气流量过大可能会导致反应速度过快，刚刚形成的孔结构由于碳与水的反应而遭到破坏，从而不利于碘吸附值的提高。

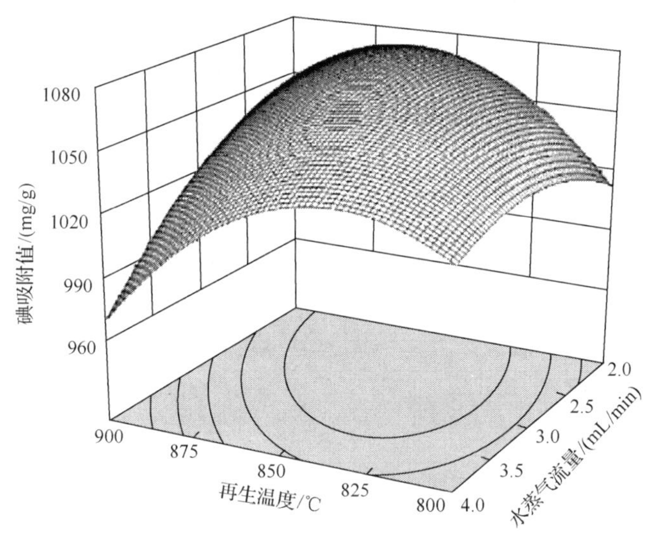

图 5-3　再生温度、水蒸气流量及其交互作用对提金用再生活性炭碘吸附值影响的响应曲面(再生时间 50min)

再生温度和再生时间对再生活性炭碘吸附值影响的响应曲面如图 5-4 所示。由图 5-4 可以看出，随再生温度升高和再生时间的延长，样品的碘吸附值增大，但当再生温度过高或再生时间过长时，样品的碘吸附值又会降低。这是由于随再生温度的升高，碳和水的反应速度增加，在相同的时间内有更多的活性炭孔形成，使样品孔结构更加发达而使碘吸附值增大；增加保温时间可以使活化剂和炭接触的时间增长，反应更加充分，使炭形成较发达的孔结构，碘吸附值增加。而温度过高或时间过长时，会导致碳与水的反应过于强烈，使得已形成的孔结构遭到破坏。

再生时间和再生温度对再生活性炭得率影响的响应曲面如图 5-5 所示。由图 5-5 可以看出，随着再生温度的升高以及保温时间的延长，活性炭得率有明显降低的趋势，这是因为随着温度的升高及保温时间的增加，物料的活化程度不断加深，碳的消耗也逐渐增加，导致产品的烧失越来越大，因此活性炭得率也在不断降低。

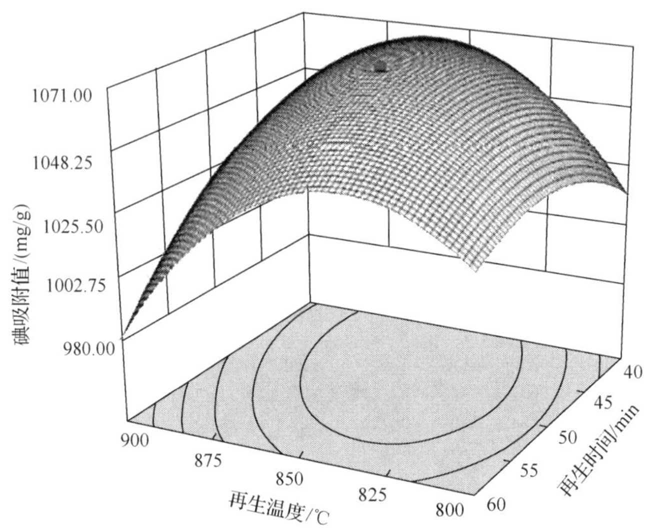

图 5-4　再生温度、再生时间及其交互作用对提金用再生活性炭碘吸附值影响的响应曲面(水蒸气流量 3mL/min)

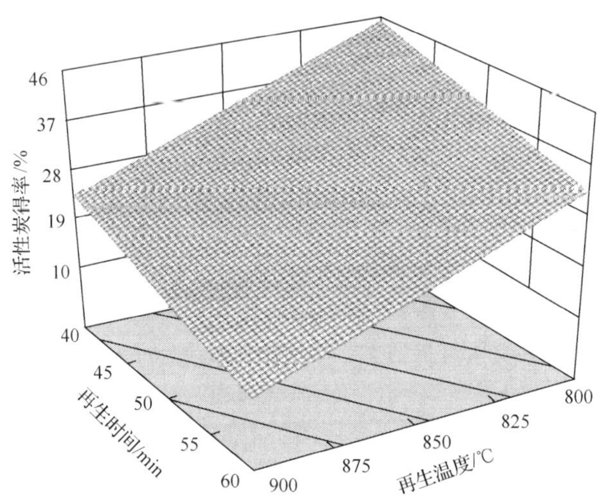

图 5-5　再生时间、再生温度及其交互作用对提金用再生活性炭得率影响的响应曲面(水蒸气流量 3mL/min)

水蒸气流量和再生时间对再生活性炭得率影响的响应曲面如图 5-6 所示。由图 5-6 可以看出，随着水蒸气流量的慢慢增大，活性炭得率也随之降低，这是由于水蒸气流量的增加和再生时间的延长均有利于碳与水的反应的进行，从而使碳的消耗量增加，活性炭得率降低。

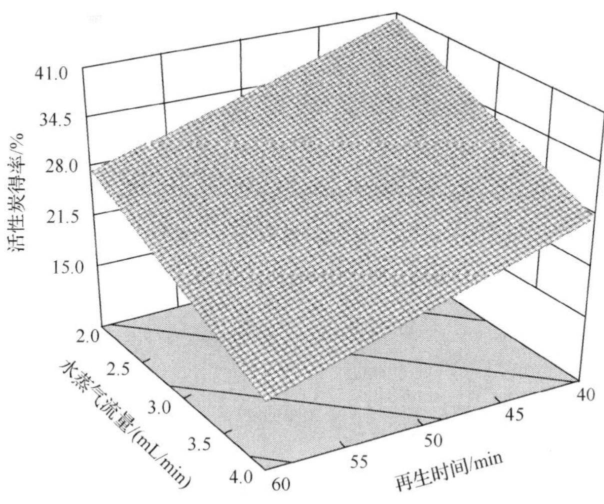

图 5-6　水蒸气流量、再生时间及其交互作用对提金用再生活性炭得率影响的响应曲面(再生温度 800℃)

通过设计软件的预测功能，用上述回归模型优化工艺参数，结果如表 5-4 所示。为验证微波加热水蒸气活化再生载金废活性炭响应曲面法的可靠性，采用优化后的最佳条件进行实验，实验结果如表 5-4 所示，可以看出，相应曲面预测值与实验值相接近，偏差较小，表明该预测模型是合适的，优化工艺条件是可行的。

表 5-4　优化工艺参数及实验验证结果

X_1/℃	X_2/min	X_3/(mL/min)	Y_1/(mg/g)		Y_2/%	
			预测值	实验值	预测值	实验值
831	40	2.67	1048	1050	40	39.3

再生活性炭的氮气吸脱附等温线和微分孔径分布如图 5-7 所示。由图 5-7 可以

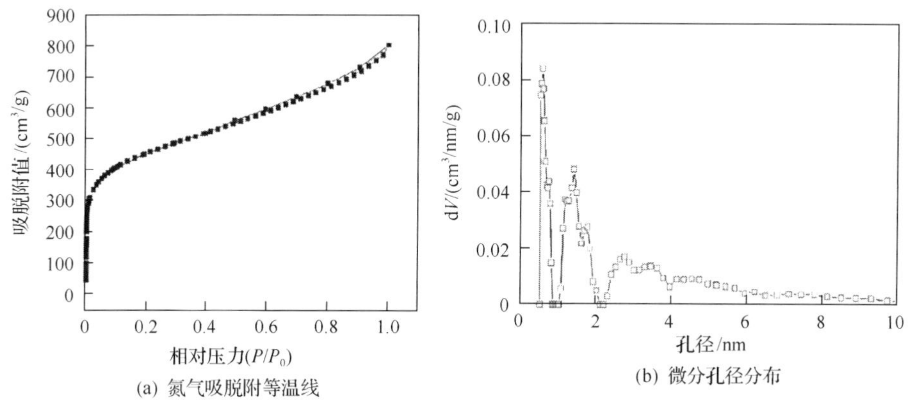

图 5-7　提金用再生活性炭的氮气吸脱附等温线和微分孔径分布

看出，活性炭的氮气吸脱附等温线属于Ⅱ型，当相对压力较低时，吸附量陡增，归因于微孔填充，随相对压力的增加吸附量会继续增大，表明吸附由单层向多层过渡。由再生活性炭的氮气吸脱附等温线可以计算出活性炭的比表面积为 $1493m^2/g$，总孔体积为 $1.242cm^3/g$。

废活性炭和再生活性炭的微观形貌如图 5-8 所示。由图 5-8 可以看出，废活性炭的孔道被杂质严重堵塞，几乎观察不到孔结构，而在再生活性炭上可以观察到明显的孔结构，表明微波加热对黄金生产用废活性炭具有良好的再生效果。

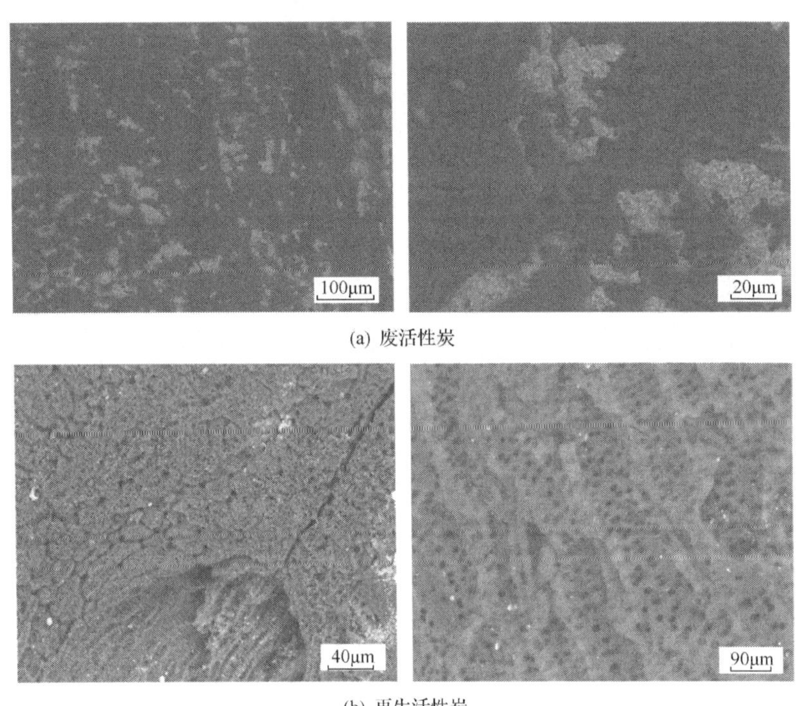

(a) 废活性炭

(b) 再生活性炭

图 5-8 提金用废活性炭和再生活性炭的 SEM 图

5.3 多晶硅行业废煤基活性炭的微波再生

太阳能作为清洁的新能源将是未来能源发展的主要方向之一，高纯多晶硅是太阳能光伏产业和电子工业的基础原料，随着信息技术和太阳能产业的飞速发展，全球对多晶硅的需求增长迅猛。多晶硅材料生产过程中会产生大量尾气，如氢气、氯化氢、三氯氢硅和四氯化硅。多晶硅材料质量的好坏取决于气体净化的好坏。通常采用煤基活性炭对尾气进行吸附净化处理，从而导致活性炭的大量消耗及废弃活性炭的产生，通常这些活性炭只有部分返回再生，其余都被当作废弃物扔掉或出售，以年产 2000t 多晶硅的生产企业为例，用于吸附净化气体用的活性炭用量约为 600t，考虑到操作条件、再生工艺和活性炭本身性能的影响，这些活性炭的使用寿命通常为 2～3 年，并用新活性炭进行更新替换。然而目前对煤基活性炭的再生研究较少，因此急需探索高效工艺对废煤基活性炭进行回收再生。

段昕辉[6]研究了废煤基活性炭的微波加热再生，分别采用水蒸气和二氧化碳作为活化剂，对比分析了常规加热与微波加热的再生效果，并对其优化工艺条件进行比较。

5.3.1　微波加热水蒸气活化再生

在微波加热水蒸气活化再生实验中，将再生温度、再生时间、水蒸气流量作为实验的三个因素，采用响应曲面法设计实验。

实验所选用的三个影响因子为再生温度 X_1、再生时间 X_2 和二氧化碳气体流量 X_3。所考察的响应值分别为制得活性炭的碘吸附值 Y_1 和活性炭得率 Y_2。实验设计方案与实验结果如表 5-5 所示。

表 5-5　微波加热水蒸气再生煤基活性炭实验设计方案与实验结果

实验序号	影响因子			响应值	
	X_1/℃	X_2/min	X_3/(g/min)	Y_1/(mg/g)	Y_2/%
1	900.00	50.00	2.00	900	80.24
2	1000.00	50.00	2.00	950	77.30
3	900.00	70.00	2.00	960	74.04
4	1000.00	70.00	2.00	995	72.37
5	900.00	50.00	3.00	953	75.41
6	1000.00	50.00	3.00	1060	66.19
7	900.00	70.00	3.00	1050	65.56
8	1000.00	70.00	3.00	990	60.22
9	865.91	60.00	2.50	1011	83.28
10	1034.09	60.00	2.50	899	63.01
11	950.00	43.18	2.50	942	78.73
12	950.00	76.82	2.50	1025	70.69
13	950.00	60.00	1.66	945	78.63
14	950.00	60.00	3.34	1000	55.9
15	950.00	60.00	2.50	1110	68.04
16	950.00	60.00	2.50	1105	68.36
17	950.00	60.00	2.50	1107	68.20
18	950.00	60.00	2.50	1104	68.73
19	950.00	60.00	2.50	1104	68.56
20	950.00	60.00	2.50	1108	68.11

通过 CCD 设计对各个影响因子之间的相互作用及各影响因子对回归模型的影响作用进行分析，对活性炭碘吸附值及得率均选取二次方模型。以再生温度 X_1、

再生时间 X_2 和水蒸气流量 X_3 为自变量，制得活性炭的碘吸附值 Y_1 和活性炭得率为因变量 Y_2，得到两个多项回归方程如式(5-3)和式(5-4)所示。

碘吸附值

$$Y_1= -20918.62+37.25X_1+88.23X_2+1035.13X_3-0.04X_1X_2-0.02X_1^2-0.37X_2^2-163.18X_3^2 \tag{5-3}$$

得率

$$Y_2=812.79-1.34X_1-3.65X_2+50.75X_3+6.87\times10^{-4}X_1^2+0.02X_2^2 \tag{5-4}$$

经过拟合计算，式(5-3)和式(5-4)的相关系数 R^2 分别为 0.9414 和 0.9321，结果表明，对于活性炭碘吸附值和得率，分别有 94.14%和 93.21%的实验数据可以用该模型加以解释，有较高的可信度，同时也说明实验结果和模型预测值比较吻合。

通过采用 ANOVA 对模型的精确度进行深入分析，再生活性炭碘吸附值分析如表 5-6 所示。

表 5-6　煤基再生活性炭碘吸附值的方差分析结果

方差来源	平方和	自由度	均方	F 值	Prob＞F
模型	89807.42	9	9978.60	17.84	＜0.0001
X_1	9571.23	1	9571.23	17.11	0.0020
X_2	6268.52	1	6268.52	17.21	0.0074
X_3	9568.91	1	9568.91	17.11	0.0020
X_1X_2	3240.13	1	3240.13	5.79	0.0369
X_1X_3	36.13	1	36.13	0.065	0.8045
X_2X_3	46.13	1	46.13	0.73	0.4141
X_1^2	29005.57	1	29005.57	51.86	＜0.0001
X_2^2	19631.22	1	19631.22	35.10	0.0001
X_3^2	23986.36	1	23986.36	42.89	＜0.0001

由表 5-6 可知，模型的 F 值为 17.84，Prob＞F 值为＜0.0001，表明模型的精确度很高，模拟效果显著。在该分析中，X_1、X_2、X_3 及交互作用因子 X_1X_2、X_1^2、X_2^2、X_3^2 对模型的影响作用较大。

通过采用 ANOVA 对模型的精确度进行深入分析，再生活性炭得率分析如表 5-7 所示。

由表 5-7 可知，模型的 F 值为 15.09，Prob＞F 值为 0.0001，表明模型的精确度高，模拟效果好，在该分析中，X_1、X_2、X_3 以及交互作用因子 X_1^2、X_2^2 对模型的影响作用较大。统计结果表明，在实验研究范围内，上述模型可以对活性炭碘吸附值及得率进行较精确的预测。

表 5-7　煤基再生活性炭得率的方差分析结果

方差来源	平方和	自由度	均方	F 值	Prob＞F
模型	857.82	9	95.31	15.09	0.0001
X_1	202.87	1	202.87	32.11	0.0002
X_2	119.83	1	119.83	18.97	0.0014
X_3	419.40	1	419.40	66.38	＜0.0001
X_1X_2	3.12	1	3.12	0.49	0.4979
X_1X_3	10.13	1	10.13	1.60	0.2342
X_2X_3	3.12	1	3.12	0.49	0.4979
X_1^2	37.12	1	37.12	5.87	0.0358
X_2^2	55.27	1	55.27	8.75	0.0143
X_3^2	6.93	1	6.93	1.10	0.3197

图 5-9 为微波加热水蒸气再生活性炭碘吸附值和得率的预测值与实验值。由图 5-9 可以看出，由软件设计所获得的预测值与实验结果比较接近，所获得的实验结果点基本上平均分布于预测直线的周围，这表明实验所选取的模型可以很好地反映活性炭制备中的影响因子(自变量)与因变量之间的关系。

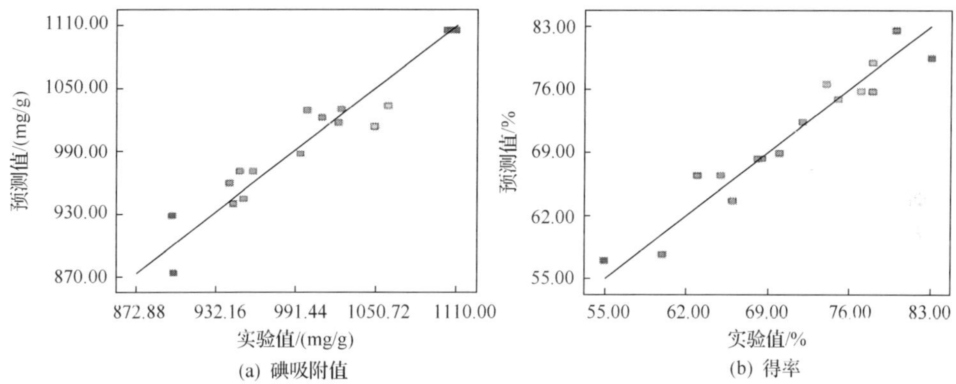

图 5-9　微波加热水蒸气再生煤基活性炭碘吸附值和得率的预测值与实验值的对比

在 ANOVA 分析结果的基础上可以看出，这三个影响因子对活性炭的碘吸附值影响都比较明显，其中再生温度和水蒸气流量的影响更加显著。再生温度和再生时间对再生活性炭碘吸附值影响的响应曲面如图 5-10 所示。

从图 5-10 中可以看出，随着再生温度的升高及再生时间的延长，再生活性炭碘吸附值有明显的增大趋势，达到最大值后开始下降，与常规再生过程类似，都是随着再生温度的升高及再生时间的延长，碳水反应的速度越来越快，造孔过程得以顺利进行，相同的时间内有更多的孔形成，使活性炭的孔结构变得更加发达，同时活化程度也逐步加深，因此碘吸附值也逐步增大。

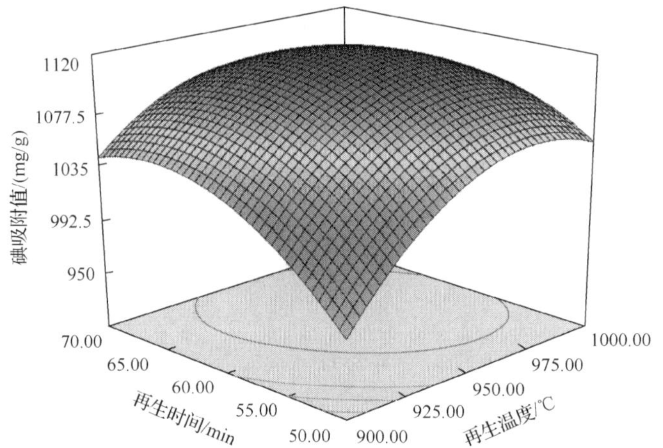

图 5-10 再生温度、再生时间及其交互作用对煤基再生活性炭碘吸附值影响的响应曲面(水蒸气流量 2.6g/min)

再生温度和水蒸气流量对再生活性炭碘吸附值影响的响应曲面如图 5-11 所示。从图 5-11 可以看出，再生活性炭的碘吸附性能随着水蒸气流量和再生温度的增大而增大，达到最高点后又呈下降趋势，且二者的影响比较接近。

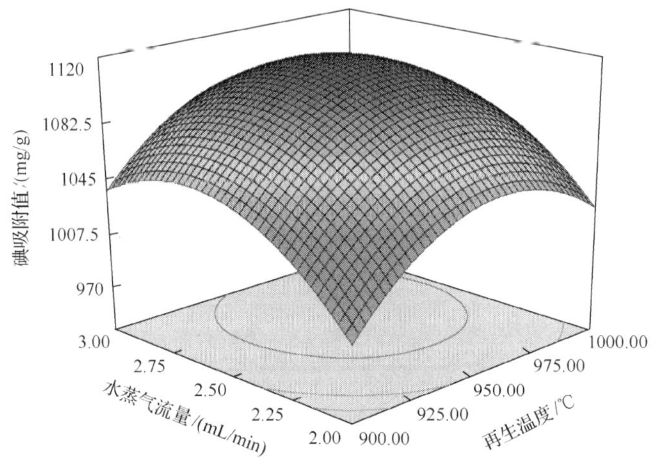

图 5-11 再生温度、水蒸气流量及其交互作用对煤基再生活性炭碘吸附值影响的响应曲面(再生时间 65min)

三个影响因子对活性炭得率影响也都比较明显，其中水蒸气流量影响最明显，再生温度次之，再生时间的影响最小。再生温度、再生时间及其交互作用对再生活性炭碘吸附值影响的响应曲面如图 5-12 所示。

从图 5-12 可以看出，活性炭得率随着再生温度及再生时间的增加而降低，随再生温度的变化趋势更明显，这一趋势与活化过程中活性炭碘吸附能力的变化相吻合，产生这种情况的原因可能是在微波加热再生活性炭的过程中，石英管的慢速升

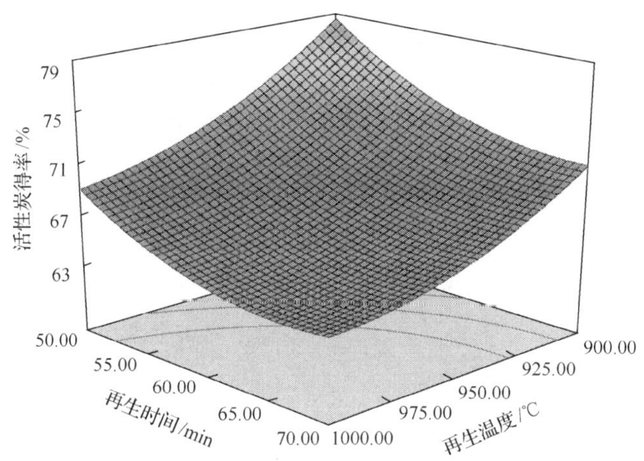

图 5-12 再生温度、再生时间及其交互作用对煤基再生活性炭得率影响的响应曲面(水蒸气流量 2.6g/min)

温对于其接触的废活性炭的表面温度有一定影响，因此高的再生温度可以保证物料的碳水反应和造孔，而再生时间的延长在低温阶段则无法保证物料的反应温度，使其影响较再生温度而言稍小。

再生温度和水蒸气流量对活性炭得率影响的响应曲面如图 5-13 所示。由图 5-13 可以看出，水蒸气流量比再生温度对得率的影响趋势更强更明显，二者的提高都会导致产品的烧失程度增大而使率降低。这可能是由于微波再生的初始再生温度相对较低，此时水蒸气会对物料表面温度产生影响使碳水反应不够充分而抑制再生过程，但物料的消耗并不会停止。当再生温度达到较高值时，碳水反应又会变得更加剧烈，物料消耗得更快。

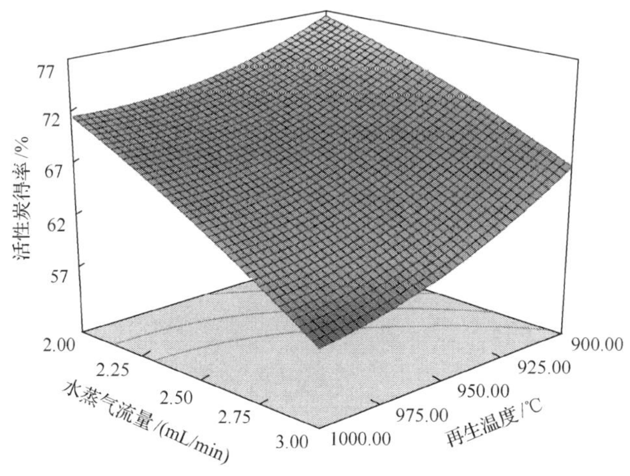

图 5-13 再生温度、水蒸气流量及其交互作用对煤基再生活性炭得率影响的响应曲面(再生时间 65min)

微波加热水蒸气活化再生活性炭的优化条件如下：再生温度 950℃、再生时间 60min、水蒸气流量 2.5g/min。该条件下制备的活性炭碘吸附值为 1101mg/g，再生得率为 69%。对比常规和微波水蒸气再生活性炭的优化工艺参数，以及优化工艺条件下制备出的再生活性炭的吸附性能和得率，可得出如下结论。

(1) 采用微波加热再生活性炭的时间比常规加热缩短了 55%，再生温度降低了约 30℃，再生能耗降低了约 80%，而水蒸气流量仅增加 0.5g/min。

(2) 常规加热和微波加热再生活性炭的碘吸附值均能达到 GB/T 7701.2—2008 优级品的指标要求。与常规加热再生效果相比，微波加热再生活性炭的碘吸附值提高了 48mg/g，得率提高了 8%。

5.3.2 微波加热二氧化碳活化再生

在微波加热水蒸气活化再生实验中，将再生温度 X_1、再生时间 X_2、二氧化碳流量 X_3 作为实验的三个因素，采用响应曲面法设计实验。所考察的响应值分别为制得活性炭的碘吸附值 Y_1 和活性炭得率 Y_2。实验设计方案与实验结果如表 5-8 所示。

表 5-8 微波加热二氧化碳再生煤基活性炭实验设计方案与实验结果

实验序号	影响因子			响应值	
	X_1/℃	X_2/min	X_3/(mL/min)	Y_1/(mg/g)	Y_2/%
1	900.00	60.00	500.00	960	90.31
2	1000.00	60.00	500.00	1010	83.34
3	900.00	80.00	500.00	1008	84.16
4	1000.00	80.00	500.00	1039	79.30
5	900.00	60.00	600.00	1005	85.43
6	1000.00	60.00	600.00	1022	80.19
7	900.00	80.00	600.00	1020	81.66
8	1000.00	80.00	600.00	993	58.27
9	865.91	70.00	550.00	1005	86.29
10	1034.09	70.00	550.00	1035	64.01
11	950.00	53.18	550.00	990	92.71
12	950.00	86.82	550.00	1000	61.59
13	950.00	70.00	465.91	1006	85.61
14	950.00	70.00	634.09	1050	75.9
15	950.00	70.00	550.00	1111	70.13
16	950.00	70.00	550.00	1110	70.25
17	950.00	70.00	550.00	1112	70.08
18	950.00	70.00	550.00	1110	70.21
19	950.00	70.00	550.00	1114	70.01
20	950.00	70.00	550.00	1109	70.37

通过 CCD 设计对各个影响因子之间的相互作用及各影响因子对回归模型的影响作用进行分析，对活性炭碘吸附值及得率均选取二次方模型。以再生温度 X_1、再生时间 X_2 和水蒸气流量 X_3 为自变量，制得活性炭的碘吸附值 Y_1 和活性炭得率 Y_2 为因变量，得到两个多项回归方程。

碘吸附值

$$Y_1= -20803.16+28.45X_1+85.87X_2+19.09X_3-0.015X_1X_2 \\ -4.55\times10^{-3}X_1X_3-0.022X_2X_3-0.013X_1^2-0.41X_2^2-0.012X_3^2 \quad (5\text{-}5)$$

得率

$$Y_2=844.19-1.08X_1+1.49X_2-0.78X_3+0.027X_2^2+1.59\times10^{-3}X_3^2 \quad (5\text{-}6)$$

经过拟合计算，式(5-5)和式(5-6)的相关系数 R^2 分别为 0.9894 和 0.9135，表明对于活性炭碘吸附值和得率，分别有 98.94%和 91.35%的实验数据可以用该模型加以解释，有较高的可信度，同时也说明实验结果和模型预测值比较吻合。

通过采用 ANOVA 对模型的精确度进行深入分析，再生活性炭碘吸附值分析如表 5-9 所示。由表 5-9 可知，模型的 F 值为 103.38，Prob＞F 值为＜0.0001，表明模型的精确度很高，模拟效果显著。在该分析中，X_1、X_2、X_3 及相互作用因子 X_1X_2、X_1X_3、X_2X_3、X_1^2、X_2^2、X_3^2 对模型的影响作用较大。

表 5-9　煤基再生活性炭碘吸附值的方差分析结果

方差来源	平方和	自由度	均方	F 值	Prob＞F
模型	48822.24	9	5424.69	103.38	＜0.0001
X_1	1080.12	1	1080.12	20.58	0.0011
X_2	466.50	1	466.50	8.89	0.0138
X_3	688.94	1	688.94	13.13	0.0047
X_1X_2	496.13	1	496.13	9.46	0.0117
X_1X_3	1035.13	1	1035.13	19.73	0.0013
X_2X_3	1035.13	1	1035.13	19.73	0.0013
X_1^2	15181.75	1	15181.75	289.33	＜0.0001
X_2^2	24576.34	1	24576.34	468.38	＜0.0001
X_3^2	12651.06	1	12651.06	241.10	＜0.0001

通过 ANOVA 对活性炭得率分析如表 5-10 所示。由表 5-10 可知，模型的 F 值为 11.73，Prob＞F 值为 0.0003，表明模型的精确度高，模拟效果好。在该分析中，X_1、X_2、X_3 及相互作用因子 X_2^2、X_3^2 对模型的影响作用较大。统计结果表明，在实验研究范围内，上述模型可以对活性炭碘吸附值及得率进行较精确的预测。

表 5-10　煤基再生活性炭得率的方差分析结果

方差来源	平方和	自由度	均方	F 值	Prob＞F
模型	1622.11	9	180.23	11.73	0.0003
X_1	434.13	1	434.13	28.26	0.0003
X_2	568.79	1	568.79	37.02	0.0001
X_3	174.51	1	174.51	11.36	0.0071
X_1X_2	32	1	32	2.08	0.1795
X_1X_3	32	1	32	2.08	0.1795
X_2X_3	32	1	32	2.08	0.1795
X_1^2	71.24	1	71.24	4.64	0.0567
X_2^2	109.28	1	109.28	7.11	0.0236
X_3^2	229.56	1	229.56	14.94	0.0031

图5-14为微波加热二氧化碳煤基再生活性炭碘吸附值和得率的预测值与实验值。由图5-14可以看出，由软件设计获得的预测值与实验结果比较接近，所获得的实验结果点基本上平均分布于预测直线的周围，表明实验选取的模型可以较好地反映自变量与因变量之间的关系。

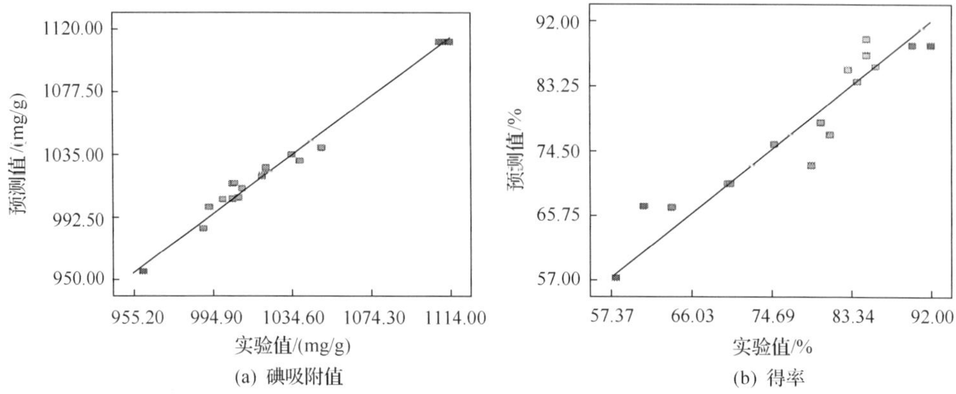

(a) 碘吸附值　(b) 得率

图 5-14　微波加热二氧化碳煤基再生活性炭碘吸附值和得率的预测值与实验值

从ANOVA结果可以看出，再生温度和二氧化碳流量对活性炭碘吸附值的影响较显著，再生时间次之。再生温度和再生时间对再生活性炭碘吸附值影响的响应曲面如图5-15所示。

由图5-15可以看出，碘吸附值随再生温度的升高及再生时间的延长而升高，达到最高点后开始呈现下降趋势。这是由于再生温度和再生时间的增加可以促进碳与二氧化碳的反应，从而提高活性炭的再生程度，但过高的再生温度和过长的再生时间会使再生反应过于剧烈，导致已形成的孔隙发生坍塌而影响活性炭吸附性能。

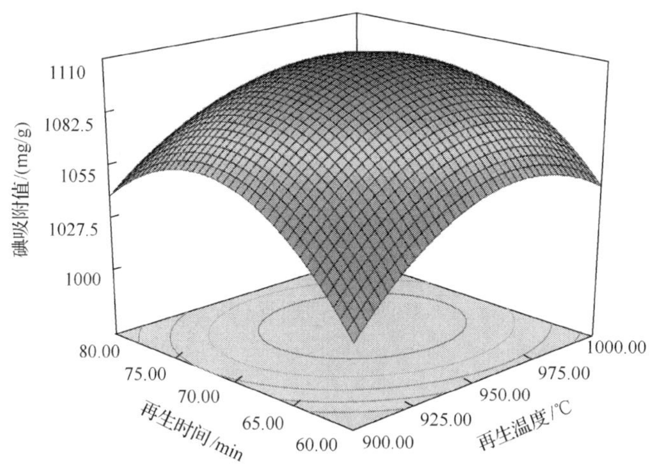

图 5-15　再生温度、再生时间及其交互作用对煤基再生活性炭碘吸附值影响的响应曲面（二氧化碳流量 540mL/min）

再生温度和二氧化碳流量对再生活性炭碘吸附值影响的响应曲面如图 5-16 所示。从图 5-16 可以看出，活性炭碘吸附值随二氧化碳流量的增大呈现出先升高后降低的趋势，这是由于二氧化碳流量的增加会促进活化反应的进行，使活性炭中形成更多孔隙，但二氧化碳流量过大会导致物料表面温度降低，不利于活化反应的进行，从而导致活性炭吸附能力降低。

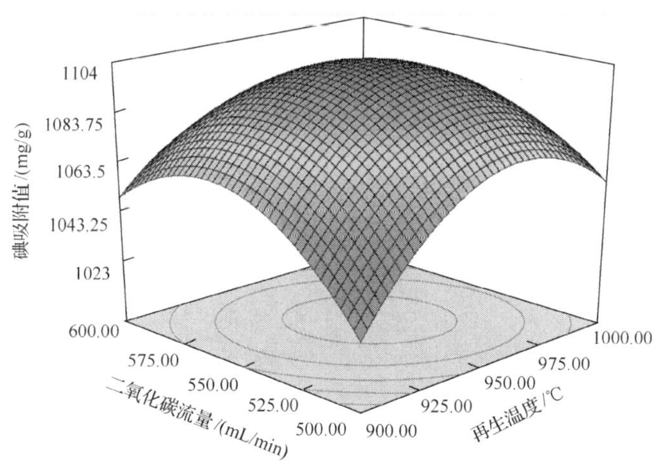

图 5-16　再生温度、二氧化碳流量及其交互作用对煤基再生活性炭碘吸附值影响的响应曲面（再生时间 75min）

根据 ANOVA 结果，再生温度和再生时间对得率的影响显著，二氧化碳流量次之。再生温度、再生时间和二氧化碳流量对再生活性炭得率影响的响应曲面如图 5-17 和图 5-18 所示。

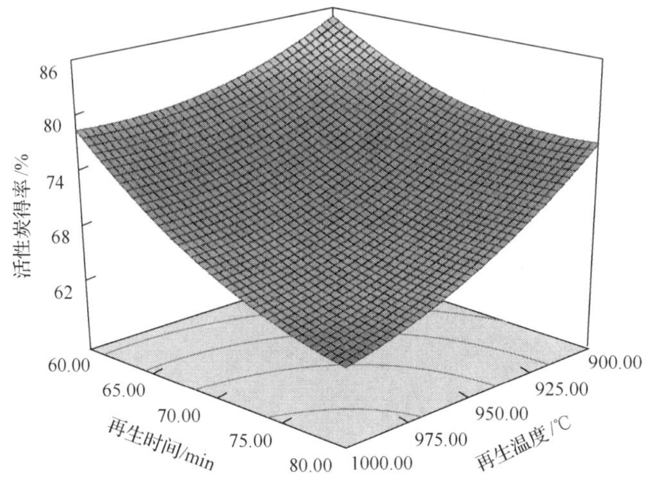

图 5-17　再生温度、再生时间及其交互作用对煤基再生活性炭得率影响的响应曲面(二氧化碳流量 540mL/min)

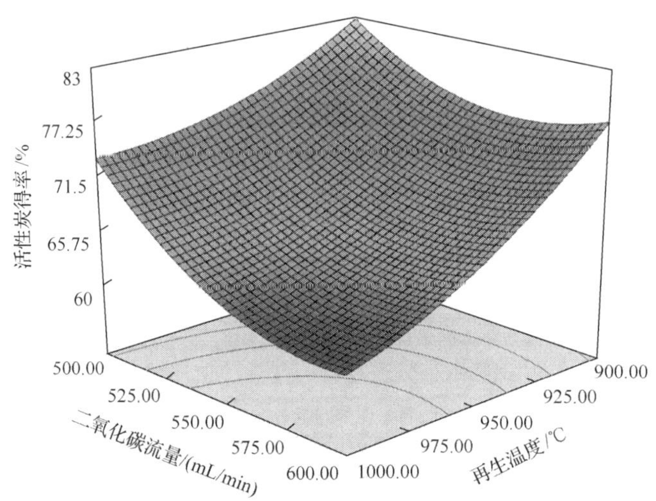

图 5-18　再生温度、二氧化碳流量及其交互作用对煤基再生活性炭得率影响的响应曲面(再生时间 75min)

从图 5-17 和图 5-18 可以看出，活性炭得率均随再生温度、再生时间和二氧化碳流量的增加而降低，这是由于这三个因子值的增加均会促进活化反应的进行，使碳的消耗量增加，从而导致得率降低。

微波加热二氧化碳活化再生优化实验条件如下：再生温度 951℃，再生时间 70min，二氧化碳流量 553mL/min，此时再生活性炭碘吸附值为 1111mg/g，得率为 70%。对比常规加热和微波水蒸气再生活性炭的优化工艺参数，以及优化工艺条件下制备出的再生活性炭的吸附性能和得率，可得出如下结论。

(1) 采用微波加热再生活性炭的时间比常规加热缩短了 40%，再生温度降低了约 30℃，再生能耗降低了约 75%，二氧化碳流量减少了 8%。

(2) 常规加热和微波加热再生活性炭的碘吸附值均能达到 GB/T 7701.2—2008 优级品的指标要求。与常规加热再生效果相比，微波加热再生活性炭的碘吸附值提高了 41mg/g，得率提高了 3%。

5.4　净化化工废水用废活性炭的微波再生

化工生产过程中会产生大量工业废水，这些废水成分复杂，通常含有大量难以生物降解的有机物，因此，在排放之前需要对废水中的有害污染物进行去除，活性炭通常被用来对化工废水进行吸附处理，而对吸附饱和的活性炭，需要进行再生利用。

张声洲等[7]采用微波加热对处理石油化工废水用活性炭进行了再生，每次实验时称取 15g 废活性炭置于微波箱式加热炉中进行加热，在微波功率为 500W 下，将物料升温至一定温度后保温一段时间，保温结束后，待物料冷却至室温后便得到再生活性炭。

不同再生时间下再生温度对净化化工废水用再生活性炭碘吸附值和得率的影响如图 5-19 所示。由图 5-19 可以看出，当再生温度从 300℃增加至 600℃时，活性炭碘吸附值随温度的增加近似呈直线上升，且在温度为 600℃时达到最大值，当继续增加再生温度至 700℃时，再生活性炭的碘吸附值反而会下降。这是由于温度的升高有利于废活性炭中有机物等杂质的分解和挥发，从而恢复活性炭孔道，但是温度超过 600℃后，碳会与氧气或二氧化碳反应而被消耗，活性炭孔结构坍塌、孔径变宽，从而导致碘吸附值降低。

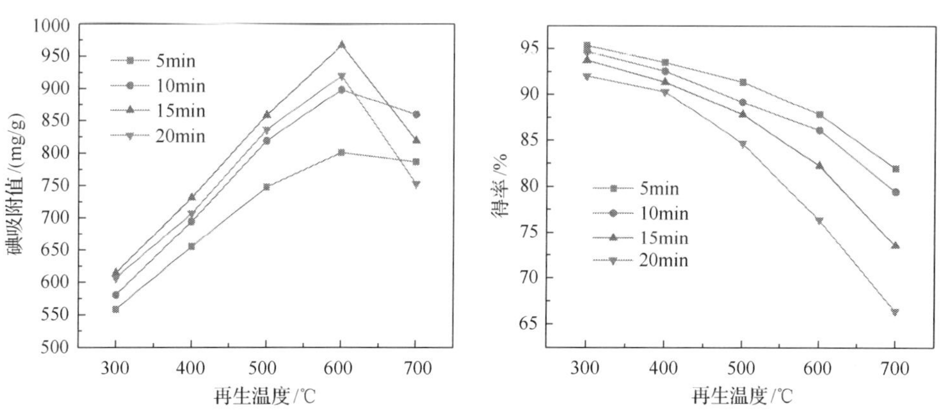

图 5-19　不同再生时间下再生温度对净化化工废水用再生活性炭碘吸附值和得率的影响

当再生时间相同时，活性炭得率均随温度的增加而下降，再生时间越长时，再生温度越高，则得率越低。这是由于温度越高，更多的有机物被挥发脱除，同时活性炭骨架本身也可能发生烧蚀损失。

不同再生温度下再生时间对净化废水用再生活性炭碘吸附值和得率的影响如图 5-20 所示。由图 5-20 可知，当温度为 300～600℃时，活性炭碘吸附值随再生时间的延长而提高，但是当再生时间超过 15min 后，碘吸附值反而下降。这是由于随再生时间的延长，会有更多的有机物被分解挥发，有利于孔道的疏通，但当再生时间过长时，会导致孔道烧蚀。当温度为 700℃时，再生时间为 10min 后，再生活性炭的碘吸附值便开始明显下降，此时活性炭的孔道烧蚀现象已很严重。

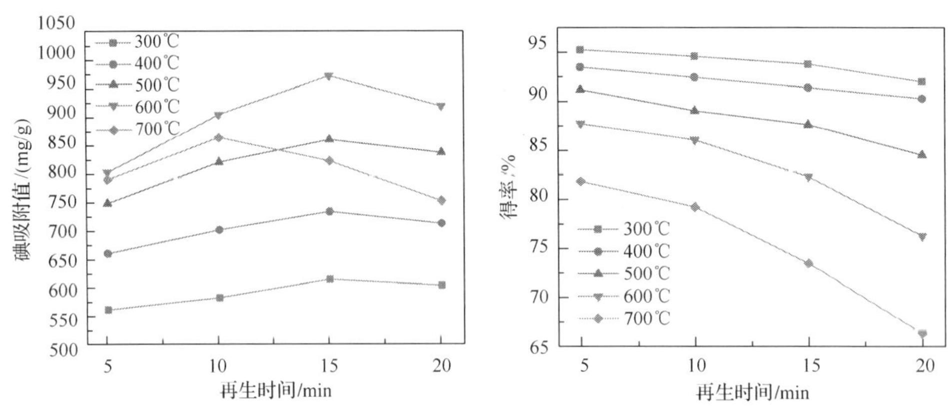

图 5-20　不同再生温度下再生时间对净化废水用再生活性炭碘吸附值和得率的影响

当再生温度相同时，活性炭得率均随温度的增加而下降，再生温度越高，再生时间越长，则得率越低。这是由于再生时间越长，则更多的有机物被挥发脱除，同时活性炭骨架本身也可能发生烧蚀损失。

综合考虑再生活性炭的吸附能力和再生成本，选择再生温度 600℃、再生时间 15min 作为微波再生废活性炭的最优工艺条件，在该条件下，活性炭得率为 82.36%，碘吸附值达到 971mg/g。

新活性炭、废活性炭和再生活性炭的孔结构参数如表 5-11 所示。

表 5-11　新活性炭、净化废水用废活性炭和再生活性炭的孔结构参数

样品	比表面积/(m^2/g)	总孔体积/(cm^3/g)	平均孔径/nm
废活性炭	597	0.42	3.08
新活性炭	1081	1.36	5.34
再生活性炭	1028	1.23	4.89

从表 5-11 中可以看出，再生活性炭的比表面积和总孔体积均接近新活性炭，

且要明显高于废活性炭，表明经微波加热对净化石油化工废水用活性炭的再生效果显著。

Liu 等[8]对来自生产苯胺的化工厂处理废水后的废活性炭进行了微波加热再生。该废水中含有很多种有机物，包括苯胺、硝基苯、苯酚和丙酮等，该废水的 COD 为 4800mg/L，BOD 为 560mg/L，pH 为 12.4，吸附处理该废水的活性炭是粒径为 0.8～1.4mm 的椰壳基颗粒活性炭。

将废活性炭在不同微波功率和时间下进行再生，然后考察再生活性炭对 COD 的吸附能力，结果如图 5-21 所示。

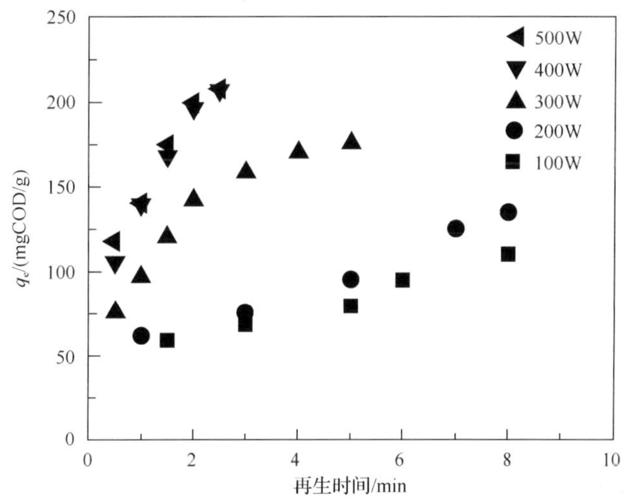

图 5-21　再生时间对净化废水用再生活性炭 COD 吸附能力的影响

由图 5-21 可知，当微波功率为 100W 或 200W 时，再生活性炭吸附能力较低；当微波功率为 300W 时，再生活性炭吸附能力明显提高；继续提高微波功率至 400W 时，再生活性炭吸附能力小幅上升。当微波功率不变时，再生时间越长则再生活性炭的吸附能力越大。当废活性炭在 400W 的微波功率下再生 3min，其吸附能力为 250mg/g，为原活性炭的 97.6%。

活性炭热再生过程中有机物的脱除可能涉及不同的机理。通常物理吸附的有机物很容易被加热脱除，而化学吸附的有机物难以被脱除。苯胺、硝基苯和酚类在活性炭上的吸附通常包括物理吸附和化学吸附。化学吸附的物质在高温下会与有机物发生强烈的相互作用，从而被环境中的氧所氧化。微波加热再生废活性炭的时间仅为 3min，这要比其余再生方法时间更短，主要是由于微波加热具有内部加热和整体加热的优势，可以促进吸附质的氧化和脱除。

废活性炭的再生效率也与样品的温度密切相关，废活性炭在不同微波功率下的升温行为如图 5-22 所示。

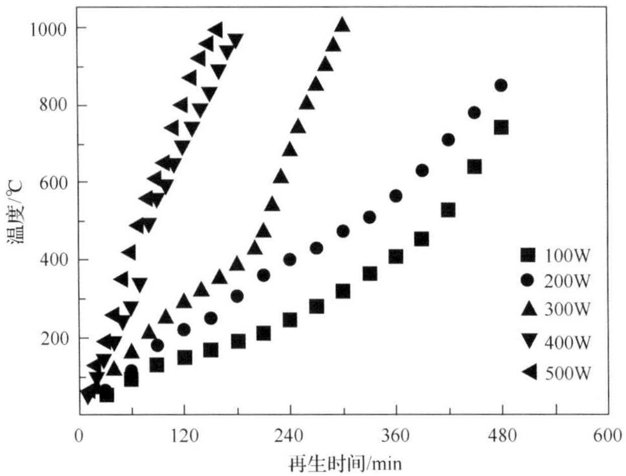

图 5-22　不同微波功率下净化废水用废活性炭的升温特性

由图 5-22 可知，功率越大时样品的升温速率越快，最高温度可以达到 1000℃。Ania 等[9]研究了温度对颗粒活性炭的再生效果，结果表明，当温度为 450℃时，活性炭的再生效果较差；当温度达到 850℃时，活性炭的吸附能力可以得到完全恢复。因此，本节废活性炭所能达到的温度已能达到其再生要求。

为了考察活性炭的重复利用能力，对废活性炭进行了多次循环吸附-再生利用，每次循环使用后的活性炭对 COD 的吸附能力如图 5-23 所示。可以看出，经过前 3 次的循环使用，活性炭的吸附能力没有明显下降，但在后续的循环使用下，活性炭的吸附能力逐渐下降。经过 6 次循环使用后，活性炭对 COD 的吸附值为 160mg/g，仍保持在较高水平。

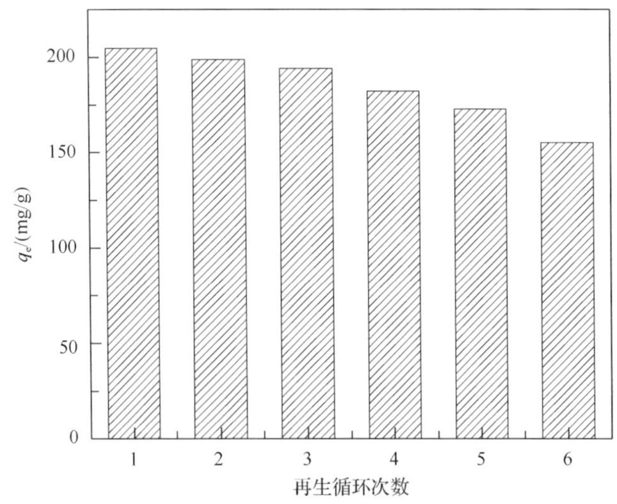

图 5-23　经过多次循环使用后净化废水用活性炭对 COD 的吸附能力

大多活性炭在经过多次循环吸附-再生后，其吸附能力均会发生下降。这一方面可能是由于活性炭长时间暴露在微波下，会对其孔结构造成不可逆影响，从而在一定程度上减少其有效吸附位点；另一方面是氧化产物的不完全脱除，因为化学吸附的有机物在高温下可以被氧化，所以在再生过程中，部分有机物可能会转变为更重的产物或聚合炭渣，这些物质会与活性炭紧密结合，从而导致活性炭上活性位点的减少。

经过 6 次吸附-再生循环后，活性炭的质量损失率分别为 1.3%、1.9%、3.5%、5.7%、7.5%和 9.8%，这可能是由于高温下空气中的氧与碳发生反应所致，此外，在高温下活性炭的石墨结构也可能会受到一定程度的影响，从而导致其机械性能下降，使活性炭受到磨损而发生质量损失。

新活性炭、废活性炭及经过多次再生后的活性炭的氮气吸附等温线和孔结构参数分别如图 5-24 和表 5-12 所示。由图 5-24 可知，对于新活性炭，在相对压力很低时其氮气吸附量便很大，归因于微孔吸附，随相对压力的增大其氮气吸附量继续增加，表明活性炭中存在发达的中孔。废活性炭的氮气吸附能力要明显低于新活性炭，这是由于废活性炭中吸附有大量的有机物杂质。废活性炭经过 3 次或 6 次微波再生后，尽管其氮气吸附能力低于新活性炭，但是明显高于废活性炭，表明再生后废活性炭的孔结构得到了一定程度的恢复。

由表 5-12 可知，再生活性炭的比表面积、微孔表面积和总孔体积、微孔体积积要明显低于新活性炭，这可能是由于微波加热对活性炭孔结构产生了不利影响，此外，也可能是由于其生成的氧化产物造成了活性炭孔道的堵塞。

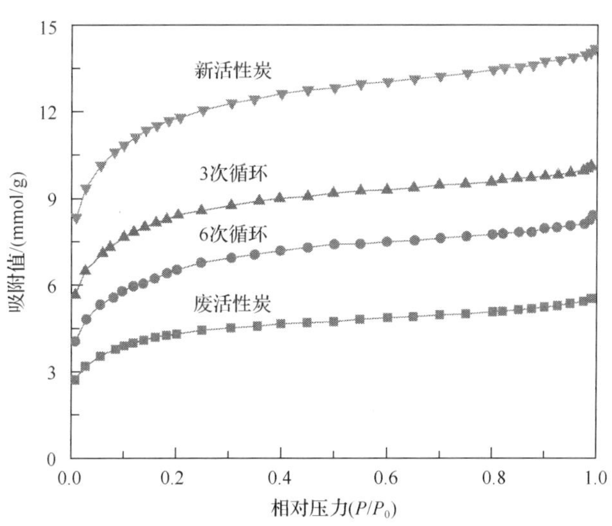

图 5-24　不同活性炭样品的氮气吸附等温线

表 5-12　不同活性炭样品的孔结构参数

样品	比表面积/(m^2/g)	微孔表面积/(m^2/g)	总孔体积/(cm^3/g)	微孔体积/(cm^3/g)
新活性炭	911.7	464.3	0.484	0.211
废活性炭	340.6	144.9	0.188	0.064
3 次循环再生活性炭	654.7	325	0.347	0.142
6 次循环再生活性炭	522.3	238.1	0.281	0.109

本节采用的颗粒活性炭的价格为 1500 美元/t，考虑初始投资是由微波设备、运输和人力资源等产生的成本，合计为 20000 美元，假定在微波设备使用期间，可以处理 500t 废活性炭，此时设备折旧费为 40 美元/t。实验时每处理 10g 活性炭需要 400W 的微波加热 3min，由此预计所需电能为 2000kWh/t，合计费用为 200 美元/t，活性炭质量损失为 3%时产生成本为 45 美元/t，预计设备维护费和人力资源费用合计为 80 美元/t。因此，总计废活性炭再生成本为 365 美元/t，仅为活性炭价格的 24.3%，表明微波加热再生处理化工废水后产生的废活性炭具有经济可行性。

5.5　味精生产用废活性炭的微波再生与应用

味精是食品行业中一种重要的调味品，在味精的精制过程中通常需要对其进行脱色处理，而活性炭由于具有丰富的比表面积和较强的吸附能力，通常在生产味精时被用作脱色剂[10]。为了降低企业生产成本并减小环境污染，需要对废弃的活性炭进行再生利用。

5.5.1　微波加热直接再生

彭金辉[11]采用微波直接加热的方式，对味精厂中产生的废活性炭进行了再生。实验时将废活性炭经适当漂洗之后，放入多模微波腔体中进行加热。所用微波频率为 2.45GHz，微波炉最大功率为 800W，考察了微波再生时间对活性炭亚甲基蓝脱色力的影响，结果如表 5-13 所示。

表 5-13　微波再生时间对味精生产用再生活性炭亚甲基蓝脱色力的影响

微波再生时间/min	4	6	8	10	12
亚甲基蓝脱色力/(mL/0.1g)	6.0	8.5	10.0	12.0	12.0

由表 5-13 可知，活性炭的亚甲基蓝脱色力随再生时间的延长逐渐增加，当微波再生时间超过 10min 后，活性炭的亚甲基蓝脱色力达到最大值 12mL/0.1g，该值已达到林业部标准 LY 216—79 的一级品质要求。

由于活性炭具有较高的介电损耗系数，为强吸波物质，当被微波加热 1～2min 后，活性炭的温度可迅速升至 650℃以上。在微波加热时，活性炭中的水分子及其他有机物等迅速被加热而急剧挥发，同时产生蒸气压由内向外爆炸般地压出。由于这种剧烈作用，使活性炭具有显著的多孔结构。当微波加热时间超过 10min 后，活性炭中的水分子及其他有机物等已基本挥发完毕，因此，活性炭的亚甲基蓝脱色力保持不变。

5.5.2　微波加热-超声波喷雾再生与应用

1. 废活性炭再生及表征

Cheng 等[12]以味精生产用废活性炭为原料，在超声波喷雾条件下进行了微波加热再生。经分析，废活性炭的亚甲基蓝吸附值为 39mg/g，比表面积为 318.2m^2/g，固定碳含量为 73.9%，灰分为 3.61%，挥发分为 22.49%。N、C、H 元素含量分别为 1.633%、33.74%和 3.547%，其余元素含量为 61.08%。

实验时，首先将样品置于微波炉中，在通入氮气气氛下加热至 840℃，然后以 2mL/min 的流量向微波炉内进行超声波喷雾，当保温时间达到 17min 后，关闭微波并停止超声波喷雾，重新通入氮气使物料冷却至室温。此外，在同样实验条件下，将超声波喷雾改为水蒸气活化再生以进行对比分析。

废活性炭、微波加热-超声波喷雾活化再生活性炭和水蒸气活化再生活性炭的氮气吸附等温线如图 5-25 所示。由图 5-25 可知，经过不同方式活化和微波加热再生后，再生活性炭的氮气吸附量要高于废活性炭，微波加热-超声波喷雾活化再生活性炭的氮气吸附量要高于水蒸气活化再生活性炭的氮气吸附量，表明超声波喷雾的效果更好。

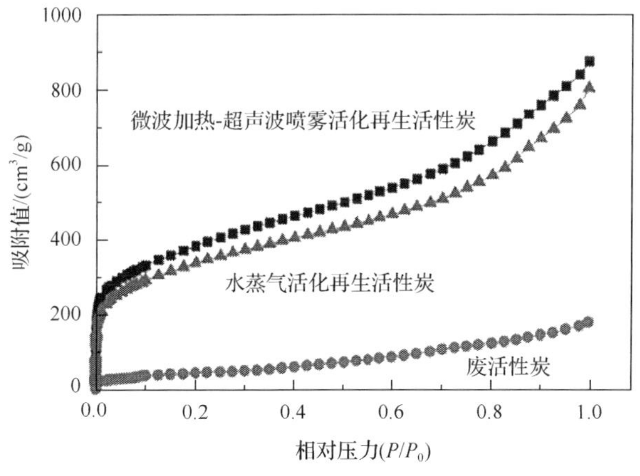

图 5-25　味精生产用废活性炭和再生活性炭的氮气吸附等温线

废活性炭、微波加热-超声波喷雾活化再生活性炭和水蒸气活化再生活性炭的孔结构参数和亚甲基蓝吸附值如表 5-14 所示。

表 5-14　味精生产用废活性炭和不同条件下制备的再生活性炭的孔结构参数和亚甲基蓝吸附值

样品	比表面积/(m^2/g)	总孔体积/(cm^3/g)	平均孔径/nm	微孔体积/(cm^3/g)	微孔比例/%	亚甲基蓝吸附值/(mg/g)
废活性炭	318	0.517	9.32	0.07	13.54	39
微波加热-超声波喷雾活化再生活性炭	1312	1.34	4.13	0.36	26.97	190.5
水蒸气活化再生活性炭	1151	1.22	4.33	0.31	25.4	166.5

由表 5-14 可知，经水蒸气活化再生和微波加热-超声波喷雾活化再生后，活性炭的比表面积、总孔体积和微孔体积均明显增加。在微波加热-超声波喷雾活化下再生活性炭的孔结构要比水蒸气活化下再生活性炭的孔结构更为发达，表明微波加热-超声波喷雾更有利于废活性炭的再生。

废活性炭和不同条件下再生活性炭的微观形貌分析如图 5-26 所示。

(a) 废活性炭

(b) 水蒸气活化再生活性炭

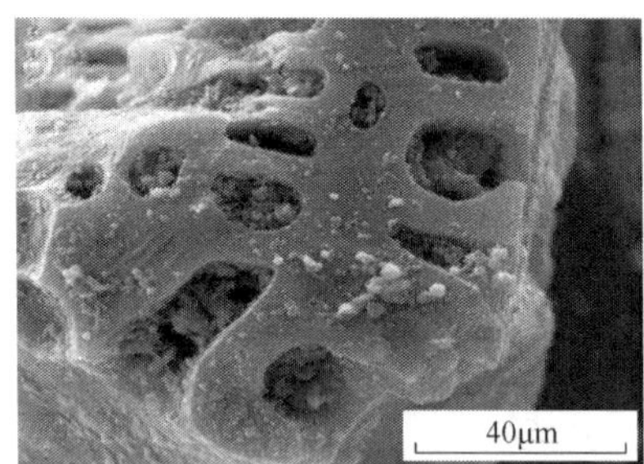

(c) 微波加热-超声波喷雾活化再生活性炭

图 5-26　味精生产用废活性炭、水蒸气活化再生活性炭和微波加热-超声波喷雾再生活性炭的 SEM 图

由图 5-26 可以看出，废活性炭表面覆盖有较多杂质，很难观察到活性炭孔道；经水蒸气活化再生后，活性炭表面的一些杂质被脱除；而经过微波加热-超声波喷

雾再生后，活性炭表面大部分杂质被脱除，可以观察到清晰的孔结构。

2. 再生活性炭用于吸附亚甲基蓝

将微波加热-超声波喷雾再生下获得的味精生产用再生活性炭用于吸附废水中的亚甲基蓝，吸附实验数据与不同等温吸附模型的拟合参数见表 5-15。

表 5-15　味精生产用再生活性炭的吸附等温参数

等温吸附模型	参数	温度/K		
		303	313	323
Langmuir	q_m/(mg/g)	261.78	276.24	289.85
	K_L/(L/mg)	2.0761	2.1047	2.2258
	R^2	0.99	0.99	0.99
Freundlich	$1/n$	0.1722	0.199	0.2441
	K_F	153.4	156.53	168.34
	R^2	0.72	0.77	0.86
Temkin	R^2	0.83	0.92	0.95

由表 5-15 可以看出，实验数据与 Langmuir 等温吸附模型的相关系数比其他模型相关系数更高，表明吸附过程更符合 Langmuir 等温吸附模型。再生活性炭对亚甲基蓝的吸附值随温度的升高而增加，表明吸附过程为吸热反应。这是由于随吸附温度的升高，吸附质的表面活性和动能会逐渐增加，导致在溶质和吸附剂之间的相互作用力大于溶质和溶剂之间相互作用力，从而增加吸附量[13]。

不同吸附剂对亚甲基蓝的最大单层吸附量如表 5-16 所示。由表 5-16 可以看出，本节再生活性炭的亚甲基蓝的吸附量要高于文献所报道的吸附剂吸附量，因此废活性炭经微波加热-超声波喷雾活化再生后的样品适合用作吸附处理亚甲基蓝废水，再生活性炭吸附能力的提高主要归因于微波加热独特的加热优势[14-18]。

表 5-16　不同吸附剂对亚甲基蓝的最大单层吸附量

吸附剂	最大单层吸附量/(mg/g)	参考文献
味精生产用再生活性炭	289.85	本书
谷壳	129.5	文献[14]
松木粉	200	文献[15]
杏核	221.23	文献[16]
铁对苯二酸酯(MOF-235)	187	文献[17]
Fe_3O_4@GPTMS@Lys	185	文献[18]

再生活性炭吸附亚甲基蓝的实验数据与不同动力学模型的拟合参数如表 5-17 所示。

表 5-17　味精生产用再生活性炭吸附数据与拟合参数（298K）

模型	参数				
准一级动力学模型	c_0/(mg/L)	$q_{e,exp}$/(mg/L)	$q_{e,cal}$/(mg/L)	k_1/min^{-1}	R^2
	100	99.19	0.64	0.0129	0.97
	150	149.14	3.84	0.0174	0.86
	200	198.66	4.08	0.0095	0.89
	250	243.39	15.96	0.0102	0.83
	300	252.88	26.58	0.0112	0.93
准二级动力学模型	c_0/(mg/L)	$q_{e,exp}$/(mg/L)	$q_{e,cal}$/(mg/L)	k_2/[g/(mg · min)]	R^2
	100	99.19	99.3	0.0472	1
	150	149.14	149.48	0.0108	1
	200	198.66	198.81	0.0062	0.99
	250	243.39	245.1	0.0016	0.99
	300	252.88	255.75	0.01	0.99
粒子内扩散模型	c_0/(mg/L)	$q_{e,exp}$/(mg/L)	c/(mg/g)	k_3/[g/(mg · min)]	R^2
	200	198.66	193.39	0.3467	0.8
	250	243.39	222.53	1.3979	0.8
	300	252.88	221.21	2.1439	0.84

由表 5-17 可以看出，与准一级动力学模型和粒子内扩散模型相比，实验数据与准二级动力学模型的相关系数更高，且由准二级动力学模型计算出的平衡吸附量更接近于实验值，表明吸附过程更符合准二级动力学模型。文献报道的不同类型活性炭吸附亚甲基蓝的过程也符合准二级动力学模型[19,20]。亚甲基蓝吸附到吸附剂上的过程通常由液相传质速率或粒内传质速率控制[21]。在不同吸附温度和亚甲基蓝初始浓度下，准二级模型的速率常数如表 5-18 所示。

表 5-18　准二级动力学模型的速率常数 k_2

温度/K	不同浓度下的速率常数/[g/(mg · min)]		
	100mg/g	200mg/g	300mg/g
303	0.0472	0.0062	0.001
313	0.0443	0.0166	0.0007
323	0.0557	0.0165	0.0009

在 25℃条件下，亚甲基蓝在再生活性炭上吸附的内粒子模型如图 5-27 所示。

由图 5-27 可以看出，第一部分表示在吸附剂外表面的吸附；第二部分是慢速吸附过程，粒子内扩散是速度限制步骤；第三部分表示最后的吸附平衡阶段，此时溶液中吸附质浓度极低，粒子内扩散开始减速。图 5-27 中的曲线均没有通过原点，这是由于在吸附初始阶段和最后阶段传质速率不一致。因此，粒子内扩散不是唯一的速度限制步骤。

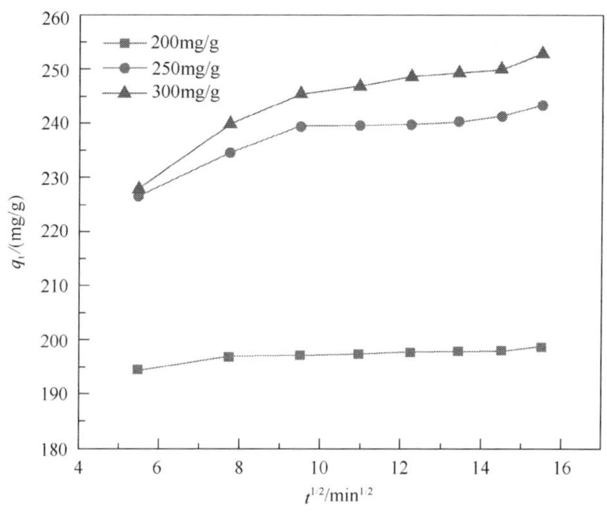

图 5-27　亚甲基蓝在味精生产用再生活性炭上吸附的内粒子模型

k_2和 $1/T$ 之间的关系如图 5-28 所示。由图可以计算出 E_a 和 A，结果表明，再生活性炭吸附亚甲基蓝的活化能为 13.48kJ/mol。通常，化学吸附过程中，吸附活化能为 40～800kJ/mol，而物理吸附过程中，吸附活化能为 8～40kJ/mol[22]。因此，再生活性炭吸附亚甲基蓝属于物理吸附。

根据相关热力学方程计算出在吸附温度分别为 30℃、40℃和 50℃下，对应 $\Delta G^\ominus$ 分别为–10.11kJ/mol、–15.40kJ/mol 和–16.49kJ/mol，表明吸附过程可以自发进行。$\Delta G^\ominus$ 随温度的升高而降低，表明高温下更有利于吸附。$\Delta H^\ominus$ 为 8.42kJ/mol，表明吸附为吸热过程。$\Delta S^\ominus$ 为 76.13J/mol，表明吸附过程中固-液界面的自由度增加。

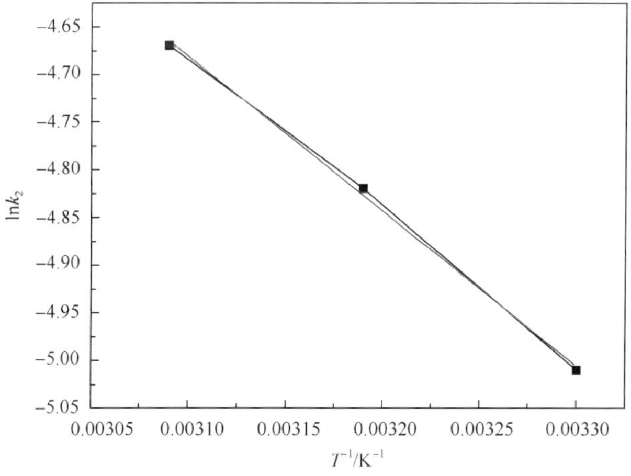

图 5-28　k_2 和 $1/T$ 之间的关系

5.6 医药行业废活性炭的微波再生

5.6.1 针剂生产用废活性炭的微波再生

针剂生产用活性炭主要是用于医药厂各类药物或针剂等的除臭、除杂、脱色精制和除味提纯等[23,24]。工业上针剂生产用活性炭用途广泛且用量大，但是当活性炭吸附饱和后便会形成大量废活性炭，这类废活性炭如果处理不当，将会对环境造成危害。

张声洲等[25]采用微波加热对云南某厂的废弃针剂生产用活性炭进行了再生，并测试了吸附性能及其得率。实验时首先将废活性炭置于箱式微波炉中，然后通入氮气排尽炉内空气，控制微波功率为 400W，开启微波将废活性炭加热至设定温度并保温一定时间，考察再生温度、再生时间和物料厚度对再生活性炭的吸附性能和得率的影响。

实验通过响应曲面模型中的 CCD 优化再生废活性炭的工艺条件，以再生温度 X_1、再生时间 X_2 及物料厚度 X_3 为影响因子，以亚甲基蓝吸附值 Y_1 和得率 Y_2 为活性炭的考察指标。实验设计方案与结果如表 5-19 所示。

表 5-19 实验设计方案与结果

实验	影响因子			响应值	
	X_1/℃	X_2/min	X_3/mm	Y_1/(mg/g)	Y_2/%
1	600	12	10	105	69.01
2	800	12	10	120	64.46
3	600	24	10	142.5	38.98
4	800	24	10	150	35.76
5	600	12	30	97.5	71.07
6	800	12	30	105	66.25
7	600	24	30	127.5	62.27
8	800	24	30	135	55.32
9	532	18	20	142.5	66.01
10	868	18	20	150	54.26
11	700	7.9	20	105	75.19
12	700	28.1	20	150	48.32
13	700	18	3.2	112.5	42.29
14	700	18	36.8	97.5	67.88
15	700	18	20	180	65.12
16	700	18	20	187.5	65.18
17	700	18	20	180	65.08
18	700	18	20	180	65.15
19	700	18	20	187.5	65.2
20	700	18	20	187.5	65.1

采用 Design Expert 软件对各影响因子及其相互作用对模型精确性的影响作用进行分析，以 X_1、X_2 和 X_3 为自变量，以 Y_1 和 Y_2 为因变量，可得到多项回归方程式(5-7)和式(5-8)。

亚甲基蓝吸附值

$$Y_1=-852.97516+1.93823X_1+23.76257X_2+11.50103X_3-0.00156250X_1X_2-0.000937500\times X_1X_3-0.015625X_2X_3-0.00132476X_1^2-0.55213X_2^2-0.27832X_3^2 \tag{5-7}$$

得率

$$Y_2=-1.72037+0.25341X_1-1.66736X_2+1.02786X_3-0.000166667X_1X_2-0.000500000X_1X_3+0.081250X_2X_3-0.000192274X_1^2-0.037500X_2^2-0.037082X_3^2 \tag{5-8}$$

通过 ANOVA 可得到多项式方程中所有系数的显著性，并可以进一步判断模型的有效性，经过拟合计算得到方程式(5-7)和式(5-8)的 R^2 值分别为 0.9928、0.9877，表明模型的预测值与实验值较为接近，可信度较高。

通过 ANOVA 对实验结果及模型的精确度进行分析，得到再生活性炭的亚甲基蓝吸附值及得率的方差分析如表 5-20 和表 5-21 所示。

表 5-20　针剂用再生活性炭对亚甲基蓝吸附值的方差分析结果

方差来源	平方和	自由度	均方值	F 值	Prob＞F
模型	20268.15	9	2252.02	152.39	＜0.0001
X_1	183.89	1	183.89	12.44	0.0055
X_2	3022.83	1	3022.83	204.54	＜0.0001
X_3	442.38	1	442.38	29.93	0.0003
X_1X_2	7.03	1	7.03	0.48	0.506
X_1X_3	7.03	1	7.03	0.48	0.506
X_2X_3	7.03	1	7.03	0.48	0.506
X_1^2	2529.17	1	2529.17	171.14	＜0.0001
X_2^2	5693.68	1	5693.68	385.27	＜0.0001
X_3^2	11163.02	1	11163.02	755.36	＜0.0001

由表 5-20 可知，在再生活性炭的亚甲基蓝吸附值的模型精确度分析中，模型的 F 值为 152.39，Prob＞F 值＜0.0001，表明模型可信度高，模拟结果精确。在该分析中可以看出，X_1、X_2、X_3、X_1^2、X_2^2 和 X_3^2 这六个影响因子对模型的影响显著，即对活性炭亚甲基蓝吸附值影响明显。

表 5-21　针剂用再生活性炭对得率的方差分析结果

方差来源	平方和	自由度	均方值	F 值	Prob>F
模型	2258.21	9	250.91	88.93	<0.0001
X_1	113.1	1	113.1	40.09	<0.0001
X_2	1119.53	1	1119.53	396.8	<0.0001
X_3	589.65	1	589.65	208.99	<0.0001
X_1X_2	0.08	1	0.08	0.028	0.8696
X_1X_3	2	1	2	0.71	0.4195
X_2X_3	190.13	1	190.13	67.39	<0.0001
X_1^2	53.28	1	53.28	18.88	0.0015
X_2^2	26.26	1	26.26	9.31	0.0122
X_3^2	198.16	1	198.16	70.24	<0.0001

由表 5-21 可知，在再生活性炭得率的模型精确度分析中，模型的 F 值为 88.93，Prob>F 为<0.0001，表明所选模型的精确度较高，模拟结果精确能很好模拟活性炭得率结果准确。其中 X_1、X_2、X_3、X_2X_3 和 X_3^2 对模型的影响显著。

再生活性炭亚甲基蓝吸附值和得率的预测值与实验值如图 5-29 所示。

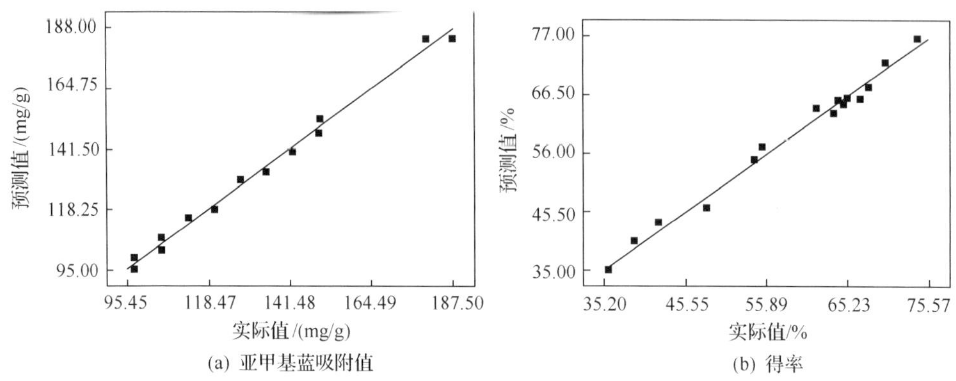

(a) 亚甲基蓝吸附值　　(b) 得率

图 5-29　针剂用再生活性炭亚甲基蓝吸附值和得率的预测值与实验值的对比

由图 5-29 可以看出，由软件设计所获得的预测值与实验结果比较接近，所获得的实验结果点基本上平均分布于预测直线的周围，表明实验所选取的模型可以很好地反映自变量与因变量之间的关系。

1. 响应曲面分析

再生时间和再生温度对亚甲基蓝吸附值的响应曲面如图 5-30 所示。由图 5-30 可以看出，随再生时间的延长和再生温度的升高，再生活性炭亚甲基蓝吸附值也随着增大，且再生时间对亚甲基蓝吸附值的增大趋势要大于再生温度的增大趋势。

当再生温度达到 700℃，再生时间达到 18min 后，活性炭亚甲基蓝吸附值均略有降低。这是由于再生温度的升高和再生时间的延长均有利于活性炭的再生，但是当再生温度和再生时间达到一定值后，活性炭的再生程度已达到极限，继续增加再生温度和延长再生时间反而会对活性炭的孔结构造成破坏，继而降低活性炭的亚甲基蓝吸附值。

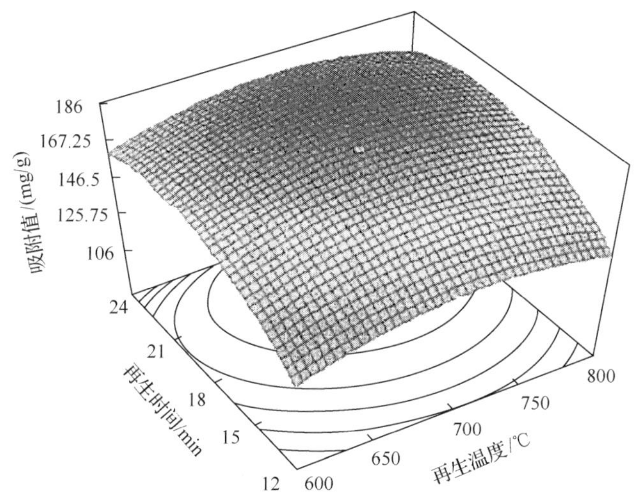

图 5-30　再生时间、再生温度及其交互作用对针剂用再生活性炭亚甲基蓝吸附值的响应曲面

再生温度和物料厚度对亚甲基蓝吸附值的响应曲面如图 5-31 所示。从图 5-31 可以看出，物料厚度对再生活性炭亚甲基蓝吸附值的影响远远大于再生温度的影

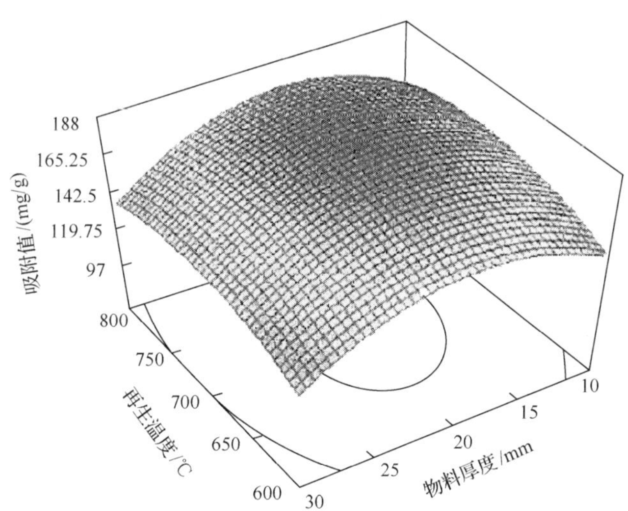

图 5-31　再生温度、物料厚度及其交互作用对针剂用再生活性炭亚甲基蓝吸附值的响应曲面

响。当物料厚度为 10～20mm 时，活性炭亚甲基蓝吸附值随物料厚度的增加而提高；当物料厚度超过 20mm 后，活性炭亚甲基蓝吸附值反而下降，这是由于物料过厚时不利于产生的气体向外扩散，从而阻碍活性炭孔隙的恢复。因此，物料厚度为 20mm 比较合适。

再生时间和物料厚度对亚甲基蓝吸附值响应曲面如图 5-32 所示。从图 5-32 可以看出，活性炭亚甲基蓝吸附值随再生时间的延长而快速提高，但当再生时间过长时，活性炭亚甲基蓝吸附值略有降低，这可能是由于活性炭孔结构遭到了破坏所致。

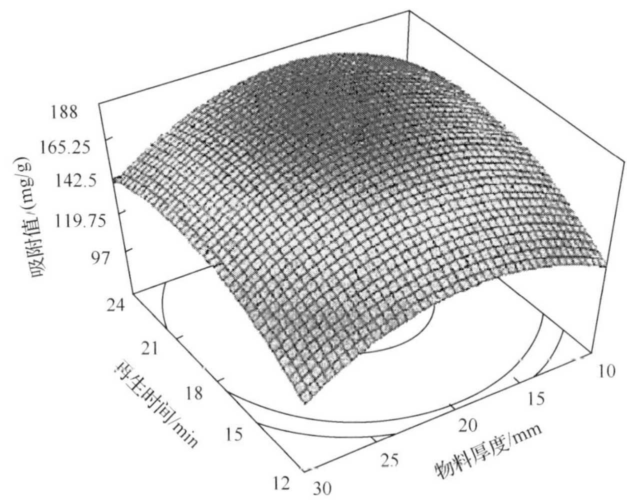

图 5-32　再生时间、物料厚度及其交互作用对针剂用再生活性炭亚甲基蓝吸附值响应曲面

再生时间、再生温度和物料厚度及其交互作用对再生活性炭得率影响的响应曲面如图 5-33 所示。

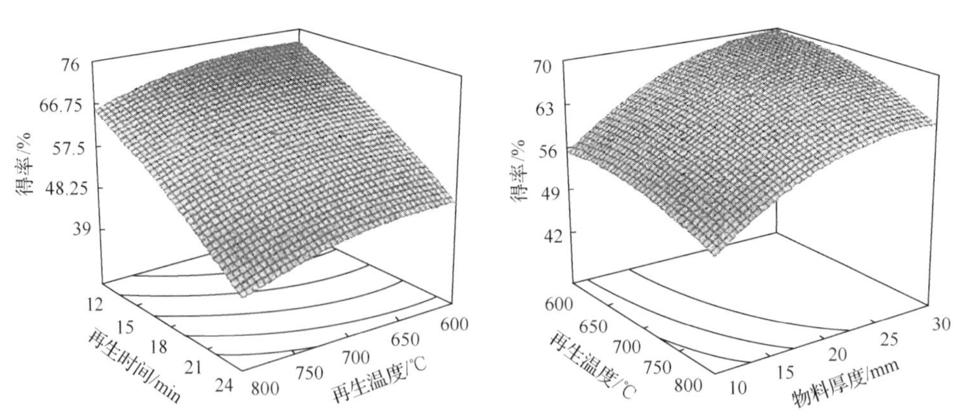

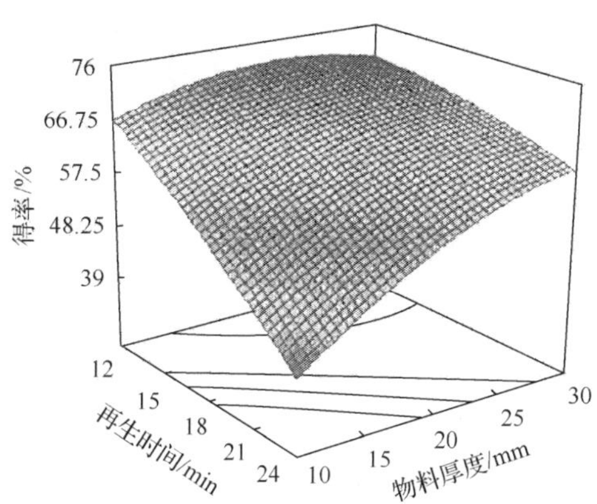

图 5-33　再生时间、再生温度、物料厚度及其交互作用对针剂用再生活性炭得率影响的响应曲面

由图 5-33 可以看出，随再生温度的升高、再生时间的延长和物料厚度的减少，活性炭得率呈下降趋势。这可能是由于随再生温度的升高、再生时间的延长，活性炭的再生程度不断加深，在孔隙恢复的同时，炭也被烧蚀损耗，部分微孔或中孔也可能发生坍塌而形成大孔，从而导致得率不断下降。活性炭得率随物料厚度的增加而提高，这是由于表层物料与空气接触烧蚀后，形成的炭灰覆盖在物料表层，而阻止下层物料的继续烧蚀，物料越厚则相对烧蚀率越低，得率越高。

利用响应曲面模型对该实验进行设计和验证，综合考察再生活性炭性能和得率等因素，选取最佳再生条件为：再生温度 700℃、再生时间 18min 和物料厚度 20mm。在该条件下再生活性炭的亚甲基蓝吸附值达到 187.5mg/g，得率为 65.20%，亚甲基蓝吸附值和灰分达到《针剂用活性炭》(GB/T 13803.4—1999) 中规定的物理法制备的质量要求。

2. 再生活性炭表征

废活性炭和再生活性炭的孔结构参数如表 5-22 所示，可以看出，废活性炭经微波再生后，比表面积和总孔体积得到了极大的提高，平均孔径明显降低。

表 5-22　针剂生产用废活性炭和再生活性炭的孔结构参数

参数	废活性炭	再生活性炭
比表面积/(m^2/g)	164	962
总孔体积/(cm^3/g)	0.47	1.02
平均孔径/nm	13.44	4.27

图 5-34 为废活性炭和再生活性炭的微观形貌图，可以看出，废活性炭表面较粗糙，孔隙被诸多杂质覆盖，而再生活性炭上杂质较少，孔结构清晰可见，表明微波加热对废活性炭的再生效果明显。

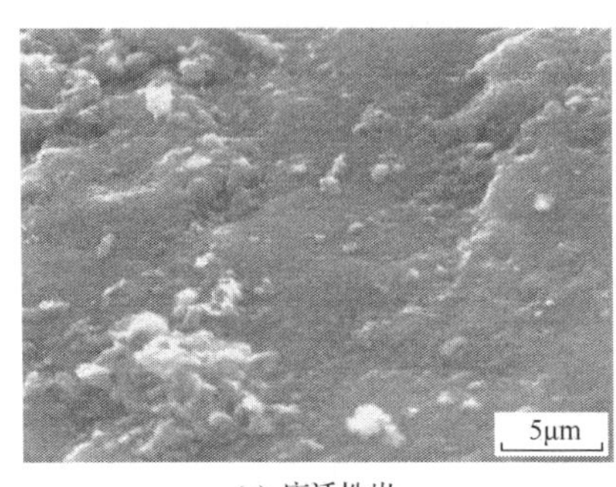

(a) 废活性炭

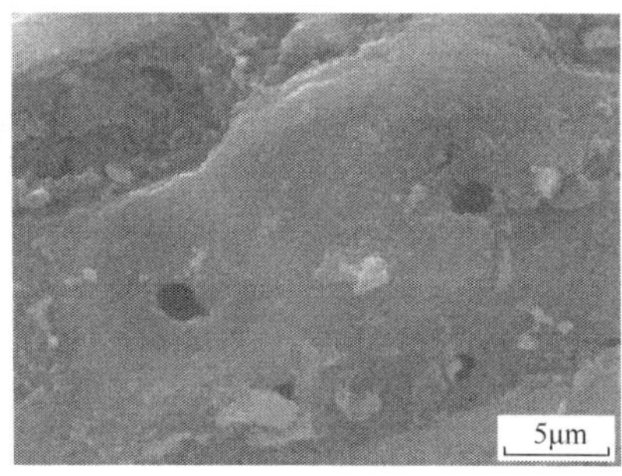

(b) 再生活性炭

图 5-34　针剂生产用废活性炭和再生活性炭的 SEM 图

5.6.2　阿司匹林生产用废活性炭的微波再生

阿司匹林是一种重要的药物，被广泛用于治疗伤风、感冒、头痛、神经痛、关节痛、急性和慢性风湿痛及类风湿痛等多种病症[26]。在生产阿司匹林过程中会产生大量制药废水，由于废水中含有大量有害物质，通常采用活性炭对其进行脱色、脱味、脱臭等处理以达到排放要求，但是这导致产生大量废活性炭[27]。从环保和二次资源再利用的角度出发，通常需将这些废活性炭进行回收再利用。常规热再生法是较常用的一种废活性炭再生的方法，而阿司匹林用废活性炭中吸附了大量的有机物，在常规加热再生过程中，存在再生时间长和再生效果差等问题，因此在热再生过程中通常需通入气体进行活化再生，但是由于药用活性炭是粉末活性炭，通入活化气体会导致大量粉末活性炭被气体带走而造成损失。

舒建华等[28]提出了微波一步法再生阿司匹林生产用废粉末废活性炭的方法。所采用原料含水量为 52.2%，亚甲基蓝吸附值为 185mg/g。实验前首先将样品在 85℃下干燥至含水率低于 5%，每次实验时称取 10g 物料放入箱式微波中，在微波功率为 500W 下将物料加热至一定温度，然后保温一定时间，待冷却后取出分析。主要考察了再生温度、再生时间和物料厚度对活性炭亚甲基蓝吸附量和得率的影响。

当物料厚度为 20mm 时，考察了再生温度对再生活性炭亚甲基蓝吸附量和得率的影响，结果如图 5-35 所示。

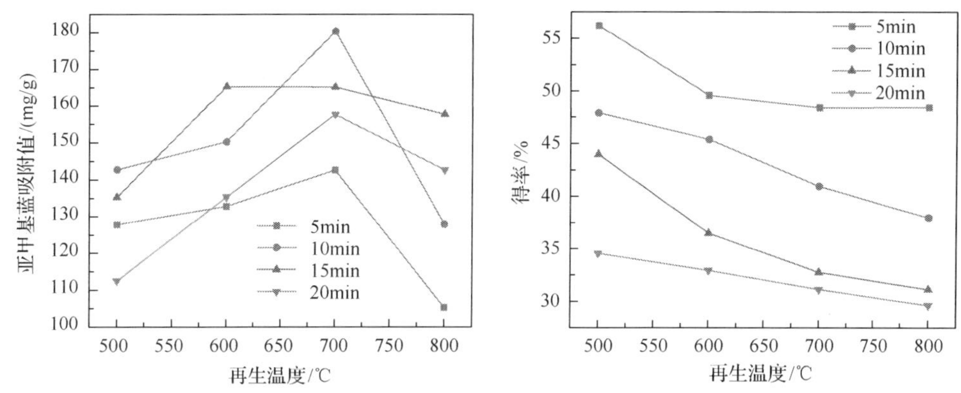

图 5-35 再生温度对阿司匹林生产用再生活性炭亚甲基蓝吸附量和得率的影响(物料厚度 20mm)

从图 5-35 可知，再生活性炭亚甲基蓝吸附量随温度升高呈先上升后下降的趋势，这是由于提高再生温度有利于废活性炭孔隙内吸附的有机物的挥发和分解，但是过高的温度会使部分已恢复的孔结构被破坏或坍塌，从而降低活性炭的吸附性能。

在不同的再生时间下，活性炭得率均随温度的升高而下降。这是由于温度越高时，会有更多的有机物从活性炭中挥发损失，此外，较高的温度也可能会导致部分活性炭被炭化而烧失。因此，综合考虑活性炭再生效果和得率，选择最优再生温度为 700℃。

当物料厚度为 20mm 时，考察了再生时间对再生活性炭亚甲基蓝吸附量和得率的影响。实验结果表明，随着再生时间的延长，再生活性炭的亚甲基蓝吸附量先增加后减小，而活性炭得率呈现下降的趋势。这是由于延长再生时间，有利于废活性炭中所吸附杂质的挥发，恢复所堵塞的孔道，当再生时间过长时，会导致废活性炭表面被烧蚀或造成活性炭孔隙的坍塌，从而导致其吸附性能下降。随再生时间延长，会有更多杂质从活性炭中挥发脱除，而且活性炭烧失率也会增大，因此得率会降低。综合考虑活性炭再生效果和得率，选择最优再生时间为 10min。

当再生温度为 700℃时，考察了物料厚度对再生活性炭亚甲基蓝吸附量和得率的影响。实验结果表明，随着物料厚度的增加，再生活性炭亚甲基蓝吸附量先增加后减小，而活性炭得率呈逐步上升的趋势。这是由于物料过厚时不利于活性炭中产生的气体向外扩散，从而阻碍活性炭孔隙的恢复；当物料厚度太薄时，烧失现象会较严重，物料厚度较大时，可以避免更多的物料被烧失，因而得率会提高。综合考虑活性炭再生效果和得率，选择最优物料厚度为 20mm。

从上述分析可知，微波加热再生阿司匹林用废活性炭的最优工艺条件为：再生温度 700℃、再生时间 10min、物料厚度 20mm。此时，再生活性炭亚甲基蓝吸附值为 180mg/g，得率为 40.88%。与文献所报道的常规加热水蒸气活化再生该废活性炭的工艺条件相比，再生温度降低了 50℃、再生时间缩短了 50%[29]。

阿司匹林生产用废活性炭、再生活性炭和原活性炭的孔结构参数如表 5-23 所示。

表 5-23　阿司匹林生产用废活性炭和再生活性炭的孔结构参数

参数	废活性炭	再生活性炭	原活性炭
比表面积/(m^2/g)	667.8	1296	1416
总孔体积/(cm^3/g)	0.5639	0.9774	0.9806
平均孔径/nm	3.378	3.016	2.726
微孔体积/(cm^3/g)	0.2179	0.4673	0.519
微孔比例/%	38.64	47.81	60.3

由表 5-23 可以看出，与废活性炭相比，再生活性炭的比表面积、微孔体积和孔体积均得到显著提高，与原活性炭的比表面积和总孔体积近似相等，表明微波再生的效果显著。原活性炭、废活性炭和再生活性炭的微孔比例分别为 60.3%、38.64%和 47.81%，表明微波再生的活性炭具有较为发达的微孔孔结构，但仍然以中大孔为主，符合有机物净化常用中大孔活性炭的要求，可实现循环使用。

图 5-36 为废活性炭和再生活性炭的微观形貌图，可以看出，废活性炭表面相对粗糙，吸附有大量的杂质，几乎观察不到明显的孔隙；经过微波再生后，活性炭表面吸附的杂质明显减少，活性炭孔结构也变得清晰可见。

(a) 废活性炭

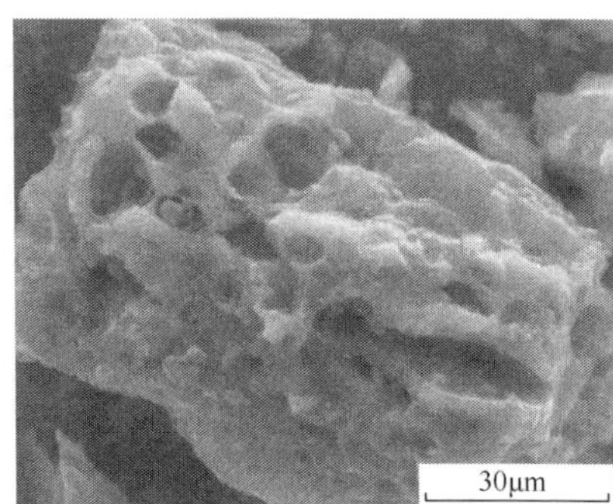

(a) 再生活性炭

图 5-36　阿司匹林生产用废活性炭和再生活性炭的 SEM 图

5.6.3　乙酰氨基酚生产用废活性炭的微波再生

乙酰氨基酚是一种重要的镇痛药，由于其对消化道无刺激性，也不会引起凝血障碍，因此成为解热镇痛药的主要发展品种[30-32]。但是在乙酰氨基酚的制备过程中会产生大量的危害性杂质，因此需要对乙酰氨基酚污水进行处理后才能排放。活性炭具有强大的吸附能力，因此通常采用活性炭对乙酰氨基酚污水进行吸附处理，以达到除杂和除色的目的[33]。使用过的活性炭吸附能力大大下降，因此通常需要对该废活性炭进行再生利用。

吴坚等[34]通过微波加热的方式对废活性炭进行再生，考察了再生温度和再生时间对活性炭吸附性能和得率的影响，实验中没有通入任何保护气体和活化气体。所采用原料为处理乙酰氨基酚废水后的粉状废活性炭，其亚甲基蓝吸附值和含水率分别为 45mg/g 和 30%。

考察了再生温度对活性炭亚甲基蓝吸附值和得率的影响，结果分别如图 5-37 所示。

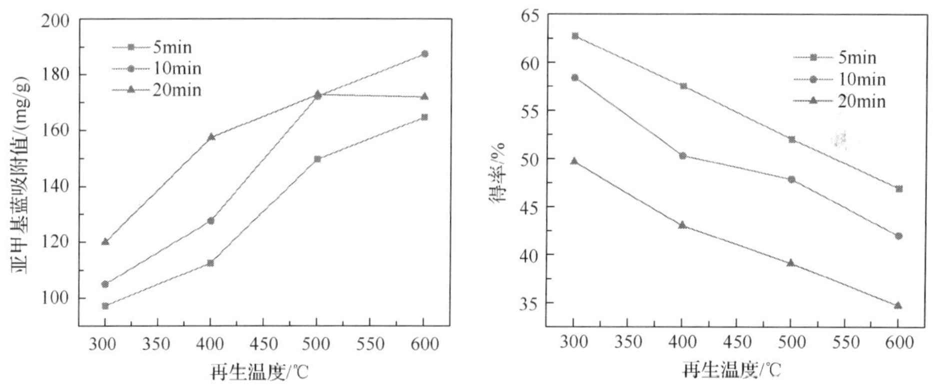

图 5-37　再生温度对乙酰氨基酚生产用再生活性炭亚甲基蓝吸附值和得率的影响

从图 5-37 可以看出，活性炭亚甲基蓝吸附值随温度的增加而上升，这是由于温度越高时，有更多的杂质从活性炭中被脱除，活性炭孔道得以疏通，因此吸附能力变大。

活性炭得率随温度的增加而下降，这是由于随温度的升高，有更多的杂质被脱除，此外，活性炭本身的烧蚀程度也会加深，因此活性炭得率也逐步降低。当再生温度为 600℃、再生时间为 10min 时，活性炭亚甲基蓝吸附值和得率分别为 187.5mg/g 和 41.82%。

考察了再生时间对活性炭亚甲基蓝吸附值和得率的影响，结果如图 5-38 所示。

从图 5-38 可以看出，当再生时间为 5～10min 时，活性炭的亚甲基蓝吸附量随再生时间的延长而增加；当再生时间为 10～25min 时，活性炭的亚甲基蓝吸附量随再生时间的延长而下降。这是由于时间的延长可以使更多的杂质从活性炭孔道中被脱除，活性炭的再生吸附能力更好，但是过长的再生时间会导致活性炭孔结构遭到破坏，从而导致其吸附性能下降。

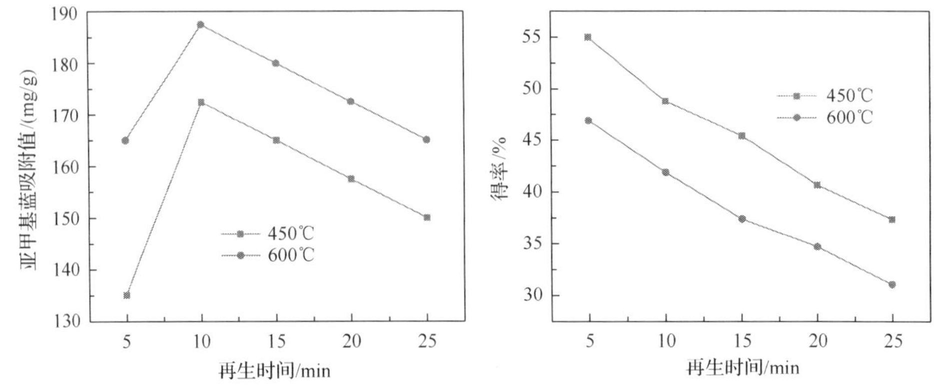

图 5-38　再生时间对乙酰氨基酚生产用再生活性炭亚甲基蓝吸附值和得率的影响

废活性炭、再生活性炭和原活性炭的孔结构参数如表 5-24 所示，可以看出，通过微波加热再生后，活性炭比表面积增加了 695.3m^2/g，总孔体积增加了 0.51cm^3/g，说明微波再生效果显著，增加了活性炭的表面孔数量，疏通了被堵塞的活性炭孔道，增加了活性炭的吸附性能。

表 5-24　乙酰氨基酚生产用废活性炭和再生活性炭的孔结构参数

参数	废活性炭	再生活性炭
比表面积/(m^2/g)	252.6	947.9
总孔体积/(cm^3/g)	0.46	0.97
微孔比例/%	4.76	28.82
中孔比例/%	95.24	71.18

图 5-39 为废活性炭和再生活性炭的微观形貌图，可以看出，经微波再生后的活性炭上杂质明显减少，孔结构清晰可见。表明通过微波加热后，废活性炭上吸附的杂质等得以有效挥发或分解，使得活性炭被堵塞的孔道得以疏通，孔结构变得更加丰富。

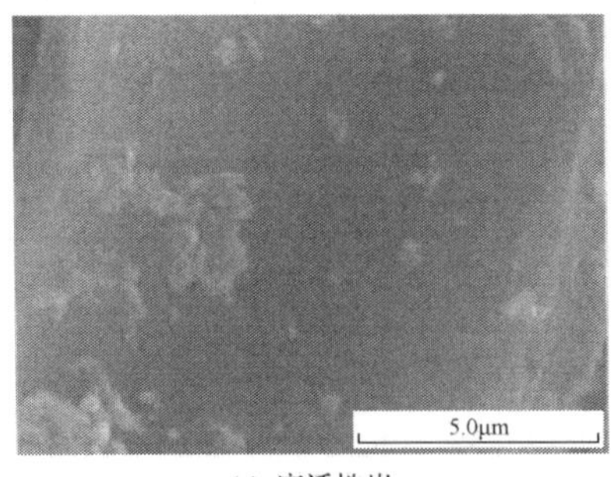

(a) 废活性炭

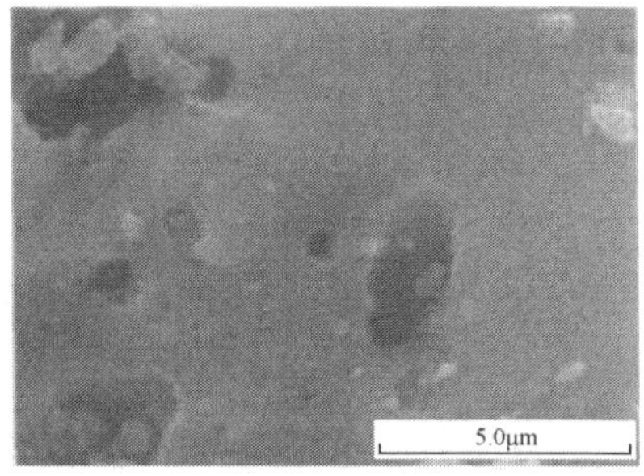

(b) 再生活性炭

图 5-39　乙酰氨基酚生产用废活性炭和再生活性炭的 SEM 图

Cheng 等[35]采用相应曲面法优化了乙酰氨基酚生产用废活性炭的微波再生工艺。实验通过响应曲面法，选取探索实验的最优结果为中心点做优化设计，开展系统实验。选定再生温度、再生时间和微波功率为实验设计的三个因素，以此考察样品的得率和吸附性能。实验设计方案与实验结果如表 5-25 所示。

表 5-25　微波加热再生乙酰氨基酚生产用废活性炭响应曲面实验设计与结果

实验序号	影响因子			响应值	
	X_1/℃	X_2/min	X_3/W	Y_1/(mg/g)	Y_2/%
1	500	5	300	142.5	52.11
2	700	5	300	165	40.15
3	500	15	300	172.5	48.29
4	700	15	300	187.5	34.24
5	500	5	700	150	50.13
6	700	5	700	165	38.74
7	500	15	700	180	46.25
8	700	15	700	180	28.55
9	431.82	10	500	157.5	48.55
10	768.18	10	500	180	27.91
11	600	1.59	500	127.5	58.11
12	600	18.41	500	172.5	36.06
13	600	10	163.64	165	49.25
14	600	10	836.36	180	40.03
15	600	10	500	202.5	42.22
16	600	10	500	195	41.91
17	600	10	500	187.5	41.83
18	600	10	500	202.5	42.01
19	600	10	500	195	41.79
20	600	10	500	202.5	42.13

该实验的三个影响因子分别是：再生温度 X_1、再生时间 X_2 和微波功率 X_3，响应值为亚甲基蓝吸附值 Y_1 和得率 Y_2。以 X_1、X_2 和 X_3 为自变量，Y_1 和 Y_2 为因变量，得到两个多项回归方程式(5-9)和式(5-10)。

亚甲基蓝吸附值

$$Y_1 = 197.3 + 6.62X_1 + 12.68X_2 - 8.88X_1^2 - 15.5X_2^2 - 7.55X_3^2 \tag{5-9}$$

得率

$$Y_2 = 42.02 - 6.58X_1 - 4.46X_2 - 1.95X_3 - 15.5X_1^2 + 1.57X_2^2 \tag{5-10}$$

方程式(5-9)和式(5-10)的拟合相关系数 R^2 分别为 0.9552 和 0.9471，说明实验的结果值和模型的预测值较吻合。

通过方差分析对模型的精确度进行分析，再生活性炭亚甲基蓝吸附值分析如表 5-26 所示。由表 5-26 可知，模型的 F 值为 23.71，Prob＞F 值＜0.0001，表明模型精确度较高。在该分析中 Prob＞F 小于 0.05 的因素为对碘吸附值影响显著的因素，因此，X_1、X_2、X_1^2、X_2^2 和 X_3^2 对模型的影响较大。

表 5-26　乙酰氨基酚生产用再生活性炭亚甲基蓝吸附值的方差分析结果

方差来源	平方和	自由度	均方	F 值	Prob＞F
模型	7672.89	9	852.54	23.71	＜0.0001
X_1	597.6	1	597.6	16.62	0.0022
X_2	2196.08	1	2196.08	61.07	＜0.0001
X_3	78.43	1	78.43	2.18	0.1705
X_1X_2	63.28	1	63.28	1.76	0.2142
X_1X_3	63.28	1	63.28	1.76	0.2142
X_2X_3	7.03	1	7.03	0.2	0.6678
X_1^2	1135.20	1	1135.20	31.57	0.0002
X_2^2	3464.31	1	3464.31	96.33	＜0.0001
X_3^2	821.38	1	821.38	22.84	0.0007

通过方差分析对模型的精确度进行分析，再生活性炭得率分析如表 5-27 所示。由表 5-27 可知，该模型的 F 值为 19.88，Prob＞F 值小于 0.0001，表明模型精确度较高。在该分析中 Prob＞F 小于 0.05 的因素为对碘吸附值影响显著的因素，因此，X_1、X_2、X_3、X_1^2 和 X_2^2 对模型的影响较大。

表 5-27　乙酰氨基酚生产用再生活性炭得率的方差分析结果

方差来源	平方和	自由度	均方	F 值	Prob＞F
模型	1012.10	9	112.46	19.88	＜0.0001
X_1	590.64	1	280.2	104.93	＜0.0001
X_2	271.42	1	67.09	47.97	＜0.0001
X_3	51.91	1	8.41	9.18	0.0127
X_1X_2	8.82	1	0.92	1.56	0.2403
X_1X_3	1.19	1	0.63	0.21	0.6569
X_2X_3	2.35	1	0.001	0.42	0.5334
X_1^2	34.93	1	14.12	6.17	0.0323
X_2^2	35.7	1	4.08	6.31	0.0308
X_3^2	7.25	1	4.62	1.28	0.284

图 5-40 分别为再生活性碘吸附值和得率的实验值与预测值的对比图。由图 5-40 可以看出，通过软件设计得到的预测值与实验值较为接近，实验值基本平均分布在预测直线的周围，说明实验选取的模型可以较好地反映样品亚甲基蓝吸附值和得率的自变量与因变量之间的关系。

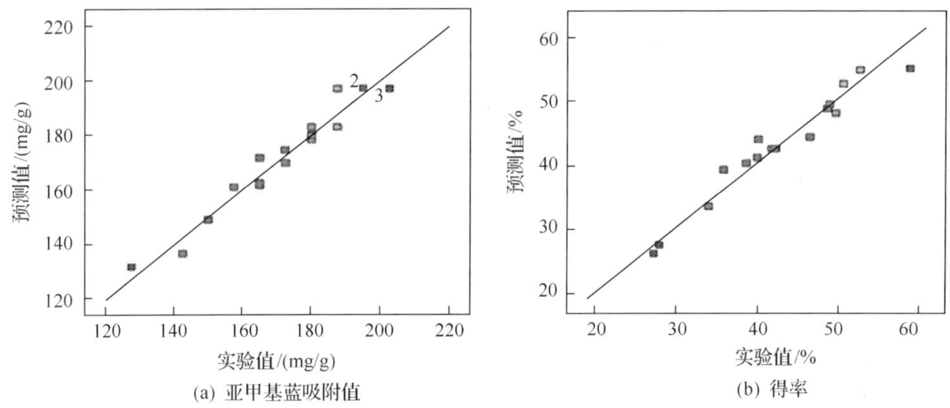

图 5-40 乙酰氨基酚生产用再生活性炭亚甲基蓝吸附值和得率的实验值与预测值

再生时间和再生温度对再生活性炭亚甲基蓝吸附值影响的响应曲面如图 5-41 所示，可以看出，当再生时间为 10min、再生温度为 600℃时，亚甲基蓝吸附值超过 200mg/g，增加再生时间和再生温度均可促进有机物的挥发或裂解，从而打开活性炭被堵塞的孔道，提高其吸附能力。

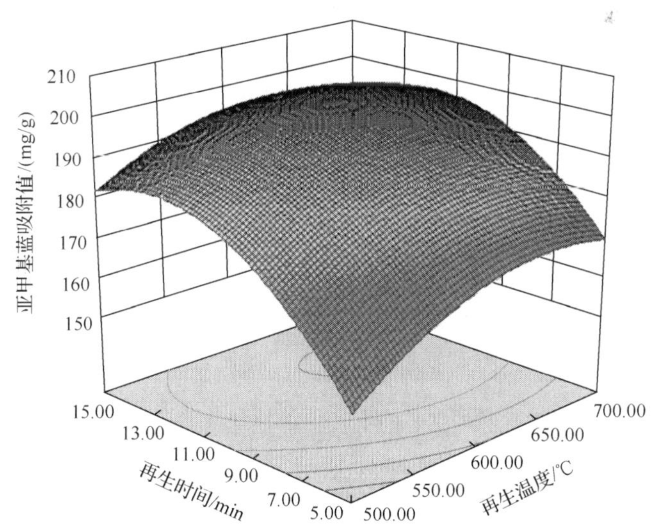

图 5-41 再生时间、再生温度及其交互作用对乙酰氨基酚生产用再生活性炭亚甲基蓝吸附值影响的响应曲面(微波功率 500W)

图 5-42 为微波功率和再生温度对再生活性炭亚甲基蓝吸附值响应曲面，可以看出，再生活性炭亚甲基蓝吸附值均随微波功率和再生温度的增加而提高。图 5-43 为再生时间、再生温度及其交互作用对得率的响应曲面。图 5-44 为微波功率、再生温度及其交互作用对再生活性炭亚甲基蓝吸附值响应曲面。

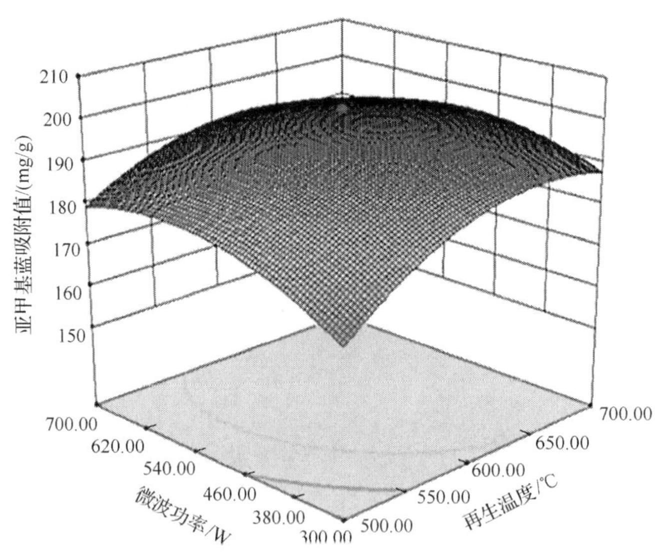

图 5-42　微波功率、再生温度及其交互作用对乙酰氨基酚生产用再生活性炭亚甲基蓝吸附值影响的响应曲面(再生时间 10min)

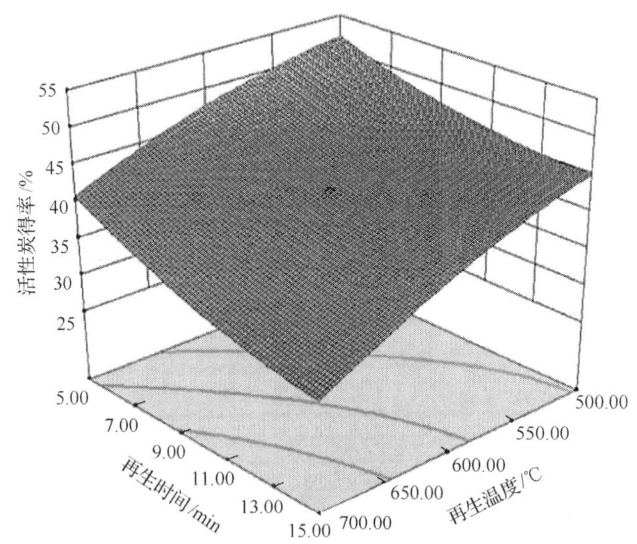

图 5-43　再生时间、再生温度及其交互作用对乙酰氨基酚生产用再生活性炭得率影响的响应曲面(微波功率 500W)

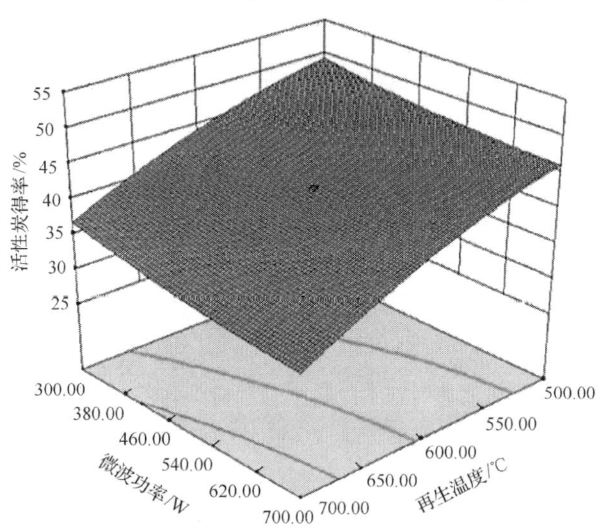

图 5-44　微波功率、再生温度及其交互作用对乙酰氨基酚生产用再生活性炭亚甲基蓝吸附值影响的响应曲面(再生时间 10min)

由图 5-43 和图 5-44 可以看出，活性炭得率均会随再生温度、再生时间和微波功率的增加而降低，其中再生温度的影响更显著。经微波再生后，活性炭得率大约为 40%，这是由于实验时没有采用保护气氛，部分活性炭可能被烧失。

为验证微波加热再生废活性炭响应曲面法的可靠性，采用优化后的最佳条件进行实验，验证实验结果如表 5-28 所示，可以看出，相应曲面预测值与验证值相接近，偏差较小，表明该预测模型是合适的，优化工艺条件是可行的。

表 5-28　微波加热再生乙酰氨基酚生产用废活性炭的优化工艺参数及验证实验结果

再生温度/℃	再生时间/min	微波功率/W	亚甲基蓝吸附值/(mg/g)		得率/%	
			预测值	实验值	预测值	实验值
600	10	500	107.3	202.5	42.02	42.22

废活性炭和再生活性炭的孔结构参数如表 5-29 所示，可以看出经微波再生后，活性炭的比表面积和总孔体积明显增大，平均孔径降低，微孔比例明显提高，而中孔比例有所下降，表明微波加热对废活性炭具有极好的再生效果。

表 5-29　乙酰氨基酚生产用废活性炭和再生活性炭的孔结构参数

参数	废活性炭	再生活性炭
比表面积/(m^2/g)	252.6	987.5
总孔体积/(cm^3/g)	0.46	1.11
平均孔径/nm	7.24	4.49
微孔比例/%	4.76	29.5
中孔比例/%	95.24	70.5

再生活性炭对亚甲基蓝的循环吸附能力如图 5-45 所示。由图 5-45 可以看出，多次循环使用后，再生活性炭的亚甲基蓝吸附值略有下降，这是由于活性炭在被循环使用时，孔结构遭到了破坏或在孔道中生产了炭渣，从而导致其吸附能力下降。但是经过 5 次循环使用后，再生活性炭的亚甲基蓝吸附值仍有 137.5mg/g，是初始吸附值的 67.9%。

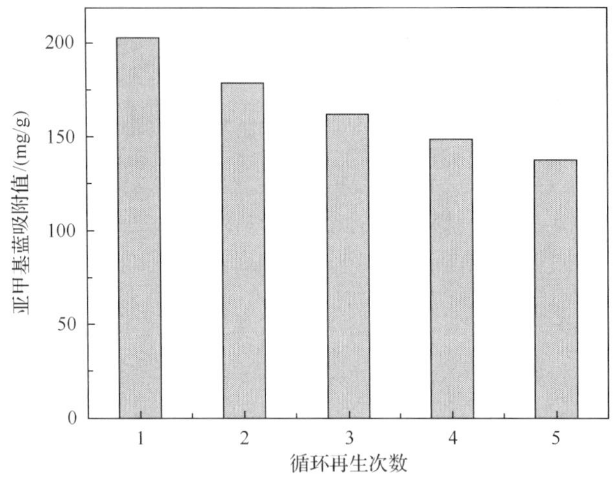

图 5-45　乙酰氨基酚生产用再生活性炭对亚甲基蓝的循环吸附能力

乙酰氨基酚生产用废活性炭和再生活性炭的微观形貌特征如图 5-46 所示，可以看出，废活性炭表面吸附有较多杂质，几乎观察不到孔结构，而再生活性炭表面吸附的杂质很少，可以观察到明显的孔结构，表明废活性炭在微波加热下可以得到较好的再生。

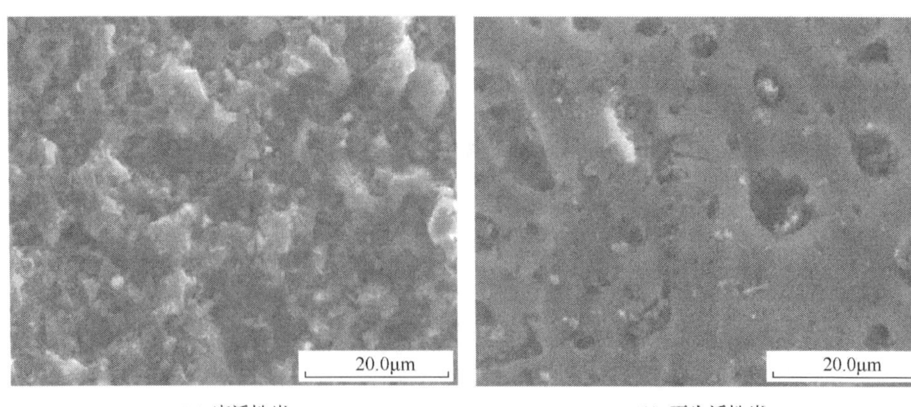

(a) 废活性炭　　(b) 再生活性炭

图 5-46　乙酰氨基酚生产用废活性炭和再生活性炭的 SEM 图

5.7 木糖脱色用废活性炭的微波再生

木糖是一种新型的绿色添加剂，具有许多优良的化学性能和生理特性，可用作甜味剂、营养剂和软化剂等[36]。木糖的相关产品也具有很高的功能价值，被广泛用作功能性食品添加剂[36]。

农业植物纤维废料如玉米芯、棉籽壳、甘蔗渣、稻壳、其他种子皮壳，以及一些木科植物等都是制备木糖的理想原料，通常将这些植物废料经预处理、水解、提纯、蒸发结晶等工序制备得到木糖[37]。其中提纯工序是决定木糖质量的关键环节，一般采用粉末活性炭对水解液进行脱色[38]。目前脱色后的废活性炭主要被堆弃或直接焚烧，不仅污染环境、浪费资源，还导致木糖生产成本进一步升高，成为阻碍木糖产业发展的瓶颈之一。

目前，木糖脱色用再生废活性炭的主要工艺是热再生。贺东海等[39]将木糖脱色用的废活性炭进行水洗、酸洗，再水洗抽滤，得到的滤饼在密封条件下放入马弗炉中，调节温度 700～900℃，保温 4～6h，最终得到再生活性炭。实验结果表明，再生后的废活性炭对木糖水解液的脱色效果十分明显。田晓燕等[40]采用传统的工艺路线，将木糖脱色后的废活性炭先用自来水进行洗涤，然后用10%的稀盐酸浸泡 4h，再用去离子水洗涤过滤至中性，最后将滤渣放在马弗炉内，在 800℃下保温 6h，所得再生活性炭的亚甲基蓝脱色力恢复到原活性炭的 92%。

朱学云[41]采用微波加热的方式，对木糖脱色用废活性炭进行了再生与应用。考察了微波再生工艺条件对活性炭吸附性能及孔结构等的影响。

5.7.1 实验原料及方法

该实验采用了两种由木糖厂提供的木糖脱色后的粉状废活性炭，由于这两种活性炭分别被用于不同的脱色工艺，因此所吸附的杂质也不尽相同，其中 1 号废活性炭上吸附了天然色素、$CaSO_4$ 和少量其他杂质，2 号废活性炭上只吸附了酚类有机色素和微量其他杂质，不含 $CaSO_4$。

实验前将原料在 100℃下烘干 2h。实验时先称取 30g 干燥的物料置于坩埚内并加盖使其密闭，将坩埚放入微波炉中进行加热，在微波功率为 800W 下加热一段时间后立即取出，先用稀盐酸溶液洗涤，然后用蒸馏水洗涤，直至 pH 接近中性，最后将样品进行干燥，即得到再生活性炭。

5.7.2　1 号废活性炭的微波加热再生

1. 微波功率的影响

在再生时间为 15min 的条件下，考察了微波功率对再生活性炭碘吸附值和亚甲基蓝吸附值的影响，结果如图 5-47 所示。

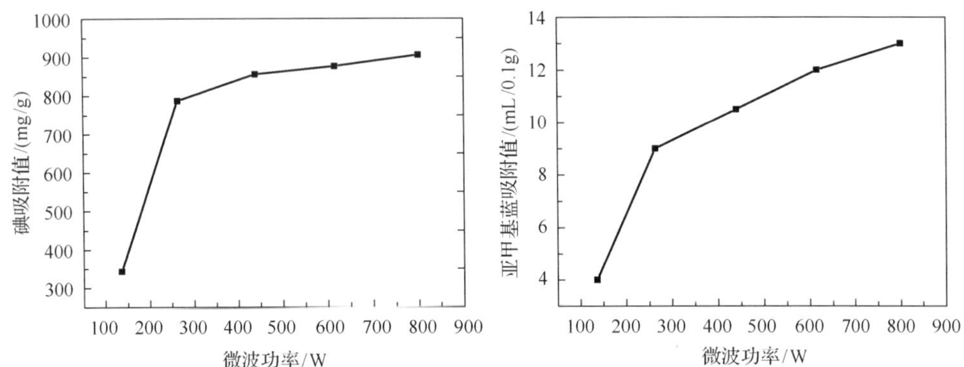

图 5-47　微波功率对 1 号再生活性炭碘吸附值和亚甲基蓝吸附值的影响

由图 5-47 可知，当微波功率提高至 264W 时，再生活性炭的碘吸附值已接近 800mg/g，继续提高微波功率，再生活性炭的碘吸附值的碘吸附值只是缓慢上升。再生活性炭的亚甲基蓝吸附值随微波功率的提高而不断上升。这是由于微波功率越大，样品所能达到的再生温度越高，此外，杂质分子所获得的能量也越大，其热运动越剧烈，从而有利于杂质从活性炭孔隙中迁移并脱除。因此，提高微波功率可以提高再生活性炭吸附性能，获得更好的再生效果[42]。

2. 再生时间的影响

当微波功率为 800W 时，再生时间对再生活性炭碘吸附值和亚甲基蓝吸附值的影响如图 5-48 所示。由图 5-48 可知，再生活性炭碘吸附值随再生时间的延长而逐渐增大，在 30min 时达到最大值，随后又略有下降。再生活性炭亚甲蓝吸附值随再生时间的延长而逐渐增大。这是由于废活性炭在短时间内快速升温，废活性炭中的有机物在高温下迅速分解挥发，生成的大量挥发性气体呈爆发式释放，使堵塞的孔隙得到疏通，因此再生活性炭的吸附性能在短时间内得到很大提高。是当再生时间过长时，部分已形成的孔隙尤其是微孔可能会在高温下发生坍塌而形成中大孔，由于碘吸附值一般表征活性炭微孔数量的多少，而亚甲基蓝吸附值一般表征活性炭中孔数量的多少。因此，当再生时间超过 30min 后，再生活性炭碘吸附值开始下降，而亚甲基蓝吸附值继续上升。

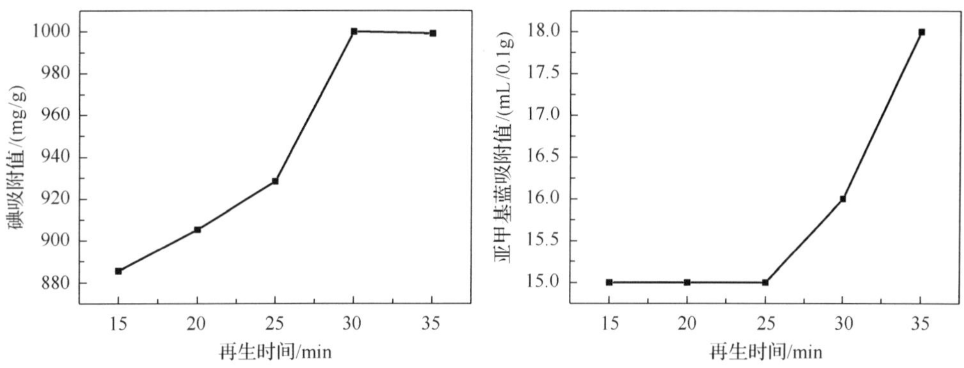

图 5-48　再生时间对 1 号再生活性炭碘吸附值和亚甲基蓝吸附值的影响

经微波加热再生不同时间后的活性炭的氮气吸脱附等温线如图 5-49 所示。由图 5-49 可知，再生活性炭的等温线介于Ⅰ型和Ⅱ型之间。在吸附初始阶段，再生活性炭的吸附量急剧上升，归因于低压下微孔的单层吸附；随相对压力的增大，吸附等温线呈缓慢上升的趋势，此时活性炭中孔发生多层吸附；当 P/P_0 接近 1.0 时，吸附等温线尾端出现陡峭的上升趋势，这归因于大孔的多层吸附。脱附曲线上出现的滞后环表明再生活性炭具有较好的微孔和中孔结构。

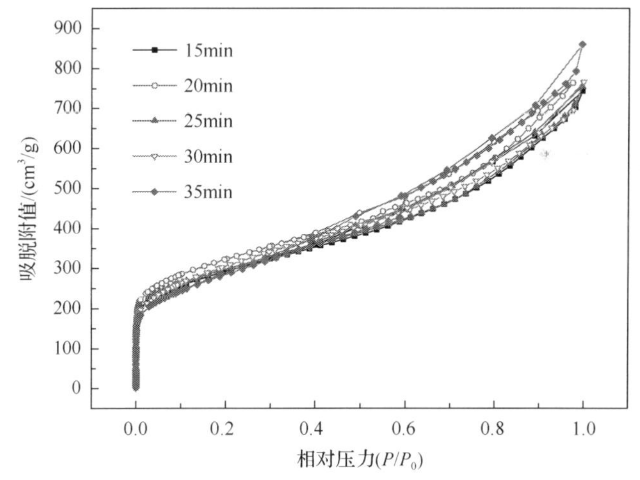

图 5-49　1 号废活性炭经不同时间微波加热再生后的吸脱附等温线

经不同时间再生后的活性炭均具有较高的氮气吸附能力，而再生时间为 20min 的活性炭的吸附能力最强。这可能是因为 20min 后，废活性炭中吸附的有机物已基本被分解脱除，继续延长时间反而会导致活性炭孔结构发生坍塌，吸附性能下降。

经微波加热再生不同时间后的活性炭的微孔孔径分布如图 5-50 所示。由图 5-50

可知，再生活性炭的微孔分布曲线在 0.5nm 左右近似呈正态分布。当再生时间为 15min 时，活性炭已具有较发达的微孔结构；当再生时间为 20min 时，活性炭极微孔孔体积有所增大；继续延长再生时间至 25min，活性炭微孔体积不再增大；当再生时间达到 30min 时，在 1.2～1.3nm 范围内出现一小峰，且原微孔峰值略有降低，峰位置向大孔径方向偏移；当再生时间为 35min 时，活性炭的微孔体积进一步降低。这表明当再生时间为 25～35min 时，活性炭受热时间过长，孔隙已开始发生坍塌，导致微孔体积下降，微孔平均孔径增大。

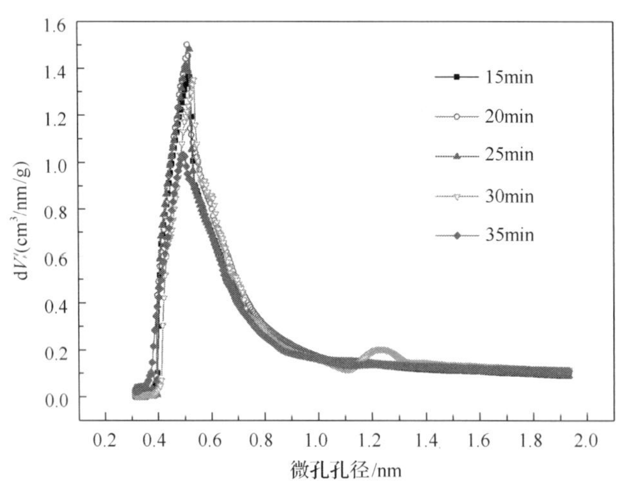

图 5-50　1 号废活性炭经不同时间微波加热再生后的微孔孔径分布曲线

经微波加热再生不同时间后的活性炭的中孔孔径分布如图 5-51 所示。

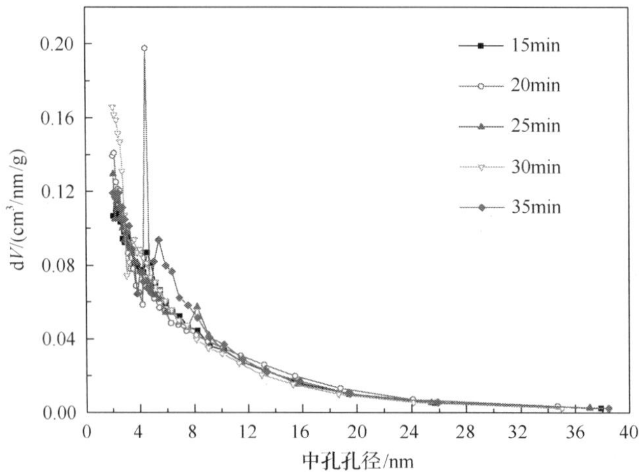

图 5-51　1 号废活性炭经不同时间微波加热再生后的中孔孔径分布曲线

由图 5-51 可知，再生活性炭的中孔孔径分布为多峰分布，且孔径分布范围较宽，主要孔径范围为 2～20nm，大于 20nm 的孔隙较少，孔径大于 24nm 的中孔孔体积很小，几乎不受再生时间的影响。当再生时间为 15min 时，活性炭上无明显孔径分布峰，且中孔孔体积较低；在延长再生时间后，活性炭中孔体积积显著增大，中孔在 3～6nm 处出现了分布峰，该峰位置会随再生时间的变化而发生偏移，孔体积也会发生波动。这表明活性炭经不同时间微波加热再生后，孔大小和孔体积会发生不同程度的变化。

废活性炭及经不同时间微波加热再生的活性炭孔结构参数见表 5-30。从表 5-30 可知，废活性炭孔道堵塞严重，比表面积和微孔体积均很小。而经过微波再生后，活性炭的各种孔结构参数均要远优于废活性炭，表明微波加热再生效果十分良好。对比经不同时间微波加热再生后的活性炭的孔结构参数可以发现，当再生时间为 20min 时，活性炭的再生效果最佳，当再生时间过长时，比表面积和孔体积反而略有下降。这与之前的分析结果一致。

表 5-30　木糖脱色 1 号废活性炭和经不同时间微波加热再生后活性炭的孔结构参数

活性炭	再生时间/min	比表面积/(m^2/g)	微孔体积/(cm^3/g)	中孔体积/(cm^3/g)	总孔体积/(cm^3/g)
1 号废活性炭		233.3	0.0743	0.3157	0.39
1 号再生活性炭	15	992.7	0.4024	0.6406	1.043
	20	1111	0.4434	0.6896	1.133
	25	1011	0.4108	0.6432	1.054
	30	1064	0.409	0.632	1.041
	35	1000	0.3803	0.8007	1.181

研究表明，活性炭对亚甲基蓝、B 法焦糖和木糖的吸附能力之间有一定的相关性；根据实践生产的要求，只要活性炭的 B 法焦糖脱色力大于 90%，亚甲基蓝吸附值大于 130mL/g，就基本能达到生产上对木糖液脱色的要求[43,44]。因此，通过分析活性炭对亚甲基蓝和 B 法焦糖的吸附能力，可以较好地反映活性炭对木糖液的脱色能力。本节选择在微波功率为 800W 下，以不同时间微波加热再生活性炭为原料，考察其对焦糖的脱色能力的影响，结果如表 5-31 所示。

表 5-31　经不同时间再生的 1 号活性炭对焦糖的脱色力和亚甲基蓝吸附值

参数	微波再生时间/min				
	15	20	25	30	35
B 法焦糖脱色力/%	＞95	100	＞95	＞95	＞95
亚甲基蓝吸附值/(mL/g)	150	150	150	160	180

由表 5-31 可知，经不同时间再生后，活性炭对 B 法焦糖脱色力均大于 95%，尤其是当再生时间为 20min 时，活性炭的焦糖脱色力可达到 100%。微波加热再生 15～35min 的活性炭焦糖脱色力均大于 90%，亚甲基蓝吸附值均大于 130mL/g，满足实际生产要求。

5.7.3　2 号废活性炭的微波加热再生

1. 微波功率的影响

在再生时间为 15min 的条件下，考察了微波功率对 2 号再生活性炭碘吸附值和亚甲基蓝吸附值的影响，结果如图 5-52 所示。从图 5-52 可以看出，随微波功率的不断增加，再生活性炭的碘吸附值和亚甲基蓝吸附值呈明显的上升趋势。这是由于微波功率越大，样品所能达到的温度越高，越有利于有机物等杂质从活性炭孔隙中迁移并脱除，从而疏通活性炭被堵塞的孔道，提高活性炭的吸附能力。

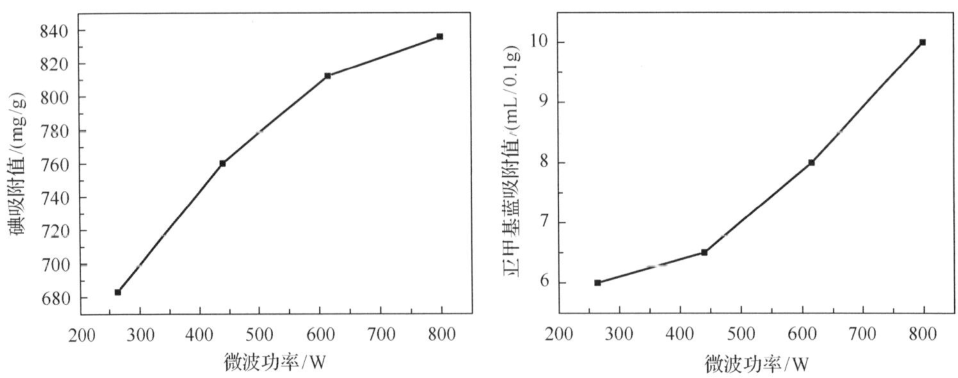

图 5-52　微波功率对 2 号再生活性炭碘吸附值和亚甲基蓝吸附值的影响

经不同微波功率再生后的活性炭的氮气吸脱附等温线如图 5-53 所示。由图 5-53 可知，再生活性炭的等温线介于Ⅰ型和Ⅱ型之间。在吸附初始阶段，再生活性炭的吸附量急剧上升，归因于低压下微孔的单层吸附；随相对压力的增大，吸附等温线呈缓慢上升的趋势，此时活性炭中孔发生多层吸附；当 P/P_0 接近 1.0 时，吸附等温线尾端出现陡峭的上升趋势，归因于大孔的多层吸附。脱附曲线上出现的滞后环表明再生活性炭具有较好的微孔和中孔结构。此外，从图 5-53 也可以看出，微波功率越大，再生活性炭的氮气吸附能力越强，这是由于微波功率越大时，活性炭的温度越高，从而越有利于活性炭上吸附杂质的分解脱除。

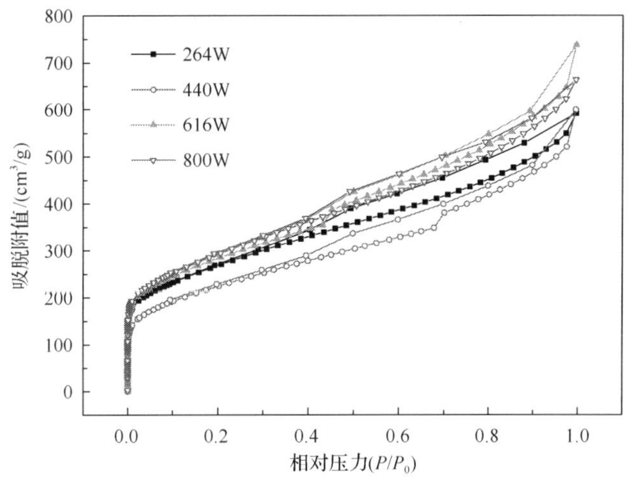

图 5-53　2 号废活性炭经不同微波功率再生后的吸脱附等温线

经不同微波功率再生后的活性炭的微孔孔径分布如图 5-54 所示。由图 5-54 可知，不同微波功率下再生的活性炭的微孔主要分布在 0.5～0.6nm 范围内，并出现了一个分布峰，且该峰的强度随微波功率的增强而增强。当微波功率为 616W 时，再生活性炭分布峰强度最大；当微波功率为 800W 时，再生活性炭分布峰向右偏移，但强度几乎不变，表明所获得的活性炭的孔径更大。

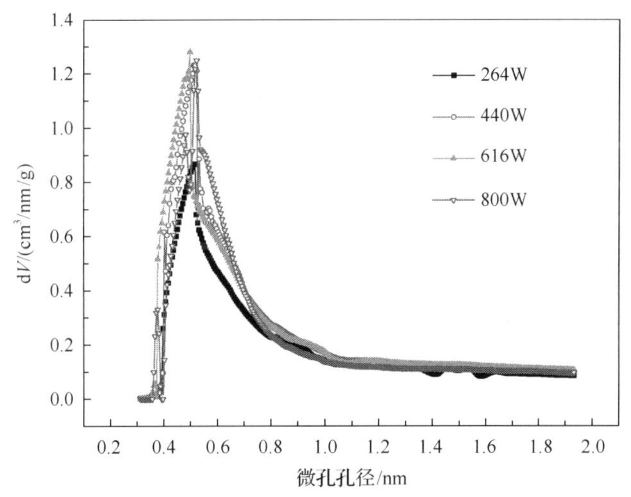

图 5-54　2 号废活性炭经不同微波功率再生后的微孔孔径分布曲线

经不同微波功率再生后的活性炭的中孔孔径分布如图 5-55 所示。由图 5-55 可知，当微波功率为 264W 时，活性炭小孔径孔隙的微分孔体积较小，且在 7nm 左右出现了一个强分布峰；当微波功率提高至 440W 时，在 7nm 左右的强分布峰小时，但在 4nm 附近出现了一个强度较弱的分布峰；进一步提高微波功率，活性炭的大孔径分布峰基本消失，小孔径孔隙微分孔体积增大，表明提高微波功率有利于活性炭小孔径孔隙的发展。

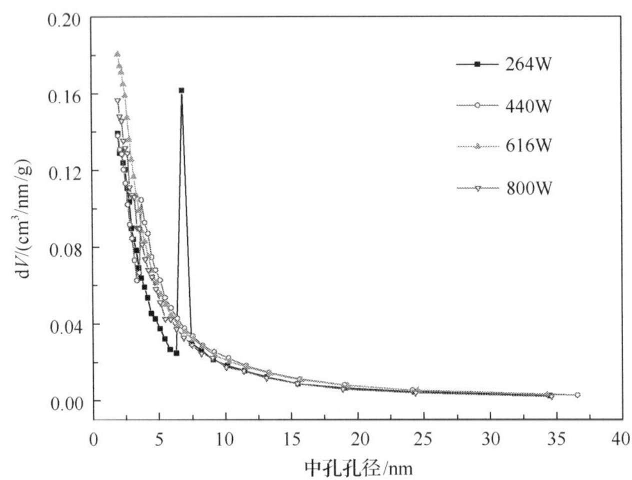

图 5-55　2 号废活性炭经不同微波功率再生后的中孔孔径分布

经不同微波功率再生后活性炭的孔结构参数如表 5-32 所示。

表 5-32　2 号废活性炭经不同微波功率再生后的孔结构参数

微波功率/W	比表面积/(m^2/g)	微孔体积/(cm^3/g)	中孔体积/(cm^3/g)	总孔体积/(cm^3/g)
264	786.5	0.2998	0.4747	0.7745
440	978.4	0.3817	0.5917	0.9734
616	1017	0.3909	0.5398	0.9307
800	930.9	0.3608	0.4615	0.8223

由表 5-32 可以看出，活性炭的比表面积和微孔体积随微波功率的提高而增加，并在微波功率为 616W 时达到最大值，但继续增加微波功率，活性炭的比表面积和微孔体积反而会下降。活性炭的中孔体积和总孔体积均在微波功率为 440W 时达到最大值，这是由于微波功率的提高有利于物料温度的升高，从而促进有机物的分解和挥发，但是当微波功率太大时，物料温度过高，会导致活性炭中已形成孔道的坍塌。

2. 再生时间的影响

在微波功率为 800W 的条件下，考察了再生时间对再生活性炭碘吸附值和亚甲基蓝吸附值的影响，结果分别如图 5-56 所示。

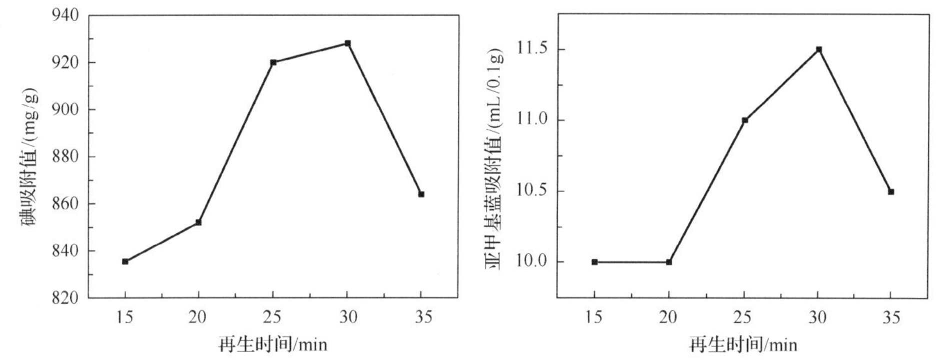

图 5-56　再生时间对 2 号再生活性炭碘吸附值和亚甲基蓝吸附值的影响

由图 5-56 可知，活性炭碘吸附值和亚甲基蓝吸附值均随再生时间的延长先增大后减小，并在再生时间为 30min 时达到最大值。这是由于废活性炭在短时间内快速升温，废活性炭中的有机物在高温下迅速分解挥发，生成的大量挥发性气体呈爆发式释放，使堵塞的孔隙得到疏通，因此再生活性炭的吸附性能在短时间内得到很大提高。当再生时间过长时，部分已形成的孔隙可能会在高温下发生坍塌和烧蚀，从而导致其吸附能力下降。

经微波加热再生不同时间后的活性炭的氮气吸脱附等温线如图 5-57 所示。由图 5-57 可知，当再生时间为 15min 时，活性炭的吸附能力恢复到较高值；当再生时间为 20min 时，活性炭的吸附能力没有明显变化；当再生时间达到 35min 时，活性炭的吸附能力开始下降。这是由于微波具有快速加热的特征，可以使活性炭中吸附的有机物等杂质快速分解挥发，从而恢复活性炭孔道，提高吸附性能，但当再生时间过长时，活性炭中已形成的孔隙可能会发生坍塌和烧蚀，并形成中大孔，导致再生活性炭的微中孔孔体积和吸附容量下降。

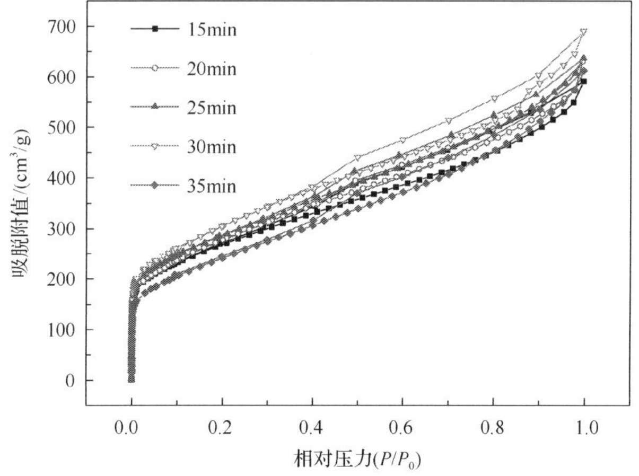

图 5-57　2 号废活性炭经不同时间再生后的吸脱附等温线

经微波加热再生不同时间后的活性炭的微孔孔径分布如图 5-58 所示。

图 5-58　2 号废活性炭经不同时间再生后的微孔孔径分布曲线

由图 5-58 可知，再生活性炭在孔径为 0.5nm 附近出现了一个极微孔分布峰，当再生时间为 15min 或 20min 时，活性炭的微孔微分孔体积变化不大；当再生时间超过 20min 后，极微孔分布峰强度有所减弱，表明其孔体积有所降低，同时在 1.4～1.7nm 范围内出现了几个强度较弱的超微孔分布峰，表明再生时间的延长可以获得孔径较大的孔隙，增强活性炭对大分子的吸附能力。

经微波加热再生不同时间后的活性炭的中孔孔径分布如图 5-59 所示。

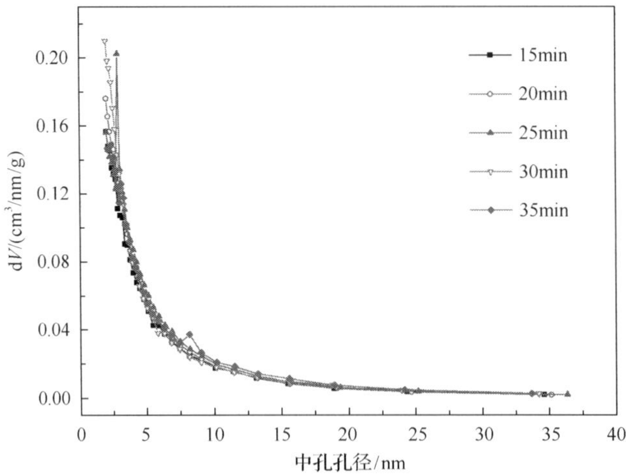

图 5-59　2 号废活性炭经不同时间再生后的中孔孔径分布

由图 5-59 可知，再生活性炭的中孔孔径分布范围较宽，主要集中在 2～10nm，孔径大于 10nm 的孔体积相对较小。再生时间为 15min 时，活性炭中孔已得到良好恢复；延长再生时间，活性炭 5nm 以下中孔的微分容积逐渐增大；当加热时间为 35min 时，活性炭小孔径微分孔体积出现下降，这是由于随再生时间的延长，活性炭中会有更多的有机物受热分解，使孔隙得到再生。当再生时间过长时，活性炭中有机物已被分解完全，此时已形成的孔隙会在高温下发生烧蚀，进而导致活性炭小孔径孔体积不升反降。

废活性炭及经不同时间再生的活性炭孔结构参数如表 5-33 所示。

表 5-33　2 号废活性炭经不同时间再生后的孔结构参数

再生时间/min	比表面积/(m^2/g)	微孔体积/(cm^3/g)	中孔体积/(cm^3/g)	总孔体积/(cm^3/g)
15	930.9	0.3608	0.4615	0.8223
20	974.7	0.37	0.4929	0.8629
25	992.2	0.3856	0.5245	0.9101
30	1073	0.4043	0.5624	0.9667
35	850.2	0.3209	0.5284	0.8493

从表 5-33 可知，废活性炭经微波加热再生后，活性炭的各种孔结构参数均要远优于废活性炭，当再生时间为 30min 时，活性炭的再生效果最佳，而当再生时间过长时，比表面积和孔体积反而略有下降。这是由于当再生时间达到 30min 时，废活性炭中吸附的有机物已基本被分解脱除，继续延长再生时间反而会导致活性炭孔结构发生坍塌。

Li 等[45]研究了木糖脱色用废活性炭的微波加热再生，所用原料来自于山东某木糖厂，实验前样品在 110℃下进行干燥，在整个实验过程中均向微波腔体中通入氮气以提供惰性气氛，系统考察了微波功率和再生时间的影响。实验结束后，样品依次进行酸洗和水洗至中性，然后在 393K 下干燥 2h，最后破碎后得到再生活性炭。

废活性炭的氮气吸脱附等温线如图 5-60(a)所示。在微波功率为 800W 的条件下，不同再生时间下获得的再生活性炭的氮气吸脱附等温线如图 5-60(b)所示。废活性炭和不同再生时间下获得的再生活性炭的再生活性炭的孔结构参数如表 5-34 所示。

从图 5-60 可知，活性炭的吸附等温线位于Ⅰ型和Ⅱ型之间，当相对压力较低时，Ⅰ型等温线的初始部分表示微孔填充；当相对压力较高时，出现的斜坡表示中孔、大孔和外表面的多层吸附[46]。

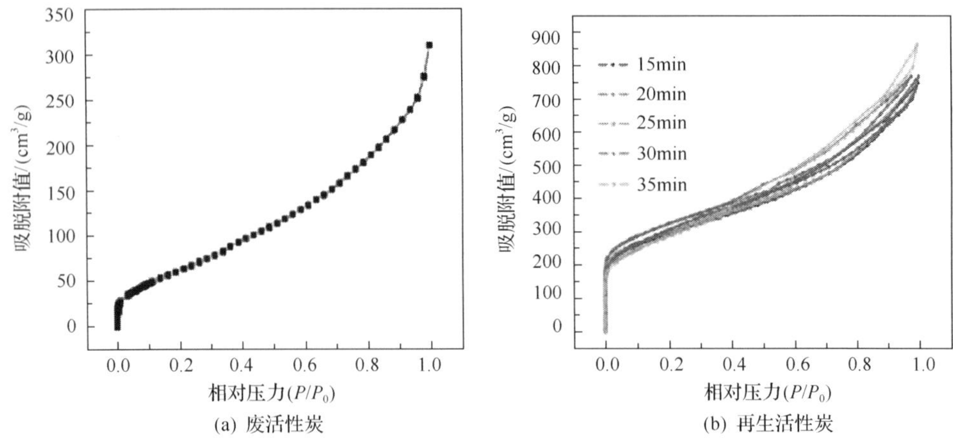

图 5-60　2 号废活性炭和经不同时间再生活性炭的氮气吸脱附等温线

表 5-34　不同样品的孔结构参数

活性炭	再生时间/min	比表面积/(m^2/g)	微孔体积/(cm^3/g)	中孔体积/(cm^3/g)	总孔体积/(cm^3/g)	平均孔径/nm
2 号废活性炭		233	0.06	0.33	0.39	6.69
2 号再生活性炭	15	993	0.38	0.66	1.04	4.2
	20	1111	0.4	0.73	1.13	4.08
	25	1011	0.39	0.66	1.05	4.17
	30	1064	0.41	0.63	1.04	3.91
	35	1000	0.38	0.81	1.18	4.73

从图 5-60 和表 5-34 可以看出，经微波再生后，再生活性炭的氮气吸附量、比表面积和孔体积等参数均要高于废活性炭，表明微波加热对废活性炭的良好再生效果。当再生时间为 20min 时，活性炭的再生效果最好，废活性炭可以在短时间内被微波加热至再生温度，孔道中吸附的有机物可以被分解挥发，可在一定程度上避免炭化，有机物分解过程中释放的气体产物有利于疏通活性炭被堵塞的孔道。当再生时间过长时，活性炭中已形成的孔道可能会被烧蚀或坍塌，导致吸附能力降低。

当再生时间为 15min 时，微波功率对再生活性炭碘吸附值和亚甲基蓝吸附值的影响如图 5-61 所示。从图 5-61 可以看出，再生活性炭碘吸附值随微波功率的增加而呈现上升趋势，当微波功率为 264W 时，碘吸附值接近于 800mg/g；当微波功率为 264W 时，碘吸附值达到最大值。再生活性炭亚甲基蓝吸附值也随微波功率的增加而稳步提升。随微波功率的增大，样品温度将会提高，从而使活性炭得到更好的再生，但是过大的微波功率可能会导致活性炭被烧失，因此最优微波功率为 800W。

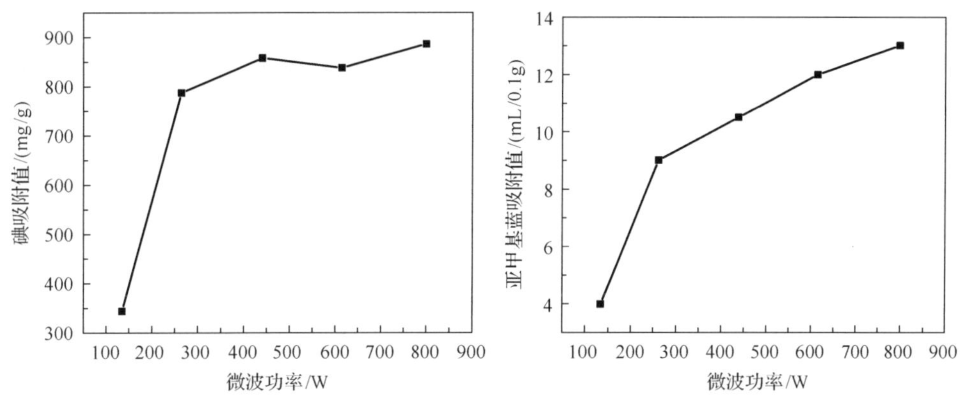

图 5-61　微波功率对 2 号再生活性炭碘吸附值和亚甲基蓝吸附值的影响

再生时间对再生活性炭碘吸附值和亚甲基蓝吸附值的影响如图 5-62 所示。从图 5-62 可以看出，再生活性炭碘吸附值随再生时间的延长而增加，并在 30min 时达到最大值。再生活性炭亚甲基蓝吸附值也随再生时间的延长而增加。微波功率越大，活性炭中可以产生更多的活化点，形成更多的孔道，但当再生时间过长时，可能会导致活性炭孔道被烧失而降低其吸附能力。

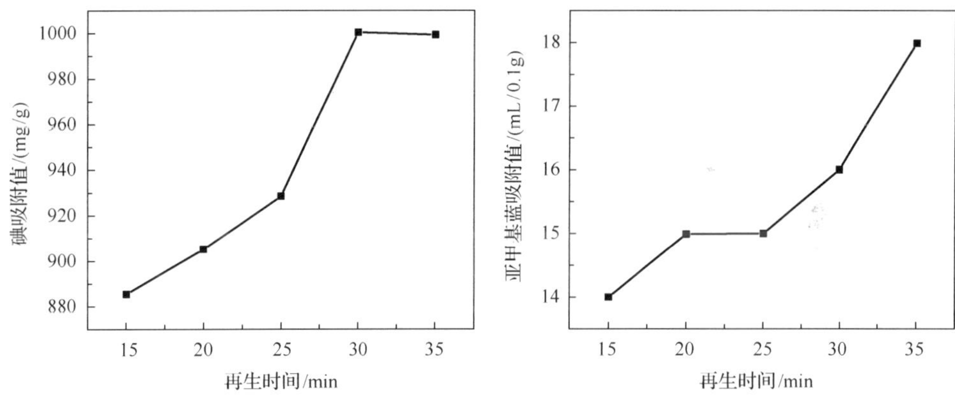

图 5-62　再生时间对 2 号再生活性炭碘吸附值和亚甲基蓝吸附值的影响

5.8　其余行业废活性炭的微波再生

5.8.1　吸附甲苯和丙酮的废活性炭的微波再生

甲苯和丙酮是一种典型的挥发性有机物，室内空气和工业气体中均需严格监测甲苯和丙酮的浓度[47]。活性炭通常被用于吸附甲苯和丙酮，但是当吸附饱和后会产生大量废活性炭，如果随意将其填埋，可能会对周围水源造成污染[36]。因此，通常需对吸附甲苯和丙酮的废活性炭进行再生。

Mao 等[48]研究了吸附甲苯和丙酮的废活性炭的微波再生，考察了控制微波功率和控制微波再生温度两种方式对废活性炭的再生效果，同时与常规加热恒温再生工艺进行了对比，此外，还对比分析了由松木和麦秸制备的两种废活性炭的再生能力。

在微波功率为 600W 下，对吸附甲苯的废活性炭再生 3min，对吸附丙酮的废活性炭再生 1min，并将再生后的活性炭重新用于吸附甲苯和丙酮，经过多次循环吸附和微波再生后，活性炭对甲苯和丙酮的吸附能力及得率如表 5-35 所示。

表 5-35 经过多次微波恒功率再生后松木活性炭和麦秸活性炭对甲苯和丙酮的吸附能力和得率

吸附质	循环次数	吸附量/(mg/g)		得率/%	
		松木活性炭	麦秸活性炭	松木活性炭	麦秸活性炭
甲苯	0	457.0	231.3	—	—
	1	456.8	230.8	97.6	98.4
	2	455.5	230.6	97.5	97.9
	3	456.6	229.8	97.6	97.9
	4	456.5	229.6	97.5	97.4
	5	457.3	229.5	97.5	97.3
丙酮	0	330.8	185.5	—	—
	1	330.6	185.4	97.6	97.8
	2	329.0	184.5	97.5	97.8
	3	329.8	185.2	97.3	97.8
	4	329.8	184.1	97.0	97.7
	5	329.7	184.1	97.0	97.7

从表 5-35 可知，经过多次循环吸附和再生后，两种活性炭均保持高吸附能力，表明微波加热再生基本不会损坏活性炭的吸附能力。松木活性炭和麦秸活性炭对甲苯的吸附能量分别为 457.3mg/g 和 229.5mg/g，松木活性炭和麦秸活性炭对丙酮的吸附能量分别为 329.7mg/g 和 184.1mg/g，经过 5 次循环使用后其吸附能力基本没有降低，表明活性炭在循环吸附和微波再生过程中不会被降解或污染，超过了用于控制挥发性有机物污染的活性炭的使用寿命。

在采用氮气作为载气的情况下，考察了微波功率和再生时间对两种废活性炭中甲苯和丙酮的脱附速率的影响，结果如图 5-63 所示。

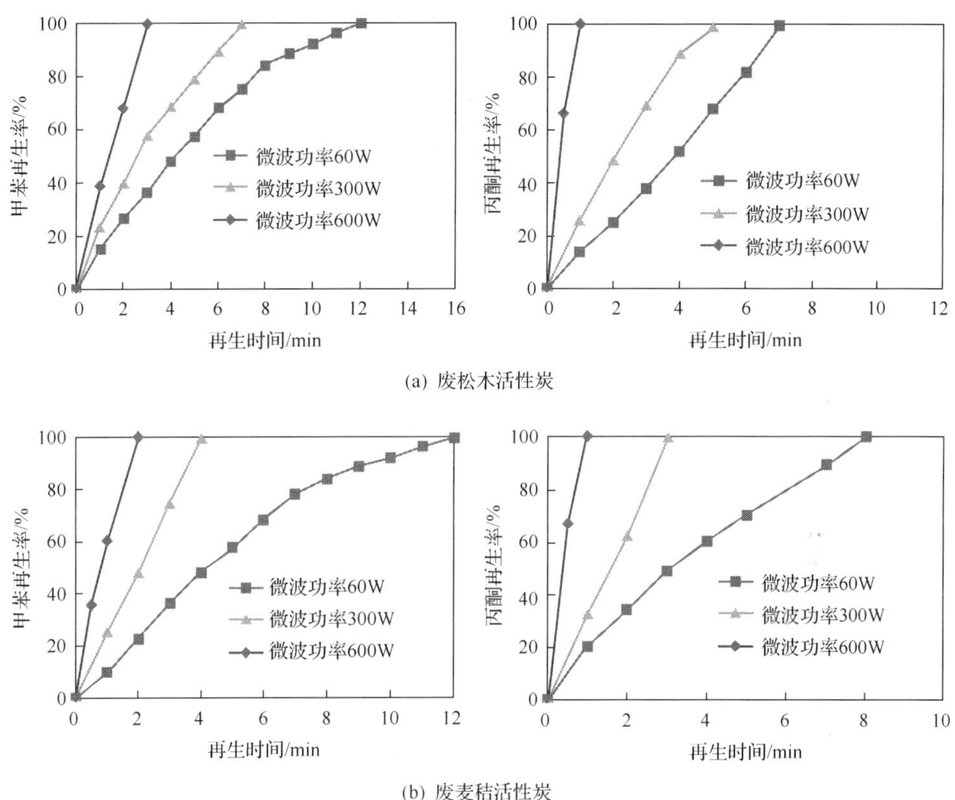

(a) 废松木活性炭

(b) 废麦秸活性炭

图 5-63　微波功率和再生时间对废松木活性炭和废麦秸活性炭中甲苯和丙酮的再生率的影响

由图 5-63 可知，对于四种不同的废活性炭，有机物均能很快被脱除，甚至在微波功率只有 60W 的情况下也能很快被脱除。有机物的脱除速率随微波功率的增加而明显提高，这是因为微波功率决定了样品的升温速率，功率越大，升温速率越快，有机物在活性炭中的脱附和扩散的速度也更快。实验研究表明，当微波越大时，样品的温度也越高，升温速率会显著提高，从而使有机物的脱除速率更快。

在微波功率为 600W 下，完全再生载甲苯和丙酮的废活性炭分别只需要 3min 和 1min，明显快于其他再生方法，这是由于微波加热具有内部加热和整体加热的特点，可以对活性炭颗粒进行直接加热和快速加热，从而提高有机物的脱除速率。

对比分析了在微波控功率、微波恒温和常规恒温条件下不同类型废活性炭的再生率，结果分别如表 5-36 和表 5-37 所示。

表 5-36　在微波控功率、微波恒温和常规恒温条件下载甲苯和丙酮的废松木活性炭的再生率

吸附质	再生方法	温度/℃	功率/W	加热时间/min	保温时间/min	不同循环次数的再生率/%				
						1	2	3	4	5
甲苯	微波(恒功率)	—	600	3	0	99.7	99.7	99.3	99.2	99.8
	微波(恒温)	150	—	30	30	99.5	99.8	99.6	99.5	99.3
	常规(恒温)	150	—	120	0	99.6	99.6	99.1	99.1	99.1
丙酮	微波(恒功率)	—	600	1	0	99.6	99.2	99.2	99.0	99.3
	微波(恒温)	100	—	10	10	99.8	99.8	99.4	99.3	99.2
	常规(恒温)	100	—	60	0	99.7	99.6	99.7	99.4	99.6

表 5-37　在微波控功率、微波恒温和常规恒温条件下载甲苯和丙酮的废麦秸活性炭的再生率

吸附质	再生方法	温度/℃	功率/W	加热时间/min	保温时间/min	不同循环次数的再生率/%				
						1	2	3	4	5
甲苯	微波(恒功率)	—	600	3	0	99.8	99.7	99.1	99.7	99.4
	微波(恒温)	150	—	10	10	99.3	99.8	99.8	99.6	99.3
	常规(恒温)	150	—	120	0	99.7	99.2	99.4	99.5	99.2
丙酮	微波(恒功率)	—	600	1	0	99.5	99.2	99.7	99.1	99.3
	微波(恒温)	100	—	5	5	99.6	99.7	99.4	99.3	99.8
	常规(恒温)	100	—	60	0	99.7	99.6	99.7	99.4	99.6

由表 5-36 和表 5-37 可以看出，在控制微波功率为 600W 下，对载甲苯和丙酮的废活性炭分别加热 3min 和 1min 后，其再生率均达到 99.6%。在微波恒温再生条件下，再生载甲苯和丙酮的废松木活性炭分别需要 30min 和 10min；再生载甲苯和丙酮的废麦秸活性炭分别只需 10min 和 5min，这四种废活性炭的经过 5 次微波加热再生后，其再生率仍高于 99%。在常规恒温再生条件下，再生载甲苯和丙酮的废活性炭分别需要 120min 和 60min。因此，微波加热再生载甲苯和丙酮的废活性炭的速率要比常规加热更快，从而节约再生时间。

不同工艺条件下再生载甲苯和丙酮的废松木活性炭的能耗如图 5-64 所示。由图 5-64 可以看出，当再生率达到 99.6%时，微波恒功率条件下的能耗要明显低于常规恒温工艺，微波恒温条件下的能耗也要明显低于常规恒温工艺，表明微波加热再生工艺要比常规加热再生工艺更节能。此外，微波加热再生载丙酮的废活性炭的能耗要低于载甲苯的废活性炭。这是由于丙酮是极性分子，而甲苯是非极性分子，因此微波加热可以选择性加热丙酮。据报道，微波加热下脱附丙酮的能耗和时间是甲苯的 1.5 倍[49]，表明微波加热更有利于丙酮的再生。

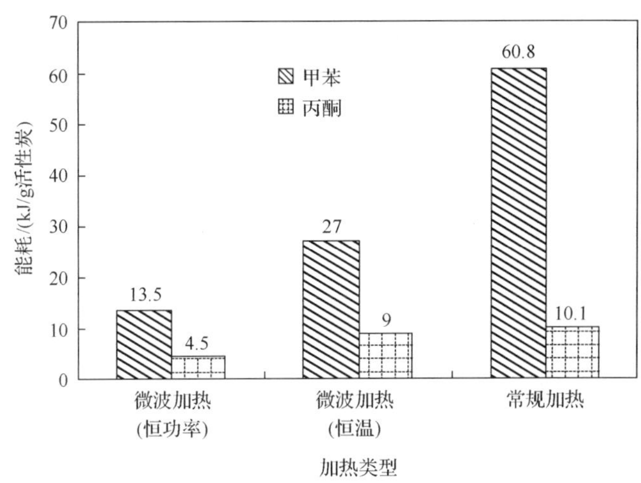

图 5-64　在不同工艺条件下再生载甲苯和丙酮的废松木活性炭的能耗

5.8.2　吸附亚甲基蓝的废活性炭的微波再生

Foo 和 Hameed [50]采用纤维、空果串和贝壳为原料，经干燥并破碎至 1～2mm 后，将其在 700℃下进行炭化，所得到的炭化渣与氢氧化钠混合后置于微波炉中进行活化，从而制备出纤维活性炭、空果串活性炭和贝壳活性炭。将这三种活性炭放入浓度为 500mg/L 的亚甲基蓝溶液中浸没 24h 以使其达到吸附饱和，然后将吸附饱和的废活性炭经水洗和干燥后，置于功率为 600W 的微波炉中进行再生，整个再生过程中保持通入流量为 300mL/min 的氮气，对废纤维活性炭、废空果串活性炭和废贝壳活性炭分别加热再生 3min、4min 和 5min。

废活性炭经过多次循环吸附-再生后，吸附能力和得率如表 5-38 所示。由表 5-38 可知，经过多次循环再生后，再生活性炭的亚甲基蓝吸附值与原活性炭相比有所降低，但仍然保持在较高值，表明微波加热可以提高废活性炭的再生率并延长活性炭的使用寿命。经过第一次微波再生循环后，废纤维活性炭和废空果串活性炭的损失率约为 39%，而废贝壳活性炭的损失率约为 21%，这可能是由于在微波加热过程中，废活性炭中吸附质被脱除且活性炭的表面性质发生了变化，但是在后续四次吸附-再生循环中，活性炭得率较为稳定。三种活性炭再生程度不同主要归因于样品间物化性质、介电性质、形状和化学成分等的差异。

经过多次再生后，再生活性炭的孔结构参数如表 5-39。由表 5-39 可知，废活性炭经微波加热再生后，其比表面积和微孔表面积均有所降低，而对吸附起关键作用的中孔体积和比表面积没有发生明显变化。因此，与常规加热再生相比，经短时间微波加热再生后，活性炭的孔结构可以得到更好的维持，这是由于在微波加热下，活性炭孔道中的吸附质不容易分解，从而有利于保持活性炭的孔结构[36]。

表 5-38　废活性炭经过多次循环吸附-再生后的吸附能力和得率

样品	再生循环次数	亚甲基蓝吸附/(mg/g)	得率/%
废纤维活性炭	0	283.05	—
	1	249.39	60.81
	2	218.01	68.66
	3	202.53	70.61
	4	178.67	69.24
	5	174.03	68.35
废空果串活性炭	0	291.66	—
	1	265.9	62.59
	2	239.74	67.33
	3	241.02	67.96
	4	218.55	66.85
	5	192.44	68.93
废贝壳活性炭	0	294.35	—
	1	237.85	79.16
	2	209.34	83.59
	3	208.76	84.28
	4	163.48	82.46
	5	152.61	82.84

表 5-39　经过 5 次微波再生后再生活性炭的孔结构参数

样品	比表面积/(m^2/g)	Langmuir 表面积/(m^2/g)	中孔表面积/(m^2/g)	微孔表面积/(m^2/g)	总孔体积/(cm^3/g)	平均孔径/nm
再生纤维活性炭	617.31	913.07	292.86	324.45	0.339	2.381
再生空果串活性炭	708.38	1046.76	322.41	385.97	0.388	2.293
再生贝壳活性炭	563.14	852.44	277.9	285.24	0.301	2.228

实验发现在微波加热刚开始时，样品周围突然出现了强烈的火花，这些火花实际上是微等离子体，接下来可以观察到样品释放出大量挥发性气体，随微波加热的进行，样品被快速加热，正对微波源位置的物料会出现明亮的白炽光。在 2min 内样品就会变红，并在整个处理时间段内保持有白炽色，从而导致所吸附的有机染料从活性炭上脱附。

活性炭的表面化学性质取决于碳层边缘键合的杂原子[51]。之前的研究结果表明，原活性炭的酸度和碱度分别为 2.40～2.93mmol/g 和 0.48～0.93mmol/g，因此原活性炭呈酸性[52]。废活性炭经 5 次循环再生后，其表面酸度、碱度和零电位点(pH_{zpc})如表 5-40 所示。

表 5-40　废活性炭经 5 次循环再生后的表面酸度、碱度和零电位点

样品	酸度	碱度	pH_{zpc}
再生纤维活性炭	1.025	2.15	7.35
再生空果串活性炭	1.225	2.7	8.01
再生贝壳活性炭	0.975	2.05	7.72

由表 5-40 可知，废活性炭经再生后，其表面性质由酸性变成了碱性，这很可能是由挥发性有机物和含氧官能团从活性炭表面发生脱除所致。此外，由微波诱导引起的吸附质和炭样品中 π 电子之间的色散作用也可能会导致该现象[53]。由表 5-40 也可以看出，无论是对于哪种活性炭，微波加热后氧含量均会降低，继而导致 pH_{zpc} 增加，进一步表明活性炭表面化学性质的变化。活性炭表面化学性质的改变对其吸附亚甲基蓝是有利的。

参 考 文 献

[1] 张昌义. 炭浆法提金工艺[J]. 现代冶金, 1988, (4): 38-42.

[2] 薛忱, 张百奇, 陈华. 炭浆法提金过程中应注意强化的技术环节[J]. 黄金, 2004, 25(1): 32-34.

[3] 朱云, 周晓奎, 陈雯. 废活性碳提金及再生的研究[J]. 昆明理工大学学报:理工版, 1998, (3): 9-13.

[4] 张利波, 彭金辉, 张世敏, 等. 微波加热中试装置的研制及再生载金炭的实验[J]. 冶金设备, 2002, (5): 35-36.

[5] Zuo Y G, Zhang L B, Peng J H, et al. Regeneration of waste activated carbon after extracting gold with steam under microwave heating: Optimization using response surface methodology[J]. Journal of Central South University, 2014, 21(8): 3233-3240.

[6] 段昕辉. 废煤基活性炭再生制备载铁复合材料及除砷机理研究[D]. 昆明: 昆明理工大学, 2012.

[7] 张声洲, 夏洪应, 张利波, 等. 微波加热再生废弃的净化石油化工废水活性炭[J]. 环境工程学报, 2015, 9(3): 1209-1213.

[8] Liu Q S, Wang P, Zhao S S, et al. Treatment of an industrial chemical waste-water using a granular activated carbon adsorption-microwave regeneration process[J]. Journal of Chemical Technology & Biotechnology, 2012, 87(7): 1004-1009.

[9] Ania C O, Parra J B, Menéndez J A, et al. Microwave-assisted regeneration of activated carbons loaded with pharmaceuticals[J]. Water Research, 2007, 41(15): 3299-3306.

[10] 李德衡, 张鑫, 林永贤, 等. 针剂活性炭用于味精脱色的条件和效果[J]. 发酵科技通信, 2011, 40(2): 19-21.

[11] 彭金辉. 微波辐照再生味精厂中废活性炭[J]. 林产化学与工业, 1998, 18(2): 89-90.

[12] Cheng S, Zhang L B, Xia H Y, et al. Adsorption behavior of methylene blue onto waste-derived adsorbent and exhaust gases recycling[J]. RSC Advances, 2017, 7(44): 27331-27341.

[13] Theydan S K, Ahmed M J. Adsorption of methylene blue onto biomass-based activated carbon by $FeCl_3$ activation: Equilibrium, kinetics, and thermodynamic studies[J]. Journal of Analytical and Applied Pyrolysis, 2012, 97(5): 116-122.

[14] Gao P, Liu Z H, Xue G, et al. Preparation and characterization of activated carbon produced from rice straw by $(NH_4)_2HPO_4$ activation[J]. Bioresource Technology, 2011, 102(3): 3645-3648.

[15] Wang T, Tan S, Liang C. Preparation and characterization of activated carbon from wood via microwave-induced $ZnCl_2$ activation[J]. Carbon, 2009, 47(7): 1880-1883.

[16] Demirbas E, Kobya M, Sulak M T. Adsorption kinetics of a basic dye from aqueous solutions onto apricot stone activated carbon[J]. Bioresource Technology, 2008, 99(13): 5368-5373.

[17] Haque E, Jun J W, Jhung S H. Adsorptive removal of methyl orange and methylene blue from aqueous solution with a metal-organic framework material, iron terephthalate (MOF-235)[J]. Journal of Hazardous Materials, 2011, 185(1): 507-511.

[18] Zhang Y R, Shen S L, Wang S Q, et al. A dual function magnetic nanomaterial modified with lysine for removal of organic dyes from water solution[J]. Chemical Engineering Journal, 2014, 239: 250-256.

[19] Foo K Y, Hameed B H. A cost effective method for regeneration of durian shell and jackfruit peel activated carbons by microwave irradiation[J]. Chemical Engineering Journal, 2012, 193-194: 404-409.

[20] Ahmed M J, Theydan S K. Microporous activated carbon from Siris seed pods by microwave-induced KOH activation for metronidazole adsorption[J]. Journal of Analytical and Applied Pyrolysis, 2013, 99: 101-109.

[21] Foo K Y, Hameed B H. Microwave assisted preparation of activated carbon from pomelo skin for the removal of anionic and cationic dyes[J]. Chemical Engineering Journal, 2011, 173(2): 385-390.

[22] Auta M, Hameed B H. Chitosan-clay composite as highly effective and low-cost adsorbent for batch and fixed-bed adsorption of methylene blue[J]. Chemical Engineering Journal, 2014, 237: 352-361.

[23] 邓先伦, 蒋剑春, 刘汉超, 等. 针剂活性炭对维生素 B6 溶液的脱色实验研究(I)[J]. 林产化学与工业, 2002, 22(3): 89-90.

[24] 张平, 李科林, 仇银燕, 等. 稻壳活性炭对活性艳蓝 KN-R 的脱色研究[J]. 环境科学与技术, 2014, 37(1): 110-113.

[25] 张声洲, 夏洪应, 张利波, 等. 微波加热再生废弃针剂用活性炭的性能[J]. 化工进展, 2015, 34(7): 1945-1950.

[26] 周卫国, 戎姗姗, 莫清, 等. 阿司匹林合成催化剂研究进展[J]. 化工生产与技术, 2009, 16(6): 40-43.

[27] 周秀龙. 阿司匹林催化合成研究[J]. 贵州化工, 2008, 33(4): 18-19.

[28] 舒建华, 夏洪应, 张利波, 等. 阿司匹林生产用废弃活性炭的微波一步再生[J]. 安全与环境学报, 2017, 17(3): 1094-1098.

[29] 张利波, 程松, 夏洪应, 等. 水蒸气活化再生扑热息痛用废活性炭的研究[J]. 材料导报, 2015, 29(6): 48-53.

[30] Alloui A, Chassaing C, Schmidt J, et al. Paracetamol exerts a spinal, tropisetron-reversible, antinociceptive effect in an inflammatory pain model in rats[J]. European Journal of Pharmacology, 2002, 443(1-3): 71-77.

[31] Grattan T, Hickman R, Darby-Dowman A, et al. A five way crossover human volunteer study to compare the pharmacokinetics of paracetamol following oral administration of two commercially available paracetamol tablets and three development tablets containing paracetamol in combination with sodium bicarbonate or calcium carbonate[J]. European Journal of Pharmaceutics and Biopharmaceutics, 2000, 49(3): 225-229.

[32] Klímová K, Leitner J. DSC study and phase diagrams calculation of binary systems of paracetamol[J]. Thermochimica Acta, 2012, 550: 59-64.

[33] Ruiz B, Cabrita I, Mestre A S, et al. Surface heterogeneity effects of activated carbons on the kinetics of paracetamol removal from aqueous solution[J]. Applied Surface Science, 2010, 256(17): 5171-5175.

[34] 吴坚, 夏洪应, 彭金辉, 等. 微波法对吸附扑热息痛废水活性炭的再生[J]. 环境工程学报, 2015, 9(9): 4371-4375.

[35] Cheng S, Wu J, Xia H, et al. Microwave-assisted regeneration of spent activated carbon from paracetamol wastewater plant using response surface methodology[J]. Desalination and Water Treatment, 2016, 57(40): 18981-18991.

[36] 尹璇, 陈志伟. 木糖生产与分析方法的研究进展[J]. 生命科学仪器, 2008, 6(8): 13-17.

[37] 付文, 王丽, 史博. 生物质提取木糖工艺及木糖检测方法研究进展[J]. 食品工业科技, 2012, 33(5): 405-409.

[38] 魏承厚, 崔素芬, 李坚斌, 等. 木糖制备技术研究进展[J]. 轻工科技, 2011, 11): 21-23.

[39] 贺东海, 赵光辉, 王关斌, 等. 化学活化法再生活性炭的实验研究[J]. 食品研究与开发, 2006, 27(2): 77-78.

[40] 田晓燕, 黄继红, 王旭东, 等. 有关木糖醇生产中旧活性炭再生方法的探讨[J]. 食品与发酵工业, 2004, 30(12): 96-97.

[41] 朱学云. 木糖脱色用活性炭的热再生工艺研究及其孔结构表征[D]. 昆明: 昆明理工大学, 2008.

[42] 马祥元. 乙酸乙烯合成用触媒载体活性炭再生新技术[D]. 昆明:昆明理工大学, 2006.

[43] 张天健, 古可隆, 刘军利, 等. 活性炭质量指标与木糖液脱色的相关性研究[J]. 生物质化学工程, 2004, 38(6): 6-9.

[44] 高尚愚, 安部郁夫. 碘值, 亚甲基蓝及焦糖脱色力与活性炭孔结构的关系[J]. 南京林业大学学报(自然科学版), 1998, 22(4): 23-27.

[45] Li W, Wang X, Peng J. Effects of microwave heating on porous structure of regenerated powdered activated carbon used in xylose[J]. Environmental Technology, 2014, 35(5): 532-540.

[46] Rouquerol F, Rouquerol J, Sing K. Adsorption by Powders and Porous Solids. Principles, Methods and Application [M]. San Diego: Academic Press, 1999.

[47] Yuen F K, Hameed B H. Recent developments in the preparation and regeneration of activated carbons by microwaves[J]. Advances in Colloid and Interface Science, 2009, 149(1): 19-27.

[48] Mao H, Zhou D, Hashisho Z, et al. Constant power and constant temperature microwave regeneration of toluene and acetone loaded on microporous activated carbon from agricultural residue[J]. Journal of Industrial and Engineering Chemistry, 2015, 21: 516-525.

[49] Cherbański R, Komorowska-Durka M, Stefanidis G D, et al. Microwave swing regeneration vs temperature swing regeneration-comparison of desorption kinetics[J]. Industrial & Engineering Chemistry Research, 2011, 50(14): 8632-8644.

[50] Foo K Y, Hameed B H. Microwave-assisted regeneration of activated carbon[J]. Bioresource Technology, 2012, 119: 234-240.

[51] Mestre A S, Pires J, Nogueira J M F, et al. Waste-derived activated carbons for removal of ibuprofen from solution: Role of surface chemistry and pore structure[J]. Bioresource Technology, 2009, 100(5): 1720-1726.

[52] Foo K Y, Hameed B H. Microwave-assisted preparation and adsorption performance of activated carbon from biodiesel industry solid reside: Influence of operational parameters[J]. Bioresource Technology, 2012, 103(1): 398-404.

[53] Radovic L R, Silva I F, Ume J I, et al. An experimental and theoretical study of the adsorption of aromatics possessing electron-withdrawing and electron-donating functional groups by chemically modified activated carbons[J]. Carbon, 1997, 35(9): 1339-1348.